生态学透视：种群生态学

董　鸣　主编

科　学　出　版　社
北　京

内 容 简 介

本书以植物和动物为主要对象，系统总结了种群生态学近年来的研究成果，并预测了种群生态学研究的发展趋势，广泛涉及种群生态学理论与应用的多个方面：从种群观测、种群实验到种群模型，从种内关系、种间关系到协同进化，从生活史到种群动态，从种群统计到种群遗传和分化，从湿地到旱地，从草地到林地，从水生到陆生，从一般性主题到特定生物类群，从种群特征到生态保育和恢复。本书收集和综述的文献为近十年种群生态学的研究成果，包括我国的研究现状、进展及成就，国内外研究现状的比较，学科发展建议等。

本书可供从事生态学研究及相关领域研究或教学的研究人员、教师、研究生和本科生参阅，也可为生态学、环境科学和农林科学相关业务管理部门提供决策参考。

图书在版编目（CIP）数据

生态学透视：种群生态学／董鸣主编. —北京：科学出版社，2015.12
ISBN 978-7-03-046761-4

Ⅰ.①生…　Ⅱ.①董…　Ⅲ. ①种群生态学　Ⅳ. ①Q145

中国版本图书馆 CIP 数据核字(2015)第 303454 号

责任编辑：马　俊／责任校对：郑金红
责任印制：吴兆东／封面设计：北京图阅盛世文化传媒有限公司

科学出版社出版
北京东黄城根北街 16 号
邮政编码：100717
http://www.sciencep.com
北京厚诚则铭印刷科技有限公司印刷
科学出版社发行　各地新华书店经销
*
2016 年 1 月第　一　版　开本：787 × 1092　1/16
2024 年 1 月第四次印刷　印张：21
字数：498 000

定价：120.00 元

(如有印装质量问题，我社负责调换)

《生态学透视：种群生态学》编委会

主编

董　鸣

副主编

魏辅文　陶建平　金则新　曾　波

顾问

钟章成

编委

（按姓氏拼音排序）

陈　波　陈　艳　陈劲松　陈小勇　邓建明

董　鸣　官天培　黄振英　金则新　李　睿

李建辉　李钧敏　李守丽　罗毅平　马天笑

宋垚彬　苏晓磊　陶建平　王　雷　魏辅文

吴忠兴　肖宜安　于飞海　曾　波　张　立

本书参与作者名单

（按姓氏拼音排序）

1. 曹德昌　北京林业大学 生命科学与技术学院
2. 陈　波　杭州师范大学 生命与环境科学学院 生态系统保护与恢复杭州市重点实验室
3. 陈　艳　绵阳师范学院 生态安全与保护四川省重点实验室
4. 陈劲松　四川师范大学 生命科学学院
5. 陈仁飞　兰州大学 生命科学学院 草地农业生态系统国家重点实验室
6. 陈小勇　华东师范大学 生态与环境科学学院 浙江天童森林生态系统国家野外科学观测研究站
7. 戴文红　杭州师范大学 生命与环境科学学院 生态系统保护与恢复杭州市重点实验室
8. 邓建明　兰州大学 生命科学学院 草地农业生态系统国家重点实验室
9. 董　鸣　杭州师范大学 生命与环境科学学院 生态系统保护与恢复杭州市重点实验室
10. 高瑞如　山西师范大学 生命科学学院
11. 官天培　绵阳师范学院 生态安全与保护四川省重点实验室
12. 郭庆学　西南大学 生命科学学院 三峡库区生态环境教育部重点实验室
13. 胡义波　中国科学院动物研究所 中国科学院动物生态与保护生物学重点实验室
14. 黄振英　中国科学院植物研究所 植被与环境变化国家重点实验室
15. 金则新　台州学院 生命科学学院 浙江省植物进化生态学与保护重点实验室
16. 李　睿　浙江大学 地球科学学院
17. 李建辉　浙江省衢州市农业科学研究院
18. 李钧敏　台州学院 生命科学学院 浙江省植物进化生态学与保护重点实验室
19. 李守丽　宾夕法尼亚州立大学 生物学系
20. 李守中　福建师范大学 地理科学学院
21. 李文兵　杭州师范大学 生命与环境科学学院 生态系统保护与恢复杭州市重点实验室
22. 刘　建　山东大学 环境研究院
23. 刘　美　绵阳师范学院 生态安全与保护四川省重点实验室
24. 罗毅平　西南大学 生命科学学院 淡水鱼类资源与生殖发育教育部重点实验室
25. 马天笑　中国科学院动物研究所 中国科学院动物生态与保护生物学重点实验室
26. 冉金枝　兰州大学 生命科学学院 草地农业生态系统国家重点实验室
27. 宋垚彬　杭州师范大学 生命与环境科学学院 生态系统保护与恢复杭州市重点实验室

28. 宋永昌　华东师范大学 生态与环境科学学院 浙江天童森林生态系统国家野外科学观测研究站
29. 苏晓磊　西南大学 生命科学学院 三峡库区生态环境教育部重点实验室
30. 陶建平　西南大学 生命科学学院 三峡库区生态环境教育部重点实验室
31. 王　雷　中国科学院新疆生态与地理研究所 荒漠与绿洲生态国家重点实验室
32. 王根轩　浙江大学 生命科学学院
33. 魏辅文　中国科学院动物研究所 中国科学院动物生态与保护生物学重点实验室
34. 吴爱平　湖南农业大学 生物科学技术学院 生态研究所
35. 吴忠兴　西南大学 生命科学学院 三峡库区生态环境教育部重点实验室
36. 肖宜安　井冈山大学 生命科学学院 生物多样性与生态工程江西省重点实验室
37. 谢小军　西南大学 生命科学学院 淡水鱼类资源与生殖发育教育部重点实验室
38. 杨　帆　中国科学院植物研究所 植被与环境变化国家重点实验室
39. 杨学军　中国科学院植物研究所 植被与环境变化国家重点实验室
40. 叶学华　中国科学院植物研究所 植被与环境变化国家重点实验室
41. 于飞海　北京林业大学 自然保护区学院
42. 余　华　山东省农业科学院 山东省农作物种质资源中心
43. 曾　波　西南大学 生命科学学院 三峡库区生态环境教育部重点实验室
44. 张　立　北京师范大学 生命科学学院
45. 钟章成　西南大学 生命科学学院 三峡库区生态环境教育部重点实验室
46. 周　兵　井冈山大学 生命科学学院 生物多样性与生态工程江西省重点实验室
47. 朱雅娟　中国林业科学研究院 荒漠化研究所

序

种群是同种生物在一定时空内的总和。在自然界，种群是物种存在的基本单位，也是物种进化的基本单位，是连接群落与个体的纽带，也是生态系统的基本组分。种群是生态学研究的一个非常重要的层次，因此，种群生态学是生态学的一个重要分支，历来都是生态学研究最为活跃、最有生命力的领域之一。目前，“生态”一词越来越广泛地受到社会各界的关注，生态学在科学研究，以及在社会、经济与环境发展等方面的地位也得到迅速提升，加之研究技术和研究方法不断更新，学科之间的融合不断深入，生态学的发展越来越快，种群生态学的理论与应用在这种背景下也得到了长足发展。无论从总结学科发展前沿，把握学科发展趋势，还是制定学科发展战略的目的来看，《生态学透视：种群生态学》的出版对种群生态学学科发展都是有重要促进作用的。

我国种群生态学的研究工作，特别是植物种群生态学研究起步相对较晚，发展也相对滞后。有两件事我认为对学科的发展起了很好的推动作用。第一件事，我记得从 1989 年起，由复旦大学、西南师范大学（现西南大学）、内蒙古大学和东北林业大学等单位联合发起了系列的“全国植物种群生态学研讨会”，会议不定期在全国各地召开，并得到了越来越多的种群生态学界同仁的支持和参与。在此基础上，中国生态学学会种群生态专业委员会于 1994 年成立。“全国植物种群生态学研讨会”持续举行了 7 届，后发展并更名为系列的“全国种群生态学前沿论坛”，迄今持续举行了 3 届，已成为种群生态专业委员会的一个品牌。第二件事，20 世纪 80 年代中期以来，中国生态学学会数次组织开展中国生态学发展战略研究。本人参加了早期的工作，并对当时植物种群生态学的发展趋势和我国的发展战略进行了总结。即将出版的这本书是对种群生态学近十来年研究的总结和对未来发展战略的展望，是我国种群生态学研究历程上的一个重要成果，值得庆贺！

该书汇集了来自不同单位、有着不同研究经历的 47 位作者的综述文章。这些文章广泛涉及种群生态学理论与应用的多个方面，研究内容上包括从种群观测、种群实验到种群模型，从种内关系到种间关系和协同进化，从生活史阶段到种群动态，从种群统计到种群遗传和种群分化的诸多方面；研究生境上包括从湿地到旱地，从草地到林地，从水生到陆生的各种类型；研究主题包括从一般性主题到特定生物类群，从种群特征到生态保育和恢复等各个方面。这些文章既从总体上进行全面扫描加以归纳，又通过具体的研究综述加以反映，还可以把两者结合起来进行综合描述。这些论述基本反映了近十来年种群生态学研究的进展，该书的出版对于读者快速了解种群生态学的研究现状及发展趋势是大有裨益的。

我有幸先期阅读了该书，受益匪浅，深感我国种群生态学研究前途光明，后继有人。故乐为之序。

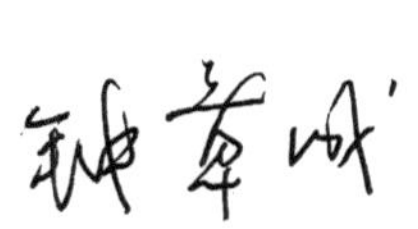

2015 年 8 月

前　　言

种群生态学是生态学的重要分支，是一门研究生物种群及其与环境之间相互关系的科学。近年来，随着技术的不断创新和进步，种群生态学与其他学科的交叉越来越紧密，研究手段和方法越来越丰富。在全球环境变化的大背景下，各国的研究者都在种群生态学的各个领域持续地探索，取得很多具有重要意义的研究成果，推动着种群生态学在理论与应用层面上的蓬勃发展。

本书以植物和动物为主要对象，广泛涉及种群生态学理论与应用的多个方面：从种群观测、种群实验到种群模型，从种内关系、种间关系到协同进化，从生活史阶段到种群动态，从种群统计到种群遗传和分化，从湿地到旱地，从草地到林地，从水生到陆生，从一般性主题到特定生物类群，从种群特征到生态保育和恢复。全书包括17章，即“植物种内相互关系”、“动物种群保护遗传学与濒危动物保护”、“协同进化与种群遗传分化”、“积分投影模型在种群统计中的应用”、“干旱区植物种子萌发及其影响因素”、“植物-传粉者互作网络”、“湿生高等植物种群生态学”、“浮游植物种群生态学”、“鱼类种群生态学”、“木本植物种群生态学”、“克隆植物种群生态学”、“寄生植物种群生态学”、“竹类种群生态学”、“蕨类植物种群生态学”、“大型濒危食草动物种群生态与保护”、“濒危植物种群的遗传多样性与遗传拯救”和“植物种群生态学与生态恢复”。

本书旨在反映近十来年种群生态学研究的进展。学科进展，可从总体上进行全面扫描加以归纳，也可通过具体的研究综述加以反映，还可以把两者结合起来。本书显然走了一定程度的“结合”之路，试图通过较具体的研究综述把学科扫描与研究重点介绍整合起来。

本书作者共47位，分别来自国内外23个单位，包括高等院校和科研院所、国家重点实验室和省部市重点实验室等。本书作者多为年富力强、在一线工作的生态学者，亦有德高望重的学界前辈和不及而立的科研才俊。本书主编和副主编分别由参编的中国生态学学会种群生态专业委员会现任主任委员和副主任委员及秘书长担任，本书编委作为第一作者或通讯作者全程参加了编写工作，并集体讨论和相互审阅了全书各章节。特别邀请中国生态学学会原副理事长、中国生态学学会种群生态专业委员会原主任委员钟章成教授作为本书顾问，并作序。

本书是中国生态学学会承担的“中国科学技术协会‘学会能力提升专项’优秀科技社团奖项目”的子项目之一。编写本书的想法始于2012年末，编写工作始于2013年6月。中国生态学学会种群生态专业委员会于2014年4月25～27日在江西省吉安市召开了“全国种群生态学发展战略专题研讨会”（井冈山会议），由井冈山大学生命科学学院生物多样性与生态工程江西省重点实验室承办。本书主编和部分副主编及编委出席了井冈山会议。井冈山会议研讨了中国生态学学会委托给种群生态专业委员会关于中国种群生态学发展战略的编写任务，围绕种群生态学最近十来年的发展和成就展开了研讨。会议安排了中国生态学发展战略研究报告之种群生态学部分的撰写工作，开启了本书的正式编写历程。

2014 年 8 月，根据中国生态学学会的要求，子项目负责人暨本书主编，以杭州师范大学为子项目负责人单位，与中国生态学学会签订了“中国生态学学会能力提升专项经费实施方案任务书”。2014 年 10 月，本书主编与科学出版社签订了本书的出版合同。自此，本书编写工作进入快车道。

自井冈山会议近一年之后，中国生态学学会种群生态专业委员会于 2015 年 4 月 11～13 日在四川省绵阳市召开了“2015 年全国种群生态学发展战略研讨会”（绵阳会议），由绵阳师范学院生态安全与保护四川省重点实验室承办，本书主编、副主编及部分编委和参与作者出席了绵阳会议。绵阳会议再次研讨了种群生态学研究的新进展，并且交流了本书各章节的编写情况和经验，安排了下一步的编写工作。2015 年 5 月 10 日，本书进入统稿阶段，整个编写工作接近尾声。本书统稿工作由董鸣、陶建平和宋垚彬完成，戴文红通篇审读了各章节，2015 年 7 月 4 日全书付梓。

为系统总结学科在不同发展时期的研究成果和预测学科研究的发展趋势，惯于定期、不定期地组织专家编写学科发展战略报告。种群生态学是生态学较成熟的分支学科，具有坚实的数学基础和实验规范。除了自身理论体系的发展外，种群生态学日益注重与群落生态学和生态系统生态学的整合，以助力解决人类在全球变化背景下所面临的诸如粮食安全、生物多样性保育和生态环境保护与恢复等全球关注的重大可持续性问题。本书荟萃了种群生态学领域多个方面的研究综述，反映了种群生态学最近十来年的研究进展。借此抛砖引玉，希望对生态学及其相关学科的教学实践、科学研究、技术研发、管理决策、工程建设和科学普及都具有参考价值。

本书得到中国生态学学会和科学出版社的大力支持，科学出版社编辑为本书的出版进行了认真的编辑加工工作，特此感谢。

《生态学透视：种群生态学》编委会

2015 年 7 月 4 日

目　　录

第一章　植物种内相互关系*

第一节　引　　言

植物种内相互关系一直是植物种群生态学研究的核心科学问题之一（Connell 1983; Schoener 1983; Bruno et al. 2003）。生态学家对植物种内相互关系的研究主要聚焦于植物个体水平上各组织器官间和种群水平上的异速生长比例关系（allometric scaling relationship），以及这些不同的异速生长比例关系对种群和群落结构动态及物质能量利用规律等方面的影响（Adler 1996; Cheng et al. 2006; White et al. 2007; Chu et al. 2008; Deng et al. 2006, 2012a, 2012b）。植物个体异速生长是指生物体不同器官（如根、茎、叶等）之间，以及植物高度与茎干直径间生长速率不一致的现象（Harper 1977; 徐高福等 1998）。而植物种群的异速比例主要是指植物个体的生物量、叶面积指数，以及单位面积生物量产量与种群密度等相互之间的异速比例关系（邓建明 2007）。植物种群水平上的异速比例关系往往是基于个体水平上的异速比例关系推导而得。因此，这两个层次上的植物异速比例关系是密不可分的，它们之间有着内在的逻辑关系。也正因为生态学家对植物不同异速比例关系的持续研究，一系列经典的生态学理论模型或理论体系不断地得以建立和发展，如立地密度法则、最终恒定产量法则、自疏法则、生态代谢理论、能量平衡法则和最适种植密度法则等。

第二节　植物个体水平上的异速比例关系

1. 植物各组织器官间的生物量分配模式

植物个体水平上各器官间的异速比例关系是植物种内相互关系的一种体现。了解植物体各器官间的异速生长关系或者各部分的生物量分配模式对于深入研究植物对环境适应机制、植物体形态可塑性，以及较精确地估算植物群落乃至生态系统的碳储量或年净生产力等方面具有重要意义。生态学家很早就认识到了植物会通过调整各组织器官间（包括根、茎、叶，以及营养生长和生殖生长）物质能量分配模式来适应生物和非生物环境因子的变化（Grime 1974; Westoby 1998; Westoby et al. 2002），这些特性又反过来影响植物对生物或非生物环境的响应，甚至对大尺度的物种多样性、生态系统功能产生重要影响（Grime 1994; Ritchie & Olff 1999; Niinemets 2001; 程栋梁 2007）。例如，植物的最优繁殖分配比例（用于繁殖部分的能量占植物一个生长季内净同化能量的百分比）的理论值应该为 50%，但实际上植物的繁殖分配比例因受环境选择压力或种内（种间）竞争限

本章作者：邓建明　陈仁飞　冉金枝　王根轩

制而低于 50%（Harper 1977; Silvertown 1982; 张大勇 2004）。有学者研究表明在高纬度下适应于低光照强度的树木会将更多的物质能量分配给树干而给叶生长的较少，相反适应于赤道生境的树木则将更多的物质能量分配给叶生长；当地上光或空间资源受到限制时，植物将更多的物质能量分配给茎干生长，而当矿质营养或水分吸收受到限制时，则将更多的物质能量分配给根系生长（Deng et al. 2006, 2008, 2012a, 2012b; Cheng et al. 2014; Zhou et al. 2014）。但是这些认识仅仅停留在定性描述水平上。直到 20 世纪末 21 世纪初，美国新墨西哥大学的著名生态学家 James H. Brown，Brian J. Enquist 和 SantaFe 研究所的理论物理学家 Geoffrey B. West 进行合作，他们建立了生物体物质能量交换吸收循环系统的分支结构空间填充理论模型（fractal volume-filling theory），并从理论上回答了生命体的基本物质能量代谢速率为什么与个体大小的 3/4 次方幂成正比（West et al. 1997, 1999a, 1999b）。随后，他们很快把该理论成功地拓展到预测植物个体物质能量分配模式，以及种群的增长乃至群落和生态系统的物质能量循环及其生物多样性分布格局，即形成生态代谢理论（metabolic theory of ecology）体系（Brown et al. 2004; 邓建明等 2006）。

生态代谢理论通过运用物理、化学和生物的基本原理，提供了定量分析植物各组织器官间异速比例关系的理论基础。与之前的研究不同，该理论提出了一个具有“普适性”的生物量在不同器官和功能部分的分配模式。该理论假定植物主要由 3 个功能部分组成（即根、茎和叶；其生物量分别表示为 M_R、M_S 和 M_L）（Bierhorst 1971; Gifford & Foster 1988），并且满足以下 3 个假设条件：①茎和根的质量密度在个体发育过程中保持不变；②两者的有效水力截面积相同；③根的长度正比于茎的长度，可以推得植物的根、茎、叶之间生物量的分配模式（Enquist & Niklas 2002）。基于上述 3 个基本假设和代谢理论，不难得出植物地上部分和地下部分的物质能量利用速率（即代谢速率 B，通常以叶生物量 M_L 替代）分别与植物个体地上（M_A）、地下生物量的 3/4 次方幂成正比，即 $B \propto M_L \propto M_A^{3/4} \propto M_R^{3/4}$，进而推导出地上、地下生物量的分配呈等速比例关系，即 $M_A \propto M_R$（West et al. 1999a, 1999b; Enquist & Niklas 2002）。以上推导出的根、茎、叶之间的关系不但适用于木本植物个体，而且得到大量森林群落数据的验证（Enquist & Niklas 2002; Niklas 2004, 2005, 2006; Cheng & Niklas 2007; Cheng et al. 2014）。Niklas（2006）通过对不同进化水平植物地上、地下生物量分配模式的研究，认为单细胞藻类、苔藓、裸子和被子植物也具有与木本植物基本一致的分配模式。此外，程栋梁（2007）通过对 1266 个中国森林群落数据分析发现树干生物量（M_S）、树枝生物量（M_B）、地上生物量和整体生物量相互之间也呈等速生长关系，即 $M_S \propto M_B \propto M_A \propto M_R$。然而，最近有研究发现荒漠植物在不同营养条件和生长阶段下其地上、地下生物量间异速指数均有所变化，并不是遵循恒定的等速比例关系（Zhou et al. 2014; 肖遥等 2014）。但是导致植物在特定环境条件下或特定生长阶段其生物量分配模式变化的机制尚不清楚，这还需要更深入的实验和理论研究来加以揭示。

2. 植物各组织器官生长速率间的比例关系

基于 3/4 生态代谢理论体系，可预测大个体生物的物质能量代谢速率与个体大小的

3/4 次方幂成正比，进而可以推测植物个体的代谢速率与其整个个体光合速率和呼吸速率呈正比关系（West et al. 1997, 1999a, 1999b; Niklas & Enquist 2002），且植物的光合速率和生长速率均正比于植物整个个体的叶生物量（Reich et al. 1997; Niklas et al. 2003; Allen et al. 2005; Enquist et al. 2007a, 2007b; Deng et al. 2012a, 2012b; Wang et al. 2015）。因此，基于上述比例关系，可得到植物生长速率与代谢速率成正比且具有和个体大小间相同的异速比例指数（Niklas 2004; Enquist et al. 2007a, 2007b; Mori et al. 2010）。Niklas 和 Enquist（2002）基于代谢理论和以下科学假设：①叶新增生物量与之前的叶剩余量之间成正比；②不考虑呼吸作用的影响，假设光合作用的代谢产物全部用于合成新生器官和组织；③同时假设根和茎的新增直径大小呈正比例关系，进一步推导出了植物根、茎、叶三大功能器官的生长速率彼此间也成正比，并得到大量实验数据的有力验证。根、茎、叶为植物的三大营养器官，除此之外植物还有花、果实、种子三大生殖器官。在植物生长早期，主要是营养器官的发育和生长，还没有出现花、果实、种子等，因此可以不考虑植物体的生殖部分。但是当植物达到成熟期时，其生殖器官也占据相当的比例，在研究异速生长关系时就必须将其考虑在内。不过，Niklas 和 Enquist（2002）通过实验数据分析发现，植物体生殖器官的生长速率与根、茎、叶生长速率之间也存在等速生长关系。然而，由于植物进入生殖生长时期后，通常情况下其营养生长仍然存在，只是从营养生长逐渐过渡到完全生殖生长（张大勇 2004）；那么在此情况下，植物个体的生殖生长速率与营养生长速率间是否还是等速比例关系？理论上，随着生长它们之间应该是一个动态平衡关系，而不是恒定不变的。但是对于成熟植物体来说，其生殖器官的大小与营养器官或整个个体大小间，以及它们各自的生长速率间是否存在等速比例关系尚缺乏实验和理论依据。

3. 植物基径与株高的异速比例关系

由于植物枝条在其自身重力作用下将发生弹性弯曲现象，McMahon 和 Kronauer（1976）基于弹性相似性理论研究认为植物枝条或者树干既必须维持自身及整个植物的正常生长发育，又不能因自身重力作用而导致枝条或树干的折断，因此植物枝条或树干高（h）与直径（d）间最优异速比例关系应为：$h \propto d^{2/3}$。该异速比例关系已被大量数据证明（Niklas 2004; Niklas & Spatz 2004）。但也有研究发现植物茎的直径(d)与冠幅直径(r)间呈等速生长比例关系，$d \propto r$（Adler 1996）。而在植物种群中著名的–2/3 自疏法则的几何模型正是基于植物株高与茎的直径间为等速生长关系的前提假设推导出来的（王刚 1993）。基于植物株高与茎的直径间异速指数遵循弹性相似性理论所预测的最优异速指数为 2/3，能通过植物冠层几何关系推导出–3/4 自疏法则（Franco & Kelly 1998; Deng et al. 2012a）。事实上，不同环境中植株直径与株高间的比例关系具有一定的可塑性，即异速指数具有环境异质性。邓建明（2007）通过对干旱区的荒漠植物种群和大田中春小麦种群的研究发现，植物个体高与茎的直径间的异速关系随植物个体空间拥挤程度或物种特异性而变化。当植物种群没有强烈的空间竞争时，植物个体高与茎的直径间异速指数接近于 2/3，而当种群处于高度空间拥挤时，其异速指数更接近于 1。

第三节　植物种群水平上的异速比例关系

1. 植物种群密度与植株直径的异速比例关系

Reineke（1933）针对冠层密闭且同龄的植物种群提出了“立地密度法则”（stand density rule），即

$$N = kr^{-1.605} \tag{1-1}$$

式中，N 为种群密度；r 为植株茎干的平均直径；k 是常数。认为种群密度与植株直径间的异速比例指数为一定值–1.605。并引出了概念“立地密度指数”（stand density index, SDI）。在植物冠层密闭条件下，可以通过测定植株的直径来估测植物种群的立地密度。例如，$SDI = k(25.4)^{-1.605}$ 表示 1 hm^2 面积上直径为 25.4 cm（10 英寸）的植株数量。这曾被认为对定量测定和控制种群密度有着重要意义（Puettmann et al. 1992, 1993; Ducey & Larson 1999; Pretzsch 2002），而且已对美国森林研究和科学管理做出了重要的贡献（Zeide 2004）。但也有学者对其异速指数的恒定性提出异议（Gadow 1986; Pretzsch & Biber 2004）。或许是该法则具有一定的环境和物种特异性；但无论如何，在该法则的普适性还没有定论之前，是不能推广应用于估测植物种群密度的。事实上，后来的理论和实验研究表明对于一个冠层密闭的种群来说，该指数应该为–2 而不是–1.605（Enquist et al. 1998）。

2. 植物种群竞争密度效应与最终恒定产量法则

20 世纪 50 年代日本生态学家 Kira 等（1953）通过设计农作物大豆植物种群种植密度梯度实验，对竞争-产量-密度效应进行了一系列的研究。他们发现对数转换的植物个体平均大小与种群密度间呈线性关系。随后 Shinozaki 和 Kira（1956）基于以下假设条件，即植物个体的生长遵循逻辑斯谛方程，植物种群单位面积的产量不依赖于种群密度，提出了植物种群的竞争密度效应（competition-density effect，C-D 效应）的逻辑斯谛理论模型。该 C-D 效应的逻辑斯谛理论主要阐述了：①对于生长初期或低密度植物种群，个体平均生物量与密度的双对数曲线呈水平直线；②随着个体的生长，高密度种群的这种曲线将由水平线转变为斜线，而且直线斜率越来越陡，最终与横坐标约成 45°夹角，即斜率值为一恒定值–1（图 1-1a）；③在植物种群受到资源限制的情况下，其单位面积的生物量产量不再依赖于种群密度，最终维持在某一恒定水平（图 1-1b），即著名的最终恒定产量法则（the constant final yield law）（Shinozaki & Kira 1956）。显然，最终恒定产量法则提出的理论基础是植物个体大小与种群密度间的异速比例指数为一常数–1，并得到一些实验验证（Shinozaki & Kira 1956; Kays & Harper 1974; Weiner & Freckleton 2010）。然而，他们在验证最终恒定产量法则时，植物种群的种植密度通常小于 1000 株/m^2（Shinozaki & Kira 1956; Kays & Harper 1974）。对于一年生作物或草本来说，这往往并不足以导致植物种群因过于拥挤而出现密度依赖性的死亡现象。显然，该法则对于植物自疏种群来说并不适用，且与随后学者提出的不论是–2/3 自疏法则还是–3/4 自疏法则均相差甚远。作者

认为最终恒定产量法则应仅适合于一定密度范围的种群。Hagihara（1999）在该 C-D 效应理论基础上分别探讨了自疏和非自疏植物种群 C-D 效应的逻辑斯谛理论及相应的实验研究（Xue & Hagihara 1998, 1999; 方精云 1995）。总之，C-D 效应是指在不同密度水平种群中，植物个体平均生物量与种群密度在一特定时刻的关系（Hagihara 1999; Weiner & Freckleton 2010）。

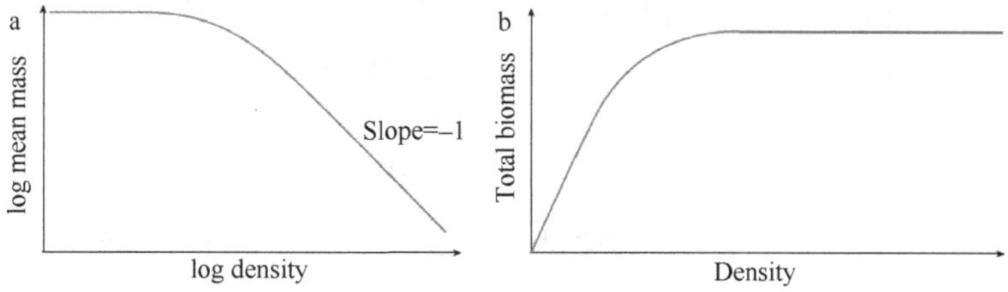

图 1-1 a. 对数转换的平均个体生物量与种群密度间的关系，该图表明植物种群单位面积生物量随着密度的增加而维系在一恒定水平，即最终恒定产量法则；b. 单位面积总生物量与种群密度的关系（Weiner & Freckleton 2010）

3. 植物种群的自疏法则

对于植物种群来说，随初始种群密度的增加和个体的生长而密集，并因种群内个体之间为争夺各生态因子（如光、水、营养等）而发生竞争，达到一定程度时，导致部分个体死亡，即自疏（王刚和张大勇 1996）。在植物种群 C-D 效应研究的基础上，Yoda 等（1963）基于欧几里得几何学（Euclidian geometry）原理并结合植物个体形态几何特征，提出了植物的–2/3 自疏法则。即

$$N_{\max} \propto M^{-\alpha} \tag{1-2}$$

式中，M 是植物个体的平均生物量；$N_{\max}$ 是种群最大密度；α=2/3。认为植物个体平均生物量与种群密度的–2/3 次方幂成正比。该法则的理论推导实际上基于以下基本假设：①必须是个体密集的种群，即在自疏过程中种群冠层维持密闭状态；②每株植株所占的空间被看成圆柱体；③相同物种个体的各组织器官具有相似的几何形状，且在任何生长阶段和生长条件下都保持等速生长（isometry），即个体的冠幅（d）或者干径（r）和高度（h）的比始终不变；④茎、枝、叶空间分布的平均密度（D）不变，即植株生物量随个体空间体积的增加而成比例地增加；⑤植物种群在自疏过程中不受其他物种的竞争和环境因子的胁迫（Zeide 1987; 王刚 1993）。

该自疏法则一度被认为是生态学中唯一的定量法则，并被大量实验数据所验证（White & Harper 1970; Harper 1977; White 1980, 1981; Long & Smith 1984; Hamilton et al. 1995; Bi et al. 2000; Pretzsch 2006），尤其是来自一年生草本植物的研究（Yoda et al. 1963; 吴冬秀等 2002; Liu et al. 2006）。但–2/3 自疏法则的普适性也受到质疑（Long & Smith 1984; Zeide 1987; Weller 1987, 1990）。在大多数情况下，植物竞争的实际过程并不是这样的。底面直径和株高之比 C 及茎、枝、叶的质量分布密度 D 都是种群密度 N 的函数，可分别表示为：C（N），D（N）。因此，Zeide（1987）和王刚（1993）对–2/3 自疏法则进行了几何模型的具体推导并提出了一般模型，$M = P{\cdot}D(N){\cdot}C(N){\cdot}N^{-3/2}$。虽然该一般性模型从概率和逻辑上对–2/3 自疏法则的普适性提出了质疑，但由于并没有把高径比和质量密

度与种群密度 N 实质性地整合在一起，也无法明确地从理论上否定–2/3 自疏法则。

在 20 世纪末，West 等（1997, 1999a, 1999b）利用生物体的分支结构空间填充理论模型（fractal volume-filling theory）推导出生物个体的新陈代谢速率（B）与个体大小的 3/4 次方幂成正比。而且由于植物种群单位面积有效资源的供应速率，尤其是限制性资源的供应速率为一恒定值；因此，当植物种群中植物个体的生长受到资源限制时，植物种群单位面积限制性资源供应速率与植物对该资源吸收利用速率达到平衡状态并不再依赖于植物个体的大小，即著名的能量平衡法则（energy equilibrium law）（Enquist et al. 1998），其表达式为

$$R = N_{\max}\bar{Q} \propto M^0 \tag{1-3}$$

式中，R 为植物种群在单位面积里对资源利用的速率；$\bar{Q}$ 为每个个体资源平均利用速率。基于生态代谢理论，植物平均个体的物质能量吸收利用速率（$\bar{Q}$）与个体大小的 3/4 次方幂成正比，因此结合上述能量平衡法则便可得到植物种群密度与个体大小间的异速指数应该是–3/4，而不是–2/3，即 $N_{\max} \propto M^{3/4}$（Enquist et al. 1998）。

基于代谢理论和植物种群能量守恒定律推导出的–3/4 自疏法则无疑给植物竞争理论尤其是–2/3 自疏法则带来了巨大的冲击和挑战。随后在学术界也引起了生态学家再次研究和验证植物种群自疏法则的高潮（Enquist & Niklas 2001; Deng et al. 2006; Pretzsch 2006; Wang et al. 2008; Deng et al. 2012a）。不过 Franco 和 Kelly（1998）利用植物几何关系也推导出了自疏指数为–3/4，并为大量数据所支持，其推导如下。

单位面积最大活体组织（$T_{\max}$）与叶面积指数（LAI）有如下关系式：

$$T_{\max} \propto \mathrm{LAI}_{\max} \propto fN \tag{1-4}$$

式中，f 为种群中平均个体叶面积；N 为种群密度。

而且有

$$f \propto 1/N \tag{1-5}$$

另外根据‘pipe model’（即“管道模型”）（Shinosaki et al. 1964; Waring 1983），f 与植株冠幅直径 d 的平方成正比，且茎直径与冠幅直径关系式 $r \propto d$，则

$$f \propto d^2 (f \propto r^2) \tag{1-6}$$

当叶面积指数达到最大 $\mathrm{LAI}_{\max}$ 时，假设单位面积生物量 W 与高 h 成正比

$$W \propto h \tag{1-7}$$

根据弹性相似性理论（McMahon & Kronauer 1976），植物个体高 h 与直径有异速比例关系

$$h \propto d^{2/3} \tag{1-8}$$

由以上公式可以得到单位面积生物量 W 与密度 N 的关系式：

$$W \propto N^{-1/3} \text{ 或 } N \propto M^{-3/4} \tag{1-9}$$

但 Pretzsch（2006）通过对大量的实验数据分析，发现自疏指数并不是某一个恒定值，而是具有物种特异性的且在一定范围内波动，有的接近–2/3，有的更符合–3/4。事实上，已有大量研究证明自疏指数随物种或环境胁迫而变化（Weller 1987; Lonsdale 1990; Osawa & Allen 1993; Morris 2002; Niklas et al. 2003; Li et al. 2006; Deng et al. 2006, 2008; Pretzsch 2006）。最近，学者针对我国西北干旱荒漠自然生态系统中植物群落进行了非常系统的样方调查，并结合大量的密度梯度控制实验和整理文献报道的有关数据资料，分

析发现：①在供水条件良好且冠层密闭的植物种群（如森林）中，–3/4 法则和种群能量守恒定律均能得到有效验证，且年均降雨量和温度两个环境因子变量对其没有显著影响（Deng et al. 2012a）；②在严重干旱条件下拥有发达根系且激烈竞争地下资源（如水）的荒漠植物种群中，不论是–2/3 法则还是–3/4 法则，以及物质能量平衡定律对植物种群的地上部分均不适合，但–3/4 法则和物质能量平衡法则均适合于植物种群的地下部分；从而推断出植物群落单位面积最主要限制性资源的供应速率和植物个体间的主导竞争类型（即地上或地下竞争）决定了植物哪部分适合于基于代谢理论的–3/4 法则和能量守恒定律（Deng et al. 2006）；③同时结合植物种群的自疏法则和代谢理论，提出了植物个体平均物质能量交换、利用速率与种群密度间的权衡理论（trade-off relationship）（即植物个体平均生物量-密度间异速指数与其代谢速率-个体大小间异速指数互为负倒数），而且该模型在跨越不同生境的森林、灌木和作物等植物群落中得到了很好的验证（Deng et al. 2008）。

4. 植物小个体的动态生长模型

总体上，生命体从外界吸收利用的物质能量总和，一方面用于维系本身生命活动的消耗，另一方面则用于新的生物量合成，即生长。Weiner 等（2001）基于植物冠层的区域影响模型（zone of influence）建立了植物个体的生长模型。首先他们假定植物冠层对资源吸收利用的速率（B）与冠层投影面积（A）成正比，且冠层投影所占面积与个体大小的 2/3 次方成正比，即 $B \propto A \propto M^{2/3}$；其次他们假设了植物个体从萌发到成熟的生长曲线为一反曲线，且其物质能量分配项符合逻辑斯谛生长方程，即与个体大小的平方成正比（Hunt 1982; Weiner et al. 2001）。因此有生长方程：

$$\frac{\mathrm{d}M}{\mathrm{d}t} = r\left(A - \frac{M^2}{M_{\max}^{4/3}}\right) = r\left(cM^{2/3} - \frac{M^2}{M_{\max}^{4/3}}\right) \tag{1-10}$$

式中，r 为每单位能量单位时间内合成生物量的初始速率；t 为生长时间；c 为一常数。从该生长模型可知，植物个体物质能量的利用速率与个体大小的 2/3 次方成正比，这显然与 3/4 代谢理论是相矛盾的。因为 West 等（1997, 1999a, 1999b）提出的代谢理论认为所有生命体物质能量吸收利用速率均与个体大小的 3/4 次方幂成正比。同样，West 等（2001）也基于生命体对所吸收物质能量的分配规律，并结合 3/4 代谢理论，建立了生长发育的动态生长模型。虽然该模型仅在哺乳动物界得到了很好的验证，但他们声称该生长模型对所有生命体均适合。然而，Reich 等（2006）通过对 43 个物种、500 个植物个体的研究，发现呼吸速率与个体大小间的异速指数为 1，并不遵循基于动植物的分支网状结构所提出的代谢理论。随后，Enquist 等（2007a）基于分支网络理论模型推导出随着植物个体的发育，其代谢速率与个体大小间的异速指数由小个体的 1 向大个体的 3/4 转变，对他们早期提出的 3/4 代谢理论进行了修正。而且，Mori 等（2010）通过对植物幼苗和成年大树呼吸速率的测定，分析发现植物个体平均呼吸速率与个体大小间的异速比例关系与 Enquist 等（2007a）的理论预测一致。因此，Deng 等（2012b）基于生态代谢理论，针对农作物建立了植物小个体生长模型：

$$\frac{\mathrm{d}m}{\mathrm{d}t} = r\left(m - \frac{m^2}{M}\right) \tag{1-11}$$

该生长模型既考虑了植物动态生长曲线基本符合逻辑斯谛 S 型生长曲线（sigmoid curve）的实际，同时又整合了植物小个体物质能量吸收利用速率与个体大小呈等速比例关系的最新研究进展（Reich et al. 2006; Enquist et al. 2007; Mori et al. 2010）。从该模型可知：①当植物个体生长到成熟个体大小一半（$M/2$）时，其生长速率达到最大，而此时植物个体总叶生物量也应该达到最大（图 1-2）；②植物个体的生长速率主要由内禀生长速率 r 和最大成熟个体大小 M 所调控。例如，对于同一物种生长在不同种群密度条件下，虽然内禀生长速率和成熟个体大小变化很大，但仍遵循该生长模型（图 1-3）。从图 1-4 可知，在邻体间相互竞争发生之前，即使在不同种群密度中其植物个体生长速率和个体大小均基本相同；但随着生长，高密度种群中植物个体的生长先受到邻体竞争的抑制，中密度种群次之，并且其个体大小沿种群自疏渐近线随种群密度而动态变化。

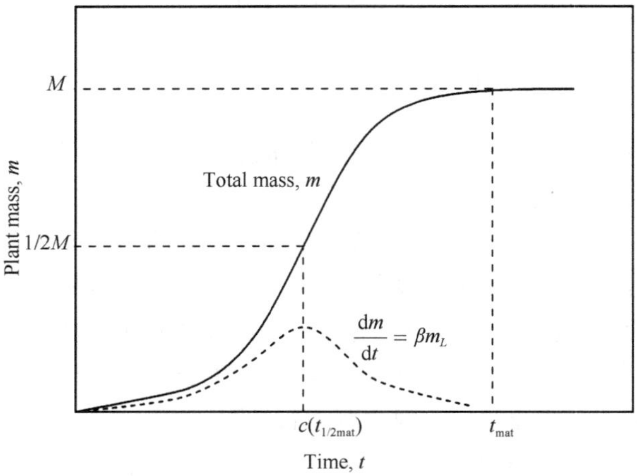

图 1-2　一年生植物小个体生物量 m 随时间 t 的动态生长曲线。根据生长模型［公式（1-11）］，该图表明：①植物个体从开始萌发到时间 t_{mat} 成熟过程中，其动态生长曲线为 S 型曲线，且成熟后期其个体生物量维持不变；②在整个生长过程中，其生长速率维持先增加后下降的动态变化模式，且当植物个体生长到成熟个体大小一半（$M/2$）时，其生长速率达到最大，而相应的植物个体叶生物量也达到最高。图中 c 为生长模型［公式（1-11）］中的常数，表示生长到成熟个体大小一半时所需要的时间（Deng et al. 2012b），理论上瞬时生长速率与整体叶生物量（mL）成正比

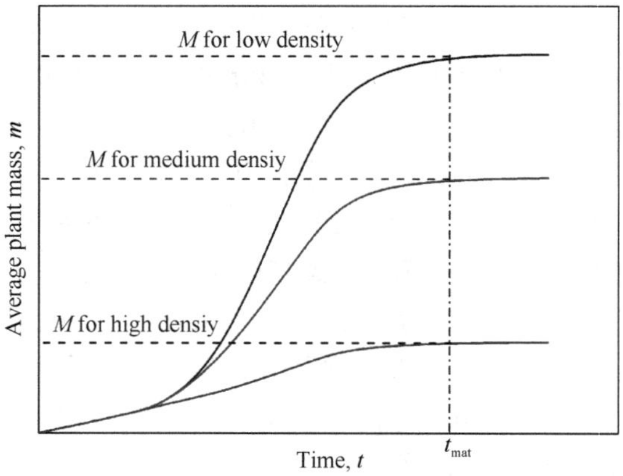

图 1-3　生长在不同初始种植密度条件下植物个体的生长曲线。该图显示生长在不同初始密度条件下，在生长初期，其生长速率基本一致，随后随着种植密度增加而下降，且成熟个体大小也随着种群密度增加而下降；但都遵循逻辑斯谛 S 型生长曲线（Deng et al. 2012b）

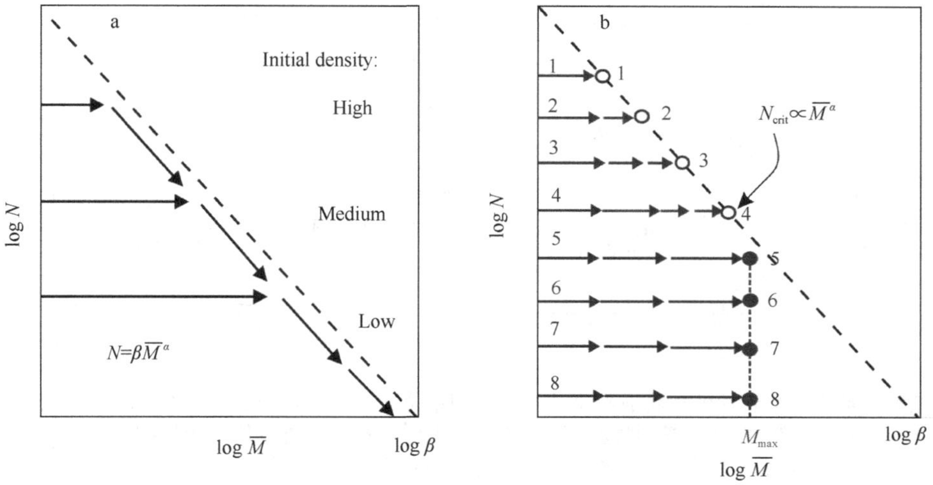

图 1-4 a. 对数转换的传统植物种群动态自疏过程图示，这里种群密度作为个体平均大小的函数。该图表明生长于不同初始密度的植物种群，随着植物个体生长，在达到自疏渐进线（虚线）之前，植物种群密度保持不变；而在达到植物自疏线后，一些个体进一步生长并沿图中箭头所指方向动态变化，而另一些个体则因对限制性资源竞争而死亡。b. 一年生草本植物种群存活密度与成熟个体平均大小间关系的图示。该图表明了当植物种群密度足够低（5～8）以至于它们在整个生长过程中彼此之间不会竞争资源时，理论上这些植物个体拥有相同的生长速率和最大生物量；而当植物生长在高密度（1～4）种群中，在初始阶段其个体生长速率与其他种群密度中植物个体生长速率相同，但随着生长，其生长速率和成熟个体大小均将随密度的增加而下降（Deng et al. 2012b）

5. 植物种群最适种植密度估算

随着人口数量的日益增长，人类可利用的耕地、水等自然资源日趋紧缺，如何提高对自然资源利用的效率，提高农作物的产量便成为科学家需要攻克的重大科学问题。对植物个体间相互作用的相关研究，学者往往仅聚焦于在植物高度拥挤条件下个体间的相互竞争作用（Yoda et al. 1963; Weller 1991; Deng et al. 2006, 2008; Wang et al. 2008）和在极端环境条件下邻体间互惠作用（facilitation）（Callaway et al. 2002）。根据植物种群的C-D 效应和自疏法则，人们不难得知在低密度植物种群中单位面积生物量产量将随着种群密度增加而增加，但在高密度自疏种群中，其单位面积生物量产量将随着种群密度的增加而下降（图 1-5a）。因此，在不同密度的植物种群中，应当存在使其单位面积生物量最大化的最适密度种群。基于此理念，Deng 等（2012b）基于植物种群的 C-D 效应和自疏法则建立了估算使其单位面积生物量产量最大化的最适种植密度理论体系。

由于在低种植密度植物种群中没有邻体间的竞争，其平均个体生物量与密度间的异速指数接近 0，因此对低种植密度植物种群的 *M-N* 间的对数回归线近似于水平线；而高密度的相应回归线均为斜线（图 1-5b）。这遵循 C-D 效应（Shinozaki & Kira 1956; Xue & Hagihara 1998, 1999; Hagihara 1999）所阐述的两条边界线理论。因此，根据–3/4 自疏法则和逻辑斯谛理论的 C-D 效应，在非邻体竞争种群中，植物个体生长到成熟阶段能达到最大生物量（M_{max}）；在邻体激烈竞争的种群中，植物个体的成熟生物量随种群密度的增加而下降。所以在非竞争和竞争条件下的植物种群单位面积生物量产量（*W*）分别可由以下方程式而得

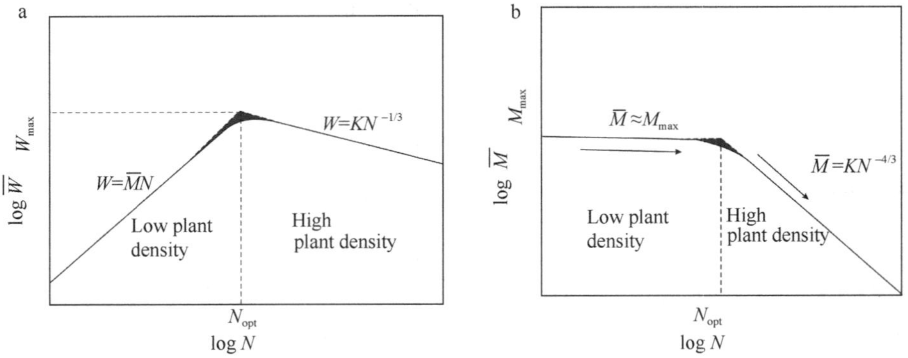

图 1-5　植物种群中对数转换的植物成熟个体生物量和单位面积生物量产量随种群密度变化的图示模型。a. 预测了①当种群密度低于最适种群密度（$N<N_{opt}$）时，植物种群单位面积生物量产量与种群密度成正比。②当种群密度高于最适种群密度（$N\geqslant N_{opt}$）时，单位面积生物量产量随种群密度的增加而呈指数性下降。图中红色区域表示随密度的增加植物种群冠层由完全无竞争到激烈竞争的逐步转变过程，该区域单位面积生物量与种群密度间的关系可能恰好符合最终恒定产量法则。b. 预测了①当种群密度低于最适种群密度（$N<N_{opt}$）时，植物种群冠层基本没有密闭，个体间基本没有竞争；植物个体保持最大的生长速率且最终成熟生物量不依赖于种群密度。其对数转换的成熟个体大小与种群密度为一水平直线。②当种群密度高于最适种群密度（$N\geqslant N_{opt}$）时，植物种群冠层完全密闭，个体间进行激烈竞争；植物个体生长速率及最终成熟生物量均随种群密度增加而呈指数性下降（Deng et al. 2012b）
（阅读彩图请扫描封底二维码）

在非邻体竞争种群中，

$$W = M_{max}N \tag{1-12}$$

在邻体激烈竞争种群中，

$$W = KN^{-4/3}N = KN^{-1/3} \tag{1-13}$$

式中，K 为常数，其取值具有物种和环境依赖性。正如图 1-5 所示，在对数转换的坐标系中，上述两关系式回归线的交点所对应的种群密度即单位面积生物量产量最大化时的种群最适密度（N_{opt}）。该最适密度可由以下方程计算而得

$$N_{opt} = \left(\frac{M_{max}}{K}\right)^{-3/4} \tag{1-14}$$

不过此模型只适用于满足以下条件的种群：①植物种群具有高、低不同的密度，即自疏种群和非自疏种群；②植物处于生长的成熟期。此模型不但可以针对一年生草本植物，也可适用于多年生植物在一定树龄阶段种群最适密度的预测（邓建明 2007）。这不论对植物竞争理论和代谢理论进一步的发展和完善，还是对在不同环境条件下构建更加稳定、健康的植物群落结构都具有重要的理论指导意义。

为了检验提出的上述理论模型，Deng 等（2012b）在兰州大学榆中校区实验园进行了 9 年研究，完成了 26 个不同密度梯度（每个实验设有 8～10 个不同的种植密度）的作物种植实验。分析发现：①当植物种群在没有邻体竞争的情况下或其种植密度低于最适密度时，其个体生长速率和成熟个体大小基本保持一致且个体生物量能达到最大值；②而当植物种群在资源供应受到严重限制或种植密度大于种群最适密度时，植物个体平均生长速率与种群密度成反比但其生长曲线仍遵循逻辑斯谛理论生长模型，且个体平均大小和单位面积生物量产量分别随种群密度的–4/3 次方和–1/3 次方而下降；③作物最适种

植密度、单位面积最大生物量产量和资源利用速率也分别与平均最大生物量的–3/4 次方、1/4 次方和 0 次方成正比。

6. 植物个体间的正相互作用

物种间相互作用一直是群落生态学的中心议题（Connell 1983; Schoener 1983; Bruno et al. 2003; Brooker et al. 2005; Cheng et al. 2006）。事实上，生物体间的相互作用既包括了竞争的负相互作用也包括了协作互利的正相互作用（positive interaction）（Kira et al. 1953），而且它们往往是同时存在的（Holzapfel & Mahall 1999; Pugnaire & Luque 2001）。但是生态学家早期对物种间相互作用的研究主要集中于植物个体间的竞争作用，很少关注植物个体间的正相互作用（Newman 1973; Connell 1983; Schoener 1983; Tilman 1988; Goldberg & Novoplansky 1997; Goldberg et al. 1999; 张大勇和姜新华 2000; 李博 2001; Bruno et al. 2003）。不过近来许多生态学家开始越来越注重对生物体间正相互作用的实验和理论研究（Bertness & Callaway 1994; Callaway 1995, 1997, 1998; Callaway et al. 2002; Bruno et al. 2003; Brooker et al. 2005; Miriti 2006）。

植物正相互作用是指在植物群落种间或者种内，当个体直接通过改善恶劣的生存环境、改变生长基质、增加资源的可利用性，或者间接地通过消除潜在的竞争者、引入其他的有益生物、保护不被取食等，促进了相邻个体的生存、生长或者增加了其丰富度时，相邻个体之间就发生了正相互作用（Bertness & Callaway 1994; Callaway 1995; Callaway & Walker 1997; Cheng et al. 2006）。而正相互作用的启蒙思想最早可见于达尔文写的《物种起源》一书，书中提到了混播（coculture）可能优于单播（monoculture）的观点。1914 年，Pearson 以美洲山杨（*Populus tremuloides*）和花旗松（*Pseudotsuga menziesii*）为实验材料开展了迄今为止有据可查的第一个有关正相互作用的实验（Callaway 2007）。1976 年，美国加利福尼亚大学 Atsatt 和 O'Dowd 在 *Science* 上发表研究成果：某种植物是否被食草动物吃掉取决于周围植物释放的化学物质、形态构成、分布状况及多度组成等。但早期的启蒙思想及颇具开创性的实验研究在当时并没有引起人们对正相互作用的重视，而且学者往往把正相互作用聚焦于植物群落水平上的物种间相互作用。直至 Bertness（1989）在盐沼地（salt marsh）里开展了一系列的正相互作用实验，并且正式地把正相互作用现象从物种间拓展到物种内。在自然种群水平上，由于植物个体的生态位基本完全重合，因此人们通常认为在种群水平上植物个体间相互作用只有竞争，不可能有互惠作用。显然，Bertness 的研究打破了学者固有的传统思维模式，从而也引起了学者对植物间正相互作用的高度重视。尤其是 Mark D. Bertness 于 1997 年在 *Ecology* 上组织发表了有关植物正相互作用的最新研究后，正相互作用方面的研究得以迅猛发展，并逐渐被业界人士广泛接受（储诚进 2010）。Bertness 和 Callaway（1994）假定随着环境胁迫的加剧，植物个体间的正相互作用的重要性将增加，而竞争或负相互作用的重要性将降低，即“环境胁迫梯度假说”（stress gradient hypothesis, SGH）。这个假说已被大量实验研究证明：即植物个体间的正相互作用分别在盐碱植物群落中（Callaway 1994; Hacker & Bertness 1995; Callaway & Pennings 2000; Pennings & Bertness 2001），干旱、半干旱及荒漠植物群落中（Suzan et al. 1996; Tewksbury & Lloyd 2001; Maestre et al. 2001, 2003;

Schenk et al. 2003; Maestre & Cortina 2004; Miriti 2006），以及高山植物群落中（Choler et al. 2001; Callaway et al. 2002; Dormann & Brooker 2002）被发现。其中最经典的案例就是 Callaway 等（2002）采用对不同海拔梯度高山植物邻体剔除法，发现在植物个体间正相互作用的重要性随环境胁迫的增加而增加。不过，“环境胁迫梯度假说”也有两种模式，一种认为正相互作用将随着环境胁迫强度的增加而线性增加，另一种则认为正相互作用往往体现在一定的胁迫强度范围内，而在环境胁迫强度的两端则体现竞争现象。前者主要体现在物种间的相互作用；而后者主要体现在种内邻体间的相互作用（Cheng et al. 2006; Maestre et al. 2009; Xiao et al. 2009; 张炜平等 2013）。但是也有研究表明在低温或干旱胁迫条件下，植物种群内邻体间也有明显的正相互作用（Deng et al. 2006; 邓建明 2007; Chu et al. 2008）。

植物个体间正相互作用又可分为直接正相互作用和间接正相互作用。在种群水平上直接正相互作用又可分为：①资源富集。植物通过遮阴、落叶、固氮作用等提高邻体对水分和营养元素的获取。②生境改善。这类正相互作用一般发生在极端或者比较恶劣的环境中。例如，在荒漠、盐沼地、高山等区域，植物间可以通过相互遮阴来避免高温、减少水分蒸发；通过与邻体协同抵御高山地区的风寒、降低盐碱地土壤盐度等方式使植物维系正常生长或生长得更好（Deng et al. 2006; Jia et al. 2011; 张炜平等 2013）。而间接正相互作用主要体现在物种间的协同防御和竞争网络等方面。当然在种群水平上，也可通过邻体引入有益生物来改善微生境状况，进而促进目标植物的生长。例如，因邻体的存在通过引入传粉昆虫而促进植物繁殖；通过引入土壤微生物从而改变植物根际周围土壤环境等。

对于种内植物个体间的正相互作用，学者通常采用邻体剔除法来研究，并以相对邻体效应（relative neighbor effect, RNE）来表示：

$$\mathrm{RNE}=\frac{M_1-M_0}{M_{\max}} \tag{1-15}$$

式中，M_1 是有邻体时目标植物生物量；M_0 是没有邻体时目标植物生物量；$M_{\max}$ 是两者中最大者。RNE 的取值为−1～+1（Chu et al. 2008）。虽然学者对植物种内、种间相互作用强度指数的表现形式提出了很多模型（张炜平等 2013），但是上述模型［公式（1-15）］是最简单、直接的表达方式。而且植物邻体间相互作用强度有多大，是正相互作用还是负相互作用，最终均体现为植物个体大小的相对变化。虽然相对邻体效应模型能简单、明了地体现植物邻体间的相互作用强度，但不能反映植物邻体间相互作用强度的调控要素或机制，更无法揭示植物邻体间正、负相互作用的转变机制。不过这正是植物生态学家一直在寻找解决方法的一大科学问题。

Chu 等（2008）根据 Weiner 等（2001）基于植物冠层影响域提出的生长模型，整合了环境胁迫强度，以及在环境胁迫条件下植物个体间正相互作用两个变量因子。然后分别模拟了相对邻体效应随环境胁迫强度和种群密度增加而变化的过程，发现在一定胁迫强度条件下的一定种群密度范围内植物种群体现出了正相互作用，并且在高寒草甸披碱草种群中得到了很好的实验验证。而且，邓建明（2007）通过实验研究发现，生长于干旱和荒漠地区的珍珠猪毛菜种群和沙蒿种群，以及田间春小麦种群其生物量-密度间的异速指数在一定种群密度范围内也均为正值，也就是说随着植物种群密度的增加，其生物量呈增加趋势，表明植物种内存在正相互作用。这一现象表明用生态位理论解释物种竞争现象和物种共存机制具有一定的局限性，因为个体大小相同或相近的同种植物具有相同的生态位，或者说它们之间生态位重叠部分比较大，然而它们在较恶劣的环境中没有表现出激烈的竞争，相反却是正相互作用。其实，这种现象在自然群落中更为普遍。

另外，邓建明（2007）通过研究还发现，生态学家 Enquist 等（1998）提出的用于研究植物种群密度与生物量关系的能量守恒定律只有在植物种群冠层闭合的条件下才成立。在干旱半干旱的荒漠地区，植物冠层远未达到闭合状态，能量因不守恒而出现过剩现象。过剩的能量（光能）会使地表温度升高、水分蒸发量增大，同时连续升温造成的大气温差促使狂风大作，促使沙尘暴的形成，原本被破坏的生态环境因此会进一步恶化。而且进一步的研究发现：在干旱半干旱等极端条件下，具有正相互作用的植物种群其资源利用速率和个体平均大小间的异速指数大于零，也就是说正相互作用提高了植物种群的资源利用速率。因此，从物质能量资源利用与代谢这个角度讲，正相互作用可以减缓能量过剩引发的负面作用，从而对植物种群的良性发展产生重要影响。

正相互作用的种群动态影响不仅体现在生物量和密度关系的变化上，还可以通过植物个体大小的不整齐性变化趋势来反映。一般认为植物个体间的竞争尤其是非对称性竞争会造成植物种群个体大小的不整齐性，但最近研究发现，正相互作用也能增加植物个体大小的不整齐性（Chu et al. 2009）。种群密度对个体大小不整齐性也有影响，在低、中密度的植物种群中，随密度增加个体大小的不整齐性下降，至中等密度时个体大小不整齐性最低。也有研究发现植物间的正相互作用还能通过影响植物个体物质能量代谢速率和分配模式，进而改变生态代谢的理论预测及种群乃至群落的动态结构（Xiao et al. 2009; Lin et al. 2012, 2013）。此外，对克隆植物而言，其克隆内分株间的作用关系和克隆之间分株间的竞争关系也成为种群生态学家所关注的焦点（详细请见第 11 章“克隆植物种群生态学”）。或许研究一定环境条件下克隆植物分株间的相互作用能更好地理解植物邻体间的相互作用机制，因为克隆植物克隆内分株间既是协同互利关系，共同吸收利用资源，同时也存在分享资源的竞争关系和资源在分株间运输成本的权衡问题。

由此可见，在研究种群生态学问题时，植物体间的正、负相互作用要兼顾，不能仅仅考虑竞争作用的存在。将植物间普遍存在的正相互作用融入主流的、传统的、以竞争理论为主导的生态学中，不仅可以完善生态学理论，还会为未来生态学领域重大的科学发现奠定基础。

第四节 总结与展望

在本章内容中，作者分别从植物个体和种群水平上概述了植物种内关系的相关研究进展。在个体水平上主要涉及各组织器官间的物质能量分配和比例关系，其中包括营养生长和生殖生长的物质能量分配模式，地上、地下生物量分配模式，以及根、茎、叶间的分配模式及其异速比例关系。同时还概述了植株高与基径和冠幅半径间的异速比例关系。而在个体水平上一系列相互关系中，尤为引人注目的当属 21 世纪初所提出的生态代谢理论。该理论体系预测生物个体新陈代谢率与个体大小间的异速比例指数为一常数，其中小个体植物的比例指数为 1，而大个体的比例指数为 3/4（Enquist et al. 2007; Mori et al. 2010; Deng et al. 2012b)。而对于植物个体来说，其物质能量代谢速率又与其整体光合速率和呼吸速率，以及径流速率、根表面积、叶面积或叶质量分别呈正比关系。因此，生态代谢理论体系的建立和发展具有十分重要的意义，它把植物个体的各生理指标（如光合速率、呼吸速率和径流速率）和形态指标（如地上、地下生物量及叶生物量）与个体大小间的比例关系联系起来，并进一步量化这些关系。

而学者在种群水平上提出的一系列异速比例关系模型，既有基于对实验数据分析总结出来的经验性规律，如“立地密度法则”和“最终恒定产量法则”；也有基于严密的数学推导而得出的理论模型或法则，如–2/3 或–3/4 自疏法则、正相互作用模型、最适种群密度模型等。当然，这些模型推导的理论基础往往要基于植物个体水平上的一些异速比例关系。例如，基于植物几何特性提出来的–2/3 或–3/4 自疏法则便由植物个体株高与基径及冠幅与基径等组织器官间的比例关系推导而得；而基于生态代谢理论提出的–3/4 自疏法则则由物质能量代谢速率与个体大小的 3/4 次方幂成正比并结合能量平衡法则而提出的（Enquist et al. 1998）。植物个体生长模型则源于冠层对物质能量利用速率与个体大小间的比例关系（Weiner et al. 2001; Deng et al. 2012b），并进一步应用于植物群体水平上的正相互作用（Chu et al. 2008）和负相互作用，以及最适种群密度模型（Deng et al. 2012b）。

总体上，不论是概述植物个体水平上的种内关系还是种群水平上的种内关系，作者都不得不围绕 20 世纪末由美国著名生态学家 Geoffrey B. West、Brian J. Enquist 和 James H. Brown 提出的生态代谢理论（常简称为 WEB 模型）展开论述。因为该理论基于物质能量代谢规律不但成功地预测了生物体个体水平上一系列的比例关系，还以此为纽带成功地应用于分子、细胞、种群、群落及生态系统各个层次之中，如分子进化速率，细胞的代谢速率，生物个体的生物量生产速率、发育速率、死亡率等，种群增长速率与种群生产力，以及生态系统中物种多样性分布格局及其同营养级之间的能量流动规律（Brown et al. 2004）。

近几十年来，植物种群生态学及种内关系得到了长足的发展，尤其是自生态代谢理论提出以来，植物种内个体各器官间及种群水平上的各比例关系得到了飞速发展。学者在检验这些理论预测时，往往利用在不同环境条件下多个物种的相关数据进行检验。并通常认为这些异速比例关系适合于不同环境条件下的不同物种，即具有普适性。然而这种宏观大尺度的数据分析，往往掩盖了种内一些真正的变化规律。一方面，对于同一个种生长于不同逆境胁迫环境中，其繁殖分配，地上、地下生物量分配及株高基径间异速比例关系等均可能发生显著变化。例如，在极端严酷的环境条件下，植物可能只有营养生长而没有进行生殖生长。又如，随着水分胁迫强度的增加，其植物个体地上、地下物质能量分配比例将随之变化。因此，随环境胁迫强度的增加，植株个体在各组织器官间的物质能量分配模式无疑将发生明显变化；那么这些变化是否会改变植物个体水平的异速比例关系？导致这些变化的生物学机制又是什么？要回答这些问题，进行一些环境梯度的同质园（common garden）实验将是十分必要的。而对于长期分布于当地不同自然环境中（local nature environment）的种群来说，这些形态特征及它们之间的异速比例关系的变化，既可能源于地理或气候条件变化导致的形态可塑性差异，也可能是由该物种长期对当地自然环境条件的进化性适应而发生遗传变异所导致的，或者是两者的结合

(Hoffmann & Sgro 2011; Alberto et al. 2013; Franks et al. 2014; Merilä & Hendry 2014)。因此，上述这些比例关系还可与植物对全球气候变化响应或自身进化的趋势结合起来。

种群生态学一直是生态学中各层次间的中间纽带。揭示种群水平上的一些规律往往需要研究个体水平上的一些现象或规律；同时研究种群水平上的一些现象和规律又是解决群落乃至生态系统水平上一些科学问题的必要环节。种群结构的时空变化一向为种群生态学研究的核心或永恒主题（Sutherland et al. 2013）。当然，在学术界研究种群结构时空变化的角度和方式多种多样，如群体遗传学可用于揭示植物种群结构及其分布范围随地质或气候变化的历史变迁过程。而植物种群水平上一系列比例关系模型或相互作用规律恰恰是诠释种群结构时空动态变化规律的很好方式。然而，在植物种群水平上一系列比例关系同样也将受环境胁迫的严重影响。例如，已有研究发现植物种群密度与个体大小间的异速比例指数随干旱胁迫强度的增加而增加（Deng et al. 2006），且在十分严酷的自然条件下，植物种内个体间也将体现出正相互作用（Cheng et al. 2006; Chu et al. 2008）。Chu 等（2008）对植物个体间相互作用随环境胁迫强度或种群密度的增加由负相互作用转变成正相互作用的过程进行了计算机模拟。但是在植物种群水平上，这种正、负相互作用转变的机制并没有得到很好的揭示，还有待进一步研究。在植物种群水平上更深入地研究植物个体间的相互作用，有机地整合或利用好植物对称性与非对称性竞争理论将是一个很好的途径（Stoll et al. 2002; Chu et al. 2010）。因为对称性与非对称性竞争不仅是一个植物竞争类型的划分，更能体现植物邻体间对限制性资源竞争的方式和内涵，进而更有效地从生物学或生态学角度揭示植物个体相互作用的机制。到目前为止，在学术界，人们更多地还是把注意力集中在植物地上部分间的相互作用，基本认为植物冠层对光和空间资源的竞争为非对称性竞争；但是植物根系间的竞争究竟是对称性竞争还是非对称性竞争还存在一些争议。由于植物根系往往具有非可视性和非可控性，因此研究植物根系间相互作用给学者带来了很大的困难。那么，在未来研究植物根系间的相互作用是非常值得期待的，如植物根系间究竟采取什么竞争方式，以及植物地上相互作用和地下相互作用间是否存在一定关联。如果存在，那么它们是如何相互影响的。而且由于植物根系对水分和矿物质营养的吸收利用与菌根等土壤微生物密切相关，那么探索土壤微生物活动对根系相互作用乃至整个植株间的相互作用及其相应的异速指数是否有着显著的影响，以及如何影响正是人们亟待解决的科学问题。另外，在种群或群落水平上，植物个体的生长发育过程在很大程度上将受到邻体植物的影响；从影响形式上分，既包括植物地上部分的冠幅影响也包括植物地下部分的根系影响；从影响效果来分，既包括表现为正效应的互惠作用又包括表现为负效应的竞争作用。事实上，植物个体间的正、负相互作用是同时存在且动态变化的；在一定环境条件下，植物个体间的相互作用可以由正效应转变为负效应，同样也可由负效应转变为正效应。而探索和揭示植物个体间正、负相互作用动态转变的机制将是种群生态学家和理论生态学家所关注的焦点和攻克的难点。

参考文献

程栋梁. 2007. 植物生物量分配模式与生长速率的相关规律研究. 兰州: 兰州大学博士研究生学位论文.

储诚进. 2010. 植物间正相互作用对种群动态与群落结构的影响研究. 兰州: 兰州大学博士研究生

学位论文.
邓建明. 2007. 水分梯度条件下植物群体调控的异速比例变化规律研究. 兰州: 兰州大学博士研究生学位论文.
邓建明, 王根轩, 魏小平. 2006. 宏观生态过程的代谢调控研究进展. 生态学报, 26: 3413-3423.
方精云. 1995. 一种描述植物种群自然稀疏过程的经验模型. 林业科学, 31: 247-253.
李博. 2001. 植物竞争: 作物与杂草竞争的实验研究. 北京: 高等教育出版社.
王刚. 1993. 关于植物自疏过程的一般模型. 兰州大学学报(自然科学版), 29: 215-218.
王刚, 张大勇. 1996. 生物竞争理论. 西安: 陕西科学技术出版社.
吴冬秀, 张彤, 白永飞, 等. 2002. –3/2 方自疏法则的机制与普适性. 应用生态学报, 13: 1081-1084.
肖遥, 陶冶, 张元明. 2014. 古尔班通古特沙漠 4 种荒漠草本植物不同生长期的生物量分配与叶片化学计量特征. 植物生态学报, 38(9): 929-940.
徐高福, 徐高翔, 李秀平, 等. 1998. 柏木异速生长现象研究. 中南林业调查研究规划, 17: 21-22.
张大勇. 2004. 植物生活史进化与繁殖生态学. 北京: 科学出版社.
张大勇, 姜新华. 2000. 竞争理论//张大勇. 理论生态学研究. 北京: 高等教育出版社.
张炜平, 潘莎, 贾昕, 等. 2013. 植物间正相互作用对种群动态和群落结构的影响: 基于个体模型的研究进展. 植物生态学报, 37(6): 571-582.
Adler F R. 1996. A model of self-thinning through local competition. Proc Nat Acad Sci, 93: 9980-9984.
Alberto F J, Aitken S N, Alía R, et al. 2013. Potential for evolutionary responses to climate change—evidence from tree populations. Global Change Biol, 19: 1645-1661.
Allen A P, Gillooly J F, Brown J H. 2005. Linking the global carbon cycle to individual metabolism. Funct Ecol, 19: 202-213.
Atsatt P R, O’Dowd D J. 1976. Plant defense guilds. Science, 193: 24-29.
Bertness M D. 1989. Intraspecific competition and facilitation in a northern acorn barnacle population. Ecology, 70: 257-268.
Bertness M D, Callaway R. 1994. Positive interactions in communities. Trends Ecol Evol, 9: 191-193.
Bi H Q, Wan G H, Turvey N D. 2000. Estimating the self-thinning boundary line as a density-dependent stochastic biomass frontier. Ecology, 81: 1477-1483.
Bierhorst D W. 1971. Morphology of Vascular Plants. New York: Macmillan Co.
Brooker R, Kikvidze Z, Pugnaire F I, et al. 2005. The importance of importance. Oikos, 109: 63-70.
Brown J H, Gillool J F, Allen P A, et al. 2004. Toward a metabolic theory of ecology. Ecology, 85: 1771-1789.
Bruno J F, Stachowicz J J, Bertness M D. 2003. Inclusion of facilitation into ecological theory. Trends Ecol Evol, 18: 119-125.
Callaway R M. 1995. Positive interactions among plants. Bot Rev, 61: 306-349.
Callaway R M. 1997. Positive interactions in plant communities and the individualistic-continuum concept. Oecologia, 112: 143-149.
Callaway R M. 1998. Are positive interactions species-specific? Oikos, 82: 202-207.
Callaway R M. 2007. Positive interactions and interdependence in plant communities. Dordrecht: Springer.
Callaway R M, Pennings S C. 2000. Facilitation may buffer competitive effects: indirect and diffuse interactions among salt marsh plants. Am Nat, 156: 416-424.
Callaway R M, Walker L R. 1997. Competition and facilitation: a synthetic approach to interactions in plant communities. Ecology, 78: 1958-1965.
Callaway R M, Brooker R W, Choler P, et al. 2002. Positive interactions among alpine plants increase with stress. Nature, 417: 844-848.
Cheng D L, Niklas K J. 2007. Above- and below-ground biomass relationships across 1534 forested

communities. Ann Bot, 99: 95-102.

Cheng D L, Niklas K J, Zhong Q L, et al. 2014. Interspecific differences in whole-plant respiration vs. biomass scaling relationships: a case study using evergreen conifer and angiosperm seedlings. Am J Bot, 101: 617-623.

Cheng D L, Wang G X, Chen B M, et al. 2006. Positive interactions: crucial organizers in a plant community. J Integr Plant Biol, 48: 128-136.

Choler P, Michalet R, Callaway R M. 2001. Facilitation and competition on gradients in alpine plant communities. Ecology, 82: 3295-3308.

Chu C J, Maestre F T, Xiao S, et al. 2008. Balance between facilitation and resource competition determines biomass-density relationships in plant populations. Ecol Lett, 11: 1189-1197.

Chu C J, Weiner J, Maestre F T, et al. 2010. Effects of positive interactions, size symmetry of competition and abiotic stress on self-thinning in simulated plant populations. Ann Bot, 106: 647-652.

Chu C J, Weiner J, Maestre F T. et al. 2009. Positive interactions can increase size inequality in plant populations. J Ecol, 94: 1401-1407.

Connell J H. 1983. On the prevalence and relative importance of interspecific competition: evidence from field experiments. Am Nat, 122: 661-696.

Deng J M, Li T, Wang G X, et al. 2008. Trade-offs between the metabolic rate and population density of plants. PLoS One, 3: e1799.

Deng J M, Ran J Z, Wang Z Q, et al. 2012b. Models and tests of optimal density and maximal yield for crop plants. Proc Nat Acad Sci, 109: 15823-15828.

Deng J M, Wang G X, Morris E C, et al. 2006. Plant mass-density relationship along a moisture gradient in north-west China. J Ecol, 94: 953-958.

Deng J M, Zuo W Y, Wang Z Q, et al. 2012a. Insights into plant size-density relationships from models and agricultural crops. Proc Nat Acad Sci, 109: 8600-8605.

Dormann C F, Brooker R W. 2002. Facilitation and competition in the high Arctic: the importance of the experimental approach. Acta Oecol, 23: 297-301.

Ducey M J, Larson B C. 1999. Accounting for bias and uncertainty in nonlinear stand density indices. Forest Sci, 45: 452-457.

Enquist B J, Allen A P, Brown J H, et al. 2007a. Biological scaling: does the exception prove the rule? Nature, 445: E9-E10.

Enquist B J, Brown J H, West G B. 1998. Allometric scaling of plant energetics and population density. Nature, 395: 163-165.

Enquist B J, Niklas K J. 2001. Invariant scaling relations across tree-dominated communities. Nature, 410: 655-660.

Enquist B J, Niklas K J. 2002. Global allocation rules for patterns of biomass partitioning in seed plants. Science, 295: 1517-1520.

Enquist B J, Tiffney B H, Niklas K J. 2007b. Metabolic scaling and the evolutionary dynamics of plant size, form, and diversity: toward a synthesis of ecology, evolution, and paleontology. Int J Plant Sci, 168: 729-749.

Franco M, Kelly C. 1998. The interspecific mass-density relationship and plant geometry. Proc Nat Acad Sci, 95: 7830-7835.

Franks S J, Weber J J, Aitken S N. 2014. Evolutionary and plastic responses to climate change in terrestrial plant populations. Evol Appl, 7: 123-139.

Gadow V K. 1986. Observation on self-thinning in pine plantations. South African J Sci, 82: 364-368.

Gifford E M, Foster A S. 1988. Morphology and evolution of vascular plants. New York: Freeman & Co.

Goldberg D, Novoplansky A. 1997. On the relative importance of competition in unproductive environments. J Ecol, 85: 409-418.

Goldberg D, Rajaniemi T, Gurevitch J, et al. 1999. Empirical approaches to quantifying interaction

intensity: competition and facilitation along productivity gradients. Ecology, 80: 1118-1131.
Grime J P. 1974. Vegetation classification by reference to strategies. Nature, 250: 26-31.
Grime J P. 1994. The role of plasticity in exploiting environmental heterogeneity. *In*: Caldwell M M, Pearcy R W. Exploitation of Environmental Heterogeneity by Plants: Ecophysiological Processes Above- and Belowground. New York: Academic Press: 1-20.
Hacker S D, Bertness M D. 1995. Morphological and physiological consequences of a positive plant interaction. Ecology, 76: 2165-2175.
Hagihara A. 1999. Theoretical considerations on the C-D effect in self-thinning plant populations. Res Pop Ecol, 41: 151-159.
Hamilton N R S, Matthew C, Lemaire G. 1995. In defence of the –3/2 boundary rule: a reevaluation of self-thinning concepts and status. Ann Bot, 76: 569-577.
Harper J L. 1977. Population Biology of Plants. London: Academic Press.
Hoffmann A, Sgro C. 2011. Climate change and evolutionary adaptation. Nature, 470: 479-485.
Holzapfel C, Mahall B E. 1999. Bidirectional facilitation and interference between shrubs and annuals in the Mojave Desert. Ecology, 80: 1747-1761.
Hunt R. 1982. Plant growth curves: the functional approach to plant growth analysis. London: Edward Arnold.
Jia X, Dai X F, Shen Z X, et al. 2011. Facilitation can maintain clustered spatial pattern of plant populations during density-dependent mortality: insights from a zone-of- influence model. Oikos, 120: 472-480.
Kays S, Harper J L. 1974. The regulation of plant and tiller density in a grass sward. J Ecol, 62: 97-105.
Kira T, Ogawa H, Sakazaki N. 1953. Intraspecific competition among higher plants I. Competition-yield-density interrelationship in regularly dispersed populations. J Instit Polytech, Osaka City Univ D, 4: 1-16.
Li H T, Han X G, Wu J G. 2006. Variant scaling relationship for mass-density across tree-dominated communities. J Integr Plant Biol, 48: 268-277.
Lin Y, Berger U, Grimm V, et al. 2012. Differences between symmetric and asymmetric facilitation matter: exploring the interplay between modes of positive and negative plant interactions. J Ecol, 100: 1482-1491.
Lin Y, Berger U, Grimm V, et al. 2013. Plant interactions alter the predictions of metabolic scaling theory. PLoS One, 8: e57612.
Liu J, Wei L, Wang C M, et al. 2006. Effect of water deficit on self-thinning line in even-aged monocultures of spring wheat (*Triticum aestivum* L.). J Integr Plant Biol, 48: 415-419.
Long J N, Smith F W. 1984. Relation between size and density in developing stands: a description and possible mechanisms. Forest Ecol Manage, 7: 191-206.
Lonsdale W M. 1990. The self-thinning rule: dead or alive? Ecology, 71: 1373-1388.
Maestre F T, Bautista S, Cortina J, et al. 2001. Potential for using facilitation by grasses to establish shrubs on a semiarid degraded steppe. Ecol Appl, 11: 1641-1655.
Maestre F T, Bautista S, Cortina J. 2003. Positive, negative, and net effects in grass-shrub interactions in Mediterranean semiarid grasslands. Ecology, 84: 3186-3197.
Maestre F T, Callaway R M, Valladares F, et al. 2009. Refining the stress-gradient hypothesis for competition and facilitation in plant communities. J Ecol, 97: 199-205.
Maestre F T, Cortina J. 2004. Do positive interactions increase with abiotic stress? A test from a semi-arid steppe. Proc R Soc B, 271: 331-333.
McMahon T A, Kronauer R E. 1976. Tree structures: deducing the principle of mechanical design. J Theor Biol, 59: 443-466.
Merilä J, Hendry A P. 2014. Climate change, adaptation, and phenotypic plasticity: the problem and the evidence. Evol Appl, 7: 1-14.
Miriti M. 2006. Ontogenetic shift from facilitation to competition in a desert shrub. J Ecol, 94: 973-979.

Mori S, Yamaji K, Ishida A, et al. 2010. Mixed-power scaling of whole-plant respiration from seedlings to giant trees. Proc Nat Acad Sci, 107: 1447-1451.
Morris E C. 2002. Self-thinning lines differ with fertility level. Ecol Res, 17: 17-28.
Newman E I. 1973. Competition and diversity in herbaceous vegetation. Nature, 244: 310.
Niinemets U. 2001. Global-scale climatic controls of leaf dry mass per area, density, and thickness in trees and shrubs. Ecology, 82: 453-469.
Niklas K J. 2004. Plant allometry: is there a grand unifying theory? Biol Rev, 79: 871-889.
Niklas K J. 2005. Modelling below- and above-ground biomass for non- woody and woody plants. Ann Bot, 95: 315-321.
Niklas K J. 2006. A phyletic perspective on the allometry of plant biomass and functional organ-categories. New Phytol, 171: 27-40.
Niklas K J, Enquist B J. 2002. On the vegetative biomass partitioning of seed plant leaves, stems, and roots. Am Nat, 159: 482-497.
Niklas K J, Midgley J J, Enquist B J. 2003. A general model for mass-growth-density relations across tree-dominated communities. Evol Ecol Res, 5: 459-468.
Niklas K J, Spatz H S. 2004. Growth and hydraulic (not mechanical) constraints govern the scaling of tree height and mass. Proc Nat Acad Sci, 101: 15661-15663.
Osawa A, Allen R B. 1993. Allometric theory explains self-thinning relationships of mountain beech and red pine. Ecology, 74: 1020-1032.
Pennings S C, Bertness M D. 2001. Salt marsh communities. *In*: Bertness M D, Gaines S, Hay M E. Marine Community Ecology. Sinauer Sunderland, Massachusetts, USA: 289-316.
Pretzsch H. 2002. A unified law of spatial allometry for woody and herbaceous plants. Plant Biol, 4: 159-166.
Pretzsch H. 2006. Species-specific allometric scaling under self-thinning: evidence from long-term plots in forest stands. Oecologia, 146: 572-583.
Pretzsch H, Biber P. 2004. A re-evaluation of Reineke's rule and stand density index. Forest Sci, 51: 304-320.
Puettmann K J, Hann D W, Hibbs D E. 1993. Evaluation of the size-density relationship for pure red elder and Douglas-fir stands. Forest Sci, 37: 574-592.
Puettmann K J, Hibbs D E, Hann D W. 1992. The dynamics of mixed stands of *Alnus rubra* and *Pseudotsuga menziesii*: extension of size-density analysis to species mixtures. J Ecol, 80: 449-458.
Pugnaire F I, Luque M T. 2001. Changes in plant interaction along a gradient of environmental stress. Oikos, 93: 42-49.
Reich P B, Grigal D F, Aber J D, et al. 1997. Nitrogen mineralization and productivity in 50 hardwood and conifer on diverse soils. Ecology, 78: 335-347.
Reich P B, Tjoelker M G, Machado J L, et al. 2006. Universal scaling of respiratory metabolism, size and nitrogen in plants. Nature, 439: 457-461.
Reineke L H. 1933. Perfecting a stand density index for even-aged forests. J Agr Res, 46: 627-638.
Ritchie M E, Olff H. 1999. Spatial scaling laws yield a synthetic theory of biodiversity. Nature, 400: 557-560.
Schenk H J, Holzapfel C, Hamilton J G, et al. 2003. Spatial ecology of a small desert shrub on adjacent geological substrates. J Ecol, 91: 383-395.
Schoener T W. 1983. Field experiments on interspecific competition. Am Nat, 122: 240-285.
Shinosaki K, Yoda K, Hozumi K, et al. 1964. A quantitative analysis of plant form-the pipe model theory I. Basic analysis. Jap J Ecol, 14: 97-105.
Shinozaki K, Kira T. 1956. Intraspecific competition among higher plants VII. Logistic theory of the C-D effect. J Instit Polytech Osaka City Univ D, 7: 1-14.
Silvertown J. 1982. Introduction to Plant Population Ecology. London: Longman.
Stoll P, Weiner J, Landau H M, et al. 2002. Size symmetry of competition alters biomass-density

relationships. Proc R Soc B, 269: 2191-2195.
Sutherland W J, Freckleton R P, Godfray H C J, et al. 2013. Identification of 100 fundamental ecological questions. J Ecol, 101: 58-67.
Suzan H, Nabhan G P, Patten D T. 1996. The importance of *Olneya tesota* as a nurse plant in the Sonoran Desert. J Veg Sci, 7: 635-644.
Tewksbury J J, Lloyd J D. 2001. Positive interactions under nurse-plants: spatial scale, stress gradients and benefactor size. Oecologia, 127: 425-434.
Tilman D. 1988. Plant Strategies and the Dynamics and Structure of Plant Communities. Princeton: Princeton University Press.
Wang Y, Deng J M, Li T, et al. 2008. Spatial distribution of leaf form and the self-thinning exponent are affected by the sensitivity of the response to abscisic acid in an *Arabidopsis thaliana* population. J Plant Biol, 51: 64-73.
Wang Z Q, Ji M F, Deng J M, et al. 2015. A theoretical framework for whole-plant carbon assimilation efficiency based on metabolic scaling theory: a test case using *Picea* seedlings. Tree Physiol, 35: 599-607.
Waring R H. 1983. Estimating forest growth efficiency in relation to canopy leaf area. Adv Ecol Res, 13: 327-354.
Weiner J, Freckleton R P. 2010. Constant final yield. Ann Rev Ecol Evol Syst, 41: 173-192.
Weiner J, Stoll P, Muller-Landau H, et al. 2001. The effects of density, spatial pattern, and competitive symmetry on size variation in simulated plant populations. Am Nat, 158: 438-450.
Weller D E. 1987. Self-thinning exponent correlated with allometric measure of plant geometry. Ecology, 68: 813-821.
Weller D E. 1990. Will the real self-thinning rule: dead or unsupported? A reply to Osawa and Sugita. Ecology, 71: 2004-2007.
Weller D E. 1991. The self-thinning rule: dead or unsupported? A reply to Londale. Ecology, 72: 747-750.
West G B, Brown J H, Enquist B J. 1997. A general model for the origin of allometric scaling laws in biology. Science, 276: 122-126.
West G B, Brown J H, Enquist B J. 1999a. The fourth dimension of life: fractal geometry and allometric scaling of organism. Science, 284: 1677-1679.
West G B, Brown J H, Enquist B J. 1999b. A general model for the structure and allometry of plant vascular systems. Nature, 400: 664-667.
West G B, Brown J H, Enquist B J. 2001. A general model for ontogenetic growth. Nature, 413: 628-631.
Westoby M. 1998. A leaf-height-seed (LHS) plant ecology strategy scheme. Plant Soil, 199: 213-227.
Westoby M, Falster D S, Moles A T, et al. 2002. Plant ecological strategies: some leading dimensions of variation between species. Ann Rev Ecol Syst, 33: 125-159.
White J. 1980. Demographic factors in populations of plants. *In*: Solbrig O T. Demography and Evolution in Plant Populations. Berkeley: University of California Press: 21-48.
White J. 1981. The allometric interpretation of the self-thinning rule. J Theog Biol, 89: 475-500.
White E P, Ernest S K M, Kerkhoff A J, et al. 2007. Relationships between body size and abundance in ecology. Trends Ecol Evol, 22: 323-330.
White J, Harper J L. 1970. Correlated changes in plant size and number in plant populations. J Ecol, 58: 467-485.
Xiao S, Michalet R, Wang G, et al. 2009. The interplay between species' positive and negative interactions shapes the community biomass-species richness relationship. Oikos, 118: 1343-1348.
Xue L, Hagihara A. 1998. Growth analysis of the self-thinning stands of *Pinus densiflora* Sieb. et Zucc. Ecol Res, 13: 183-191.
Xue L, Hagihara A. 1999. Density effect, self-thinning and size distribution in *Pinus densiflora* Sieb. et

Zucc. Stands. Ecol Res, 14: 49-58.
Yoda K, Kira T, Ogawa H, et al. 1963. Self-thinning in overcrowded pure stands under cultivated and natural conditions (Intraspecific competition among higher plants XI). J Instit Polytech Osaka City Univ D, 14: 107-129.
Zeide B. 1987. Analysis of the 3/2 power law of self-thinning. Forest Sci, 33: 517-537.
Zeide B. 2004. How to measure stand density. Trees, 9: 1-14.
Zhou X B, Zhang Y M, Niklas K J. 2014. Sensitivity of growth and biomass allocation patterns to increasing nitrogen: a comparison between ephemerals and annuals in the Gurbantunggut Desert, north-western China. Ann Bot, 113: 501-511.

第二章　动物种群保护遗传学与濒危动物保护*

第一节　引　　言

生物多样性为人类提供了直接的利用价值和间接的生态、科研及美学等方面的价值，是地球正常运转和人类生存的基本条件之一。当今人们面临“第六次大灭绝”的物种灭绝危机（Barnosky et al. 2011）。由于人类活动的直接和间接影响，许多物种已经灭绝，还有更多物种由于种群数量快速减少而面临灭绝的风险，因此生物多样性丧失机制的研究与保护成为当前最受关注的重要议题之一。

生物多样性包括 3 个层次：遗传多样性、物种多样性和生态系统多样性。遗传问题与第一个层次直接相关，同时也是物种生存和生态系统发挥正常功能的关键环节。Sir Otto Frankel 首先认识到遗传因素在保护生物学中的重要性，他和 Soule、Schonewald-Cox 等在 20 世纪 80 年代先后发表了多部相关专著，代表着遗传学原理真正开始被应用于保护生物学研究当中，也标志着保护遗传学的兴起（Allendorf et al. 2012）。

经过 30 年的不断发展，保护遗传学已经成为一门成熟的学科，主要研究影响物种濒危灭绝的遗传因素及濒危物种的遗传管理，通过遗传学方法降低物种的灭绝风险，是一门建立在种群遗传学、进化遗传学和保护生物学基础上的应用学科，并已在理论方法与保护实践方面取得了一系列重要进展。

第二节　学科研究进展

1. 方法与理论

1.1　非损伤性遗传取样法

在 DNA 水平上的保护遗传学研究，首先需要进行样品 DNA 采集。最早这类遗传样品是通过直接杀死动物的伤害性取样（destructive sampling）或需要捕捉动物的非伤害性取样（nondestructive sampling）获得。这两种传统取样方法会直接伤害动物生命或间接影响动物生存，不适合用于珍稀濒危动物研究；同时，由于样本大小的局限，也不能真实反映种群水平的遗传信息。非损伤性遗传取样法的出现弥补了传统取样方法的这些缺陷。非损伤性遗传取样法（noninvasive genetic sampling）是指在不触及或伤害动物自身的情况下，通过收集脱落的毛发或羽毛、粪便、尿液、食物残渣（含有口腔脱落细胞）、鹿角、鱼鳞和卵壳等不同形式的分析样品，进行遗传分析的一种取样方法（Taberlet et al. 1999）。非损伤性遗传取样法避免了对野生动物造成人为伤害和打扰，对珍稀濒危物种研

本章作者：马天笑　胡义波　魏辅文（通讯作者）

究来说尤为适合，同时非损伤性遗传取样法能够满足较大样本要求，减少小样本量造成的分析结果偏差，因此在保护遗传学研究中被逐渐广泛使用。结合分子标记技术，利用非损伤性遗传取样法获得的羽毛（Horváth et al. 2005; Bao et al. 2009）、毛发（Kendall et al. 2009; Karamanlidis et al. 2010）和粪便（Janečka et al. 2008）等样品可对动物进行个体识别和性别鉴定（Borthakur et al. 2011；Díaz-Saceo et al. 2014），从而能够估计种群大小和分布范围（Sugimoto et al. 2014），这些信息又可进一步应用于种群结构、种群历史分析（Bergl et al. 2008; Yang & Jiang 2011）及景观遗传等更深入（Quéméré et al. 2010; Zhu et al. 2011）的保护遗传学分析。

大熊猫（*Ailuropoda melanoleuca*）是我国特有的珍稀濒危物种，它生性警惕，栖居环境复杂，种群数量少，所以非损伤性遗传取样法对大熊猫研究来说非常适合，近年来基于该方法已取得了许多重要进展（Wei et al. 2012）。例如，Zhan 等（2006）利用非损伤性遗传取样法结合微卫星标记和 DNA 水平上的标志重捕法准确鉴定了四川王朗自然保护区的大熊猫个体，并估计了该保护区大熊猫种群数量是传统咬节法调查结果的 2 倍之多。研究者认为调查结果差异的产生主要是因为分子生物学方法能够更准确地鉴定动物个体（Zhan et al. 2006）。Zhang 等（2007）对全国范围内收集的大熊猫组织、血液、皮张和非损伤性取样法得到的粪便样品进行种群遗传学分析，结果发现大熊猫现生种群仍保持较高的遗传多样性；由于受地理隔离及人类活动影响而长期阻碍遗传交流，大熊猫秦岭种群与其他种群已有显著遗传分歧，建议在保护工作中应将秦岭种群视为一个独立的管理单元；研究结果从遗传学角度证明大熊猫并未走到进化尽头，而是人类活动影响导致了该物种的濒危现状（Zhang et al. 2007; Wei et al. 2015）。基于非损伤性遗传取样法，Zhu 等（2011）发现大渡河这一天然屏障是大小相岭大熊猫种群之间的遗传边界，同时，小相岭种群数量从 250 年前开始剧烈下降，与该地区人口暴发的时间吻合，提示人类活动对大熊猫种群下降的强烈影响。Hu 等（2010a, 2010b）利用粪便及毛发样品对凉山大熊猫种群进行了遗传分析，发现与已报道的大熊猫遗传多样性水平相比，凉山大熊猫遗传多样性处于中等到较高水平，在分析同性别个体间地理和亲缘关系后，发现大熊猫种群在山系水平存在偏雌扩散现象，支持了以往小尺度的研究结论。Zhang 等（2011）对不同山系大熊猫寄生虫感染情况分析发现，如果不基于非损伤性遗传取样法得到的个体识别信息进行判断，将人为放大不同山系种群间的寄生虫感染差异。

1.2　分子标记技术

分子标记技术是近代遗传学研究的重要工具。广义的分子标记技术是指可以遗传并可检测的蛋白质或 DNA 分子，狭义的分子标记概念只包括 DNA 标记，这一界定已被广泛采纳。非损伤性遗传取样法提供了珍贵的研究材料，而近十年来多种分子标记的出现和发展则打开了遗传研究的大门，容许研究者探索濒危生物的遗传特性与变异，实现了保护遗传学研究内容的极大丰富和飞跃式发展。

通过聚合酶链反应（polymerase chain reaction, PCR），研究者可利用微量的 DNA 样本实现对特定基因的大量扩增，多种分子标记的出现和使用都是建立在该技术之上，如随机扩增多态性 DNA（random amplified polymorphic DNA, RAPD）、扩增片段长度多态性（amplified fragment length polymorphism, AFLP）、单链构象多态性（single-strand conformation polymorphism, SSCP）、微卫星（microsatellite DNA）标记等，其中，又以微卫星标记在近年的保护遗传学研究中使用最广。微卫星 DNA 是一类广泛存在于动植物基因组中的简单重复序列（simple sequence repeat, SSR），由于它具有数量多、分布均匀、多态性高及易于检测和重复的优点，已成为保护遗传学研究中使用最多的遗传标记，被广泛应用于个体识别、亲缘鉴定，检测有效种群大小、遗传多样性水平及遗传结构与基因流分析研究中。芬兰的灰狼（*Canis lupus*）种群数量在过去 20 年间经历了由极低、升高然后又降低的波动过程，Jansson 等（2012）利用 17 个微卫星位点的遗传数据研究了这种数量动态及连接度对种群遗传多样性的影响，发现在最初数量较低时，由于与邻近种群存在遗传交流，芬兰灰狼种群仍表现出较高的遗传多样性，然而，即使随后一段时间内种群经历快速增长，但在近期出现了遗传多样性的降低，研究者推测这可能是种群的高近交水平及与邻近种群基因流受阻所致，提示了缺乏基因流的短期种群数量快速增长并不能很好地保存遗传多样性。Andrease 等（2012）利用微卫星标记对内华达州美洲狮（*Puma concolor*）种群进行了遗传结构分析，发现该种群由于不同的狩猎压力形成了源-汇集合种群动态，而源种群可能是那些面对更小狩猎压力或占据了庇护所的种群。

DNA 条形码（DNA barcoding）技术是一种新兴的分子标记技术，基本思想是通过单一 DNA 片段的序列多态性进行物种准确识别。2003 年，Hebert 等发现了第一批可用于动物物种识别的 DNA 条形码基因 *CO I*，随后在植物、微生物等其他生物类群中也发现了能够作为 DNA 条形码标记的基因，该技术在全球范围内都得到了极大的重视，产生了许多国际研究项目与计划，如国际生物条形码工程（International Barcoding of Life Project, IBoL）等。DNA 条形码标记技术在保护生物学中的主要应用是濒危物种法医学鉴定、海关部门入侵物种快速检测等。例如，Minhós 等（2013）通过 DNA 条形码标记对几内亚比绍市场贩卖的灵长类丛林肉（bushmeat）进行了物种鉴定和数量统计，发现如果只根据销售者提供的信息，保护者会在估计灵长目物种尤其是小体型物种被猎杀和交易数量时产生很大偏差，研究者指出应将分子标记技术更广泛地应用于识别丛林肉物种归属上，以及时为受猎杀危害严重的濒危物种提供有效的保护措施。DNA 条形码技术还可用于构建不同生物类群的系统发育关系，发现新的物种，揭示隐形物种和物种合并等。

单核苷酸多态性（single nucleotide polymorphism, SNP）是一类广泛存在于生物基因组中的遗传变异形式，指由单个核苷酸的变化，包括单碱基的转换、颠换、插入和缺失等，引起的序列多态性，其广泛分布于基因组中，等位基因具有二态性，部分多态性可能代表适应性变异，因此，被认为是应用前景最好的分子标记。近年来高通量测序技术及生物信息技术的发展与成熟，为研究者积累了大量 SNP 数据，极大地提高了生物遗传变异分析的可能性与准确性，推动保护生物学在种群历史、种群遗传结构与基因流、物种适应性进化、近交与近交衰退、疾病易感性与抵抗性等研究方面取得了一系列重要进展。例如，Li 等（2011）比较了基于全基因组 SNP 或基于谱系来检测芬兰羊种群近交系数及个体相关度的可靠性，发现两种方法能够得到一致结果，证明了全基因组 SNP 数据检测种群近交水平的准确性，并能够为谱系信息复杂或缺乏谱系信息的种群提供近交信息的优越条件。

1.3 景观遗传学

基因流是种群维持的基本生态过程之一，过去对基因流的研究只停留在理论层面，而通过空间显示技术研究者可以将种群基因流与其所在区域实际的景观变量结合起来，以了解遗传变异在异质性景观中真实的分布情况，因此景观遗传学应运而生。

景观遗传学这一概念由 Manel 于 2003 年正式提出，即该学科是融合了分子种群遗传学和景观生态学的新学科，旨在研究景观特征与基因流、遗传漂变及选择等微进化过程的相互作用。经过十多年的发展，景观遗传学研究取得了许多重要进展，这些研究归纳起来主要围绕 3 个方面展开：种群遗传边界检测、景观变量与配置对基因流的影响及种群景观遗传特征的时空尺度。

确定影响种群基因流的主要障碍是景观遗传学最关注的问题之一（Manel et al. 2003），对于保护和管理以孤立小种群形式存在的濒危动物有重要的意义。景观遗传学方法的一个显著优点是利用空间显示技术能够检测出传统种群遗传学方法检测不出来的遗传障碍。河流、山脊等看似遗传边界的障碍，其真正作用可能因物种而不同。例如，河流可能成为一些动物如黑柽柳猴（*Saguinus niger*）、亚河豚（*Inia geoffrensis*）和部分亚马孙鸟类的遗传边界（Hayes & Sewlal 2004; Vallinoto et al. 2006; Hollatz et al. 2011），却可能促进虎纹蝾螈（*Ambystoma tigrinum melanostictum*）（Spear et al. 2005）等两栖、爬行动物的遗传交流。不同于自然障碍，人类修建的道路、大坝等建筑会成为大部分动物的移动阻碍，从而形成遗传边界（Epps et al. 2005; Riley et al. 2006; Frantz et al. 2012）。部分情况下，自然景观和人工建筑共同塑造了该地区动物种群的遗传结构特征（Lee et al. 2010; Zhu et al. 2011）。另外，不适宜生境也可能成为明显的遗传边界。例如，不连续森林生境中出现的草原景观促进了该地区金棕狐猴（*Microcebus ravelobensis*）种群遗传结构的形成（Radespiel et al. 2008）。了解种群的遗传边界还能够帮助预测疾病传播路径和制订应对措施（Blanchong et al. 2008; Rees et al. 2009）。

检测景观特征对基因流的影响是景观遗传学又一主要研究内容（Manel & Holderegger 2003）。地形、海拔等基本景观变量对遗传变异分布影响的相关研究已有很多（Spear et al. 2005; Pérez-Espona et al. 2008）。此外，季节性的景观因素同样会影响种群基因流。Garroway 等（2008）对鱼貂（*Martes pennanti*）的研究发现，种群连接度与冬季积雪深度呈负相关。而在海洋生态系统中，洋流、水体温度也被证明会对海洋动物种群遗传格局产生重要影响（Mendez et al. 2011；Amaral et al. 2012）。Amaral 等（2012）对短喙海豚（*Delphinus delphis*）在全球尺度下的一项研究中指出，海洋生产力和洋面温度影响短喙海豚种群遗传结构的形成。

了解种群景观遗传格局随时空的变化趋势能够帮助濒危动物保护者制订更加有效的保护策略。Pavlacky 等（2009）比较了不同时期景观特征对昆士兰东北部刺尾鸫（*Orthonyx temminckii*）种群遗传分化的影响，发现在欧洲人定居该地区之前，异质性景观促进了刺尾鸫种群的遗传交流，但当前森林采伐留下的空地已经成为该物种最主要的扩散阻碍。另外，动物种群对景观改变的遗传响应可能存在一定的时滞（Manel & Holderegger 2013）。有模拟研究表明，当新的遗传阻碍出现，种群遗传响应的信号很快会被检测到，与此相对，即使去除旧的遗传阻碍，过去造成的遗传影响仍将在相当长的时间内持续下去

（Landguth et al. 2010）。无论景观变量作用的空间尺度还是所研究物种自身的功能尺度都是景观遗传学研究中应当考虑的重要问题（Storfer et al. 2010）。Wasserman 等（2010）在对美洲貂（*Martes americana*）的种群遗传研究中考虑了空间尺度因素，他们对各个景观变量进行尺度推绎，确保参与分析的景观变量空间尺度都是作用于基因流过程的最可能尺度。经过分析，研究者发现与距离隔离、地理阻碍、道路、植被郁闭度，以及树木大小等变量相比，海拔对基因流的影响最大（Wasserman et al. 2010）。总的来看，当前能够充分考虑空间尺度或时间变化影响的景观遗传研究还较不足（Storfer et al. 2010），但随着分子标记技术的发展，研究者能够在短时间内积累更多的遗传数据用于相关分析，这方面的研究将会越来越丰富。

伴随基因组技术和遗传分析方法的进一步发展，产生了景观基因组学这一学科分支，旨在研究景观水平上地理和环境特征如何影响野生物种的适应性遗传多样性（Lowry 2010; Manel & Holderegger 2013）。景观生态学与基因组学的结合不但使研究者有机会了解非模式物种的本地适应过程，通过对适应性遗传变异的检测，还能使研究者更好地了解全球气候变化对遗传多样性的影响，准确预测野生动物对变化的响应，从而制订合理有效的保护对策。

2. 应用与实践

2.1　栖息地破碎化的遗传效应

近几千年来，伴随技术进步及生产力提升，人类改造自然景观的活动不断加剧，如大面积的森林采伐、毁林开荒、过度放牧及道路水库建造等严重侵蚀和改变着野生动物的生存环境。人类活动引起的栖息地丧失和破碎化被认为是当今生物多样性丧失的主要原因（UNEP 2007）。

栖息地破碎化可能为濒危动物带来一系列遗传影响，甚至增加孤立小种群的灭绝风险。栖息地破碎化一方面会导致种群数量的下降，直接引起遗传多样性的丧失，另一方面还会通过增强破碎小种群的遗传漂变作用降低种群遗传多样性。Epps 等（2005）对分布在美国莫哈维沙漠及索诺兰沙漠的 27 个尼尔森大角羊（*Ovis canadensis nelsoni*）种群进行了遗传分析，发现近 40 年来人类修建的高速公路、运河及开发区等人工景观对种群间基因交流起到了很强的阻碍作用，引起了高达 15%的遗传多样性下降。栖息地丧失和破碎化还可能导致种群内个体迁移成功率的下降，现存种群间产生隔离，进而易受环境变化、种群波动和遗传效应的影响而发生一定范围内的绝灭（Mills & Smouse 1994）。日本本州地区梅花鹿原本连续的生境已经被城市分隔成片段化栖息地，Yuasa 等（2007）通过对分布区域内 435 只梅花鹿个体的线粒体 D-Loop 区进行遗传分析，发现该地区种群形成了亚结构，在检测到的 8 个亚种群中，7 个亚种群间存在显著遗传分化；同时还发现大部分梅花鹿亚种群都经历了历史瓶颈；研究者推测近期种群大小波动与破碎化栖息地对基因流造成的阻碍是该地区梅花鹿种群遗传结构的主要成因。太平洋美洲豹（*Panthera onca*）种群密度小、有效种群数量低，且栖息地被分割为一些隔离斑块，Haag 等（2010）利用微卫星分子标记分析后发现由于小种群遗传漂变作用的影响，该种群已被分为 4 个遗传差异显著的局域种群，虽然存在少数迁移个体，但大部分美洲豹很难通过栖息地内的人工景观障碍实现局域种群间的遗传交流。栖息地丧失与破碎化不仅会导致种群的遗传多样性下降、种群发生遗传结构分化，同时还会限制物种的扩散行为，使物种遗传变异的空间分布格局发生变化。Banks 等（2005）利用空间自相关分析，研究了由外来针叶林导致的栖息地破碎化对食肉有袋类动物（*Antechinus agilis*）扩散的影响。结果表明，栖息地破碎化对雄性扩散的限制强于雌性，且对雄性扩散的限制程度依赖于栖息地斑块的地理隔离程度。在破碎化栖息地中，雌性的扩散范围限制在最近的两个斑块，雄性的扩散限制在最近的 3 个斑块。研究者认为，*A. agilis* 穿越长距离的外来针叶林而出现的基因流下降，是由于与扩散相关的死亡率增加或是存在一种行为上的障碍。

一些研究表明，栖息地破碎化的遗传效应可能因物种的不同属性如尺度或生活史而不同（Storfer et al. 2010）。*Rhinella ornata* 是巴西海岸林特有的一种蟾蜍，Dixo 等（2009）发现即使生活在被农田、城市景观等分割为不同破碎化程度的斑块生境中，*R. ornata* 各个局域种群之间仍没有形成明显的遗传结构，但局域种群的遗传多样性与所在的斑块面积成正比，表明景观障碍对于小到中等规模的破碎化斑块种群具有很强的遗传阻碍作用。而 Canales-Delgadillo 等（2012）发现沃氏雀鹀（*Spizella wortheni*）在经历栖息地由草地到农田的转变后，仍然保持着较高的遗传多样性和丰富的基因流。研究者认为这可能是由于沃氏雀鹀拥有流浪型生活史，这一特性可以促使它们寻找更适合的栖息地斑块，从而实现遗传交流，避免种群亚结构的形成。

显著的遗传结构是破碎化种群重要的遗传特征，而遗传结构的形成到底是历史原因造成还是近期人类影响导致是一个容易被混淆的问题，区分历史因素和近期人类活动压力对从时间尺度上理解物种生存及制订有效的保护措施有重要的意义（Chiucchi & Gibbs 2010）。小响尾蛇（*Sistrurus catenatus*）是分布于美国东北部破碎化栖息地中的一种濒危动物，Chiucchi 和 Gibbs（2010）对来自 19 个现生分布区域的 388 个个体进行遗传分析后发现，该地区小响尾蛇种群具有很高的遗传分化水平，甚至仅距 7 km 的局域种群间也检测到了遗传结构。在使用不同的模型对该地区种群的遗传结构成因进行分析后发现，与预期不同的是：种群间的低基因交流水平起始于全新世，而不是近期人类活动导致。然而在大多数情况下，种群当前遗传结构的形成是历史原因（古气候或地理因素）与近期栖息地破碎化共同作用的结果。Epps 等（2013）利用 16 个微卫星位点检测了坦桑尼亚 7 个保护区域内非洲象（*Loxodonta africana*）种群历史和近期基因流情况，发现近期基因流受到坡度的强烈影响，同时也与当前栖息地破碎化造成的景观阻力相关，提示考虑不同时间尺度的景观变化能使研究者认识遗传结构的真正成因，帮助研究者更好地制订濒危动物的保护策略。

2.2 圈养种群遗传管理和放归

就地保护和迁地保护是濒危动物保护的两种方式。就地保护是指不将物种迁出其原来的栖息区域而就地实行的一种保护方式，是物种保护的首要方式。但对于种群数量少，不足以维持长期生存的濒危动物须实施迁地保护。截至 2007 年，全球有 987 种濒危和易危的脊椎动物建立了迁地种群，是 1989～1990 年规模的 4 倍（Frankham et al. 2010），我国著名的迁地保护物种有大熊猫、金丝猴、麋鹿、朱鹮和扬子鳄等。

迁地保护主要内容包括良好圈养种群的维持和圈养个体或种群的成功放归。圈养种群是补充野生种群的后备基因库，甚至是一些野外生境不复存在的物种最后的生存机会，所以在管理中，应维持圈养种群的高遗传多样性和进化潜力，降低近交水平，避免近交衰退。

掌握圈养种群当前的遗传状况，是维持和优化圈养种群的基础。随着近年来分子遗传方法和技术的不断进步，研究者得以对圈养种群的遗传状况进行更加准确和快速的评估。Shan 等（2014）对全国主要的大熊猫圈养种群共 240 只大熊猫采用种群遗传学分析方法进行了遗传评估，认为大熊猫圈养种群具有较高的遗传多样性及较低的近交水平；同时发现 4 个主要圈养单位的大熊猫种群已经形成了显著的遗传结构，这一方面反映了各个种群建群者在地理来源上的差异，另一方面也反映出部分圈养单位种群之间缺乏基因交流。研究者认为要保证大熊猫圈养种群的遗传健康，应该注意保存主要由秦岭野生种群个体组成的楼观台圈养种群的独特性，加强相似建群者来源的圈养种群间的遗传交流。使用单一分子标记，或结合使用不同类型的分子标记，可以准确得到父权归属、遗传结构、遗传多样性和近交水平等遗传关键信息，从而使保护者能够及时发现圈养种群的遗传问题，科学指导圈养种群遗传管理和放归活动，这在哺乳动物、鸟类和两栖、爬行等不同濒危动物类群中已有较多应用（Ramirez et al. 2006; Crawford et al. 2013; Urano et al. 2013）。

圈养环境与自然环境的差异，以及圈养过程中可能发生的人工选择会使种群产生圈养适应，降低对自然环境的适应性，影响最终的放归成功，是圈养繁育过程中需要关注的重要问题之一（Frankham 2008; Williams & Hoffman 2009）。Gilligan 和 Frankham（2003）基于模式物种果蝇的研究发现，种群对圈养环境的适应主要发生在圈养过程的早期，甚至有研究发现一种虹鳟（*Oncorhynchus mykiss*）种群在一代之内就会产生圈养适应，从而降低子一代在自然环境下的适合度（Christie et al. 2012）。在大部分哺乳动物和鸟类中尚未发现对圈养环境的快速遗传适应，这可能是因为它们还没经历足够长的圈养历史（Christie et al. 2012），但对于一些放归计划在相当长的一段时间内还不能实施的濒危动物圈养种群来说，圈养适应是管理者在未来应该关注的重要问题。现阶段，为避免圈养适应对濒危动物迁地保护效果的影响，在圈养遗传管理工作中应适当加大世代间隔，以减缓种群对圈养环境的适应速度，同时尽量减少圈养代数，为放归个体或种群适应野外环境奠定良好基础。

对于大部分濒危动物物种来说，迁地保护的最终目的是放归。IUCN 定义“移地”为：将有机体从一个区域释放到另一个区域，包括引进、再引进和复壮（IUCN 1987; Armstrong & Seddon 2008），针对濒危动物的放归主要指后两种形式。在濒危动物放归计划中，遗传学为放归地和放归个体的选择提供重要指导。为了最大化放归个体的成活概率，降低产生远交衰退的可能性，保护者应选择放归个体于与适应环境相近的放归地，同时考虑优先选择处于灭绝边缘的孤立小局域种群的分布区域进行放归。野生来源的个体可能比圈养个体更容易放归成功（Jule et al. 2008）。原则上，放归时应选择与放归地种群亲缘关系远、遗传多样性高的个体，以最大化放归活动改善放归地种群遗传水平。放归个体的性别也可能影响成功概率与最终效果（Allendorf et al. 2012）。雄性放归个体可能通过与不同雌性交配，更多地将自身遗传信息传播出去，但对于一些后宫制的物种，放归雄性也可能由于争取不到交配权而失去改善种群遗传状况的作用，甚至领域性物种的放归个体还可能因为资源争夺而死亡。与雄性相比，雌性放归个体更容易存活，其带来的遗传影响也更容易预测。

国内外已有不少濒危动物成功实施放归的案例，如分布在墨西哥、美国的墨西哥狼（*Canis lupus baileyi*）（Hedrick & Fredrickson 2008），阿拉伯地区的阿拉伯大羚羊（*Oryx leucoryx*）（Seddon & Ismail 2002; Gilad et al. 2008）、高山秃鹫（*Gyps rueppellii*）（Terrasse 2006）等。

大熊猫（*Ailuropoda melanoleuca*）是世界著名的濒危旗舰物种，我国政府对大熊猫已进行了多次放归尝试。2005 年，一只野生大熊猫误闯都江堰市区，本地林业部门立即对其进行了救助并命名为“盛林一号”，随后于本地的龙溪–虹口自然保护区成功放归。2009 年，与“盛林一号”经历相似的“泸欣”，由发现地甘孜泸定县被异地放归到石棉县栗子坪自然保护区，是第一例大熊猫异地放归。“祥祥”是我国首只放归野外的圈养大熊猫，但最终由于与其他野生大熊猫争夺领域和食物受伤后从高处坠亡。在吸取“祥祥”放归失败的经验后，我国林业部门于 2012 年、2013 年先后放归了圈养雄性大熊猫“淘淘”和雌性大熊猫“张想”，全部采用“母兽带崽”和“隔绝人类影响”的野化训练方式，并都放归到石棉栗子坪自然保护区，以复壮小且孤立的小相岭种群。除“祥祥”外，目前放归的大熊猫生存状况皆良好。我国成功放归的濒危物种还有麋鹿（*Elaphurus davidianus*）（Zeng et al. 2007）、普氏野马（*Equus ferus przewalskii*）（Liu et al. 2014）、朱鹮（*Nipponia nippon*）（Zhang et al. 2006）等，并都已建立了一定规模的野外种群。

2.3 全球气候变化的种群遗传学效应

近几十年来持续增强的人类活动，进一步加剧了全球气候变化，且在 21 世纪将依然持续。全球气候变化能够对生态系统、群落、物种、种群、个体、分子等各个水平产生影响，已成为当今威胁生物多样性的主要因素之一，是生物保护面临的一个重要挑战。

种内遗传多样性是物种进化的基础，是生物多样性的基石，所以，探明全球气候变化背景下的遗传多样性改变将是研究者彻底了解气候变化影响生物多样性的重要和关键的一步。气候变化对种内遗传多样性的影响可以归为 3 类：物种和种群分布改变引起遗传变异的时空变化；种群和个体对环境变化的快速可塑性响应；物种和种群对环境变化的长期进化适应性响应（Hoffmann & Sgro 2011）。而以上变化大多数情况下都将导致物种和种群的遗传多样性水平下降，甚至种群的灭绝（Pauls et al. 2013）。

全球气候变化使生物原有的栖息地发生改变，所以一些动物通过移动、迁移和扩散等行为适应环境变化。有模拟研究表明，在种群向适宜栖息地移动的过程中，移动种群的前沿部分表现出较低的中性遗传变异水平（McInerny et al. 2009; Arenas et al. 2012），而这部分种群中的个体更可能存活并使其携带的等位基因得以保留，相反，移动种群的后沿部分更可能发生灭绝（McInerny et al. 2009），从而使种群整体遗传多样性降低。另外，移动种群的前沿部分可能受到更强的选择作用，选择清除作用使适应环境变化的有利基因逐渐得到固定，种群的遗传多样性表现出下降趋势。全球气候变化导致微进化过程倾向于保留有利的等位基因，降低受选择位点的遗传变异水平，同时由于“搭车效应”，还可能降低该基因组区域的整体变异水平（Via & West 2008）。长期暴露在一种选择压力下，适应过程能够显著降低种群的中性遗传多样性，增强遗传漂变作用（Nowak et al. 2009），由此将降低物种对其他选择压力的适应潜力。

Koen 等（2014）研究了加拿大安大略南部猞猁（*Lynx canadensis*）种群的中性遗传变异水平和分化情况，结果发现从 1970 年开始，该地区猞猁种群的分布区域向北收缩了 175 km 以上，分析认为这可能与全球气候变化影响下，该地区冬季温度升高、雪覆盖深度减小和适宜栖息地面积缩小有关。

Forcada 等（2014）研究了较长时间尺度下气候变化如何影响动物受到的选择压力。他们结合分析了南极海狗（*Arctocephalus gazella*）种群过去 30 年的多种生活史及遗传数据，发现在气候变化的影响下，繁殖雌性的平均年龄和体型大小有所上升。这些雌性与它们非繁殖同胞姐妹及母亲相比，拥有更高的杂合性，并在过去 20 年间以每代 8.5%的速率增长。然而，杂合性并不能由母亲直接传给女儿，大量的杂种优势并没有传给下一代，加之纯合个体生存能力较低，该地区海狗种群数量整体处于下降趋势。该研究证明气候变化所造成的选择作用正在加剧，不但包括种群数量的下降还包括表型和遗传的变异。

与简单测量和记录表型的时间变化相比，检测到微进化和适应过程，并且将它们与气候变化联系起来要困难得多（Gienapp et al. 2008）。但 Karell 等（2011）利用灰林鸮（*Strix aluco*）毛色与存活率的相关性及该性状本身经典的遗传模式很好地证明了野生动物种群对气候变化的适应性响应。他们发现灰林鸮棕色毛色影响捕食成功率与个体存活率而受到强烈的负选择作用，但随着近年来气温升高，冬季积雪深度减小，灰林鸮棕色毛色这一性状受到的负选择作用有所降低，该性状基因型频率显著上升，证明气候变化能够引起选择模式改变及物种应对气候变化种群水平的适应性进化响应。

当前关于全球气候变化对物种和种群造成的遗传影响及物种对环境变化的响应研究还非常有限。同时，要将遗传变异信息与气候变化关联分析，需要研究者积累物种形态、生态、遗传信息等多方面的大量数据，这对濒危野生动物物种研究来说尤为困难，所以气候变化影响野生动物种群遗传变异的实证性研究显得格外不足。然而，遗传变异在生物特别是濒危动物种群生存中起到的基础性作用，强调了相关研究的重要性与必要性。另外，考虑到研究花费和难易程度，大部分已有的气候变化的遗传影响研究都着重于中性遗传变异（Arenas et al. 2012; Pfenninger et al. 2012）。在未来的研究中，应加大对功能基因的关注，探索新的研究方法，通过中性位点信息推测物种或种群对气候变化的适应性遗传变化，或利用基因组学方法对气候变化引起的中性和适应性遗传变异进行直接检测。这些重要信息将帮助研究者更好地评估濒危动物物种和种群的生存状况，并预测当前和未来的环境变化将对濒危动物产生的影响，以及时准确地制订合理的保护对策。

第三节　学科前沿热点问题

1. 保护基因组学

二代测序技术（next-generation sequencing, NGS）的兴起与成熟使研究者获得的全基因组数据不再局限于少数模式物种，而是覆盖了大部分生物类群，包括大熊猫、金丝猴和白鳍豚等濒危旗舰物种，并且数量还在不断增加。全基因组数据的积累和生物信息技术的进步，推动保护生物学进入全新的基因组时代，使研究者能够解决一些通过传统分子技术无法解决的生物学或保护实践问题。随着测序费用的进一步下降，对种群基因组学的研究成为可能。种群基因组学（population genomics）指基因组水平的种群遗传学，是对种群遗传学的深化和拓展（Hartl & Clark 2007）。种群基因组学通过对物种不同种群的多个个体进行大规模测序，利用检测到的全基因组分子标记数据，研究突变、选择等微进化过程如何影响物种内种群和基因组的遗传差异（Hartl & Clark 2007）。

种群水平的全基因组测序数据结合种群遗传学和基因组学研究方法可以更细致和真实地反映濒危物种的种群历史、基因流和种群遗传结构等信息。如 Zhao 等（2013）对大熊猫基因组和 34 个个体的重测序数据进行种群基因组学分析，发现大熊猫仍具有较高遗传多样性，在重塑了其种群历史后发现，该物种长期进化历程中经历过 2 次种群扩张、2 次瓶颈和 2 次种群分歧事件，提示了第四纪冰期气候变化与近期人类活动可能是影响种群波动的主要因素，独特的秦岭种群大约在 30 万年前分化出来，与第四纪倒数第二个冰期时间吻合，而岷山与其他山系种群的分化则发生在约 2800 年前，与当时的人类活动密切相关。Zhou 等（2014）在近期公布了川金丝猴（*Rhinopithecus roxellana*）的基因组数据，以及同属疣猴亚科的滇金丝猴（*R. bieti*）、黔金丝猴（*R. brelichi*）及缅甸金丝猴（*R. strykeri*）重测序数据，在还原了 4 个物种进化历史后发现，金丝猴北方类群的分化时间约为 1.6×10^6 年，与引起青藏高原抬升的原木运动时间一致，提示青藏高原抬升对金丝猴属分化及北方类群分化的影响。研究人员还发现川金丝猴种群经历了 2 次瓶颈和 2 次扩张，显示出与同域分布大熊猫种群相似的种群历史，暗示更新世早、中期气候变化对同域分布的大型动物种群波动的影响相似。

全基因组遗传数据对濒危动物进化和保护研究的最直接贡献是帮助研究者准确检验出适应性位点（Allendorf et al. 2010）。野生动物大量的基因组序列信息和基因注释信息为研究者了解本地适应过程中的遗传变化和理解生物对环境变化的遗传响应机制打下了基础（Steiner et al. 2013）。Zhao 等（2013）通过对大熊猫全基因组 SNP 数据进行选择信号分析，发现味觉、嗅觉等感知系统相关的基因受到选择作用。其中，秦岭与其他区域大熊猫种群相比，有 2 个苦味受体基因 *Tas2r3* 和 *Tas2r49* 受到显著的正选择作用，这可能与秦岭大熊猫采食更多含苦味物质的竹叶有关。Zhou 等（2014）发现金丝猴类群一方面通过增加基因拷贝增强消除植物次生代谢物毒性的能力，另一方面与脂肪酸及能量代谢相关的基因受到正选择作用，从而实现了该类群的植食性及高海拔适应。同时研究者还指出尽管金丝猴多数嗅觉基因已经假基因化，仍发现 33 个快速进化的嗅觉受体基因，其中大部分与感知水果、植物气味有关，这与该物种的食性密切相关。

2. 野生种群的近交与近交衰退

近交是指具有亲缘关系的个体之间交配繁殖。如果某个个体的亲本共有一个或几个相同的祖先，那么这个个体就称为近交子代（Frankham 2005）。近交没有影响等位基因频率，却改变种群中基因型频率，增加纯合子数量，杂合子相应减少（Keller et al. 2005）。大量基于实验培育种群或野生种群的研究表明，近交可能降低个体和种群的适合度，导致近交衰退。一些鸟类和哺乳动物的研究显示，近交衰退会显著影响初生重、成活率、繁殖力、对疾病和捕食的抵抗能力，以及应对环境压力的能力，这都将严重威胁濒危野生动物的生存。

已有研究表明，自然环境下的近交衰退比圈养条件下更加严重（Armbruster & Reed 2005）。另外，濒危动物种群通常以孤立小种群形式存在，且很可能经历过历史瓶颈，这也将加重近交衰退的危害，增加濒危动物小种群的灭绝风险。现有濒危动物近交衰退的研究多局限在圈养种群中，偶有基于野外环境的研究也只涉及自然远交、未经历瓶颈的种群。缺乏准确的谱系信息是濒危动物野生种群近交衰退研究的主要障碍之一。分子标记技术的进步使研究者在没有谱系信息的情况下也能够重建野生种群的谱系关系（Ruiz-López et al. 2009; Bérénos et al. 2014），如 Haanes 等（2013）利用 22 个微卫星位点的遗传信息重建了 25 年驼鹿（*Alces alces*）岛屿种群的谱系信息，检测了种群近交水平，发现该种群存在严重近交，导致幼体出生时间后推和初生重下降，可能降低种群增长率并增加灭绝风险。

另外，大量野外个体适合度数据的积累将是未来相关研究的工作重点。同一物种不同生活史性状的近交衰退水平可能不同，如对北美歌带鹀（*Melospiza melodia*）的研究中，Postma 等（2011）发现雏鸟性比这一性状不受近交影响，而雄性鸣唱的曲目长短则更多地受到近交的影响（Reid et al. 2005）。此外，虽然在不同生活史时期近交产生的负面作用可能不甚明显，但这种小影响经过多个生活史时期的累积，最终会影响种群的长期适合度，提示研究者在整个生活史尺度上检测近交影响的重要性（Grueber et al. 2010）。

近交引起的遗传衰退与环境胁迫都会增加种群的灭绝风险，但这两者之间的相互作用，研究者还知之甚少（Liao & Reed 2009）。有研究者认为环境胁迫会加大近交衰退的危害（Armbruster & Reed 2005; Liao & Reed 2009），但一些研究结果显示它们之间的关系并不固定（Marr et al. 2006; Reed et al. 2012）。在全球变化的大背景下，研究环境压力变化与濒危野生动物种群近交衰退间的关系具有特殊的重要意义。

在基因组学时代，研究者有机会在全基因组水平检测到与近交衰退相关的遗传位点，这将对认识近交衰退的影响及产生机制起到重要作用。

近交和近交衰退威胁濒危动物种群的生存，而近交衰退又是一个非常复杂的现象，可能因物种、种群状况、环境因素，以及研究者所检测的性状乃至所采用的参数和分析方法而不同，所以针对不同物种野生种群的近交与近交衰退研究应成为未来保护遗传学、保护生物学的关键内容，以期成为评估物种未来续存能力的重要参考，帮助保护者及时展开合理有效的保护措施。

3. 环境污染的种群遗传影响

环境污染是全球生物多样性丧失的主要诱因之一。环境污染物能够从各个水平对生物系统产生影响。在分子水平，环境污染物可能造成 DNA 损伤，导致 DNA 加合物形成，引起 DNA 断链及染色体重排等，在细胞水平可能会引起调控改变，这些变化最终会造成生物个体生殖能力降低、健康受损、寿命缩短等。环境污染的种群遗传学影响的相关研究大部分局限在无脊椎动物或鱼类中，鸟类和小型哺乳类种群的研究仅停留在现象观察。Eeva 等（2006）对生活在污染环境中的两种鸟类种群遗传特征受重金属和放射性污染物影响的情况进行研究，结果发现生活在一处铜熔炼炉旁的大山雀（*Parus major*）种群遗传多样性较生活在非污染环境下种群的遗传多样性有所下降，而生活在放射性污染物环境中的斑姬鹟（*Ficedula hypoleuca*）种群遗传多样性却表现为升高，研究者认为这种遗传变异趋势的差别可能是因为两个物种分解有害化合物能力不同。Mussali-Galante 等（2013）对墨西哥城市 Huautla 地区尾矿中一种鼠（*Peromyscus melanophrys*）的种群遗传结构和多样性进行研究，发现矿区环境污染物在该物种中存在生物累积现象，在严重污染区域生活的白足鼠种群数量更低，同时更高的金属污染物生物累积水平会导致更低的种群遗传多样性。然而，想要正确解释这些遗传变化可能需要深入的研究。如上所述，环境污染物会从各个水平影响生物系统，例如，后一项研究的研究者曾发现该地区尾矿中生活的白足鼠表现出更严重的 DNA 损伤，并且雌性的 DNA 损伤程度更高（Tovar-Sánchez et al. 2012），另外，研究者还需考虑到种群波动与基因流的作用。关于环境污染影响大型濒危动物种群遗传特征的研究则更少，而由于生物积累和放大作用的影响，沿食物链积累起来的影响在寿命较长的大型濒危动物体内继续累积，最终可能引起更大的遗传改变，加之生物过程的差异，基于无脊椎动物或小型哺乳类的研究结果无法外推到大型濒危动物，造成相关知识的空白，不利于物种保护的最终目的，在未来研究者应加强这方面的研究。

近年来大量全基因组数据的积累和基因组水平研究方法的进步使研究者有机会直接检测环境污染带来的基因组水平遗传变异，探明濒危野生动物对环境污染的遗传响应及其原理，从而加深对濒危动物生物学的理解并及时制订有效保护策略，这也将是未来相关研究的前进方向。

第四节 总结与展望

生物多样性丧失与保护是当今最受关注的议题之一。保护生物多样性应从生态系统保护、物种保护、遗传保护等不同水平入手，其核心是物种保护。保护遗传学以生物濒危机制和保护原理为主要研究内容，是直接面向遗传与物种保护的生物多样性保护关键性学科。而濒危动物可能是生态系统的基础种或关键种，支持着生态系统功能的正常运转，拥有特殊的保护意义。在政府的大力支持下，我国专家学者一直非常重视濒危野生动物的保护遗传学研究，并在大熊猫、金丝猴、普氏野马、朱鹮和扬子鳄等旗舰物种的景观遗传学研究、圈养种群遗传管理等领域产生了许多重要成果，深入探讨了种群濒危遗传机制，从遗传角度提出濒危动物野生种群的保护建议，并在保护基因组学、应对全球气候变化影响与响应等前沿课题中取得了一定进展。例如，Zhan 等（2006）结合非损伤性遗传取样法和分子标记技术，准确统计了四川王朗自然保护区的大熊猫数量，结果是传统统计方法的两倍之多，让研究者看到保护野生大熊猫的希望；Zhang 等（2007）、Hu 等（2010a, 2010b）、Zhu 等（2011）基于不同空间尺度的大熊猫种群景观遗传学研究结果都强调了人类活动对现生大熊猫种群遗传多样性下降和遗传结构形成起到的主要作用；同样，Liu 等（2009）在云南滇金丝猴的景观遗传学研究中同样发现，人类活动如定居、耕地和公路修建等引起了该地金丝猴栖息地破碎化，造成种群遗传分化；Liu 等（2014）检测了迁地保护对我国普氏野马种群遗传多样性保存效果，发现与圈养种群相比，放归种群具有较低的遗传多样性和较高的近交水平，要保存放归种群大部分的遗传多样性，使放归种群能够自我维持，未来可能还需要更多的放归个体；Zhao 等（2013）对大熊猫的重测序研究和 Zhou 等（2014）对金丝猴的全基因组测序与重测序研究开创了濒危动物种群基因组研究的先河，重构了这两种著名濒危旗舰动物的种群历史，并在全基因组范围内检测到一系列适应性位点，为下一步的功能性基因研究指明了方向。

同时研究者也应该看到，我国保护遗传学研究与国外研究水平仍存在一定差距。我国的原创性研究还很缺乏。虽然已有一些保护遗传学研究成果用于指导保护实践，如考虑到小相岭种群较低的遗传多样性和孤立现状，最近放归的两只大熊猫目的地都选择该种群分布区域，以期进行种群复壮，但总的来说，大部分保护遗传学基础研究的成果还没有真正与保护实践紧密联系起来。另外，我国相关学科发展起步较晚，基础资料积累相对不足，难以对大部分濒危物种进行更加深入的时空动态分析。

我国是最早签署《生物多样性公约》的国家之一。一直以来，我国政府积极采取措施履行公约规定的义务。但由于人口和经济快速发展带来的巨大压力，我国保护生物多样性的任务非常艰巨，面临的挑战十分严峻。这一现状要求保护遗传学研究者要特别关注与保护实践紧密相关的研究课题。在未来的保护遗传学研究中，研究者应积极关注和吸取国际前沿研究的成果，自觉将新工具与方法运用到我国特色科学问题、本地物种保护等研究中，注重对保护实践具有指导意义的研究课题，同时不能放松学科基础性研究，进行长期、深入的保护遗传学研究，以期为我国生物多样性保护提供坚实全面的科技支持。

参 考 文 献

Allendorf F W, Hohenlohe P A, Luikart G. 2010. Genomics and the future of conservation genetics. Nat Rev Genet, 11(10): 697-709.

Allendorf F W, Luikart G H, Aitken S A. 2012. Conservation and the Genetics of Populations (2nd Edition). New York: John Wiley & Sons.

Amaral A R, Beheregaray L B, Bilgmann K, et al. 2012. Seascape genetics of a globally distributed, highly mobile marine mammal: the short-beaked common dolphin (Genus *Delphinus*). PLoS One, 7(2): e31482.

Andreasen A M, Stewart K M, Longland W S, et al. 2012. Identification of source-sink dynamics in mountain lions of the Great Basin. Mol Ecol, 21(23): 5689-5701.

Arenas M, Ray N, Currat M, et al. 2012. Consequences of range contractions and range shifts on molecular diversity. Mol Biol Evol, 29(1): 207-218.

Armbruster P, Reed D H. 2005. Inbreeding depression in benign and stressful environments. Heredity, 95(3): 235-242.

Armstrong D, Seddon P. 2008. Directions in reintroduction biology. Trends Ecol Evol, 23(1): 20-25.

Banks S C, Finlayson G R, Lawson S J, et al. 2005. The effects of habitat fragmentation due to forestry plantation establishment on the demography and genetic variation of a marsupial carnivore, *Antechinus agilis*. Biol Conserv, 122(4): 581-597.

Bao W B, Wu S L, Zhang H X, et al. 2009. Sex identification of seven species of cranes in China by PCR. J Anim Vet Adv, 8(6): 1137-1140.

Barnosky A D, Matzke N, Tomiya S, et al. 2011. Has the Earth's sixth mass extinction already arrived? Nature, 471(7336): 51-57.

Bérénos C, Ellis P A, Pilkington J P, et al. 2014. Estimating quantitative genetic parameters in wild populations: a comparison of pedigree and genomic approaches. Mol Ecol, 23(14): 3434-3451.

Bergl R A, Bradley B J, Nsubuga A, et al. 2008. Effects of habitat fragmentation, population size and demographic history on genetic diversity: the cross river gorilla in a comparative context. Am J Primatol, 70(9): 848-859.

Blanchong J A, Samuel M D, Scribner K T, et al. 2008. Landscape genetics and the spatial distribution of chronic wasting disease. Biol Lett, 4(1): 130-133.

Borthakur U, Barman R D, Das C, et al. 2011. Noninvasive genetic monitoring of tiger (*Panthera tigris tigris*) population of Orang National Park in the Brahmaputra floodplain, Assam, India. Eur J Wildlife Res, 57(3): 603-613.

Canales-Delgadillo J C, Scott-Morales L, Korb J. 2012. The influence of habitat fragmentation on genetic diversity of a rare bird species that commonly faces environmental fluctuations. J Avian Biol, 43(2): 168-176.

Chiucchi J E, Gibbs H L. 2010. Similarity of contemporary and historical gene flow among highly fragmented populations of an endangered rattlesnake. Mol Ecol, 19(24): 5345-5358.

Christie M R, Marine M L, French R A, et al. 2012. Genetic adaptation to captivity can occur in a single generation. Proc Nat Acad Sci, 109(1): 238-242.

Crawford A J, Cruz C, Griffith E, et al. 2013. DNA barcoding applied to ex situ tropical amphibian conservation programme reveals cryptic diversity in captive populations. Mol Ecol Res, 13(6): 1005-1018.

Díaz-Saceo J J, Izawa M, Imai H. 2014. Successful DNA typing of feces to determine the species and sex of the endangered Iriomote cat (*Prionailurus bengalensis iriomotensis*) by using the 16S rRNA gene and an SNP marker in a zinc-finger protein gene. Mamm Study, 39(1): 53-58.

Dixo M, Metzger J P, Morgante J S, et al. 2009. Habitat fragmentation reduces genetic diversity and connectivity among toad populations in the Brazilian Atlantic Coastal Forest. Biol Conserv, 142(8): 1560-1569.

Eeva T, Belskii E, Kuranov B. 2006. Environmental pollution affects genetic diversity in wild bird populations. Mut Res/Genetic Toxicol Environ Mutagenesis, 608(1): 8-15.

Epps C W, Palsbøll P J, Wehausen W D, et al. 2005. Highways block gene flow and cause a rapid decline in genetic diversity of desert bighorn sheep. Ecol Lett, 8(10): 1029-1038.

Epps C W, Wasser S K, Keim J L, et al. 2013. Quantifying past and present connectivity illuminates a rapidly changing landscape for the African elephant. Mol Ecol, 22(6): 1574-1588.

Forcada J, Hoffman J I. 2014. Climate change selects for heterozygosity in a declining fur seal population. Nature, 511(7510): 462-465.

Frankham R. 2005. Genetics and extinction. Biol Conserv, 126(2): 131-140.

Frankham R. 2008. Genetic adaptation to captivity in species conservation programs. Mol Ecol, 17(1): 325-333.

Frankham R, Ballou J D, Briscoe D A. 2010. Introduction to Conservation Genetics. Oxford: Cambridge University Press.

Frantz A C, Bertouille S, Eloy M C, et al. 2012. Comparative landscape genetic analyses show a Belgian motorway to be a gene flow barrier for red deer (*Cervus elaphus*), but not wild boars (*Sus scrofa*). Mol Ecol, 21(14): 3445-3457.

Garroway C J, Bowman J, Carr D, et al. 2008. Applications of graph theory to landscape genetics. Evol Appl, 1(4): 620-630.

Gienapp P, Teplitsky C, Alho J S, et al. 2008. Climate change and evolution: disentangling environmental and genetic responses. Mol Ecol, 17(1): 167-178.

Gilad O, Grant W E, Saltz D. 2008. Simulated dynamics of Arabian Oryx (*Oryx leucoryx*) in the Israeli Negev: effects of migration corridors and post-reintroduction changes in natality on population viability. Ecol Model, 210(1-2): 169-178.

Gilligan D M, Frankham R. 2003. Dynamics of genetic adaptation to captivity. Conserv Genet, 4(2): 189-197.

Grueber C E, Laws R J, Nakagawa S, et al. 2010. Inbreeding depression accumulation across life-history stages of the endangered takahe. Conserv Biol, 24(6): 1617-1625.

Haag T, Santos A S, Sana D A, et al. 2010. The effect of habitat fragmentation on the genetic structure of a top predator: loss of diversity and high differentiation among remnant populations of Atlantic Forest jaguars (*Panthera onca*). Mol Ecol, 19(22): 4906-4921.

Haanes H, Markussen S S, Herfindal I, et al. 2013. Effects of inbreeding on fitness-related traits in a small isolated moose population. Ecol Evol, 3(12): 4230-4242.

Hartl D, Clark A. 2007. Principles of Population Genetics. Sunderland: Sinauer Associates.

Hayes F E, Sewlal J A N. 2004. The Amazon River as a dispersal barrier to passerine birds: effects of river width, habitat and taxonomy. J Biogeogr, 31(11): 1809-1818.

Hedrick P W, Fredrickson R J. 2008. Captive breeding and the reintroduction of Mexican and red wolves. Mol Ecol, 17(1): 344-350.

Hoffmann A A, Sgro C M. 2011. Climate change and evolutionary adaptation. Nature, 470(7335): 479-485.

Hollatz C, Vilaca S T, Redondo R A F, et al. 2011. The Amazon River system as an ecological barrier driving genetic differentiation of the pink dolphin (*Inia geoffrensis*). Biol J Linn Soc, 102(4): 812-827.

Horváth M B, Martínez-Cruz B, Negro J J, et al. 2005. An overlooked DNA source for non-invasive genetic analysis in birds. J Avian Biol, 36(1): 84-88.

Hu Y B, Qi D, Wang H, et al. 2010a. Genetic evidence of recent population contraction in the southernmost population of giant pandas. Genetica, 138(11-12): 1297-1306.

Hu Y B, Zhan X, Qi D, et al. 2010b. Spatial genetic structure and dispersal of giant pandas on a mountain-range scale. Conserv Genet, 11(6): 2145-2155.

IUCN. 1987. IUCN Position Statement on the Translocation of Living Organisms: Introductions, Re-introductions, and Re-stocking. Prepared by the Species Survival Commission in collaboration with the Commission on Ecology and the Commission on Environmental Policy, Law and Administration. IUCN (http: //www.iucnsscrsg.org/)

Janečka J E, Jackson R, Yuquang Z, et al. 2008. Population monitoring of snow leopards using noninvasive collection of scat samples: a pilot study. Anim Conserv, 11(5): 401-411.

Jansson E, Ruokonen M, Kojola I, et al. 2012. Rise and fall of a wolf population: genetic diversity and structure during recovery, rapid expansion and drastic decline. Mol Ecol, 21(21): 5178-5193.

Jule K R, Leaver L A, Lea S E G. 2008. The effects of captive experience on reintroduction survival in carnivores: a review and analysis. Biol Conserv, 141(2): 355-363.

Karamanlidis A A, Drosopoulou E, de Gabriel Hernando E, et al. 2010. Noninvasive genetic studies of brown bears using power poles. Eur J Wildlife Res, 56(5): 693-702.

Karell P, Ahola K, Karstinen T, et al. 2011. Climate change drives microevolution in a wild bird. Nat Comm, 2: 208.

Keller I, Excoffier L, Largiadèr C R. 2005. Estimation of effective population size and detection of a recent population decline coinciding with habitat fragmentation in a ground beetle. J Evol Biol, 18(1): 90-100.

Kendall K C, Stetz J B, Boulanger J, et al. 2009. Demography and genetic structure of a recovering grizzly bear population. J Wildlife Manage, 73(1): 3-17.

Koen E L, Bowman J, Murray D L, et al. 2014. Climate change reduces genetic diversity of Canada lynx at the trailing range edge. Ecography, 37(8): 754-762.

Landguth E L, Cushman S A, Schwartz M K, et al. 2010. Quantifying the lag time to detect barriers in landscape genetics. Mol Ecol, 19(19): 4179-4191.

Lee T, Zenger K R, Close R L, et al. 2010. Defining spatial genetic structure and management units for vulnerable koala (*Phascolarctos cinereus*) populations in the Sydney region, Australia. Wildlife Res, 37(2): 156-165.

Li M H, Strandén I, Tiirikka T, et al. 2011. A comparison of approaches to estimate the inbreeding coefficient and pairwise relatedness using genomic and pedigree data in a sheep population. PLoS

One, 6(11): e26256.
Liao W, Reed D H. 2009. Inbreeding-environment interactions increase extinction risk. Anim Conserv, 12(1): 54-61.
Liu G, Shafer A B A, Zimmermann W, et al. 2014. Evaluating the reintroduction project of Przewalski's horse in China using genetic and pedigree data. Biol Conserv, 171: 288-298.
Liu Z J, Ren B, Wu R, et al. 2009. The effect of landscape features on population genetic structure in Yunnan snub-nosed monkeys (*Rhinopithecus bieti*) implies an anthropogenic genetic discontinuity. Mol Ecol, 18(18): 3831-3846.
Lowry D B. 2010. Landscape evolutionary genomics. Biol Lett, 6(4): 502-504.
Manel S, Holderegger R. 2013. Ten years of landscape genetics. Trends Ecol Evol, 28(10): 614-621.
Manel S, Schwartz M K, Luikart G, et al. 2003. Landscape genetics: combining landscape ecology and population genetics. Trends Ecol Evol, 18(4): 189-197.
Marr A B, Arcese P, Hochachka W M, et al. 2006. Interactive effects of environmental stress and inbreeding on reproductive traits in a wild bird population. J Anim Ecol, 75(6): 1406-1415.
McInerny G J, Turner J R G, Wong H Y, et al. 2009. How range shifts induced by climate change affect neutral evolution. Proc R Soc B, 276(1661): 1527-1534.
Mendez M, Subramaniam A, Collins T, et al. 2011. Molecular ecology meets remote sensing: environmental drivers to population structure of humpback dolphins in the Western Indian Ocean. Heredity, 107(4): 349-361.
Mills L S, Smouse P E. 1994. Demographic consequences of inbreeding in remnant populations. Am Nat, 144(3): 412-431.
Minhós T, Wallace E, da Silva M J F, et al. 2013. DNA identification of primate bushmeat from urban markets in Guinea-Bissau and its implications for conservation. Biol Conserv, 167: 43-49.
Mussali-Galante P, Tovar-Sánchez E, Valverde M, et al. 2013. Evidence of population genetic effects in *Peromyscus melanophrys* chronically exposed to mine tailings in Morelos, Mexico. Environ Sci Pollut Res, 20(11): 7666-7679.
Nowak C, Vogt C, Pfenninger M, et al. 2009. Rapid genetic erosion in pollutant-exposed experimental chironomid populations. Environ Pollut, 157(3): 881-886.
Pauls S U, Nowak C, Bálint M, et al. 2013. The impact of global climate change on genetic diversity within populations and species. Mol Ecol, 22(4): 925-946.
Pavlacky Jr D C, Goldizen A W, Prentis P J, et al. 2009. A landscape genetics approach for quantifying the relative influence of historic and contemporary habitat heterogeneity on the genetic connectivity of a rainforest bird. Mol Ecol, 18(14): 2945-2960.
Pérez-Espona S, Pérez-Barbería F J, McLeod J E, et al. 2008. Landscape features affect gene flow of Scottish Highland red deer (*Cervus elaphus*). Mol Ecol, 17(4): 981-996.
Pfenninger M, Bálint M, Pauls S U. 2012. Methodological framework for projecting the potential loss of intraspecific genetic diversity due to global climate change. BMC Evol Biol, 12(1): 224.
Postma E, Heinrich F, Koller U, et al. 2011. Disentangling the effect of genes, the environment and chance on sex ratio variation in a wild bird population. Proc R Soc B, 278(1720): 2996-3002.
Quéméré E, Crouau-Roy B, Rabarivola C, et al. 2010. Landscape genetics of an endangered lemur (*Propithecus tattersalli*) within its entire fragmented range. Mol Ecol, 19(8): 1606-1621.
Radespiel U, Rakotondravony R, Chikhi L. 2008. Natural and anthropogenic determinants of genetic structure in the largest remaining population of the endangered golden-brown mouse lemur, *Microcebus ravelobensis*. Am J Primatol, 70(9): 860-870.
Ramirez O, Altet L, Ensenat C, et al. 2006. Genetic assessment of the Iberian wolf *Canis lupus signatus* captive breeding program. Conserv Genet, 7(6): 861-878.
Reed D H, Fox C W, Enders L S, et al. 2012. Inbreeding-stress interactions: evolutionary and conservation consequences. Ann New York Acad Sci, 1256(1): 33-48.
Rees E E, Pond B A, Cullingham C I, et al. 2009. Landscape modelling spatial bottlenecks: implications

for raccoon rabies disease spread. Biol Lett, 5(3): 387-390.

Reid J M, Arcese P, Cassidy A L, et al. 2005. Fitness correlates of song repertoire size in free-living song sparrows (*Melospiza melodia*). Am Nat, 165(3): 299-310.

Riley S P D, Pollinger J P, Sauvajot R M, et al. 2006. A southern California freeway is a physical and social barrier to gene flow in carnivores. Mol Ecol, 15(7): 1733-1741.

Ruiz-López M J, Roldán E R, Espeso G, et al. 2009. Pedigrees and microsatellites among endangered ungulates: what do they tell us? Mol Ecol, 18(7): 1352-1364.

Seddon P J, Ismail K. 2002. Influence of ambient temperature on diurnal activity of Arabian oryx: implications for reintroduction site selection. Oryx, 36(1): 50-55.

Shan L, Hu Y, Zhu L, et al. 2014. Large-scale genetic survey provides insights into the captive management and reintroduction of giant pandas. Mol Biol Evol, 31(10): 2663-2671.

Spear S F, Peterson C R, Matocq M D, et al. 2005. Landscape genetics of the blotched tiger salamander (*Ambystoma tigrinum melanostictum*). Mol Ecol, 14(8): 2553-2564.

Steiner C C, Putnam A S, Hoeck P E A, et al. 2013. Conservation genomics of threatened animal species. Ann Rev Anim Biosci, 1(1): 261-281.

Storfer A, Murphy M A, Spear S F, et al. 2010. Landscape genetics: where are we now? Mol Ecol, 19(17): 3496-3514.

Sugimoto T, Aramilev V V, Kerley L L, et al. 2014. Noninvasive genetic analyses for estimating population size and genetic diversity of the remaining Far Eastern leopard (*Panthera pardus orientalis*) population. Conserv Genet, 15(3): 521-532.

Taberlet P, Waits L P, Luikart G. 1999. Noninvasive genetic sampling: look before you leap. Trends Ecol Evol, 14(8): 323-327.

Terrasse M. 2006. Long term reintroduction projects of Griffon *Gyps fulvus* and Black vultures *Aegypius monachus* in France. *In*: Houston D C, Piper S E. Proceedings of the International Conference on Conservation and Management of Vulture Populations. 14-16 November 2005, Thessaloniki, Greece. Natural History Museum of Crete & WWF Greece: 98-107.

Tovar-Sánchez E, Cervantes L T, Martínez C, et al. 2012. Comparison of two wild rodent species as sentinels of environmental contamination by mine tailings. Environ Sci Pollut Res, 19(5): 1677-1686.

UNEP. 2007. United Nations Environment Programme Annual Report: 2006. UNEP, Nairobi.

Urano K, Tsubono K, Taniguchi Y, et al. 2013. Genetic diversity and structure in the Sado captive population of the Japanese crested ibis. Zool Sci, 30(6): 432-438.

Vallinoto M, Araripe J, Rego P S, et al. 2006. Tocantins river as an effective barrier to gene flow in *Saguinus niger* populations. Genet Mol Biol, 29(2): 215-219.

Via S, West J. 2008. The genetic mosaic suggests a new role for hitchhiking in ecological speciation. Mol Ecol, 17(19): 4334-4345.

Wasserman T N, Cushman S A, Schwartz M K, et al. 2010. Spatial scaling and multi-model inference in landscape genetics: *Martes americana* in northern Idaho. Landscape Ecol, 25(10): 1601-1612.

Wei F W, Hu Y, Yan L, et al. 2015. Giant pandas are not an evolutionary cul-de-sac: evidence from multidisciplinary research. Mol Biol Evol, 32(1): 4-12.

Wei F W, Hu Y, Zhu L, et al. 2012. Black and white and read all over: the past, present and future of giant panda genetics. Mol Ecol, 21(23): 5660-5674.

Williams S E, Hoffman E A. 2009. Minimizing genetic adaptation in captive breeding programs: a review. Biol Conserv, 142(11): 2388-2400.

Yang J, Jiang Z G. 2011. Genetic diversity, population genetic structure and demographic history of Przewalski's gazelle (*Procapra przewalskii*): implications for conservation. Conserv Genet, 12(6): 1457-1468.

Yuasa T, Nagata J, Hamasaki S, et al. 2007. The impact of habitat fragmentation on genetic structure of the Japanese sika deer (*Cervus nippon*) in southern Kantoh, revealed by mitochondrial D-loop

sequences. Ecol Res, 22(1): 97-106.
Zeng Y, Jiang Z, Li C. 2007. Genetic variability in relocated Pere David's deer (*Elaphurus davidianus*) populations-Implications to reintroduction program. Conserv Genet, 8(5): 1051-1059.
Zhan X, Li M, Zhang Z, et al. 2006. Molecular censusing doubles giant panda population estimate in a key nature reserve. Curr Biol, 16(12): R451-R452.
Zhang B, Fang S G, Xi Y M. 2006. Major histocompatibility complex variation in the endangered crested ibis *Nipponia nippon* and implications for reintroduction. Biochem Genet, 44(3-4): 113-123.
Zhang B, Li M, Zhang Z, et al. 2007. Genetic viability and population history of the giant panda, putting an end to the "Evolutionary Dead End"? Mol Biol Evol, 24(8): 1801-1810.
Zhang L, Yang X, Wu H, et al. 2011. The parasites of giant pandas: individual-based measurement in wild animals. J Wildlife Dis, 47(1): 164-171.
Zhao S C, Zheng P P, Dong S S, et al. 2013. Whole-genome sequencing of giant pandas provides insights into demographic history and local adaptation. Nat Genet, 45(1): 67-71.
Zhou X M, Wang B S, Pan Q, et al. 2014. Whole-genome sequencing of the snub-nosed monkey provides insights into folivory and evolutionary history. Nat Genet, 46(12): 1303-1310.
Zhu L F, Zhang S N, Gu X D, et al. 2011. Significant genetic boundaries and spatial dynamics of giant pandas occupying fragmented habitat across southwest China. Mol Ecol, 20(6): 1122-1132.

第三章　协同进化与种群遗传分化*

第一节　引　　言

种群分化和物种形成是生物多样性的最终推动力，是进化生物学的核心问题之一（Barraclough & Nee 2001; 唐志尧等 2009）。早期生物多样性理论往往忽略种间关系的驱动作用（Bastolla et al. 2009），然而任何生物都不可能独立存在，它们存在于形形色色的种间相互作用中，种间相互作用甚至使生命有机体不能以独立的个体存在（Gilbert et al. 2012）。协同进化是地球生物多样性形成最重要的生态和遗传过程之一（Thompson 2005），研究者对地球生物多样性了解越多，协同进化过程在其形成中的核心作用就显示得越明确（Thompson 1999）。

第二节　协同进化对种群分化的影响

协同进化（co-evolution）指两个或多个物种间相互的适应性的遗传和进化改变过程（Janzen 1980; Woolhouse et al. 2002）。协同进化最初发现于共生体系（mutualism）中（Jackson 2008; Bronstein 2009），近年来发现在对抗性相互作用（antagonistic interaction）体系中也广泛存在，如植物–食草动物（Stinchcombe 2002; Huot et al. 2013）、宿主–病原（Shan et al. 2007; Tack et al. 2012）、宿主–寄生物（Duffy & Forde 2009）等系统；有学者认为协同进化存在于所有相互作用的物种之间（Woolhouse et al. 2002），影响着作用双方/多方的性状分化、种群遗传格局和种群局域适应。

1. 性状分化

相互作用物种性状的匹配常被视为协同进化的证据，它决定了共生物种相互利用、对抗物种利用和反利用的可能性及程度，表现出匹配–不匹配的时空变化格局，也推动了相互作用物种种群乃至物种的分化。

1.1　性状匹配及其遗传基础

早期理论认为协同进化由相互作用物种性状的匹配程度介导（Nuismer et al. 2007），实验研究也揭示出许多近乎完美的相互作用性状匹配。例如，榕–榕小蜂专性共生体系中，榕属物种与其专一性传粉榕小蜂繁殖物候的高度匹配，同一宿主物种隐头花序（榕果）接受期和成熟期两周左右的差异已足以维持不同传粉榕小蜂物种的同域共存［如薜荔两种传粉榕小蜂生活史均在薜荔隐头花序中完成，生态位几乎一致，却能在舟山群岛同一

本章作者：陈　艳　刘　美　陈小勇（通讯作者）

岛屿上共存，详见 Liu 等（2014）]；榕果接受期散发的挥发性物质只吸引其专一性的传粉榕小蜂；榕隐头花序内花药胚珠比与传粉榕小蜂行为（主动、被动传粉）的高度对应；榕的繁育系统（雌雄同体、雌雄异体）与传粉榕小蜂产卵器长度的关系（Herre et al. 2008; 陈艳等 2010）、花粉性状与传粉榕小蜂行为之间的关系（Wang et al. 2014）。Anderson 和 Johnson（2008）比较了 *Prosoeca ganglbaueri* 的吻长度与其最主要蜜源植物 *Zaluzianskya microsiphon* 花冠筒深度的对应关系，证实即使在排除经纬度、海拔等环境因素后，两者仍存在显著的对应关系，说明协同进化是宿主花冠深度和蝇吻长度分化的最主要因素。

植物花部特征与传粉昆虫相关性状的匹配很早就被用于植物–传粉昆虫协同进化关系的预测。达尔文根据大慧星兰（*Angraecum sesquipedale*）花距的长度推测其传粉者为具长吻的蛾类，20 世纪末 21 世纪初人们才直接观察到该物种的传粉昆虫为非洲长喙天蛾（*Xanthopan morganii praedicta*），证实了达尔文一个多世纪前关于大慧星兰与长吻蛾协同进化的推测（Arditti et al. 2012）。过去人们一直认为裸子植物靠风媒传粉，但石炭纪裸子植物的花粉化石显示部分裸子植物的花粉过大难以被风传播。对我国中生代安纽蝎蛉总科（Aneuretopsychina）11 种昆虫化石的研究显示，尽管 11 个物种分属 3 个科、5 个属，但都具有长管式口器，口器长度分别与该时期 5 类裸子植物深浅不一的花粉管相对应，证实了裸子植物中虫媒传粉方式的存在。这 3 个科在早白垩纪晚期均灭绝，与该时期裸子植物大量灭绝，让位于被子植物的历史相一致（任东 2002; Ren et al. 2009; 朱琰等 2013）。

相互作用性状的遗传基础是近年来关注的热点。早期的研究更强调关键基因的作用，特别是在宿主–寄生物体系中，关键性状的协同进化往往被描述为关键基因频率依赖选择驱动的适应和反适应过程，即基因对基因（gene-for-gene）或基因型对基因型的相互作用（genotype-by-genotype interaction）（Lohse et al. 2006; Shan et al. 2007; Moreno-Gámez et al. 2013）。少数基因决定的关键性状已在一些系统中得到证实，如蝰蛇对其猎物所含蝾螈毒素的抗性与 *Na1.4* 基因的变异表现出几乎完美的匹配（Feldman et al. 2010）、黑腹果蝇（*Drosophila melanogaste*）对其 sigma 病毒的抗性进化由少数基因的多态性决定（Bangham et al. 2008）、大型蚤（*Daphnia magna*）对寄生的分支巴斯德氏菌（*Pasteuria ramosa*）的抗性表现出“全或无”的特征，符合单位点基因的遗传规律（Luijckx et al. 2012）。一些研究显示相互作用物种种群性状的匹配可以出现在种群间遗传差异很小的情况下，也说明这些关键性状可能由少数基因决定。例如，美国黑松（*Pinus contorta*）种子由哺乳动物和鸟类传播，Parchman 等（2011）对落基山脉 22 个自然种群的遗传结构和球果特征进行了比较，微卫星（SSR）和 AFLP 均未揭示出明显的种群间遗传分化，但黑松球果结构在不同种群间有明显分化，分别与种群所在地主要种子传播者的特征相适应。霾灰蝶（*Maculinea* spp.）依赖红蚁（*Myrmica* spp.）养育后代，其幼虫的体表化学类型与其宿主红蚁的高度一致。*Myrmica rebeli* 的西班牙和波兰种群分别利用不同的小红蚁物种，在对方宿主巢穴中的死亡率达 100%。Thomas 等（2013）分析了 *Myrmica rebeli* 上述两个种群的形态和遗传结构，发现两种群的差异主要在体表化学物质，而在形态、线粒体和核基因序列及 SSR 等位基因方面都没有显著差异。

近年来，人们开始关注协同进化中的多基因作用，一些理论研究开始探讨将模型扩展到多位点的基因–基因系统（Salathe et al. 2005）、具有加性效应的多基因数量遗传性状

（Ridenhour & Nuismer 2007）。Wade（2007）对协同进化遗传学进行了综述，指出协同进化中基因型与环境间相互作用（genotype-by-environment, G×E）、上位遗传（epistasis, G×G）和种群遗传亚分化在协同进化研究中尤为重要。目前基因–基因–环境间的相互作用(G×G×E)越来越受到重视。很少有性状在任何环境中都具有选择优势，控制性状的基因与环境之间的相互作用决定了相互作用性状的高度匹配很难在物种水平均一存在，不同种群往往显示出匹配程度的差异，不同的选择压力导致了相互作用性状间此消彼长的军备竞赛（arm race）。

1.2 相互作用性状的军备竞赛

越来越多的研究显示协同进化种群不一定显示出性状的匹配，模型模拟也证实，仅性状匹配不能作为协同进化的确切证据（Nuismer et al. 2010），即使在种群间不存在基因流的情况下，也不能先入为主地预测相互作用性状匹配（Nuismer et al. 2007）。

协同进化物种间的相互作用往往由一个物种表型适合度超过另一个物种表型的程度所介导，作用性状此起彼伏的军备竞赛在共生和对抗系统中均普遍存在（Thompson 1999; Shan et al. 2007; Jackson 2008），其中一方可能会由于超级表型的存在而暂时逃离军备竞赛。Toju 和 Sota（2006）对日本山茶（*Camellia japonica*）和专一性种子取食者山茶象甲（*Curculio camelliae*）不同种群的性状对应关系进行了比较，总体而言山茶果皮厚度与象甲吻突长度间表现出明显的相关关系，但不同种群中山茶对象甲取食的抗性有很大差异，有的种群中植物抗性占优势，有的种群中几乎所有的植物个体对象甲取食均无抗性。Toju 和 Sota（2009）对象甲属相关物种的共祖分析显示，其进化符合间断进化特征，特殊表型的出现打破了协同进化的平衡，使相互作用物种进入新的适应带（adaptive zone）。蝾螈以河鲀毒素对抗蝰蛇的取食，蝾螈毒性与蝰蛇抗性表现出基因对基因（gene-for-gene）的相互适应（Feldman et al. 2009, 2010），但不同种群中被捕食者毒性和捕食者抗性的关系有很大差异，有相当数量的种群毒性和抗性不匹配（Hanifin et al. 2008），某些种群中等位基因固定导致的超级表型可使蝰蛇暂时逃离军备竞赛（Feldman et al. 2010）。

共生较对抗相互作用体系具有更稳定的动态平衡（Nuismer et al. 2010），性状的军备竞赛更多地体现在投入和利益的权衡（trade-off），甚至存在欺骗者（cheater）的情况下也可维持种间的相互合作（Heath & Stinchcombe 2014）。榕与传粉榕小蜂专性共生系统中，榕果内花药胚珠比与其传粉榕小蜂的形态结构和传粉行为高度对应（Kjellberg et al. 2001）。被动传粉榕小蜂的宿主往往投入更多的资源产生花粉，具有较高的花药胚珠比，其传粉榕小蜂体表往往密被刚毛，出飞时经过雄花不可避免地携带花粉。主动传粉榕小蜂的宿主对花粉的投入较少，花药胚珠比较低，其传粉榕小蜂进化形成了与主动传粉相适应的花粉筐和花粉刷结构。毋庸置疑，小蜂主动收集和释放花粉都需要能量的投入，欺骗者对小蜂而言有适合度优势，在一些榕属物种中也证实的确存在（Peng et al. 2008, 2010）。但绝大多数的主动传粉榕小蜂与其专一性宿主都具有相当高的稳定性，榕通过宿主惩罚效应（host sanction，宿主通过落果或减少资源供应等方式，终止或降低欺骗者后代的发育机会）来对抗小蜂的欺骗（Jander & Herre 2010; Wang et al. 2011; 路程等 2012）。目前宿主惩罚只在主动传粉的榕中被发现，体现了合作双方资源投入和受益之间的权衡。

在榕–榕小蜂协同进化中存在多次主动和被动传粉之间的转换（Cook & Rasplus 2003; Herre et al. 2008），证明了共生相互作用性状的军备竞赛。

榕–传粉榕小蜂共生体系形成于至少 60 万年前，34 万年前的化石证据显示该系统具有相当高的稳定性（Compton et al. 2010）。即使在这样高度稳定的系统中，研究者也观察到紧密作用性状在不同地域种群间的巨大差异。研究者对不同地域地果（*Ficus tikoua*）榕果特征的解剖结果显示，其雄花分布位置和花药胚珠比在不同的种群中都有很大的差异。雄花或完全分布于苞片口，或散布整个果腔，或多数分布于苞片口偶见果腔分布；花药胚珠比更是突破了以前研究提出的主动和被动传粉榕的界限（0.096～10.000）。

相互作用性状间的军备竞赛和对应关系的地域差异，说明协同进化性状在物种水平的匹配较少（Thompson 1999），少数地点短期的研究很难反映真正的协同进化动态（Thompson 1999; Freeman-Gallant et al. 2001），因此使协同进化的地理镶嵌理论（geographic mosaic theory of co-evolution, GMTC）越来越受到重视（Gomulkiewicz et al. 2007）。

2. 协同进化的地理镶嵌理论与局域适应

过去几十年，种间相互作用的研究结果差异很大，这可能源于研究者对地理尺度上协同进化时空差异的忽略；不同生境选择压力的差异，导致相互作用强度、性状特征和匹配程度在不同地理空间的差异。近年来在大型科学引文数据库 Web of Science 中，同时考虑协同进化和地理因素（包括系统地理因素）的文章数量快速增长（Gomulkiewicz et al. 2007），协同进化的地理镶嵌理论迅速发展。

2.1　协同进化的地理镶嵌理论

不同空间尺度上协同进化的主要影响因素有所不同，因此相互作用物种的关系动态往往与地理尺度有关。Johannesen 和 Seitz（2003）比较了乌罗实蝇属的 *Urophora cardui* 与其主要的外寄生生物广肩小蜂（*Eurytom arobusta*）的种群遗传格局关系，两个物种在局域尺度表现出相似的距离隔离模式（isolated by distance, IBD），种群间的遗传距离也高度对应，揭示出小蜂追随宿主以蹬脚石扩散模式占据新的斑块；但在大的地理尺度上，宿主种群显示出渐变格局，而寄生蜂种群却没有，其遗传格局独立于寄主种群，这可能是两个物种不同的种群历史所导致的。

种间相互作用动态受到环境的影响，相互作用性状在不同种群中不仅显示出特征差异，作用双方的作用强度和性状匹配程度也有差异（Thompson 1999），在不同地域分别形成协同进化的热点（hot-spot）和冷点（cold-spot），进而影响协同进化动态，即协同进化呈现地理镶嵌。GMTC 认为，协同进化的动态受 3 个因素的共同作用：协同进化热点和冷点的分布格局、选择的空间变化及性状的再混合（trait remixing）。在协同进化热点地区，作用双方的适合度都受到对方的影响，而在冷点地区至少有一方适合度不受对方的影响。作用双方种群在热点、冷点地区受到不同的选择压力，进而形成不同的性状特征和匹配度，而不同地区和不同种群间的基因流、遗传漂变、局域种群的灭绝和再定居等介导了性状的再混合。

协同进化热点和冷点并存已在许多生物类群中被证实，如蝴蝶与蚂蚁（Jackson 2008; Nash et al. 2008）、淡水蜗牛与寄生线虫（King et al. 2009）、植物与病原真菌（Smith et al. 2011）；而选择压力不同的异质性生境的并存对维持协同进化性状的多态性具有重要作用，理论（Moreno-Gámez et al. 2013）和实验研究（Webster et al. 2001a, 2001b; Gavrilets & Michalakis 2008）证实即使在基因流很大的情况下，生境的空间异质性在一些生物类群中仍维持了协同进化性状及其遗传基础的多态性，而后者为选择提供了丰富的材料，使有地理格局的协同进化物种在交互选择中形成种群的局域适应（local adaptation）。

2.2　局域适应

局域适应表现为种群对其同域伙伴种群的适合度高于对异域伙伴种群的适合度。研究显示局域适应在相互作用稳定性、有性繁殖维持等方面具有重要的意义（Cogni & Futuyma 2009）。例如，共生体垂直传递导致的同伴忠诚性曾被认为是真菌栽培蚁和其共生真菌稳定的首要机制，Kellner 等（2013）利用 SSR 和 ITS rDNA 分别对 *Mycocepurus smithii* 及其共生真菌种群遗传格局进行了分析，结果显示局域适应和共生体选择较同伴忠诚度在该共生体系维持中起到更重要的作用。

对已发表案例的整合分析显示，在有地理格局的协同进化物种中局域适应可以很常见（Parachnowitsch & Lajeunesse 2012），其总频率可达 70%左右（Leimu & Fischer 2008; Hereford 2009）。但局域适应出现与否受到许多因素的影响，如种群遗传多样性、生活史特征、基因流、环境因素等。

大量的理论和实验研究均显示，宿主和寄生生物迁移率的差异可以解释作用双方局域适应程度的差异。扩散能力高的一方种群遗传变异增加，在其基因流未使所有种群均质化前，较高的基因流可能提高它们的局域适应水平（Gandon 2002; Gandon & Michalakis 2002; Morgan et al. 2005; Greischar & Koskella 2007; Hoeksema & Forde 2008）。但也有研究显示，种群隔离和受限的基因流是局域适应形成的必要条件，基因流可能没化（swamping）局域宿主–寄生生物动态，阻碍局域适应的产生（Lajeunesse & Forbes 2002; Nuismer et al. 2003; Montarry et al. 2008; Nash et al. 2008; Glais et al. 2014）。

寄生物的专一性也影响局域适应的可能性，模型模拟显示寄生物较高的宿主专一性往往导致较高的局域适应（Gandon 2002）。Lajeunesse 和 Forbes（2002）对 32 个相关案例的整合分析也显示，多宿主物种检测到的局域适应低于单一或寡宿主的物种，认为这种差异更有可能来源于多宿主的发散型协同进化（diffuse co-evolution）的时滞效应。

非生物环境也是局域适应的重要影响因子，环境差异与局域适应的大小呈正相关关系（Hereford 2009），如 Kalske 等（2012）利用交互移植，探究多年生草本 *Vincetoxicum hirundinaria* 对 2 种专一性食草动物的抗性，证实该植物对种子取食者的局域适应随降水和温度在种群间差异的增加而增强。

目前局域适应一般采用同质园实验和交互移植实验来分析，前者仅衡量了局域适应的一个组分，即相互作用物种基因型频率的空间共变性，而交互移植还衡量了生态环境的空间变异，如非生物环境因子的作用（Nuismer & Gandon 2008）。Laine（2007）利用长叶车前（*Plantago lanceolata*）与其病原 *Podosphaera plantaginis* 在不同尺度的动态比较了同质园和交互移植实验的有效性，发现两种方法各有利弊：由于交互移植为野外实验，其灵敏度可能不足以揭示局域适应，而同质园实验忽略了环境条件的作用，从而可能掩盖实际存在的局域适应。Hoeksema 和 Forde（2008）的统计显示同质园实验揭示的局域适应案例较交互移植少。近年来学者开始探索整合两种方法，如 Laine（2007）提出在寄生作用的实验室研究中应考虑环境条件的变化，Nuismer 和 Gandon（2008）、Agrawal（2011）发展了新的实验体系来研究局域适应。

目前研究局域适应的案例多仅关注相互作用的其中一方，Garrido 等（2012）开始同时研究植物和食草动物的局域适应，发现当其中一方为局域适应时，另一方缺乏局域适应或呈伪适应（maladaptation）。

局域适应是种群分化和物种形成的基本过程（Parachnowitsch & Lajeunesse 2012），它推动着协同进化物种的分化。

第三节　协同进化在物种分化中的作用

进化生物学的一个最基本问题就是要解读生物多样性形成和分布格局（May 1988）。地理隔离和生态因子在物种分化中的作用已广为接受，但协同进化对物种分化的作用还远未明晰（Krueger et al. 2009）。

1. 协同进化促进物种分化

协同进化对物种分化的促进作用在一些类群中已得到证实。Krueger 等（2009）对杜鹃科（Cuculidae）现存物种的系统发生速率进行了比较，发现自我养育后代和巢寄生的杜鹃在物种数目上没有显著差异，但检验显示，巢寄生物种的成种和灭绝速率显著较高，其亚种分化速率为自我养育后代的杜鹃物种的 2 倍以上，杜鹃的寄生策略越暴力（如扔出宿主鸟卵、杀死宿主雏鸟）、宿主越多，其可识别的亚种就越多。协同进化对物种分化的促进作用在排除分布区域大小、隔离等地理因素后仍成立。Rull 等（2009）对北美纬度梯度上苹果实蝇（*Rhagoletis pomonella*）的分化进行了探究，揭示该物种已形成 4 个生态和遗传独特、部分生殖隔离的种群，其分化与其利用不同繁殖物候的宿主相关。鼠尾草属（*Salvia*）雄蕊杠杆传粉机制对传粉环境的变异非常敏感，张勃等（2012）对鼠尾草属 3 个物种 4 个种群的花部特征和传粉者组成进行了比较，发现各种群主要传粉者类型和体型有明显差异，鼠尾草杠杆状雄蕊的长度与主要传粉者体长呈极显著的正相关关系，表明传粉者对该属物种的分化起到关键作用。

因协同进化主要在种群水平起作用，其作用又往往与种群和物种分化的其他驱动因素交织在一起，所以它在物种分化中的作用仍备受争议（Anderson & Johnson 2008）。例如，Althoff 等（2012）对丝兰、传粉丝兰蛾、非传粉丝兰蛾家系的系统发生关系进行了比较，尽管 2 种蛾类与丝兰的种间作用类型不同，在家系（lineage）系统发生关系上却都表现出与丝兰的一致性，同一家系中的不同物种往往异域分布。作者认为生物地理因素在丝兰和丝兰蛾的物种分化中起到主导作用，其系统发生关系的一致性更多源于相同的生物地理历史而非协同进化。

2. 相互作用专一性对物种分化的影响

相互作用的专一性是许多生物类群分化的主要因素之一（Thompson 2004），物种专一性和相互作用强度影响了协同进化对种群和物种分化的作用。

宿主专一性影响寄生物种自身的分化已在一些体系中被证实。在丝兰–假丝兰蛾属（*Prodoxus*）–旋小蜂属（*Eusandalum*）三级食物链中，假丝兰蛾专一性依赖于丝兰宿主，只能在宿主花期时产卵，后代在宿主花内交配；而其寄生蜂旋小蜂多为地理广布种，可利用它所遇到的几乎所有的假丝兰蛾物种。遗传分析显示宿主利用差异在假丝兰属成种中具有重要作用，宿主专一性推动了相关物种的分化，旋小蜂的遗传分化却未表现出与宿主利用的关系，而更多地受地理距离的影响（Althoff 2008）。Krueger 和 Kolss（2013）对 3 种同域分布的杜鹃宿主型（host-race）的进化后果进行了模型模拟，发现杜鹃的宿主忠诚性随时间推移而提高，宿主型间的基因流在几千到几万代后停止，宿主型为杜鹃物种分化的早期。

物种专一性对伙伴物种分化也有影响。在专一性传粉体系中，传粉者的专一性和忠诚度影响了宿主的基因流方向和生殖隔离。短叶丝兰两个亚种（*Yucca brevifolia brevifolia*, *Y. brevifolia jaegeriana*）由丝兰蛾的两姐妹种传粉，但两种传粉蛾的物种专一性程度不同。两个丝兰亚种同域分布区具有大量中间性状个体，微卫星分析显示，两个亚种间的基因流不对称，基因流的方向与传粉者的宿主忠诚性相匹配（Starr et al. 2013）。

宿主专一性对作用双方的交互作用推动了作用双方的协同成种，因而相互作用的物种专一性也常被视为严格协同进化的后果。例如，榕–传粉榕小蜂体系中，早期研究认为一对一的关系为该系统的常态，即一种榕只对应一种专一性的传粉榕小蜂，为严格的协同进化。分子标记的大量使用越来越多地揭示出一种榕对应多种传粉榕小蜂的现象，Machado 等（2005）也因此提出，宿主转移（host switching, host shifting）在该系统中普遍存在，榕–传粉榕小蜂的物种专一性不如人们想象的严格，为松散的协同进化。但传粉榕小蜂的世代时间远远短于榕，现行支系内系统发生关系的不对应是否说明物种专一性屏障的松弛需审慎评判（陈艳等 2010）。

相互作用物种往往表现出不对称的物种专一性（Bascompte et al. 2003; McQuaid & Britton 2013），在许多相互作用体系中，专一性物种往往与广谱性（generalists）物种相联系，故单对相互作用难以说明协同进化的普遍规律，也无法揭示物种在群落中的动态（Bascompte et al. 2003）。例如，软骨鱼类的寄生绦虫具有很高的宿主专一性，但同一宿主鱼类可被多种绦虫寄生。系统发生研究揭示，该系统中绦虫严格的宿主专一性并不能说明它与宿主严格的协同进化，如同一宿主内寄生的多种专一性绦虫有的隶属不同的属，绦虫中最古老的属寄生于软骨鱼类最进化的类群（Caira & Jensen 2001）。一物种对多物种的响应为发散型协同进化，它的广泛存在催生了协同进化网络的研究。

第四节　发散协同进化与协同进化网络

目前的协同进化研究集中于少数物种的特定相互作用，难以反映群落中物种的变化轨迹，群落中的物种往往不是与一个物种，而是与多个物种相互作用，形成发散协同进化。发散协同进化最初由 Janzen（1980）提出，它不同于单对相互作用的交互选择，指一个物种种群和进化动态对多个其他物种的相互作用产生响应。目前发散协同进化的存在已在许多研究中得到证实（Agrawal 2004; Strauss et al. 2005; Wise & Rausher 2013），协同进化网络的研究也逐步兴起。

在协同进化网络中物种间的相互作用不是随机的，也不是平行独立的，而是高度结构化的，网络的拓扑结构包含了协同进化、生物多样性和生态系统稳定的大量信息（Bluthgen et al. 2007）。对共生和对抗性相互作用网络的整合分析都显示，物种间的相互作用具有很高的不对称性，专一性强的物种往往与广谱性物种的子集相联系，导致群落的巢式结构（nestedness），群落往往围绕网络核心（core）形成（Bascompte et al. 2003; Vázquez et al. 2009; McQuaid & Britton 2013）。

巢式结构与物种间竞争具有明显的相关性，当新物种进入时，其竞争负荷（competition load）比较低，往往能形成巢式结构（Bastolla et al. 2009; McQuaid & Britton 2013）；反过来巢式结构又降低了种间竞争的强度，增加了共存物种的数目。对已有案例的整合分析显示群落越复杂，即群落中的相互作用数目越多，巢式化程度就越高（Bascompte et al. 2003），这也证明了巢式结构对物种共存的重要意义。

目前协同进化网络研究多关注相互作用的连接数目，对连接强度的关注还较少。Bluthgen 等（2007）以相互作用频率来表征连接强度，对 51 个动植物共生网络进行了分析，结果显示连接的专一性不依赖于网络的大小，而与相互作用类型有关，传粉网络的专一性强于种子传播网络，定量的相互作用专一性反映了进化权衡和网络结构的限制。

第五节　总结与展望

种间相互作用是种群和物种分化的重要驱动力，种群和物种间的协同进化已突破少数地点、个别种群的相互作用，逐步向系统和整合方向发展，未来研究将更关注以下方向。

（1）种群的地理格局、多尺度研究协同进化动态。相互作用种群往往具有一定的结构，理论研究显示，宿主–寄生物协同进化动态和后果极大地依赖于自然种群的空间和遗传独特亚种群的组成格局（Morgan et al. 2007），种群空间格局对协同进化动态的影响应受到更多的关注（Best et al. 2011），一个时期少数样点的数据不能真实反映协同进化的动态，特别是对于短寿命的物种，不同时空的采样非常重要。

（2）多营养级的协同进化及协同进化网络动态。种间相互作用往往不是一对一的，群落中物种往往与多个其他物种相联系，单个相互作用难以反映协同进化的普遍规律，关注协同进化网络的连接数目和连接强度将是未来研究的重要方向。

（3）维系协同进化关系的性状–基因关系。协同进化的物种之间通过特定性状联系起来，研究这些性状的基因及其调控模式，并通过协同进化各方的相关基因，可以揭示协同进化关系的形成和发展格局。

（4）全球环境变化对协同进化系统的影响。全球环境变化是当前不可回避的现实，将改变物种的分布、多度等，已有研究表明种间关系的紧密程度影响协同进化受益方对另一方的依赖程度（Bascompte et al. 2003; Vázquez et al. 2009），另一方的绝灭或种群变小可引起受益方的绝灭，意味着协同进化系统将对环境变化十分敏感，研究不同协同进化关系对环境变化的响应是未来需要关注的重要方向。

（5）协同进化在物种保护、生物防治、生物入侵控制中的应用。种间相互作用的普遍性和其影响的深刻性，决定生物不可能独立存在，协同进化理论的应用越来越受到重视，如澳洲入侵蕨类的控制（Goolsby et al. 2006）、资源保护（程鲲和马建章 2009）。将物种保护和防治纳入相互作用网络也将是未来研究的重要方向。

参考文献

陈艳, 李宏庆, 刘敏, 等. 2010. 榕–传粉榕小蜂间的专一性与协同进化. 生物多样性, 1: 1-10.

程鲲, 马建章. 2009. 基于协同进化理论的红松资源保护与开发. 生物学通报, 2: 15-17.

路程, 耿宇鹏, 王瑞武. 2012. 榕树–榕小蜂协同进化中的非对称性相互作用及其集合种群效应. 生物多样性, 20: 264-269.

任东. 2002. 中国中生代昆虫化石研究新进展. 昆虫学报, 45: 234-240.

唐志尧, 王志恒, 方精云. 2009. 生物多样性分布格局的地史成因假说. 生物多样性, 17: 635-643.

张勃, 孙杉, 方强恩, 等. 2012. 鼠尾草属不同物种的雄蕊杠杆机制对传粉者空间变异的进化响应. 植物生态学报, 36: 681-689.

朱琰, 史宗冈, 张爱兵, 等. 2013. 中国东北中生代安纽蝎蛉总科研究进展. 动物分类学报, 38: 398-406.

Agrawal A A. 2004. Resistance and susceptibility of milkweed: competition, root herbivory, and plant genetic variation. Ecology, 85: 2118-2133.

Agrawal A A. 2011. Current trends in the evolutionary ecology of plant defence. Funct Ecol, 25: 420-432.

Althoff D M. 2008. A test of host-associated differentiation across the ‘parasite continuum’ in the tri-trophic interaction among yuccas, bogus yucca moths, and parasitoids. Mol Ecol, 17: 3917-3927.

Althoff D M, Segraves K A, Smith C I, et al. 2012. Geographic isolation trumps coevolution as a driver of yucca and yucca moth diversification. Mol Phylogenet Evol, 62: 898-906.

Anderson B, Johnson S D. 2008. The geographical mosaic of coevolution in a plant-pollinator mutualism. Evolution, 62: 220-225.

Arditti J, Elliott J, Kitching I J, et al. 2012. ‘Good heavens what insect can suck it’—Charles Darwin, *Angraecum sesquipedale* and *Xanthopan morganii praedicta*. Bot J Linn Soc, 169: 403-432.

Bangham J, Knott S A, Kim K W, et al. 2008. Genetic variation affecting host-parasite interactions: major-effect quantitative trait loci affect the transmission of sigma virus in *Drosophila melanogaster*. Mol Ecol, 17: 3800-3807.

Barraclough T G, Nee S. 2001. Phylogenetics and speciation. Trends Ecol Evol, 16: 391-399.

Bascompte J, Jordano P, Melián C J, et al. 2003. The nested assembly of plant—animal mutualistic networks. Proc Nat Acad Sci, 100: 9383-9387.

Bastolla U, Fortuna M A, Pascual-Garcia A, et al. 2009. The architecture of mutualistic networks minimizes competition and increases biodiversity. Nature, 458: 1018-1020.

Best A, Webb S, White A, et al. 2011. Host resistance and coevolution in spatially structured populations. Proc R Soc B, 278: 2216-2222.

Bluthgen N, Menzel F, Hovestadt T, et al. 2007. Specialization, constraints, and conflicting interests in mutualistic networks. Curr Biol, 17: 341-346.

Bronstein J L. 2009. The evolution of facilitation and mutualism. J Ecol, 97: 1160-1170.

Caira J N, Jensen K. 2001. An investigation of the co-evolutionary relationships between onchobothriid tapeworms and their elasmobranch hosts. Int J Parasitol, 31: 960-975.

Cogni R, Futuyma D J. 2009. Local adaptation in a plant herbivore interaction depends on the spatial scale. Biol J Linn Soc, 97: 494-502.

Compton S G, Ball A D, Collinson M E, et al. 2010. Ancient fig wasps indicate at least 34 Myr of stasis in their mutualism with fig trees. Biol Lett, 6: 838-842.

Cook J M, Rasplus J Y. 2003. Mutualists with attitude: coevolving fig wasps and figs. Trends Ecol Evol, 18: 241-248.

Duffy M A, Forde S E. 2009. Ecological feedbacks and the evolution of resistance. J Anim Ecol, 78: 1106-1112.

Feldman C R, Brodie E D Jr, Brodie E D III, et al. 2009. The evolutionary origins of beneficial alleles during the repeated adaptation of garter snakes to deadly prey. Proc Nat Acad Sci, 106: 13415-13420.

Feldman C R, Brodie E D Jr, Brodie E D III, et al. 2010. Genetic architecture of a feeding adaptation: garter snake (*Thamnophis*) resistance to tetrodotoxin bearing prey. Proc R Soc B, 277: 3317-3325.

Freeman-Gallant C R, O'Connor K D, Breuer M E. 2001. Sexual selection and the geography of *Plasmodium* infection in Savannah sparrows (*Passerculus sandwichensis*). Oecologia, 127: 517-521.

Gandon S. 2002. Local adaptation and the geometry of host-parasite coevolution. Ecol Lett, 5: 246-256.

Gandon S, Michalakis Y. 2002. Local adaptation, evolutionary potential and host-parasite coevolution: interactions between migration, mutation, population size and generation time. J Evol Biol, 15: 451-462.

Garrido E, Andraca-Gómez G, Fornoni J. 2012. Local adaptation: simultaneously considering herbivores and their host plants. New Phytol, 193: 445-453.

Gavrilets S, Michalakis Y. 2008. Effects of environmental heterogeity on victim-exploiter coevolution. Evolution, 62: 3100-3116.

Gilbert S F, Sapp J, Tauber A I. 2012. A symbiotic view of life: we have never been individuals. Quart Rev Biol, 87: 325-341.

Glais I, Montarry J, Corbière R, et al. 2014. Long-distance gene flow outweighs a century of local selection and prevents local adaptation in the Irish famine pathogen *Phytophthora infestans*. Evol Appl, 7: 442-452.

Gomulkiewicz R, Drown D M, Dybdahl M F, et al. 2007. Dos and don'ts of testing the geographic mosaic theory of coevolution. Heredity, 98: 249-258.

Goolsby J A, de Barro P J, Makinson J R, et al. 2006. Matching the origin of an invasive weed for selection of a herbivore haplotype for a biological control programme. Mol Ecol, 15: 287-297.

Greischar M A, Koskella B. 2007. A synthesis of experimental work on parasite local adaptation. Ecol Lett, 10: 418-434.

Hanifin C T, Brodie E D Jr, Brodie E D III. 2008. Phenotypic mismatches reveal escape from arms-race coevolution. PLoS Biol, 6: 471-482.

Heath K D, Stinchcombe J R. 2014. Explaining mutualism variation: a new evolutionary paradox? Evolution, 68: 309-317.

Hereford J. 2009. A quantitative survey of local adaptation and fitness trade-offs. Am Nat, 173: 579-588.

Herre E A, Jander K C, Machado C A. 2008. Evolutionary ecology of figs and their associates: recent progress and outstanding puzzles. Ann Rev Ecol Evol Syst, 39: 439-458.

Hoeksema J D, Forde S E. 2008. A meta-analysis of factors affecting local adaptation between interacting species. Am Nat, 171: 275-290.

Huot O B, Nachappa P, Tamborindeguy C. 2013. The evolutionary strategies of plant defenses have a dynamic impact on the adaptations and interactions of vectors and pathogens. Insect Sci, 20: 297-306.

Jackson D E. 2008. Chemical coevolution: host-parasite arms race runs hot and cold. Curr Biol, 18:

R306-R308.

Jander K C, Herre E A. 2010. Host sanctions and pollinator cheating in the fig tree-fig wasp mutualism. Proc R Soc B, 277: 1481-1488.

Janzen D H. 1980. When is it coevolution? Evolution, 34: 611-612.

Johannesen J, Seitz A. 2003. Comparative population genetic structures of the fruit fly *Urophora cardui* and its primary parasitoid *Eurytoma robusta*. Entomol Exp Appl, 108: 149-157.

Kalske A, Muola A, Laukkanen L, et al. 2012. Variation and constraints of local adaptation of a long-lived plant, its pollinators and specialist herbivores. J Ecol, 100: 1359-1372.

Kellner K, Fernandez-Marin H, Ishak H D, et al. 2013. Co-evolutionary patterns and diversification of ant-fungus associations in the asexual fungus-farming ant *Mycocepurus smithii* in Panama. J Evol Biol, 26: 1353-1362.

King K C, Delph L F, Jokela J, et al. 2009. The geographic mosaic of sex and the Red Queen. Curr Biol, 19: 1438-1441.

Kjellberg F, Jousselin E, Bronstein J L, et al. 2001. Pollination mode in fig wasps: the predictive power of correlated traits. Proc R Soc B, 268: 1113-1121.

Krueger O, Kolss M. 2013. Modelling the evolution of common cuckoo host-races: speciation or genetic swamping? J Evol Biol, 26: 2447-2457.

Krueger O, Sorenson M D, Davies N B. 2009. Does coevolution promote species richness in parasitic cuckoos? Proc R Soc B, 276: 3871-3879.

Laine A L. 2007. Detecting local adaptation in a natural plant-pathogen metapopulation: a laboratory vs. field transplant approach. J Evol Biol, 20: 1665-1673.

Lajeunesse M J, Forbes M R. 2002. Host range and local parasite adaptation. Proc R Soc B, 269: 703-710.

Leimu R, Fischer M. 2008. A meta-analysis of local adaptation in plants. PLoS One, 3: e4010.

Liu M, Zhao R, Chen Y, et al. 2014. Competitive exclusion among fig wasps achieved via entrainment of host plant flowering phenology. PLoS One, 9: e97783.

Lohse K, Gutierrez A, Kaltz O. 2006. Experimental evolution of resistance in *Paramecium caudatum* against the bacterial parasite *Holospora undulata*. Evolution, 60: 1177-1186.

Luijckx P, Fienberg H, Duneau D, et al. 2012. Resistance to a bacterial parasite in the crustacean *Daphnia magna* shows Mendelian segregation with dominance. Heredity, 108: 547-551.

Machado C A, Robbins N, Gilbert M T, et al. 2005. Critical review of host specificity and its coevolutionary implications in the fig/fig-wasp mutualism. Proc Nat Acad Sci, 102: 6558-6565.

May R M. 1988. How many species are there on Earth? Science, 241: 1441-1449.

McQuaid C F, Britton N. 2013. Coevolution of resource trade-offs driving species interactions in a host-parasite network: an exploratory model. Theor Ecol, 6: 443-456.

Montarry J, Glais I, Corbiere R, et al. 2008. Adaptation to the most abundant host genotype in an agricultural plant-pathogen system—potato late blight. J Evol Biol, 21: 1397-1407.

Moreno-Gámez S, Stephan W, Tellier A. 2013. Effect of disease prevalence and spatial heterogeneity on polymorphism maintenance in host-parasite interactions. Plant Pathol, 62: 133-141.

Morgan A D, Brockhurst M A, Lopez-Pascua L D C, et al. 2007. Differential impact of simultaneous migration on coevolving hosts and parasites. BMC Evol Biol, 7: 1.

Morgan A D, Gandon S, Buckling A. 2005. The effect of migration on local adaptation in a coevolving host-parasite system. Nature, 437: 253-256.

Nash D R, Als T D, Maile R, et al. 2008. A mosaic of chemical coevolution in a large blue butterfly. Science, 319: 88-90.

Nuismer S L, Gandon S. 2008. Moving beyond common-garden and transplant designs: insight into the causes of local adaptation in species interactions. Am Nat, 171: 658-668.

Nuismer S L, Gomulkiewicz R, Ridenhour B J. 2010. When is correlation coevolution? Am Nat, 175:

525-537.

Nuismer S L, Ridenhour B J, Oswald B P. 2007. Antagonistic coevolution mediated by phenotypic differences between quantitative traits. Evolution, 61: 1823-1834.

Nuismer S L, Thompson J N, Gomulkiewicz R. 2003. Coevolution between hosts and parasites with partially overlapping geographic ranges. J Evol Biol, 16: 1337-1345.

Parachnowitsch A L, Lajeunesse M J. 2012. Adapting with the enemy: local adaptation in plant-herbivore interactions. New Phytol, 193: 294-296.

Parchman T L, Benkman C W, Jenkins B, et al. 2011. Low levels of population genetic structure in *Pinus contorta* (Pinaceae) across a geographic mosaic of co-evolution. Am J Bot, 98: 669-679.

Peng Y Q, Duan Z B, Yang D R, et al. 2008. Co-occurrence of two *Eupristina* species on *Ficus altissima* in Xishuangbanna, SW China. Symbiosis, 45: 9-14.

Peng Y Q, Zhao J B, Harrison R D, et al. 2010. Ecology of parasite *Sycophilomorpha* sp. on *Ficus altissima* and its effect on the fig-fig wasp mutualism. Parasitology, 137: 1913-1919.

Ren D, Labandeira C C, Santiago-Blay J A, et al. 2009. A probable pollination mode before angiosperms: Eurasian, long-proboscid scorpionflies. Science, 326: 840-847.

Ridenhour B J, Nuismer S L. 2007. Polygenic traits and parasite local adaptation. Evolution, 61: 368-376.

Rull J, Wharton R, Feder J L, et al. 2009. Latitudinal variation in parasitoid guild composition and parasitism rates of North American hawthorn infesting *Rhagoletis*. Environ Entomol, 38: 588-599.

Salathe M, Scherer A, Bonhoeffer S. 2005. Neutral drift and polymorphism in gene-for-gene systems. Ecol Lett, 8: 925-932.

Shan L B, He P, Sheen J. 2007. Endless hide-and-seek: dynamic co-evolution in plant-bacterium warfare. J Integr Plant Biol, 49: 105-111.

Smith D L, Ericson L, Burdon J J. 2011. Co-evolutionary hot and cold spots of selective pressure move in space and time. J Ecol, 99: 634-641.

Starr T N, Gadek K E, Yoder J B, et al. 2013. Asymmetric hybridization and gene flow between Joshua trees (Agavaceae: *Yucca*) reflect differences in pollinator host specificity. Mol Ecol, 22: 437-449.

Stinchcombe J R. 2002. Can tolerance traits impose selection on herbivores? Evol Ecol, 16: 595-602.

Strauss S Y, Sahli H, Conner J K. 2005. Toward a more trait-centered approach to diffuse (co)evolution. New Phytol, 165: 81-89.

Tack A J M, Thrall P H, Barrett L G, et al. 2012. Variation in infectivity and aggressiveness in space and time in wild host-pathogen systems: causes and consequences. J Evol Biol, 25: 1918-1936.

Thomas J A, Elmes G W, Sielezniew M, et al. 2013. Mimetic host shifts in an endangered social parasite of ants. Proc R Soc B, 280: 20122336.

Thompson J N. 1999. Specific hypotheses on the geographic mosaic of coevolution. Am Nat, 153: S1-S14.

Thompson J N. 2004. The Coevolutionary Process. Chicago: University of Chicago Press.

Thompson J N. 2005. The Geographic Mosaic of Coevolution. Chicago: University of Chicago Press.

Toju H, Sota T. 2006. Imbalance of predator and prey armament: geographic clines in phenotypic interface and natural selection. Am Nat, 167: 105-117.

Toju H, Sota T. 2009. Do arms races punctuate evolutionary stasis? Unified insights from phylogeny, phylogeography and microevolutionary processes. Mol Ecol, 18: 3940-3954.

Vázquez D P, Blüthgen N, Cagnolo L, et al. 2009. Uniting pattern and process in plant-animal mutualistic networks: a review. Ann Bot, 103: 1445-1457.

Wade M J. 2007. The co-evolutionary genetics of ecological communities. Nat Rev Genet, 8: 185-195.

Wang G, Chen J, Li Z B, et al. 2014. Has pollination mode shaped the evolution of *Ficus* pollen? PLoS One, 9: e86231.

Wang R W, Sun B F, Zheng Q, et al. 2011. Asymmetric interaction and indeterminate fitness correlation between cooperative partners in the fig-fig wasp mutualism. J R Soc Interface, 8: 1487-1496.

Webster J P, Davies C M, Hoffman J I, et al. 2001a. Population genetics of the schistosome intermediate host *Biomphalaria pfeifferi* in the Zimbabwean highveld: implications for co-evolutionary theory. Ann Trop Med Parasitol, 95: 203-214.

Webster J P, Davies C M, Ndamba J, et al. 2001b. Spatio-temporal genetic variability in the schistosome intermediate host *Biomphalaria pfeifferi*. Ann Trop Med Parasitol, 95: 515-527.

Wise M J, Rausher M D. 2013. Evolution of resistance to a multiple-herbivore community: genetic correlations, diffuse coevolution, and constraints on the plant's response to selection. Evolution, 67: 1767-1779.

Woolhouse M E J, Webster J P, Domingo E, et al. 2002. Biological and biomedical implications of the co-evolution of pathogens and their hosts. Nat Genet, 32: 569-577.

第四章 积分投影模型在种群统计中的应用*

第一节 引 言

种群动态是种群生态学研究的核心问题，而以种群动态过程和调节机制为基础的种群统计模型为研究种群动态提供了有力工具。种群动态模型研究源自英国人口学家Malthus 于 1798 年根据百余年的人口统计资料提出的著名的马尔萨斯模型（Malthusian growth model），即指数增长模型（exponential growth model），预测人口种群呈指数方式增长。1838 年比利时学者 Pierre-François Verhulst 提出逻辑斯谛模型（logistic growth model），由 Pearl 进行完善，并相继在草履虫、酵母菌、果蝇等许多具有简单生活史的生物中，在实验条件下证实了 S 型增长。这些早期的种群动态模型基本上是来自于动物种群方面的研究成果。英国植物生态学家 Harper（1977）在继承动物种群一般原理的基础上，提出以植物生活史为纲的植物种群动态模型，标志着植物种群生态学从描述性的科学进入实验与模拟相结合的新时代。此后，一系列应用于植物种群动态的模型，如建立在 *r-K* 选择理论基础上的 Grime 模型和从植物资源利用角度上提出的 Tilman 模型等大大推动了种群动态理论研究的发展（Grime 1979; Tilman 1982）。

第二节 矩阵投影模型

种群动态受控于个体的生命率（vital rate，包括出生、存活、生长、繁殖和死亡等），以及影响个体生命率的生态因子。所有影响生命率的因素共同决定了种群的状态是增长、衰退抑或稳定。因此，种群统计模型是否具有精确性和真实性，在很大程度上取决于对这些生命率参数的选择策略。早期的经典种群模型，如指数生长模型和逻辑斯谛模型等，由于仅考虑种群内个体数量的变化，而忽略种群结构及种群内处于不同生活史阶段的个体间的差异，因而其模拟结果只能回答种群内个体数量随时间的变化，而无法回答处于不同生活史阶段的个体对种群动态贡献的差异，难以解答深层次的种群动态的机制。作为具有结构的种群动态模型的代表，矩阵投影模型（matrix projection model，MPM）的出现大大克服了这一模型研究的瓶颈问题，它将种群内的个体按照年龄、个体大小或发展阶段等指标进行人为分级，用个体的生命率描述种群动态。典型的代表是 Leslie 和 Lewis 根据种群年龄结构构建的用以预测种群未来年龄分布的矩阵模型，称为 Leslie 矩阵模型（或 Leslie-Lewis 矩阵模型）（Leslie 1945）。Leslie 矩阵采用种群统计中获得的种群年龄结构，将种群划分成不同的年龄段，将各年龄段的生命率（存活率、生长率及繁殖率）作为矩阵元素。对于植物种群来说，尤其是多年生草本植物，年龄数据较难收集。而相对于植物年龄，生活史阶段（如种子、幼苗、未开始繁殖的个体和已经开始繁殖的

本章作者：李守丽 李守中 于飞海（通讯作者）

个体）更能反映植物的发育特征，因此后来 Lefkovitch（1965）发展了以不同生活史阶段划分种群内个体等级的 Lefkovitch 矩阵。在矩阵投影模型中，可以通过将 t 时间的年龄分布向量（N_t）与投影矩阵（$\boldsymbol{A}$）相乘获得 t+1 时间的种群分布结构（N_{t+1}）。矩阵投影模型的一般表达式可以写成：$N_{t+1}=\boldsymbol{A}N_t$。$N_{t+1}$、$N_t$ 分别为种群在第 t 年和第 t+1 年的个体年龄分布，$\boldsymbol{A}$ 为由各年龄段的生命率组成的投影矩阵。

矩阵投影模型的输出结果能提供大量的种群生态学信息。矩阵模型的主特征值的生态意义为种群的有限增长率（简称种群增长率，λ）。λ大于、等于或小于 1 分别表示种群处于增长、稳定或衰退状态，根据不同种群的λ值可以快速、定量地比较种群增长状态。矩阵模型的右特征向量表示种群稳定时的种群结构。通过将观察到的种群结构与模型预测的稳定的种群结构进行相似性比较，能够推测目前的种群结构是否由于历史上的自然或人为干扰而偏离稳定结构。矩阵模型的左特征向量则代表不同生活史阶段个体的繁殖能力。植物开始繁殖的年龄早晚是植物的一个重要生活史特征，通过矩阵内不同发育阶段的转移率可以计算个体开始繁殖的年龄。

矩阵投影模型可以进行敏感性分析（sensitivity analysis），即分析种群内处于某一阶段的个体的某一生命率变化对整个种群增长率的影响（Caswell 2001）。相应的，弹性分析（elasticity analysis）则是预测种群内处于某一阶段的个体的某一生命率的百分比变化（proportional change）对种群增长率λ的影响（de Kroon et al. 2000）。敏感性分析和弹性分析可以有效预测不同生活史阶段的个体及其生命率变化将对种群长期发展带来的影响，因而可以判断当种群受到干扰时最需要加以保护的生活史阶段和生命率。相对于绝对量化的敏感性分析，弹性分析因其能够定量描述个体阶段和生命率的相对变化对种群增长率的影响，因而被更多地用于不同种群和物种间的比较分析及实际的种群管理。但也有研究指出，弹性分析的相对量化过程可能会使模型在检测生活史进化时精确度降低。例如，某些生活史参数（个体寿命、开始繁殖的早晚、产生后代的数量及后代个体大小等）在进化上的变化对整个种群的影响（Burns et al. 2010）。此外，基于矩阵模型的生命表响应实验（life table response experiment，LTRE）能够量化当前状态下，不同生境下种群增长率的差异是由哪些生活史阶段和生命率的变化而导致的，从而可以用来评价当前的种群管理方案，以及为制订新的种群管理方案提供指导（Caswell 2001）。

矩阵投影模型因其构建相对简单，模型输出结果能提供丰富的信息，并且输出结果在不同研究物种、不同种群间具有可比性等特点而被广泛应用于种群动态研究，如预测种群长期动态、物种分布及生活史策略（Horvitz & Schemske 1995; Zuidema & Franco 2001; Franco & Silvertown 2004; Yamada et al. 2007）。现已有超过 100 种物种的种群统计研究是通过矩阵模型完成的（Franco & Silvertown 2004）。同时，种群动态模型也从理论研究更多地进入种群管理应用中，尤其是在濒危生物的保育、入侵生物的控制和退化生态系统的植被重建等诸多领域发挥了重要的科学指导作用（Parker 2000; Zuidema & Boot 2002; Kaye & Pyke 2003; de Walt 2006）。

传统矩阵模型的构建需要将种群内不同大小（或发育阶段）的个体人为划分为若干不连续的等级，或将种群内的个体视为不连续的生活史阶段，而模型的输出结果对种群内个体等级或阶段的划分方式非常敏感（Easterling et al. 2000）。并且，矩阵模型在处理个体生长有很大差异的种群时有很大的局限性，难以将这些生长差异在模型中有效地体现出来（Easterling et al. 2000）。Bernal（1998）等的研究表明，对于长寿命的植物来说，矩阵模型的输出结果对个体指标人为分级的步长（category width）更为敏感。因此，伴随矩阵投影模型预测时间尺度的增加，势必造成预测结果误差的放大（Zuidema & Boot 2002）。

第三节　积分投影模型

1. 积分投影模型简介

Easterling 等（2000）在矩阵投影模型基础上提出了积分投影模型（integral projection model，IPM），成功地解决了人为等级或阶段划分的关键问题。Ellner 和 Rees（2006）将这一模型进一步完善，并成功用于具有复杂生活史的植物种群。在 IPM 中，生命率（vital rate）的回归方程是通过对整个种群的数据分析得到的，从而不再需要对种群内个体进行等级或生活史阶段的划分。并且，IPM 能将个体间的生长差异纳入模型构建，从而有效克服了矩阵模型在描述生长差异时的局限性（Easterling et al. 2000; Zuidema et al. 2010）。

积分投影模型的表达式：

$$\begin{aligned} n(y,t+1) &= \int_{\Omega}[p(y,x)+f(y,x)]n(x,t)\mathrm{d}x \\ &= \int_{\Omega}k(y,x)n(x,t)\mathrm{d}x \end{aligned} \tag{4-1}$$

式中，积分区间 Ω 表示种群内所有个体的大小（size）范围；$p(y, x)$描述了植株大小为 x 的个体存活，并成长至大小为 y 的个体的可能性；$f(y, x)$则表示由植株大小为 x 的个体所产生的大小为 y 的个体的数量。存活生长函数 $p(y, x)$与繁殖函数 $f(y, x)$共同构成积分投影模型的核（kernel），即 $k(y, x)$。$k(y, x)$可以通过中点法则转化为一个 $W\times W$ 大转移矩阵。根据这一积分式，可以通过 t 时间的种群分布 N_t 预测 t+1 时间的种群分布。因此，IPM 同矩阵模型的计算和输出相类似，继承了矩阵模型的所有功能，如提供种群增长率、稳定状态下的种群结构和种群不同生活史个体的繁殖能力，并同样可以开展敏感性分析、弹性分析和生命表响应实验分析。

此外，IPM 在处理个体生长有很大差异的种群时能够获取较矩阵模型更详细、准确的信息（Zuidema et al. 2010）。例如，Li 等（2011, 2013, 2015）在运用 IPM 研究沙地灌木种群动态时发现，植物个体间的生长差异会对种群增长率产生影响。在模拟分析中，通过不同程度地降低模型中生长变异的方差来计算生长差异对λ的影响。结果表明，减少生长差异会影响λ，但影响的方向（正、负）和程度因不同种群而异。半固定沙丘中的油蒿 *Artemisia ordosica* 种群（λ>1），减少生长差异会在一定程度上降低λ值，表明半固定沙丘中油蒿种群的快速扩展可能部分源于那些生长较快的个体的贡献（Li et al. 2011）。相反，减少生长差异并未对羊柴（*Hedysarum laeve*）种群的λ值造成影响，这可能是因为λ对分株生长不敏感，从而对分株生长差异的改变也不敏感（Li et al. 2013）。对于柠条（*Caragana intermedia*）种群和固定沙丘中的油蒿种群（$\lambda\leq$1），减少生长差异能够提高λ

值，表明这些种群稳定或衰退的一部分原因可能是个体负增长所带来的生长差异（Li et al. 2011, 2013）。λ对减少生长差异的不同反应表明，将生长差异纳入种群统计模型对于更精确地描述种群动态非常关键。尤其是在种群内个体数量较少时，如濒危植物的种群动态研究中更具优势（Ramula 2009）。

2. 积分投影模型的建立

IPM 的构建最少需要两次年际重复调查来获取存活、生长、繁殖数据，而多数研究中年际重复调查次数≥3 次。下面以研究者对油蒿种群动态的研究（Li et al. 2011）为例进行详细的描述。油蒿为毛乌素沙地的优势灌木，主要分布在半固定沙丘、固定沙丘及覆盖植物结皮的固定沙丘。该物种主要依靠种子进行繁殖，偶尔通过茎劈裂产生克隆分株，但由于克隆繁殖在研究者调查的种群中极少出现，故整个种群调查没有考虑克隆繁殖。调查选取了油蒿广泛分布的 3 个生境：半固定沙丘、固定沙丘及覆盖植物结皮的固定沙丘。这 3 个阶段的沙丘相隔 2～4 km。研究者于 2007 年在每个生境建立 3 个永久样方，面积大小为 400～1600 m^2。半固定沙丘种群和固定沙丘种群中高度为 10 cm 以下的个体及覆盖结皮的固定沙丘种群中 20 cm 以上的个体密度较高，故只在样方内随机选取 4～10 个 16 m^2 的小样方进行调查。其余大小个体则通过整个大样方进行调查。在 2007 年，研究者记录了植株个体的高度、冠幅、繁殖状态和花序数量。由于油蒿花序数量较多而难以准确统计，在统计过程中将其划为 5 个等级，即 1～10 个、10～20 个、20～50 个、50～100 个和 100～200 个花序，近似描述每个等级的花序数量。在第一年测量开始时，将所有测量个体进行挂牌标记，并记录每个个体的坐标，便于以后重复测量。在连续 3 年的调查中，研究者对新生幼苗进行测量记录，并调查了所有标记个体的存活状态，对于存活的个体进行重复测量。

通过预统计分析，研究者发现个体高度与生命率的相关性较个体冠幅和体积这两个参数与生命率的相关性更高（前者回归方程的 R^2 值远高于后两者），故最后采用个体高度来描述个体大小。研究者首先将前一年油蒿的高度(x)与当年的存活状态进行回归分析得到存活方程 $s(x)$，因为存活是二值变量，所以通常采用逻辑斯谛回归方程（表 4-1，图 4-1a, 图 4-1b）。生长方程 $y(x)$则通过将前一年的个体高度(x)与当年的个体高度(y)进行回归而获得。由于生长是连续变量，生长方程通常为线性回归方程。$s(x)$与 $y(x)$相乘组成生长存活方程 $p(y, x)$。繁殖状态方程 $f(x)$通过将前一年的个体高度（x）与当年的繁殖状态进行回归而获得，而繁殖数量方程 $f_n(x)$通过将前一年的个体高度（x）与当年产生的花序数量（等级）进行回归而获得。由于花序数是通过不同等级来描述的，故采用多项式逻辑斯谛回归模型（multinomial logistic regression model）。当年新生苗的个体大小分布 $u(x)$通常用正态分布方程来描述。繁殖状态方程 $f(x)$、繁殖数量方程 $f_n(x)$、新生苗分布方程 $u(x)$相乘组成繁殖方程 $f(y, x)$。$p(y, x)$与 $f(y, x)$共同组成 IPM 的核（参见积分投影模型简介）（图 4-2）。最后，通过模型运算即可得到种群增长率和稳定状态下的种群结构（图 4-3）。

3. 积分投影模型的敏感性分析和弹性分析

敏感性分析可以预测种群内某一大小个体的某一生命率变化对整个种群增长率λ的

表 4-1　用于构建 2007～2008 年（period=1）和 2008～2009 年（period=2）毛乌素沙地不同生境下的油蒿种群的积分投影模型的核的回归方程和参数

Demographic process	Period	Model
存活概率 Survival probability (s)	1	SF: logit(s) = –0.81(0.07) + 0.10(0.01)x F: logit(s) = –1.26(0.11) + 0.12(0.01)x_F FC: logit(s) = –0.81(0.07) + 0.10(0.01)x_FC n = 4224, R^2 = 0.53, P< 0.0001
	2	SF: logit(s) = –1.46(0.10) + 0.10(0.01)x F: logit(s) = –1.46(0.10) + 0.09(0.01)x_F FC: logit(s) = –0.67(0.11) + 0.08(0.01)x_FC n = 4739, R^2 = 0.46, P< 0.0001
繁殖概率 Flowering probability (p_f)	1	SF: logit(p_f) = –5.16 (0.30) + 0.13(0.01)x F: logit(p_f) = –4.04 (0.35) + 0.10(0.01)x_F FC: logit(p_f) = –3.93 (0.39) + 0.11(0.01)x_FC n = 4224, R^2 = 0.73, P< 0.0001
	2	SF: logit(p_f) = –5.43 (0.17) + 0.14(0.01)x F: logit(p_f) = –5.43 (0.17) + 0.13(0.00)x_F FC: logit(p_f) = –5.43 (0.17) + 0.10(0.00)x_FC n = 4739, R^2 = 0.76, P< 0.0001
下一年个体大小 Future size ($\hat{y}$)	1	SF: $\hat{y}$ = 8.75(0.36) + 0.89(0.01)x F: $\hat{y}$ = 5.80 (0.42) + 0.89(0.01)x_F FC: $\hat{y}$ = 8.75(0.36) + 0.74 (0.01)x_FC n = 2813, R^2 = 0.83, P< 0.0001
	2	SF: $\hat{y}$ = 7.74(0.31) + 0.89(0.01)x F: $\hat{y}$ = 7.74(0.31) + 0.82(0.01)x_F FC: $\hat{y}$ = 7.74(0.31) + 0.78(0.01)x_FC n = 2872, R^2 = 0.83, P< 0.0001
生长方差 Variance of growth (σ^2)	1	SF: σ^2 = 19.42(6.79) +1.94(1.53)x F: σ^2 = 19.42(6.79) +1.94(1.53)x_F FC: σ^2 = 19.42(6.79) +1.94(1.53)x_FC n = 2813, R^2 =0.05, P< 0.0001
	2	SF: σ^2 = 1.95(0.14)x F: σ^2 = 1.95(0.14)x_F FC: σ^2 = 2.94(0.18)x_FC n = 2872, R^2 = 0.08, P< 0.0001

注：SF、F 和 FC 分别代表半固定沙丘、固定沙丘和覆盖植物结皮的固定沙丘生境下的油蒿种群。括号内的数值为相应参数的标准误。n 为用于方程统计的植物个体数，R^2 为拟合优度，P<0.01 表示方程中的参数通过显著性检验（Li et al. 2011）

影响（Caswell 2001; Li et al. 2011）。对于种群内个体存活、生长［当个体大小增大时为正生长（positive growth），否则为负生长（negative growth），或称缩减（shrinkage）］和繁殖的敏感性分析可以通过如下公式计算。

存活敏感性分析：

$$\begin{aligned} S_{\sigma_j} &= \frac{\partial\lambda}{\partial\sigma_j} = \frac{\partial\lambda}{\partial P_j}\frac{\partial P_j}{\partial\sigma_j} + \sum_i \frac{\partial\lambda}{\partial G_{ij}}\frac{\partial G_{ij}}{\partial\sigma_j} + \sum_i \frac{\partial\lambda}{\partial R_{ij}}\frac{\partial R_{ij}}{\partial\sigma_j} \\ &= S_{jj}(1-\sum_i \gamma_{ij} - \sum_i \rho_{ij}) + \sum_i s_{ij}\gamma_{ij} + \sum_i s_{ij}\rho_{ij} \end{aligned} \tag{4-2}$$

正生长(i>j)敏感性分析：

$$\begin{aligned} S_{\gamma_j} &= \sum_i \frac{\partial\lambda}{\partial\gamma_{ij}} = \sum_i (\frac{\partial\lambda}{\partial P_j}\frac{\partial P_j}{\partial\gamma_{ij}} + \frac{\partial\lambda}{\partial G_{ij}}\frac{\partial G_{ij}}{\partial\gamma_{ij}}) \\ &= \sum_i (s_{jj}(-\sigma_j) + s_{ij}\sigma_j) \end{aligned} \tag{4-3}$$

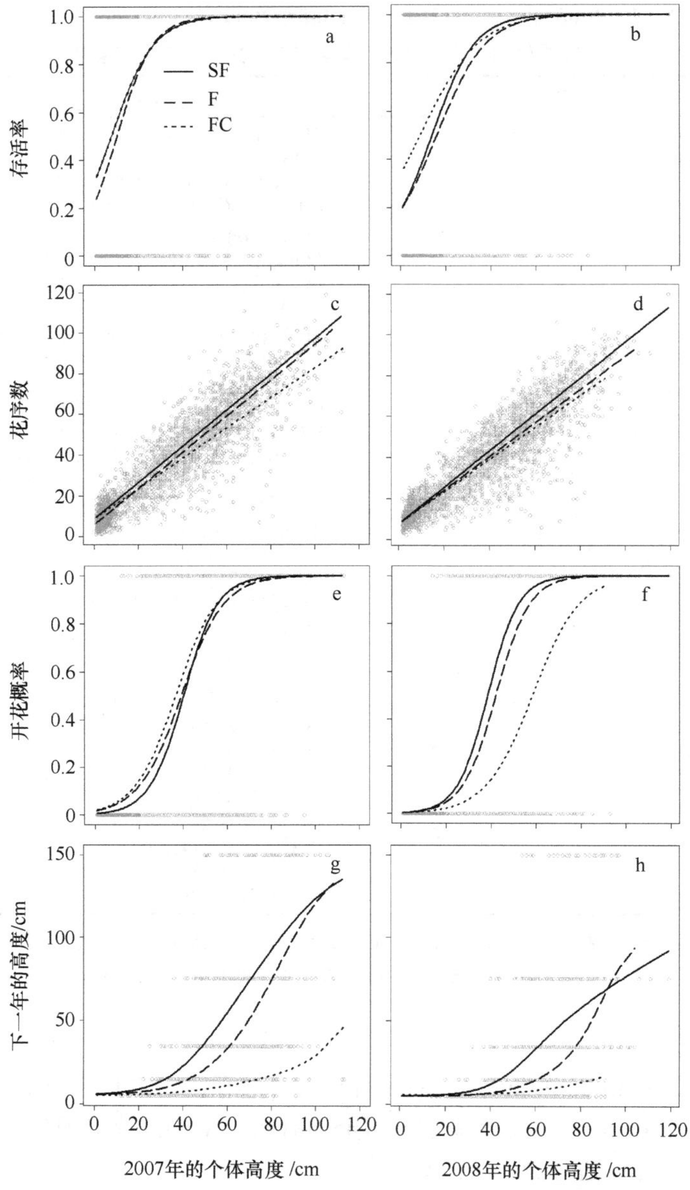

图 4-1　2007～2008 年（a, c, e, g）和 2008～2009 年（b, d, f, h）毛乌素沙地油蒿种群的个体大小（高度）与不同生命率之间的回归曲线。SF、F 和 FC 分别代表半固定沙丘、固定沙丘和覆盖植物结皮的固定沙丘生境下的油蒿种群（Li et al. 2011）

负生长($i<j$)敏感性分析：

$$S_{\rho_j}=\sum_i \frac{\partial\lambda}{\partial\rho_{ij}}=\sum_i\left(\frac{\partial\lambda}{\partial P_j}\frac{\partial P_j}{\partial\rho_{ij}}+\frac{\partial\lambda}{\partial R_{ij}}\frac{\partial R_{ij}}{\partial\rho_{ij}}\right)=\sum_i\left(s_{jj}(-\sigma_j)+s_{ij}\sigma_j\right)\tag{4-4}$$

繁殖敏感性分析：

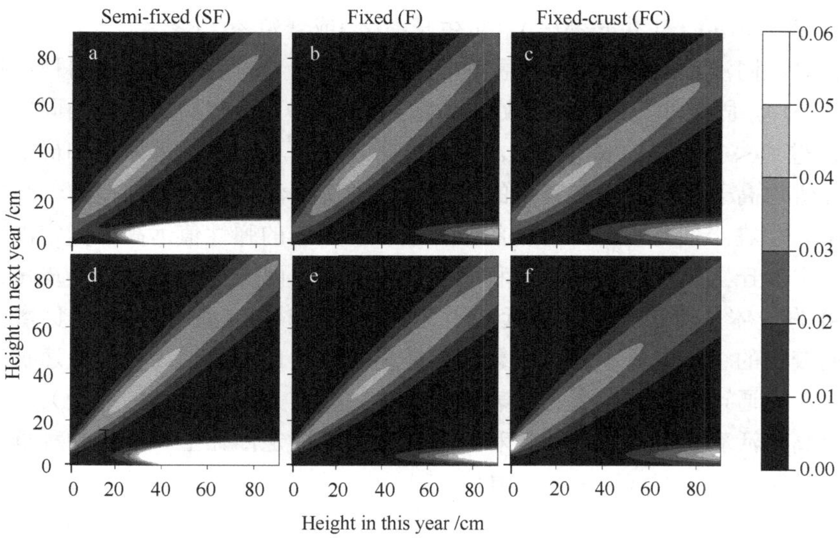

图 4-2　2007～2008 年（a, b, c）和 2008～2009 年（d, e, f）毛乌素沙地油蒿种群积分投影模型的核图。SF、F 和 FC 分别代表半固定沙丘、固定沙丘和覆盖植物结皮的固定沙丘生境下的油蒿种群。X 轴数值表示前一年的个体高度；Y 轴数值表示当年的个体高度。对角线代表存活但个体大小没有变化的个体，对角线的上方区域表示个体大小增长的个体，对角线下方区域表示个体大小缩减的个体，而右下角的区域代表新生苗个体。图右侧的颜色图例表示转移率的大小，其中白色表示所有>0.06 的转移率（Li et al. 2011）

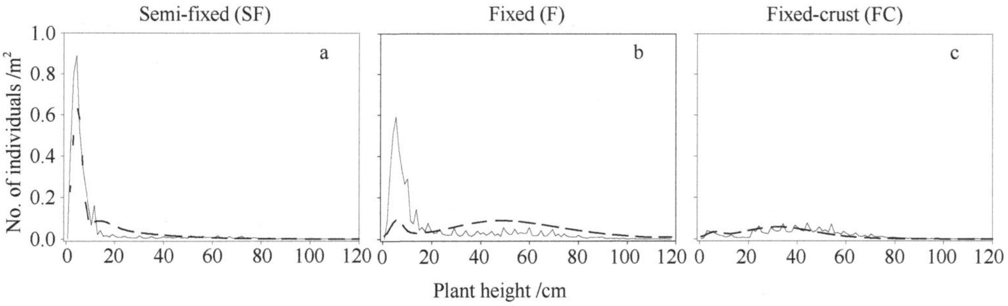

图 4-3　毛乌素沙地不同生境中的油蒿种群结构。a、b 和 c 分别代表半固定沙丘、固定沙丘和覆盖植物结皮的固定沙丘。实线代表实际观测到的种群结构；分割线代表通过 2007～2008 年的种群统计数据构建的积分投影模型得到的稳定种群结构；点线代表通过 2007～2008 年构建的积分投影模型得到的稳定种群结构（Li et al. 2011）

$$S_{f_j} = \sum_i \frac{\partial \lambda}{\partial f_j} = \sum_i \frac{\partial \lambda}{\partial F_j} \frac{\partial F_j}{\partial f_j} = \sum_i s_{ij} \tag{4-5}$$

式中，i 为矩阵的行；j 为矩阵的列；ij 代表矩阵转移因子；即 t 到 t+1 的转移率；σ_j、γ_{ij}、ρ_{ij} 和 f_j 分别表示个体存活率、正生长率、负生长率和繁殖率；P_j、G_{ij}、R_{ij} 和 F_j 则分别表示大矩阵中存活、正生长、负生长和繁殖等矩阵转移因子（matrix transition element）。

生命率（存活、生长、繁殖）的弹性分析则可在敏感性分析的基础上通过如下公式计算：

$$e_{ij} = \frac{\partial \log \lambda}{\partial \log x_{ij}} = \frac{\partial \lambda / \lambda}{\partial x_{ij} / x_{ij}} = \frac{x_{ij}}{\lambda} s_{ij} \tag{4-6}$$

式中，x_{ij} 为存活率(σ_j)、正生长率(γ_{ij})、负生长率(ρ_{ij})或繁殖率(f_j)。

研究者对不同沙丘固定阶段的油蒿种群调查发现，半固定沙丘上油蒿种群处于快速增长阶段（$\lambda>1$），固定沙丘上的种群处于稳定期（$\lambda\approx1$），而有结皮覆盖的固定沙丘上种群处于衰退期（$\lambda<1$）（Li et al. 2011）。弹性分析表明，不同生境下油蒿种群中，个体存活率的弹性值均高于个体生长和繁殖的弹性值，说明存活率是种群维持的一个重要生命率（图 4-4）。但在半固定沙丘中种群的个体增长和繁殖的弹性值远高于固定沙丘及有结皮覆盖的固定沙丘上种群的个体增长和繁殖的弹性值，而固定沙丘和有结皮覆盖的固定沙丘上种群的个体负增长的弹性值远低于其在半固定沙丘上种群的个体负增长的弹性值。这表明较快的个体生长和较高的繁殖力是半固定沙丘上的油蒿种群快速扩展的重要生活史策略，而通过部分枝条死亡（表现在个体生长上为个体大小的缩减）减少植物个体大小来提高存活率，则是固定沙丘和有结皮覆盖的固定沙丘上种群缓冲种群衰退速度的一个重要机制（图 4-4）（Li et al. 2011）。

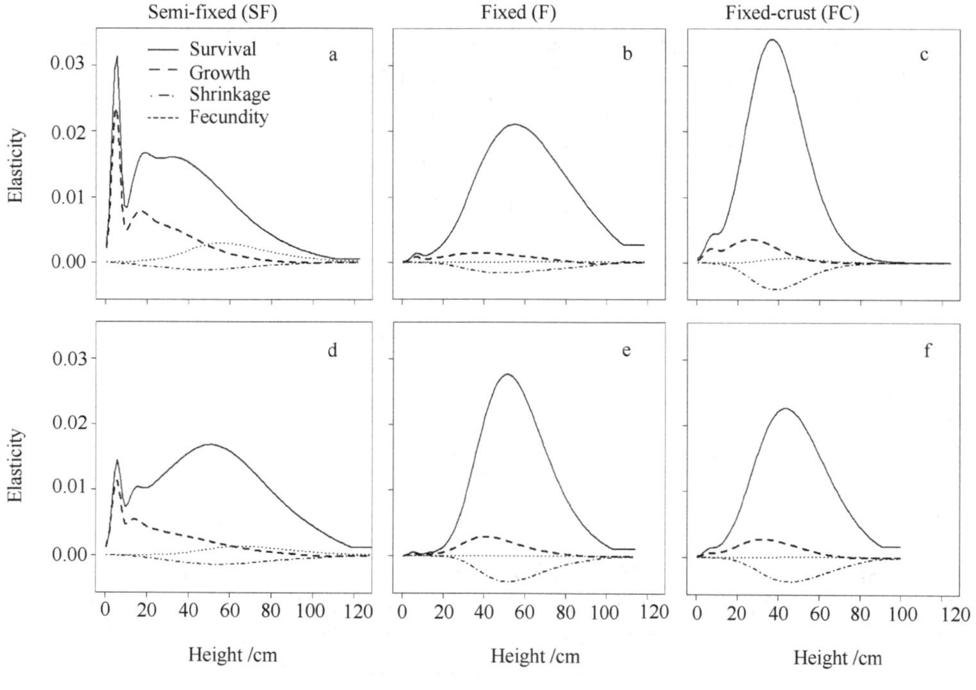

图 4-4 2007～2008 年（a, b, c）和 2008～2009 年（d, e, f）毛乌素沙地不同生境下油蒿种群的生命率的弹性值。SF、F 和 FC 分别代表半固定沙丘、固定沙丘和覆盖植物结皮的固定沙丘生境下的油蒿种群（Li et al. 2011）

4. 积分投影模型的生命表响应实验

生命表响应实验（LTRE）可以用来量化分析时间上和空间上的种群增长率差异是由哪些个体生命率的变化而导致的。例如，包括环境因素（m）和时间因素（如不同年份 n）的双因素 LTRE 可以用如下公式计算：

$$\lambda^{(mn)} = \lambda^{(..)} + \alpha^{(m)} + \beta^{(n)} + (\alpha\beta)^{(mn)} \tag{4-7}$$

式中，$\lambda^{(mn)}$表示种群在环境 m 和时间 n 下的种群增长率；$\lambda^{(\cdot\cdot)}$是平均种群增长率；$\alpha^{(m)}$描述环境对种群增长率的作用；$\beta^{(n)}$描述时间 n 对种群增长率的作用；而$(\alpha\beta)^{(mn)}$则表示环境和时间残差对种群增长率的作用（Caswell 2001; Li et al. 2011）。

$\tilde{\alpha}^{(m)}$ 和 $\tilde{\beta}^{(n)}$ 可以通过如下公式计算：

$$\tilde{\alpha}^{(m)} = \sum_{ij} (\alpha_{ij}^{(m.)} - \alpha_{ij}^{(..)} \partial\lambda / \partial\alpha_{ij} \Big|_{1/2(K^{(m.)}+K^{(..)})} \tag{4-8}$$

$$\tilde{\beta}^{(n)} = \sum_{ij} \Big(\alpha_{ij}^{(.n)} - \alpha_{ij}^{(..)} \partial\lambda / \partial\alpha_{ij} \Big|_{1/2(K^{(.n)}+K^{(..)})} \tag{4-9}$$

式中，$a_{ij}{}^{(m.)}$表示 m 环境下某一生命率与平均生命率间 $K^{(m.)}$的差异；$a_{ij}{}^{(.n)}$表示 n 时间下某一生命率与平均生命率间 $K^{(.n)}$的差异（Yamada et al. 2007）。

相应的，$(\tilde{\alpha}\beta)^{(mn)}$ 可通过如下公式计算（Jongejans & de Kroon 2005）

$$\tilde{\alpha}\beta^{(mn)} = \sum_{ij} \Big(\alpha_{ij}^{(mn)} - \alpha_{ij}^{(..)} \partial\lambda / \partial\alpha_{ij} \Big|_{1/2(K^{(mn)}+K^{(..)})} - \tilde{\alpha}^{(m)} - \tilde{\beta}^{(n)} \tag{4-10}$$

研究者对沙丘固定阶段油蒿种群动态 LTRE 的分析结果表明（图 4-5），在沙丘固定后期油蒿种群增长率的下降主要是由于繁殖力下降和个体生长减慢，而存活率这一对种群维持最重要的生命率（具有最高弹性值）变化极小，因而，其对种群增长率的改变（$\Delta\lambda$）也很小（Li et al. 2011）。这一结果表明，油蒿能够在应对沙丘固定阶段的长期过程中生存条件变化的同时保持存活率这一决定种群增长的关键生命率的稳定。种群增长率还存在年际差异，油蒿在不同生境下的种群增长率在相对干旱的第二个调查年份都有一定程度的下降。LTRE 的分析结果表明，种群增长的年际差异主要是由存活率下降引起的。由此可见，短期的环境波动能够通过影响存活率而对种群增长造成严重影响（Li et al. 2011）。

5. 积分投影模型的应用

积分投影模型以其优于矩阵模型的特点一经提出即被众多种群生态学家采纳，广泛应用于种群动态研究领域中，成为种群生态学研究的重要工具。从 2000 年 IPM 诞生到目前为止已发表论文 141 篇（图 4-6），这些文章大多发表在生态学领域国际主流期刊上，并且论文数量基本呈逐年上升趋势。例如，Zuidema 等（2010）针对传统的矩阵投影模型在研究生命周期较长、生长较慢的植物时，模型的输出结果对矩阵内划分等级的宽度（category width）非常敏感，以及有限的矩阵等级（一般＜10）难以将个体间的生长差异完全有效地纳入模型中这两大缺陷，提出运用 IPM 研究生长较慢的木本乔木的种群动态，并在将 IPM 核转换成大矩阵的计算中首次采用了积分方法。该研究发现所研究的 6 个木本物种中的 4 个物种的种群增长率对转移矩阵的大小非常敏感。通过 IPM 计算的种群增长率，在转移矩阵等级为 100～1000 时，即相当于转移矩阵的等级宽度为胸径（DBH）0.1～1 cm 时，才趋于稳定。通常针对木本乔木的矩阵投影模型的转移矩阵等级宽度一般为 10 cm，因而可能会严重影响所预测的种群增长率的精确性。同时他们发现矩阵的大小对物种年龄的预测有很大影响。例如，通过 1000 个等级的转移矩阵获得的年龄是运用

10 个等级的转移矩阵所获得的年龄的 2～4 倍。他们在将模型预测的年龄与实际通过年轮得到的年龄比较时发现，1000 个等级的转移矩阵推算的年龄与实际年轮非常接近，而 10 个等级的转移矩阵则严重低估了个体的年龄。该研究表明在对生长较慢的乔木进行种群统计研究时，IPM 比传统的矩阵投影模型更能准确地预测该类物种的种群动态。

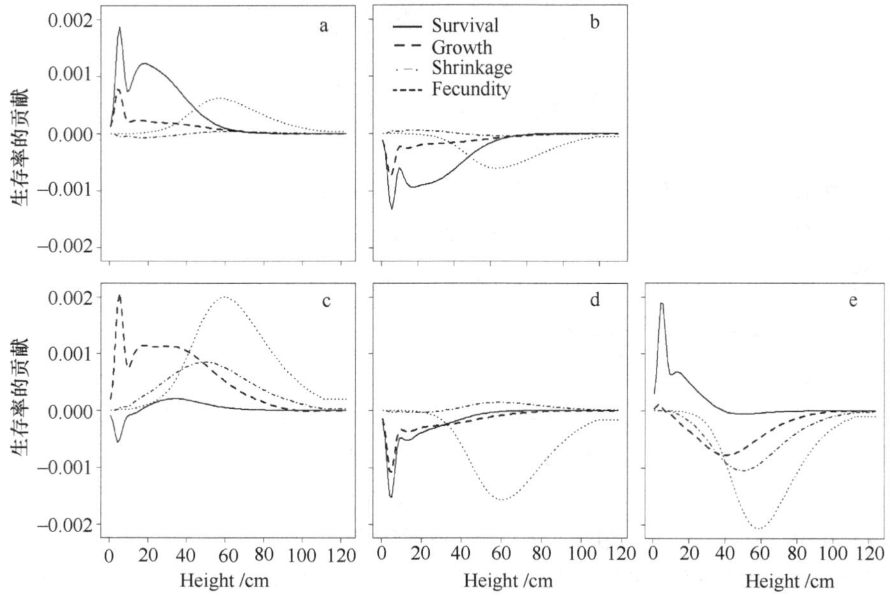

图 4-5　毛乌素沙地油蒿种群的生命表响应实验(LTRE)分析结果。a 和 b 表示不同生命率分别对 2007～2008 年和 2008～2009 年的种群增长率与平均种群增长率之间差异的贡献。c～e 表示不同生命率分别对半固定沙丘(c)、固定沙丘(d)和覆盖结皮的固定沙丘(e)种群增长率与平均种群增长率之间差异的贡献（Li et al. 2011）

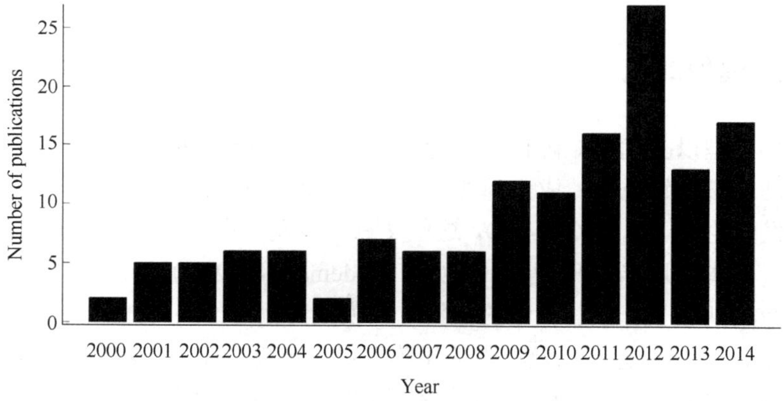

图 4-6　*Web of Science* 上检索的 2001～2014 年每年发表的有关 IPM 的论文篇数

Jongejans 等（2011）用 IPM 研究了新西兰的入侵植物 *Carduus nutans* 的种群动态。该研究通过种子扩散这一参数将空间上分布的多个种群纳入一个大的空间积分投影模型（SIPM）中，从而可以计算物种在空间上向外扩散的速度，以及不同生命率对这一空间扩散速度的贡献。该研究发现幼苗阶段的个体对空间上的扩散和局部种群的增长率贡献最大。当年就可实现繁殖的实生苗对物种空间扩散的贡献较对单个种群增长率的影响更大。相反，那些在几年后才开始繁殖并产生大量种子的个体则对单个种群增长率的贡献比对物种空间上的扩展更重要。因此，在种群管理上，在有限的财力和人力条件下，致力于控制空间传播的管理应该更多地着力于控制当年就能开始繁殖的小个体，而对于那些致力于控制当地某一种群的密度时，则应侧重于控制那些存活率较高、个体较大、产生大量种子的个体，从而为管理提供更细节的指导。Dalgleish 等（2011）采用了 mixed-effect 回归方程模型来描述生命率，并构建 IPM 研究了气候变化下 3 种优势草甸植物（*Pseudoroegneria spicata*、*Hesperostipa comata* 和 *Artemisia tripartita*）的种群动态。该研究发现气候变化对 3 个物种中的两个物种有明显影响，并且种群对气候变化的响应要至少滞后一年。在 *H. comata* 中，前一年降雨量降低 1%将导致种群增长率降低 0.6%。而在 *A. tripartita* 中，夏季温度增长 1%则会导致种群增长率增长 1.3%。对于这两种植物，气候变化对个体增长较存活和幼苗更新有更多的影响。该研究表明了解环境变化对植物个体生长的影响对于预测未来环境变化对草甸植物的种群动态和植被功能、结构的影响尤为重要。

IPM 在种群统计的比较分析中同样非常有用，因为环境因子的作用可以通过回归方程来检验，那些显著的生境作用可以直接纳入模型分析中，从而可以更真实准确地描述自然条件下的种群动态，为种群管理提供更准确的信息。例如，研究者将环境因子与人为干扰因素（如沙埋、放牧）纳入 IPM 中，研究了不同沙丘生境和放牧对 3 种毛乌素沙地灌木油蒿、柠条和羊柴种群动态的影响（Li et al. 2011, 2013, 2015）。研究结果表明，3 种灌木的种群增长率在沙丘固定早期比晚期要高得多。在半固定沙丘中，羊柴和油蒿的种群增长率 λ 值远大于 1；在固定沙丘中，柠条和油蒿种群的 λ 值接近或略小于 1；而在有结皮覆盖的固定沙丘中，油蒿种群的 λ 值远小于 1（图 4-7）。

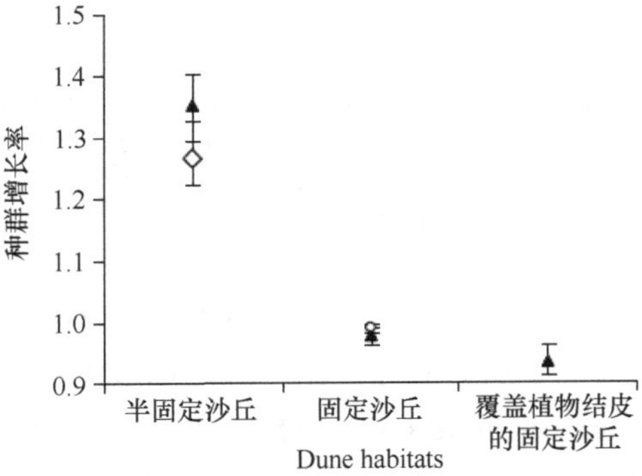

图 4-7　羊柴（菱形）、油蒿（三角形）和柠条（圆形）在不同生境下的种群增长率（λ及 95%置信区间）。引自 Li（2010）

在沙丘固定早期快速扩展的种群中，其种群结构的典型特征是幼苗（或新生克隆分株）和较小的个体占有很高的比例；在固定沙丘的稳定种群中，大的个体占有很高的比例，幼苗的比例较低；而在结皮覆盖的固定沙丘中处于衰退状态下的种群的一个显著特征是幼苗更新低，中等大小的个体占的比例很高，主要是由大的植株个体因枝条部分死亡引起的负增长造成的（Li et al. 2011, 2013, 2015）。这些相似生境下木本植物的种群增长率和种群结构上的相似性表明，沙丘固定过程中伴随的生境改变是影响沙生木本植物种群动态的一个重要因素。此外，在沙丘固定过程中，种群可能会采取不同的生态适应策略从而更有效地维持种群。通过计算和比较弹性值可以对植物生活史策略进行比较分析。弹性值量化了每一生命率（vital rate；存活、生长和繁殖）对 λ 的重要性（de Kroon et al. 2000; Caswell 2001; Zuidema & Franco 2001）。相应的，这 3 个生命率弹性值可以确定一个种群在“种群统计三角”中的位置（Silvertown et al. 1993）。该位置与物种的生活史策略、生境及其种群增长率密切相关（Zuidema 2000; Franco & Silvertown 2004）。例如，寿命较短的草本植物通常位于三角形的左下角，而寿命较长的木本植物则一般位于三角形的右下角。图 4-8 展示了 3 种研究物种在种群统计三角中的位置：油蒿和柠条位于右下角，而羊柴位于左下角。

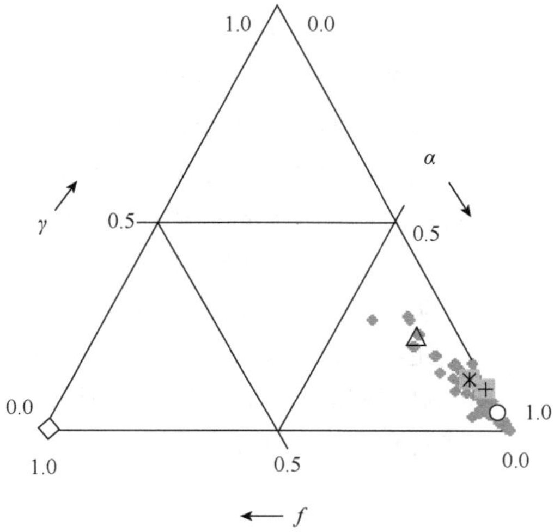

图 4-8　羊柴（半固定沙丘，菱形）、油蒿（半固定沙丘，三角形；固定沙丘，十字形；固定-结皮沙丘，星号）和柠条（禁牧、固定沙丘，圆形），以及其他不同生境下的 51 种木本植物（圆点，Zuidema 2000; Franco & Silvertown 2004）的生命率的弹性值比较。α为存活弹性值；γ为生长弹性值；f为繁殖弹性值
引自 Li（2010）

这表明羊柴分株与柠条、油蒿采取的生活史策略截然不同。油蒿、柠条位于木本植物的分布区间，而羊柴则偏离了这一分布区间，落在草本植物的分布区间（Silvertown et al. 1993; Zuidema 2000; Franco & Silvertown 2004）。这一不同分布可以通过生活史差异来解释。油蒿和柠条均具有较高的存活率，这是木本植物生活史的典型特征。相反，羊柴的生活史特点是高分株繁殖率和高分株死亡率，这是短寿命草本植物的典型特征。木本植物在种群统计三角中的不同位置也同时反映了它们对沙丘固定过程中生境变化的适应。油蒿和羊柴在沙丘固定早期表现出的是一种“探索”策略——通过产生大量的实生苗或无性分株来维持种群的快速扩展，这一点通过其在种群统计三角靠左的位置体现出来。在沙丘固定后期，油蒿逐渐开始转向重在“开发利用”的策略，柠条也采用了相似的策略，这体现在它们在种群统计三角中趋于右下角的位置。由此可见，木本植物可以通过不同的生活史策略在不同沙丘环境中成功维持种群。

此外，IPM 可以直接进行生命表响应实验分析，当在生命率水平上进行分析时，能够深入透彻地分析导致种群增长率变化的原因（Caswell 2001）。研究者通过生命表响应实验（LTRE）分析了生长、存活和繁殖对油蒿种群在不同生境下和不同年份增长率差异（Δλ）的贡献。LTRE 的分析发现在沙丘固定后期油蒿种群增长率的下降主要是由于繁殖力下降和个体生长减慢。这一结果表明保持存活率这一决定种群增长的关键生命率的相对稳定是油蒿能够在应对沙丘固定过程中生存条件变化的重要生活史策略。油蒿在不同生境下的种群增长率在相对干旱的第二个调查年份都有一定程度的下降。LTRE 分析发现这一种群增长率的年际差异主要是由存活率下降引起的。这一结果表明短期的环境波动能够通过影响存活率而对种群增长造成严重影响。针对研究者的研究结果，建议沙丘灌木种群的长期管理应侧重于通过采取一定的措施，如适度放牧或人为干扰，以防止沙丘固定后期结皮大量形成来提高种群的繁殖力。而短期内则侧重于防止存活率出现大的波动，如在极端干旱年份，可考虑禁牧或降低放牧强度。

第四节　总结与展望

IPM 是当前种群统计学发展的趋势，而 IPM 在我国的应用才刚刚起步（Li 2010; Li et al. 2011, 2013, 2015）。IPM 的未来发展方向将侧重于以下几个方面：①宏种群动态，即将空间上分散的多个种群及种群间的传播（dispersal）一起纳入模型中，从而进行空间上的宏种群的动态研究，预测空间种群动态变化。途径之一是通过将多个种群的空间结构整合到一个宏矩阵中，其中每个亚矩阵代表一个不同种群，而种群间的传播则用亚矩阵间的转移率来描述。Jongejans（2011）运用空间 IPM（SIPM）研究了种群在离散时间内同质环境下的种群扩增。②密度制约种群动态。密度制约在个体水平上很难量化，但是没有考虑密度制约的模型将会导致预测的种群结构偏离现实（Metcalf et al. 2003; Hesse et al. 2008; Dahlgren & Ehrlen 2009; Eager et al. 2013）。最近发展的能够将密度制约纳入 IPM 的途径是用种群大小分布的空间序列来构建模型（Ghosh et al. 2012）。③未来 IPM 还可考虑将遗传学纳入种群研究中，如预测不同基因型、表型差异下的种群最适增长率。更真实地描述数量遗传性状是 IPM 发展的一个重要方向和面临的另外一个挑战。④对于雌雄异株的植物种群，将性别纳入模型中是 IPM 要考虑的一个因素。⑤克隆植物种群动态。Zuidema（2000）首次构建了分株–基株（ramet-genet）的矩阵投影模型用于研究匍匐茎克隆植物 *Geonoma deversa* 的种群动态。运用 IPM 进行的克隆植物种群动态研究目前仅限于分株水平（Li et al. 2015），如何将克隆整合作用纳入种群统计中，构建整合 ramet-genet IPM 是未来研究克隆植物种群动态所需要的关键技术突破。⑥此外，运用 IPM 研究全球变化下的种群动态是种群管理的另一需求，因此将气候变化和环境随机波动纳入模型中是未来种群动态模型的另一大发展趋势。

作为种群动态模型研究的标志性成果，IPM 模型已成为种群动态研究的新的分析工具，尤其是近期大量高质量论文的发表，显示出 IPM 具有广阔的应用前景（Ramula et al. 2009; Zuidema et al. 2010; Jongejans et al. 2011; Li et al. 2011, 2013, 2015; Merow et al. 2014）。未来的 IPM 研究将会受益于种群水平上的在全球范围内数据整合分析来提高预测的精确性并同时利用个体水平上的数据来了解生命率与种群状态转变的关系（Ellner 2012; Salguero-Gómez et al. 2015）。

参 考 文 献

Bernal R. 1998. Demography of the vegetable ivory palm *Phytelephas seemannii* in Colombia, and the impact of seed harvesting. J Appl Ecol, 35: 64-74.

Burns J H, Blomberg S P, Crone E E, et al. 2010. Empirical tests of life-history evolution theory using phylogenetic analysis of plant demography. J Ecol, 98: 334-344.

Caswell H. 2001. Matrix Population Models. 2nd edition. Sunderland: Sinauer Associates.

Dahlgren J P, Ehrlen J. 2009. Linking environmental variation to population dynamics of a forest herb. J Ecol, 97: 666-674.

Dalgleish H J, Koons D N, Hooten M B, et al. 2011. Climate influences the demography of three dominant sagebrush steppe plants. Ecology, 92: 75-85.

de Kroon H, van Groenendael J, Ehrlén J. 2000. Elasticities: a review of methods and model limitations. Ecology, 81: 607-618.

deWalt S J. 2006. Population dynamics and potential for biological control of an exotic invasive shrub in Hawaiian rainforests. Biol Invasions, 8: 1145-1158.

Eager E A, Haridas C V, Pilson D, et al. 2013. Disturbance frequency and vertical distribution of seeds affect long-term population dynamics: a mechanistic seed bank model. Am Nat, 182: 180-190.

Easterling M R, Ellner S P, Dixon P M. 2000. Size-specific sensitivity: applying a new structured population model. Ecology, 81: 694-708.

Ellner S P. 2012. Comments on: inference for size demography from point pattern data using integral projection models. J Agr Biol Environ Stat, 17: 682-689.

Ellner S, Rees M. 2006. Integral projection models for species with complex demography. Am Nat, 167: 410-428.

Franco M, Silvertown J. 2004. Comparative demography of plants based upon elasticities of vital rates. Ecology, 85: 531-538.

Ghosh S, Gelfand A E, Clark J S. 2012. Inference for size demography from point pattern data using integral projection models. J Agr Biol Environ Stat, 17: 641-677.

Grime J P. 1979. Plant Strategies, Vegetation Processes, and Ecosystem Properties. New York: John Wiley & Sons Inc.

Harper J L. 1977. Population Biology of Plants. New York: Academic Press.

Hesse E, Rees M, Muller-Scharer H. 2008. Life-history variation in contrasting habitats: flowering decisions in a clonal perennial herb (*Veratrum album*). Am Nat, 172: 196-213.

Horvitz C C, Schemske D W. 1995. Spatiotemporal variation in demographic transitions of a tropical understory herb: projection matrix analysis. Ecol Monogr, 65: 155-192.

Jongejans E, Allen M R, Leib A E, et al. 2011. Spatial dynamics of invasive *Carduus thistles*. 19th International Congress on Modelling and Simulation (Modsim 2011): 2514-2520.

Jongejans E, de Kroon H. 2005. Space versus time variation in the population dynamics of three co-occurring perennial herbs. J Ecol, 93: 681-692.

Kaye T N, Pyke D A. 2003. The effect of stochastic technique on estimates of population viability from transition matrix models. Ecology, 84: 1464-1476.

Lefkovitch L P. 1965. The study of population growth in organisms grouped by stages. Biometrics, 21: 1-8.

Leslie P H. 1945. On the use of matrices in certain population mathematics. Biometrika, 33: 183-212.

Li S L. 2010. Woody plants in dry sands: life history traits and population dynamics. The Netherlands: Utrecht University Ph.D. thesis.

Li S L, Yu F H, Werger M J A, et al. 2011. Habitat-specific demography across dune fixation stages in a semi-arid sandland: understanding the expansion, stabilization and decline of a dominant shrub. J Ecol, 99: 610-620.

Li S L, Yu F H, Werger M J A, et al. 2013. Understanding the effects of a new grazing policy: the impact of seasonal grazing on shrub demography in the Inner Mongolian steppe. J Appl Ecol, 50: 1377-1386.

Li S L, Yu F H, Werger, M J A, et al. 2015. Mobile dune fixation by a fast-growing clonal plant: a full life-cycle analysis. Sci Rep, 5: 8935.

Merow C, Dahlgren J P, Metcalf C J E, et al. 2014. Advancing population ecology with integral projection models: a practical guide. Methods Ecol Evol, 5: 99-110.

Metcalf J C, Rose K E, Rees M. 2003. Evolutionary demography of monocarpic perennials. Trends Ecol Evol, 18: 471-480.

Parker I M. 2000 Invasion dynamics of *Cytisus scoparius*: a matrix model approach. Ecol Appl, 10: 726-743.

Ramula S, Rees M, Buckley Y M. 2009. Integral projection models perform better for small demographic data sets than matrix population models: a case study of two perennial herbs. J Appl Ecol, 46: 1048-1053.

Salguero-Gómez R, Jones O R, Archer C R, et al. 2015. The compadre plant matrix database: an open online repository for plant demography. J Ecol, 103: 205-218.

Silvertown J, Franco M, Pisanty I, et al. 1993. Comparative plant demography—relative importance of life-cycle components to the finite rate of increase in woody and herbaceous perennials. J Ecol, 81: 465-476.

Tilman D. 1982. Resource Competition and Community Structure. Princeton: Princeton University Press.

Yamada T, Zuidema P A, Itoh A, et al. 2007. Strong habitat preference of a tropical rain forest tree does not imply large differences in population dynamics across habitats. J Ecol, 95: 332-342.

Zuidema P A. 2000. Demography of exploited tree species in the Bolivian Amazon. The Netherlands: Utrecht University Ph.D. thesis.

Zuidema P A, Boot R G A. 2002. Demography of the Brazil nut tree (*Bertholletia excelsa*) in the Bolivian Amazon: impact of seed extraction on recruitment and population dynamics. J Tropic Ecol, 18: 1-31.

Zuidema P A, Franco M. 2001. Integrating vital rate variability into perturbation analysis: an evaluation for matrix population models of six plant species. J Ecol, 89: 995-1005.

Zuidema P A, Jongejans E, Chien P D, et al. 2010. Integral projection models for trees: a new parameterization method and a validation of model output. J Ecol, 98: 345-355.

第五章　干旱区植物种子萌发及其影响因素*

第一节　引　　言

种子作为植物繁殖的载体，在植物生活史过程中发挥着重要作用。对大多数植物来说，种子阶段是植物生活史当中最能忍受环境胁迫的阶段，而从种子萌发到幼苗阶段是植物生活史中最脆弱的阶段。在像干旱区这样严酷而多变的环境中，适宜种子萌发的时间非常短暂。恰当的萌发时机不仅能保证幼苗的存活，而且直接影响到萌发后幼苗和植株的生长，甚至整个种群的维持和更新。植物可以通过确定种子萌发所需要的适宜条件来选择合适的出苗时机。已有研究结果表明，种子在种子库中的状态，以及萌发的启动与否都与环境因子密切相关，包括水分、温度、光照和盐分等。另外，种子在结实过程中所经历的母体环境（包括光照、温度、降水、土壤条件和结实位置等），甚至是上一代的母体环境，也会对种子的休眠水平和萌发特性产生影响（Baskin & Baskin 2014）。

干旱区在气候学上是指蒸发量大于降水量，并因此造成干旱缺水的区域。在《联合国防治沙漠化公约》中，“干旱、半干旱和亚湿润干旱地区”是指年降水量与潜在蒸发量比在 0.05～0.65 的地区。在《中国综合自然区划》中，“干旱半干旱区”是指干燥度>1.5 的地区，其中干燥度在 1.5～2.0 的地区为半干旱区，在 2.0～4.0 的地区为干旱区，>4.0 的地区为极干旱区。干燥度用经验公式求得：$K=(0.16\sum t)/r$。式中，K 指干燥度；$\sum t$ 是日气温≥10℃持续活动积温总和，以℃表示；r 是同期降水量，以 mm 表示；0.16 是在中国范围内的一个常数。秦大河在其主编的《干旱》中采用年平均降水量作为划分干湿气候区的标准，规定降水量在 200 mm 以下的地区为干旱区。

根据竺可桢等（1985）对我国干旱区的范围及界限作出的订正，中国干旱区包括新疆的全部、宁夏、内蒙古及甘肃、青海的部分地区。贺兰山以西的广大荒漠地区是我国干旱区的主体。根据秦大河（2003）的划分，中国的干旱区包括：中温带的蒙甘区（内蒙古西部、宁夏、甘肃河西走廊）、北疆区；暖温带的南疆区；高原气候区（青海柴达木盆地、西藏北部）。根据这两种划分标准，中国干旱区的分布范围是一致的。

在干旱区，影响种子萌发的主要环境因子是水分。干旱区的特点是降水量少，潜在蒸发量大，降水量的季节变化和年际变化较大。在野外生境条件下，种子的萌发需要达到一定的降雨量。例如，在 Negev 荒漠，部分种子萌发的有效降水是 12 mm。如果其他条件合适，降雨超过 12 mm 就会启动一部分植物种子的萌发；而如果是低于 12 mm 的降雨，就无法启动这部分种子的萌发过程。目前中国干旱区植物种子萌发的最低有效降雨量还不明确。在干旱区，盐分是影响部分植物种子萌发的另一重要因子。由于干旱区降雨稀少，蒸发强烈，造成广大面积的土地在表面累积了大量盐分。例如，西北干旱区大

本章作者：王　雷　杨学军　曹德昌　朱雅娟　高瑞如　杨　帆　黄振英（通讯作者）

约 1/3 以上的灌区土壤存在盐渍化问题，仅新疆就有 1.1×10^7 hm^2 盐渍化土地。干旱区以局部水分循环为主，这决定了干旱区土壤盐渍化的不可逆性。根据《中国盐生植物》和《新疆盐生植物》的统计，中国超过 60%的盐生植物分布在干旱区。盐生植物种子的萌发状况与生境的土壤含盐量密切相关。此外，光照、温度、埋深等也是影响干旱区种子萌发的重要环境因子。

第二节　种群对种子萌发的影响

不同种群间或同一种群不同年份间存在萌发差异，部分是由种群的环境条件存在差异导致的。目前已知可能造成不同种群萌发差异的环境因子包括水分和盐分。

1. 种群间休眠和萌发差异

不同种群土壤湿度的差异造成种子休眠释放速度的不同。冯燕（2011）对干湿两个苦豆子种群种子的休眠释放进行了研究。刚成熟的苦豆子种子具有物理休眠，湿润种群（阿拉善额济纳河河漫滩）和干旱种群（阿拉善左旗荒漠草原区）种子的初始休眠率分别为 94%和 98%，两者没有显著差异。种子的采集种群、埋藏时间、埋藏地点和埋藏深度都显著影响种子的休眠释放。休眠释放速率主要受种群和埋藏时间的影响，两者可分别解释变异率的 29.7%和 20.4%。不同种群种子休眠释放存在显著差异，湿润种群种子的休眠释放速度显著快于干旱种群种子的。埋藏 4 个月后，湿润种群种子休眠率仅为 37%，而干旱种群仍高达 70%。在埋藏期间，种子的休眠释放表现出了明显的休眠循环现象，特别是埋藏在地表的湿润种群种子。

种群土壤盐分的差异造成种子萌发率的不同。司郎明（2011）对古尔班通古特沙漠西部 3 种生境（低平地、高度<5 m 的小沙丘和高度>10 m 的大沙丘）梭梭种子的萌发进行了比较研究。3 种生境的土壤含盐量从高到低分别为低平地、高度<5 m 的小沙丘和高度>10 m 的大沙丘。在没有盐分处理时，3 种生境梭梭种子萌发率没有显著差异，但是在高盐胁迫条件下，低平地梭梭种子的萌发率最高，高度>10 m 的大沙丘的梭梭种子萌发率最低。这是不同种群的梭梭种子对生境盐分条件长期适应的结果。杨帆（2015）比较了两个角果碱蓬种群土壤盐分和种子萌发的差异。内蒙古鄂尔多斯市鄂托克前旗种群生境的土壤可溶性盐总量为(0.42±0.01) mol/L；新疆乌鲁木齐市红雁池水库边种群生境的土壤可溶性盐总量为(0.62±0.06) mol/L。自然生境中两个种群的种子比例和萌发率都有显著差异。与生长在较低土壤盐分地区的种群相比，生长在较高土壤盐分地区的种群棕色种子结实比例从 20%提高到 67%，同时黑色种子萌发率从 80%降低到 35%。因此，土壤盐分的异质性很可能是导致干旱区种群间种子性状差异的主要环境因子之一。

Yao 等（2010）对准噶尔盆地南缘两种生境（洼地、斜坡）的藜种子的萌发特性进行了研究。不同种群的两种类型种子的萌发特性显著不同。洼地和斜坡种群的褐色种子都能迅速萌发。洼地种群的黑色种子几乎可以全部萌发，而斜坡种群的黑色种子只有 11%的萌发率。同时，洼地种群比斜坡种群能产生更多具有较高萌发率的褐色种子。这两个种群相隔不远，在光照和温度等环境因子方面相似。藜种子性状的差异可能与种群微生境的水分和盐分条件有关。种群间种子休眠和萌发的差异与种子成熟过程中温度、水分、盐分等诸多环境因素有关，而且这些因素可能相互影响。虽然有一些研究比较了种群间种子萌发的差异，但是这些研究并没有对差异形成的机制做出明确解释，即究竟是种群内在分化导致的，还是外在环境引起的表型变化。

2. 种群年际萌发差异

刘艳芳（2009）研究了不同年份（2006 年、2007 年、2008 年）阜康地区异子蓬同一种群异型种子的质量和萌发率的差异。不论是褐色还是黑色种子，种子质量在年际存在显著差异。褐色种子的萌发率在年际没有显著差异，而 2007 年黑色种子的萌发率显著高于其他年份。据《新疆统计年鉴》阜康地区温度和降雨量的数据显示，2007 年 8 月、9 月的降雨量（57.2 mm 和 23.3 mm）显著高于 2006 年（7.1 mm 和 1.9 mm）和 2008 年（9.8 mm 和 7.8 mm），而气温无明显差异。这表明年际异子蓬花果期降雨量差异可能是影响种子性状的一个关键因素。

第三节　种子发育过程中的表型作用

如果说基因遗传是通过提高物种对生境的适合度而使种子在合适的时间和地点萌发，那么表型作用应该是在此基础上提高种子萌发的多样性。许多植物下一代或几代种子的萌发命运在一定程度上依赖于种子的位置，以及种子发育成熟时的环境条件。已有研究表明，影响干旱区种子萌发的因素包括：母株的果序位置，种子在果序上的位置，种子在果实中的位置，种子成熟阶段母株的年龄。此外影响因素还包括种子成熟阶段母株的环境因子，如日长、温度、光质、高度、水分、盐分等。

除了种子的位置和母株的环境条件，有的植物同一植株上雌花和两性花结的种子也表现出不同的萌发特性。此外，一部分的种子异型性可能是由种子的位置效应造成的，如地上地下结实现象。另外一部分物种的异型种子在果序上的分布没有明显规律。同一母株上的种子拥有不同的萌发能力，具有非常重要的生态优势，特别是在荒漠环境，因为荒漠环境中导致种子萌发的第一场雨的时间、降雨量和分布都是不可预测的。母株的环境因子可以通过多种方式来影响子代种子的萌发。这可以确保即使在最适条件下特定物种土壤种子库中只有一部分种子可以萌发，利于种群在严苛环境中延续。

1. 位置效应

位置效应（包括果序在植株上的位置，果实在果序上的位置，种子在果实中的位置等）可能影响种子的萌发能力。Wang 等（2010）发现毛穗旱麦草小穗中 3 个位置种子在大小和质量上存在显著差异，小穗基部种子最大，顶端种子最小。在光照和全黑暗条件下，刚成熟种子的萌发率和萌发速率都随着种子位置升高而升高。位置效应可能是由于不同位置的种子所接受的营养物质或者激素的量不同。

地上地下结实性（amphicarpy）是一种特殊形式的位置效应。高蕊等（2008）研究了角果藜地上和地下种子的萌发特性。地上、地下种子在不同变温条件下的萌发率都较低，说明两种种子都存在休眠。延长储藏时间可提高两种种子的萌发率，但地上种子萌发率的增加显著高于地下种子的，说明地上种子的休眠较浅。划破种皮处理能提高两种种子的萌发率。可以推断两种种子具有不同程度的非深度生理休眠。

不同位置的种子具有不同的萌发特性，使萌发在时间上分散开，既可以避免同胞子代竞争，又可以分摊风险。休眠程度较深的种子，可在土壤种子库里保持较长时间（不休眠的种子在一定条件下也可以形成持久土壤种子库），有效降低物种在不利年份面临的灭绝风险；而休眠程度较浅或不休眠的种子，可在适宜条件下萌发，形成较高的居群增长率。可是如果种子全部萌发后出现不利的环境条件，物种将面临较大灾难，特别是对一年生植物来说。

2. 种子异型性

种子异型性(seed heteromorphism)是指同一植株产生不同形态或行为的种子的现象。种子异型现象第一次被人们发现是在菊科的头状花序中，同一个花序产生中央果和外围果两种类型。种子异型性与种子连续变异表型有着明显的区别，通常呈现典型的双峰或者多峰分布。因此，种子异型性可以被认为是同一种基因型产生的不连续的表观形态。根据异型种子种类，种子异型性可划分为种子二型性（seed dimorphism）和种子多型性（seed polymorphism）。根据异型性发生的器官，可分为果实异型性和狭义的种子异型性。根据异型种子的位置，可分为地上地下结实性和地上种子异型性（heterodiaspory）。截至2010年，报道的种子异型植物共计26科129属292种，大多集中在菊科（50%）、藜科（13%）、豆科（8%）、禾本科和十字花科等几个科中。其中，地上种子异型性占总数的84%，而地上地下结实仅占16%（王雷等 2010）。随着种子异型性现象再次成为种子生态学研究热点，不断有新的种子异型植物被报道。预计种子异型植物的总物种数在400种左右。根据现有资料，国内分布的种子异型植物超过20种，绝大部分物种分布在干旱半干旱区、荒漠、盐渍土地区和干扰强烈的地区。

异型种子不但在大小、种皮厚度和化学成分等方面存在差异而且在休眠和萌发等特性上也表现出不同。菊科植物外围果和中央果常具有不同的休眠和萌发特性，一般外围果比中央果具有更深的休眠和更高的萌发率。对于藜科植物来讲，通常是一种类型的种子不休眠，而另一种或多种种子具有生理休眠。研究发现，藜科异型种子的休眠和萌发特性还与种子颜色和质量有关：颜色浅、质量大的萌发率一般高于颜色深、质量小的种子。这可能与异型种子发育过程中不同物质的累积差异有关。通常异型种子休眠程度与传播距离呈显著负相关。异型种子不同的休眠和萌发特性使得种子具有不同的萌发时间，避免一次萌发成苗失败后造成不利后果。

Wang 等（2008）总结了异子蓬（*Suaeda aralocaspica*）异型种子休眠、萌发和种子库形成的动态模型（图 5-1）。异子蓬异型种子在10月成熟并传播。黑色种子处于非深度生理休眠状态，需要低温冷层积来打破休眠。冬天寒冷干燥，不能满足冷层积的需求。早春，经过短期（2～8周）的冷层积处理，部分黑色种子转化为休眠状态或者不休眠状态，然后萌发。另一部分种子需要更长时间的冷层积处理来打破休眠。它们会保存在土壤中，至少等到来年春天。另外，没有萌发的条件休眠或不休眠的黑色种子，在盐胁迫的作用下会重新进入二次休眠。异子蓬褐色种子不休眠，能在较宽的温度范围中萌发。盐分会导致褐色种子和不休眠的黑色种子进入条件休眠。这部分种子在降雨或融雪的作用下，可以重新萌发。但是，如果盐分胁迫不是在萌发季节解除，种子会进入二次休眠，可能形成土壤种子库。但是根据生境的种子库调查，异子蓬褐色种子不会形成持久土壤种子库（王雷 2010）。

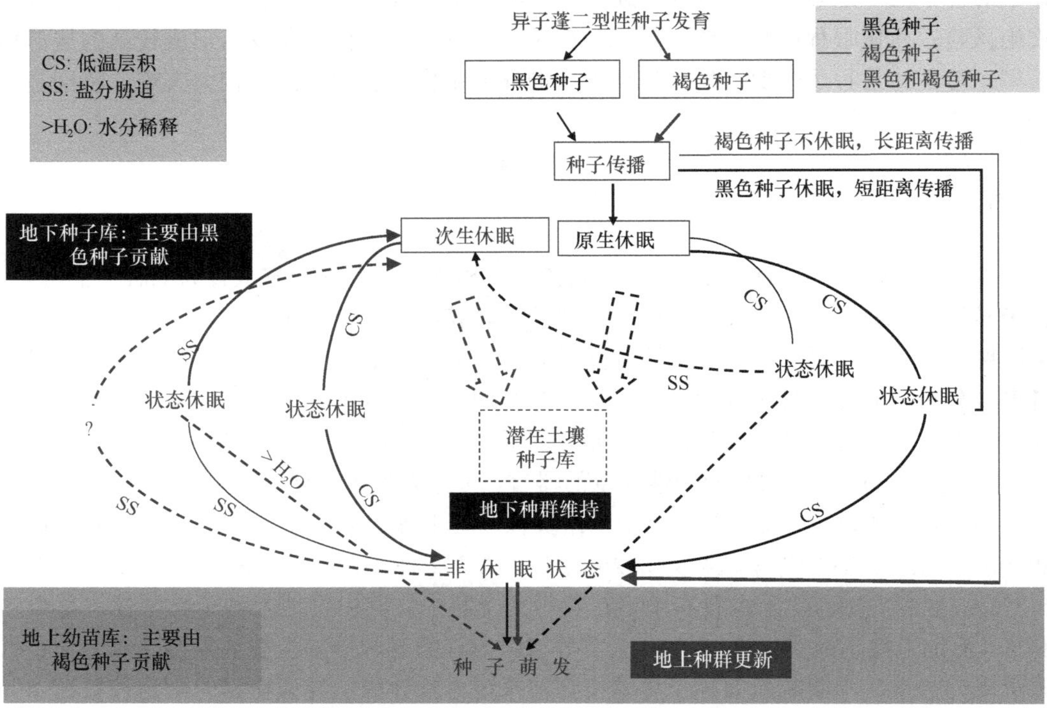

图 5-1 异子蓬黑色种子（黑线）、褐色种子（红线）及其两者（蓝线）休眠和萌发动态的概念模型。（改自 Wang et al. 2008）（阅读彩图请扫描封底二维码）

Wang 等（2012a）发现刺毛碱蓬（*Suaeda acuminata*）的棕色种子不休眠，而黑色种子具有中度生理休眠。杨帆（2015）发现角果碱蓬（*Suaeda corniculata*）棕色种子不休眠，萌发对各温度梯度和光照条件不敏感，萌发率较高（84%～100%）；而黑色种子具有非深度生理休眠，萌发率较低（8%～78%），萌发对光照敏感。种皮划破、赤霉素处理和低温层积均可有效提高黑色种子的萌发率。与黑色种子相比，棕色种子的耐盐性强，在较高的盐分浓度下仍有较高的萌发率。低温层积处理能够降低黑色种子对盐胁迫的敏感性，有效提高种子的萌发率。棕色种子在温度和降水量都相对较低的春季萌发，如果棕色种子植株维持存活到雨季来临，那么这些植株将会形成较大的植株。黑色种子萌发对温度要求敏感，只能在土壤盐分大幅降低后萌发。因此，黑色种子主要在降雨较多且温度较高的夏季萌发。虽然黑色种子产生的植株具有较短的生活史，只能产生少量的子代种子，但是黑色种子植株经历的环境风险相对于棕色种子产生的植株要低。

异型种子这种具有不同萌发行为的策略，是在适宜条件下高的居群增长率与不适宜条件下物种保存之间的一种权衡，又称“两头下注”对策。它可以提高植物对不可预测环境的适应性，使植物在时空高度异质性的环境中成功定居。

3. 开花结实时间

同种植物在不同时间开花结实可能影响种子的萌发。王磊（2008）研究了新疆两种柽柳的两季开花结实特性。两种柽柳的种子小而轻，形态差异不显著，具有快速萌发的特点。春夏两个时期的种子在 5℃/15℃（夜间温度/白天温度）、5℃/25℃、15℃/25℃和 25℃/35℃ 4 种温度条件下的最终萌发率差异不显著，但是低温减缓萌发速度，高温加快萌发速度。两种柽柳都是夏季种子的萌发耐盐性强。密花柽柳（*Tamarix arceuthoides*）夏季种子在 0.60 mol/L NaCl 中萌发后的恢复萌发率不到 10%，而多枝柽柳（*Tamarix ramosissima*）恢复萌发率为 0%。两种柽柳的种子在不同的温度下都具有快速萌发的能力，并且随着温度的增高，萌发速度加快。这种在较宽温度范围内快速萌发的能力使柽柳在 5～9 月的结实季节，利用任何可利用的洪水和降水迅速萌发出苗，从而增加幼苗存活的机会，有利于种群的建成和更新。两种柽柳广泛分布于西北荒漠中，其一年中所产生的种子在萌发时期均会受到不同程度盐分胁迫的影响。虽然柽柳寿命短，但是具有繁殖能力的柽柳植株能够在不同季节产生具有活力的种子，并且这些种子具有一定的耐盐萌发能力。这种特殊的繁殖策略使得它们能够适应扰动频繁的荒漠环境。

4. 萌发时间

种子的萌发时间随着生境中的环境条件的改变而变化。萌发时间的推迟会直接影响植株的幼苗生长、物候期、寿命、适合度及子代的表现等。因此，萌发时间对植物生活史特征，特别是对荒漠一年生植物具有深远影响。而且，萌发时间决定了一年生植物在新环境中的种群建立及种群对气候变化的适应。具有不同萌发时间的植株在生长和繁殖的过程中会经历不同的生物或非生物的环境条件，植株通过母体环境的改变影响子代种子的休眠和萌发特性。

Yang 等（2015）通过研究角果碱蓬异型种子在不同月份萌发、生长和结实发现，角果碱蓬棕色种子比例随着萌发时间的推迟而大幅升高。角果碱蓬早萌发种子的植株具有稳定的二型种子比例（棕色∶黑色种子约为 1.5∶1），而晚萌发种子的植株具有较高的棕色种子比例（从 4∶1 到 9∶1），8 月萌发的种子产生的植株几乎只产生棕色种子。因此，萌发时间比种子类型更能影响植株的结实比例。因为棕色种子比黑色种子具有更高的萌发率，所以棕色种子比例的提高，就是整体萌发率的增加。晚萌发种子产生的植株能产生更多的不休眠的棕色种子。此外，子代黑色种子的萌发率随母株播种时间的推迟而增高。这些都有利于子代在下一个生长季提早萌发。

5. 水分

水分变化不仅可能改变一年生植物的繁殖物候和结实，也可能会影响子代种子的萌发行为。Wang 等（2015）发现，增加母株的水分供应能显著增加野榆钱菠菜（*Atriplex aucheri*）子代大小两种黑色种子的萌发率，但是并没有改变棕色种子的萌发率。

为了探讨半干旱区一年生植物母体水分环境变化对子代种子萌发的影响，高瑞如（2015）研究了降雨量和频度对沙蓬（*Agriophyllum squarrosum*）子代种子萌发的影响。降雨量和频度均产生显著影响，但无交互作用出现。同一降雨频度下，种子萌发率随降雨量的减少而增高。降雨量对种子萌发的方差解释（32%）略低于降雨频度的解释力（37.8%）。这可能是因为生长于相对湿润环境中的植株能够产生更多的种子，只有当部分种子处于休眠状态时，在适宜条件下才不会出现更多的幼苗，这样就可以避免同代竞争。干旱环境中植株产生更多休眠程度浅的种子，这样可以保证一旦有适宜条件出现，种子可以立即萌发。尽管这些少量的种子采取高风险策略，但是这种适宜条件在干旱年份出现的概率很低，只有抓住这些机会，种子才能萌发，幼苗才有可能得以补充。所以，植物在不同降雨年份采用不同对策，使得种群维持的概率增大。降雨频度对子代种子萌发的影响完全不同于降雨量。同一降雨量下，高频（1 d）和低频（12 d）降雨导致沙蓬种子萌发率减小，而 4～6 d 降雨频度下，种子萌发率最高。出现这种现象的可能原因是，高频的小降雨和低频的大降雨事件无法触发种子的萌发，也不利于幼苗存活，因而更多的种子处于强迫休眠状态。4～6 d 的降雨频度能够激发种子的萌发，也利于幼苗的生存。降雨量和频度的变化会改变植物的繁殖生活史性状，尤其是单株种子数量和子代的种子萌发。因此，降水格局的变化通过改变种子休眠状态，在时间上进行风险均摊，以适应环境的变化和维持种群的存在。

6. 盐分

母株的盐分环境可能会影响子代种子的萌发。Wang 等（2012b）发现，母株的盐分能显著影响异子蓬子代种子的萌发率和萌发时的耐盐性。在高养分条件下，不同盐分培养植株产生的褐色种子萌发率间差异显著，褐色种子在培养盐分最高的处理下具有最高的萌发率。中养分条件下不同盐分培养植株产生的黑色种子萌发率间差异极显著，黑色种子在培养盐分最高的处理中具有最高的萌发率。此外，培养盐分的增加会增加子代种子的萌发耐盐性。主要表现在 800 mmol/L NaCl 条件下萌发时，中、高养条件下，高培养盐分浓度下产生的褐色种子比低培养盐分浓度下产生的褐色种子具有更高的萌发率。高盐处理下的植株结出的种子休眠水平降低，萌发率升高，萌发时具有更高的耐盐性，这可以使异子蓬子代种子更好地适应生境中盐分的时空变化。杨帆（2015）通过角果碱蓬两代的盐分实验，发现棕色种子高萌发率特性不受环境条件和代间效应的影响，而黑色种子的萌发率是由母代和子代的生长条件共同决定的。休眠的黑色种子萌发特性应对两代的环境条件具有 3 种主要表现形式：①子代的胁迫环境（土壤盐分高）可以降低母代环境对黑色种子萌发率的影响，种子萌发率水平趋于一致，使得种群更好地应对当前的不利条件。②如果子代生长在有利环境中（低盐分），母代的胁迫环境促进了黑色种子萌发，表明如果两代的生境条件以胁迫过度为宜，那么种群将有更多的幼苗补充。③如果子代和母代都生存在适宜环境中，则黑色种子具有较深的休眠，表明部分黑色种子可能会形成持久土壤种子库。因此，子代种子最大限度地适应母株盐分环境，这会提高对盐渍生境的适合度，从而提高幼苗建成的可能性。

7. 养分

在荒漠环境中，土壤贫瘠造成的养分缺乏也是限制植物生长和发育的重要因子。母株养分水平的改变可能会影响子代种子的萌发。Wang 等（2012b）发现母株的营养水平对异子蓬子代褐色种子的萌发没有显著影响。母株养分水平的升高会显著降低子代黑色种子的萌发率，说明随着母株处理养分的升高，子代黑色种子的休眠程度加深。异子蓬母株生长在低养分条件下，子代种子的萌发率高。这和异子蓬母株在低养分处理时产生较大种子是一致的，因为一般来说大种子具有更高的萌发率。对于异子蓬整个生境来说，土壤的养分具有异质性。而对于特定的微生境来说，土壤的养分条件在短期内不会有太大改变。所以，异子蓬能在土壤贫瘠的生境成功定居的前提是单粒种子有充足的营养和较高的萌发率。换句话说，种子质量的增加和休眠水平的降低为异子蓬的种群更新提供了更多的潜在健壮幼苗。

第四节　种子库中种子的萌发能力

种子的休眠和萌发对土壤种子库动态有重要影响，种子库的动态变化直接影响未来的种群补充。影响种子库动态的环境因素很多，但在干旱和半干旱区则主要是降水和温度。降水和温度的年际变化可能改变种子库的维持，尤其是对干旱和半干旱区休眠种子形成的永久种子库影响更大。随机的降水导致土壤种子库中种子大量萌发，但由于频繁发生的干旱，幼苗大量死亡。季节的温度和湿度变化可能改变土壤种子库中种子的休眠状态，温度升高可能导致其休眠提前打破或暖冬所引起的冷层积时间不够而致使其休眠不能打破。

1. 种子库类型

高瑞如（2015）对沙蓬的气生和土壤种子库的种子萌发进行了研究。沙蓬种子库中种子萌发对温度的响应在很大程度上取决于光照条件，并且温度和光照对种子萌发因种子库的类型而不同。沙蓬气生和土壤种子库种子萌发对季节性温度和光照条件具有不同的响应。在持续黑暗和光暗交替条件下，两种种子库种子萌发均随温度的升高而升高，但气生种子库种子萌发增加速度较土壤种子库快。在持续黑暗条件下，土壤种子库种子在低温（5℃/15℃夜间温度/白天温度）下萌发高于气生种子库，而气生种子库种子在 10℃/20℃和 15℃/25℃条件下萌发则高于土壤种子库。与持续黑暗处理下相比，两类种子库种子在同一温度的光暗交替下的萌发率都很低。另外，除了在 5℃/15℃条件下，气生种子库的萌发率均高于土壤种子库。气生种子库对低温敏感，说明早期萌发的种子大部分不是来自气生种子库，而是来自土壤种子库。另外，气生种子库的种子萌发温度范围较土壤种子库宽，能够在 5～7 月大量萌发。因而，气生和土壤种子库种子在萌发上表现出时间异质性。在光暗交替条件下，两类种子库种子萌发均随温度升高而增加，但气生种子库种子萌发较土壤种子库更高。这说明气生种子库的种子在低温散布时很少萌发，在高温时散布到地表，由于光对萌发的抑制降低，在合适的水分条件下大量种子可萌发。

2. 休眠循环

土壤种子库中不仅有种子散布和种子消耗带来的输入和输出变化，而且埋藏在土壤中的种子还可能经历与自然季节变温相关的休眠周期循环。休眠循环在很多非深度生理休眠的种子中有报道。休眠循环可以调控种子的萌发时间，使种子只在适合萌发并能完成生活史的季节里萌发。Baskin 和 Baskin（2014）对种子的休眠循环进行了非常深入的综述。成熟时休眠或者状态性休眠的种子可能在解除休眠进入非休眠状态之后进行：①休眠和非休眠的循环；②非休眠和状态性休眠的循环；③保持非休眠状态。绝大部分关于种子休眠循环的研究都是将种子埋藏在土壤中暴露于自然的季节温度变化，在不同的埋藏时间取出种子进行萌发测试，发现种子在不同时间的萌发表现出周期循环。所以，一般认为种子的休眠循环是受自然季节变温驱动的。种子的休眠循环可能受到种子内生的节律和自然季节变温两种机制的调控。

曹德昌（2012）发现，角果碱蓬与细枝盐爪爪（*Kalidium gracile*）种子具有不同的休眠循环周期。角果碱蓬黑色种子成熟时为状态性休眠，散布之后进入土壤种子库会在季节环境条件的驱动下经历休眠/非休眠的周期性循环（图 5-2）。角果碱蓬棕色种子成熟时处于非休眠状态，在散布之后进入土壤种子库中一直保持非休眠状态。细枝盐爪爪种子成熟时为状态性休眠，散布之后进入土壤种子库中会在季节环境条件的驱动下经历状态性休眠/非休眠的周期性循环（图 5-3）。角果碱蓬和细枝盐爪爪种子的休眠循环特性都是对其生长的严酷环境的特殊适应对策。角果碱蓬黑色和棕色种子的这种休眠循环的差异赋予角果碱蓬多重的萌发对策。非休眠的棕色种子可以尽早萌发，为角果碱蓬种群的建立争取更多的资源。与晚出现的幼苗相比，早萌发的幼苗具有选择优势，因为捕食

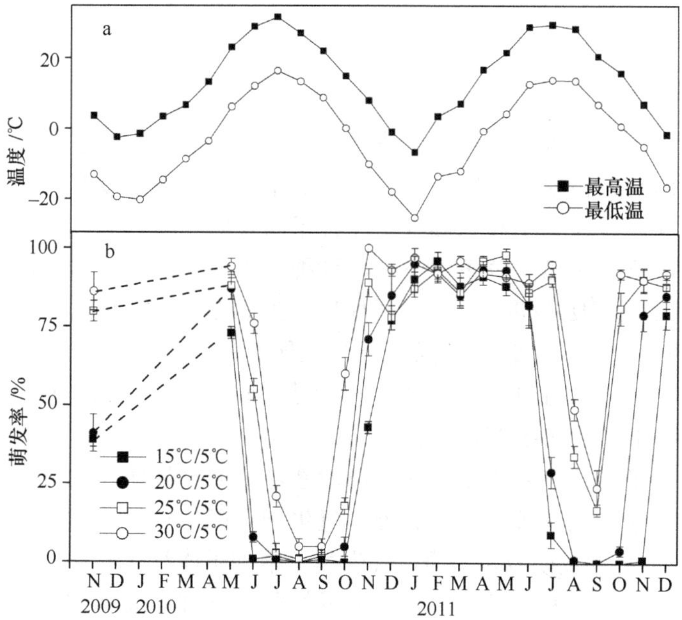

图 5-2　种子埋藏地每月平均最高和最低气温（a）和角果碱蓬（*Suaeda corniculata*）黑色种子经历 0～24 个月埋藏后在不同季节变温下的萌发（b），虚线表示没有数据的月份（改自曹德昌 2012）

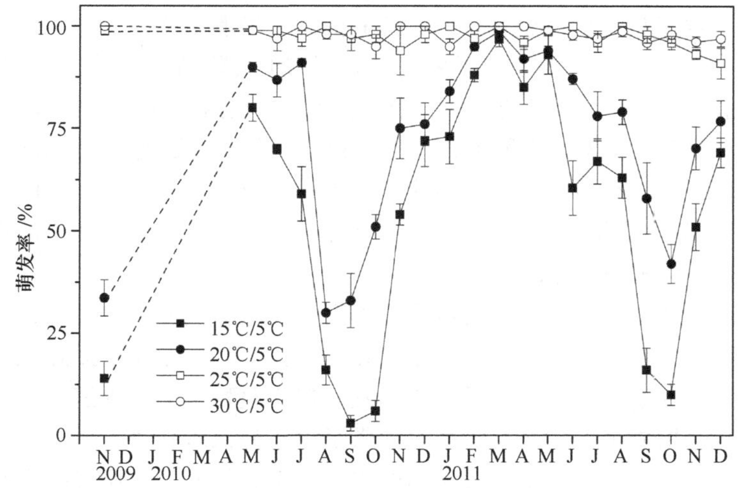

图 5-3　细枝盐爪爪（*Kalidium gracile*）种子经历 0～24 个月埋藏后在不同季节变温下的萌发率，虚线表示没有数据的月份（改自曹德昌 2012）

者和病害更倾向于袭击后萌发的幼苗。黑色种子的萌发受到休眠/非休眠周期循环的调控，使得其只在恰当的时间萌发。这种对策的优点可能更倾向于在生境高度时空异质条件下保存物种。角果碱蓬通过两种异型种子的不同休眠对策应对具有时空异质性的盐渍化生境。细枝盐爪爪不能产生异型种子，但是通过其种子特殊的非休眠和状态性休眠的循环，保持着随时能在适宜的环境条件下萌发的能力，从而适应具有高度不可测性的半干旱区盐渍化生境。

3. 短暂湿润的影响

因为植物不可移动和需要光照，它们经常暴露于充满基因胁迫的环境中。这些基因胁迫会直接或通过产生活性氧间接造成细胞 DNA 损伤。在这种基因胁迫条件下存活，植物必须具有高效的 DNA 损伤修复机制，以便及时修复频繁出现的 DNA 损伤。已有研究证实，种子细胞复水时具有立即修复 DNA 损伤的潜力，所以研究者认为有效的 DNA 修复机制是种子存活所必需的。DNA 修复出现在种子复水后的第一个时期，这时种胚细胞还处于分裂前的 G_1 期。所以，种子吸水不仅是萌发的前提，更是代谢恢复的前提，也就是说水势较低时种子即使不能充分萌发，种子细胞也可以迅速恢复代谢活性（包括 DNA 修复），这对维持种子活力是极其重要的。种子吸收夜间露水可能会促进种胚细胞的 DNA 修复，从而促进种子在荒漠条件下维持活力。

杨学军（2011）研究了种子黏液层有效利用荒漠小水量（露水）修复种子细胞受损 DNA 的作用。实验通过 750 Gy 的 γ 射线处理白沙蒿（*Artemisia sphaerocephala*）种子诱导种子细胞产生 DNA 损伤，处理后半数种子去除黏液层。然后将种子置于荒漠露水条件下处理一定时间，再用彗星分析方法测定有无黏液层的两种类型种子细胞 DNA 修复状态。结果显示，种子细胞 DNA 损伤随着处理射线剂量的增加而增加，且 DNA 损伤与射线剂量间呈线性关系。荒漠露水在午夜或凌晨出现，单次露水时间最长可达 421 min。完整种子比去除黏液种子能够吸收更多的露水，并在日出后可以持水更长时间。在 4 d 露水处理后，经 750 Gy 处理的完整种子和去除黏液种子细胞 DNA 损伤分别下降到 46.84% 和 24.38%。在露水处理中，完整种子表现出显著高于去除黏液种子的 DNA 修复比率。完整种子在露水处理后萌发率有增加的趋势，这种增加在露水处理 1115 min 后变得显著。完整种子在露水处理后，无活力种子数呈下降趋势，在露水处理 1020 min 后两种类型种子间的无活力种子数量有显著差异。因此，种子黏液层可以在小量降水的条件下促进种子细胞 DNA 的修复，维持 DNA 的完整性，从而保证白沙蒿在基因胁迫的荒漠条件下维持种子活力和有效土壤种子库。

在凌晨露水凝结时，完整种子的质量显著高于去除黏液种子，表明在露水处理中完整种子吸收了更多的露水。这一结果证实了完整种子具有更高的吸水能力。荒漠条件下，土壤表面所凝结的露水将会在日出后很快挥发，但完整种子的失水速率还是慢于去除黏液的种子。这些结果显示，黏液层为种子提供了更高的保水能力。所以，更高的吸水能力和保水能力可使完整种子保持更长时间的水合状态。然而，本研究并没有测定种胚细胞在露水中所吸收水分的数量，所以进一步研究种胚细胞在露水处理中究竟吸收了多少水分，以及种胚吸水后起始修复过程的关键含水量很有必要。

白沙蒿种子黏液层吸收荒漠露水促进 DNA 修复的过程可用概念模型表示（图 5-4）。

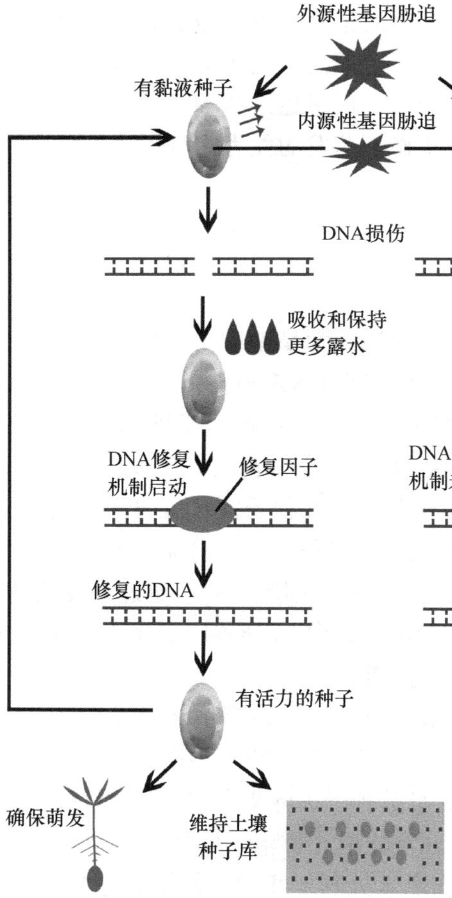

图 5-4　白沙蒿种子黏液层吸收荒漠露水促进种子细胞 DNA 修复的概念模型（改自杨学军 2011）
（阅读彩图请扫描封底二维码）

当种子暴露于外源性基因胁迫（如高温、高温时的短时吸水和紫外线等）和内源性基因胁迫（如细胞代谢产生的氧化产物等）条件下时，白沙蒿种子细胞会产生DNA损伤。在露水凝结和随后的日出过程中，黏液层可以使完整种子比去除黏液层种子吸收和保留更多的水分，这使得完整种子处于更高的水合状态中，这种水合状态将有效地启动细胞内的DNA修复因子，促进DNA损伤的有效修复，从而维持了完整种子的DNA完整性，因此种子的活力也得到保持，这将进一步保持种子萌发能力或者维持有效的土壤种子库。相反，黏液层的缺失造成去除黏液种子不能吸收足够的水分，无法有效启动DNA修复因子，造成种子活力的丧失。

总之，白沙蒿种子黏液层吸收荒漠露水而为种子细胞提供了充分的水合状态，从而保证细胞DNA损伤的有效修复。这种长期的生存策略对于植物在荒漠生境中生存繁衍是极端重要的。荒漠露水条件下，种子黏液层可以促进DNA的修复和DNA完整性的维持，进而维持土壤种子库在基因胁迫的荒漠条件下长期存续。

第五节 种子萌发阶段种子性状和环境因子的影响

在植物的生活史中，种子对极端环境因素的忍耐力最强，幼苗则是对环境变化最敏感的时期。种子在合适的时间和地点萌发，才能保证幼苗的成功定居。这些条件包括适宜的温度、充足的水分及合适的土壤深度等，某些植物的种子萌发还需要光照或者黑暗。植物的萌发机制调节从种子萌发到幼苗形成的过程。不同植物具有不同的机制来调节种子萌发和幼苗生长，从而使物种对环境的适应性达到最大。在盐渍化荒漠环境中，影响种子萌发的主要因素包括水分和盐分。在沙地生境中，影响植物种子萌发的主要因素包括降雨和沙埋。此外，种子本身的性状，如黏液层，也可以影响种子萌发。

1. 种子黏液

种子黏液层具有亲水性，在短时间内即可吸收大量水分，可为种子萌发提供良好的水分环境。在干旱区的高温和强烈蒸腾条件下，种子黏液层的主要功能是吸收和保持更多的水分，促进种子在低水势条件下保持水分和应对强烈蒸腾，并在低水势条件下促进种子萌发。

Yang等（2010）研究了黏液层在异质性生境条件下种子萌发中的作用。结果表明，完整种子和去除黏液层种子的萌发率均随着PEG和NaCl浓度的升高而降低，而在相同浓度下完整种子的萌发率显著高于去除黏液层种子。白沙蒿完整种子的高萌发率得益于黏液层的高水合状态，这对种子在极端的荒漠条件下顺利萌发具有关键作用。在渗透势为–0.003 MPa下萌发30 d后，去除黏液层种子的萌发率仅为30%，而完整种子可以达到62%。因此，去除黏液层种子对渗透胁迫更为敏感。因为水分亏缺是荒漠环境中的主要胁迫因子，如果种子不具有黏液层，白沙蒿将会不能很好地适应干旱的荒漠环境。实验中所有的NaCl浓度处理中，完整种子的萌发率都高于去除黏液层种子。例如，10 mmol/L NaCl中萌发30 d，68%的完整种子萌发，而仅29%的去除黏液层种子可以萌发。因此，完整种子比去除黏液层种子更能忍耐盐分胁迫。因而，黏液层能够促进种子在干旱和盐分胁迫下的萌发从而有助于白沙蒿种群的更新。

2. 温度

干旱区很多植物种子可以在很宽的温度范围内萌发。例如，异子蓬的褐色种子，不论是在 1℃还是 20/35℃条件下，经过 20 d 的萌发，萌发率都可以达到 60%。有些荒漠植物只在较高温度下快速萌发，例如，囊果碱蓬可以在 35℃条件下快速萌发。而有些植物却只在较低温度下快速萌发，例如，梭梭种子在 10℃条件下具有最高的萌发率和萌发速率。种子的适宜萌发温度与其具体生境的水分状况密切相关。以色列 Negev 荒漠的许多一年生植物种子在冬季的雨季萌发，此时的平均温度为 15℃，是多数一年生植物种子的适宜萌发温度。

虽然少数植物种子在恒温条件下萌发率更高，但是变温通常更有利于萌发。甚至有些植物种子只在变温条件下萌发。变温的生态意义在于种子可感知其在土壤中的位置。如果种子能感受到温度的大幅昼夜变化，说明种子位于地表，萌发的种子才有可能顺利出苗。

3. 光照

干旱区许多植物在光照和黑暗条件下都能达到很高的萌发率，如囊果碱蓬和梭梭。有些植物在光照条件下比在黑暗条件下萌发得好，还有些植物在黑暗条件下比在光照条件下要萌发得好。一般来说，随着种子质量的增加，种子萌发对光照的依赖越小，说明光需求和种子大小可能是协同进化的。

影响种子萌发的光照属性包括：光流量、光谱成分、光周期和光照时间。其中，前 3 个光照属性对种子萌发过程的影响受到更多关注。Wang 等（2009）发现，光照时间的长短，甚至是光照黑暗处理的顺序都显著影响里海盐爪爪（*Kalidium caspicum*）种子的萌发。里海盐爪爪种子的萌发率随着光照时间的增加而降低。而先 12 h 黑暗再 12 h 光照处理周期比先 12 h 光照再 12 h 黑暗处理更能促进种子的萌发。一些植物种子的萌发特征对光的响应随着温度和水分条件的变化而变化。许多光需求植物种子可以在经历了冬季低温后于春节萌发，还有些植物种子在经历了夏季高温后于秋季萌发。这说明种子的光需求可能在冷层积或温层积的过程中已经得到满足了。种子感光性主要受光敏色素（phytochrome）、隐花色素（cryptochrome）、趋光素（phototropin）和 UV-B 受体的调控。不同类型光敏色素的功能还与温度有关，这就解释了种子萌发对光照的响应具有温度依赖性的原因。

种子的感光性对于种子萌发和幼苗的建成具有重要的生态意义。种子成熟后，受到不同传播途径的影响，可能分散在不同的生境条件下。种子利用感光性识别某些生境条件的适宜性，从而确定是否诱导萌发。

4. 水分

干旱区的降雨量比较低，而且降雨的时空分布通常都是不可预测的。即使在相同的生境中，不同物种的种子萌发需要的降雨量也可能不同，因为它们的生存策略不同。例如，某些一年生植物可以在 10 mm 的降雨后萌发，而一些多年生植物种子萌发需要更高的降雨量。一些盐生植物在一次降雨之后不萌发，在第二次或者以后的降雨时萌发，因为只有当降雨量达到一定的值之后，土壤盐分才会降低到适宜种子萌发的水平。土壤盐分可以作为“雨量器”来调节种子在条件适宜的时候萌发。某些植物的种子含有萌发抑制剂，只有当降雨量足够大，抑制剂被充分淋溶之后，种子才能萌发。降雨是通过改变土壤含水量来影响种子萌发的，因为一次降雨之后，土壤含水量会受到地形、植被、土壤结皮和土壤结构等条件的影响。一些植物的种子需要长时间的湿润才能萌发，只有在适宜的微生境中（如灌丛下、低凹处等），土壤含水量能够保持足够长的时间，种子才会萌发。

朱雅娟（2007）发现，降雨量和降雨频率能够不同程度地影响沙鞭（*Psammochloa villosa*）和赖草（*Leymus secalinus*）在不同沙层的萌发和出苗。这两种植物的种子萌发和出苗需要的最小降雨量不同：在一次浇水相当于 5 mm 降雨量后，沙鞭和赖草种子的萌发率都超过 50%；但是使沙鞭和赖草的出苗率能够达到 50%的降雨量分别为 10 mm 和 15 mm。沙埋中的沙鞭和赖草种子的出苗都随降雨量或者降雨频率的增加而增加。总之，少量降雨就可以诱发浅层沙埋下的沙鞭和赖草种子萌发，但是它们的出苗需要更高的一次降雨量。降雨频率高时两种植物的出苗率高。沙鞭的出苗只需要相对比较小的月降雨量，但是月降雨量足够大时才能保证赖草的出苗。这两个物种都可以在降雨量少而且分布不规律的半干旱区生存。但是，沙鞭和赖草的种子在沙埋之后的萌发和出苗对降雨的时空格局的响应不同。

5. 盐分

干旱和半干旱区的环境条件恶劣，土壤盐分含量高，植物生活史各个阶段都会受到强烈的盐分影响。盐生环境中有利于植物萌发的条件一般出现在降雨过后。降雨后，土壤含水量增加，适宜的土壤水分条件能够持续数天时间，土壤盐分浓度随即大幅降低。因此，干旱和半干旱地区的降水事件决定植物能否在盐生环境中完成生活史，对种群的维持与更新有重要影响。

盐分对于盐生植物种子萌发的抑制作用较小，种子能够在较高盐度条件下萌发。很多盐生植物种子可以在 1.0 mol/L NaCl 溶液中萌发，但是随着浓度的增加，种子的萌发率和萌发速率逐渐下降。土壤盐分对种子萌发作用一般分为渗透效应和离子毒害。许多盐生植物种子在降雨之后萌发正是由于土壤盐分的降低为种子萌发提供了有利的水势条件，因此盐生植物种子萌发一般在多雨和低潜在蒸发量的春季。另外，种子长期处在较高盐分的土壤中造成毒害作用，导致种子活力下降，萌发率降低。在有些盐生植物中，盐分抑制种子萌发只是由于渗透胁迫，而没有离子毒害作用。盐生植物种子在高盐胁迫下保持种子活力并且能够在胁迫解除后恢复萌发的能力对盐生植物在严酷的盐渍环境下的种群建立和维持有着重要的意义。

盐渍土中含有多种类型的盐，这些不同成分的盐对于植物种子萌发产生的影响各不相同。Tobe 等（2003）将黑沙蒿（*Artemisia ordosica*）、三芒草（*Aristida adscensionis*）和雾冰藜（*Bassia dasyphylla*）的种子在 NaCl、KCl 和 $MgCl_2$ 3 种不同的盐溶液中进行萌发实验。作为比较，他还对这 3 种处理盐溶液进行了加少量 $CaCl_2$ 或者不加的处理。结果发现 3 种盐溶液对这些种子产生了离子毒害作用，并且 $MgCl_2$ 比 NaCl 和 KCl 的毒害作用更强。而少量 $CaCl_2$ 的加入可以减轻这些盐溶液对种子的离子毒害作用。

第六节　总结与展望

干旱区植物的种子萌发受很多因素的影响，不但包括种子的自身性状，还与母株的环境、种子库的环境及萌发时的环境条件有关。干旱区影响种子萌发的关键环境因子是水分，还包括由蒸发引起的土壤盐分累积。研究水分和盐分对萌发的影响仍将是今后干旱区种子萌发生态学研究的重点。另外，一些适应干旱区环境的特殊种子性状值得关注，如种子异型性和种子黏液。以下几个方面值得特别关注。

（1）种群间和种群内的种子休眠和萌发差异规律。针对某些广布种，可以沿一定的环境梯度，通过设置大样带的方式来研究不同种群的种子休眠与萌发情况。例如，对羊草或者一些藜属植物，可以设置从东到西的样带，来研究水分对种群间种子萌发的影响。种群内微环境对不同植株种子萌发的影响也需要进一步研究。由于干旱区环境时空变化剧烈，同一种群内不同植株所处的微环境也可能存在较大差异，可能会影响种子的萌发性状。研究种群内的变化，需要对单株植物进行整个生长季的微环境监测，这可能需要依托野外实验站。

（2）从种子成熟到种子萌发过程中，不同阶段的环境因子可能存在的相互影响。例如，母株的光照环境，种子在种子库中的光照条件，以及种子萌发时的光照条件，三者是如何共同作用来影响种子萌发的。有些物种母株的光照条件会影响子代种子萌发时的光照需求。另外有些物种萌发时的光照需求，在冷层积解除休眠的过程中就可以满足。不同阶段的温度和盐分条件也可能存在交互作用。种子库阶段低温冷层积过程会降低一些物种种子萌发的最适温度。高盐生境中母株产生的种子可能具有较高的萌发耐盐性。这些结果表明不同阶段的环境因子之间存在复杂的交互作用。以后的研究需要详细分析各阶段环境因子的交互作用对种子萌发的影响，最好是能结合野外控制实验和室内萌发实验。

（3）种子黏液层是通过何种机制来减少干旱和盐分胁迫的危害从而保证种子顺利萌发的。在干旱生境的露水条件下，黏液层可以保证种子较高的吸水能力和保水能力，从而使种子保持更长时间的水合状态。但是，黏液层所吸收的露水量与进入种胚而真正参与代谢的水分数量之间可能有差异。因此，今后的工作需要进一步研究在露水处理中究竟有多少水分进入了种胚，以及种胚吸水后起始 DNA 修复机制的关键含水量。此外，还需要长期的控制实验和野外监测。一方面，对黏液种子的土壤种子库动态的野外调查亟待进行；另一方面，可以在自然生境中建立人工种子库对比两种类型种子形成的土壤种子库活力维持的动态过程。

参 考 文 献

曹德昌. 2012. 温带半干旱区两种盐生植物土壤种子休眠/萌发循环的季节性变化. 北京：中国科学院研究生院博士研究生学位论文.

冯燕. 2011. 苦豆子(*Sophora alopecuroides* L.)不同种群种子物理休眠释放的研究. 兰州: 兰州大学硕士研究生学位论文.
高蕊, 魏岩, 严成. 2008. 角果藜的地上地下结果性与种子萌发行为. 生态学杂志, 27(1): 23-27.
高瑞如. 2015. 毛乌素沙地一年生植物沙蓬生活史重要阶段对变化环境的响应机制. 北京: 中国科学院大学博士研究生学位论文.
刘艳芳. 2009. 异子蓬二型种子的繁殖对策研究. 乌鲁木齐: 新疆农业大学硕士研究生学位论文.
秦大河. 2003. 干旱. 北京: 气象出版社.
司郎明. 2011. 古尔班通古特沙漠西部梭梭退化原因探究. 石河子: 石河子大学硕士研究生学位论文.
王雷. 2010. 温带内陆盐漠植物种群更新策略——异子蓬种子的适应性分析. 北京: 中国科学院研究生院博士研究生学位论文.
王雷, 董鸣, 黄振英. 2010. 种子异型性及其生态意义的研究进展. 植物生态学报, 34(5): 578-590.
王磊. 2008. 新疆两种柽柳的两季开花结实特性与生态适应研究. 乌鲁木齐: 新疆农业大学硕士研究生学位论文.
杨帆. 2015. 角果碱蓬种子异型性对盐渍化环境的适应意义. 北京: 中国科学院大学博士研究生学位论文.
杨学军. 2011. 荒漠植物白沙蒿种子粘液层的生态功能分析. 北京: 中国科学院研究生院博士研究生学位论文.
朱雅娟. 2007. 毛乌素沙地两种固沙禾草种子萌发和幼苗生长与环境的关系. 北京: 中国科学院研究生院博士研究生学位论文.
竺可桢, 黄秉维, 赵松乔, 等. 1985. 中国自然地理·总论. 北京: 科学出版社.
Baskin C C, Baskin J M. 2014. Seeds: Ecology, Biogeography, and Evolution of Dormancy and Germination. 2nd ed. San Diego: Elsevier/Academic Press.
Tobe K, Zhang L P, Omasa K. 2003. Alleviatory effects of calcium on the toxicity of sodium, potassium and magnesium chlorides to seed germination in three non-halophytes. Seed Sci Res, 13: 47-54.
Wang A B, Tan D Y, Baskin C C, et al. 2010. Effect of seed position in spikelet on life history of *Eremopyrum distans* (Poaceae) from the cold desert of northwest China. Ann Bot, 106: 95-105.
Wang H L, Wang L, Tian C Y, et al. 2012a. Germination dimorphism in *Suaeda acuminata*: a new combination of dormancy types for heteromorphic seeds. South Afr J Bot, 78: 270-275.
Wang L, Baskin J M, Baskin C C, et al. 2012b. Seed dimorphism, nutrients and salinity differentially affect seed traits of the desert halophyte *Suaeda aralocaspica* via multiple maternal effects. BMC Plant Biol, 12: 170.
Wang L, Huang Z Y, Baskin C C, et al. 2008. Germination of dimorphic seeds of the desert annual halophyte *Suaeda aralocaspica* (Chenopodiaceae), a C_4 plant without Kranz anatomy. Ann Bot, 102: 757-769.
Wang L, Wang H L, Zhang K, et al. 2015. Effects of maternal nutrient and water availability on seed production, size and germination of heterocarpic *Atriplex aucheri*. Seed Sci Technol, 43: 71-79.
Wang L, Zhang D Y, Huang Z Y, et al. 2009. Factors influencing seed germination of *Kalidium capsicum* (Chenopodiaceae), a halophytic desert shrub of Xinjiang, China. Seed Sci Technol, 37: 281-290.
Yang F, Baskin J M, Baskin C C, et al. 2015. Effects of germination time on seed morph ratio in a seed-dimorphic species and possible ecological significance. Ann Bot, 115: 137-145.
Yang X J, Dong M, Huang Z Y. 2010. Role of mucilage in the germination of *Artemisia sphaerocephala* (Asteraceae) achenes exposed to osmotic stress and salinity. Plant Physiol Biochem, 48: 131-135.
Yao S X, Lan H Y, Zhang F C. 2010. Variation of seed heteromorphism in *Chenopodium album* and the effect of salinity on the descendants. Ann Bot, 105: 1015-1025.

第六章　植物-传粉者互作网络*

第一节　传粉网络的研究历史与内容

传粉是花粉从雄性结构传送到雌性结构的过程，这是种子植物受精的必经过程（黄双全和郭友好 2000）。在这个过程中，起着重要而关键作用的是传粉者。不同的植物往往具有不同的传粉者，而不同传粉者也可能为不同的植物进行传粉（Ollerton et al. 2011）。而植物与传粉者之间的这种相互作用，就构成了复杂的传粉网络。

1. 研究历史

德国 Tübingen 大学的 Joseph Gottlieb Kölreuter（1733～1806）被认为是最早认识到昆虫作为传粉者的学者。1793 年，被称为传粉生态学的奠基者之一的德国 Christian Konrad Sprengel（1750～1815）发表了极有影响的著作《大自然隐藏的秘密：花的结构和授粉》（*Das entdeckte Geheimnis der Natur im Bau und in der Befruchtung der Blumen*）。但是真正开始关注植物–传粉者相互作用的，还是达尔文。在 1862 年，达尔文就对兰科（Orchidaceae）植物的形态与其传粉昆虫之间近乎完美的匹配着迷。他还充分认识到植物的生殖成功与其传粉者之间的互作紧密联系在一起，而且甚至可以预测，某一合作伙伴的灭绝将可能导致其他物种的灭绝（Darwin 1862）。而直到 20 世纪，传粉网络研究才得以全面兴起（郭友好 1994; 黄双全 2007）。其中最经典的要数 Ehrlich 和 Raven（1964）所倡导的植物–传粉者互作在全球生物多样性发生中所扮演的非常重要的角色。

早期的传粉网络研究主要关注昆虫作为传粉者的传粉效率。这可以追溯到 18 世纪下半叶（黄双全和郭友好 2000）。那时，Kölreuter 就认识到昆虫是植物的传粉者（Turesson 1922），之后 Christian Konrad Sprengel 创立了花理论（何亚平和刘建全 2003），这些工作是目前学者认为最早的传粉网络研究工作。19 世纪，达尔文通过自己 40 多年的研究，撰写了 3 本关于植物繁殖生物学方面的重要著作（Barrett 2010）。在其第一部关于植物的著作《论兰花的昆虫授粉：兼论互交的优势》（*On the various contrivances by which British and foreign orchids are fertilized by insects, and on the good effects of intercrossing*）中提出了自然选择的进化生物学理论，挑战了“上帝造花”的传统观念（Barrett 2010）。其研究也激发了更多的学者投身于植物花部特征与其传粉者之间关系的研究，这开启了真正意义上的植物–传粉者网络研究。直到 20 世纪，Baker 和 Grant 等的工作，才使植物–传粉者网络研究得以全面兴起（黄双全和郭友好 2000）。20 世纪后半叶，一批具有重要影响的著作问世，如 L. A. Real 的《传粉生物学》（*Pollination Biology*）（Real 1983）、A. Dafni 的《传粉生物学》（*Pollination Biology*）（Dafni 1992）等。这些研究，尤其是 Waser 等（1996）

本章作者：肖宜安　周　兵　董　鸣

提出的泛化传粉系统在自然界占主要的观点发表后，挑战了传统的特化传粉系统主流观，再次引发了学者关于泛化和特化传粉系统的大讨论，也激发了人们重新考虑关于物种相互作用的适应性特化和泛化（黄双全 2007），创造了植物–传粉者网络研究的新高潮。2006年，Waser 和 Ollerton（2006）出版了著名专著《植物–传粉者互作：从特化到泛化》（*Plant-pollinator interactions: from specialization to generalization*），使传粉网络的研究得到进一步重视。

2. 研究内容

植物与传粉者之间形成了互惠互利的关系，群落中的开花植物共享不同的传粉者类型，彼此之间构成复杂的网络结构，即传粉网络。多数传粉生物学家认为，从群落水平研究植物与传粉者之间构成的网络结构特征及其相互作用关系是传粉网络研究的主要任务，这也是传粉网络研究的主要内容。其意义在于阐明传粉者与植物间关系的演化、探讨传粉过程在群落构建中的作用（方强和黄双全 2014）。研究者认为，传粉网络研究主要是探讨群落水平上植物与其传粉者之间构成的互作网络的结构、特征、动态、维持机制及其进化和适应策略。

第二节　传粉网络的研究现状与发展方向

1. 国外近年来的状况和发展方向

1.1 传粉网络的结构与动态

1.1.1　非对称性

非对称特化是共生互作网络中有趣的现象和基本特点，也被认为是植物–传粉者互作网络的一个结构特征。非对称特化不仅存在于植物–传粉者交互作用中（Stang et al. 2007），在植物–果实散布者和植物–食草动物网络中也存在（Bascompte et al. 2003）。植物–传粉者网络（Thébault & Fontaine 2008）的非对称性特化比植物–食草动物网络，以及其他共生网络，如鱼–寄生虫互作网络（Vázquez et al. 2005）、蚂蚁–植物网络（Guimarães et al. 2006）更为频繁。植物–传粉者互作网络已被证明表现出种间相互作用的特定非对称组织（Guimarães et al. 2006）。植物–传粉者互作网络合作者中的植物，往往表现为特化者，这些植物由已经更加适应传粉者访问的泛化传粉者传粉（Jordano 1987; Stang et al. 2007）；而特化传粉者主要为泛化植物传粉这一相反趋势也较为常见（Stang et al. 2007）。

尽管植物–传粉者互作网络中的对称特化已有报道（Vázquez & Simberloff 2002），但是非对称特化已被认为是植物–传粉者互作网络的一个结构特征（Bascompte et al. 2003, 2006a; Stang et al. 2007; Saavedra et al. 2008）。由于物种的广泛分布和多度差异，群落中的非对称特征不但可以在宏观地理尺度上发生（Vázquez & Aizen 2004），而且其专一性和强度也存在时空变化（Eiberling & Oiesen 1999）。近年来，对于非对称网络的认识，已经取得了一些重要进展（Kokkoris et al. 1999; Bascompte et al. 2006b; Holland et al. 2006;

Thébault & Fontaine 2008)。许多研究都认为，全球植物–传粉者互作网络大部分是非对称的。部分协同进化的研究主要关注成对或小群的物种（Jordano et al. 2003; Vázquez & Aizen 2003; Thébault & Fontaine 2008），但其中大多数都强调群落内植物和传粉者间的关系，以及非对称性和物种多度的关系。Vázquez 等（2007）通过对 43 个共生和敌对互作网络进行研究后，提出“多度–非对称性假说”，其主要意思是如果群落中个体随机相互作用，物种多度会导致非对称结构。

研究者采用线性回归法深入分析了植物–传粉者网络的地理变异模式，以及植物生活型和网络大小等传粉网络特征对非对称程度的影响（肖宜安等 2015a）。结果表明：传粉网络大小与网络中的互作数量间呈线性正相关关系，并随物种多度呈指数增长。传粉网络的斜率随群落中的植物多度、传粉者多度、总物种多度、互作数及网络大小增加而降低。海拔对传粉网络非对称性有一定的影响效果，然而纬度的变化并不显著影响传粉网络的非对称性。不同生活型的植物，与其传粉者之间的相关系数差异显著，草本物种比乔木物种表现出更强的非对称性特征。

1.1.2 嵌套结构

植物–传粉者网络具有明显的嵌套结构（nested assembly）特征（Bascompte et al. 2003），这种嵌套性是由植物与传粉者联结形成的一个个节点（nodes）构成的。Bascompte 等（2003）采用“零模型”（null model）较为深入地研究了植物–传粉者网络的组成及其嵌套结构特征。他们指出，绝大多数传粉网络都具有高度嵌套性特征，而且这种嵌套性往往与其网络结构的复杂性之间密切相关。简单地说，传粉网络的物种数量越多，其网络结构的嵌套性越强。Saavedra 等（2011）的研究表明，构成嵌套结构的节点对传粉网络嵌套性特征具有异质性贡献，即表现出强弱之分。模拟结构表明，去除强贡献者比去除弱贡献者更容易导致传粉网络的持久性降低。

Olesen 等（2008）以北极圈的一个传粉网络为对象，分析了两个连续季节中的网络结构及其日间变化动态。他们发现，进入传粉网络中的新物种更倾向于与那些已经有较好传粉者的植物进行连接，物种间的互作数量表现出显著异质性时空动态特征；同时，群落中的物种丰富度和物候期长短是物种连接数量的重要决定因素。

1.1.3 时空动态

植物–传粉者网络不但具有明显的嵌套结构特征，也表现出明显的地理变异（Olesen & Jordano 2002; Olesen et al. 2008）、季节变化或者年度变化等时空动态特征（Bascompte et al. 2003; Dupont et al. 2009; Kallimanis et al. 2009）。包括传粉网络在内的植物–动物互作网络的宏观地理变异模式，一直是学者探讨和争论的一个有趣问题。Ollerton 和 Cranmer（2002）发现传粉网络的特化程度在热带区域要显著高于温带区域，同时随着群落的物种丰富度升高，其特化程度也升高。Olesen 和 Jordano（2002）通过分析分布于全球各个区域的 29 个传粉网络后，也得到了类似的结论。但是 Schleuning 等（2012）得出了与此完全相反的结论：传粉网络在热带地区显著低于温带地区，而且随着区域或者群落中植物多样性的升高，传粉网络的特化程度将降低。他们认为，资源多样性使这些地区的传粉网络倾向于泛化的关键驱动因子。

研究表明，传粉网络随时间产生动态变化的关键原因是群落物种组成在不同季节中的变化（Olesen et al. 2008; Burkle & Alarcón 2011）。传粉网络具有高度嵌套性，且这种嵌套结构也随着年度不同而发生变化（Burkle & Alarcón 2011），其关键原因依然是传粉网络中的植物、传粉者组成变异（Dupont et al. 2009）。

1.2　传粉网络的泛化与特化

传粉网络特化程度是生物多样性维持研究中的一个重要领域，也是近年来传粉网络研究中的热点问题。而传粉系统是以特化系统为主还是以泛化系统为主，是传粉系统研究中争论的焦点之一。

早期，普遍的观点是传粉系统中植物与其传粉者之间的关系倾向于特化，也就是以特化传粉系统为主（Waser et al. 1996），甚至被认为是传粉网络的进化方向。不少研究者都认为，群落中绝大多数物种都属于特化者——仅仅有一个或者少数几个传粉者或者传粉对象（Kallimanis et al. 2009）。这种观点也得到了许多实例的支持。例如，在许多兰科植物、蝇子草属（*Silene*）的一些植物（Reynolds et al. 2009）和无花果（*Ficus carica*）中都存在的显著特化传粉系统。而且特化和严密的协同进化能更好地解释被子植物和动物传粉者类群的快速辐射（Eriksson & Bremer 1992）。

但自然界中也存在许多泛化传粉系统。即使是无花果、丝兰（*Yucca* spp.）这些植物，和它们的访问者之间都可能不属于完全的专化互作（Pellmyr & Thompson 1992; Patel et al. 1993; Dodd & Linhart 1994）。尤其是 Waser 等（1996）及 Waser 和 Ollerton（2006）提出了丰富的证据来支持传粉系统并不像人们普遍认为的那样特化或受传粉者的限制。他们指出，特化的传粉系统仅在极少数类群（如丝兰与丝兰蛾、榕树与榕小蜂等）中存在。他们也提出了多方面的证据来说明自然界中泛化的传粉系统应该是主要的。这些证据主要包括以下几点（黄双全 2007）：①由于传粉生物学的调查大多是以单个或少数几个物种为对象的，因此忽略了物种之间的网状联系。②由于植物、传粉者的生活史在时间、空间上的变异及生理上的抑制，Waser 等（1996）和 Aigner（2001）提出理论模型支持泛化的传粉系统最能适应多变的环境。③只有认识到群落内物种之间的相互关系及其动态，才能了解物种进化的动力，对单个物种或物种对的研究，可能得出片面的结论。因为失去了特定的传粉者将影响植物成功进行有性繁殖，特化的传粉系统可能更容易崩溃。相反，泛化的传粉系统由于拥有多种可供选择的传粉者，降低了失去传粉者的风险。

1.3　环境变化对传粉网络的影响

传粉网络和其他互作网络类似，表现出很明显的脆弱性，其网络组分往往不具备强烈的共变的稳健性（robustness）（Pocock et al. 2012）。因此，环境变化（如气候变化、生态恢复和农业环境利用变化等）可能影响其中某些物种的变化，但不一定造成网络结构中其他组成物种产生共变。其结果是传粉网络结构和特征受到不同影响。

1.3.1　气候变暖

以全球变暖和大气 CO_2 浓度升高为主要特征的全球变化正持续影响着陆地生态系统的结构和功能，威胁着人类的生存与健康，因而备受世界各国政府和科学家的普遍关注

（Oreskes 2004; Eklöf et al. 2012）。随着全球气候变暖和植物、传粉者种群数量的下降，由生物多样性和传粉服务维持的群落结构正在不断改变（Biesmeijer et al. 2006）。研究表明，在全球气候变暖的影响下，许多动植物的分布及其物候，最近几十年已经发生了显著偏离（Parmesan 2006）。最明显的例子是气候变化干扰了植物的开花物候与传粉者活动物候间的重叠，从而改变了植物与其传粉者的互作关系（Wall et al. 2003）。自植物–传粉者网络受全球气候变暖影响受到关注以来，研究者在许多方面都取得了显著进展。纵观国外在这方面研究的主要文献，当前的主要热点问题包括（Bradley et al. 1999; Fitter & Fitter 2002; Bascompte et al. 2006a; Memmott et al. 2007; Schweiger et al. 2008; Hegland et al. 2009; Montoya & Raffaelli 2010; Eklöf et al. 2012）：①气候变暖使植物、传粉者的物候发生变化，并通过影响植物的开花时间和传粉者活动时间，导致两者在物候时间上的不同步。花期提前是植物响应气温升高的普遍现象，但有的植物则推迟花期（Bradley et al. 1999），也有些植物的花期没有明显变化（Ibáñezs et al. 2010）。这表明，植物开花物候对气候变暖的响应是复杂的，不同物种的响应策略不一样。气候变暖还会影响植物的花期持续时间，但不同植物之间差异性较大，有的表现为延迟花期，有的则仅仅表现为始花期提前而花期持续时间差异不显著（肖宜安等 2015b）。昆虫的生活周期很大程度受温度的影响（Dennis 1993）。温度不断上升时，昆虫能通过加快其孵化过程，提前发育为成虫（Menéndez 2007）。因此，作为植物传粉者主要类群的昆虫，在气候变暖的背景下，其物候大多偏向于使其首次出现时间提前（Gordo & Sanz 2006; 肖宜安等 2015a）。由于动植物物候对气候变暖的这种差异性反映，也导致了传粉者与植物间的物候不匹配（肖宜安等 2015a），并破坏物种之间已有的互作关系（Visse & Lamberchts 2004），甚至导致传粉者出现花粉资源供应短缺，可获得的有效花粉资源减少，进而使其种群数量下降。植物则因缺乏合适的传粉者，导致传粉失败，其通过有性繁殖产生个体的数目会急剧减少，并可能最终导致植物群落衰退。②气候变暖导致植物、传粉者的群落结构变化，促使其地理分布向更高纬度和更高海拔扩散，这可能潜在地导致两者空间分布的不匹配。随着物种原生境区域温度的改变，物种分布会随之发生变化，因为物种总是倾向于分布在气候条件最适宜的区域。大量研究表明，温度升高可导致低海拔地区的物种向高海拔地区迁移，增加了高海拔地区物种的多样性，从而改变高海拔地区的物种组成和群落结构。气候变暖迫使物种向高海拔或高纬度地区迁移，可能导致那些未来适宜生境变小或原有分布区被隔离的种群灭绝，从而增加低纬度和已经濒危种群的灭绝风险。温度是限制昆虫分布的主要因子之一，全球气候变暖导致的温度升高必然对昆虫的地理分布产生重要影响（陈瑜和马春森 2010）。同时，昆虫地理分布的变化会使其原生境中昆虫的种类组成和群落结构发生变化。研究表明，受气候变暖的影响，传粉昆虫倾向于向高纬度（两极地区）和高海拔地区分布扩散（Konvicka et al. 2003; Wilson et al. 2005）。不同生物对气候变化响应的这种不同迁移速度可能打乱现有物种间的互作关系（Olesen & Jordano 2002; Vázquez et al. 2009），并导致植物与其传粉者之间在空间上的不匹配。③植物和传粉者通过增加或减少其丰富度来响应气候变暖，可能导致传粉网络结构特征发生变化。由于气温增加对物种生存、生长和竞争能力的影响，植物可通过显著改变其本身或花的丰富度来响应不断持续的气候变暖（Klein et al. 2008）。多数研究表明，北极和高山地区的植物常通过提高生殖投资（增加花的数量）以响应气温升高（Arft et al. 1999），但增温限制了一些植物的春化作用，因此导致其花或种子产量下降（Hennessy & Claytongreene 1995）。花丰富度的增加，可能提高植物的花粉输出率和结实率，从而影响其雌雄适合度（Ishii & Sakai 2002）。因为花丰富度的增加，可改变植物开花模式，提高其对传粉者的访花吸引力，使植物提供给传粉者的有效资源发生变化，进而使传粉网络结构特征发生变化（如泛化、特化、不对称等）。泛化传粉系统可能因为气候变暖导致其开花模式更为集中，从而影响了部分传粉者的有效访问，因此可能更倾向于成为特化者。通过模拟增温实验对 14 种植物的传粉网络结构影响的实验结果表明，增温使大多数植物的传粉者及其访花频率显著减少（Rafferty & Ives 2011）。这表明，随着温度升高，植物–传粉者网络可能趋向更高的特化水平。特化的传粉系统可能因为失去特定传粉者影响其有性繁殖成功，而更容易崩溃。但它们也可能因气候变暖导致花丰富度增加，吸引更多的传粉者，从而倾向于成为泛化者。气候变暖可对昆虫丰富度产生直接或间接影响（Wilson et al. 2005; Johnson et al. 2010）。气候变暖会增加中、高纬度地区昆虫的丰富度（Bale et al. 2002），但也有例外，如随着气温升高我国新疆阿波罗绢蝶（*Parnassius apollo*）的种群数量下降（于非等 2012）。在西印度群岛，温度变化对不同传粉者的丰富度产生不同影响，随着温度升高，鸟类和双翅目昆虫丰富度增加，但蜜蜂丰富度下降（González et al. 2009）。但有关气候变暖直接影响传粉者丰富度的研究报道不多。食物有效性是影响大多数传粉者活动和种群密度的关键因素（Kudo et al. 2004; Steffan-Dewenter & Schiele 2008）。气候变暖可增加或减少植物的开花数量、影响开花物候与模式，并影响传粉者的食物资源，传粉昆虫在失去通过植物所提供的花蜜和（或）花粉食物后，其丰富度可能受到间接影响。④面对气候变暖导致植物和传粉者间物候和地理分布错配所引发的互作改变甚至解体，传粉网络可通过自身网络结构及快速进化来缓冲和适应。由气候变化导致的植物与传粉者物候和分布的不匹配可引发它们之间原有互作关系解体（Kudo et al. 2004）。然而，植物–传粉者互作网络能产生某些缓冲机制以适应长期合作伙伴的缺失（Bronstein et al. 2004）。传粉网络的嵌套结构和不对称性有助于降低系统对物种灭绝、干扰和栖息地丧失的敏感性（Bascompte & Jordano 2007），缓解气候变暖对植物–传粉者互作的影响，有助于维持互作系统的相对稳定。互作系统对于环境变化和相互改变的快速反应能力有助于适应气候变化（孙杉等 2012）。

1.3.2 生境破碎化

越来越多的证据表明生境破碎化是影响生物多样性和生态系统功能及服务价值降低的首要因素（Fahrig 2003; Bailey et al. 2010; Gonzalez et al. 2011; Valladares et al. 2012）。由于生境破碎化、人类干扰及生物多样性的敏感性（sensitivity）之间有密切联系，科学家对于生境破碎化的生态和进化影响的兴趣激增。研究表明，生境破碎化对植物和传粉者的物种多样性、群落组成都造成显著的负面影响（Fahrig 2003; Watling & Donnelly 2006; Abramson et al. 2011）。植物–传粉者的相互作用是生态与进化中极其重要的关系，它们对生物多样性及生态系统都有重要影响（Hegland et al. 2009）。植物与以它们为食的动物相互作用，或动物在栖息地间传送花粉时，也使植物获得收益，如促进了基因的流动及繁殖成功（Perfectti et al. 2009）。研究表明，生物的交互作用，如植物–传粉者、植物–食草动物和种内交互作用，可能对种群动态和生态系统功能有重要影响（Olesen & Jain 1994;

Steffan-Dewenter & Westphal 2008）。但是有关生境破碎化对传粉互作的影响的认识依然非常有限（Ashworth et al. 2004; González et al. 2011）。生境破碎化导致许多物种繁殖能力下降（Aizen & Feinsinger 2002; Wagenius et al. 2007; Brys et al. 2011），而其他一些物种则表现出雌性繁殖适合度的中性或积极的响应（Cunningham 2000），从而降低了传粉者的多样性（Steffan-Dewenter et al. 2005; Jauker et al. 2009; With & Pavuk 2011）。生境破碎化对植物和传粉者物候的影响可能直接通过种群结构和分布的变化而形成，或者由于本地植物的组成和种群的变化而产生（Potts et al. 2006; Cagnolo et al. 2009）。有关生境破碎化对传粉者物候影响的报道也非常有限。

在植物–传粉者互作网络中，特化植物由泛化传粉者传粉，而泛化植物被广泛的动物传粉，包括特化者和泛化者（Vázquez & Aizen 2003; Bascompte et al. 2006a; Abramson et al. 2011）。生境破碎化不仅可影响传粉，而且影响植物与传粉者间的互作（Olesen & Jain 1994; Lennartsson 2002）。实验证据和理论均表明，特化者比泛化者对生境破碎化更为敏感（Henle et al. 2004），因为当面临资源稀缺或捕食者的灭绝时，泛化者可以转而消耗替代品（Cagnolo et al. 2009）。因此泛化者是最不可能在生境破碎化的模拟网络中遭受灭绝的（Fortuna & Bascompte 2006; González et al. 2011）。然而，“特化非对称性干扰”假说预测，由于植物–传粉者互作网络的非对称性特征（Thompson 2006），特化和对干扰的响应之间没有相关性（Vázquez & Simberloff 2002）。植物–传粉者互作可因其共生合作者有效性的变化而被破坏（Hegland et al. 2009）。根据生态位宽度的要求，植物–传粉者互作网络强烈依赖于特化者和泛化者的生态位宽度要求，包括植物和传粉者（Olesen & Jordano 2002; Taki & Kevan 2007）。其结果很可能是植物和传粉者群体会随着生境破碎化的增加而变得更加泛化。但是研究表明只有传粉者倾向于随生境破碎化程度的增加而变得更加泛化，植物并非如此（Vázquez & Simberloff 2002; Taki & Kevan 2007）。在植物–传粉者互作网络中，传粉者似乎比植物对生境破碎化的响应更敏感且更快速（Rathcke & Jules 1993; Taki & Kevan 2007）。换句话说，生境破碎化对特化传粉者比对泛化传粉者的影响更大（Taki & Kevan 2007）。因为特化传粉者通常存在于小的、镶嵌种群中，它们往往难以生存在这种小的破碎片段中，甚至生境变化可能导致其灭亡（Ashworth et al. 2004）。此外，生境破碎化可改变植物的组成，并可能分散植物资源，所以没有迁出的、依然遗留在片段生境中的所有传粉者，为了生存必须表现为泛化者（Murcia 1996; Ashworth et al. 2004）。

2. 国内近年来的研究进展

2.1 近年研究状况

我国在传粉网络方面的研究起步较晚。在 20 世纪，国内的研究基本上是单一物种传粉生物学的研究。进入 21 世纪，国内学者才对群落水平上的传粉研究有所关注（方强和黄双全 2014）。龚燕兵（2010）调查了横断山区的 29 种植物及其所拥有的 10 个传粉者功能群之间的关系，并分析了该传粉网络结构特征。结果表明，植物与传粉者的网络结构是嵌套的、不对称的。这可能是国内关于传粉网络研究的首次报道。之后，方强（2011）以香格里拉高山草甸为对象，研究了其传粉网络的结构、动态和生态学意义；Fang 和

Huang（2012）对滇西北高山草甸群落的传粉网络进行了连续 4 年的定点研究。结果表明，群落物种多样性增加，并没有导致传粉网络趋于特化。方强和黄双全（2012）还从网络结构与动态特征角度综述了传粉网络的研究进展，以及国内外群落水平上传粉生态学的研究进展（方强和黄双全 2014）。更值得欣慰的是，《生物多样性》期刊在 2012 年出版了一期专辑，集中发表了关于传粉生物学的 21 篇论文，这其中的大多数都探讨了植物与其传粉者之间的关系。例如，杜巍等（2012）运用传粉者功能群的概念，重新定量评价了腊梅的主要传粉者。近期，肖宜安等（2015a）综述了国内外全球气候变暖影响植物–传粉者网络研究领域的最新进展，并采用线性回归法分析了传粉网络非对称特化的地理变异模式，其研究结果表明，热带地区的植物–传粉者网络比温带地区的植物–传粉者网络非对称性程度更强；草本植物具有比乔木更强的非对称性（肖宜安等 2015a）。

2.2　我国传粉网络研究中存在的问题

我国的传粉网络研究虽然已经取得了一些成绩，但与国外先进水平相比，还存在较多问题。主要表现在以下几个方面：一是起步晚。国内真正有关传粉网络是在最近 10 年内才有。而如果以中文报道为依据，则仅仅在最近 5 年内，但也是零星报道，而且集中在少数几位学者。二是理论和方法探讨少。即便是已有研究，也基本上是参考国外的理论和方法开展的，理论和方法的创新程度很低。三是研究尺度小。已有研究大多数依然集中于单一物种与其传粉者之间的关系，而极其缺乏在群落层次或者宏观地理尺度上开展的研究，也缺少长期、定点观察研究数据。

2.3　我国传粉网络研究中的薄弱环节

我国传粉网络研究起步晚的现实情况，也导致了研究者在这一领域中存在诸多明显薄弱的环节。归纳起来至少有以下几点：一是研究队伍小，且缺乏协同创新机制和平台。现有研究队伍仅仅集中于少数单位的少数学者。他们多以传粉生态学研究为重点，近年才转而关注传粉网络的研究。而且这些队伍之间的协同创新严重不足。二是关注面过小，严重阻碍该领域研究的发展。三是有关森林群落传粉网络的研究严重缺乏，已有研究主要关注的是草甸群落的传粉网络。四是缺乏长期定位观察研究和大尺度比较研究。五是理论和方法创新不足，导致高水平成果缺乏。

第三节　传粉网络研究的重要性

1. 传粉网络研究与学科发展

传粉网络是在群落水平上研究植物与其传粉者之间关系的学科领域，属于生态学学科的分支范围。传粉网络研究的重要性主要在于其为人们认识陆地生态系统的复杂性与稳定性提供了重要途径（黄双全 2012）。事实上，有花植物和昆虫是现存生物中的两大主要类群（Bascompte & Jordano 2007）。有花植物的进化为昆虫的多样化提供了新的生态位空间，而后者又反过来促进了植物物种的进化。有花植物的灭绝往往是由于昆虫多样性降低（Labandeira et al. 2002）。因此，要评估这种共同灭绝事件的可能性和重要性，就必须采用网络的方法来探讨植物–动物的互作关系（Bascompte & Jordano 2007）。这些都表明，要深入系统地开展传粉网络的研究，离不开植物分类学、生态学、地理学、进化生物学、动物分类学、统计生物学、数学，甚至计算机学科等的支撑，同时也是这些学科的具体应用。这就是传粉网络研究在学科发展中的重要地位。

2. 传粉网络研究与农业生产

人类直接食用的主要农作物中，有 85%依赖于动物传粉，全球有 35%的植食性食物产品都受益于动物传粉（Klein et al. 2003; Winfree et al. 2009）。在欧洲，有超过 80%的经济作物生产直接或间接依靠动物，尤其是蜜蜂授粉。Gallai 等（2009）对全球 100 种人类直接食用的农作物的昆虫传粉经济价值（insect pollination economic value，IPEV）进行了评估，结果表明，其增产价值达到 153 亿欧元（表 6-1），相当于 2005 年全球人类食用农产品总产值的 9.5%。传粉媒介，尤其是传粉昆虫减少后，将直接影响水果和蔬菜等园艺作物的产量和生产成本，并将可能导致日益不平衡的饮食和健康问题。因此，传粉昆虫是农业生态系统维持的关键因素，也是当前世界粮食危机日益严重的背景下，提高农业生产产值的关键因素。

表 6-1　传粉者服务农作物的产值估算

地区范围	传粉者类型	估算值/年
美国（全部作物）	传粉服务系统	200 亿～400 亿美元
美国（仅包括 63 种作物）	仅包括家养蜜蜂	50 亿～140 亿美元
欧洲（177 种作物）	仅包括家养蜜蜂	40 亿欧元
全世界所有有商业价值的作物	传粉服务系统	1200 亿～2000 亿美元
全世界 100 种关键农作物	传粉服务系统	153 亿欧元（包括蔬菜 50 亿欧元、水果 50 亿欧元）

注：引自 Willmer 2011

3. 传粉网络研究与生物多样性保护

植物–传粉者互作网络对全球生物多样性具有重要贡献。植物–传粉者互作网络是生物多样性维持研究中的一个重要领域，并成为近年来生态学研究中的重要热点问题之一。随着环境快速变迁，如生境破坏、气候变化及生物入侵等因素，植物–传粉者互作网络研究正在成为生物多样性保护和管理中一个极其重要的研究课题（Burkle & Alarcón 2011）。

事实上，大多数种类的有花植物只是在传粉者将花粉带至柱头上之后才能结实。全球植物–传粉者互作网络中，至少有 30 万种植物，它们主要依赖 20 万种脊椎动物和昆虫进行传粉（NRC 2007）。还有研究表明，全球至少有 90%的植物依赖于动物传粉。例如，在热带低地植物中，依靠风媒传粉的植物仅仅不到 3%。在中美洲的热带森林中，昆虫可为 95%的冠层树木传粉，脊椎动物和昆虫可以为群落中其他 70%以上的植物传粉。多样的传粉者结构可通过强化传粉服务、植物生殖及其可持续维持而提升生态系统功能（Fontaine et al. 2005）。这表明，传粉网络对全面保持生物多样性来说至关重要。

第四节 总结与展望

1. 传粉网络的结构动态研究

传粉网络的结构特征是传粉网络研究的基础性工作，也是深入研究传粉网络动态和变异特征的前提。今后传粉网络研究，还需要通过分析不同地理区域类似网络的特征来关注其宏观区域变异；通过长期定位观察等方法，探讨传粉网络的时间变异（如季节变化、年度变化等）特征。

我国地域南北跨度大，横跨热带、亚热带、暖温带、温带、寒温带等 5 个气候带，形成了类型复杂多样的气候特征和生态系统类型。不同生态系统类型背景下，传粉网络的结构特征、动态有何差异和变化规律，也是今后值得深入探讨的领域。

2. 系统进化与传粉网络研究

虽然已有学者按照传粉者分类特征将其归为不同的功能群（functional group）（Waser et al. 1996），但现有传粉网络的研究，大多还是依据传粉者对植物的访问频率而建立的（方强和黄双全 2012），而很少考虑不同传粉者的实际传粉效率（pollination efficiency）的差异。对于某个或者某些特定的传粉者而言，在不同的传粉网络中，往往具有不同的特征。某个物种在一个传粉网络中属于特化传粉者，而在另一个传粉网络中则可能成为泛化者（Vamosi et al. 2014）。换句话说，传粉网络中的特化与泛化者存在权衡（trade-off）关系，而这种关系的变化如何影响物种进化、灭绝和谱系多样化（lineage diversification），需要研究者更多地关注。

3. 全球变化对传粉网络的影响

3.1 气候变化与传粉网络

3.1.1 大时空尺度研究

群落生态学家主要关注局部、短期的（大多只有 1～4 年）互作物种对，营养不匹配或资源竞争的研究（Miller-Rushing et al. 2010; Thackeray et al. 2010）而不是互作网络群落大范围、长期动态的结果。长期的观测实验，尤其是设计追踪传粉服务和传粉互作在时间上的变化的研究依然很少。已有研究中，在时间尺度方面，大多数缺乏长期定位实验观测数据。虽然有一些时间跨度相对较长的报道（Stefanescu et al. 2003; Ghazoul 2005; Gordo & Sanz 2006），但这些研究大多都缺乏连续观测、定位观测，更缺乏长期控制实验数据。在空间尺度方面，已有研究基本上局限于小范围的调查，取样设计范围偏小。虽然有少量范围跨度广的报道（Araújo & Luoto 2007; Heikkinen et al. 2007），但取样数据时间间隔太长，可比性值得斟酌。另外，已有研究主要关注低层次生物组织（如单一物种、单一的植物种群或动物种群受到环境变化的影响），只有少数研究考虑了群落层次（Hickling et al. 2006; Montoya & Raffaelli 2010）或生态系统层次（Spooner & Vaughn

2008）。例如，传统上，传粉生态学家研究植物–传粉者系统时，关注的大多是单一植物种群和通常一个或一些相关的访问者类型，而不是整个生态群落甚至是从全球视角开展相关研究。这些都不利于获得准确的结果和结论。因此，今后还需要更多来自群落、生态系统、景观层次和来自较大区域乃至全球范围同期开展的长期定位监测、模拟实验的数据。尤其是对于广布种的植物类群，要真正探明其传粉网络特征，更需要考虑对其整个分布区进行深入研究。这也需要联合全球传粉网络科研工作者进行协同攻关。

3.1.2 多因素协同作用影响研究

目前，大多数研究只关注单一因素对传粉网络的影响，而忽略了全球气候变化背景下，传粉网络可能受到多方面环境因素的协同影响（Kudo et al. 2004）。虽然气候变暖是引起植物–传粉者互作网络物候、地理分布和丰富度改变的主要因素，但气候变暖的同时还可导致融雪量、降雨量等一系列问题的改变，而且这些因素同样可对传粉网络产生影响。所以，未来的研究焦点不仅包括温度如何直接影响传粉网络，还应包括气候变化引起的间接影响。同时，研究者对植物–传粉者互作网络如何受气候变暖、海拔变化、群落结构等多因素协同影响等问题的关注非常缺乏，未来仍需要更多地关注类似这些方面的多因素协同作用对传粉网络影响方面的研究。

3.1.3 物候匹配性机制研究

物种通过改变其自身的物候是物种响应气候变化最早的表现（Sparks & Yates 1997; Menzel & Fabian 1999）。确定传粉网络的物候如何响应气候变化及其机制，对预测气候变化对植物–传粉者互作的影响至关重要。目前，有关气候变暖对植物、传粉者物候影响的研究报道较多。尤其是针对开花植物和传粉者物候同步性的研究受到越来越多学者的关注。由于不同的响应机制，气候变暖能使互作物种间的物候产生匹配或不匹配的响应。然而，已有研究大多关注气候变暖对互作物种间物候变化是否影响两者的匹配性，而对植物–传粉者物候匹配性机制却知之甚少。植物、传粉者响应气候变暖是一个复杂的过程，而不是某个物候在出现时间上简单地提前或推迟，因为不同植物、传粉昆虫个体的不同物候对气候变暖的敏感度都具有显著差异；而且物候随物种、环境信号的不同存在较大的空间特异性和不确定性（Both & Visser 2001）。所以，对物候匹配性机制的研究需要考虑不同物种对气候变暖信号响应的差异。同时，还需要考虑建立物候机制模型实验研究以揭示促进或阻止传粉者物候匹配/不匹配的响应机制。面对持续变化的气候，未来探明植物–传粉者互作网络的物候匹配性机制的研究极其重要，从深层次探讨造成和影响物候匹配性的原因和因素也具有重要意义。

3.2 生境破碎化与传粉网络

生境破碎化是导致生物多样性丧失的关键原因（Pimm & Raven 2000; Melián & Bascompte 2002），也是影响种群结构及其变化的主要因素，在植物和传粉者的生活史及其交互作用中起着重要作用。但是，许多其他生态因子可以直接或间接影响物种的物候、多度、繁殖适合度及植物–传粉者交互作用（Hegland et al. 2009）。研究表明，生境破碎化对物种丰富度、种群多度和分布及遗传多样性有显著不利影响（Fahrig 2003）。但这些研究大都集中在生境破碎化后的综合效应而不是生境破碎化过程本身导致的影响（Bailey et al. 2010）。因此，在今后的研究中，应关注生境破碎化过程对传粉互作的直接和间接影响或者潜在影响，以及导致破碎生境中传粉互作变化的间接影响的重要性。今后的研究还应该评价生境破碎化对植物、传粉者及植物–传粉者互作影响的差异性（Fahrig 2003; Bailey et al. 2010）。此外，学者对于大多数传粉者组合的变化模式也了解不多。尤其需要指出的是，研究者对于生境破碎化对纬度和海拔梯度，或者不同破碎景观类型甚至群落类型间，或者生物地理区的传粉互作的潜在影响了解更少（Bruna et al. 2009）。总之，今后的研究中，需要注意以下两个问题。

1）*长期研究*

长期生态研究计划旨在探明传粉服务及传粉互作过程的限制（Hegland et al. 2009），尽管这种研究对于在合适的时空尺度上解决当前的生态问题，以及更好地了解环境因素对生态过程的影响是必需而且重要的（Tilman et al. 2001; Fischer et al. 2010）。之前的大多数传粉互作研究都是短期的，这不足以了解自然生态系统水平的全过程（Carpenter 1996; Fischer et al. 2010），以及植物和传粉者间的真正交互作用（Petanidou et al. 2008）。但是许多长期研究和监测方案由于缺少计划或重点，要么无效，要么完全失败（Lindenmayer & Likens 2009）。理想的方法是：这种研究应该在大时空尺度上，采取设置固定样方的途径来探讨生境破碎化对植物、传粉者及其互作特征的影响（Hegland et al. 2009; Morris 2010）。这是因为生境破碎化可改变植物资源的时空分布及传粉者组合（Kremen et al. 2007）。在最近的一个案例中，Flaspohler 等（2010）利用一个 153 年前在夏威夷被火山活动隔离的森林片段系统来测定长期的破碎化，以及片段大小和结构特征如何影响鸟类物种的丰富度。他们发现鸟类物种的总数随森林片段大小快速增加，鸟类丰富度与片段面积紧密相关。在另一个研究中，Leidner 等（2010）评价了生境破碎化对物种丰富度和群落组成变化的影响。他们的结果表明在破碎的和完整的森林中适应的物种丰富度没有差别。但是与完整的森林相比，破碎的森林中适应的物种丰富度的时空变化明显更高。

2）*景观尺度研究*

尽管对种群及群落尺度的传粉互作研究有很长历史（Waser et al. 1996; Fortuna & Bascompte 2006），但景观尺度的生境丧失条件下，研究者对许多重要类群的生活史和传粉互作生态特征所知甚少（Bailey et al. 2010; Bommarco et al. 2010; Garibaldi et al. 2011）。传粉互作的种群和群落尺度生态学研究需要有大尺度的观点，因为传粉互作的本地模式被区域环境影响（Schüepp et al. 2011）。景观变化已证明对许多物种的持续保留严重不利，但是辨别不同景观变化过程的直接和间接影响的相对重要性的研究仍然缺乏，尤其是这方面的长期研究更加缺乏（Valdés & García 2011）。最近一项研究表明景观尺度的生境隔离对蜘蛛和甲虫物种丰富度具有令人惊讶的积极影响，而它们对小斑块尺度的生境隔离则表现出相反的反应（Bailey et al. 2010），这表明生境隔离效果具有尺度效应。

今后的研究还需要关注不同类型的自然或耕地景观下传粉互作的过程和模式。确定生境破碎化本身及破碎化发生后的生境修复如何影响传粉互作，特别是大尺度的研究。虽然有少量研究已表明生境破碎化对特化和泛化植物有类似的效果，但是研究者对景观尺度的影响，或破碎化如何影响传粉互作的不对称性的了解极其有限。

4. 农业传粉网络研究

以蜜蜂为主的农业传粉昆虫对农业生产具有重要地位。农业传粉网络直接服务于农业生产，粮食安全和粮食多样性均非常依赖于传粉网络。在全世界 87 种主要农作物中，有将近 90%的种类依赖于昆虫或其他动物进行传粉（表 6-2）。即使可以不依赖昆虫或其他动物传粉的作物，也可因昆虫传粉而大幅提高产量和产品质量。由此可见，蜜蜂等传粉昆虫对全球粮食安全、粮食多样性、人类的营养和粮食价格均起到了极其重要的作用，蜜蜂等传粉昆虫受损也必将影响到像水果和蔬菜等农作物的产量和成本，从而导致日益不平衡的膳食和健康问题（罗术东 2013）。研究和实践表明，利用蜜蜂授粉可使向日葵增产 40%～45%、荞麦增产 35%～40%、棉花增产 20%～25%、油菜增产 18%、水稻增产 5%（罗峰 2004）；部分果蔬作物产量成倍增长。设施农业中利用蜂类传粉的增产效果则更为显著，如温室番茄可增产 22%～40%、温室黄瓜可增产 50%（罗峰 2004）。此外还能有效提高农产品品质，并可大幅减少化学坐果激素的使用。蜜蜂授粉是一项很好的农业增产提质措施，每年我国蜜蜂授粉促进农作物增产产值超过 500 亿元。按蜜蜂为水果、设施蔬菜授粉率提高到 30%测算，全国新增经济效益可达 160 多亿元，因此蜜蜂为农作物授粉增产的潜力很大。研究表明，蜜蜂授粉不仅可以提高作物产量和质量，还可以减少对农药、化肥的使用。生物防治的防治效果相当于或优于同剂量其他喷施方式，从而使养蜂传粉成为一种重要的农艺措施（罗术东 2013）。例如，蜂媒授粉的软条白沙枇杷比无蜂授粉组坐果率提高 5.84%，单株产量增加 89.54%，畸形果率降低 30%；且其单果重、可食率、种子数、种子质量及果形指数等均显著优于自然授粉和无蜂授粉处理（赵东绪等 2014）。人工养蜂授粉后，蓝莓等作物的结果率都显著高于自然授粉（樊莹等 2015）。因此，加强农业生态系统的传粉网络研究，对于解决粮食安全问题具有重要意义。

表 6-2　世界主要农作物的重要传粉媒介

传粉媒介	农作物种类
风媒	小麦、水稻、玉米、燕麦、黑麦、大麦、高粱、橄榄、核桃、开心果
风媒和小昆虫混合	甜菜、菠菜、椰枣
蝇类	芋头、可可
甲虫类	油棕
胡蜂类	无花果
蝇类和蜂类	胡萝卜、洋葱、莴苣、生菜、醋栗、胡椒、茶、山药类、荞麦、油菜、芝麻
蜂类	花生、土豆、木薯、甘蔗、大豆、豇豆、木豆、鹰嘴豆、扁豆、棉花、葡萄、西瓜类、番茄、圆白菜、黄瓜、柑橘类、梨、苹果、桃、梅、草莓、黑莓、樱桃、杏、豆蔻果实、咖啡
蜂类、蝇类、蝙蝠类	椰子、鳄梨、芒果
蜂类、鸟类、蝙蝠类	香蕉
鸟类	菠萝
蝙蝠类	榴莲、龙舌兰

注：引自 Willmer 2011

世界上很多经济发达的国家，都十分重视利用蜜蜂为农作物授粉，并取得了显著的经济效益。为深入贯彻落实科学发展观，进一步转变养蜂业发展方式，着力强化蜜蜂授粉的产业功能，提高综合效益，推动养蜂业持续健康发展，农业部于2010年和2012年相继出台了《关于加快蜜蜂授粉技术推广促进养蜂业持续健康发展的意见》、《农业部关于印发〈全国养蜂业“十二五”发展规划〉的通知》、《农业部办公厅关于印发〈蜜蜂授粉技术规程（试行）〉的通知》等文件，要求加强蜜蜂授粉的科学研究和技术推广。但相关研究目前关注不多，对传粉昆虫在农业生产中的意义，以及维持生态平衡的作用了解不足、更不深入，甚至对农业传粉昆虫资源也缺乏全面了解。为落实上述意见，服务于我国生态农业建设，我国学者于2011年11月26～27日，在海南召开了传粉蜂类与生态农业科技论坛，围绕传粉蜂类与生态农业进行了深入系统交流。

今后一段时期，农业传粉网络研究需要重点关注以下几个领域：一要深入加强农业传粉昆虫多样性调查等基础性工作，摸清农业传粉昆虫的主要类型、分布情况及其基本传粉规律等，并加大对蜜蜂为农作物授粉增产的宣传力度，提高农民、政府官员对于蜜蜂授粉重要性的认识程度，自觉树立对农业传粉昆虫进行保护的认识，并展开行动。二要重视设施农业昆虫传粉的科学研究和技术推广，把蜜蜂授粉作为重要的农艺措施加以普及推广，这对提高设施农业产量和产品质量均具有非常重要的意义。三要深入开展传粉网络对作物遗传多样性影响的研究。还要加强对不同区域农业生态系统传粉网络的差异性及其变化规律的研究。此外，我国退耕还林后的农田、山地等原有农业生态系统演替为各种类型的陆地生态系统后，传粉网络特征随生态系统演替过程的变化规律如何，也是今后需要深入探讨的领域。

参考文献

陈瑜，马春森. 2010. 气候变暖对昆虫影响研究进展. 生态学报, 30(8): 2159-2172.

杜巍，王帅，王满困，等. 2012. 谁是腊梅的主要传粉者：昆虫行为与传粉作用. 生物多样性, 20(3): 400-404.

樊莹，王承均，侯萍，等.2015. 中华蜜蜂为蓝莓授粉效果初探. 蜜蜂杂志, 03: 14-15.

方强. 2011. 云南香格里拉高山草甸传粉网络的结构和动态及生态学意义. 武汉：武汉大学博士研究生学位论文.

方强，黄双全. 2012. 传粉网络的研究进展：网络的结构和动态. 生物多样性, 20(3): 300-307.

方强，黄双全. 2014. 群落水平上传粉生态学的研究进展. 科学通报, 59(6): 449-458.

龚燕兵. 2011. 高山草甸群落内植物与传粉者相互作用的研究. 武汉：武汉大学博士研究生学位论文.

郭友好. 1994. 传粉生物学与植物进化//陈家宽，杨继. 植物进化生物学. 武汉：武汉大学出版社: 232-280.

何亚平，刘建全. 2003. 植物繁育系统研究的最新进展和评述. 植物生态学报, 27(2): 151-163.

黄双全. 2007. 植物与传粉者相互作用的研究及其意义. 生物多样性, 15(6): 569-575.

黄双全. 2012. 二十一世纪中国传粉生物学的研究：良好的开端. 生物多样性, 20(3): 239-240.

黄双全，郭友好. 2000. 传粉生物学的研究进展. 科学通报, 45(3): 225-237.

罗峰. 2004. 设施农业传粉昆虫——棉露尾甲的基础研究. 武汉：华中农业大学硕士研究生学位论文.

罗术东. 2013. 请问以蜜蜂为主的传粉媒介对农业生产有哪些贡献？中国蜂业, 64(6): 14.

孙杉，张志强，张勃，等. 2012. 从合作的进化探讨植物与传粉者的相互作用. 生物多样性, 20(3): 250-263.

肖宜安，李晓红，张斯斯，等．2015a．传粉网络非对称特化的地理模式．生态学报，doi: 10.5846/stxb201411062201.

肖宜安，张斯斯，闫小红，等．2015b．全球气候变暖影响植物–传粉者网络的研究进展．生态学报，35(12): 3871-3880.

于非，王晗，王绍坤，等．2012．阿波罗绢蝶种群数量和垂直分布变化及其对气候变暖的响应．生态学报, 32(19): 6203-6209.

赵东绪，苏晓玲，曹联飞，等．2014．软条白沙枇杷蜜蜂授粉增产提质效果研究．中国蜂业，65(4): 58-60.

Abramson G, Soto C A T, Oña L. 2011. The role of asymmetric interactions on the effect of habitat destruction in mutualistic networks. PLoS One, 6: e21028.

Aigner P A. 2001. Optimality modeling and fitness trade-offs: when should plants become pollinator specialists. Oikos, 95: 177-184.

Aizen M A, Feinsinger P. 2002. Bees not to be? Responses of insect pollinator faunas and flower pollination to habitat fragmentation. *In*: Bradshaw G A, Mooney H A. How Landscapes Change: Human Disturbance and Ecosystem Fragmentation in the America. Berlin: Springer-Verlag: 111-129.

Araújo M B, Luoto M. 2007. The importance of biotic interactions for modelling species distributions under climate change. Global Ecol Biogeogr, 16: 743-753.

Arft A M, Walker M D, Gurevitch J, et al. 1999. Responses of tundra plants to experimental warming: meta-analysis of the international tundra experiment. Ecol Monogr, 69: 491-511.

Ashworth L, Aguilar R, Galetto L, et al. 2004. Why do pollination generalist and specialist plant species show similar reproductive susceptibility to habitat fragmentation? J Ecol, 92: 717-719.

Bailey D, Schmidt-Entling M H, Eberhart P, et al. 2010. Effects of habitat amount and isolation on biodiversity in fragmented traditional orchards. J Appl Ecol, 47: 1003-1013.

Bale J S, Masters G J, Hodkinson I D, et al. 2002. Herbivory in global climate change research: direct effects of rising temperature on insect herbivores. Global Change Biol, 8: 1-16.

Barrett S C. 2010. Darwin's legacy: the forms, function and sexual diversity of flowers. Philos Trans R Soc B, 365: 351-368.

Bascompte J, Jordano P. 2007. Plant-animal mutualistic networks: the architecture of biodiversity. Ann Rev Ecol Evol Syst, 38: 567-593.

Bascompte J, Jordano P, Melián C J, et al. 2003. The nested assembly of plant-animal mutualistic networks. Proc Nat Acad Sci, 100: 9383-9387.

Bascompte J, Jordano P, Olesen J M. 2006a. Asymmetric coevolutionary networks facilitate biodiversity maintenance. Science, 312: 431-433.

Bascompte J, Jordano P, Olesen J M. 2006b. Response to comment on "Asymmetric coevolutionary networks facilitate biodiversity maintenance". Science, 313: 1887.

Biesmeijer J C, Roberts S P M, Reemer M, et al. 2006. Parallel declines in pollinators and insect-pollinated plants in Britain and the Netherlands. Science, 313: 351-354.

Bommarco R, Biesmeijer J C, Meyer B, et al. 2010. Dispersal capacity and diet breadth modify the response of wild bees to habitat loss. Proc R Soc B, 277: 2075-2082.

Both C, Visser M E. 2001. Adjustment to climate change is constrained by arrival date in a long-distance migrant bird. Nature, 411: 296-298.

Bradley N L, Leopold A C, Ross J, et al. 1999. Phenological changes reflect climate change in Wisconsin. Proc Natl Acad Sci, 96: 9701-9704.

Bronstein J L, Dieckmann U, Ferrière R. 2004. Evolutionary Conservation Biology. Cambridge: Cambridge University Press.

Bruna E M, Fiske I J, Trager M D. 2009. Habitat fragmentation and plant populations: is what we know demographically irrelevant? J Veg Sci, 20: 569-576.

Brys R, de Crop E, Hoffmann M, et al. 2011. Importance of autonomous selfing is inversely related to population size and pollinator availability in a monocarpic plant. Am J Bot, 98: 1834-1840.

Burkle L A, Alarcón R. 2011. The future of plant-pollinator diversity: understanding interaction networks across time, space, and global change. Am J Bot, 98: 528-538.

Cagnolo L, Valladares G, Salvo A, et al. 2009. Habitat fragmentation and species loss across three interacting trophic levels: effects of life-history and food-web traits. Conserv Biol, 23: 1167-1175.

Carpenter S R. 1996. Microcosm experiments have limited relevance for community and ecosystem ecology. Ecology, 77: 677-680.

Cunningham S A. 2000. Depressed pollination in habitat fragments causes low fruit set. Proc R Soc B, 267: 1149-1152.

Dafni A. 1992. Pollination Biology. New York: Oxford University Press.

Darwin C. 1862. On the Various Contrivances by Which British and Foreign Orchids are Fertilised by Insects. London: John Murray.

Dennis R L H. 1993. Butterflies and Climate Change. Manchester: Manchester University Press.

Dodd R J, Linhart Y B. 1994. Reproductive consequences of interactions between *Yucca glauca* (Agavaceae) and *Tegeticula yuccasella* (Lepidoptera) in Colorado. Am J Bot, 81: 815-825.

Dupont Y L, Padrón B, Olesen J M, et al. 2009. Spatio-temporal variation in the structure of pollination networks. Oikos, 118: 1261-1269.

Ehrlich P R, Raven P H. 1964. Butterflies and plants: a study in coevolution. Evolution, 18: 586-608.

Eiberling H, Oiesen J M. 1999. The structure of a high latitude plant-flower visitor system: the dominance of flies. Ecography, 22: 314-323.

Eklöf J S, Alsterberg C, Havenhand J N, et al. 2012. Experimental climate change weakens the insurance effect of biodiversity. Ecol Lett, 15: 864-872.

Eriksson O, Bremer B. 1992. Pollination systems, dispersal modes, life forms, and diversification rates in angiosperm families. Evolution, 46: 258-266.

Fahrig L. 2003. Effects of habitat fragmentation on biodiversity. Ann Rev Ecol Evol Syst, 34: 487-515.

Fang Q, Huang S Q. 2012. Relative stability of core groups in pollination networks in a biodiversity hotspot over four years. PLoS One, 7: e32663.

Fischer M, Bossdorf O, Gockel S, et al. 2010. Implementing large-scale and long-term functional biodiversity research: the biodiversity exploratories. Basic Appl Ecol, 11: 473-485.

Fitter A H, Fitter R S. 2002. Rapid changes in flowering time in British plants. Science, 296: 1689-1691.

Flaspohler D J, Giardina C P, Asner G P, et al. 2010. Long-term effects of fragmentation and fragment properties on bird species richness in Hawaiian forests. Biol Conserv, 143: 280-288.

Fontaine C, Dajoz I, Meriguet J, et al. 2005. Functional diversity of plant-pollinator interaction webs enhances the persistence of plant communities. PLoS Biol, 4: e1.

Fortuna M A, Bascompte J. 2006. Habitat loss and the structure of plant-animal mutualistic networks. Ecol Lett, 9: 281-286.

Gallai N, Salles J M, Settele J, et al. 2009. Economic valuation of the vulnerability of world agriculture confronted with pollinator decline. Ecol Econom, 68: 810-821.

Garibaldi L A, Steffan-Dewenter I, Kremen C, et al. 2011. Stability of pollination services decreases with isolation from natural areas despite honey bee visits. Ecol Lett, 14: 1062-1072.

Ghazoul J. 2005. Buzziness as usual? Questioning the global pollination crisis. Trends Ecol Evol, 20: 367-373.

González A M M, Dalsgaard B, Ollerton J, et al. 2009. Effects of climate on pollination networks in the West Indies. J Trop Ecol, 25: 493-506.

Gonzalez A, Rayfield B, Lindo Z. 2011. The disentangled bank: How loss of habitat fragments and disassembles ecological networks. Am J Bot, 98: 503-516.

Gordo O, Sanz J J. 2006. Temporal trends in phenology of the honey bee *Apis mellifera* (L.) and the small white *Pieris rapae* (L.) in the Iberian Peninsula (1952-2004). Ecol Entomol, 31: 261-268.

Guimarães P R Jr, Rico-Gray V, dos Reis S F, et al. 2006. Asymmetries in specialization in ant-plant mutualistic networks. Proc R Soc B, 273: 2041-2047.

Hegland S J, Nielsen A, Lázaro A, et al. 2009. How does climate warming affect plant-pollinator interactions? Ecol Lett, 12: 184-195.

Heikkinen R K, Luoto M, Virkkala R, et al. 2007. Biotic interactions improve prediction of boreal bird distributions at macro-scales. Global Ecol Biogeogr, 16: 754-763.

Henle K, Davies K, Kleyer M, et al. 2004. Predictors of species sensitivity to fragmentation. Biodiv Conserv, 13: 207-251.

Hennessy K J, Claytongreene K. 1995. Greenhouse warming and vernalization of High-Chill fruit in Southern Australia. Climatic Change, 30: 327-348.

Hickling R, Roy D B, Hill J K, et al. 2006. The distributions of a wide range of taxonomic groups are expanding polewards. Global Change Biol, 12: 450-455.

Holland J N, Okuyama T, de Angelis D L. 2006. Comment on "Asymmetric coevolutionary networks facilitate biodiversity maintenance". Science, 313: 1887.

Ibáñezs I, Primack R B, Miller-Rushing A J, et al. 2010. Forecasting phenology under global warming. Phil Trans R Soc B, 365: 3247-3260.

Ishii H S, Sakai S. 2002. Temporal variation in floral display size and individual floral sex allocation in racemes of *Narthecium asiaticum* (Liliaceae). Am J Bot, 89: 441-446.

Jauker F, Diekötter T, Schwarzbach F, et al. 2009. Pollinator dispersal in an agricultural matrix: opposing responses of wild bees and hoverflies to landscape structure and distance from main habitat. Landscape Ecol, 24: 547-555.

Johnson D M, Büntgen U, Frank D C, et al. 2010. Climatic warming disrupts recurrent Alpine insect outbreaks. Proc Nat Acad Sci, 107: 20576-20581.

Jordano P, Bascompte J, Olesen J M. 2003. Invariant properties in coevolutionary networks of plant-animal interactions. Ecol Lett, 6: 69-81.

Jordano P. 1987. Patterns of mutualistic interactions in pollination and seed dispersal: connectance, dependence asymmetries, and coevolution. Am Nat, 129: 657-677.

Kallimanis A, Petanidou T, Tzanopoulos J, et al. 2009. Do plant-pollinator interaction networks result from stochastic processes? Ecol Model, 220: 684-693.

Klein A M, Steffan-Dewenter I, Tscharntke T. 2003. Fruit set of highland coffee increases with the diversity of pollinating bees. Proc R Soc B, 270: 955-961.

Klein J A, Harte J, Zhao X. 2008. Decline in medicinal and forage species with 314 warming is mediated by plant traits on the Tibetan Plateau. Ecosystems, 11: 775-789.

Kokkoris G D, Troumbis A Y, Lawton J H. 1999. Patterns of species interaction strength in assembled theoretical competition communities. Ecol Lett, 2: 70-74.

Konvicka M, Maradova M, Venes J, et al. 2003. Uphill shifts in distribution of butterflies in the Czech Republic: effects of changing climate detected on a regional scale. Global Ecol Biogeogr, 12: 403-410.

Kremen C, Williams N M, Aizen M A, et al. 2007. Pollination and other ecosystem services produced by mobile organisms: a conceptual framework for the effects of land-use change. Ecol Lett, 10: 299-314.

Kudo G, Nishikawa Y, Kasagi T, et al. 2004. Does seed production of spring ephemerals decrease when spring comes early? Ecol Res, 19: 255-259.

Labandeira C C, Johnson K R, Wilf P. 2002. Impact of the terminal Cretaceous event on plant-insect associations. Proc Nat Acad Sci, 99: 2061-2066.

Leidner A K, Haddad N M, Lovejoy T E. 2010. Does tropical forest fragmentation increase long-term variability of butterfly communities? PLoS One, 5: e9534.

Lennartsson T. 2002. Extinction thresholds and disrupted plant-pollinator interactions in fragmented plant populations. Ecology, 83: 3060-3072.

Lindenmayer D B, Likens G E. 2009. Adaptive monitoring: a new paradigm for long-term research and monitoring. Trends Ecol Evol, 24: 482-486.

Melián C J, Bascompte J. 2002. Food web structure and habitat loss. Ecol Lett, 5: 37-46.

Memmott J, Craze P G, Waser N M, et al. 2007. Global warming and the disruption of plant-pollinator interactions. Ecol Lett, 10: 710-717.

Menéndez R. 2007. How are insects responding to global warming? Tijdschr Entomol, 150: 356-365.

Menzel A, Fabian P. 1999. Growing season extended in Europe. Nature, 397: 659.

Miller-Rushing A J, Høye T T, Inouye D W, et al. 2010. The effects of phenological mismatches on demography. Phil Trans R Soc B, 365: 3177-3186.

Montoya J M, Raffaelli D. 2010 . Climate change, biotic interactions and ecosystem services. Philos Trans R Soc B, 365: 2013-2018.

Morris R J. 2010. Anthropogenic impacts on tropical forest biodiversity: a network structure and ecosystem functioning perspective. Philos Trans R Soc B, 365: 3709-3718.

Murcia C I. 1996. Forest fragmentation and the pollination of neotropical plants. *In:* Schelhas J, Greenberg R. Forest Patches in Tropical Landscape.Washington, D.C: Island Press: 19-36.

NRC. 2007. Status of Pollinators in North America. Washington, D.C: The National Academies Press.

Olesen J M, Bascompte J, Elberling H, et al. 2008. Temporal dynamics in a pollination network. Ecology, 89: 1573-1582.

Olesen J M, Jain S K. 1994. Fragmented plant populations and their lost interactions. *In*: Loeschcke V, Tomiuk J, Jain S K. Conservation Genetics. Basel: Birkhäuser: 417-426.

Olesen J, Jordano P. 2002. Geographic patterns in plant-pollinator mutualistic networks. Ecology, 83: 2416-2424.

Ollerton J, Cranmer L. 2002. Latitudinal trends in plant-pollinator interactions: are tropical plants more specialised? Oikos, 98: 340-350.

Ollerton J, Winfree R, Tarrant S. 2011. How many flowering plants are pollinated by animals? Oikos, 120: 321-326.

Oreskes N. 2004. The scientific consensus on climate change. Science, 306: 1686.

Parmesan C. 2006. Ecological and evolutionary responses to recent climate change. Ann Rev Ecol Evol Syst, 37: 637-669.

Patel A, Hossaert-McKey M, McKey D. 1993. *Ficus*-pollinator research in India: past, present and future. Curr Sci, 65: 243-253.

Pellmyr O, Thompson N. 1992. Multiple occurrences of mutualism in the yucca moth lineage. Proc Nat Acad Sci, 89: 2927-2929.

Perfectti F, Gómez J M, Bosch J. 2009. The functional consequences of diversity in plant-pollinator interactions. Oikos, 118: 1430-1440.

Petanidou T, Kallimanis A S, Tzanopoulos J, et al. 2008. Long-term observation of a pollination network: fluctuation in species and interactions, relative invariance of network structure and implications for estimates of specialization. Ecol Lett, 11: 564-575.

Pimm S L, Raven P. 2000. Extinction by numbers. Nature, 403: 843-845.

Pocock M J O, Evans D M, Memmott J. 2012. The robustness and restoration of a network of ecological networks. Science, 335: 973-977.

Potts S G, Petanidou T, Roberts S, et al. 2006. Plant-pollinator biodiversity and pollination services in a complex Mediterranean landscape. Biol Conserv, 129: 519-529.

Rafferty N E, Ives A R. 2011. Effects of experimental shifts in flowering phenology on plant-pollinator interactions. Ecol Lett, 14: 69-74.

Rathcke B J, Jules E S. 1993. Habitat fragmentation and plant pollinator interactions. Curr Sci, 65: 273-277.

Real L A. 1983. Pollination Biology. New York: Academic Press Inc.

Reynolds R J, Westbrook M J, Rohde A S, et al. 2009. Pollinator specialization and pollination

syndromes of three related North American *Silene*. Ecology, 90: 2077-2087.
Saavedra S, Reed-Tsochas F, Uzzi B. 2008. Asymmetric disassembly and robustness in declining networks. Proc Nat Acad Sci, 105: 16466-16471.
Saavedra S, Stouffer D B, Uzzi B, et al. 2011. Strong contributors to network persistence are the most vulnerable to extinction. Nature, 478: 233-235.
Schleuning M, Fründ J, Klein A M, et al. 2012. Specialization of mutualistic interaction networks decreases toward tropical latitudes. Curr Biol, 22: 1925-1931.
Schüepp C, Herrmann J D, Herzog F, et al. 2011. Differential effects of habitat isolation and landscape composition on wasps, bees, and their enemies. Oecologia, 165: 713-721.
Schweiger O, Settele J, Kudrna O, et al. 2008. Climate change can cause spatial mismatch of trophically interacting species. Ecology, 89: 3472-3479.
Sparks T H, Yates T J. 1997. The effect of spring temperature on the appearance dates of British butterflies 1883-1993. Ecography, 20: 368-374.
Spooner D, Vaughn C. 2008. A trait-based approach to species' roles in stream ecosystems: climate change, community structure, and material cycling. Oecologia, 158: 307-317.
Stang M, Klinkhamer P G, van der Meijden E. 2007. Asymmetric specialization and extinction risk in plant-flower visitor webs: a matter of morphology or abundance? Oecologia, 151: 442-453.
Stefanescu C, Peñuelas J, Filella I. 2003. Effects of climatic change on the phenology of butterflies in the northwest Mediterranean Basin. Global Change Biol, 9: 1494-1506.
Steffan-Dewenter I, Potts S G, Packer L. 2005. Pollinator diversity and crop pollination services are at risk. Trends Ecol Evol, 20: 651-652.
Steffan-Dewenter I, Schiele S. 2008. Do resources or natural enemies drive bee population dynamics in fragmented habitats? Ecology, 89: 1375-1387.
Steffan-Dewenter I, Westphal C. 2008. The interplay of pollinator diversity, pollination services and landscape change. J Appl Ecol, 45: 737-741.
Taki H, Kevan P G. 2007. Does habitat loss affect the communities of plants and insects equally in plant-pollinator interactions? Preliminary findings. Biodiv Conserv, 16: 3147-3161.
Thackeray S J, Sparks T H, Frederiksen M, et al. 2010. Trophic level asynchrony in rates of phenological change for marine, freshwater and terrestrial environments. Global Change Biol, 16: 3304-3313.
Thébault E, Fontaine C. 2008. Does asymmetric specialization differ between mutualistic and trophic networks? Oikos, 117: 555-563.
Thompson J N. 2006. Mutualistic webs of species. Science, 312: 372-373.
Tilman D, Reich P B, Knops J, et al. 2001. Diversity and productivity in a long-term grassland experiment. Science, 294: 843-845.
Turesson G. 1922. The species and the variety as ecological units. Hereditas, 3: 100-113.
Valdés A, García D. 2011. Direct and indirect effects of landscape change on the reproduction of a temperate perennial herb. J Appl Ecol, 48: 1422-1431.
Valladares G, Cagnolo L, Salvo A. 2012. Forest fragmentation leads to food web contraction. Oikos, 121: 299-305.
Vamosi J C, Armbruster W S, Renner S S. 2014. Evolutionary ecology of specialization: insights from phylogenetic analysis. Proc R Soc B, 281: 20142004.
Vázquez D P, Aizen M A. 2003. Null model analyses of specialization in plant-pollinator interactions. Ecology, 84: 2493-2501.
Vázquez D P, Aizen M A. 2004. Asymmetric specialization: a pervasive feature of plant-pollinator interactions. Ecology, 85: 1251-1257.
Vázquez D P, Bluthgen N, Cagnolo L, et al. 2009. Uniting pattern and process in plant-animal mutualistic networks: a review. Ann Bot, 103: 1445-1457.
Vázquez D P, Melián C J, Williams N M, et al. 2007. Species abundance and asymmetric interaction

strength in ecological networks. Oikos, 116: 1120-1127.

Vázquez D P, Poulin R, Krasnov B R, et al. 2005. Species abundance and the distribution of specialization in host-parasite interaction networks. J Animal Ecol, 74: 946-955.

Vázquez D P, Simberloff D. 2002. Ecological specialization and susceptibility to disturbance: conjectures and refutations. Am Nat, 159: 606-623.

Visser M E, Both C, Lamberchts M M. 2004. Global climate change leads to mistimed avian reproduction. Adv Ecol Res, 35: 89-110.

Wagenius S, Lonsdorf E, Neuhauser C. 2007. Patch aging and the S-Allee effect: breeding system effects on the demographic response of plants to habitat fragmentation. Am Nat, 169: 383-397.

Wall M A, Timmerman-Erskine M, Boyd R S. 2003. Conservation impact of climatic variability on pollination of the federally endangered plant, *Clematis socialis* (Ranunculaceae). Southeast Nat, 2: 11-24.

Waser N M, Chittka L, Price M V, et al. 1996. Generalization in pollination systems, and why it matters. Ecology, 77: 1043-1060.

Waser N, Ollerton J. 2006. Plant-pollinator Interactions: from Specialization to Generalization. Chicago: University of Chicago Press.

Watling J I, Donnelly M A. 2006. Fragments as islands: a synthesis of faunal responses to habitat patchiness. Conserv Biol, 20: 1016-1025.

Willmer P. 2011. Pollination and Floral Ecology. Princeton: Princeton University Press.

Wilson R J, Gutierrez D, Gutierrez J, et al. 2005. Changes to the elevational limits and extent of species ranges associated with climate change. Ecol Lett, 8: 1138-1146.

Winfree R, Aguilar R, Vázquez D P, et al. 2009. A meta-analysis of bees' responses to anthropogenic disturbance. Ecology, 90: 2068-2076.

With K A, Pavuk D M. 2011. Habitat area trumps fragmentation effects on arthropods in an experimental landscape system. Landscape Ecol, 26: 1035-1048.

第七章　湿生高等植物种群生态学*

第一节　引　　言

湿地被称为地球之肾，是位于陆生生态系统和水生生态系统之间的过渡性地带，湿地广泛分布于世界各地，是众多动物理想的栖息地，保证了整个生态系统中生物群落的多样性和丰富性。湿地可以沉淀、过滤、排除有害物质，并吸收营养物质，将其积累在泥层之中，并达到净化环境的效果（李强和徐晔春 2010）。

湿生高等植物是指那些生长在湿地环境中的植物，湿生高等植物一般分为挺水植物、沉水植物、浮叶根生植物和漂浮植物 4 种类型。挺水植物其根部一般生长在水面以下，但其茎、叶和繁殖结构暴露在空气中，大部分挺水植物为草本植物，少量为木本植物。在湿生高等植物中，挺水植物与陆生植物最为相似，在空气中进行繁殖，依靠土壤中的营养作为其营养来源。最为常见的挺水植物大多为单子叶植物，在淡水和盐水沼泽中常常占据优势。常见的挺水植物主要有：芦苇（*Phragmites australis*）、慈姑（*Sagittaria sagittifolia*）和泽泻（*Alisma plantago-aquatica*）等。沉水植物除了在开花阶段外，它们大部分的生活史都发生在水面以下，常常分布在海岸、江河口和淡水生境中。大部分沉水植物扎根于基质之中，它们的茎和叶趋向于柔软、伸长并呈现出带状，或者叶片高度分裂以使它们能够经受住水流的冲击而不受伤害。沉水植物从水中吸收溶解氧和二氧化碳进行呼吸和光合作用。扎根于水底土壤中的沉水植物主要从土壤中吸收营养，尽管一些营养物质（尤其是微量元素）可能主要从水体中吸收。而无根的沉水植物将水体中的营养物质作为其唯一的营养来源。常见的沉水植物主要有：金鱼藻（*Ceratophyllum demersum*）、狐尾藻（*Myriophyllum verticillatum*）、苦草（*Vallisneria natans*）和黑藻（*Hydrilla verticillata*）等。浮叶根生植物叶片漂浮在水面之上，根部扎根于水下的土壤之中。叶柄或叶柄与茎连接叶片和根部，大多数浮叶根生植物的叶片呈圆形、椭圆形或心形，质地多粗糙或呈革质，以防止食草动物的取食或使叶片保持干燥。浮叶根生植物常常因为叶片漂浮于水面之上遮挡了光照，而在与沉水植物竞争中占据优势，尤其在浑浊度较高、透光度较低的情况下尤为明显。常见的浮叶根生植物主要有：王莲（*Victoria regia*）、睡莲（*Nymphaea tetragona*）、荇菜（*Nymphoides peltatum*）等。漂浮植物的叶片和茎都漂浮于水面之上，如果有根存在，它们也悬浮在水中，而不会扎根于水底的土壤之中。漂浮植物往往借助于风和水流的作用而运动到水面之上。它们的根部除了具有从水中吸收营养的功能外，还具有使它们的植物在水面上维持平衡的作用。漂浮植物常常表现出强烈的营养生长。常见的漂浮植物主要有：凤眼莲（*Eichhornia crassipes*）、满江红（*Azolla imbricata*）和浮萍（*Lemna minor*）等。

本章作者：苏晓磊　曾　波（通讯作者）

就湿生高等植物的分布范围来看，只要有湿地生态系统存在的地方就存在湿生高等植物。湿地在全球范围内，除南极洲外，在任何大陆上都广泛存在。湿地在许多地貌环境下都可以存在，包括河流三角洲、海岸潟湖、潮间带、河漫滩、河源头、内陆湖、内陆洼地和平地等。所以在湿地、沼泽、泥潭、水潭、湖边、溪边、河边、河口和海湾，或者在海岸线等湿地环境中湿生高等植物往往是其中植被的重要组成部分。从生态学角度来说，湿生高等植物在湿地的功能上扮演了多重角色。它们像大多数的光合生物一样，是湿地生态系统固定太阳能的关键部分，以供应给湿地生态系统其他部分能量，以及为湿地生态系统中的其他生物供应氧气。另外，不同类型的湿地植物对水分饱和或受到水淹的土壤环境所采取的不同适应方式、生态耐受性及生活史特征，为湿地植物的保护、管理和修复等的实施提供了重要的依据。在过去的几十年间，研究者对湿地植物的了解迅速加深，这主要得益于科学家普遍对湿地生态系统研究产生了强烈的兴趣。这些研究表明，湿地具有较高的生物多样性水平，并且湿地具有独特的生态过程和生态功能。近年来，湿生高等植物的栽培和观赏的商业活动也逐渐兴起，运用湿生高等植物美化湿地和对湿地进行人工修复等需求的增加，以及对具有入侵特性的湿地植物［如凤眼莲、千屈菜（*Lythrum salicaria*）等］的控制都要求研究者对湿地植物进行更加深入的研究。基于以上原因，人们对湿地的了解和研究逐渐加深，出现了大量的专门针对湿地生态系统研究的学术期刊。国内期刊如《湿地科学》、《湿地科学与管理》，国际期刊如 *Wetlands* 和 *Wetlands Ecology and Management* 等。

近年来，由于人为活动对湿地生态系统造成干扰和破坏，湿地生态系统在这一背景下受到的影响引起了人们广泛的关注，再加上湿生高等植物在湿地生态系统中占据重要地位，因此越来越多的学者更加关注湿生高等植物的种群动态对湿地生态系统所产生的影响。本章以湿生高等植物为关注对象，从对湿生高等植物种群的经典种群生态学、遗传生态学、繁殖生态学、行为生态学，以及种内及种间关系等几个方面的研究，总结了过去 10 年间湿生高等植物种群生态学的研究进展，以期明确目前湿生高等植物种群生态学的研究现状，并为未来湿生高等植物种群生态学的研究提供理论基础。

第二节 经典湿生高等植物种群生态学研究

1. 湿生高等植物种群的基本特征研究

湿生高等植物种群的基本特征研究主要是指对湿生高等植物种群的密度、出生率、死亡率、迁入率、迁出率、年龄组成和性别比例等方面进行的研究。这些研究是种群生态学研究中最为经典的内容，是 20 世纪 80 年代和 90 年代前后湿生高等植物种群生态学研究的主要方面，即以对种群的描述性研究为主。随着湿生高等植物种群生态学研究的不断深入，单纯的经典种群生态学研究已相对较少，但作为种群生态学研究的基本内容，目前在某些研究中仍然有所涉及。例如，邓潮洲等（2010）对新疆塔里木河下游胡杨群落特征及种群结构进行了研究，分析了胡杨的种群密度、胸径分布和种群大小等基本特征。焦德志和杨允菲（2012）对扎龙湿生芦苇种群根茎年龄结构进行了相关研究。卜兆君等（2004）对小兴安岭泥炭沼泽甸杜种群分株的年龄结构进行了研究，以及梁士楚等

（2008）对红树植物木榄的年龄结构进行了研究。这些研究的主要目的是对目标物种种群的基本特征进行描述，是进一步深入研究湿生高等植物种群生态学的重要前提。对于湿生高等植物的种群生态学研究，其种群基本特征的研究仍然为研究者研究湿生高等植物种群与生态环境之间的关系提供了重要的数据基础和证据。具体来说，对新疆塔里木河下游胡杨群落特征及种群结构的研究，为研究者揭示胡杨种群的生长现状，并为探讨人工输水对胡杨种群生长的影响提供了重要的数据。对扎龙湿生芦苇种群根茎年龄结构的探讨，有助于研究者了解芦苇种群根茎形态和年龄结构与生态环境的关系。可以说，经典的湿生高等植物种群生态学研究，是湿生高等植物种群研究中不可或缺的重要基础研究，为进一步的种群生态学研究提供了重要的前提，因此无论湿生高等植物种群生态学研究如何发展，经典的种群生态学研究将是研究者长期研究的重要方面。

2. 湿生高等植物种群的动态研究

2.1　湿生高等植物种群的生长和更新动态

探讨湿生高等植物种群的生长和更新动态主要通过种群统计学和树木年代学的方法来实现，即通过统计其种群的新生幼苗数量和个体死亡数量，通过树木年代学方法研究种群的年龄结构，通过测定种群个体的形态和生理指标分析种群个体的生长状况等种群特征。对于这些种群特征的研究有助于研究者了解种群在较长时间尺度上的动态变化特征，并且结合种群所处生境的气候、地理和环境因子的变动特征，揭示种群的长期动态与内在的生活史特征和外在的干扰状况之间的互动关系，并探讨种群更新与维持的机制。例如，何东等（2009）从年龄结构、生命表、径向生长和干扰历史等 4 个方面研究了神农架山地河岸带连香树（*Cercidiphyllum japonicum*）种群的生长与更新动态。他们的研究认为，连香树种群的生长与更新动态与其种群种子产量的变化、优越气候条件的发生及干扰事件等方面存在密切的关系。另外，对于湿地中存在的湿生高等植物种群的生长和更新动态的研究，可以为湿地植物的保护工作提供重要的依据，张玉峰（2012）对银川平原芦苇种群生长动态的研究中认为，芦苇在营养生长初期植株体内含水量高于其他生长阶段含水量，说明营养生长初期对水分需求较大，并提出在芦苇营养生长初期加强芦苇湿地补水，对于芦苇种群的维持具有重大意义。

2.2　湿生高等植物种群的扩散动态

由于湿生高等植物存在于多水的环境中，其繁殖体或种子往往会因水流的作用被大面积的扩散，因此湿生高等植物的种群往往具有较强的扩散能力，常常大面积分布于水体的表面。正是由于湿地环境和湿生高等植物的这一特性，一些湿生高等植物具有高度的入侵性，导致目前全球大面积的湿地被具有入侵性质的湿生高等植物占据，在很大程度上影响湿地生态系统的稳定性。所以在湿生高等植物种群生态学的研究中，关于入侵植物的研究占据了重要的地位。例如，凤眼莲在世界范围内危害严重，原产于南美的墨西哥，现广泛分布于北美、亚洲、大洋洲和非洲的 60 多个国家。此类入侵的湿生高等植物不仅影响了湿地的生物多样性和生态系统功能，同时也影响了人类对湿地的合理利用。因为湿生高等植物的分布面积越来越大、扩散速度越来越快，传统的野外实地调查越来越不能满足目前湿生高等植物种群扩散动态的研究。近年来遥感（remote sensing）已成为地表覆被及其组成信息的主要来源，广泛应用于植被覆盖及其变化、植被分类与制图、生物入侵监测和保护生物学等方面（Teillet et al. 2000; Ayres et al. 2004; 江洪等 2004; 杨存建等 2004）。由于遥感卫星对地观测具有独特的宏观、快速、动态和综合的优势，结合地理信息系统（geographic information system, GIS）和全球定位系统（global positioning system, GPS），遥感技术现已被广泛应用于植被研究。所以遥感手段在对湿生高等植物种群的扩散和湿生高等入侵植物种群扩散的研究中发挥了越来越重要的作用。例如，黄华梅和张利权（2007）对入侵植物互花米草种群动态的研究，以及 Zhang 等（2004）和黄华梅等（2005）的研究都涉及了遥感手段的运用。另外，一些研究将数学模型与遥感手段相结合，对湿生高等植物种群的扩散格局和趋势进行模拟，从而有效地预测了种群的扩散趋势（王东辉等 2007）。遥感手段的运用与遥感相对应的数学模型的结合，使研究者对湿生高等植物种群的扩散具有更为宏观的把握，不但能够了解在某些湿地中湿生高等植物种群的扩散状况，而且可以在区域和全球尺度上实现对湿生高等植物种群的分布和扩散的研究，所以目前对湿生高等植物种群分布与扩散的研究以遥感手段为主。

2.3　湿生高等植物种群的生物量分配动态

能量生态学是研究生命系统与环境系统之间的能量关系及其能量运动规律的科学，是生物能量学与生态学相互渗透而形成的一门交叉科学，是生态学中的一个分支学科。能量生态学的研究对象是存在于特定时间和空间相结合的生命系统和环境系统中的能量，尤其是存在于生命系统中的生物能量。其研究范围涉及生命系统中包括基因、细胞、组织、器官、个体、种群、群落、生态系统和生物圈在内的所有生命层次，以及各自所处的相应生态环境所构成的各个生态层次中的能量关系。种群生物量及其分配动态是衡量湿地生态系统生产力最基本的数量特征之一，也是湿地生态系统物质循环和能量流动的一个重要方面，属于能量生态学的研究范畴。近年来，在湿生高等植物种群能量生态学的研究中，主要集中在探讨湿生高等植物种群不同器官、构件的生长速率，生物量在不同器官和构件之间的分配变化及季节变化等(孙志高等 2006; 张友民等 2006; 张林海等 2008)，或者对湿地种群的热值及能量生产动态、光能利用率，以及对湿地植被生态系统能量流动模型与稳定性分析等（陆军 2008）。

2.4　湿生高等植物种群的芽流和芽库动态

湿生高等植物中具有克隆繁殖特性的物种占据了较大的比例，克隆植物往往具有营养繁殖的特性，即通过横走的匍匐茎、根状茎和鳞茎产生新芽，进行营养繁殖。种子是有性繁殖的潜在种群，芽是营养繁殖的潜在种群。如同种子库的种子流一样，芽库也存在芽流，即芽的输入与输出。可以说芽是克隆植物营养繁殖的潜在种群，芽流的输入和输出动态和芽库的变化将直接影响地上种群的动态变化，因此探讨湿生克隆植物种群的动态变化，芽流和芽库的动态是一个不可忽略的重要方面。但在国内和国际上对于湿生高等植物种群芽流和芽库动态等方面的研究并不多见。杨允菲等（2005）曾对松嫩平原碱化草甸芦苇种群的芽流和芽库动态进行了探讨，提出了采用当年 1 龄级根茎芽的输入率与其他龄级休眠芽库存率之和估计芦苇种群芽库贮量动态的方法。结果表明，随着生长季的进程，芦苇种群芽库输入率呈不断增加的趋势，而萌发输出率呈不断减少的趋势，死亡输出率则大体保持较低水平。并认为这正是不同旱地生境芦苇种群根茎干物质贮量均随着龄级的增加而增大的原因所在。

3. 湿生高等植物种群的空间分布格局研究

种群的空间分布格局是指种群个体在水平空间的分布状况或配置状况，是种群自身的生物学特性、种内和种间相互关系，以及所处生境异质性等综合作用的空间表现形式，不仅能反映某个种群适应生境后对空间的占有格局，还能反映出与其他种群相互作用和影响的过程。种群的空间分布格局一般分为随机分布、均匀分布和聚集分布 3 个类型。

目前，对于某一湿生高等植物种群的空间分布格局研究，一般采用扩散指数、聚块指数、丛生指数、平均拥挤度、Green 指数、二项分布的聚集强度等指标进行评价（洪志猛等 2004; 武玉珍和张峰 2006）。从现有的研究来看，目前对单个湿生物种的种群空间分布格局研究占据主导，而针对多个物种相互作用下的种群空间分布格局的研究还不多见。例如，洪志猛等（2004）采用样带法对泉州湾湿地桐花树种群的空间分布格局进行了研究，总结桐花树幼苗群、小树群和大树群分布格局的动态规律。何东等（2009）在对神农架地区河岸带中领春木种群数量特征的研究中，发现领春木种群在河岸带中沿海拔呈现“一带多岛”现象，认为这是领春木分布范围收缩的表现，是种群衰退的标志。并提出不仅应加强对现有领春木种群的保护，而且更需要采取一定的措施促进其种群的延续与发展。而杨晓东等（2010）不仅局限于对某个湿生高等植物种群的分布格局进行研究，且对艾比湖湿地自然保护区的 8 个乔、灌木种群空间分布格局进行了研究，探讨了各个物种种群分布格局之间的相互关系。从湿生高等植物种群生态学的发展趋势来看，对某个湿生高等植物种群空间分布格局的研究需要扩大到对湿地生态系统中同时存在的多个湿生高等植物种群的空间分布格局及它们之间相互关系的研究。从应用上来看，对湿生高等植物种群的空间分布格局的研究，对于研究者更好地利用湿地资源具有重要的意义。

国内的经典湿生高等植物种群动态研究主要集中在以上几个方面，但直接针对环境因子的变化或者直接针对人为干扰对湿生高等植物种群动态产生影响的研究并不多见。相对而言，在国外的一些研究中涉及了某些湿地环境因子的变化或人为活动的干扰与湿生高等植物种群动态之间关系的研究，例如，洪汛节律或人工疏浚活动等环境干扰对湿生高等植物种群产生的影响研究（Badalamenti et al. 2006; Stokes 2008），这些研究在一定程度上为研究湿地生态系统和湿生高等植物种群动态提供了更加丰富的证据。因此，研究者应更多地关注湿地生态系统中各种环境因子的变化，以及人为活动的干扰对湿生高等植物种群动态造成的影响。

第三节　湿生高等植物种群遗传生态学研究

种群遗传生态学是以种群为研究对象，以生态学、遗传学、生物化学、统计学、地学等学科为基础，主要从遗传和生态两个方面研究物种因环境差异而产生的种内变异和分化，从而揭示种群对环境的适应过程及其机制的一门新学科。其重要特征是以遗传、变异、进化为核心，把生态系统中生物与环境的相互作用有机结合起来，深刻揭示生态系统中信息传递、遗传变异、分化、适应等基本规律（钟章成和曾波 2001）。

种群遗传生态学在20世纪90年代兴起，尤其在过去10年发展异常迅速，研究手段的进步更是日新月异，目前已经成为种群生态学各个分支领域研究的热点。目前在湿生高等植物种群遗传生态学的研究中，分子标记是主要的研究手段。分子标记手段主要可以分为：蛋白质分子标记（等位酶标记）和DNA分子标记（RAPD、ITS、SRAP和ISSR等）两种类型。在湿生高等植物种群遗传生态学发展早期，等位酶分子标记是主要的研究手段，后来逐渐被RFLP、SRAP、ITS和RAPD等标记手段所取代。直到目前，ISSR和RAPD分子标记技术凭借其比RFLP和SSR技术操作更简单、稳定性和重复性更好、可揭示更多的遗传多样性等优势成为湿生高等植物种群生态学研究的主要分子标记手段（李海生和陈桂珠 2004；林瑞余等 2008）。

过去10年来，湿生高等植物种群遗传生态学的研究内容主要包括以下几个方面。

1. 湿生高等植物种群的遗传结构和遗传多样性

目前大量研究，尤其是国内的研究主要集中在湿生高等植物种群基本遗传结构、遗传多样性和变异上，这些研究有助于研究者阐明自然条件下生物变异与环境的关系，以及物种形成的机制。研究的对象多以红树植物、濒危和保护植物、经济植物和药用植物等具有重要生态功能和经济价值的湿生高等植物为主，研究的根本目的主要是对目标物种的保护，属于保护生物学的范畴。

红树植物是热带海岸潮间带的木本植物群落，是热带海岸重要的植被类型，是维护海岸生态平衡的特殊生态系统。但目前由于人为活动受到了破坏，红树植物的种群日渐萎缩。基于红树植物重要的生态作用，许多研究对红树植物遗传结构、遗传多样性和变异尤为关注。例如，潘文等（2012）及李海生和陈桂珠（2004）利用ISSR分子标记技术对广西桐花树和海南岛海桑种群遗传多样性及变异进行了研究。目前大部分研究仅通过标记细胞核中的DNA来探讨湿生高等植物种群的遗传变异和分化情况（葛菁萍和林鹏 2004；赵鹏和韩维栋 2009）。而对于被子植物而言，叶绿体中的DNA大多直接从母体那里继承，所以对于那些既可以通过花粉散播又可以通过繁殖体散播产生基因流的湿生高等植物物种来说，同时研究细胞核和叶绿体中的DNA可以阐明该物种种群的花粉和繁殖体散播模式，以便更深入地理解物种的进化和种群建立过程。Ginwal等（2011）在对菖蒲种群遗传结构的研究中，就将细胞核和叶绿体分子标记相结合，较好地阐明了菖蒲种群的遗传变异和散播情况。

那些种群规模较小，种群间的基因流受到阻碍，种群的遗传多样性和变异较低，面临着难以长期持续发展的物种，被定义为濒危物种或保护物种（Cipollini et al. 2013）。传统的保护生物学仅通过统计种群的大小来定义种群的濒危性，往往对种群长期发展最为重要的遗传上的有效种群大小产生误导（Brede & Beebee 2006），分子标记手段的应用克服了传统保护生物学的这一不足。Cipollini等（2013）和Kareem（2012）通过分子标记对濒危植物纸莎草和菖蒲的遗传结构进行研究，明确地界定了两者的濒危程度。濒危物种分布在不同生境中的子种群对整个物种的遗传多样性贡献大小是不同的，明确哪些子种群在保护该物种遗传多样性上具有更为重要的作用，对濒危物种遗传多样性的保护至关重要。通过分子标记对处于不同生境和斑块的子种群遗传结构和分布进行研究，评价某物种处于不同生境中的种群遗传多样性和变异水平，可使研究者明确该物种的哪个种群在遗传上具有关键的地位。例如，在对日本濒危物种金银莲花（*Nymphoides indica*）种群的遗传结构和多样性的研究中发现，霞浦湖的金银莲花种群在该物种种群的遗传多样性上占有较为重要的地位，应重点加以保护（Shibayama et al. 2006）。

2. 湿生克隆植物的遗传多样性及变异

对于湿生克隆植物而言，与其他物种不同的是其同时存在有性繁殖和营养繁殖两种繁殖方式，往往在所在生境中形成大面积持续存在的种群。基于其独特的繁殖特征，研究者难以通过肉眼判断其种群的遗传多样性和基因型多样性，或仅凭地上茎的数量去估计基株的数量，所以对于其遗传多样性难以进行研究。利用分子标记手段可以使研究者准确地将基株和分株区分开来。郭卫华等（2003）和曾汉元等（2013）曾对芦苇和芦竹分别通过等位酶分析和 ISSR 分子标记手段分析了这两种植物的遗传多样性，探讨了它们的克隆生长过程。Hodoki 等（2014）用 SSR 标记对濒危克隆植物糙叶薹草（*Carex scabrifolia*）种群斑块的遗传多样性进行研究，并发现每个斑块的基因型对糙叶薹草的克隆多样性都具有重要作用，因此都应该予以保护。

3. 湿生高等植物种群的适应性及进化

大多数湿生高等植物都发展出了不同的繁殖策略来扩大自己的种群，主要通过有性繁殖和无性繁殖的方式进行繁殖。湿生高等植物种群在不同的环境下采用何种繁殖策略，体现了其对环境的适应方式和进化方向，是研究者尤其关注的问题。利用分子标记手段可以使研究者区分湿生高等植物种群中克隆多样性（或遗传多样性）的高低，进而了解其适应特性。例如，通过研究小地理尺度上纸莎草种群的克隆多样性，发现其种群的克隆多样性较高，说明纸莎草的种群在很大程度上是通过种子萌发产生的幼苗建立起来的（Triest et al. 2014）。

杂交被认为是遗传过程中的重要过程（Barton & Hewitt 1989; Ellstrand et al. 1996; Barton 2001; Mallett 2005），传统的方法是通过形态学特征的分析研究种群的杂交历史（Randolph et al. 1967; Potter 1994; Diskin et al. 2006），但当大量潜在形态特征存在重叠时，就难以将它们分辨出来（Blackstock & Ashton 2010）。将分子标记手段和形态特征手段相结合可以在种群进化上为研究者带来更丰富的信息，例如，Blackstock 和 Ashton（2010）就运用分子标记和形态特征分析方法相结合的手段对杂交薹草种群的杂交历史和种群间的基因渗透进行了较为深入的探讨，明确了其种群的杂交和进化历史。

可见，分子标记手段的运用对研究者更加深入地研究湿生高等植物种群的遗传结构、遗传多样性和变异，以及种群适应性及进化等提供了可能性。从技术水平而言，目前我国与国外的研究水平相当，国内的相关研究主要处在探讨目标物种种群的遗传结构和变异阶段，以研究细胞核的遗传信息为主。而国外的研究除了对细胞核 DNA 进行分子标记外，还对那些携带了亲本信息的细胞质和叶绿素中的DNA进行分子标记（Steane et al. 2006），进一步深入研究湿生高等植物种群的繁殖策略、杂交和进化历史等问题。因此，国内的湿生高等植物种群遗传生态学研究应更多地关注除细胞核以外的遗传信息，以便更加全面地刻画湿生高等植物种群的遗传结构、遗传多样性和变异，以及种群适应性及进化过程。

第四节　湿生高等植物种群繁殖生态学研究

繁殖生态学是研究生物在其环境内的最适生活史格局、生殖配置、生殖值、生殖产量，以及生殖对策及其相互关系的科学（Wilson 1983）。植物繁殖生态学的重要特点是以植物繁殖为核心，把生态系统中植物的繁殖与环境、生物间的关系、植物与动物的相互作用、相互适应关系有机地结合在一起，深刻地揭示出与之相关的生态系统中能量、物质、信息、基因的传递规律。

种子的散播在植物的繁殖过程中扮演了关键角色（Silvertown & Charlesworth 2001），目前的湿生高等植物种群生态学研究中，对于种子的形态特征、休眠、活力和萌发特征的研究占据湿生高等植物种群繁殖生态学研究的主要位置。种子是否具备较高的活力是种群得以扩散的重要前提，研究认为饱满的种子较不饱满的种子往往具有更高的活力，有助于物种的扩散（张迎颖等 2012）。种子通过水媒传播，是湿生高等植物种群的主要扩散方式（Sculthorpe 1967），漂浮能力强的种子具备较远的扩散能力，而漂浮能力弱的物种则可以更好地占据原有生境，研究发现某些湿生高等植物同时能够产生具备不同漂浮能力的种子，即具有较强漂浮能力的种子和较弱漂浮能力的种子，这对其种群的定居和扩散都具有积极的意义（Pollux et al. 2009）。另外，除了种子散播能力、活力大小外，种子库和种子的休眠特性也对湿生高等植物种群的动态和更新具有关键作用（Kettenring & Whigham 2009; Ruaux et al. 2009; Baldwina et al. 2010; Kato & Kadono 2011）。

第五节　湿生高等植物种群行为生态学研究

由于人们普遍认为，只有动物才具有行为，因此导致植物行为生态学的研究明显滞后于动物行为生态学，只处于初级研究阶段。觅源行为是植物行为生态学的重要内容。目前普遍认为，资源是可被生物直接利用或对生物适合度具有潜在影响的环境因子。如温度、斑块、空间、CO_2、水、光、营养元素等。觅源行为的物质基础是资源分配，其表现形式是表型可塑性和生长反应等，其最终目标是资源获取对策，使投资—收益达到最佳，提高物种的适合度（钟章成和曾波 2001）。

目前对于湿生高等植物种群行为生态学的研究主要集中在营养物质分配、生长分析和表型可塑性上，基本上处于初级研究阶段。国内的研究多以单个物种为研究对象，例如，严德福等（2012）和张剑（2005）对松嫩平原的异质生境和水淹恢复演替系列中的芦苇叶片可塑性、资源分配和生长可塑性进行了较为深入的探讨。而国外的研究则进一步涉及多个物种之间的相互关系对表型可塑性的影响，例如，Bellavance 和 Brisson（2010）对芦苇和香蒲相互竞争时两者的形态可塑性表现的研究。

第六节　湿生高等植物种内和种间关系研究

1. 生态位理论的应用研究

在湿生高等植物种内和种间关系的研究中，生态位理论占据着重要的地位。生态位是指种群在时间、空间的位置，以及种群在群落中的地位和功能作用（李登武等 2005），由于生态位理论在研究种间关系、生物多样性、群落结构及演替和种群进化及实践等方面的广泛应用（张金屯 2004），生态位研究已经成为湿生高等植物种群生态学的重要研究内容之一，主要研究内容包括“生态位宽度”和“生态位重叠”两个方面。“生态位宽度”和“生态位重叠”的计算分析对比较不同植物的环境适应性有较大意义（尚玉昌 1988）。生态位重叠值大小既能够说明湿生高等植物种群之间在环境资源维度上分布的重叠程度，也能说明湿生高等植物种群在环境资源维度上的使用情况。具有相似环境资源维度要求的湿生高等植物种群或生态学特征相似的湿生高等植物种群生态位重叠较宽（陈波和周兴民 1995；郭全邦等 1997）。

在湿生高等植物种群生态学研究中，生态位理论主要运用在以下 3 个方面。

用生态位理论刻画湿生高等植物种群在时间、空间的位置，在群落中的功能地位及对环境的适应性。例如，刘蕾等（2006）、徐治国等（2007）和占玉芳等（2012）从生态位宽度和生态位重叠角度，分别对山西桑干河流域、三江平原沼泽湿地和黑河流域湿地主要优势物种种群生态位进行了探讨，揭示了各优势物种种群在植物群系中的功能地位、生态适应性和生态相似性程度。在某些研究中（刘丽艳和张峰 2006；李浩等 2007；袁月等 2008；高永恒等 2011）用种间关联和种间相关关系来探讨湿生高等植物种群之间的相互关系，并认为物种之间正相关或正关联，主要是由于它们具有相近的生物学特性，对生境具有相似的生态适应性和相互分离的生态位；而物种之间负相关或负关联，则主要是由于它们具有不同的生物学特性，对生境具有不同的生态适应性和相互重叠的生态位。另外，运用生态位理论还可以揭示演替进程中的种群动态和种群结构变化（梁玉等 2008；付为国等 2008），以便进一步认识植被群落演替规律和特征。

2. 种群个体间的相互作用与环境条件之间的关系研究

种群个体之间的积极或消极的相互作用，将影响种群的动态变化（Krebs 1994; Begon et al. 2005）。种群的密度大小或种群所处的环境条件决定了个体之间相互作用的类型（Bronstein 1994; Callaway et al. 2003）。研究认为种群处在环境胁迫较大的环境中，种群个体之间往往会因群居生活而获利，当其所处的环境胁迫较小时，种群个体之间往往会因较高的种群密度，而产生消极的相互作用。Goldenheim 等（2008）在对碱蓬的研究中发现，在同样的种群密度下，当碱蓬所处的环境胁迫较小时，其个体间具有消极的密度依赖关系，当其所处的环境胁迫较大时，其个体间具有积极的密度依赖关系。说明在同样的种群密度下，种群间个体的相互作用性质与其所处的环境条件具有紧密的关系。

近年来，在国内的湿生高等植物种群种内和种间关系研究中，生态位理论的探讨较为普遍，而在国外的研究中，生态位理论的运用却并不多见。

第七节　总结与展望

1. 总结

研究者可以发现目前国内和国外在湿生高等植物种群生态学的研究上仍然存在一定的差距。但与钟章成等（1991）在《植物种群生态学发展趋势及我国植物种群生态学发展战略研究》中对 20 世纪 90 年代前后中国与国外在植物种群生态学研究上的差距相比较而言，作为植物种群生态学的重要分支，湿生高等植物种群生态学较 20 年前的研究水平有了很大的进步，已从单纯的经典研究和描述性研究阶段向更深入的机制研究和分子研究阶段过渡，并且在研究手段和技术水平上基本与国外相当。相比国外的研究而言，目前中国对湿生高等植物种群生态学研究的特点主要表现在以下几个方面。

（1）我国相当一部分湿生高等植物种群生态学研究仍属于经典的种群生态学研究范畴。例如，对湿生高等植物种群的基本特征、种群动态和种群分布格局的研究等，这与我国湿生高等植物种群生态学研究起步较晚有很大的关系。并且在未来较长的时间内，经典的种群生态学研究仍将是湿生高等植物种群生态学研究的重要方面。

（2）在新技术手段的支持下，我国的湿生高等植物种群生态学研究正向更为宏观和更为微观两个方向快速发展。遥感技术的发展，使研究者在较大尺度上探讨湿生高等植物种群的分布、扩散和萎缩等种群的动态成为可能。分子标记手段的兴起为研究者更加深入地研究湿生高等植物种群的遗传结构、遗传多样性和变异，以及种群适应性及进化等提供了可能性。所以在近 10 年来，我国在宏观和微观湿生高等植物种群生态学研究领域取得了较大的突破。

（3）我国对于探讨人为活动干扰和全球变化对湿生高等植物种群产生的影响研究还相对不足。过去几十年间，人为活动和全球变化对生态环境造成了普遍的重大影响，然而目前针对人为活动和全球变化条件下，环境条件改变对湿生高等植物种群影响的研究却并不深入，这一点在国内的研究中尤其明显。

（4）长期的湿生高等植物种群生态学研究还严重缺乏。长期研究对于那些长期处于动态的、周期性的过程和现象，或是复杂的现象和过程具有重要的意义和作用，这种研究可以排除其他干扰的不确定性。但由于我国湿生高等植物种群生态学研究发展历史较短，并且长期研究常会遇到资金、地点变更、技术更新和实验设计等因素影响，因此造成我国对湿生高等植物种群的长期定位观测与研究目前还较为匮乏。

2. 建议与展望

中国拥有湿地 6600 多万 hm^2，约占世界湿地面积的 10%，居亚洲第一位，世界第四位。中国是世界上湿地类型齐全、数量丰富的国家之一。但改革开放以后，由于不合理的利用和破坏，湿地的面积急剧缩减。湿生高等植物种群作为湿地发挥其生态功能的关键要素，其生存和发展正面临着巨大的挑战。为此，对我国的湿生高等植物种群生态学研究提出以下几点建议。

（1）更广泛深入地探讨人为活动干扰和全球变化对湿生高等植物种群的影响及其机制。

（2）将宏观尺度研究和微观尺度研究与经典的湿生高等植物种群生态学研究相结合，从根本上明确湿生高等植物种群的分布、扩散、遗传变异、适应和进化机制。

（3）针对湿生高等植物种群开展更多的有价值的长期监测和研究，这有助于研究者揭示湿生高等植物种群的变化规律及其机制。

参考文献

卜兆君，杨允菲，郎惠卿. 2004. 小兴安岭泥炭沼泽甸杜种群分株的年龄结构与生长分析. 东北师大学报(自然科学版), 36(4): 98-104.

陈波，周兴民. 1995. 三种蒿草群落中若干植物种的生态位宽度与重叠分析. 植物生态学报, 19(2): 158-169.

邓潮洲，张希明，李利，等. 2010. 塔里木河下游胡杨群落特征及种群结构分析. 中国沙漠, 30(3): 589-595.

付为国，李萍萍，卞新民，等. 2008. 镇江内江湿地植物群落演替进程中种群生态位动态. 生态环境, 17(1): 278-284.

高永恒，曾晓阳，周国英，等. 2011. 长江源区高寒湿地植物群落主要种群种间关系分析. 湿地科学, 9(1): 1-7.

葛菁萍，林鹏. 2004. 盐度变化对秋茄种群遗传分化的影响. 生态学报, 24(4): 730-735.

郭全邦，刘玉成，李旭光. 1997. 缙云山森林次生演替序列优势种群的生态位. 西南师范大学学报(自然科学版), 22(1): 73-78.

郭卫华，张淑萍，宋百敏，等. 2003. 黄河下游湿地芦苇种群克隆结构的等位酶分析. 山东大学学报(理学版), 38(2): 89-96.

何东，魏新增，李连发，等. 2009. 神农架山地河岸带连香树的种群结构与动态. 植物生态学报, 33(3): 469-481.

洪志猛，崔丽娟，张建生，等. 2004. 泉州湾湿地桐花树种群空间分布格局的研究. 湿地科学, 2(4): 285-289.

黄华梅，张利权. 2007. 上海九段沙互花米草种群动态遥感研究. 植物生态学报, 31(1): 75-82.

黄华梅，张利权，高占国. 2005. 上海滩涂植被资源遥感分析. 生态学报, 25(10): 2686-2693.

江洪，马克平，张艳丽，等. 2004. 基于空间分析的保护生物学研究. 植物生态学报, 28(4): 562-578.

焦德志，杨允菲. 2012. 扎龙湿地芦苇种群根茎年龄结构研究. 黑龙江畜牧兽医, 21(7): 74-76.

李登武，张文辉，任争争. 2005. 黄土沟壑区狼牙刺群落优势种群生态位研究. 应用生态学报, 16(12): 2231-2235.

李海生，陈桂珠. 2004. 海南岛红树植物海桑遗传多样性的ISSR分析. 生态学报, 24(8): 1657-1663.

李浩，靳力，张贵平. 2008. 壶流河流域湿地植被优势种种间关系分析. 湿地科学, 6(3): 366-371.

李强，徐晔春. 2010. 湿地植物. 广州：南方日报出版社.

梁士楚，蒋潇潇，李峰. 2008. 广西英罗港红树植物木榄种群年龄结构的研究. 海洋学研究, 26(4): 35-40.

梁玉，房用，刘月良，等. 2008. 黄河三角洲湿地群落种群生态位研究. 山东林业科技, 38(2): 10-13.

林瑞余，孙红艳，赵瑞宗，等. 2008. 福建不同水域水葫芦遗传多态性的ISSR分析. 福建农林大学学报(自然科学版), 37(2): 175-179.

刘蕾, 刘丽艳, 张峰. 2006. 山西桑干河流域湿地植被优势种群生态位分析. 山西大学学报(自然科学版), 29(2): 215-218.
刘丽艳, 张峰. 2006. 山西桑干河流域湿地植被优势种群种间关系研究. 生态环境, 15(6): 1278-1283.
陆军. 2008. 滨江湿地优势植物种群的能量生产动态研究. 镇江: 江苏大学硕士研究生学位论文.
潘文, 李元跃, 陈攀, 等. 2012. 广西红树植物桐花树种群遗传多样性分析. 广西植物, 32(2): 203-207.
尚玉昌. 1988. 现代生态学中的生态位理论. 生态学进展, 5(2): 77-84.
孙志高, 刘景双, 杨继松, 等. 2006. 三江平原小叶章湿地种群生物量结构动态与生长速率分析. 草业学报, 15(2): 21-29.
王东辉, 张利权, 管玉娟. 2007. 基于 CA 模型的上海九段沙互花米草和芦苇种群扩散动态. 应用生态学报, 18(12): 2807-2813.
武玉珍, 张峰. 2006. 山西桑干河流域湿地植被优势种群分布格局研究. 植物研究, 26(66): 735-741.
徐治国, 何岩, 闫百兴, 等. 2007. 三江平原典型沼泽湿地植物种群的生态位. 应用生态学报, 18(4): 783-787.
严德福, 杨允菲, 赵明清. 2012. 松嫩平原异质生境芦苇种群叶片的表型可塑性. 东北师大学报(自然科学版), 44(2): 78-83.
杨存建, 刘纪远, 骆剑承. 2004. 不同龄组的热带森林植被生物量与遥感地学数据之间的相关性分析. 植物生态学报, 28(6): 862-867.
杨晓东, 吕光辉, 张雪梅, 等. 2010. 艾比湖湿地自然保护区 8 个乔灌木种群空间分布格局分析. 植物资源与环境学报, 19(4): 37-42.
杨允菲, 魏春雁, 张宝田, 等. 2005. 松嫩平原碱化草甸旱地生境芦苇种群的芽流和芽库动态. 应用生态学报, 16(5): 854-858.
袁月, 傅德平, 吕广辉. 2008. 新疆艾比湖湿地植被优势种种间关系研究. 湿地科学, 6(4): 486-491.
曾汉元, 魏麟, 刘鹏, 等. 2013. 能源草芦竹遗传多样性的 ISSR 分析. 草业学报, 22(3): 266-273.
占玉芳, 马力, 李小燕, 等. 2012. 黑河流域(张掖段)湿地植物群落优势种群生态位. 东北林业大学学报, 40(10): 61-66.
张剑. 2005. 松嫩草甸水淹恢复演替系列群落芦苇种群的生态可塑性研究. 长春: 东北师范大学硕士研究生学位论文.
张金屯. 2004. 数量生态学. 北京: 科学出版社.
张林海, 曾从盛, 仝川. 2008. 闽江河口湿地芦苇和互花米草生物量季节动态研究. 亚热带资源与环境学报, 3(2): 25-33.
张迎颖, 吴富勤, 张志勇, 等. 2012. 凤眼莲有性繁殖与种子结构及其活力研究. 南京农业大学学报, 35(1): 135-138.
张友民, 杨允菲, 王立军. 2006. 三江平原沼泽湿地芦苇种群生产与分配的季节动态. 中国草地学报, 28(4): 1-5.
张玉峰, 张娟红, 孙晓波. 2012. 基于表型分析的银川平原芦苇种群生长动态研究. 宁夏农林科技, 53(7): 1-4, 6.
赵鹏, 韩维栋. 2009. 中国东南沿海 15 个秋茄种群遗传多样性的 SRAP 分析. 基因组学与应用生物学, 28(6): 1151-1156.
钟章成, 董鸣, 熊利民. 1991. 植物种群生态发展趋势及我国植物种群生态学发展战略研究//马世骏. 中国生态学发展战略研究: 第一集. 北京: 中国经济出版社: 80-106.
钟章成, 曾波. 2001. 植物种群生态研究进展. 西南师范大学学报(自然科学版), 26(2): 231-236.
Ayres D R, Klohr S, Smith D L, et al. 2004. Spread of exotic cordgrass and hybrids (*Spartina* sp.) in the

tidal marshes of San Francisco Bay, California, USA. Biol Invasions, 6(2): 221-231.

Badalamenti F, Carlo G D, Anna G D, et al. 2006. Effects of dredging activities on population dynamics of *Posidonia oceanica* (L.) Delile in the Mediterranean sea: the case study of Capo Feto (SW Sicily, Italy). Hydrobiologia, 555(1): 253-261.

Baldwina A H, Kettenring K M, Whigham D F. 2010. Seed banks of *Phragmites australis*—dominated brackish wetlands: relationships to seed viability, inundation, and land cover. Aquat Bot, 93(3): 163-169.

Barton N H. 2001. The role of hybridization in evolution. Mol Ecol, 10(3): 551-568.

Barton N H, Hewitt G M. 1989. Adaptation, speciation and hybrid zones. Nature, 341(6242): 497-503.

Begon M, Townsend C R, Harper J L. 2005. Ecology: Individuals, Populations and Communities. 4th edition. Oxford: Blackwell Science.

Bellavance M E, Brisson J. 2010. Spatial dynamics and morphological plasticity of common reed (*Phragmites australis*) and cattails (*Typha* sp.) in freshwater marshes and roadside ditches. Aquat Bot, 93(2): 129-134.

Blackstock N, Ashton P A. 2010. Genetic markers and morphometric analysis reveal past hybridization and introgression in putative *Carex flava* L. s.str. (Cyperaceae) hybrid populations. Plant Syst Evol, 287(1): 37-47.

Brede E G, Beebee T J C. 2006. Large variations in the ratio of effective breeding and census population sizes between two species of pond-breeding anurans. Bot J Linn Soc, 89(2): 365-372.

Bronstein J L. 1994. Conditional outcomes in mutualistic interactions. Trends Ecol Evol, 9(6): 214-217.

Callaway R M, Pennings S C, Richards C L P. 2003. Phenotypic plasticity and interactions among plants. Ecology, 84(5): 1115-1128.

Cipollini K, Millam K C, Burks D, et al. 2013. Genetic structure of the endangered northeastern bulrush (*Scirpus ancistrochaetus*) in Pennsylvania, USA, using information from RAPD and SNPs. Biochem Genet, 51(9-10): 686-697.

Diskin M, Steiner K C, Hebard F V. 2006. Recovery of American chestnut characteristics following hybridization and backcross breeding to restore blight-ravaged *Castanea dentata*. Forest Ecol Manage, 223(1-3): 439-447.

Ellstrand N C, Whitkus R, Rieseberg L H. 1996. Distribution of spontaneous plant hybrids. Proc Nat Acad Sci, 93(10): 5090-5093.

Ginwal H S, Mittal N, Tomar A, et al. 2011. Population genetic structure and diversity of high value vulnerable medicinal plant *Acorus calamus* in India using RAPD and chloroplast microsatellite markers. J Forest Res, 22(3): 367-377.

Goldenheim W M, Irving A D, Bertness M D. 2008. Switching from negative to positive density-dependence among populations of a cobble beach plant. Oecologia, 158(3): 473-483.

Hodoki Y, Ohbayashi K, Kunii H. 2014. Analysis of population clonal diversity using microsatellite markers in the salt marsh sedge *Carex scabrifolia* in western Japan. Landsc Ecol Eng, 10(1): 9-15.

Kareem V K A, Rajasekharana P E, Ravisha B S, et al. 2012. Analysis of genetic diversity in *Acorus calamus* populations in South and North East India using ISSR markers. Biochem Syst Ecol, 40: 156-161.

Kato R, Kadono Y. 2011. Seed germination traits of *Trapella sinensis* (Trapellaceae), an endangered aquatic plant in Japan: conservation implications. Aquat Bot, 95(4): 258-261.

Kettenring K M, Whigham D F. 2009. Seed viability and seed dormancy of non-native *Phragmites australis* in suburbanized and forested watersheds of the Chesapeake Bay, USA. Aquat Bot, 91(3): 199-204.

Krebs C J. 1994. Ecology. 4th edition. New York: Harper Collins.

Mallett J. 2005. Hybridization as an invasion of the genome. Trends Ecol Evol, 20(5): 229-237.

Pollux B J A, Verbruggen E, van Groenendael J M, et al. 2009. Intraspecific variation of seed floating ability in *Sparganium emersum* suggests a bimodal dispersal strategy. Aquat Bot, 90(2): 199-203.

Potter S M. 1994. Practical methods for distinguishing the two native British oaks and their intermediates. Quart J Forest, 88: 27-34.

Randolph L F, Nelson I S, Plaisted R L. 1967. Negative evidence of introgression affecting the stability of *Louisiana iris* species. Cornell University, Agricultural Experiment Station, New York State College of Agriculture.

Ruaux B, Greulich S, Haury J, et al. 2009. Sexual reproduction of two alien invasive *Ludwigia* (Onagraceae) on the middle Loire River, France. Aquat Bot, 90(2): 143-148.

Sculthorpe C D. 1967. The Biology of Aquatic Vascular Plants. London: Edward Arnold Publishers, Ltd.

Shibayama Y, Uesugi R, Tsumura Y, et al. 2006. Conservation of the Lake Kasumigaura population of *Nymphoides indica* (L.) Kuntze based on genetic evaluation using microsatellite markers. Limnology, 7(3): 193-197.

Silvertown J, Charlesworth D. 2001. Introduction to Plant Population Biology. Oxford: Blackwell Publishing.

Steane D A, Conod N, Jones R C, et al. 2006. A comparative analysis of population structure of a forest tree, *Eucalyptus globulus* (Myrtaceae), using microsatellite markers and quantitative traits. Tree Genet Genom, 2(1): 30-38.

Stokes K E. 2008. Exotic invasive black willow (*Salix nigra*) in Australia: influence of hydrological regimes on population dynamic. Plant Ecol, 197(1): 91-105.

Teillet P M, El Saleous N, Hansen M C, et al. 2000. An evaluation of the global 1-km AVHRR land data set. Int J Remote Sensing, 21(10): 1987-2021.

Triest L, Sierens T, Terer T. 2014. Diversity and fine-scale spatial genetic structure of *Cyperus papyrus* populations in Lake Naivasha (Kenya) using microsatellite markers. Hydrobiologia, 737(1): 131-144.

Wilson M F. 1983. Plant Reproductive Ecology. New York: Wiley & Sons.

Zhang R S, Shen Y M, Lu L Y, et al. 2004. Formation of *Spartina alterniflora* salt marshes on the coast of Jiangsu Province, China. Ecol Eng, 23(2): 95-105.

第八章　浮游植物种群生态学*

第一节　引　　言

水这一特殊生态因子是水域生态系统区别于其他生态系统的主要特点之一，其不仅决定了生物生活的环境，而且参与许多物质循环。就生物成分而言，按其生态机能可分为生产者、消费者及分解者。生产者主要包括浮游藻类（也称浮游植物）、底栖藻类和水生种子植物。由于光合作用受到光的影响，底栖藻类只有在光充足的浅水中才能发挥其初级生产者的作用。因此，单细胞或群体的浮游植物往往是水域生态系统初级生产力的主要贡献者。作为消费者，浮游动物及水生肉食性动物对初级生产者的种群变化具有调节作用。而分解者如细菌和真菌不仅扮演着水域生态系统的分解者作用，而且表现出与初级生产者共协调的作用（Li et al. 2012）。因而，浮游植物是水体食物链的基础，对浮游植物种群的研究是水域生态学最重要的研究热点之一（郭沛勇和沈焕庭 2003）。

浮游植物包含数十至数百个种，其细胞大小为 1～100 μm，繁殖代时短（不超过几天）且分别隶属于不同的分类单元（Granéli & Turner 2006），因此，表现出较强的种类多样性。然而，这些不同的浮游植物种类往往共存于一个自然水体中，因此，面对非生物因素（如光、温度、营养和水流等）和生物因素（如摄食、竞争、寄生和微生物等）作用下，浮游植物种群呈现出较大的时空多样性。在自然、人工水域生态系统中，浮游植物种群的时空变化及对生态因子的响应机制研究始终成为浮游植物种群生态学研究的重中之重。

近年来，由于藻类“水华”或“赤潮”的频繁暴发，针对有害藻类种群研究已成为国内外浮游植物生态学研究的热点和难点。此外，浮游植物种群变化与水域生态系统其他生物，如微生物、浮游动物、鱼类等的互作关系研究也成为浮游植物种群生态学研究的重要范畴。因此，本章节仅总结、归纳了当前浮游植物种群生态学研究方面的主要进展。

第二节　我国浮游植物种群生态学研究进展

1. 浮游植物种群动态变化及相关研究

水域生态系统中，浮游植物种群的变动受到许多生态因子的影响。国内外对浮游植物种群动态的研究主要集中于浮游植物对不同生态因子响应的动态分布格局及相关性方面。光是影响浮游植物生长的重要因素，Masojíoe 等（2001）表明在光限制条件下，蓝藻（如 *Planktothrix agardhii*）比绿藻（如 *Scenedesmus* sp.）更具竞争力，同时更具高光

本章作者：吴忠兴

耐受能力。张运林等（2004）对太湖梅梁湾浮游植物及初级生产力进行研究，发现浮游植物种群变化与温度、营养盐存在显著的相关性。况琪军等（2007）对三峡库区藻类种群结构与密度的研究，表明藻类细胞密度与TP的相关性比与TN的相关性更为密切。刘海平等（2013）也发现西藏尼洋河硅藻门舟形藻科的藻类与理化因子铵态氮、表层pH、表层水温相关。陈永川等（2008）发现滇池藻类种群生长与总磷、可溶性磷浓度的变化呈显著正相关。Cai等（2012）也发现太湖浮游植物种群季节的动态变化与水体中溶解性磷、总磷呈正相关。然而，孙晓庆等（2008）研究表明营养盐加富在短期内引起浮游植物数量的快速增加，当营养盐浓度达到一定水平后却对浮游植物的生长不利；并且微型、小型浮游植物种群丰度与 NO_3^--N、N/P 呈显著相关，超微型浮游植物丰度与磷酸盐（PO_4^{3-}-P）呈显著相关。郭蔚华等（2009）对嘉陵江的浮游植物的动态变化进行监测，结果表明蓝藻、绿藻、硅藻等优势藻种变化与流速有关，优势硅藻种数与流速正相关，优势蓝藻、绿藻数与流速负相关。邬红娟和郭生练（2001）研究表明水库水文情势不仅影响浮游植物数量、种类组成、物种多样性，而且影响浮游植物群落的演替和空间格局。郭劲松等（2010）也发现水库季节性调蓄是诱发三峡小江回水区藻类种群分布及群落演替的关键。张智等（2005）研究表明浮游藻类随水温及水文等改变呈一定季节性变化，其中夏季蓝藻数量略占优势，而秋、冬季硅藻种类及数量均占优势。藻类种群变化受水温、泥沙含量、水流速等环境因素影响，而与氮、磷营养盐相关性不明显。此外，其他因素，如水电站建设、微量元素等，也影响水体藻类种群的组成和结构（林彰文等 2013）。然而，不同的水体影响因素呈现出相近或相异的结论，充分说明了生态因子影响浮游植物种群变化的复杂性，但关键的生态因子则需要进一步凝练和研究。

2. 有害藻类种群生态学相关研究

有害藻类（harmful algae）是指在水域生态系统中引起各种有害效应（包括海滩污染、氧气缺乏、鱼鳃拥堵及生物毒害等）的藻类（Granéli & Turner 2006）。工业革命以来，由于人类的活动，将大量工业废水和生活污水，以及农田径流中的营养物质排入湖泊、水库、河口、海湾等缓流水体后，部分浮游植物大量繁殖，其种群、种类数量不断发生改变，形成水华或赤潮（图 8-1，图 8-2），破坏了水域生态系统的平衡。因此，有害藻类研究一直是科研和水体管理部门感兴趣的课题。

近年来，我国许多水体均出现不同程度的富营养化。据中国第 2 次湖泊现状调查显示，138 个面积大于 10 km^2 湖泊中有 85.4%的湖泊超过了富营养化标准，其中达到重富营养化标准的占 40.1%（杨桂山 2010）。水体的富营养化导致了大量的生态问题，特别是有害藻类“水华”或“赤潮”的发生已经成为我国生态文明建设急需解决的问题之一。从 20 世纪 90 年代起，中国近海海域赤潮发生的频率开始显著上升，2000～2005 年，中国近海每年记录的赤潮次数都在 30～80 次（周名江和于仁成 2007），其中东海海域发生赤潮的次数最多，2002 年以来，每年均为 40 多次（张青田 2013）。对有害藻类的种群生态学研究主要集中于以下 3 个方面。

2.1 有害藻类的种群动态及调节机制

研究有害藻类种群动态的变化及其与环境因子、其他浮游植物的关系，能揭示该

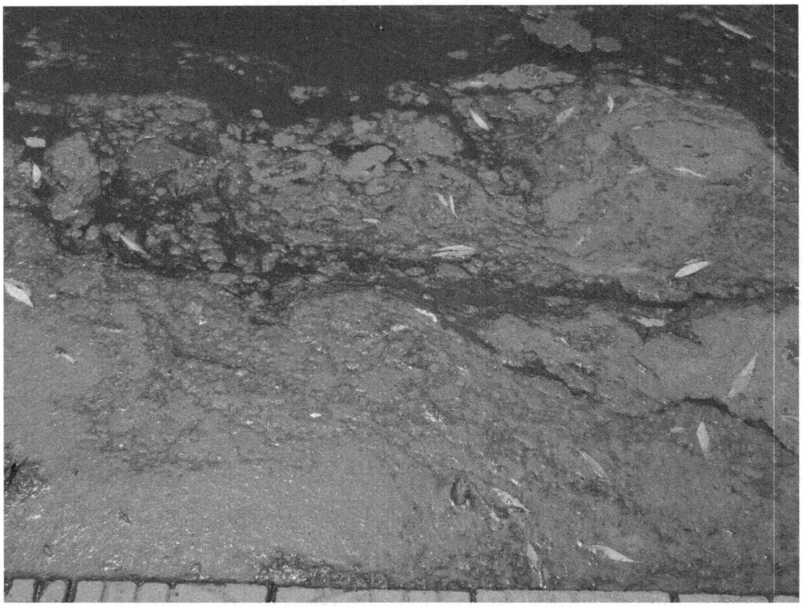

图 8-1　某湖泊微囊藻水华（摄于 2010 年）（阅读彩图请扫描封底二维码）

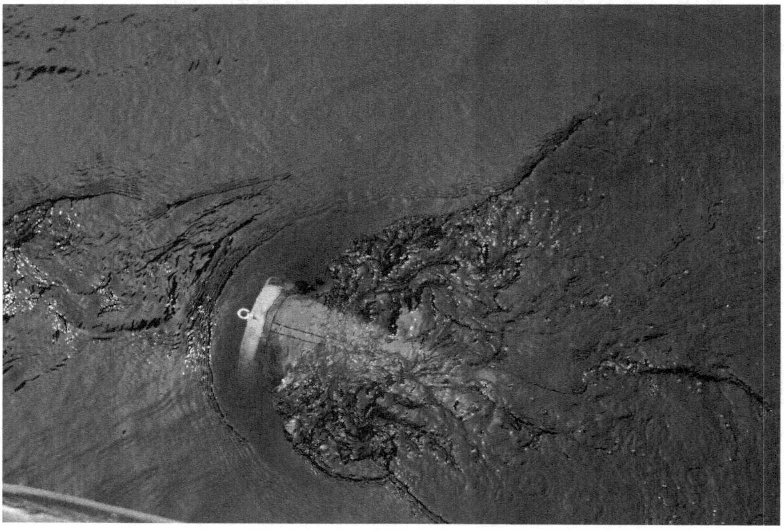

图 8-2　某河流甲藻水华（摄于 2012 年）（阅读彩图请扫描封底二维码）

种群增殖及其种群变化的环境背景，并为其赤潮或水华发生的预防、预测提供理论依据。对赤潮种类如中肋骨条藻（*Skeletonema costatum*）、颗粒直链藻（*Aulacoseira granulata*）、裸甲藻（*Gymnodinium* sp.）、卡盾藻（*Chattonella antique*）、夜光藻（*Noctiluca scintillans*）、三角褐指藻（*Phaeodactylum tricornutum*）、海洋原甲藻（*Prorocentrum micans*）和大亚湾拟菱形藻（*Pseudo-nitzschia* spp.）等的种群动态研究表明，这些赤潮藻类时空分布明显，其分布特点及种群变化与营养盐、化学需氧量（COD）、水温、pH 等生态因子具有相关性（黄伟建等 1992; 陈菊芳等 2002; 王朝晖等 2006; 周成旭等 2006; 黄长江等 2007; 赖海燕等 2011; 王超等 2012）。对水华种类，我国主要集中于微囊藻（*Microcystis* sp.）

种群动态特征及调节机制研究，其中以滇池、太湖及巢湖三大湖泊的微囊藻种群动态研究最为深入。Liu 等（2011）对太湖微囊藻种群形成的水华进行了 11 年的跟踪研究，发现水体营养增加及水温增加促使太湖微囊藻种群的增长及水华的发生。王书航等（2011）对安徽巢湖的研究也表明营养盐变化与巢湖微囊藻水华呈正相关性。

2.2 有害藻类的种群竞争及竞争机制

种群的数量变动既受外界因素条件也受种内竞争和种间竞争的影响。随着赤潮或水华的频繁发生，有害藻类形成优势的原因成为研究的另一个重要领域。对太湖微囊藻水华进行观察，不仅发现不同季节微囊藻种群与其他藻类的优势变化，而且在不同水华期间不同微囊藻也呈现出种间的密度及数量上差异（Chen et al. 2008）。对滇池的研究也发现微囊藻种群与束丝藻种群的交替变化（潘晓洁等 2006）。因此，近年来，国内学者开展了许多关于这方面的研究。李大命等（2011）对巢湖夏季和冬季有毒微囊藻和无毒微囊藻种群丰度研究表明，随着富营养化程度的增加，有毒微囊藻种群丰度增加，表现出营养竞争优势。有害藻类对其他藻类的营养竞争优势也被许多学者认同（Shen & Song 2007; Wu et al. 2009; Wang et al. 2010）。同时，蓝藻自身表现出的生理优势被广泛报道，如 CO_2 浓缩机制、碳利用、氮和磷利用及毒物的耐受机制都为蓝藻在竞争过程中形成优势提供前提（Qiu & Gao 2002; Shen & Song 2007; Wu et al. 2007, 2011; Wu & Song 2008; 赵旭辉等 2012）。此外，有害藻类的化感在竞争中的作用也被描述（张婷和宋立荣 2006; 彭喜春等 2007; 王江涛等 2012）。近年来，最吸引人注意的水华形成及竞争机制的研究在于有毒藻类释放的藻毒素等次生代谢产物对竞争的影响（胡智泉等 2006, 2008; 杨翠云等 2009; Gan et al. 2012）。因此，水华有害藻类种群密度制约和非密度制约相互作用的结果。

2.3 有害藻类水华或赤潮形成的生态过程及机制

伴随着中国水域富营养化问题的加剧，有害赤潮或水华发生的频率和规模也呈现明显增加趋势。在水华方面，依托国家科技部“973”计划和水专项等项目，提出了蓝藻种群生长与水华形成经历越冬休眠、春季复苏、生长和集聚上浮并形成水华 4 个阶段的假说，并分析了 4 个阶段各生态过程与环境因子的关系（图 8-3）（孔繁翔等 2009; 孔繁翔和宋立荣 2011）。

针对赤潮的发生，依托国家科技部“973”计划等项目的支撑，我国学者通过生物学、化学、海洋学等多学科交叉研究对东海长江口海域大规模东海原甲藻赤潮形成的生态学与海洋学机制开展了系统深入的研究。从主要营养盐的动态变化与赤潮生消的关系和赤潮藻对营养盐变化的特殊适应能力角度，揭示了东海大规模赤潮形成的化学海洋学机制；从关键物理海洋学过程在赤潮发生中作用的角度基本解释了东海大规模赤潮形成的物理海洋学机制，揭示了重要有害赤潮种群动态变化、生态适应和竞争策略在暴发赤潮过程中的地位和作用，并结合实验室模拟研究，对东海春季大规模的原甲藻赤潮的生消过程提出其经过“起始（initiating）”、“增殖（developing）”、“暴发（proliferating）”和“消散（dispersing）”4 个阶段的假设（周名江和朱明远 2006）。因此，基本阐明了东海春季大规模东海原甲藻赤潮形成的机制，并在探索重要赤潮生物种群变化的动力学过程及其调控机制等方面取得了较大的进展，为赤潮预测和减灾奠定了良好的基础。

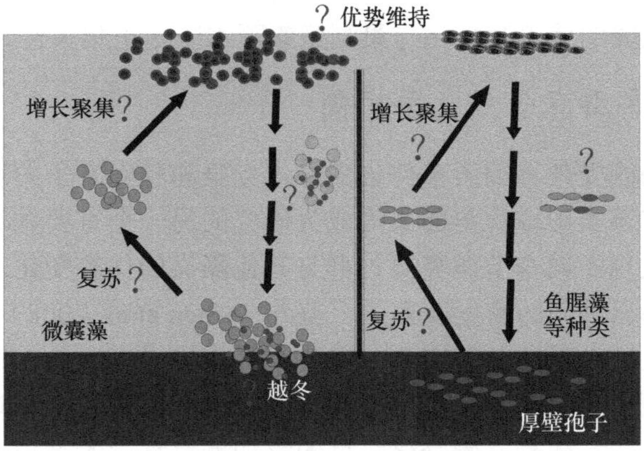

图 8-3　蓝藻生长及水华形成的主要阶段（改自孔繁翔等 2009，图 1；孔繁翔和宋立荣 2011，图 1-3）（阅读彩图请扫描封底二维码）

然而，除了主要控制因子外，其他生态因子也影响着蓝藻水华的形成，并表现出与主要控制因子的互作或拮抗的作用。因而，要全面揭示水华的生态过程及机制仍需大量的研究工作和数据进行补充或修正。

3. 浮游植物与其他种群关系研究

浮游植物种群波动和变化是个动态的过程，其不仅受到自身生理状况的影响，也受到外界环境和生物因子的作用。浮游植物的生长、繁殖及消亡过程受到周围生物因子，如微生物、浮游动物、水生植物及鱼类等的影响。已探明水生植物释放的化感物质能够影响浮游植物的种群数量（张维昊等 2006；陈卫民等 2009；李凌燕和杜桂森 2010；刘光涛等 2011）。水体浮游细菌或附生细菌也影响浮游植物种群动态（邢鹏等 2007; Jiang et al. 2007；朱丽萍等 2009; Li et al. 2012; Yang et al. 2012）。此外，浮游动物及鱼类的捕食作用也直接影响浮游植物种群的变化（谢平 2007）。

第三节　本学科国内外研究的比较

目前，国外学者对藻类种群生态学的研究仍然集中于以下几个方面：①藻类的动态变化及环境因子的关系；②藻类赤潮或水华形成机制；③有害藻类次生代谢物形成、效应及生理生态机制；④入侵藻类种群增长、竞争及生态效应；⑤气候变化对藻类种群的影响。作者用 *Web of Science* 对出版的有关蓝藻水华的 SCI 论文进行统计（图 8-4），表明由于水体富营养化的加剧及温室效应的影响，藻类赤潮或水华形成机制及有害藻类次生代谢物的生态学效应、入侵藻类的生态学效应等问题一直是国内外学者研究的热点。然而，国外对藻类种群的研究不仅局限于单一的生态学科，而且采用生物、生态、物理及化学等多学科的综合手段来阐明藻类种群动态及演变机制。

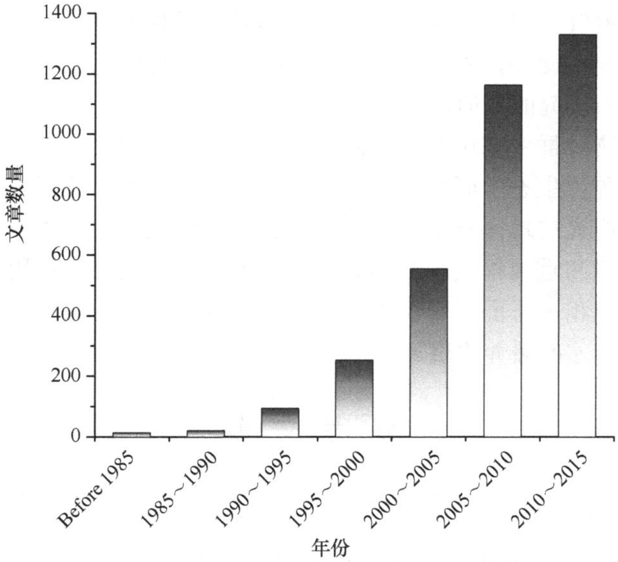

图 8-4　全球出版的有关蓝藻水华的 SCI 文章增长趋势（截至 2015 年 1 月）

我国藻类种群生态学的研究起步较晚。近年来，由于水体富营养化导致了水华或赤潮的频繁暴发，藻类种群生态学才得以较大的发展。此外，随着国家研究经费的投入，藻类种群生态学的研究，特别是水华或赤潮藻类的种群生态学研究已呈现出逐年增长的态势。有关水华或赤潮形成的生态过程及机制的研究著作数量取得了较快的增长。虽然藻类种群生态学研究在我国取得了一定的进步，但是与国外研究相比较而言，仍有很大的差距。首先，从出版的藻类种群生态学研究论文中，表现出明显的创新性不够，如许多研究往往集中于简单的种群生态学的描述或分析。其次，对水华或赤潮的种群生态学的研究仍处于探索阶段，更详细的生态过程及机制仍亟待加强。再次，多学科的交叉应用仍是我国藻类种群生态学的薄弱环节。最后，我国在入侵藻类生态学效应及机制方面研究基本处于空白。

究其原因可能是由于：①研究手段和方法的落后。由于水介质的作用，藻类种群生态学的研究不同于陆地植物种群生态学，因此研究手段或研究方法具有明显的滞后性。②科研经费的分配及投入不均。近年来，国家或地方的科研经费更多地支持水华或赤潮治理方面的研究，而对藻类种群生态学的基础研究投入相对较少。③多学科的交叉及合作仍较薄弱。虽然应用多学科结合研究生态学问题已经成为趋势，但是我国藻类种群生态学的研究大多数仍集中于单一学科的研究。

第四节　总结与展望

随着水体富营养化程度的不断加剧，水体富营养化依然是我国目前及今后相当长一段时期内的重大水环境问题。研究水华和赤潮的形成机制，对于科学预测水华和赤潮的产生，并采取相应措施减少其带来的影响具有重要的生态和环境意义。因此，藻类种群生态学仍将对水华和赤潮的形成过程及机制等相关方面进行探讨。而且，全球气候的不断变化，特别是温室气体 CO_2 的增加对藻类种群及水域生态系统的生态学效应将是今后研究的一个重要方向。此外，外来物种，特别是浮游植物的入侵对水域生态系统的生态学效应也是值得深入研究的方向。

相对于高等植物种群生态学而言，浮游植物种群生态学在我国起步较晚，缺乏系统性，导致浮游植物种群生态学研究发展较为缓慢。同时，由于地区差异性，浮游植物生态学的研究存在着明显的地区不平衡。再者，由于浮游植物生态学研究相对而言是一个非主流学科，从经费和重视程度来看均显不足。因此，建议今后运用多学科、多种方法对藻类种群生态学及相关方面展开深入研究。同时，也需要重点加大对藻类种群生态学等生态学相关研究人才的培养力度。

参考文献

陈菊芳，徐宁，王朝晖，等. 2002. 大亚湾拟菱形藻(*Pseudo-nitzschia* spp.)种群的季节变化与环境因子的关系. 环境科学学报, 22(6): 743-748.

陈卫民，张清敏，戴树桂. 2009. 苦草与铜绿微囊藻的相互化感作用. 中国环境科学，29(2): 147-151.

陈永川，汤利，张德刚，等. 2008. 滇池叶绿素 a 的时空变化及水体磷对藻类生长的影响. 农业环境科学学报, 27(4): 1555-1560.

郭劲松，李哲，张呈，等. 2010. 三峡小江回水区藻类集群与主要环境要素的典范对应分析研究. 长江科学学院院刊, 27(10): 60-64.

郭沛勇，沈焕庭. 2003. 河口浮游植物生态学研究进展. 应用生态学报, 14(1): 139-142.

郭蔚华，李楠，张智，等. 2009. 嘉陵江出口段三类水体蓝绿硅藻优势种变化机制. 生态环境学报, 18(1): 51-56.

胡智泉，李敦海，刘永定，等. 2006. 微囊藻毒素对水生生物的生态毒理学研究进展. 自然科学进展, 16(1): 14-20.

胡智泉，刘永定，肖波. 2008. 微囊藻毒素对几种淡水微藻的生长和光合活性的影响. 生态环境, 17(3): 885-890.

黄长江，王超，董巧香，等. 2007. 粤东柘林湾中肋骨条藻(*Skeletonema costatum*)种群生态学. 生态学报, 27(1): 142-151.

黄伟建，齐雨藻，丘璇鸿. 1992. 大鹏湾夜光藻种群动态机制模型辨识. 生态学报, 12(3): 206-212.

孔繁翔，马荣华，高俊峰，等. 2009. 太湖蓝藻水华的预防、预测和预警的理论与实践. 湖泊科学, 21(3): 314-328.

孔繁翔，宋立荣. 2011. 蓝藻水华形成过程及其环境特征研究. 北京：科学出版社.

况琪军，周广杰，胡征宇. 2007. 三峡库区藻类种群结构与密度变化及其与氮磷浓度的相关性分析. 长江流域资源与环境, 16(2): 231-235.

赖海燕，徐宁，段舜山. 2011. 大亚湾裸甲藻种群动态及其关键调控因子. 生态环境学报，20(3): 505-510.

李大命，孔繁翔，阳振，等. 2011. 巢湖夏季和冬季有毒微囊藻和无毒微囊藻种群丰度研究. 环境科学学报, 31(12): 2672-2680.

李凌燕，杜桂森. 2010. 水生高等植物化感抑藻作用研究. 世界科技研究与发展, 32(4): 505-508.

林彰文，林生，顾继光，等. 2013. 浮游植物群落对海南小水电建设的响应. 生态学报，33(4): 1186-1194.

刘光涛，周长芳，孙利芳，等. 2011. 凤眼莲化感物质对铜绿微囊藻、斜生栅藻生长及细胞数相对比例的影响. 环境科学学报, 31(10): 2303-2311.
刘海平, 叶少文, 杨雪峰, 等. 2013. 西藏尼洋河水生生物群落时空动态及与环境因子的关系: 1. 浮游植物. 湖泊科学, 25(5): 695-706.
潘晓洁, 常锋毅, 沈银武, 等. 2006. 滇池水体中微囊藻毒素含量变化与环境因子的相关性研究. 湖泊科学, 18(6): 572-578.
彭喜春, 杨维东, 刘洁生. 2007. 赤潮期间藻类的化感效应. 海洋科学, 31(2): 84-88.
孙晓庆, 董树刚, 汤志宏. 2008. 营养盐和光照对浮游植物群落结构的影响. 南方水产, 4(1): 1-9.
王超, 赖子尼, 李跃飞, 等. 2012. 西江颗粒直链藻种群生态特征. 生态学报, 32(15): 4793-4802.
王朝晖, 齐雨藻, 陈菊芳, 等. 2006. 大亚湾春季卡盾藻种群动态及其赤潮成因分析. 水生生物学报, 30(4): 394-398.
王江涛, 李慧, 曹婧, 等. 2012. 化感作用对中肋骨条藻与东海原甲藻竞争演替的影响. 海洋学报, 34(2): 169-178.
王书航, 姜霞, 金相灿. 2011. 巢湖水环境因子的时空变化及对水华发生的影响. 湖泊科学, 23(6): 873-880.
邬红娟, 郭生练. 2001. 水库水文情势与浮游植物群落结构. 水科学进展, 12(1): 51-55.
谢平. 2007. 论蓝藻水华的发生机制——从生物进化、生物地球化学和生态学视点. 北京: 科学出版社.
邢鹏, 孔繁翔, 曹焕生, 等. 2007. 太湖浮游细菌与春末浮游藻类群落结构演替的相关分析. 生态学报, 27(5): 1696-1702.
杨翠云, 刘苏静, 周世伟, 等. 2009. 微囊藻毒素对微生物的生态毒理学效应研究进展. 生态毒理学报, 4(4): 602-608.
杨桂山, 马荣华, 张路, 等. 2010. 中国湖泊现状及面临的重大问题与保护策略. 湖泊科学, 22(6): 799-810.
张青田. 2013. 中国海域赤潮发生趋势的年际变化. 中国环境监测, 21(5): 98-102.
张婷, 宋立荣. 2006. 铜绿微囊藻(*Microcystis aeruginosa*)与三种丝状蓝藻间的相互作用. 湖泊科学, 18(2): 150-156.
张维昊, 周连凤, 吴小刚, 等. 2006. 菖蒲对铜绿微囊藻的化感作用. 中国环境科学, 26(3): 355-358.
张运林, 秦伯强, 陈伟民, 等. 2004. 太湖梅梁湾浮游植物叶绿素 a 和初级生产力. 应用生态学报, 15(11): 2127-2131.
张智, 宋丽娟, 郭蔚华. 2005. 重庆长江嘉陵江交汇段浮游藻类组成及变化. 中国环境科学, 25(6): 695-699.
赵旭辉, 孔繁翔, 谢薇薇, 等. 2012. 全球 CO_2 水平升高对浮游植物生理和生态影响的研究进展. 生态学报, 32(21): 6880-6891.
周成旭, 马斌, 汪飞雄, 等. 2006. 海洋原甲藻与三角褐指藻混合培养条件下的种群生长与氮磷营养盐变化. 海洋科学, 30(12): 58-61.
周名江, 于仁成. 2007. 有害赤潮的形成机制、危害效应与防治对策. 自然杂志, 29(2): 72-77.
周名江, 朱明远. 2006. 我国近海有害赤潮发生的生态学、海洋学机制及预测防治研究进展. 地球科学进展, 21(7): 673-679.
朱丽萍, 高光, 汤祥明, 等. 2009. 微囊藻水华期间水体及藻体上细菌的动态. 湖泊科学, 21(3): 395-400.
Cai L, Zhu G, Zhu M, et al. 2012. Effects of temperature and nutrients on phytoplankton biomass during bloom seasons in Taihu. Water Sci Eng, 5(4): 361-374.
Chen W, Song L, Peng L, et al. 2008. Reduction in microcystin concentrations in large and shallow lakes:

water and sediment-interface contributions. Water Res, 42: 763-773.
Gan N, Xiao Y, Zhu L, et al. 2012. The role of microcystins in maintaining colonies of bloom-forming *Microcystis* spp. Environ Microbiol, 14(3): 730-742.
Granéli E, Turner J T. 2006. Ecology of Harmful Algae. Berlin Heidelberg: Springer-Verlag.
Jiang L, Yang L, Xiao L, et al. 2007. Quantitative studies on phosphorus transference occurring between *Microcystis aeruginosa* and its attached bacterium (*Pseudomonas* sp.). Hydrobiologia, 581: 161-165.
Li H, Xing P, Wu Q. 2012. The high resilience of the bacterioplankton community in the face of a catastrophic disturbance by a heavy *Microcystis* bloom. FEMS Microbiol Ecol, 82: 192-201.
Liu X, Lu X, Chen Y. 2011. The effects of temperature and nutrient ratios on *Microcystis* blooms in Lake Taihu, China: an 11-year investigation. Harmful Algae, 10: 337-343.
Masojíoe J, Pechar L, KoblíŽek M, et al. 2001. Affinity of surface phytoplankton populations to high irradiance in hypertrophic fish ponds: implications of the competition between chlorococcal algae and cyanobacteria. Nova Hedwigia, 123: 255-273.
Qiu B, Gao K. 2002. Effects of CO_2 enrichment on the bloom-forming cyanobacterium *Microcystis aeruginosa* (Cyanophyceae): physiological responses and relationships with the availability of dissolved inorganic carbon. J Phycol, 38: 721-729.
Shen H, Song L. 2007. Comparative studies on physiological responses to phosphorus in two phenotypes of bloom-forming *Microcystis*. Hydrobiologia, 592(1): 475-486.
Wang Z, Li D, Li G, et al. 2010. Mechanism of photosynthetic response in *Microcystis aeruginosa* PCC7806 to low inorganic phosphorus. Harmful Algae, 9: 613-619.
Wu X, Wu Z, Song L. 2011. Phenotype and temperature affect the affinity for dissolved inorganic carbon in a cyanobacterium *Microcystis*. Hydrobiologia, 675: 175-186.
Wu Z, Gan N, Huang Q, et al. 2007. Response of *Microcystis* to copper stress—Do phenotypes of *Microcystis* make a difference in stress tolerance? Environ Pollut, 147: 324-330.
Wu Z, Shi J, Li R. 2009. Comparative studies on photosynthesis and phosphate metabolism of *Cylindrospermopsis raciborskii* with *Microcystis aeruginosa* and *Aphanizomenon flos-aquae*. Harmful Algae, 8: 910-915.
Wu Z, Song L. 2008. Physiological comparison between colonial and unicellular forms of *Microcystis aeruginosa* Kuetz. (Cyanobacteria). Phycologia, 47(1): 98-104.
Yang C, Li Y, Zhou Y, et al. 2012. Bacterial community dynamics during a bloom caused by *Akashiwo sanguinea* in the Xiamen sea area, China. Harmful Algae, 20: 132-141.

第九章　鱼类种群生态学*

第一节　引　　言

鱼类种群生态学研究鱼类种群的数量、分布，以及鱼类种群与其栖息环境中非生物因素和其他生物种群之间的相互作用。种群的时空动态、调节机制、生活史对策，以及种内和种间关系是鱼类种群生态学研究的主要任务，其中，种群动态是鱼类种群生态学的核心内容。鱼类种群生态学通过研究鱼类种群的空间特征、数量特征和遗传特征，揭示鱼类种群与环境的关系，对理解鱼类生命系统的宏观规律有重要的理论意义。在实践上，鱼类种群生态学的研究成果在珍稀濒危鱼类资源保护、水产病虫害控制、渔业资源管理等领域均有应用价值。目前，我国鱼类种群生态学研究主要有鱼类种群的时空动态、种群遗传、生活史及生物入侵等几方面的内容。

第二节　鱼类种群的时空动态

近年来，有关鱼类种群动态的研究内容仍然以重要鱼类种群数量年际变化、空间分布、种群组成、生长特征、死亡参数、洄游路径、年龄结构、性比等问题为主。主要的研究对象包括深水金线鱼（*Nemipterus bathybius*）（陈作志等 2012）、大黄鱼（*Larimichthys crocea*）（徐兆礼和陈佳杰 2011）和小黄鱼（*Larimichthys polyactis*）（仲霞铭等 2011）等重要经济鱼类，东方墨头鱼（*Garra orientalis*）（田辉伍等 2012）、叶尔羌高原鳅（*Triyplophysa yarkandensis*）（阿达可白克·可尔江等 2011）和尖裸鲤（*Oxygymnocypris stewartii*）（Jia & Chen 2011）等典型水域性代表鱼类，以及太湖新银鱼（*Neosalanx taihuensis*）（邵晓阳等 2011）等种群暴发型鱼类。研究对象的生活水体涵盖东海、黄海、长江流域、怒江流域及塔里木河流域等。

研究表明，我国很多鱼类的种群数量下降严重，如乌苏里江大麻哈鱼（*Oncorhynchus keta*）、长江刀鲚（*Coilia ectenes*）、长江四大家鱼、铜鱼（*Coreius heterodon*）和圆口铜鱼（*Coreius guichenoti*）等（赵春刚等 2005; 万全等 2009; Duan et al. 2009）。乌苏里江大麻哈鱼的捕获量从 1950～1959 年的平均 37.2×10^4 尾，降低至 2000～2004 年的平均 1.9×10^4 尾（赵春刚等 2005）；长江无为江段 2006 年刀鲚捕捞的最高网次产量低于 0.85 kg，不到 1985 年前的 10%（万全等 2009）；长江荆江江段的四大家鱼鱼苗径流量从 1981 年的 67 亿尾降低至 2006 年的 1 亿尾（Duan et al. 2009）。过度捕捞是造成上述鱼类种群资源下降的原因之一（赵春刚等 2005; 万全等 2009）。此外，一些鱼类种群发生个体小型化、年龄低龄化的现象。例如，北部湾深水金线鱼种群生长速度加快，体质量拐点年龄提前，性成熟提前，性成熟体长下降，趋向小型化和低龄化，总死亡系数和开发率均较

---

*本章作者：罗毅平　谢小军

高（陈作志等 2012）。东海小黄鱼小型化、低龄化非常突出，平均年龄仅为 0.923 龄；体重生长的拐点年龄变小，仅为 1.67 龄；性成熟提前；死亡率提高，种群处于严重的过度捕捞状态（林龙山 2004；林龙山等 2004）。黄海鳀（*Engraulis japonicus*）种群数量也明显减少，生殖群体小型化（李显森等 2006）。袁河花鲌种群年龄以 1 龄、2 龄为主，种群年龄结构呈梭形，个体小型化（庹云 2012）。这些现象均与过度捕捞密切相关。通过分析鱼类的种群组成、生长和死亡参数，发现台湾海峡南部条尾绯鲤（*Upeneus bensasi*）、雅鲁藏布江尖裸鲤（*Oxygymnocypris stewartii*）和怒江东方墨头鱼等鱼类种群也处于过度捕捞状态（Jia & Chen 2011；卢振彬和杜建国 2008；田辉伍等 2012）。很多研究者认为，应采取限制捕捞量、增大起捕年龄和延长春季禁渔期等措施对鱼类种群加以保护（段辛斌等 2008；高欣等 2008；杨志等 2009）。

水文条件变化导致产卵场消失也是致使鱼类种群资源降低的重要原因。水利工程建设导致水体片段化，流速、水温、透明度、水压等因子改变，这些变化对鱼类种群的影响受到很多关注。黄河上游龙羊峡至刘家峡河段梯级水电站建成后，土著鱼类，如黄河雅罗鱼（*Leuciscus chuanchicus*）等种群呈衰退趋势，外来引入鱼类，如池沼公鱼（*Hypomesus olidus*）等种群呈增长趋势（张建军等 2009）。二滩水电站建成后，雅砻江 10 余种洄游性鱼类种群数量下降（蒋红等 2007）。三峡大坝下泄水温较低、营养物质较少是影响坝下四大家鱼繁殖和早期生长的重要因素，繁殖季节推迟和早期生长速度下降可能导致坝下四大家鱼早期生活史阶段死亡率增大，从而影响其资源补充和种群数量变动（Zhang et al. 2012；张国等 2013），而坝上水库则形成新的产卵场，四大家鱼种群规模则增大（Jiang et al. 2010）。三峡工程建成后，库区流水性鱼类种群数量减少（Gao et al. 2010）。铜鱼和圆口铜鱼等鱼类的种群数量显著下降，除了大坝阻隔外，水库调度运用模式使环境质量和生物栖息条件在时空上不匹配，也能造成鱼类种群栖息地的迁移和种群数量的降低（陶江平等 2012）。三峡水库生态调度期间沙市江段鱼卵总径流量和家鱼卵径流量均出现高峰，繁殖种类明显增加，表明制造的涨水过程能够在一定程度上满足不同鱼类自然繁殖的水文需求，对减缓三峡水库运行对长江中游鱼类自然繁殖的不利影响、维护鱼类种群资源补充具有重要的意义（徐薇等 2014）。长江上游的四大家鱼产卵繁殖活动与水温和水位有关，当水温为 18～24℃，水位日变化大于 0.5 m 时才能正常产卵，故应在三峡水库生态调度中加以考虑（Li et al. 2013）。

鱼类的种群参数受水体环境因子的影响。叶少文等（2012）发现长江中游浅水草型湖泊牛山湖中的上层优势小型鱼类䱗（*Hemiculter leucisculus*）和红鳍原鲌（*Cultrichthys erythropterus*）的种群丰度与沉水植物生物量呈线性正相关关系，生活在沉水植被茂密区的个体较小，幼鱼倾向群聚于厚密的黄丝草生境，其他生境因子对两种群的空间分布无明显影响，从而证明了黄丝草植被生境是这两种鱼类的重要保护生境。程琳等（2012）比较了水质清澈的草型湖泊和水质恶劣的藻型湖泊中鲫（*Carassius auratus*）的种群结构和生长参数，发现草型湖泊种群全长频数的分布范围、峰值均大于藻型湖泊种群；草型湖泊种群年龄组成完整，肥满度较小，并将这些差异归因于湖泊饵料组成和捕捞压力的区别。章守宇等（2011）研究了不同海藻场区域的褐菖鲉（*Sebastiscus marmoratus*）、斑头鱼（*Agrammus agrammus*）和黄姑鱼（*Nibea albiflora*）的种群结构和分布特征，发现褐菖鲉种群具有近岸活动频繁、群体低龄和小型化及丰度年间变化大的特点，种群的补充通过提前性成熟、高雌性比例、广食性摄食等方法实现；斑头鱼和黄姑鱼种群都呈低龄化，种群补充主要来自于洄游群体。同时，由于食性转化和捕食压力，褐菖鲉和黄姑鱼对不同生境的选择利用会随发育阶段而变化；斑头鱼主要栖息于海藻场生境，食性较为稳定，其活动区域受主要摄食对象麦秆虫的限制。水体富营养化导致浮游生物增长，使一些以浮游生物为食的鱼类种群数量增多，如太湖湖鲚（*Coilia ectenes taihuensis*），该鱼以小型浮游动物为食，随太湖富营养化加剧，已成为绝对优势种（刘恩生等 2005; Liu et al. 2008）。鲚和太湖新银鱼、鲢、鳙等食用浮游动物的种类基本相同，可能存在对浮游动物资源的激烈竞争；它们种群数量变化间的相互影响是负向的，可能存在互相抑制（刘恩生等 2007a, 2007b）。

对种群洄游的研究多以重要经济鱼类大黄鱼和小黄鱼为对象。近来的研究清晰地阐述了大黄鱼周年洄游的详细路径，证明了东黄海大黄鱼只有一个种群，两处越冬场（徐兆礼和陈佳杰 2011）。对江苏近岸海域小黄鱼洄游的研究发现，小黄鱼种群 2 龄以上个体数量比例较小，产卵和索饵群体均以南黄海群为主，东海群为次，黄渤海群影响甚微；小黄鱼种群数量高发期为春、夏两季，分布区随季节呈现北延趋势，而秋季至冬季北移的迹象明显；秋季中南部的辐射沙脊群及邻近区域的全年总体数量远高于中北部区域，但冬季则相反；近长江口南部局部区域为南黄海群和东海群种群组成的混栖群体，4 个季节种群密度稳定；趋于性成熟的群体春季陆续洄游至目标区产卵，幼体夏季在目标区分布较密集，但随时间推移幼鱼群体逐步分散，其目标区并不局限于索饵场（仲霞铭等 2011）。

第三节 鱼类种群遗传学研究

鱼类种群遗传学主要研究鱼类种群的遗传多样性、遗传结构和遗传分化等方面的问题。传统的鱼类种群遗传学常采用形态度量参数进行分析，随着分子生物学技术的发展，分子标记技术被广泛应用于鱼类种群遗传学研究。同工酶、RAPD、AFLP 和线粒体 Cytb、CO Ⅰ 等分子标记相继用于鱼类种群遗传多样性分析。目前，分析线粒体 DNA 和微卫星 DNA 是鱼类种群遗传研究的主要手段。研究者已在石斑鱼（*Epinephelus quernus*）（Rivera et al. 2003）等多种鱼类种群中分离得到微卫星位点，并应用于近缘鱼类种群遗传分析、物种及地理种群鉴定及种群遗传多样性评估。鱼类的线粒体 DNA 具有进化速率快、几乎不发生重组、严格的母系遗传及不同区域进化速度存在差异等特点，通常能够全面反映种群内和种群间的遗传变异（Oleinik et al. 2007; Teletchea 2009）。其中，细胞色素 b 基因由于进化速度适中，并且容易用一些通用引物扩增，常用于从种间到种内遗传差异的分析（肖武汉和张亚平 2000; 肖明松等 2013）。近年来，由于过度捕捞、大型水利工程建设、水环境污染、栖息地的破坏、繁育环境的改变和外来物种人工移植等导致鱼类资源量正迅速减少，栖息水域明显萎缩，一些水体的鱼类自然种群与人工养殖种群及外来种群的渗透杂交正在广泛发生。研究鱼类种群遗传信息，评估种群遗传多样性，可为保护鱼类种群资源提供重要的参考依据。

1. 鱼类种群遗传多样性

遗传多样性是生物多样性的主要组成部分，与鱼类对环境的适应能力和进化潜力密切相关。遗传多样性的研究有助于揭示一些重要鱼类的物种多样性的起源、变异和进化，是近年来我国鱼类种群生态学研究的重要内容，这些研究多以重要代表性鱼类自然种群的遗传多样性为研究问题，提供了较丰富的基础资料。例如，Qi 等（2007）报道了黄河裸裂尻鱼（*Schizopygopsis pylzovi*）种群的单倍型多样性和核苷酸多样性分别为 0.79 和 0.0027；Song 等（2008）报道了长江上游齐口裂腹鱼（*Schizothorax prenanti*）种群的单倍型多样性和核苷酸多样性分别为 0.98 和 0.019；张迪等（2012）报道了长江中下游太湖新银鱼种群的单倍型多样性和核苷酸多样性分别为 0.58 和 0.0011。极低的遗传多样性见于新疆克孜河塔里木裂腹鱼（*Schizothorax biddulphi*）和斑重唇鱼（*Diptychus maculates*），前者的平均单倍型多样性指数及核苷酸多样性指数分别为 0.5254 和 0.001 16，后者的分别为 0.8301 和 0.001 13，这与生境水体干涸萎缩有关，表明其种群的进化潜力较低，对环境变化的适应能力较弱（阎雪岚等 2009）。

不同水域种群遗传多样性的差异是众多研究者关心的问题。祁得林等（2008）发现柴达木的裸裂尻鱼种群的单倍型多样性和核苷酸多样性均略低于黄河支流各种群；张迪等（2012）发现长江中下游的太湖新银鱼 8 个地理种群的遗传多样性差异显著，有人工移植历史的种群的遗传多样性较高，隔离度较高的种群的遗传多样性较低；肖明松等（2013）发现淮河各江段的野生鲇（*Silurus asotus*）种群遗传多样性水平平均较高。从保护鱼类自然种群的角度出发，一些研究分析了面临水环境片段化和过度捕捞等压力的鱼类的遗传多样性，发现怒江的 3 种裂腹鱼属鱼类种群、黑龙江的哲罗鲑（*Hucho taimen*）多个群体等的遗传多样性偏低，提出环境片段化及过度捕捞等导致鱼类资源量严重下降，使繁殖群体数量减少，加剧了近交行为（岳兴建等 2010; 刘博等 2011）。研究者提出，应加强对这些鱼类繁殖群体的保护，防止过度的近交行为，增加群体间的基因交流，以保护种群的遗传多样性。

一些研究探讨了鱼类种群遗传多样性与其分布范围的关系。广泛分布于西北太平洋沿岸海域的重要经济鱼类鲐（*Pneumatophorus japonicus*）的遗传多样性仍处于较高水平，明显高于我国沿海赤点石斑鱼（*Epinephelus akaara*）、黄姑鱼、条斑星鲽（*Verasper moseri*）、银鲳（*Pampus argenteus*）等（张丽艳等 2011）；舟山小黄鱼的遗传多样性处于中等水平（郑文娟等 2012）。这些研究表明，较广阔的生境范围使鱼类种群面临的自然选择压力相对较小，积累的遗传变异较多，因而通常具有较高的遗传多样性。但近来的研究发现，一些特有种、狭域种，甚至濒危种也保持有较高水平的遗传多样性。鱇䱗白鱼（*Anabarilius grahami*）为云南抚仙湖狭域分布的易危鱼类，其遗传多样性水平却高于黄河鲤（*Cyprinus carpio*）、牙鲆、斜带髭鲷、石鲽（刘红艳等 2012）；黄河上游的特有鱼类极边扁咽齿鱼（*Platypharodon extremus*）、厚唇裸重唇鱼（*Gymnodiptychus pachycheilus*）近年来受过度捕捞、环境变迁等影响，资源量已剧减，种群处于濒危状态，但仍保持有较高的遗传多样性（苏军虎等 2012a, 2012b）；相似的情况见于鳓（*Ilisha elongata*），因过度捕捞和大量捕杀幼鱼而使该鱼资源严重衰退，但其遗传多样性仍处于较高水平（吴常文等 2009）。这表明此类物种的主要易危因素并非遗传基础，而外来物种入侵、过度捕捞和产卵场破坏等因素可能起了更重要的作用。丰富的遗传多样性意味着较高的适应生存能力，蕴涵着较大的进化潜力，以及较丰富的育种和遗传改良能力。只要采取合理的保护措施（如合理捕捞、保护亲鱼及其产卵场等），这些鱼类资源有望得到恢复。

2. 种群遗传分化

通过地理种群间的分子变异可评估种群间遗传差异及分化状况，确定种群保护单元。同一水系的鱼类由于生活水域无地理隔离，种群间基因交流频繁，遗传分化不明显，遗传变异主要来自于种群内，而种群间遗传差异较小，例如，长江中下游太湖新银鱼 8 个种群（张迪等 2012）、台湾海峡的鲐 2 个种群（张丽艳等 2011）、淮河野生鲇 7 个种群（肖明松等 2013）、元江的鲤种群（岳兴建等 2013）和长江中下游 5 个湖泊的黄颡鱼（*Pelteobagrus fulvidraco*）种群（钟立强等 2013）。长江口及其南部邻近地区大弹涂鱼（*Boleophthalmus pectinirostris*）群体间也无显著的遗传分化，群体间亲缘关系与地理分布无关（刘至治等 2009）。一些鱼类具洄游特性，幼体的扩散能力较强，也可能是种群间遗传差异较小的原因。例如，长江干流铜鱼和圆口铜鱼群体遗传结构没有明显的遗传分化，可能是由于铜鱼和圆口铜鱼具有集群洄游繁殖的习性，上、下游铜鱼和圆口铜鱼各群体间基因交流频繁，整个长江流域属单一种群（袁希平等 2008）。

一些地区的水系间尽管存在地理隔离，但由于地理隔离形成的地质年代较晚，各水系的鱼类种群间仍无明显的遗传分化，如青藏高原不同水系的黄河裸裂尻鱼和花斑裸鲤（*Gymncypris eckloni*）（赵凯等 2006; 祁得林等 2008; 祁得林 2009）、黑龙江中上游、北极江、呼玛河、乌苏里江和内蒙古伊敏河上游的哲罗鲑种群（匡友谊等 2009; 刘博等 2011）。同一水系由于江湖阻隔也可造成定居性鱼类种群间的遗传分化，长江和通江湖泊（洞庭湖、鄱阳湖）与陆封型湖泊（牛山湖、涨渡湖、汤逊湖、肖四海湖）的鳜（*Siniperca chuats*）种群间已发生较大的遗传分化（吴旭等 2010）。华南长江与西江的宽鳍鱲（*Zacco platypus*）和马口鱼均有极大的遗传分化，甚至表现出明显的体形差异（Johansson 2006）。对一些面临高捕捞压力鱼类（如赤点石斑鱼）的自然种群的研究发现，其部分微卫星位点偏离 Hardy-Weinberg 平衡（陈省平等 2012），可能是自然种群资源量持续下降，遗传漂变导致的结果。此外，人工养殖群体也可能对自然种群造成影响。研究发现，我国沿海的赤点石斑鱼已明显分化为南、北两个地理种群，两个种群间有显著的遗传差异（陈省平等 2012）。造成种群分化的原因可能是这些种群的定居性生态习性和水环境因子限制了基因交流。

一些鱼类分布广泛，与近缘种间形态辨别困难，导致了地理种群划分、物种分类及系统进化等方面的混淆。国际上有研究认为高鳍带鱼（*Trichiurus lepturus*）印度–太平洋与大西洋西岸种群间具有较大的遗传分化，认为是两个不同的物种（Chakraborty et al. 2006），非洲西岸与大西洋西岸的高鳍带鱼种群的形态特征及数量也存在明显差异（Burhanuddin 2003）。吴仁协等（2011）采用线粒体 DNA 序列分析技术，对所采集的南海高鳍带鱼疑似种样品的线粒体 16S rRNA 基因序列进行分析，并结合已报道的高鳍带鱼其他地理种群及其近缘种的同源序列，探讨世界范围内高鳍带鱼的遗传变异及与近缘种间的系统进化关系，发现海南三亚外海的带鱼是高鳍带鱼，表明非洲西岸和大西洋西岸的高鳍带鱼为同一物种的 3 个有显著遗传分化的地理种群，高鳍带鱼是带鱼属中最新演化的种类，与日本带鱼有较近的亲缘关系。有关细鳞鲑属（*Brachymystax*）鱼类分类存在争议，通过线粒体 DNA 控制区基因序列变异的研究，不支持图们江细鳞鲑独立种的分类地位，应为黑龙江尖吻细鳞鲑（*Brachymystax lenok*）的同物异名（马波等 2009）。

采用差异系数和均数差异显著性这两种数理统计分析方法，对松江鲈鱼的鸭绿江、青龙河和富春江 3 个群体的表型性状进行研究，表明青龙河与富春江松江鲈鱼两个群体之间的差异较小，而鸭绿江群体与两者的差异相对较大（王金秋和梁鸿子 2008）。海流形成的区域性的地理屏障，将南北大黄鱼隔离形成南黄海–东海及台湾海峡–南海 2 个地理种群（李明云等 2013）。对太平洋鲱和大西洋鲱的 23 个形态学参数进行了研究，所有 23 个形态学参数的差异系数全部小于 Mayr 的 75%法则临界值，表明两个种间形态学上虽然存在一定分化，但分化程度尚未达到亚种水平。研究者推测两个种间形态上低水平的分化可能是分化的时间较短及相似的生活环境造成的（Liu et al. 2009a）。

尽管鱼类地理种群间遗传差异较小，但仍可以确定地理种群间的亲缘关系。广东 9 条水系的宽鳍鱲与来自珠江水系（北江、东江、流溪河、罗定江和北流河）和广东西部入海水系（鉴江和漠阳江）的宽鳍鱲种群聚为一支（分支 A），广东东部独立入海水系（韩江和榕江）种群聚为另外一支（分支 B）（梁晓旭等 2010）。Zhao 等（2008）基于 *Cytb* 基因遗传多样性分析了长江流域等 3 个流域的 13 个太湖新银鱼地理种群间的亲缘关系，郭立等（2011）用线粒体基因分析了包括银鱼科鱼类的系统发育关系。新近的研究发现，长江中下游 8 个太湖新银鱼群体间，华容东湖和巢湖遗传差异最大，而梁子湖和泊湖间遗传差异最小（张迪等 2012）。淮河野生鲇鱼的信阳种群、淮滨种群和蚌埠种群之间的亲缘关系较近，洪泽湖种群与其他种群间的亲缘关系较远（肖明松等 2013）。

3. 种群扩张

通过现今种群遗传多样性和种群结构的研究，了解鱼类种群进化史上的扩张事件，在一定程度上能反映水系的变迁和古气候环境的变迁，推断重大地质事件对鱼类种群的遗传多样性、种群结构、分布格局等方面的影响。种群扩张的时间和路径是重要的研究内容。大弹涂鱼群体有过种群扩张，扩张时间在更新世末期的0.057百万年前～0.023百万年前（刘至治等 2009）。研究表明，淮河野生鲇鱼种群在 0.29 百万年前～0.17 百万年前的更新世中期和末期经历过种群扩张（肖明松等 2013）。根据单倍型网络推测，广东中西部地区宽鳍鱲可能从流溪河分别向珠江水系的西江、北汀和尔江等水体扩张（梁晓旭等 2010）。很多研究者通过对青藏高原鱼类的种群遗传结构和种群分化的研究，分析青藏高原特有物种对高原演化地质事件所致的气候环境变迁的响应机制，从而完善有关高原特有物种的种群形成、进化和扩散过程方面的基础理论。研究表明，青海湖裸鲤和柴达木盆地花斑裸鲤在历史上经历过种群扩张事件。青海湖裸鲤谱系多样化大约发生在 0.2734 百万年前，并且约在 0.0658 百万年前发生了一次局部的种群扩张，而柴达木盆地花斑裸鲤可能约在 0.0693 百万年经历了一次严重的“瓶颈效应”。种群扩张存在于主要由青海湖裸鲤组成的亚支 A1 和由黄河花斑裸鲤独有的亚支 A21 中，估算的最近共同祖先年龄（TMRCA）分别为 0.23 百万年和 0.13 百万年，这一估算与青海湖和黄河分离的“共和运动”地质年代大致相符。这些结果说明晚更新世末青藏高原的强烈隆升对青海湖、黄河和柴达木盆地鱼类多样性演化及其生物地理学格局产生过重大影响（赵凯等 2007）。结合第四纪以来青藏高原强烈隆升事件所致高原生态环境和水系的剧烈变化，祁得林等（2008）认为黄河裸裂尻鱼在青藏高原隆升过程中曾经历过种群扩张事件，何德奎等将青藏高原的 7 种特有裂腹鱼划分为藏东、藏西和藏中东南群（He et al. 2013）。第四纪末期的更新世晚期的几次冰期与间冰期旋回引起的海平面的升降，也可反映在海洋鱼类物种的分布及种群遗传结构上。郑文娟等（2012）估计小黄鱼群体在8.8万年前～2.6万年前的更新世晚期经历了群体扩张，其扩张时期与其他多种海洋鱼类种群相同（Liu et al. 2006; Yang et al. 2011）。

第四节　鱼类种群的生活史

鱼类的生活史类型是种群类型的基础。研究中根据生活史类型理论，通过聚类分析和主成分分析种群的渐近体长、渐近体重、生长系数、自然死亡系数、初次性成熟年龄、最大年龄和种群繁殖力系数等生态学参数，从而判定鱼类的生活史类型。例如，阿达可白克·可尔江等（2011）发现叶尔羌高原鳅在塔里木河干流中分别占鱼类总数与生物总量的46.6%和50.4%，主要集中在塔里木河干流阿拉尔河段，当干流全线流量增大时，则遍布于干流全线；其春季群体主要为繁殖群体，秋季群体为育肥群体。王伟营等（2012）发现碧塔海中甸叶须鱼（*Ptychobarbus chungtienensis chungtienensis*）种群总的雌雄比为1∶1.79，种群的成幼比为1∶1.49。Yan等（2012）发现黄山青弋江黑鳍鳈（*Sarcocheilichthys nigripinnis*）的雌雄比为0.58∶1，明显偏离1∶1，并推断为一次产卵类型。

如前文所述，很多经济鱼类生长拐点提前，低龄组比例提高，呈现低龄化和小型化趋势。目前，我国低龄化和小型化较严重的鱼类还有新疆乌伦古湖拟鲤（*Rutilus rutilus*）（李鸿等 2009）、乌伦古湖河鲈（*Perca fluviatilis*）（唐富江等 2009）、台湾海峡南部条尾绯鲤（*Upeneus bensasi*）（卢振彬和杜建国 2008）等。性成熟年龄是鱼类生活史最重要的特征，性成熟年龄和个体大小影响生长率、繁殖率和存活率。研究发现，鳀、条尾绯鲤等处于脆弱阶段的鱼类种群的性成熟年龄提前（李显森等 2006; 卢振彬和杜建国 2008）。有关鱼类性成熟体长、年龄和繁殖力等生活史特征的物种研究还包括高体近红鲌（*Ancherythroculter kurematsui*）（刘飞等 2011）、大青鲨（*Prionace glauca*）（吴峰等 2012）、太湖新银鱼（龚望宝等 2010）、叶尔羌高原鳅（阿达可白克·可尔江等 2011）、花鲭（庹云 2012）等。

李强等（2011）将北江水系鲹（*Hemiculter leucisculus*）归为*r*选择型鱼类，肖海和代应贵（2011）推断北盘江光唇裂腹鱼（*Schizothorax lissolabiatus*）为偏*r*选择型鱼类。达里湖东北雅罗鱼（*Leucisus waleckii*）和额尔齐斯河白斑狗鱼（*Esox lucius*）的种群生活史类型也为*r*选择（安晓萍等 2008）。高欣等（2008）用34种鱼类的生态参数拟合logistic回归模型，并用该预测概率模型计算判别厚颌鲂（*Megalobrama pellegrini*）属于*r*选择的鱼类。该方法可得出量化的结果，并给出判断标准，避免人为主观判断的影响，为研究鱼类生活史类型提出了一个新的思路。作为对人为过度捕捞的适应性响应，大黄鱼、小黄鱼、带鱼和鳀等代表性海洋鱼类为恢复和延续种群，其生态对策均向*r*对策发展和演变，且这种趋势正在加剧，具体表现为：鱼类种群平均体长、平均体重和平均年龄均变小，年龄结构趋于简单，同时种群生长速度和性成熟速度加快，初次性成熟年龄和体长变小，个体生殖力显著增大，死亡率增加（朱晓光等 2009）。

水体环境会影响鱼类生活史特征，徽水河中的激流小型鱼类宽鳍鱲种群的年龄结构比北京地区种群简单，个体生长率比浦溪河种群高（严云志等 2012）。在高捕捞强度的胁迫下，深水金线鱼种群发生适应性变化，个体生长速度明显加快。造成种群参数发生这一变化的原因主要有：捕捞引起进化，即长期的“捕大留小”的选择性捕捞，可能导致生长率慢的基因流失，生长率快的基因得以延续，从而不可逆地改变种群的生物学特性；环境胁迫说，即过高的捕捞强度使种群密度稀疏，剩余群体的饵料丰度和易获性提高，从而使生长率加快，这种变化在停止捕捞或捕捞强度下降时会出现逆转（陈作志等 2012）。

黎雨轩（2009）对刀鲚不同类群繁殖对策和种群补充过程进行了较为系统的研究，发现不同生态类群的摄食和游泳相关形态及各生态类群行为和资源利用分化的形态基础存在显著的差异：洄游性类群 5 月开始在河口繁殖，之后产卵场逐渐上移，6 月在靖江江段繁殖，8 月安庆江段的刀鲚才开始繁殖。陆封类群和淡水定居类群的繁殖季节分别在 4～6 月和 5～7 月，两类群的相对繁殖率相似，陆封类群的性体指数较高，卵粒较大，繁殖能量投入相对较高。研究发现洄游性类群不同洄游距离繁殖群体存在显著的差异：洄游消耗的能量，安庆江段显著高于靖江江段；靖江江段性腺发育的能量投入显著高于崇明江段。安庆江段雌性个体性腺能量与靖江江段的没有显著差异，主要通过摄食补充能量来完成性腺发育，否定以前认为刀鲚进入长江后不再摄食的观点。该研究提出了刀鲚捕捞管理调整建议。

第五节　入侵鱼类种群生态学

生物入侵是导致全球生物多样性丧失的主要因素之一。外来种不仅可以通过捕食和竞争等生态作用方式威胁本地种，还经常通过杂交从遗传上影响本地种。杂交通过 2 种模式来影响本地种：一种是在杂交后代出现生活力或育性下降的情况下，杂交会对本地种的种群增长造成负面影响；另一种是在杂交后代可存活且可育的情况下，通过发生基因渐渗可对本地种遗传完整性造成破坏。外来鱼类的入侵已在很多水系造成危害，近年来，入侵鱼类分布范围进一步扩大。生物入侵对水生生态系统和土著鱼类的影响受到很多研究者关注。新疆乌伦古湖的土著鱼类受外来种的严重威胁，土著物种河鲈（*Perca fluviatilis*）已濒临灭绝，研究者认为，乌伦古湖外来鱼类（主要是池沼公鱼）的暴发性增殖，导致乌伦古湖整体的饵料生物丰富度大幅下降，底栖动物的丰富度也相应大幅下降，河鲈的适口饵料摇蚊幼虫等大幅度减少，使河鲈被迫选择了生物现存量非常高的池沼公鱼作为其替代饵料；致使河鲈的营养状况不佳，生长速度减缓；雌性性腺发育迟缓，甚至败育，使河鲈种群不能得以补充。因此，乌伦古湖外来鱼类池沼公鱼等是通过食物制约机制对土著种河鲈实现生物入侵的（唐富江等 2009）。西藏拉萨河中发现 8 种外来鱼类，占总渔获物种类的 42.5%，土著鱼类数量降低（陈锋和陈毅峰 2010）。雅鲁藏布江中游发现 9 种外来鱼类，占渔获物种类的 39.13%（杨汉运等 2010）。三峡成库后，由于水环境巨变，外来物种大暴发，已在三峡库区发现入侵种鱼类 23 种，其中来自美洲水系的有 10 种，欧洲 2 种，非洲 2 种，其余来自我国其他水系（巴家文和陈大庆 2012）。近年来，在三峡库区渔业资源调查及监测过程中发现，外来入侵鱼类种类数量明显上升，多种入侵鱼类种群数量急剧增长，这可能将对三峡库区土著鱼类造成巨大的危害。此前，我国云贵高原湖泊因外来种的引入致使土著鱼类物种多样性的丧失。这种局面将极有可能在三峡库区重演，因此三峡库区的外来入侵鱼类应引起特别重视。此外，三峡库区蓄水水位提升以后，库区水域水体加深、水流减缓，形成一个生态位严重空缺的湖泊，其营养物质远没有得到充分利用。这也为外来鱼类入侵库区提供了非常有利的条件，对外来鱼类的入侵和种群暴发产生了一定的促进作用。因此，研究者呼吁应加强对三峡库区外来入侵鱼类的调查和研究工作，设置固定监测站点和区域，动态监测入侵鱼类的种类及危害程度，建立起三峡库区入侵鱼类的预警和防治体系，严格评估在三峡库区的人为引种活动，深入研究外来鱼类得以成功入侵的原因与机制。

最近的研究通过对野生大头鲤种群的形态和微卫星分析，发现外来种鲤的入侵导致国家Ⅱ级保护动物纯种大头鲤的灭绝（Yang et al. 2011），外来鲤的渐渗杂交也已对星云湖大头鲤的遗传完整性造成了严重威胁（Tang & Chen 2012），螺蛳铺大头鲤原种种群也因生态入侵而成为杂种种群（唐卫星和陈毅峰 2012）。这方面的相关工作还有李钟杰等对云南高原湖泊的子陵吻鰕虎鱼和波氏吻鰕虎鱼共同入侵的生态适应性对策的比较研究。

长江中上游的银鱼等入侵种的种群暴发与衰减问题是本领域的研究热点。邵晓阳等（2011）对三峡库区香溪河的太湖新银鱼、短吻间银鱼（*Hemisalanx brachyrostralis*）资源，以及水体的主要理化因子进行调查，分析探讨了银鱼的时空分布格局、捕捞强度和渔产量对银鱼种群形成与衰退的影响。结果显示：太湖新银鱼、短吻间银鱼在三峡水库湖北库区的各支流河道均有分布，沿江而上，种群规模逐渐减小，渔获量组成以太湖新银鱼为优势类群。将香溪河太湖新银鱼种群的形成分为 3 个阶段：种群蓄积阶段（1997～2003 年），种群增长阶段（2003～2005 年），种群暴发阶段（2006～2007 年）。三峡水库蓄水后，水体空间不断扩大、淹没区大量的营养物进入水体，浮游生物数量增加，给太湖新银鱼种群生态位迅速扩张、种群暴发提供了有利条件。太湖新银鱼比短吻间银鱼体重增加更为迅速，有利于太湖新银鱼在种间竞争中取胜。李钟杰等先后开展了“太湖新银鱼生活史适应性对策研究”和“银鱼移植对土著鱼类资源影响的生态学机制研究”等研究课题，研究表明，太湖新银鱼存在春季和秋季两个繁殖群体，其中，春季群体个体大、数量多、繁殖力强，因此，春群应该是三峡水库太湖新银鱼种群的主要补充者，建议库区太湖新银鱼的渔业管理和资源监测应主要考虑春群的特征（Gong et al. 2009；龚望宝等 2010）。对天鹅洲的太湖新银鱼研究也发现繁殖群体分为春群和秋群，春群的繁殖力较高（Gong et al. 2009）。对丹江口太湖新银鱼的研究也得出以春群为主要补充群体的相似结论（杨战伟等 2012）。太湖新银鱼以浮游动物为食，为一年生鱼类（Qin et al. 2007; Chen & Zhu 2008; Gong et al. 2009），引入新水体后其种群的快速暴发常导致浮游动物资源短缺，因而导致其他浮游动物食性鱼类的种群数量降低（潘勇等 2007; Qin et al. 2007; Liu et al. 2009）。太湖新银鱼的引入抑制了当地鱼类餐鲦（*Hemiculter leucisculus*）的生长和繁殖投入，导致餐鲦的个体体重，绝对繁殖力、性腺重和卵径均变小（Wang et al. 2013）。研究发现，三峡水库的太湖新银鱼种群生长快于水库坝下天鹅洲种群，与库区生产力增高、食物丰度增加有关（Gong et al. 2013）。

王忠锁研究团队对入侵鱼类太湖新银鱼种群进行了较深入的研究，取得了系统的研究结果。通过对梁子湖、南漪湖和抚仙湖 3 个种群的动态调查和遗传多样性、生长繁殖特征分析及设计培养实验，发现了太湖新银鱼种群繁殖生态群的分化与其遗传结构间不存在显著关联，揭示了 3 个地理种群的繁殖生态群的分化状况，论证了梁子湖仅有春季繁殖群，南漪湖和抚仙湖均有春、秋季繁殖群体的分化，使存在较多争议的抚仙湖银鱼繁殖动态有了统一的结论。研究者发现湖区的水温和气温为银鱼繁殖行为的刺激因子和繁殖动态的限制性调节因子，银鱼繁殖分化程度与种群大小（或个体密度）正相关，并由此提出假说：种群大小决定于饵料生物量（即环境容纳量），而种群增大后直接加剧食物竞争、个体间营养状况差异及生长发育异步化，从而促使繁殖历期延长。环境温度适宜时银鱼产卵，而发育滞后未能产卵的个体将延迟产卵（Wang et al. 2009, 2013；郭立等 2011；张迪等 2012）。

第六节　国内外研究现状的比较

国外鱼类种群生态学研究目前主要关心人类活动和环境变化对鱼类种群动态的影响，探讨造成鱼类种群数量下降的因素，评估种群灭绝风险，研究种群恢复的方法手段（Hutchings & Reynolds 2004; Hsieh et al. 2010; Murawski 2010; Planque et al. 2010; Zador et al. 2011; Ciannelli et al. 2013）；以鱼类种群参数为指示，进行水生生态系统的生态风险评估（Knutsen et al. 2011; Hazlerigg et al. 2011; Sedeño-Díaz & López-López 2012）。典型的研究方向，如鱼类的洄游机制、气候变化对鱼类种群的影响、大纬度跨度的鱼类种群差异、形成和维持鱼类种群时空分布的机制、海洋鱼类种群动态长期监测、鱼类种群的衰退与恢复和种群空间结构对种群数量的影响（Hutchings & Reynolds 2004; Reist et al. 2006; Brander 2010; Katsanevakis et al. 2012; Ciannelli et al. 2013）。研究者对阿拉斯加狭鳕（*Theragra chalcogramma*）种群动态的研究发现，除了气候变化和过度捕捞外，种群空间分布变化也使其种群数量降低（Bacheler et al. 2009, 2010; Bailey 2011）。有关北美红大麻哈鱼种群洄游的研究，引入种群生理学手段，发现历史适应形成生理限制，造成不同种群间的适宜温度分化，影响种群分布（Eliason et al. 2011）。国外的鱼类种群生态学研究多在大时空尺度下开展（Bacheler et al. 2010; Bartolino et al. 2012; Cheung et al. 2010），相比而言，我国的鱼类种群生态学研究尺度较小，通常仅着眼于特定流域特定物种的短期种群动态。国外研究在鱼类种群动态理论模型方面取得较多成果，实验种群生态学发展也甚为迅猛（Planque et al. 2011; Zador et al. 2011; Ciannelli et al. 2012; Duffy-Anderson et al. 2013）。国内研究在这方面尤为不足，缺乏系统的理论研究，实验种群生态学研究几乎没有涉及。现有的研究仍多为鱼类自然种群动态的描述性和记录性工作，有关生态学理论的研究甚为薄弱。国内研究的特色是研究典型水域（如青藏高原、三峡水库）中的特有鱼类、濒危鱼类的种群生态学，尤其在种群遗传方面的工作较为突出。

第七节　总结与展望

目前，鱼类种群生态学家对不同种类鱼类的种群动态、生活史、种群遗传、生物入侵等多分支领域已有深入探讨，种群数量统计、分子遗传学等研究方法已非常成熟。然而，迄今为止，研究仍停留在对鱼类种群状态的描述、对特定层次问题的阐释，综合性研究极为缺乏，突出的理论成果甚为罕见。在未来的鱼类种群生态学研究中，应注重以下几方面。

（1）需要在更大的时空尺度（多流域、多水体）研究鱼类种群波动及同步性的格局。探讨鱼类种群动态调节及其与种群分布的关系，加强种群动态相关理论的研究，以期全景式理解鱼类种群衰退或种群暴发的原因，恢复濒危或受胁种群。由于鱼类通常都处于水生生态系统各食物链的顶端，鱼类的种群动态通过营养级联将影响水生生态系统，相关研究可为水生生态系统的合理保护和管理提供理论依据。

（2）注重水环境因子变化对种群动态的影响。近年来由于水环境污染日益恶化、生产活动形成江湖阻隔、水利工程导致水体破碎化和渔业过度捕捞等已对鱼类种群造成严重破坏，鱼类资源正逐渐枯竭，有关鱼类种群保护的研究应当加强。应关注典型水域、重点水域的水文及理化条件变化对鱼类种群的长期效应。应关注鱼类小型化、性成熟低龄化等日渐突出的种群生态学问题，产生这些问题的成因有待研究揭示。针对全球气候变暖这一问题，研究水体温度变化对鱼类种群动态的影响应当是一个极具前景的发展方向。

（3）鱼类种群遗传学研究应继续加强物种进化与地质史关系的研究。注重在野生鱼类种群资源的管理、保护和恢复中的应用，关注易危、濒危鱼类及典型水域的代表性鱼类种群的多样性评估、遗传分化及种群修复潜能。

（4）鱼类种群生态学的发展需要融合其他学科的理论和方法。注重生理学、环境化学、分子生物学等研究方法的应用，加强鱼类实验种群生态学和理论生态学研究的联系。鱼类种间关系的研究目前相对薄弱，竞争、捕食、寄生等对鱼类种群动态影响的研究有充分的发展空间。

参考文献

阿达可白克·可尔江，霍堂斌，姜作发，等. 2011. 塔里木河干流叶尔羌高原鳅种群生物学研究. 水生态学杂志, 32(1): 34-39.

安晓萍，孟和平，杜昭宏，等. 2008. 达里湖东北雅罗鱼的生长、死亡和生活史类型的研究. 淡水渔业, 38(6): 3-7.

巴家文，陈大庆. 2012. 三峡库区的入侵鱼类及库区蓄水对外来鱼类入侵的影响初探. 湖泊科学, 24(2): 185-189.

陈锋，陈毅峰. 2010. 拉萨河鱼类调查及保护. 水生生物学报, 34(2): 278-285.

陈省平，丁少雄，陈嘉慧. 2012. 赤点石斑鱼群体遗传结构的微卫星分析. 中山大学学报(自然科学版), 51(3): 83-89.

陈作志，孔啸兰，徐姗楠，等. 2012. 北部湾深水金线鱼种群参数的动态变化. 水产学报，36(4): 584-591.

程琳，叶少文，李钟杰. 2012. 长江中游典型草型湖泊与藻型湖泊鲫种群结构和生长比较. 水生生物学报, 36(5): 957-964.

段辛斌，刘绍平，熊飞，等. 2008. 长江上游干流春季禁渔前后三年渔获物结构和生物多样性分析. 长江流域资源与环境, 17(6): 878-885.

高欣，刘焕章，王剑伟. 2008. Logistic 回归分析在厚颌鲂生活史类型研究中的应用. 四川动物, 27(4): 506-509.

龚望宝，吴朗，程飞，等. 2010. 三峡水库太湖新银鱼春季和秋季繁殖群体的繁殖生物学特征比较. 水生生物学报, 34(5): 1065-1068.

郭立，李隽，王忠锁，等. 2011. 基于四个线粒体基因片段的银鱼科鱼类系统发育. 水生生物学报, 35(3): 449-459.

蒋红，谢嗣光，赵文谦，等. 2007. 二滩水电站水库形成后鱼类种类组成的演变. 水生生物学报,

31(4): 532-539.
匡友谊，佟广香，尹家胜，等. 2009. 线粒体序列分析黑龙江流域哲罗鲑的种群遗传结构. 生态学报, 29(9): 4630-4639.
黎雨轩. 2009. 长江洄游性刀鲚的繁殖生态学研究. 北京：中国科学院研究生院博士研究生学位论文.
李鸿，沈建忠，马徐发，等. 2009. 新疆乌伦古湖湖拟鲤的生长特征. 华中农业大学学报, 28(2): 202-206.
李明云，苗亮，陈炯，等. 2013. 基于种群生态学概念论大黄鱼种群的划分. 宁波大学学报(理工版). 26(1): 1-5.
李强，蓝昭军，赵俊，等. 2011. 北江水系鲹生活史类型研究. 四川动物, 30(3): 348-352.
李显森，赵宪勇，李凡，等. 2006. 山东半岛南部产卵场鳀鱼生殖群体结构及其变化. 海洋水产研究, 27(1): 46-53.
梁晓旭，庆宁，杨柯林，等. 2010. 广东地区宽鳍鱲种群遗传变异和亲缘地理. 水生生物学报, 34(4): 806-814.
林龙山. 2004. 东海区小黄鱼现存资源量分析. 海洋渔业, 26(1): 18-23.
林龙山，程家骅，任一平，等. 2004. 东海区小黄鱼种群生物学特性的分析. 中国水产科学, 11(4): 333-338.
刘博，匡友谊，佟广香，等. 2011. 微卫星分析 9 个哲罗鱼野生群体的遗传多样性. 动物学研究, 32(6): 597-604.
刘恩生，鲍传和，吴林坤，等. 2007b. 太湖新银鱼、鲚鱼的食性比较及相互影响分析. 湖泊科学, 19(1): 103-110.
刘恩生，刘正文，鲍传和，等. 2007a. 太湖鲚鱼和鲢、鳙鱼的食物组成及相互影响分析. 湖泊科学, 19(4): 451-456.
刘恩生，刘正文，陈伟民，等. 2005. 太湖湖鲚渔获量变化与生物环境间相互关系. 湖泊科学, 17(4): 340-345.
刘飞，吴金明，王剑伟. 2011. 高体近红鲌的生长与繁殖. 水生生物学报, 35(4): 586-595.
刘红艳，熊飞，董元火，等. 2012. 鳒浪白鱼野生与养殖群体遗传多样性的 ISSR 分析. 华中师范大学学报(自然科学版), 46(5): 591-595.
刘至治，杨金权，王正琦，等. 2009. 长江口及其南部邻近地区大弹涂鱼种群遗传结构及种群历史分析. 动物学研究, 30(1): 1-10.
卢振彬，杜建国. 2008. 台湾海峡南部条尾绯鲤生态学参数的变化特征. 水产学报, 32(3): 362-368.
马波，姜作发，霍堂斌. 2009. 基于线粒体 DNA 控制区序列变异探讨黑龙江和图们江细鳞鲑属鱼类的分类地位. 动物分类学报, 34(3): 499-500.
潘勇，曹文宣，徐立蒲，等. 2007. 鱼类入侵的过程、机制及研究方法. 应用生态学报, 18(3): 687-692.
祁得林. 2009. 黄河上游花斑裸鲤 *Cytb* 基因的序列变异和遗传多样性. 动物学研究, 30(3): 255-261.
祁得林，晁燕，郭松长，等. 2008. 黄河裸裂尻鱼五种群 mtDNA 控制区的遗传结构. 动物学报, 54(6): 972-980.
邵晓阳，黎道峰，潭路，等. 2011. 三峡库区银鱼生长特点及资源分析. 生态学报, 31(17): 4858-4865.
苏军虎，张艳萍，娄忠玉，等. 2012a. 黄河上游极边扁咽齿鱼种群遗传结构. 动物分类学报, 37(1): 29-35.
苏军虎，张艳萍，娄忠玉，等. 2012b. 基于线粒体控制区序列的黄河上游厚唇裸重唇鱼种群遗传结构. 生态学报, 32(13): 4191-4198.
唐富江，姜作发，阿达可白克·可尔江，等. 2009. 新疆乌伦古湖河鲈二十年来种群生长变化及原因. 湖泊科学, 21(1): 117-122.

唐卫星, 陈毅峰. 2012. 大头鲤原种种群的遗传现状. 动物学杂志, 47(5): 8-15.
陶江平, 龚昱田, 谭细畅, 等. 2012. 长江葛洲坝坝下江段鱼类群落变化的时空特征. 中国科学: 生命科学, 42(8): 677-688.
田辉伍, 岳兴建, 陈大庆, 等. 2012. 怒江东方墨头鱼资源量和死亡参数的估算术. 生态学杂志, 31(1): 235-240.
庹云. 2012. 袁河花鱼骨的种群特征. 水生态学杂志, 33(6): 109-113.
万全, 赖年悦, 李飞, 等. 2009. 安徽无为长江段刀鲚生殖洄游群体年龄结构的变化分析. 水生态学杂志, 4(2): 60-65.
王金秋, 梁鸿子. 2008. 基于形态性状的松江鲈鱼(*Trachidermus fasciatus*)种群鉴别. 海洋与湖沼, 39(4): 348-353.
王伟营, 赵婷怡, 蒋万胜, 等. 2012. 中甸叶须鱼种群生存力初步分析. 水生态学杂志, 33(5): 47-53.
吴常文, 许逸天, 吕振明, 等. 2009. 基于 D-LOOP 基因的中国沿海鳓鱼(*Ilisha elongata*)种群遗传结构研究. 海洋与湖沼, 40(3): 330-337.
吴峰, 戴小杰, 姜润林. 2012. 热带中东大西洋海域大青鲨繁殖生物学研究. 海洋湖沼通报, 3: 29-36.
吴仁协, 郭刘军, 刘静. 2011. 高鳍带鱼遗传变异及近缘种的系统进化关系. 动物分类学报, 36(3): 684-655.
吴旭, 严美姣, 李钟杰. 2010. 长江中下游不同地理种群鳜遗传结构研究. 水生生物学报, 34(4): 843-850.
肖海, 代应贵. 2011. 北盘江光唇裂腹鱼年龄结构、生长特征和生活史类型. 生态学杂志, 30(3): 539-546.
肖明松, 崔峰, 康健, 等. 2013. 淮河野生鲇鱼线粒体 *Cytb* 基因的序列变异与遗传结构分析. 动物学杂志, 48(1): 75-86.
肖武汉, 张亚平. 2000. 鱼类线粒体 DNA 的遗传与进化. 水生生物学报, 24(4): 384-391.
徐薇, 刘宏高, 唐会元. 2014. 三峡水库生态调度对沙市江段鱼卵和仔鱼的影响. 水生态学杂志, 35(2): 1-8.
徐兆礼, 陈佳杰. 2011. 东黄海大黄鱼洄游路线的研究. 水产学报, 35(3): 429-437.
严云志, 闫莉莉, 储玲, 等. 2012. 徽水河宽鳍鱲的年龄、生长和繁殖. 水生生物学报, 36(3): 474-481.
阎雪岚, 杨金权, 唐文乔, 等. 2009. 基于线粒体 *Cytb* 基因序列变异的克孜河塔里木裂腹鱼和斑重唇鱼遗传多样性. 动物学杂志, 44(5): 8-13.
杨汉运, 黄道明, 谢山, 等. 2010. 雅鲁藏布江中游渔业资源现状研究. 水生态学杂志, 3(6): 120-126.
杨战伟, 李钟杰, 刘家寿, 等. 2012. 丹江口水库太湖新银鱼不同繁殖群体的繁殖特征比较. 淡水渔业, 42(5): 58-62.
杨志, 乔晔, 张轶超, 等. 2009. 长江中上游圆口铜鱼的种群死亡特征及其物种保护. 水生态学杂志, 2(2): 50-55.
叶少文, 张堂林, 李钟杰, 等. 2012. 牛山湖两种优势小型鱼类空间分布与沉水植被的关系. 应用生态学报, 23(9): 2566-2572.
袁希平, 严莉, 徐树英, 等. 2008. 长江流域铜鱼和圆口铜鱼的遗传多样性. 中国水产科学, 15(3): 377-385.
岳兴建, 汪登强, 刘绍平, 等. 2010. 怒江三种裂腹鱼属鱼类种群遗传结构. 生态学报, 30(23): 6418-6429.

岳兴建，邹远超，王永明，等. 2013. 元江鲤种群遗传多样性. 生态学报, 33(13): 4068-4077.
张迪，雷光春，龚成，等. 2012. 基于 COI 基因序列的太湖新银鱼遗传多样性. 湖泊科学, 24(2): 299-306.
张国，吴朗，段明，等. 2013. 长江中游不同江段四大家鱼幼鱼孵化日期和早期生长的比较研究. 水生生物学报, 37(2): 306-313.
张建军，冯慧，李科社，等. 2009. 黄河上游龙羊峡至刘家峡河段梯级水电站建设后鱼类资源变化. 淡水渔业, 39(3): 40-45.
张丽艳，苏永全，王航俊，等. 2011. 台湾海峡鲐鱼种群遗传结构. 生态学报, 32(23): 7097-7103.
章守宇，王蕾，汪振华，等. 2011. 枸杞岛海藻场优势种鱼类群体特征及其在不同生境中的差异. 水产学报, 33(9): 1399-1409.
赵春刚，潘伟志，陈军，等. 2005. 2004 年乌苏里江大麻哈鱼生殖群体结构研究. 水产科学杂志, 18(20): 59-64.
赵凯，段子渊，杨公社，等. 2007. 青海湖裸鲤的起源和花斑裸鲤的种群演化. 自然科学进展, 17(3): 320-328.
赵凯，杨公社，李俊兵，等. 2006. 黄河裸裂尻鱼群体遗传结构和 *Cytb* 序列变异. 水生生物学报, 30(2): 129-133.
郑文娟，来育洪，尤昕煜，等. 2012. 舟山小黄鱼线粒体 DNA D-loop 区序列变异的遗传多样性分析. 动物学研究, 33(3): 329-336.
钟立强，刘朋朋，潘建林，等. 2013. 长江中下游 5 个湖泊黄颡鱼(*Pelteobagrus fulvidraco*)种群线粒体细胞色素 b 基因的遗传变异分析. 湖泊科学, 25(2): 302-306.
仲霞铭，张虎，汤建华，等. 2011. 江苏近岸海域小黄鱼时空分布特征. 水产学报, 35(2): 238-246.
朱晓光，房元勇，严力蛟，等. 2009. 高捕捞强度环境下海洋鱼类生态对策的演变. 科技通报, 25(1): 51-55.
Bacheler N M, Bailey K M, Ciannelli L, et al. 2009. Density-dependent, landscape, and climate effects on spawning distribution of walleye pollock *Theragra chalcogramma*. Mar Ecol Prog Ser, 391: 1-12.
Bacheler N M, Ciannelli L, Bailey K M, et al. 2010. Spatial and temporal patterns of walleye Pollock spawning in the eastern Bering Sea inferred from egg and larval distributions. Fish Oceanogr, 19: 107-120.
Bailey K M. 2011. An empty donut hole: the great collapse of a North American fishery. Ecol Soc, 16: 28.
Bartolino V, Ciannelli L, Spencer P, et al. 2012. Scale-dependent detection of the effects of harvesting a marine fish population. Mar Ecol Prog Ser, 444: 251-272.
Brander K. 2010. Impacts of climate change on fisheries. J Mar Syst, 79: 389-402.
Burhanuddin A I. 2003. Renew of the family Trichiuridae without a forked caudalfin (Perciformes). Japan : Kagoshima University, PhD Thesis.
Chakraborty A, Aranishi F, Iwantsuki Y. 2006. Genetic differentiation of *Trichiuruus japonicus* and *T. lepturus* (Perciformes: Trichiurdae) based on mitochondrial DNA analysis. Zool Stud, 45(3): 419-427.
Chen Y F, Zhu S Q. 2008. Diet overlap of lake anchovy (*Coilia ectenes*) and ice fish (*Neosalanx tangkahkeii* Taihuensis) and the relationship between their harvests in Lake Taihu. J Freshwater Ecol, 23: 463-465.
Cheung W W L, Lam V W Y, Sarmiento J L, et al. 2010. Large-scale redistribution of maximum fisheries catch potential in the global ocean under climate change. Global Change Biol, 16: 24-35.
Ciannelli L, Bartolino V, Chan K S. 2012. Non-additive and non-stationary properties in the spatial distribution of a large marine fish population. Proc R Soc B, 279: 3635-3642.
Ciannelli L, Fisher J A D, Skern-Mauritzen M, et al. 2013. Theory, consequences and evidence of eroding

population spatial structure in harvested marine fishes: a review. Mar Ecol Prog Ser, 480: 227-243.

Duan X, Liu S, Huang M, et al. 2009. Changes in abundance of larvae of the four domestic Chinese carps in the middle reach of the Yangtze River, China, before and after closing of the Three Gorges Dam. *In*: Noakes D L G, Romero A, Zhao Y, et al. Chinese Fishes. New York: Springer: 13-22.

Duffy-Anderson J, Blood D M, Cheng W, et al. 2013. Combining field observations and modeling approaches to examine Greenland halibut (*Reinhardtius hippoglossoides*) early life ecology in the southeastern Bering Sea. J Sea Res, 75: 96-109.

Eliason E J, Clark T D, Hague M J, et al. 2011. Differences in thermal tolerance among sockeye salmon populations. Science, 332(1): 109-112.

Gao X, Zeng Y, Wang J, et al. 2010. Immediate impacts of the second impoundment on fish communities in the Three Gorges Reservoir. Environ Biol Fish, 87(2): 163-173.

Gong B W, Li T H, Xie S Q, et al. 2009. Two spawning stocks of icefish *Neosalanx taihuensis* revealed from annual reproductive cycle analyses. Fish Sci, 75(5): 1157-1165.

Gong B W, Wu L, Xie S Q, et al. 2013. Variation in early growth of *Neosalanx taihuensis* between two populations above and below the Three Gorges Dam, China. J Freshwater Ecol, 28(1): 139-146.

Hazlerigg C, Suttle B, Lorenzen K. 2012. Fish Population Ecology and Ecological Risk Assessment. London: Imperial College Doctoral Thesis.

He D K, Chen Y F, Chen Y Y. 2013. Phylogeography of the highly specialized schizothoracine fishes (Teleostei: Cyprinidae) in the Tibetan plateau and their implications. Am Fish Soc 143RD Annual Meeting: 79.

Hsieh C H, Yamauchi A, Nakazawa T, et al. 2010. Fishing effects on age and spatial structures undermine population stability of fishes. Aquat Sci, 72: 165-178.

Hutchings J A, Reynolds J D. 2004. Marine fish population collapses: consequences for recovery and extinction risk. BioScience, 54(4): 297-309.

Jia Y T, Chen Y F. 2011. Age structure and growth characteristics of the endemic fish *Oxygymnocypris stewartii* (Cypriniformes: Cyprinidae: Schizothoracinae) in the Yarlung Tsangpo River, Tibet. Zool Stud, 50(1): 69-75.

Jiang W, Liu H Z, Duan Z H, et al. 2010. Seasonal variation in drifting eggs and larvae in the upper Yangtze, China. Zoo Sci, 27(5): 402-409.

Johansson F. 2006. Body shape differentiation among mitochondrial DNA lineages of *Zacco platypus* and *Opsariichthys bidens* (Cyprinidae) from the Changjiang and Xijiang river drainage areas in southern China. Act Zool Sin, 52(5): 948-953.

Katsanevakis S, Weber A, Pipitone C, et al. 2012. Monitoring marine populations and communities: methods dealing with imperfect detectability. Aqua Biol, 16: 31-52.

Knutsen H, Olse E M, Jorde P E, et al. 2011. Are low but statistically significant levels of genetic differentiation in marine fishes 'biologically meaningful'? A case study of coastal Atlantic cod. Mol Ecol, 20: 768-783.

Li M Z, Gao X, Yang S R, et al. 2013. Effects of environmental factors on natural reproduction of the four major Chinese carps in the Yangtze River, China. Zool Sci, 30(4): 296-303.

Liu E S, Bao C H, Wan Q. 2008. The changes of the catch and age structure of lake anchovy and the relationship with environmental variation in Lake Taihu. J Fish China, 32(2): 229-235.

Liu G M, Liu Z W, Li Y L, et al. 2009. Effects of fish introduction and eutrophication on the cladoceran community in Lake Fuxian, a deep oligotrophic lake in southwest China. J Paleolimnol, 42: 427-435.

Liu J X, Gao T X, Zhuang Z M, et al. 2006. Late Pleistocene divergence and subsequent population expansion of two closely related fish species, Japanese anchovy (*Engraulis japonicus*) and Australian anchovy (*Engraulis australis*). Mol Phylogent Evol, 40: 712-723.

Liu M, Jia N, Zhao L L, et al. 2009. Study of morphological variations between Pacific herring *Clupea pallasii* and Atlantic herring *Clupea harengus*. Progr Fish Sci, 30(6): 81-87.

Murawski S A. 2010. Rebuilding depleted fish stocks: the good, the bad, and, mostly, the ugly. ICES J Mar Sci, 67: 1830-1840.

Oleinik A G, Skurikhina L A, Brykov V A. 2007. Divergence of Salvelinus species from northeastern Asia based on mitochondrial DNA. Ecol Freshw Fish, 16(1): 87-98.

Planque B, Fromentin J M, Cury P, et al. 2010. How does fishing alter marine populations and ecosystems sensitivity to climate? J Mar Syst, 79: 403-417.

Planque B, Loots C, Petitgas P, et al. 2011. Understanding what controls the spatial distribution of fish populations using a multi-model approach. Fish Oceanogr, 20: 1-17.

Qi D L, Guo S C, Zhao X Q, et al. 2007. Genetic diversity and historical population structure of *Schizqoygopsis pyhovi* (Teleostei: Cyprinidae) in the Qingghai-Tibetan Plateau. Freshwater Biol, 52: 1090-1104.

Qin J H, Xu J, Xie P. 2007. Diet overlap between the endemic fish *Anablariflus grahami* (Cyprinidae) and the exotic noodlefish *Neosalanx taihuensis* (Salangidae) in Lake Fuxian, China. J Freshwater Ecol, 22: 365-370.

Reist J D, Wrona F J, Prowse T D, et al. 2006. General effects of climate change on Arctic fishes and fish populations. Ambio, 35(7): 367-376.

Rivera M A J, Gaham G C, Roderick G K. 2003. Isolation and characterization of nine microsatellite loci from the Hawaiian grouper *Epinephelus quernus* (Serranidae) for population genetic analyses. Mar Biotechnol, 5: 126-129.

Sedeño-Díaz J E, López-López E. 2012. Freshwater fish as sentinel organisms: from the molecular to the population level, a review. *In*: Turker H. New Advances and Contributions to Fish Biology. Rijeka: InTech: 151-173.

Song Z B, Song J, Yue B S. 2008. Population genetic diversity of Prenant's schizothoracin, *Schizothorax prenanti*, inferred from the mitochondrial DNA control region. Environ Biol Fish, 81: 247-252.

Tang W X, Chen Y F. 2012. Hybridization between native barbless carp (*Cyprinus pellegrini*) and introduced common carp (*C. carpio*) in Xingyun Lake, China. Zool Sci, 29(5): 311-318.

Teletchea F. 2009. Molecular identification methods of fish species: reassessment and possible applications. Rev Fish Biol Fisher, 19(3): 265-293.

Wang X L, Xiang J G, Liu J S, 2013. Reduced growth and reproductive investment of *Hemiculter leucisculus* (Cyprinidae) in a reservoir with introduced icefish *Neosalanx taihuensis* (Salangidae). Environ Biol Fish, 96(7): 895-903.

Wang Z S, Shi J Q, Xu C R, et al. 2009. Degradation of icefishes (Salangidae) in the Yangtze River basin of China: threats and strategies. Environ Biol Fish, 86(3): 109-117.

Wang Z, Yan Z, Xu L, et al. 2013. Effects of hydrologic regulation on icefish population dynamics, assemblage structure and fishery yield in Lake Nanyi, China. Ecol Freshwater Fish, 22(4): 637.

Yan Y, Xu Y, Chu L, et al. 2012. Age, growth and reproduction of *Sarcocheilichthys nigripinnis* from the Qingyi stream in the Huangshan mountains. Zool Res, 33(E1-2): 25-31.

Yang B, Chen X Y, Yang J X. 2011. Non-native carp of the genus Cyprinus in lake Xinyun, China, as revealed by morphology and mitochondrial DNA analysis. Biol Invasions, 13: 105-114.

Zador S, Aydin K, Cope J. 2011. Fine-scale analysis of arrow tooth flounder *Atherestes stomias* catch rates reveals spatial trends in abundance. Mar Ecol Prog Ser, 438: 229-239.

Zhang G, Wu L, Li H, et al. 2012. Preliminary evidence of delayed spawning and suppressed larval growth and condition of the major carps in the Yangtze River below the Three Gorges Dam. Environ Biol Fish, 93: 439-447.

Zhao L, Zhang J, Liu Z J, et al. 2008. Complex population genetic and demographic history of the Salangid, *Neosalanx taihuensis*, based on cytochrome b sequences. BMC Evol Biol, 8: 201.

第十章　木本植物种群生态学

第一节　引　　言

植物种群生态学是生态学的重要组成部分，是一门研究植物种群动态、特性、分化、种群与其环境之间相互关系的科学。虽然植物生态学已经有超过 100 年的研究历史，植物种群生态学的研究也可以追溯到 Nageli 在 1874 年发表的有关植物种群数量的论文（钟章成和曾波 2001），但直到 20 世纪 70 年代 Harper 的《植物种群生物学》的问世，才为植物种群生态学研究的理论和方法奠定了基础，使其成为植物生态学研究的重要领域和全球研究热点。在全球气候变化的大背景下，许多国家和地区的研究者都在持续探索种群生态学的各个领域，取得了很多具有重要意义的研究成果，为种群生态学的发展做出了非常卓越的贡献。近些年来，随着技术不断更新、发展和进步，植物种群生态学研究的手段和方法越来越多，并且与其他学科的交叉和联系也越来越紧密。相比之下，我国植物种群生态学起步较晚，研究历史较短。在 20 世纪 70 年代以前，我国对植物种群生态学的研究开展较少，70 年代以后，植物种群生态学的研究渐渐崛起，成为我国生态学研究的核心内容之一。目前，随着信息的畅通及国际间交流与合作日益增多，国内的研究手段与方法紧跟国际同行，经过广大研究者的共同努力，取得了很多丰硕的成果。

我国植物种群生态学的研究在 20 世纪 70 年代前的著作很少，主要工作是关于稻、麦等粮食作物的种群结构和群体生理研究，实验工作则是仲崇信教授的有关大米草的研究工作。钟章成等（1991）在其综述《植物种群生态学发展趋势及我国植物种群生态学发展战略研究》中系统论述了 20 世纪 90 年代前我国植物种群生态学的研究状况及努力方向，他们认为，虽然当时植物种群生态学的研究有较快发展，但仍然处于经典的统计阶段，主要问题是缺乏长期定量的研究、研究手段和方法落后、研究空白点多、为植物种群生态学的理论和研究方法做出的贡献小。他们提议，应该从植物种群结构、动态、繁殖及适应对策等几个方面开展工作。经过约 10 年发展，王仁忠等（2003）和梁士楚等（2004）又对我国的植物种群生态学的发展作了专题综述，他们认为，经过 10 年的发展，我国的植物种群生态学已经从经典的种群统计学研究逐渐向宏观大尺度、表观遗传学，甚至是分子生态学领域深入，在理解植物种群生态学在全球变化和物种进化的意义和作用等方面进行探索。这个时期植物种群生态学的发展特点表现为：在坚持传统植物种群生态学研究的基础上，不断与相邻学科交叉融合，从传统的统计分析向机制解释的方向发展。但取得的创新性成果仍然比较少，与国际同行的差距还比较大。到目前为止，又过去了 10 年，这 10 年间，国家对科技的投入逐年增加，科学技术日新月异，信息交流和国际合作日渐畅通便捷，我国植物种群生态学的发展又有了长足的进步，因此，对我

本章作者：陶建平　郭庆学　钟章成

国这一阶段植物种群生态学研究状况的总结十分必要。

为了从一个侧面反映我国植物种群生态学的研究现状，本章以木本种群为对象，收集 2005 年 1 月至 2014 年 12 月，我国学者在国内外的研究文献，阐述近 10 年来我国木本植物种群生态学的主要研究内容和发展方向。国内文献主要收集与种群生态学研究密切相关的 5 份生态学领域的重要期刊，包括《生态学报》、《植物生态学报》、《应用生态学报》、《生态学杂志》和《林业科学》，力求文献收集的全面；国外文献的收集采取重要期刊和国内主要研究团队相结合的方法，力求文献有代表性，选择的期刊包括 *Ecology Letters*、*Ecology*、*Journal of Ecology*、*New Phytologist*、*Annals of Botany*、*Population Ecology* 等。两类文献均用于分析近 10 年来我国木本种群生态学的主要研究进展及发展趋势，但在分析主要研究内容及这 10 年来的发展趋势时，仅使用了国内文献。为便于论述的连续性及不同研究领域的比较，也可能涉及非木本植物种群的文献和早于 2004 年的文献。

第二节　研究重点和发展趋势概述

据统计，2005 年 1 月至 2014 年 12 月的 10 年间，国内重要生态学期刊共发表植物种群生态学论文 331 篇，其中木本种群 280 篇，占总数的 85.0%，前 10 年平均每年发表约 33 篇（图 10-1）。

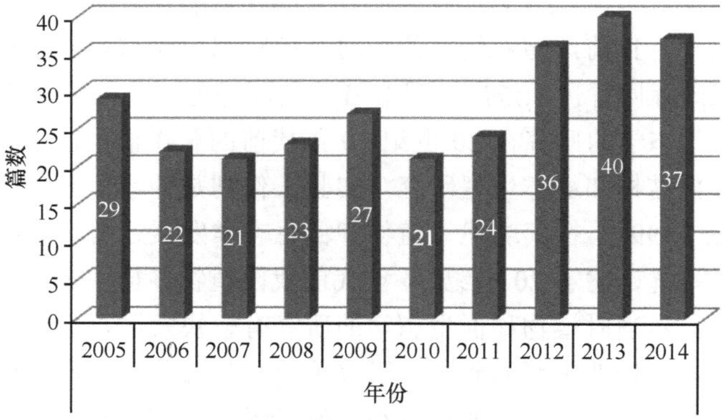

图 10-1　近 10 年来我国木本植物种群生态学每年发文量（仅统计 5 份国内期刊，详见文内）

通过对 280 篇涉及木本植物种群生态学研究文献内容的粗略分析，目前国内研究的重点仍然在传统的种群统计、种间关系、种群遗传、种群生活史等方面，具体内容主要包括木本植物的种群结构、种群动态、种群更新；种间相互关系，主要涉及种内种间竞争、植物和动物及微生物间的关系，群落内种与种间的关联等；种群分布格局及种群格局分析；种群遗传多样性及表型多样性；种群生活史，包括生命表、存活分析、种群适应等；种群的繁殖生态，包括影响种群繁殖的生物和非生物因素、传粉生态、种子传播等。除这些传统种群生态学研究内容，近几年在全球变化背景下的木本种群生态学研究，应用种群生态学特别是同物种保育和物种入侵相联系的相关研究，植物功能性状，种群调节，理论生态学主要是种群动态模拟、种群稳定等的研究也有一定发展。但同 10 年前王仁忠等（2003）在其综述中表达的一样，我国木本植物种群生态学近10年来的研究内容、研究重点、新方向的开拓及总体的研究格局并未发生较大变化（图10-2）。

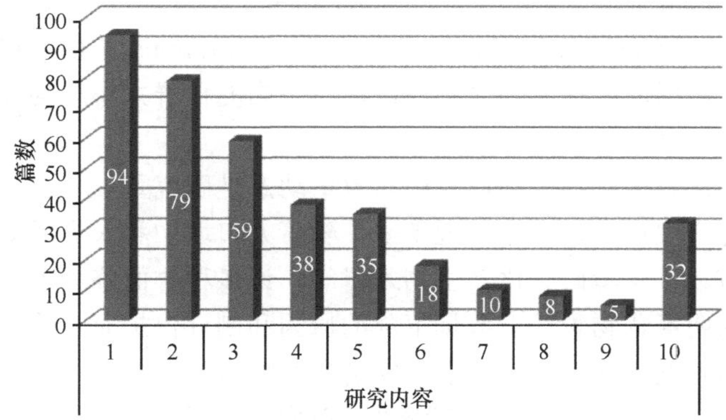

图10-2　近10年来我国木本植物种群生态学的研究重点

1. 结构、动态、更新；2. 分布格局；3. 种间关系（包括生态位和种间关联）；4. 种群遗传多样性（包括表型多样性）；5. 繁殖生态（包括传粉及种子散布）；6. 种群生活史；7. 特殊生长型植物的种群生态学研究；8. 功能性状；9. 研究方法；10. 其他（全球变化、种群适应、应用植物种群生态、干扰等）；同一篇文献可能涉及一种以上的研究类别，仅统计5份国内期刊，详见文内

第三节　主要研究现状及进展

1. 木本种群的结构与动态

植物种群结构和动态是种群的重要属性，研究种群大小或数量在时间、空间上的变化规律，是种群生态学研究的核心内容（江洪 1992），它反映了种群个体在空间上的配置、数量动态和发展趋势，同时也体现了种群和环境之间的相关关系及其在群落中的地位和作用（赖江山等 2006）。年龄结构分析、生命表、存活曲线、生存分析和时间序列预测、生态模型模拟等是进行种群结构和动态分析的重要方法和手段，借助这些方法，可以分析种群结构和生存状态，揭示种群的存活率等特征，预测种群的发展趋势。

干扰是影响木本种群结构和动态的重要原因。张文辉等（2008）对大巴山北坡两个栓皮栎（*Quercus variabilis*）种群结构、数量动态和空间分布格局进行对比研究，结果表明干扰环境下种群的更新能力较弱，幼龄个体数量少，并以萌生起源幼龄个体占优势，呈现衰退态势，反之则更新能力较强，幼龄个体数量丰富，以实生起源个体占优势。人为干扰是影响栓皮栎种群生长和发育的最主要的影响因子。何东等（2009）以种群统计学和树木年代学的方法，从年龄结构、生命表、径向生长和干扰史4个方面，研究了神农架山地河岸带连香树（*Cercidiphyllum japonicum*）的种群结构与动态，研究表明，个体生长发育特征及中长期的干扰对其种群结构与动态有重要影响。由于幼苗尤其是萌枝的数量充足，连香树种群在中短期内可以维持。对四合木（*Tetraena mongolica*）种群结构特征的研究表明，生境差异对种群结构有重要影响，这些差异生境有可能是干扰的原因造成的（甄江红和刘果厚 2008）。徐学红等（2005）对浙江古田山国家级自然保护区的甜槠（*Castanopsis eyrei*）种群进行调查，甜槠在幼苗、幼树时为集群分布，随着甜槠个体进一步增大，其分布格局由集群分布变为随机分布。甜槠以其较强的更新能力成为本区低海拔成熟常绿阔叶林中十分稳定的优势种。不同植物种群种间比较研究利于揭示种群的形成机制和影响因素。费世民等（2008）研究了秦岭地区洪水干扰迹地恢复17年后群落优势种油松（*Pinus tabuliformis*）和华山松（*P. armandii*）的种群数量特征。虽然油松和华山松具有不同的树种生物学特性，以及不同的种群大小结构和年龄结构，但这没有影响到种群更新存活动态。

这一时期，濒危和稀有物种种群结构与数量动态是研究重点。由于人类经济活动的加剧正对生态环境产生危害，特别是近年来，随着人口增加和人类活动频率增大，生物种群栖息地遭到破坏、生境破碎化及生物入侵等，许多种群面临着灭绝的危险，研究种群结构与动态对阐明濒危物种种群数量下降的原因和制订保护对策均具有重要意义。张兴旺等（2012）和张莉等（2012）分别在安徽皇藏峪自然保护区与安徽琅琊山地区研究青檀（*Pteroceltis tatarinowii*）种群的年龄结构时发现，通过人为保护后，青檀种群呈现增长趋势。种群分布生境的不同，会导致种群的大小和数量动态存在差异。张兴旺等（2012）指出，不同生境下青檀种群存活曲线存在差异，阳坡、阴坡种群趋于Deevey Ⅱ型，坡谷种群趋于Deevey Ⅲ型；他们通过种群生存分析发现，生长在阳坡和阴坡的青檀种群具有前期锐减、中期稳定、后期衰退的特点，而位于坡谷的种群则表现为前期锐减、中后期稳定的特点，位于坡谷的老龄个体死亡率较低。谭一波等（2010）利用种群年龄结构、静态生命表、生存分析和时间序列预测等方面分析了中华楠（*Machilus chinensis*）种群结构和数量动态，发现中华楠种群在未来不同年份呈现不同的增长趋势。一些种群因为适当的保护呈现增长的趋势，但是，依然有许多濒危种群或者特有种群面临着进一步衰退的危险。通过分析种群结构和动态发现，国家Ⅱ级重点保护野生植物新疆野苹果（*Malus sieversii*）（刘华等 2010）、国家Ⅱ级重点保护野生植物野牡丹（*Paeonia delavayi*）（李奎等 2012）、中国特有种华北驼绒藜（*Ceratoides arborescens*）（王普昶等 2010）、国家Ⅰ级重点保护野生植物珙桐（*Davidia involucrata*）（刘海洋等 2012）、濒危种银杏（*Ginkgo biloba*）（李玲等 2011），它们的种群均呈现衰退的趋势，随着时间的推移，将会出现老龄级植株先增加后减少的趋势，很难长期维持种群稳定性。物种本身的生物学特性及虫害对种群的危害是导致种群数量下降的重要原因，例如，滇牡丹种子传播力小，有效种子幼苗生产转化率较低（李奎等 2012），新疆野苹果受到苹果小吉丁虫（*Agrilus mali*）的蔓延危害，导致其幼苗数量极少（刘华等 2010）。但是人类活动的频繁干扰，是导致种群变化的主要原因。迁地保护是生物多样性保护的重要对策之一，然而，对物种的迁地保护，需要更加合理的、因地制宜的管理措施和方法。

此外，种群的瞬时动态（transient dynamics）受到研究者的关注，被认为是对难以预测种群动态的更加深入的阐述（Hastings 2001）。种群瞬时动态描述始于具有不稳定种群结构的种群增长轨迹线在收敛于平衡（equilibrium）前的波动与振荡。传统的种群统计学主要关注种群增长轨迹线在收敛于其理论上的稳定种群结构之后的特征，基本上忽略了不稳定种群结构导致的瞬时动态行为。干扰普遍存在于各种类型的生态系统中，受到干扰后，种群的瞬时动态在根本上不同于种群的长期动态（Caswell 2007）。因此，在实际中，种群的瞬时动态是种群对干扰发生后的主要反映（Townley et al. 2007）。因为群落交错区的生境相对不稳定，处于其中的稀有种种群的瞬时动态问题可能更尖锐。基于领春木（*Euptelea pleiospermum*）的种群投射矩阵（population projection matrix），He 等（2013）计算了其种群瞬时动态暴发与衰减的潜力，对种群瞬时动态变量进行了灵敏度分析。他们发现领春木种群的瞬时动态种群增长率与种群动量相对于遍历性期望值有明显的偏离；其瞬时动态行为的幅度相对于大多数乔木而言是保守的；瞬时动态暴发的潜力可能来自早期成树的繁殖，而瞬时动态衰减的潜力则来自幼苗的死亡；不论是瞬时动态种群增长率还是遍历性瞬时动态种群增长率都对存活率的变化最敏感，对生长率变化次之，对繁殖率的变化则迟钝，但是在繁殖率中，萌枝更新的灵敏度要高于实生苗更新。在国外，Sott 等（2010）、Maron 等（2010）、Martha 和 Elizabeth（2013）也对种群的瞬时动态进行了深入探讨。

近 10 年来的文献统计表明，我国学者在木本种群结构和动态方面的研究十分活跃，相关文献约占总木本种群研究文献的 24.9%。涉及的研究物种也非常多，除上文提到的外，在这一研究领域内涉及的木本物种还有青杨（*Populus cathayana*）、胡杨（*P. euphratica*）、岷江冷杉（*Abies faxoniana*）、红豆杉（*Taxus chinensis*）、米心水青（*Fagus engleriana*）、朴树（*Celtis sinensis*）、毛竹（*Phyllostachys heterocycla*）、望天树（*Parashorea chinensis*）、红桦（*Betula albosinensis*）、白桦（*B. platyphylla*）、桫椤（*Alsophila spinulosa*）、刺五加（*Acanthopanax senticosus*）、栲（*Castanopsis fargesii*）、苏铁（*Cycas revoluta*）、阴香（*Cinnamomum burmanni*）、顶生金花茶（*Camellia pinggaoensis* var. *terminalis*）、巴山冷杉（*Abies fargesii*）、长苞冷杉（*A. georgei*）、东方琼楠（*Beilschmiedia tungfangensis*）、黄檗（*Phellodendron amurense*）、苦槠（*Castanopsis sclerophylla*）、黑松（*Pinus thunbergii*）、香果树（*Emmenopterys henryi*）、辽东栎（*Quercus wutaishanica*）、南方铁杉（*Tsuga chinensis* var. *tchekiangensis*）、长柄双花木（*Disanthus cercidifolius* var. *longipes*）、秦岭冷杉（*Abies chensiensis*）、梭梭（*Haloxylon ammodendron*）、潺槁木姜子（*Litsea glutinosa*）等（物种统计来自与植物种群生态研究相关的 5 份重要国内期刊，文献未列出）。由于我国气候横跨三带，植物区系和种类丰富，这些研究有助于研究者认识物种的生物学特性和适应特点，具有重要的理论价值和应用价值。但同时研究者也应该看到，这些研究大多是对单一物种的种群统计特征及种群动态的描述，既缺乏应有的创新性，同时也缺乏长期的动态研究。这一时期国际主流生态学期刊上发表的类似文献已经大大减少，而且相关的种群结构、种群动态的内容要么同长期的定位跟踪研究相结合，要么与全球变化及干扰背景相关，要么同种群模拟相联系，同时也有多物种的比较研究。国内同行应该注意这种差距和研究的发展趋势。

2. 种群更新

作为与种群生活史密切相关的几个阶段，研究者将种群繁殖、种子生态、种群更新及其限制因素放到一起加以论述。目前关于木本植物种群更新的研究主要涉及的内容有更新方式、更新策略、更新影响因素等。

植物的繁殖体系（如植物雄性和雌性结构与功能）影响植物在环境中的适合度，如影响传粉者活动、种子传播，从而会影响种群动态。潘春芳等（2011）分析长白山山杨（*Populus davidiana*）种群的性比格局发现，雄性山杨生长速率大于雌性，始花的大小相近，雄性和雌性山杨之间空间独立，资源竞争不激烈。张春雨等（2010a, 2010b）对山杨（*P. davidiana*）和水曲柳（*Fraxinus mandshurica*）种群的性比关系也进行了相关研究。对青藏高原特有植物肋果沙棘（*Hippophae neurocarpa*）的花期物候、开花式样、风媒传粉特征，以及对其花粉生活力、柱头可授性及单花花粉量的调查表明，肋果沙棘有许多适应风媒传粉的特征，表明该植物集中在有利的晴朗天气昼夜进行长距离的风媒散粉，能较好地适应青藏高原的复杂环境（张玉娜等 2009）。种子的大小能够影响植物的生存和繁殖力（Moles et al. 2005），在物种间、同种个体间，甚至一个个体上，种子的大小都有明显的差异。在破碎化的生境中，许多植物的繁殖过程可能受到花粉限制（pollen limitation）或传粉者（pollinator visitation）的影响。例如，相隔越远的草本植物狭叶松果菊（*Echinacea angustifolia*）受到传粉者（多种蜜蜂）的访问越多，种群大小对传粉者的访问行为没有显著影响，但是，相隔的种群或个体增加了花粉限制，降低了种子的产量（Wagenius & Lyon 2010），表明花粉限制是影响狭叶松果菊种群繁殖动态的限制因素，而非传粉者。目前，对于传粉生态学的研究是种群繁殖研究的一个热点，但较多的研究主要针对草本植物中花部构造较特殊的一些类群而展开，如兰科（Orchidaceae）植物、马先蒿属（*Pedicularis*）植物、凤仙花科（Balsaminaceae）植物等，木本种类榕属（*Ficus*）植物和传粉小蜂之间的关系，特别是从协同进化的角度上分析的文献较多（详见第 3 章），而其他种类的报道则相对较少（肖宜安等 2006）。

种子生产、传播、萌发，以及幼苗发生和定居是种群更新的关键。王光美等（2009）以胸径作为年龄和个体大小的度量，对烟台黑松（*Pinus thunbergii*）海防林种群胸径与种实性状的关系进行了研究。结果表明：胸径大小对黑松种子生产有显著影响，种子大小和百粒质量随胸径增大有下降趋势，种翅大小则有所上升，这是黑松种子生产中的一种权衡，种子减小的同时传播能力增强，各径级黑松均以可育种鳞数为预测球果产生种子数量和质量的最有效指标。分析一种外界因素（海拔）和两种内部因素（植株大小和平均种子数量）对青藏高原 9 种马先蒿属植物的 38 个种群种子大小的影响发现，尽管种子的大小与海拔显著负相关，但是高海拔的种群植株矮小，并且每个果实里含有的种子数量多于低海拔种群，这就在一定程度上消除了种子与海拔之间的负相关关系，所以海拔因素（或者可以提升为外界因素）同内部因素相比，后者更能影响或决定种群的种子大小（Guo et al. 2010），进而影响种群的更新动态。研究发现，地中海白松（*Pinus halepensis*）当前的繁殖输出会极大地影响其后的生殖潜力（Santos-del-Blanco & Climent 2014）。种子大小是植物对异质环境的适应（Charpentier et al. 2012），光环境是影响种子数量和未来种群动态的重要因素。Visser 等（2011）验证了捕食者饱和假说（predator satiaton hypothesis），认为与每年都结实的物种相比，相隔几年，然后大量结实（mast fruiting）的物种会降低被动物取食的程度，并促进种群的更新。在这一时期，我国学者还对珙桐（*Davidia involucrata*）种子散布、萌发及其种群龄级分配的关系（苏瑞军和苏智先 2005）、濒危植物缙云卫矛（*Euonymus chloranthoides*）不同种群的种子萌发特性（胡世俊等 2007）、东北红豆杉（*Taxus cuspidata*）及毛红椿（*Toona ciliata* var. *pubescens*）的结实特性（周志强等 2009; 黄红兰等 2013）等进行了研究。

种子植物天然更新有两种方式，即无性繁殖和有性繁殖（种子繁殖），萌条繁殖是无性繁殖的一种，最近关于萌条更新引起了研究者的重视。萌条是许多木本植物在干扰生境中更新的重要方式，有观点认为萌条需要消耗大量资源，导致其他方面投入减少，据此提出萌条数–高度的权衡假说（Midgley 1996）。但对米心水青冈种群萌条更新的研究表明，米心水青冈中不存在茎干数–高度的权衡关系（赵睿等 2009）。李霄峰等（2012）的研究发现，高海拔山区的青杨天然林中，由于不断积累的落叶层通过化感作用和机械阻挡作用严重影响种子的萌发、定根及正常生长，从而导致种子更新的途径受阻，而只能通过无性繁殖来完成正常的种群更新。栓皮栎（*Quercus variabilis*）伐桩萌苗在种群更新中有重要作用，不同环境对伐桩萌发能力、萌苗数量和萌苗生长有重要影响（薛瑶芹等 2012）。

大多数种子植物天然更新是指成熟种子离开母树后，在适宜生境中萌发出幼苗并建成幼树的过程。然而种子离开母树后，并非所有种子的命运都相同，因为群落中剩余的生态位是有限的，仅有少量种子能成功建成幼树完成更新，多数种子常受到更新限制而死亡（李宁等 2011）。从种子生产到幼树建成过程中的更新限制主要有 3 种，第一种限制是种源限制，大小年果树结实是影响种源限制的重要因子。大年果实生产量增加，果实的广告效应也明显增加。例如，南方红豆杉（*Taxus chinensis* var. *mairei*）结实大小年中果实的传播与不同传播者的关系（邓青珊等 2008; Lu et al. 2008）。红松（*P. koraiensis*）结实有以 3～5 年为周期的大小年之分，大年多余的种子生存下来，提高了土壤种子库密度，从而促进更新（鲁长虎 2002）。第二种限制是传播限制，这是更新限制的关键环节之一。受到破碎化影响，生境中种子传播者丧失导致植物有效传播次数的减少，从而引起数量上限制传播；离开母树后，种子到达的位置与母树过近，因母树下存在大量的捕食者和真菌而丧失萌发可能，引起距离限制传播；异质的环境常造成动物行为方式产生差异，直接影响种子到达的地点，从而导致动物行为限制传播。传播限制是解释植物生物多样性维持的理论，逐渐成为国内外该领域研究的热点（李宁等 2011; 杜彦君等 2007）。第三种限制是建成限制，这种限制主要是指生境会影响种子萌发、幼苗发生及幼苗定居的过程。例如，种子掉在不同性质枯枝落叶环境中及枯枝落叶不同深度位置，均会影响种子萌发和幼苗产生的概率（刘晋仙等 2013）。

3. 种间关系

种间关联是种群生态学的重要研究领域之一。通过对种间关联的研究，能够客观地反映不同物种在时间与空间上的相互关系，反映不同物种与环境的相互作用方式（王合玲等 2011）。目前，国内学者主要采用 χ^2 检验、校正的 χ^2 检验、Ochiai 指数、Dice 指数、Jaccard 指数、Pearson 相关指数、Spearman 秩相关指数等指数进行植物种间关联研究。近几年来，国内学者利用上述一些方法，研究了多种类型生态系统的种间关联，如常绿阔叶林（李立等 2010; 李帅锋等 2011）、落叶阔叶林（王乃江等 2010; 杨海裕等 2012）、针叶林（齐凯等 2010; 王丽丽等 2012）、草原（刘钰宏等 2010; 赵成章等 2011; 赵成章和任珩 2012; 房飞等 2012）、湿地（王合玲等 2011; 王慧敏等 2012）、荒漠（宋于洋等 2010; 王秀梅等 2010）、河岸带（李海东等 2011）中的不同物种对。由于生境的差异、物种间的竞争和排斥、群落的演替和种群的变异等各种复杂的生态学过程，可以用种间关系来反映群落内生物和非生物因素的综合结果。研究者分析了不同演替阶段群落优势种之间的关联性，例如，李帅锋等（2011）探讨了季风常绿阔叶林恢复 15 年群落、恢复30年群落和原始群落中优势乔木种群的种间关联，发现3种群落231个种对中，绝大多数种对种间连接系数未达到显著水平，种对间的独立性相对较强，群落中物种间正负联结对数占总种的比例随恢复进程而呈现下降趋势；或者通过种群关系来判断群落演替或恢复的阶段（王慧敏等 2012；杨海裕等 2012）。

种群间和种群内的竞争关系一直是种群生态学研究中一个非常重要的热点问题，也是研究物种共存机制的重要内容。段仁燕和王孝安（2005）利用单木竞争指数的改进模型对太白红杉（*Larix chinensis*）种内和种间竞争强度进行了定量分析，张池等（2006）采用Hegyi单木竞争指数模型对鼎湖山季风常绿阔叶林建群种黄果厚壳桂（*Cryptocarya concinna*）的种内、种间竞争强度进行的定量分析表明，整个林分及黄果厚壳桂种内竞争木对对象木的竞争强度与对象木的胸径大小之间近似服从幂函数关系，而伴生树种竞争木对对象木的竞争强度与对象木的胸径大小之间近似服从对数函数关系；竞争强度和对象木的胸径大小呈显著负相关关系。对东北红豆杉的种内和种间的竞争研究表明，对该物种而言，竞争压力更多地来自于种间竞争，占总竞争的96%。与东北红豆杉竞争激烈的树种主要是冷杉（*Abies fabri*）、紫椴（*Tilia amurensis*）、色木槭（*Acer mono*）和红松等地带性植被的优势种（刘彤等 2007）。通过对一些草本植物的研究发现，可以利用种群之间的竞争作用来控制和抑制外来入侵种的入侵，如芦苇（*Phragmites communis*）对加拿大一枝黄花（*Solidago canadensis*）的竞争抑制作用（李愈哲等 2010），白茅（*Imperata cylindrica*）对紫茎泽兰（*Eupatorium adenophora*）的竞争效应（彭恒等 2010），马唐（*Digitaria sanguinalis*）、牛筋（*Eleusine indica*）、反枝苋（*Amaranthus retroflexus*）、反枝苋对黄顶菊的竞争抑制效应（吕远等 2011）。由于木本植物入侵研究的滞后，类似的工作在木本种群内还较少报道。物种间的不对称竞争等因素控制植物的死亡率（Luo & Chen 2011），影响种群的结构和群落的组成；在较小的空间小尺度上，竞争会引起相似种群空间遗传结构的差异（Matesanz et al. 2011），引起种群个体空间分布不同。空间资源梯度（spatial resource gradients）影响种群间的竞争作用，且由于各种群传播距离的限制及环境的异质性，群落中产生了生境边缘多态性（habitat boundary polymorphism），有利于一些物种的入侵和生长（Débarre & Lenormand 2011），这种机制有可能降低种群之间的竞争作用，因而利于物种共存。

种群在群落中的表现往往取决于净相互作用（正相互作用和负相互作用的综合作用）。近年来，群落中种群之间的正相互作用受到了研究者的关注，这种作用被称为易化（facilitation）（Bronstein 2009），主要由于相邻植株对微环境的改变，如温度、土壤湿度等，植物的生长生存受益。Gouhier等（2011）研究发现，群落中的从属种可以促进优势种种群的更新，即使优势种群的更新速率显著高于从数种群，种群间的易化作用也可以保证集合种群稳定存在。同样，Griffith（2010）研究两种灌木 *Artemisia tridentate* 和 *Purshia tridentate* 对微生境的改变有利于草本 *Bromus tectorum* 的分布。Cuesta等（2010）研究草本对 *Quercus ilex* 的直接和间接作用时，发现草本对 *Q. ilex* 存在易化作用。在同种个体之间，也存在易化作用。Fajardo和Mclntire（2011）对 *Nothofagus pumilio* 的幼苗研究发现，密度较高的幼苗的存活率显著高于单独生长的幼苗的存活率。Lin等（2012）则进一步讨论种群间的易化作用——对称易化（互利共生）和不对称易化（偏利共生），来验证胁迫梯度假说（stress-gradient hypothesis, SGH）。最近，还有文献讨论易化的空间遗传效应（Castellanos et al. 2014）。目前，国内有关种间易化的研究才刚刚开始。

群落中，植食动物与微生物影响植物种群的大小、分布和动态过程，是影响物种共存，以及维持群落物种多样性和稳定性的重要机制。植食动物数量和密度的分布是决定植物种群持续性的一个重要因素。随着种群密度的增大，植食动物对其取食压力增大，使种群密度制约性降低，因此种群的资源集中提高了植食动物——种群系统的持续性，相反，密度较小的植物种群，随着植食动物的取食作用，其种群规模快速降低，种群持续性较差（Stephens & Myers 2012）。由于植物适口性不同，动物对植物有选择性地取食或者取食程度不同（Grosholz 2010），导致不同种群之间的差异；对于适口性较差或者不被动物取食的植物来说，其种群的增长和分布等也受植食动物的影响，Heckel 等（2010）发现鹿群在取食时，引起一些非生物因子变化，如降低了土壤质量，增加了土壤穿透阻力，降低了土壤枯落物厚度，因而阻碍 *Arisaema triphyllum* 种群生长。广食性的动物（generalist）与专一食性的动物（specialist）对同一种群的影响程度也不相同（Roy et al. 2011）。病原真菌是导致群落中种群死亡的重要原因（Alvarez-Loayza & Terborgh 2011; Nossov et al. 2011），宿主专一性与非专一性的病原真菌对种群的影响不同（Hersh et al. 2012）。尽管内生真菌降低了植物的存活率，却提高了种群的生长速率（Rudgers et al. 2012）。植物与植食动物间的关系，以及植物与微生物间的关系是目前种间关系研究的重点和热点，我国学者在这方面已经做了很多开拓性的工作，研究对象既包括草本植物，也有木本植物。例如，Li 等（2014）发现入侵植物互花米草（*Spartina alterniflora*）不仅直接影响本地种，而且通过促进病原体感染本地种而产生间接影响。Wang 等（2013）发现卧龙地区林下华西箭竹（*Fargesia nitida*）的存在有助于减轻有蹄类哺乳动物对冠层树种如岷江冷杉等的物理破坏，进而降低种群的死亡率。何跃军等（2007a, 2007b）发现，接种菌根真菌后，构树（*Broussonetia papyrifera*）的生长和存活等得到显著提高。武汉植物园丁建清研究组也做了很多卓有成效的工作（He et al. 2014; Lu et al. 2015）。

4. 种群分布格局

种群的空间格局分析是研究种群特征、种群间相互作用及种群与环境关系的重要手段，是生态学研究的热点之一。格局的形成与物种的生物学特征（种子扩散等）、种内种间竞争、生物和非生物因素干扰及群落内环境变化关系密切，是种群生物学特性对环境条件长期适应和选择的结果。空间格局对空间尺度的依赖性很强，植物种群在不同的尺度下可能呈现不同的分布格局，在某些尺度上分布类型为集群分布，而在其他尺度上有可能变为随机分布或均匀分布。初期的格局分析在 Greig-Smith 设计的相邻格子样方调查的基础上，采用区组分析的数学方法进行分析，我国早期的格局研究多采用这种方法。近年来，国内很多学者采用 Ripley's *K* 函数点格局分析和 O-Ring 点格局统计法等方法，对多种生态系统中种群的空间格局进行了分析和研究。例如，宋于洋等（2010）研究了古尔班通古特沙漠土质、沙质、盐土和石砾质 4 种生态类型梭梭（*Haloxylon* spp.）在不同发育阶段的分布格局，发现梭梭不同发育阶段的分布格局不同，幼苗和幼树呈聚集分布，成年树呈随机分布，认为荒漠植物群落通过聚集分布适应其生存的环境。又如，缪宁等（2011）分析了青藏高原原始林中优势树种——岷江冷杉和凝毛杜鹃（*Rhododendron agglutinatum*）的空间分布格局，邵方丽等（2012）分析了冀北土石山区天然次生阔叶林中优势种山杨（*Populus davidiana*）和白桦（*Betula platyphlla*）种群的空间分布格局。在木本种群方面通过点格局的分析方法涉及的物种还包括华北落叶松（*Larix principis-rupprechtii*）（张金屯和孟东平 2004）、油松（*Pinus tabuliformis*）（牛丽丽等 2008）、红豆杉（王磊等 2010; 李伟等 2014）、辽东栎（*Quercus wutaishanica*）（伊力塔等 2008）、沙冬青（*Ammopiptanthus mongolicus*）、太白红杉（*Larix chinensis*）、红松（*Pinus koraiensis*）、青檀（*Pteroceltis tatarinowii*）等。

分形理论是近年来进行格局分析的另一常用方法。采用分形分析的方法研究种群分布格局可以揭示在不同的观测尺度上种群空间分布的变化规律，国内学者在2000年前后将分形理论运用于植物种群格局研究。目前我国学者已经运用该方法对木本植物桫椤（*Alsophila spinulosa*）、香果树（*Emmenopterys henryi*）、落叶松（*Larix gmelinii*）、华西箭竹（*Fargesia nitida*）等的分布格局进行了研究，并得出了较好的结果（石胜友等 2005; 宋利霞等 2007）。

目前，国际上有关种群分布格局的研究往往是结合大样地的研究，讨论多尺度和异质生境中物种的分布格局，分析格局形成的原因，并通过格局分析讨论物种共存的原因（He et al. 1997; Condit et al. 2000; Chen et al. 2013）。通过文献分析还可以发现，由于我国森林生物多样性监测网络的建设，到目前为止已经有大型监测样地 13 个，加之其他途径建设的监测样地，我国近几年来通过大样地数据所进行的有关工作正蓬勃开展（李立等 2010; Wang et al. 2011; Shen et al. 2013）。

5. 种群遗传多样性

目前，对遗传多样性和遗传结构的研究一般借助各种 DNA 分子标记进行分析，其中应用较多的主要是限制性片段长度多态性（RFLP）、等位酶、随机扩增片段多态性 DNA（RAPD）、简单重复序列间隔区（ISSR）、扩增片段长度多态性（AFLP）及微卫星（SSR）等。利用这些方法，近 10 年来，我国学者对思茅松（*Pinus kesiya* var. *langbianensis*）、麻风树（*Jatropha curcas*）、马尾松（*Pinus massoniana*）、黄山松（*Pinus taiwanensis*）、川西云杉（*Picea likiangensis*）、山核桃（*Carya cathayensis*）、七子花（*Heptacodium miconioides*）、叉子圆柏（*Sabina vulgaris*）、水松（*Glyptostrobus pensilis*）、稠李（*Padus racemosa*）、木荷（*Schima superba*）、灰胡杨（*Populus pruinosa*）、四川大头茶（*Gordonia acuminata*）、青海云杉（*Picea crassifolia*）、闽楠（*Phoebe bournei*）、甜槠（*C. eyrei*）、蒙古栎（*Quercus mongolica*）、云杉（*Picea asperata*）、茶条槭（*Acer ginnala*）、侧柏（*Platycladus orientalis*）、珙桐（*Davidia involucrata*）、越南安息香（*Styrax tonkinensis*）、伯乐树（*Bretschneidera sinensis*）、红锥（*Castanopsis hystrix*）、武当木兰（*Magnolia sprengeri*）、砂生槐（*Sophora moorcroftiana*）等木本植物的种群遗传多样性开展了研究。因第 16 章有详细讨论濒危植物遗传多样性与遗传拯救，故不在此赘述。

6. 种群的调节

自然群落中种群的动态调节问题一直是种群生态学争论的焦点。Nicholson（1933,

1954）强调种群内部因素对种群的调节作用（密度制约），即随着种群密度的变化，种群的出生率和死亡率等也发生变化，进而调控种群，具体来说，当种群密度增加时，为防止种群无限制的扩散和分布，种群的平均增长速率下降。Andrewartha 和 Birch（1954）则认为种群密度不能够较好地预测和指示种群的增长速率，他们强调外界因素，主要是指各种环境条件对种群的调节作用，即非密度制约。通过近年的文献资料调查可以看到，研究者注重在不同时间和空间尺度上，讨论内部因素与外部因素对种群的调节作用。

对于很多植物来说，种子产量和幼苗更新会极大地影响种群动态。在破碎化的生境中，由于植物个体授粉的数量或者质量降低，种群往往会受到花粉限制（Wagenius & Lyon 2010）。花粉限制致使种群尤其是密度较低的种群产生数量较少的种子，从而引起阿利效应（Allee effect）：随着种群密度的降低，种群的更新速率低于种群的死亡速率，导致种群规模缩小，甚至消失。Feldman 和 Morris（2011）认为由于种内竞争减弱，密度低的种群的生长或者存活都高于密度高的种群。他们通过密度依赖种群矩阵模型（density-dependent population projection matrix model）研究了稀疏种群 *Piriqueta caroliniana*，模型揭示，高存活率对种群生长的影响超过了低繁殖力对种群的影响，所以消除或者延缓了阿利效应。Guo 等（2010）认为种群的内部因素是影响种子大小的主要因素，而非外部因素。种群大小影响幼苗的生长、幼树的存活及成熟植株开花占整个种群的比例，种群大小与决定种群动态指标显著正相关（Kolb et al. 2010）；随着种群变小，附生植物 *Lobaria pulmonaria* 种群消失的可能性越大（Öckinger & Nilsson 2010）。在集合种群内，种群之间存在救援效应（rescue effect）（Zartman et al. 2012），Zuidema 等（2010）证实种群之间的“源汇动态”（source-sink dynamics），又可以称为更新补贴（recruitment subsidies）关系，他们发现处于不适宜环境下的 *Scaphium borneense* 种群，其更新生长的种子、幼苗、幼树等来自附近环境较好的种群。易化是种群调节的一种方式。尽管同种个体之间生态位重叠，竞争激烈，但是易化作用使种群内的幼苗个体比单独生长的幼苗拥有较高的存活率（Fajardo & Mclntire 2011）。因此种群之间的相互联系、种群大小与种群竞争、易化等作用，是种群调节的内部原因。

全球 CO_2 浓度升高会提高植物的繁殖力，促进种子成熟，Nathan 等（2011）通过模型预测，气候变化有可能会使北美 12 种风媒植物的种群扩散加快，但是对于某些种群来说，其种群的扩散会受限于风速及种子高存活率的环境条件，因而导致对种群的变化落后于气候的变化。气候的变化影响种群的繁殖、生长、存活等，种群随着气候的变化而变化，而且持续增加的气候变化，会增加种群的波动及灭亡的危险（Jongejans et al. 2010）。极端气候条件下，生长土层较深的种群与生长土层较浅的种群相比，前者可以更好地缓冲环境的影响（Davison et al. 2010）。环境条件的变化会导致种群表型的差异（Xu et al. 2010），不同生活史特征的植物对环境变化的响应也会不同。Dalgleish 等（2010）认为环境对种群的调控主要是通过影响种群个体的生长过程，因此与世代周期较短的种群相比，世代周期长的种群，受到环境变化的影响相对较小。环境的变化还影响种群与种群之间的关系，土壤有效 N 含量增加，橡树与草本之间是竞争关系，土壤有效 N 增加，两者是易化（facilitation）关系（Jeffers et al. 2011）。

不同类型的干扰及不同干扰之间的相互作用对种群的调节不同。刈割有助于维持种群和群落的稳定性，而施肥则起到相反的作用（Yang et al. 2012）。Mandle 和 Ticktin（2012）

研究火干扰、放牧及人为收割对 *Phoenix loureiri* 种群的影响，发现不同类型的干扰对种群的影响不同，如火干扰和放牧增加了种群死亡率，放牧与人为收割降低种群的增长率，但是在火干扰后，放牧与人为收割又使种群增长率增加。干扰的发生与种群的特征也有一定的关系，Trauernicht 等（2012）发现 *Callitris intratropica* 种群的密度较高、郁闭度大时，发生火干扰的概率越小，种群的幼苗和幼树数量越多。

植物种群与其他植物种群之间的相互作用研究较多，从对种群遗传结构的调节（Matesanz et al. 2011）到物种表型差异（Xu et al. 2010），研究者都做了广泛的探讨。研究者从种群之间的相互调节作用出发，探讨了控制入侵种扩散的方法和策略（李愈哲等 2010; 彭恒等 2010; 吕远等 2011），也研究了种群之间的竞争作用和易化作用对种群的影响。植食动物与微生物是调节种群的重要方式。天敌释放假说（enemy release hypothesis, ERH）解释入侵植物在入侵地快速扩散的原因。Janzen-Connell 假说阐述了专一性食植动物、致病菌对种群的调节作用。Alvarez-Loayza 和 Terborgh（2011）认为造成幼苗死亡的最主要原因是专一性致病菌或食植动物，验证了 Janzen-Connell 假说；然而，Dyer 等（2010）和 Roy 等（2011）认为对于有些种群来说非专一性天敌（动物和致病菌）是调控种群的最重要因素，因此需要对 Janzen-Connell 假说进行延伸和拓展。

第四节　总结与展望

早在 2000 多年以前，泰奥弗拉斯托斯（Theophrastus, 371～287 B.C.）就对草本植物和木本植物进行了划分，并提出了世界上到底有多少木本植物的疑问。最近，FitzJohn 等（2014）估计，维管植物中有 45%～48%的种类为木本植物。因此，木本植物种类多，数量大，不但在理论研究中有重要的价值，而且在国民经济发展和生态保护的实践中也有重要意义。同草本植物相比，木本植物普遍存在生命周期长、生长缓慢、个体大、构件数量多等特点，对其研究操作难度高，耗费时间长，研究的困难程度较草本植物高。目前，尽管我国的植物生态学工作者已经对木本植物开展了全面而系统的研究，但相较于世界先进国家的研究水平仍存在一定差距，主要体现在：第一，我国的原创性研究还很缺乏，虽然已有一些研究得到同行的认可，但这些工作仍然是一些跟踪性工作或是在一些点上的工作，如对于地上地下种间关系的研究、有关物种保护和生物入侵的研究及种群生活史动态模型的研究等。第二，长期动态的观察研究还比较缺乏。虽然目前我国已经建立了很多生态研究站点，以及森林生物多样性监测网络和大型监测样地，但这些监测网络和监测样地的建立时间还不长，专门针对木本种群开展的工作还十分有限，特别是具有控制和处理的真正科学意义上的针对木本种群生态的长期实验研究还未开展。第三，研究方法和手段还需要改进和创新。目前很多针对木本种群的研究，往往集中在种子和幼苗阶段，针对成体的研究还不多，这固然与研究对象寿命长、体积大、生长慢、操作和控制困难有关，但也更显示出研究方法和手段创新的重要性。第四，目前的理论研究和生产实践的联系还不紧密。木本植物同经济建设和生态保护及生态恢复密切相关，是森林生态系统的主体，相关的种群生态学研究应该为生产实践提供强有力的支撑。目前有关理论研究，如与生物防治有关的种间关系研究、生物入侵研究、物种保护研究、与退化生态系统恢复相关的种群动态研究等方面的工作已卓有成效地开展，但真正能用于生产实践的方法和技术还十分缺乏。

我国幅员辽阔，气候横跨三带，生态系统类型多样，植物区系丰富，木本植物种类多，分布广，为木本植物种群生态学的研究创造了很好的条件。目前，我国已将生态文明建设提高到了国家发展战略的高度，生态学学科发展得到前所未有的重视，国家对于生态建设和生态学研究的投入逐年增加，研究队伍不断壮大，研究条件得到根本改善，木本种群生态学的研究面临绝好的发展机遇。在目前的形势和发展机遇下，以下研究内容需要得到重视。

1）全球变化背景下的木本种群适应研究

全球气候变化及人类活动对种群的影响日益加剧，重视全球变化背景下木本种群适应生态研究应该是近期研究的重点。结合生态系统的维持和功能发挥，选择森林群落的优势物种和关键物种、林业生产中的重要树种及珍稀濒危物种，研究木本种群在变化环境中的响应机制和适应对策；开展变化环境下种群的多度和分布变化规律研究；变化环境下的种群调节机制研究；建立木本种群对全球变化响应机制模型。

2）木本植物种群多尺度上的长期跟踪研究

对于木本种群的研究不应该仅仅局限于种群水平，而应该在时空尺度上进行扩展。在空间尺度上，应该从局域到区域，以及全球尺度上考虑种群的动态和适应；在研究层次上，应该考虑种群在群落及生态系统中的功能和作用，从分子水平、构件水平及个体水平解释种群行为及其适应机制；在时间尺度上，除短期的控制实验研究，还应该利用大样地的建设，考虑长期的跟踪研究，利用林木生产实践，考虑中长期的控制条件下的实验种群研究。

3）木本种子生态和幼苗生态研究

目前，种子雨、种子库研究似乎处于瓶颈期，文献减少，内容和方法没有突破。应该考虑通过模型模拟的方法，进行种子的休眠、传播及萌发等生存策略研究；种子生产与木本生殖潜力的研究；大尺度上种子生产的驱动因素及种群维持机制；种子限制和幼苗限制研究；种子大小变异及其进化机制研究等。

4）木本植物功能形状与种群特征研究

植物功能性状有助于解释环境梯度上植物的生长与生存，能够联系生态学研究中从个体到生态系统的各个研究层次。由于植物功能性状可以影响种群统计特征，木本植物生活史周期较长，将植物功能性状的研究方法应用于种群统计特征研究，这可能成为种群统计影响因素研究的一个新方向。研究内容可以关注植物功能性状同个体生长率和死亡率的关系；性状–种群统计特征的依赖性及其与个体发育和环境改变的关系；种群稳定性与植物功能性状谱之间的关系；种子性状的权衡和进化等。

5）木本植物种群生态学研究方法

在研究方法上，国内目前较多采用以空间代替时间的方法，利用种群个体大小的现阶段分布，来预测种群动态和发展趋势，如用胸径的大小表示个体年龄，基于此来绘制静态生命表等。但是影响和决定种群动态的是出生率、死亡率，以及迁入率和迁出率，静态生命表等手段不能够较为准确地反映出种群的动态。应该考虑采用模型的方法，将种群的重要指标（包括出生率、存活率、生长率、繁殖率和死亡率等）考虑进来，可以在较大的空间和时间尺度上，来研究种群的动态和种群的调节；由于木本植物种群体型大，生长缓慢，也可考虑借鉴克隆植物和构件种群的一些研究方法来解决木本种群适应和进化的研究。另外，应该重视种群每个发展阶段的信息保存（如标本）工作，利用这些保存的信息和资料，可以在较大的时间尺度上把握种群的发展动态及人类活动对种群的影响。

6）应用木本种群生态研究

这是木本种群生态理论研究的一个集成。应该特别重视种间关系与生物防治、入侵植物种群生态学、用材林和经济林主要树种种群生态学研究、生态安全和生态风险评估等的研究。同时，对于种群生态学研究在物种保育、珍稀濒危植物保护、生物多样性维持中的应用等也应该引起足够的关注。

参考文献

邓青珊，朱琼琼，鲁长虎．2008．南方红豆杉的天然更新格局及食果鸟类对其种子的传播．生态学杂志, 27(5): 712-717.

杜彦君，彭闪江，徐国良，等．2007．鼎湖山针阔混交林锥栗种子距离制约研究．植物生态学报, 31(6): 998-1006.

段仁燕，王孝安．2005．太白红杉种内和种间竞争研究．植物生态学报, 29(2): 242-250.

房飞，胡玉昆，张伟，等．2012．高寒高原植物群落种间关系的数量分析．生态学报，32(6): 1898-1907.

费世民，何亚平，陈秀明，等．2008．秦岭水灾迹地油松和华山松更新种群数量特征．植物生态学报, 32(1): 95-105.

何东，魏新增，李连发，等．2009.神农架山地河岸带连香树的种群结构与动态．植物生态学报, 33(3): 469-481.

何跃军，钟章成，刘济明，等．2007a．构树幼苗 N、P 吸收对接种 AM 真菌的响应.生态学报, 27(11): 4840-4847.

何跃军，钟章成，刘济明，等．2007b．构树幼苗对接种 AM 真菌的生长响应．应用生态学报, 18(10): 2209-2213.

胡世俊，何平，王瑞波，等．2007．濒危植物缙云卫矛不同种群的种子萌发研究．林业科学，43(5): 42-47.

黄红兰，张露，郭晓燕，等．2013．九连山毛红椿种群的结实特性及其生殖力．林业科学，49(7): 170-174.

江洪．1992．云杉种群生态学．北京：中国林业出版社.

赖江山，张揺谧，谢宗强．2006．三峡库区常绿阔叶林优势种群的结构和格局动态．生态学报, 26(4): 1073-1079.

李海东，沈渭寿，方颖，等．2011．雅鲁藏布江中游河岸带几种主要沙生植物种群点格局分析．植物生态学报, 32(8): 834-843.

李奎，郑宝强，王雁，等．2012．滇牡丹自然种群数量动态．植物生态学报, 36(6): 522-529.

李立，陈建华，任海保，等．2010．古田山常绿阔叶林优势种甜槠和木荷的空间格局分析．生态学杂志, 34(3): 241-252.

李玲，张光富，王锐，等．2011．天目山自然保护区银杏天然种群生命表.生态学杂志, 30(1): 53-58.

李宁，白冰，鲁长虎，等．2011．植物种群更新限制：从种子生产到幼树建成.生态学报，31(21): 6624-6634.

李帅锋，刘万德，苏建荣，等．2011．季风常绿阔叶林不同恢复阶段乔木优势种群生态位和种间联结. 生态学杂志, 30(3): 508-515.
李伟, 王瑞雪, 张光富, 等. 2014. 南方红豆杉迁地保护种群的点格局分析. 生态学杂志, 33(1): 16-22.
李霄峰, 胥晓, 王碧霞, 等. 2012. 小五台山森林落叶层对天然青杨种群更新方式的影响. 植物生态学报, 36(2): 109-116.
李愈哲, 尹昕, 魏维, 等. 2010. 乡土植物芦苇对外来入侵植物加拿大一枝黄花的抑制作用. 生态学报, 30(24): 6881-6891.
梁士楚, 何维明, 戈峰. 等. 2004. 种群/植物群落学//李文华, 赵景柱. 生态学研究回顾与展望. 北京: 气象出版社: 173-185.
刘海洋, 金晓玲, 沈守云, 等. 2012. 湖南珍稀濒危植物: 珙桐种群数量动态. 生态学报, 32(24): 7738-7746.
刘华, 臧润国, 丁易, 等. 2010. 天山西部新疆野苹果种群特征. 林业科学, 46(11): 1-7.
刘晋仙, 郭庆学, 王玉平, 等. 2013. 竹类凋落叶对4种乔木树种种子萌发的影响. 林业科学, 49(1): 33-40.
刘彤, 李云灵, 周志强, 等. 2007. 天然东北红豆杉(*Taxus cuspidata*)种内和种间竞争. 生态学报, 27(3): 924-929.
刘钰宏, 高慧, 张丽红, 等. 2010. 内蒙古锡林郭勒草原大针茅–克氏针茅群落的种间关联特征分析. 植物生态学报, 34(9): 1016-1024.
鲁长虎. 2002. 星鸦的贮食行为及其对红松种子的传播作用. 动物学报, 48(3): 317-321.
吕远, 王贵启, 郑丽, 等. 2011. 入侵植物黄顶菊与本地植物的竞争. 生态学杂志, 30(4): 677-681.
缪宁, 刘世荣, 史作民, 等. 2011. 青藏高原东缘林线杜鹃–岷江冷杉原始林的空间格局. 生态学报, 31(1): 1-9.
牛丽丽, 余新晓, 岳永杰. 2008. 北京松山自然保护区天然油松林不同龄级立木的空间点格局. 应用生态学报, 19(7): 1414-1418.
潘春芳, 赵秀海, 夏福才, 等. 2011. 长白山山杨种群的性比格局及其空间分布. 生态学报, 31(2): 297-305.
彭恒, 桂富荣, 李正跃, 等. 2010. 白茅对紫茎泽兰的竞争效应. 生态学杂志, 29(10): 1931-1936.
齐凯, 张春雨, 侯继华, 等. 2010. 赤峰市沙地油松林草本植物多样性及种间关联动态. 生态学报, 30(18): 5106-5112.
邵方丽, 余新晓, 吴海龙, 等. 2012. 冀北土石山区天然次生林山杨、白桦种群的空间分布格局. 林业科学, 48(6): 12-17.
石胜友, 郭启高, 成明昊, 等. 2005. 涪陵磨盘沟自然保护区桫椤种群分布格局的分形特征. 生态学杂志, 24(5): 581-584.
宋利霞, 陶建平, 黄正林, 等. 2007. 暗针叶林不同林冠环境下华西箭竹(*Fargesia nitida*)分株种群的分布格局及分形特征研究. 西南大学学报(自然科学版), 29(12): 95-99.
宋于洋, 李园园, 张文辉. 2010. 梭梭种群不同发育阶段的空间格局与关联性分析. 生态学报, 30(16): 4317-4327.
苏瑞军, 苏智先. 2005. 珙桐种子散布、萌发及其种群龄级分配的关系研究. 林业科学, 41(3): 192-195.
谭一波, 詹朝安, 肖泽鑫, 等. 2010. 广东南澳岛中华楠种群结构及动态特征. 生态学杂志, 29(10): 1901-1906.
王光美, 韩广轩, 毛培利, 等. 2009. 烟台海防林黑松种群胸径与种实性状关系. 生态学杂志, 28(5): 858-863.
王合玲, 吕光辉, 杨晓东. 2011. 新疆艾比湖湿地主要植物的种间关联分析. 生态学杂志, 30(12):

2713-2718.
王慧敏, 庞春花, 张峰, 等. 2012. 汾河流域中下游湿地植被优势种种间关联性分析. 生态学杂志, 31(10): 2507-2512.
王磊, 孙启武, 郝朝运, 等. 2010. 皖南山区南方红豆杉种群不同龄级立木的点格局分析. 应用生态学报, 21(2): 272-278.
王丽丽, 毕润成, 闫明, 等. 2012. 山西五鹿山白皮松群落乔灌层的种间分离. 生态学报, 32(17): 5494-5501.
王乃江, 张文辉, 陆元昌, 等. 2010. 陕西子午岭森林植物群落种间联结性. 生态学报, 30(1): 67-78.
王普昶, 易津, 赵丽丽. 2010. 华北驼绒藜种群数量动态与生殖特性的相关性. 生态学杂志, 29(6): 1081-1086.
王仁忠, 刘晓强, 马克平. 2003. 中国植物生态学研究进展 I. 近十年来中国植物种群生态学研究. 植物学报, 45(增刊): 64-69.
王秀梅, 刘志民, 刘博, 等. 2010. 流动沙丘区和固定沙丘区间低地植物种间关联关系. 生态学杂志, 29(1): 16-21.
肖宜安, 曾建军, 李晓红, 等. 2006. 濒危植物长柄双花木自然种群结实的花粉和资源限制.生态学报, 26(2): 496-502.
徐学红, 于明坚, 胡正华, 等. 2005. 浙江古田山自然保护区甜槠种群结构与动态. 生态学报, 25(3): 645-653.
薛瑶芹, 张文辉, 马莉薇, 等. 2012. 不同生境下栓皮栎伐桩萌苗的生长特征及在种群更新中的作用. 林业科学, 48(7): 23-29.
杨海裕, 张松智, 刘小林, 等. 2012. 秦岭西段天然落叶落叶林乔木种间关联性. 生态学杂志, 31(10): 2513-2520.
伊力塔, 韩海荣, 程小琴, 等. 2008. 灵空山林区辽东栎(*Quercus liaotungensis*)种群空间分布格局. 生态学报, 28(7): 3254-3261.
张池, 黄忠良, 李炯, 等. 2006. 黄果厚壳桂种内与种间竞争的数量关系. 应用生态学报, 17(1): 22-26.
张春雨, 王德胜, 魏彦波, 等. 2010. 山杨、水曲柳种群密度与种群性比的关系. 林业科学, 46(7): 16-21.
张春雨, 魏彦波, 王德胜, 等. 2010. 水曲柳种群性比及空间分布. 林业科学, 46(10): 167-172.
张金屯, 孟东平. 2004. 芦芽山华北落叶松林不同龄级立木的点格局分析. 生态学报, 24(1): 35-40.
张莉, 张小平, 陆畅, 等. 2012. 安徽琅琊山青檀种群空间格局.林业科学, 48(2): 9-15.
张文辉, 卢彦昌, 周建云, 等. 2008. 巴山北坡不同干扰条件下栓皮栎种群结构与动态. 林业科学, 44(7): 11-16.
张兴旺, 张小平, 郭传友, 等. 2012. 安徽皇藏峪自然保护区青檀种群数量动态. 生态学杂志, 31(2): 282-291.
张玉娜, 孙坤, 张辉, 等. 2009. 肋果沙棘自然种群的风媒传粉特征. 生态学报, 29(1): 508-514.
赵成章, 任珩. 2012. 退化草地阿尔泰针茅种群个体空间格局及关联性. 生态学报, 32(22): 6946-6954.
赵成章, 任珩, 盛亚萍, 等. 2011. 不同高寒退化草地阿尔泰针茅种群的小尺度点格局. 生态学报, 31(21): 6388-6395.
赵睿, 周学峰, 徐娜娜, 等. 2009. 米心水青冈种群萌条更新与高度生长. 生态学报, 29(7): 3665-3669.
甄江红, 刘果厚. 2008. 不同生境条件下四合木(*Tetraena mongolica* Maxim.)种群结构特征.生态学报, 28(4): 1829-1841.

钟章成, 董鸣, 熊利民. 1991. 植物种群生态学发展趋势及我国植物种群生态学发展战略研究//马世骏. 中国生态学发展战略研究(第一集). 北京: 中国经济出版社: 80-106.

钟章成, 曾波. 2001. 植物种群生态研究进展. 西南师范大学学报(自然科学版), 26(2): 230-236.

周志强, 胡丹, 刘彤. 2009. 天然东北红豆杉种群生殖力与开花结实特性. 林业科学, 45(5): 80-86.

Alvarez-Loayza P, Terborgh J. 2011. Fates of seedling carpets in an Amazonian floodplain forest: intra-cohort competition or attack by enemies? J Ecol, 99: 1045-1054.

Andrewartha H G, Birch L C. 1954. The Distribution and Abundance of Species. Chicago: Chicago University Press.

Bronstein J L. 2009. The evolution of facilitation and mutualis. J Ecol, 97: 1160-1170.

Castellanos M C, Donat-Caerols S, González-Martínez S C, et al. 2014. Can facilitation influence the spatial genetics of the beneficiary plant population? J Ecol, 102: 1214-1221.

Caswell H. 2007. Sensitivity analysis of transient population dynamics. Ecol Lett, 10: 1-15.

Charpentier A, Anand M, Bauch C T. 2012. Variable offspring size as an adaptation to environmental heterogeneity in a clonal plant species: integrating experimental and modeling approaches. J Ecol, 100: 184-195.

Chen G, Kéry M, Plattner M, et al. 2013. Imperfect detection is the rule rather than the exception in plant distribution studies. J Ecol, 101: 183-191.

Condit R, Ashton P S, Baker P, et al. 2000. Spatial patterns in the distribution of tropical tree species. Science, 288: 1414-1418.

Cuesta B, Villar-Salvador P, Puértolas J, et al. 2010. Facilitation of *Quercus ilex* in Mediterranean shrubland is explained by both direct and indirect interactions mediated by herbs. J Ecol, 98: 687-696.

Dalgleish H J, Koons D N, Adler P B. 2010. Can life-history traits predict the response of forb populations to changes in climate variability? J Ecol, 98: 209-217.

Davison R, Jacquemyn H, Adriaens D, et al. 2010. Demographic effects of extreme weather events on a short-lived calcareous grassland species: stochastic life table response experiments. J Ecol, 98: 255-267.

Débarre F, Lenormand T. 2011. Distance-limited dispersal promotes coexistence at habitat boundaries: reconsidering the competitive exclusion principle. Ecol Lett, 14: 260-266.

Dyer L A, Letourneau D K, Chavarria G V, et al. 2010. Herbivores on a dominant understory shrub increase local plant diversity in rain forest communities. Ecology, 91: 3707-3718.

Fajardo A, Mclntire E J B. 2011. Under strong niche overlap conspecifics do not compete but help each other to survive: facilitation at the intraspecific level. J Ecol, 99: 642-650.

Feldman T S, Morris W F. 2011. Higher survival at low density counteracts lower fecundity to obviate Allee effects in a perennial plant. J Ecol, 99: 1162-1170.

FitzJohn R G, Pennell M W, Zanne A E, et al. 2014. How much of the world is woody? J Ecol, 102: 1266-1272.

Gouhier T C, Menge A, Hacker S D. 2011. Recruitment facilitation can promote coexistence and buffer population growth in metacommunities. Ecol Lett, 14: 1201-1210.

Griffith A B. 2010. Positive effects of native shrubs on *Bromus tectorum* demography. Ecology, 91: 141-154.

Grosholz E. 2010. Avoidance by grazers facilitates spread of an invasive hybrid plant. Ecol Lett, 13: 145-153.

Guo H, Mazer S J, Du G Z. 2010. Geographic variation in seed mass within and among nine species of *Pedicularis* (Orobanchaceae): effects of elevation, plant size and seed number per fruit. J Ecol, 98: 1232-1242.

Hastings A. 2001. Transient dynamics and persistence of ecological systems. Ecol Lett, 4: 215-220.

He D, Wang Q G, Scott B F, et al. 2013. Transient and asymptotic demographics of the riparian species

Euptelea pleiospermum in the Shennongjia area, central China. Biol Conserv, 161: 193-202.
He F, Legendre P, LaFrankie J V. 1997. Distribution patterns of tree species in a Malaysian tropical rain forest. J Veg Sci, 8: 105-114.
He M, Ding J, Lu X. 2014. Increased compensatory ability of an invasive plant to above- and below-ground enemies. Plant Ecol, 215: 253-260.
Heckel C D, Bourg N A, McShea W J, et al. 2010. Nonconsumptive effects of a generalist ungulate herbivore drive decline of unpalatable forest herbs. Ecology, 91: 319-326.
Hersh M H, Vilgalys R, Clark J S. 2012. Evaluating the impacts of multiple generalist fungal pathogens on temperate tree seedling survival. Ecology, 93: 511-520.
Jeffers E S, Bonsall M B, Brooks S J, et al. 2011. Abrupt environmental changes drive shifts in tree-grass interaction outcomes. J Ecol, 99: 1063-1070.
Jongejans E, de Kroon H, Tuljaprukar S, et al. 2010. Plant population track rather than buffer climate fluctuations. Ecol Lett, 13: 736-743.
Kolb A, Dahlgren J P, Ehrlén J. 2010. Population size affects vita rates but not population growth rate of a perennial plant. Ecology, 91: 3210-3217.
Li H, Zhang X M, Zheng R S, et al. 2014. Indirect effects of non-native *Spartina alterniflora* and its fungal pathogen (*Fusarium palustre*) on native saltmarsh plants in China. J Ecol, 102: 1112-1119.
Lin Y, Berger U, Grimm V, et al. 2012. Differences between symmetric and asymmetric facilitation matter: exploring the interplay between modes of positive and negative plant interactions. J Ecol, 100: 1482-1491.
Lu C H, Zhu Q Q, Deng Q S. 2008. Effect of frugivorous birds on the establishment of a naturally regenerating population of Chinese yew in ex situ conservation. Integr Zool, 3: 186-193.
Lu X, Siemann E, He M, et al. 2015. Climate warming increases biological control agent impact on a non-target species. Ecol Lett, 18: 48-56.
Luo Y, Chen H Y H. 2011. Competition, species interaction and ageing control tree mortality in boreal forests. J Ecol, 99: 1470-1480.
Mandle L, Ticktin T. 2012. Interactions among fire, grazing, harvest and abiotic conditions shape palm demographic responses to disturbance. J Ecol, 100: 997-1008.
Maron J L, Carol C H, Williams J L. 2010. Using experiments, demography and population models to estimate interaction strength based on transient and asymptotic dynamics. J Ecol, 98: 290-301.
Martha M E, Elizabeth E C. 2013. The role of transient dynamics in stochastic population growth for nine perennial plants. Ecology, 94(8): 1681-1686.
Matesanz S, Gimeno T E, de la Cruz M, et al. 2011. Competition may explain the fine-scale spatial patterns and genetic structure of two co-occurring plant congeners. J Ecol, 99: 838-848.
Midgley J J. 1996. Why the world's vegetation is not totally dominated by resprouting plants; because resprouters are shorter than reseeders. Ecography, 19: 92-95.
Moles A T, Ackerly D D, Webb C O, et al. 2005. Factors that shape seed mass evolution. Proc Nat Acad Sci, 102: 10540-10544.
Nathan R, Horvitz N, He Y P, et al. 2011. Spread of North American wind-dispersed trees in future environments. Ecol Lett, 14: 211-219.
Nicholson A J. 1933. The balance of animal populations. J Anim Ecol, 2: 131-178.
Nicholson A J. 1954. An outline of the dynamics of animal population. Austr J Ecol, 2: 9-65.
Nossov D R, Hollingsworth T N, Ruess R W, et al. 2011. Development of *Alnus tenuifolia* stands on an Alaskan floodplain: patterns of recruitment, disease and succession. J Ecol, 99: 621-633.
Öckinger E, Nilsson S G. 2010. Local population extinction and vitality of an epiphytic lichen in fragmented old-growth forest. Ecology, 91: 2100-2109.
Roy B A, Coulson T, Blaser W, et al. 2011. Population regulation by enemies of the grass *Brachpodium sylvaticum*: demography in native and invaded ranges. Ecology, 92: 665-675.
Rudgers J A, Miller T E X, Ziegler S M, et al. 2012. There are many ways to be a mutualist: endophytic

fungus reduces plant survival but increases population growth. Ecology, 93: 565-574.

Santos-del-Blanco L, Climent J. 2014. Costs of female reproduction in a conifer tree: a whole-tree level assessment. J Ecol, 102: 1310-1317.

Shen G, He F, Waagepetersen R, et al. 2013. Quantifying effects of habitat heterogeneity and other clustering processes on spatial distributions of tree species. Ecology, 94: 2436-2443.

Sott L, Franco M, Carslake D, et al. 2010. Boom or bust? A comparative analysis of transient population dynamics in plants. J Ecol, 98: 302-311.

Stephens A E A, Myers J H. 2012. Resource concentration by insects and implications for plant populations. J Ecol, 100: 923-931.

Townley S, Carslake D, Kellie-Smith O, et al. 2007. Predicting transient amplification in perturbed ecological systems. J Appl Ecol, 44: 1243-1251.

Trauernicht C, Murphy B P, Portner T E, et al. 2012. Tree cover-fire interactions promote the persistence of a fire-sensitive conifer in a highly flammable savanna. J Ecol, 100: 958-968.

Visser M D, Jongejans E, van Breugel M, et al. 2011. Strict mast fruiting for a tropical dipterocarp tree: a demographic cost-benefit analysisi of delayed reproduction and seed predation. J Ecol, 99: 1033-1044.

Wagenius S, Lyon S P. 2010. Reproduction of *Echinacea angustifolia* in fragmented prairie in pollen-limited but not pollinator-limited. Ecology, 91: 733-742.

Wang X, Wiegand T, Wolf A, et al. 2011. Spatial patterns of tree species richness in two temperate forests. J Ecol, 99: 1382-1393.

Wang Y J, Li Q Y, Shi X P, et al. 2013. Effects of dwarf bamboo, *Fargesia nitida* (Mitford) Keng f. ex Yi, on bark stripping by ungulates in a subalpine *Abies faxoniana* Rehder & E. H. Wilson Forest, Southwest China. Contemp Problems Ecol, 6: 578-582.

Xu C Y, Julien M H, Fatemi M, et al. 2010. Phenotypic divergence during the invasion of *Phyla canescens* in Australia and France: evidence for selection-driven evolution. Ecol Lett, 13: 32-44.

Yang H J, Jiang L, Li L H, et al. 2012. Diversity-dependent stability under mowing and nutrient addition: evidence from a 7-year grassland experiment. Ecol Lett, 15: 619-626.

Zartman C E, Nascimento H E M, Cangani K G, et al. 2012. Fine-scale changes in connectivity affect the metapopulation dynamics of a bryophyte confined to ephemeral patches. Ecology, 100: 980-986.

Zuidema P A, Yamada T, During H J, et al. 2010. Recruitment subsidies support tree subpopulations in non-preferred tropical forest habitats. J Ecol, 98: 636-644.

第十一章　克隆植物种群生态学

第一节　克隆植物种群生态学及其研究内容

克隆性（clonality）是指在自然条件下，生物自发地产生遗传结构相同并具有潜在独立性新单元或个体的能力或习性。植物的克隆性主要分为克隆生长（clonal growth）和克隆生殖（clonal reproduction）两大类（董鸣和于飞海 2007）。狭义概念下的克隆植物是具有克隆生长习性的植物，如野草莓（*Fragaria vesca*）通过匍匐茎生长产生新的分株；毛竹（*Phyllostachys pubescens*）通过根状茎生长产生新的竹秆。而广义的克隆植物还包括无融合生殖或单性生殖，即不通过配子融合而产生种子的生殖方式（图 11-1）。因此，克隆生长和克隆生殖在过程上是有区别的，但它们的克隆性在实质上是相同的。

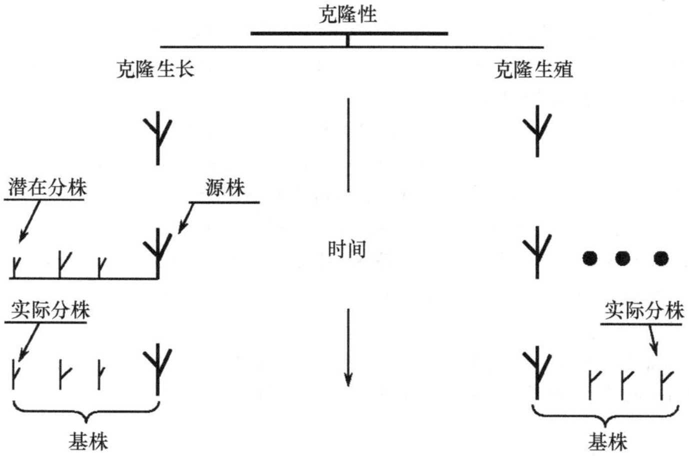

图 11-1　植物的克隆性（董鸣等 2011）

克隆性广泛存在于植物界，克隆性赋予克隆植物以特殊的克隆生活史性状（clonal life history trait）或克隆性状（clonal trait）。克隆植物在自然生态系统和人工生态系统中普遍存在，在许多生态系统如草原、冻原、湿地和水域中占据优势地位，并发挥着重要作用（Sosnová et al. 2010）。特别是在胁迫生境（如寒冷、贫瘠或遮阴生境）中，克隆植物所拥有的克隆生长习性使得克隆植物比非克隆植物更具有优势（Klimešová et al. 2011）。因此，克隆生长可能具有重要的生态适应意义，加深对克隆植物及其适应性的认识，有助于更深入地了解生态系统的组成、结构和功能（董鸣等 2007）。

克隆植物生态学（clonal plant ecology）研究克隆植物与其环境相互作用关系与规律，涉及个体、种群、群落和生态系统的不同研究水平。在个体水平上，主要研究遗传学个

本章作者：陈劲松　刘　建　叶学华　董　鸣

体即基株（genet）的克隆生活史性状对环境条件和资源的响应格局；在种群水平上，主要研究基株和分株种群的统计学特征、种群时空结构和动态、克隆内和克隆间的相互作用关系；在群落水平上，主要研究克隆生活史性状对种间关系、生物多样性和群落组成与结构的影响；在生态系统水平上，主要研究克隆生活史性状对生态系统组成、结构与功能的作用。此外，在涉及生物入侵、生物多样性保护和生态修复与重建方面还开展了克隆植物生态学的应用研究，例如，在生物入侵防治方面，主要开展植物克隆性对其入侵性（invasiveness）和群落可入侵性（invasibility）影响的研究，以此对植物入侵进行预测和防控；在生物多样性保护方面，主要开展植物克隆性对生物多样性影响的研究；在生态修复和重建方面，主要开展在沙漠化、石漠化、盐碱化等土地退化而受损或破坏的生态系统应用克隆植物修复或重建的研究。

第二节　克隆植物生态学研究发展历史

克隆植物生态学研究兴起于欧洲和美洲，尤其是英国、美国、荷兰和瑞典。在20世纪70年代，英国著名的生态学家John L. Harper教授在其重要著作*Population Biology of Plants*（Harper 1977）中提出了与植物克隆性相关的生态学和进化学问题，并指出传统生态学知识在解释克隆植物生态学现象时的局限性，强调了对克隆植物的关注。作为克隆植物生态学研究的奠基者，他为克隆植物生态学的系统性研究做出了历史性贡献。1982年2月美国基金会在美国耶鲁大学和1985年6月英国皇家学会在伦敦分别举办了两次关于克隆生物和构件生物的研讨会，基于会议所发表的著作*Population Biology and Evolution of Clonal Organisms*（Jackson et al. 1985）和*The Growth and Form of Modular Organisms*（Harper et al. 1986）为克隆植物生态学的发展奠定了重要的理论基础。1988年在荷兰举行了主题为“植物克隆生长：调控与功能”的首届国际克隆植物研讨会（Clonal Plant Workshop）；1990年在瑞典举行了主题为“克隆植物与环境变化”的第二届国际克隆植物研讨会；1992年在捷克斯洛伐克举行了主题为“植物克隆性：生物学和多样性”的第三届国际克隆植物研讨会；1995年在匈牙利举行了主题为“植物群落中克隆性作用”的第四届国际克隆植物研讨会；1997年在英国举行了主题为“克隆植物与环境时空异质性和尺度”的第五届国际克隆植物研讨会；2000年在奥地利举行了主题为“克隆植物的生态与进化生物学”的第六届国际克隆植物研讨会；2003年在芬兰举行了主题为“繁殖策略、生物关系及复合种群动态”的第七届国际克隆植物研讨会；2006年在爱沙尼亚举行了主题为“克隆生长普适性、特殊性和多样性”的第八届国际克隆植物研讨会；2009年在比利时举行了主题为“克隆植物：超越无性繁殖生态与进化格局动态”的第九届国际克隆植物研讨会；2012年在北京举行了主题为“全球变化背景下植物克隆性的生态学效应”的第十届国际克隆植物生态学研讨会。“克隆植物生态学（系列）研讨会”每两年或三年举办一次，迄今已举办了十届，第十一届研讨会于2015年在捷克共和国召开。

2005年6月，中国植物学会植物生态学专业委员会和美国生态学会亚洲分会在中国桂林的广西师范大学举办了主题为“植物克隆性的生态学意义”的首届全国克隆植物生态学研讨会；2007年10月和2009年9月，中国植物学会植物生态学专业委员会分别在烟台鲁东大学和吉安井冈山大学举办了主题为“克隆性与异质性、克隆植物种群动态、克隆性与生态系统功能”的第二届和第三届全国克隆植物生态学研讨会。

目前，克隆植物生态学研究广泛涉及分子生态学、生理生态学、进化生态学、行为生态学、种群生态学、群落生态学、生态系统生态学和恢复生态学等方面，并与全球变化、生物多样性丧失、土地退化、生物入侵等当今全球共同关注的资源与环境问题密切相关。随着克隆植物生态学研究领域的拓展、研究内涵的扩大，其逐渐形成独特的研究途径和理论框架（董鸣等 2011）。

第三节　国内外近10年来的发展现状

1. 克隆植物基株拓展能力

克隆植物基株的拓展能力就是其在生命周期内产生分株的数量和对水平空间的占据能力，尤其是游击型克隆植物的基株具有强大的水平空间拓展能力，可以占据一个十分广大的水平空间。因此，一个基株常常可以跨越不同的资源（如光照、养分、水分等）和（或）环境斑块（如沙埋、风蚀、采食、疾病、盐碱化等）。中国南方入侵植物喜旱莲子草的所有个体仅由极少数的基株组成（Wang et al. 2005）；悬崖垂直石壁上的根茎型克隆植物中华山蓼（*Oxyria sinensis*），通过根茎在崖壁石缝中的扩展形成长度达 6.9 m、面积约 19 m^2 的克隆（Liu et al. 2007）；对水生植物凤眼蓝（*Eichhornia crassipes*）原产地和入侵地共计 54 个种群的研究显示，在其入侵地超过 80%的种群都是由一个起源于南美的单克隆所组成（Zhang et al. 2010）；对芨芨草（*Achnatherum splendens*）和细果薹草（*Carex stenocarpa*）的研究显示，它们所形成的草丛往往包含多个克隆（Yu et al. 2006; Li et al. 2012）；冷箭竹（*Bashania fangiana*）为多年生一次性开花结实、枯死的竹种，其地下茎为复轴型，同时具有单轴型和合轴型的生长特性，利用 AFLP 分子标记技术对卧龙国家级自然保护区两个冷箭竹克隆种群研究显示，单个克隆的最大尺寸至少为 30 m（Ma et al. 2013）。

2. 克隆植物基株风险分摊

经过一定的发育时间，许多基株分株之间的连接可以发生断裂，从而形成彼此独立的克隆片段，有利于基株死亡风险的分摊。许多多年生草本分株间联结物存在的时间远比分株的寿命短，因此在其生活史的绝大多数时间内，分株的死亡概率是独立的。如果分株的死亡概率越低和（或）产生的分株越多，基株的死亡风险就会越低，基株也就越具有进化上的优势，克隆分株间间隔物的早期断裂是一种基株风险分摊对策之一。

克隆植物片段往往由大小、年龄不同的相连分株所构成，这样的异构分株组合对草食动物的质量和吸引力有明显的差异。Gómez 等（2008）以匍匐茎克隆植物白三叶（*Trifolium repens*）为对象，用甜菜夜蛾进行咬食干扰，结果显示防御信号物质可以在相连分株间进行传输，除了导致相连幼年分株叶片长度和厚度增加以外，叶片中可溶性碳水化合物显著降低，抗咬食酚类化合物组成也发生显著变化，从而导致不同年龄分株咬食倾向均匀化，有利于对幼年分株的保护；Chen 等（2011）以根状茎克隆植物暗褐薹草（*Carex alrofusca*）为对象，采用盆栽实验研究外源茉莉酸诱导克隆片段相连分株间信号物质传导，结果显示，相比中龄和老龄分株，幼年分株对 1 mmol/L 茉莉酸诱导有显著反应。茉莉酸引起幼年分株叶片浓缩单宁含量显著增加（图 11-2），同时其叶片可溶性碳水化合物和氮含量降低。经茉莉酸诱导后，幼年分株被昆虫咬食的叶面积比率显著下降（图 11-3）。克隆植物相连分株间存在对咬食干扰生理响应的风险扩散，进而增强了对幼嫩分株的保护，这是另一种基株风险分摊对策。

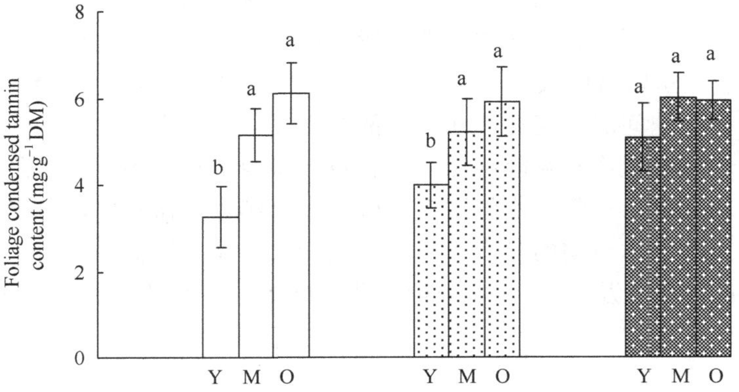

图 11-2　叶片浓缩单宁含量

分别代表对照、0.0001 mmol/L 和 1 mmol/L 外源茉莉酸处理；Y、M、O 分别代表幼龄、中龄和老龄分株；具有相同小写字母立柱在 $P = 0.05$ 水平上差异不显著。引自 Chen 等（2011a）

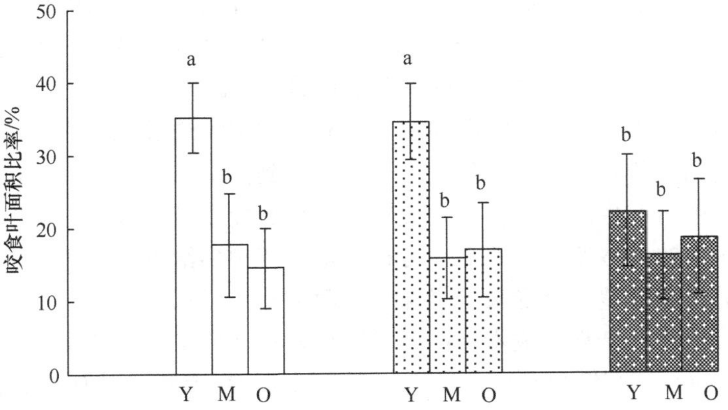

图 11-3　咬食叶面积比率

分别代表对照、0.0001 mmol/L 和 1 mmol/L 外源茉莉酸处理；Y、M、O 分别代表幼龄、中龄和老龄分株；具有相同小写字母立柱在 $P = 0.05$ 水平上差异不显著。引自 Chen 等（2011a）

3. 克隆器官对资源的储藏

许多克隆植物的分株间隔子，即克隆器官（clonal organ），如根状茎、球茎、鳞茎和匍匐茎等，具有相当大的储藏功能（Dong et al. 2010a, 2010b）。存储的资源被认为是对不利环境的一种适应性保护和投资。例如，由于储存在根状茎的资源的供给，根状茎克隆植物沙地雀麦（*Bromus ircutensis*）和沙鞭（*Psammochloa villosa*）比同生境分布的非克隆植物褐沙蒿（*Artemisia intramongolica*）和细叶黄耆（*Astragalus melilotoides*）更耐动物对地上茎的啃食（Liu et al. 2009）。由于匍匐茎节间能存储碳水化合物和蛋白质，最近的研究还发现存储于匍匐茎节间中的资源有助于克隆片段的无性更新（Dong et al. 2010a, 2010b）。相比于根状茎、匍匐茎，块根、块茎、鳞茎等的克隆存储作用更为明显。这几类克隆植物的存储器官可在不利生境中存储资源，等到环境变为有利时，这些存储器官又可像种子一样萌发成新的个体。克隆植物在资源供给丰富时可将多余的资源储藏起来，通过间隔子连接产生的克隆整合作用，这些储藏物可维持整个基株在资源缺乏季节的生长，缓冲资源分布时间异质性的影响；另外，分株地上枝叶死亡后仍可存活很久的地下茎及其所附着的根系，能继续对地下资源进行获取，维持整个基株的生长。因此，长寿命的分株间的连接结构通过这两个方面降低了克隆基株的死亡率。和其他功能性状一样，克隆植物从克隆存储获得收益（减少干扰后的死亡风险）的同时，也必须付出一定的成本。克隆植物将过多的资源存储到克隆器官中，可能会导致当季生长速率的降低，与邻体植物的竞争力降低、克隆扩展能力降低等，对不同条件下克隆存储的资源分配的研究及成本–收益分析有助于更深入地了解克隆存储的适应意义（董鸣等 2011）。

4. 克隆植物的权衡（trade-off）

权衡是生态学和进化生物学中的一个非常普遍的规律，当某一资源有限时，资源对生活史性状一个方面的消耗，必然导致资源对生活史性状其他方面的投资减少。在克隆植物的生活史性状中，主要有 3 个方面的权衡：有性生殖与无性生殖的权衡、分株数量与大小的权衡及分株的游击型生长和密集型生长的权衡。

有性生殖与无性生殖之间可能存在权衡。有性生殖可通过减数分裂和配子的融合使得后代具有较高的遗传多样性，产生的种子可扩散到离母株较远的距离，可降低种内竞争。但是有性生殖所产生的种子，在扩散中可能受到捕食者的取食，萌发成幼苗的死亡率高。而无性生殖的成本低、效率高，可在有限的资源供给下产生大量的分株，并且这些幼龄分株可通过克隆整合接受来自母株的资源供给，以保证幼龄分株的存活率，从而实现成功定居。但由此带来的成本是：后代遗传多样性非常低，分株扩散距离小等（张玉芬和张大勇 2006）。有性生殖与无性生殖之间的权衡关系可能与环境条件、竞争力度、植物寿命和遗传等因素有关。在波动和竞争强的生境中，植物倾向于将资源分配到有性繁殖；而在相对稳定的环境中，克隆繁殖应该占据优势地位（张玉芬和张大勇 2006）。此外，当有性生殖和无性生殖所需的限制性资源不同时，两者之间可能就不表现出权衡关系（张玉芬和张大勇 2006）。

植物构件的大小和数量的权衡已被广泛证实，如叶片的大小和数量（Kleiman & Aarssen 2007; Whitman & Aarssen 2010）、种子的大小和数量（Moles & Westoby 2006）、花粉的大小和数量（Yang & Guo 2004）、花的大小和数量（Sargent et al. 2007）等。作为克隆构件和无性繁殖的后代，分株的大小和数量也存在着权衡。例如，在高养分环境中，克隆植物可产生数量较多且个体较小的分株，使得节间较短，这也将导致种内密度增加；而在低养分环境中，克隆植物可产生数量较少且个体较大的分株，使得节间较长，新生分株可以逃离不利环境（Ye et al. 2006）。

克隆生长可根据节间长度分为游击型克隆生长和密集型克隆生长及其混合类型。游击型克隆生长的分株间距较大，间隔子较长，分株离散分布，在群落演替早期、异质性生境或干扰强度大的生境中较为普遍。这种克隆生长方式可使克隆植物快速占据异质性分布的生境，并能有效逃离胁迫斑块资源而找到有利的斑块资源（Ye et al. 2006）。而密集型克隆生长的分株间距较小，间隔子少而短，分株聚集分布，通常出现在演替后期、异质性较低、可预期的变化环境中。这种克隆生长方式使得克隆植物必须忍耐胁迫生境，对局部生境的资源利用率高，在有利生境中可竞争过其他物种（Ye et al. 2006）。这两种克隆生长方式也被用于克隆植物的分类中，即游击型克隆植物和密集型克隆植物（Pottier & Evette 2011）。然而最近的研究发现在种内可能同时存在着游击型克隆生长和密集型克隆生长，且两者间存在着权衡关系（Ye et al. 2006; Ikegami et al. 2007; Chen et al. 2011b; Pottier & Evette 2011），这种权衡使得克隆植物更有效地利用小尺度的异质性分布的资源。在高资源条件下，克隆植物以密集型克隆生长为主，而低资源条件下克隆植物以游击型克隆生长为主（Ye et al. 2006; Ikegami et al. 2007; Chen et al. 2011b）。

5. 克隆分株间相互作用

竞争是影响植物生长和繁殖的最重要的因素之一，植物应对竞争可能存在两种反应，即增加自身的竞争能力或削弱竞争的作用。非克隆植物个体之间对光资源的竞争常常是非对称性的（asymmetric）。在种群建立初期，随着植物个体的生长和地上部分干扰的增加，植株个体的大小级增加，但随着种群生物量的进一步积累，大量生长不良的小的个体死亡，种群发生自疏（self-thinning），大小级差异减少，最终种群大部分的生物量由少数大的个体组成，克隆分株间通过间隔子连接，分株的生长和行为方式可能受到更高层次组织水平的调节，从而表现出与非克隆植物个体不同的竞争方式。相连克隆分株之间通过克隆整合可以进行光合产物的传递和共享，即生长在遮阴环境下的分株可以得到生长在非遮阴环境下分株的支持，种内密度制约竞争可能会被削弱，即密度依赖的个体死亡率及个体大小依赖的生长率和死亡率都将被削弱，从而使得分株种群对光资源的竞争可能是对称的。Rautiainen 等（2004）研究了鹅绒委陵菜独立分株间的竞争，他们把源于同一基株的两个分株或源于不同基株的两个分株分别种植在一个小的营养钵内，同时以每个营养钵内种植一个独立分株作为对照，经过 113 d 的生长。结果显示：①克隆植物独立分株间的竞争与非克隆植物个体间的竞争相似；②不存在竞争时，克隆植物把更多的资源投入克隆扩展，产生更多的分株，占据更多的空间；存在竞争时，母株通过增加有性繁殖器官（花和种子）的生物量投资来避免环境胁迫；③独立的分株之间似乎没有自我识别的能力。Gruntman 和 Novoplansky（2004）比较了种植在同一个容器内的野牛草（*Buchloe dactyloides*）两个相连和非相连分株根系的生长。分株的分离时间（匍匐茎断裂时间）对分株间根系的识别和协作（coordination）有一定的影响。因此，野牛草分株的根系间可通过生理协作（physiological coordination）进行自我/非自我识别，而在这一过程中克隆整合可能起到一定的作用。Semchenko 等（2007）发现，两个种植在一起的欧活血丹（*Glechoma hederacea*）或野草莓（*Fragaria vesca*）分株是否来自同一个基因型并不影响分株根系的放置格局，匍匐茎连接并不影响欧活血丹和野草莓同一克隆分株间根系的放置，即不影响其种内的地下竞争。然而，目前实验并没有验证匍匐茎的连接和分株根系的自我/非自我识别对整个植株适合度的影响。显然，相连分株间的相互作用格局存在种间的差异，而导致这种差异的机制目前并不清楚。对一个单克隆喜旱莲子草（*Alternanthera philoxeroides*）的研究显示，土壤养分的小尺度空间异质性促进了植物的生长，但没有增加植物的竞争（Zhou et al. 2012）；克隆片段化没有影响大薸（*Pistia stratiotes*）的种内竞争，但是增加了整个克隆的生物量积累，因此片段化可能会影响其种间竞争能力和入侵性（Wang et al. 2014）；然而，异质性光照显著增加了蛇莓（*Duchesnea indica*）的种内竞争强度（Wang et al. 2012）。

6. 克隆整合

克隆植物生理整合及其适应意义的研究在过去的几十年中一直是克隆植物生态学的重要内容。在一定时期内，横生结构（即间隔子）将克隆植物的克隆分株相互连接在一起，物质和资源通过这种物理连接实现传输和交换，即发生了生理整合。当相互连接的克隆分株处于不同资源水平的小生境时，生理整合能使资源被该小生境以外的其他相连克隆分株共享。分株间糖类、水分、养分元素及病原体等均可通过克隆植物生理整合共享。目前克隆植物生理整合研究主要通过根状茎或匍匐基的“切断实验”（cutting experiment），分株的“遮阴实验”（ramet-shading experiment）和“去叶实验”（defoliation experiment）等人为干扰处理，再结合生物量等指标间接揭示克隆植物分株间的克隆整合格局；也有采用形态功能变化的方法和同位素及染料示踪方法等直接观测分株间的整合格局。

克隆植物生理整合同时受到环境中生物因子和非生物因子的影响。克隆分株间物质和能量传输可能由其自身源–汇关系引起，环境与资源的斑块性和梯度变化也可能改变原本由其自身源–汇关系决定的生理整合格局。在毛乌素沙地一个野外实验中，Yu 等（2004）研究了根茎连接（克隆整合）对不遭受沙埋（对照）和遭受不同深度人工沙埋的样方中沙鞭存活和生长的影响。沙埋，尤其是深度沙埋显著降低了样方中沙鞭的分株数和地上生物量，当遭受 20 cm 和 40 cm 深的沙埋时，样方内外的根茎连接显著提高了样方中沙鞭的分株数和地上生物量。在另一个野外实验中，刘凤红等（2006）研究了根茎连接对遭受不同程度沙埋的羊柴（*Hedysarum laeve*）分株存活和生长的影响，60%～100%分株高度的沙埋显著降低了羊柴分株的存活或生长，而克隆整合（根茎连接）可以显著缓解沙埋对羊柴存活和生长的不利影响。Chen 等（2010）调查克隆整合对经受局部沙埋的根状茎克隆植物沙生薹草（*Carex praeclara*）的影响，结果显示随着沙埋深度的增加，切断分株间的根状茎连接将显著降低经受沙埋处理分株的存活。当克隆植物经历局部沙埋时，切断分株间根状茎连接对其克隆生长（生物量、分株数和叶片数量）有显著负面影响。耗–益（cost-benefit）分析显示，当与经历沙埋处理的远端分株相连时，近端分株的生长表现没有遭受任何负面影响。与经历沙埋处理的远端分株相连时，近端分株的光合能力随沙埋深度的增加而增加。随着野草莓母株所连后代分株数量的增加，母株的有效量子产量会依次增强（Roiloa & Retuerto 2005）。相比正常的土壤生长环境，当野草莓子株生长在被重金属污染的土壤中时，因子株的同化产物需求增加，其相连的生长在正常土壤中母株的光化学效率也会相应增强（Roiloa & Retuerto 2006a）。相比同质生长环境，如果野草莓的母株和子株生长在异质环境下，母株叶片光系统Ⅱ中的最大量子产量和有效量子产量会更高（Roiloa & Retuerto 2006b）。

在一个室外盆栽实验中，Liu 等（2009）研究了根茎连接与否对两种禾草沙鞭和沙地雀麦在模拟中度（去除 50%地上枝叶）和重度采食（去除 90%地上枝叶）时反应的影响。在中度去枝叶的情况下，根茎连接显著提高了沙鞭去枝叶分株的生长，却不影响沙地雀麦；而在重度去枝叶的情况下，根茎连接对两种禾草的去枝叶分株的生长均有显著的促进作用。这表明，克隆整合可以促进遭受采食的分株的生长，尤其是在采食强度很高的情况下。魏宇航等（2013）在四川省唐家河自然保护区设立了糙花箭竹（*Fargesia scabrida*）和缺苞箭竹（*F. denudata*）各 40 个样方，分别进行不剪除样方内分株和剪除样方内分株数量的 25%、50%、75% 4 种模拟采食干扰处理，并将样方四周的根状茎切断或保持连接。统计了箭竹分株种群的累积出笋率、总出笋率、补充率，以及新生分株的株高、基径和单株生物量。结果表明：①在不剪除分株样方的情况下，切断根状茎连接显著增加了糙花箭竹的出笋率和补充率，但降低了新生分株的株高和单株生物量，也显著降低了缺苞箭竹的出笋率和补充率；②保持根状茎连接时，25%的剪除强度仅仅降低了糙花箭竹新生分株的单株生物量；同样在保持根状茎连接的条件下，25%、50%的剪除强度使缺苞箭竹种群的补充率有所降低，而切断根状茎后缺苞箭竹在 25%的剪除强度下的分株补充率反而升高；③75%的剪除强度并未影响两种箭竹新生分株数量的更新，但造成新生分株质量显著下降；切断根状茎连接显著降低了糙花箭竹的新生分株的株高和基径，对缺苞箭竹影响不显著。实验证明克隆整合影响了两种箭竹新生分株的萌发、存活和生长，但不是两种箭竹进行补偿更新的主要机制，仅在糙花箭竹分株种群受到重度采食干扰后的更新中才起到明显的促进作用。

Wang 等（2008）模拟了喜旱莲子草完整（允许克隆整合）或断裂（阻断克隆整合）的匍匐茎从空地入侵高羊茅草坪的过程，并以入侵空地（无高羊茅）作为对照。无论是否存在高羊茅的竞争，克隆整合均显著提高了喜旱莲子草的生物量、分株数、叶面积、匍匐茎总长度和总叶片数。同时，克隆整合也显著提高了喜旱莲子草光合系统Ⅱ（PSⅡ）的最大光量子产量（F_v/F_m），即缓解了竞争对喜旱莲子草的胁迫并提高了其光合速率。但克隆整合的作用在有高羊茅竞争的情况下显著小于不存在竞争的情况。同时，克隆整合并不显著影响高羊茅对喜旱莲子草的相对邻体效应（relative neighbor effect）。这似乎表明，克隆整合并不能提高喜旱莲子草的竞争能力。然而，在该实验过程中，高羊茅的密度很高；同时，在实验初期仅有一条喜旱莲子草的匍匐茎入侵高羊茅草坪。因此，该实验设计并非是均衡的竞争实验设计，在整个实验过程中，喜旱莲子草的生长受到巨大的限制（其生物量仅为不存在高羊茅竞争时的 8.4%～8.7%），克隆整合的作用十分有限。Chen 等（2004）研究了来自不同海拔野草莓种群的克隆整合强度的差异，发现在资源和环境条件差的高海拔种群，克隆整合的作用大于低海拔种群。

克隆整合存在许多潜在的成本，如维持分株间连接所需要的组织和能量成本、资源传递所需要的能量成本、分株间的连接增加疾病散播，以及资源和（或）能量供给带给分株的耗费等。在一个温室模拟实验中，Wang 等（2009）研究了水陆两栖植物喜旱莲子草从陆地环境向水生环境扩散过程中克隆整合的作用。尽管匍匐茎连接可以显著提高生长在水生环境中的顶端分株的生长和无性繁殖，却显著降低了生长在陆地环境中的基端分株的生长和无性繁殖，表明克隆整合对基端分株存在显著的耗费。陶应时等（2013）的研究相比于匍匐茎切断处理，当远端分株遭受重度遮阴胁迫时，克隆整合引起近端未受胁迫分株的生物量显著降低。类似的结果在对野草莓的研究中被发现（Roiloa & Retuerto 2012）。羊草（*Leymus chinensis*）的灰绿生态型比黄绿生态型显示出更高的克隆整合强度（Zhou et al. 2014）；相比于草地种群，来自沙地种群的智利草莓（*Fragaria chiloensis*）显示出更高的克隆整合强度，因此克隆整合在基因型和生态型间存在差异（Alpert 1999）。

许多克隆植物通过形成匍匐茎或根状茎来实现水平侧向生长，并通过这种方式形成由遗传结构相同的分株所构成的网络系统。克隆植物的相连分株间可以进行水分、光合产物及矿质养分的传输，这种资源共享的克隆整合现象在过去受到了研究者的广泛关注。然而，除了资源的克隆整合，克隆植物分株间还可能传输植物激素、防御信号及毒素等非资源物质（Stuefer et al. 2004）。当克隆植物的一个或几个分株遭受采食时，在损伤点可能产生相应的报警信号，并通过克隆整合把这一报警信号传输到相连的未受伤害的分株，使得这些分株做出相应的防御性反应。如果诱导信号传递速度超过食草动物的伤害速度，那么这种信号的空间传递策略将非常有利于植物的生长与存活。相连分株间信号物质的传输速率受植物结构特征（如分株间的距离、维管束结构）、源汇关系及分株间间隔物的传输能力等因素的影响（Stuefer et al. 2004）。某个分株遭受伤害时，其邻近分株也将很可能遭受相同的伤害，但随着与受伤害分株距离的增加，这些分株遭受同样伤害的可能性降低。系统报警信号物质的浓度也可能会随着传输距离的增加而降低，并且受食草动物的行为、机动性、克隆植物结构及种群大小等因素的影响（Stuefer et al. 2004）。采食也可能改变分株间的源汇关系和物质传输格局，从而影响克隆网络内信号的传输方向和速度。Gómez 和 Stuefer（2006）发现，采食干扰诱导三叶草相连分株产生抗性物质，表明分株间可能存在对环境感应信号物质的整合与交流。这种通过分株间匍匐茎或根状茎连接的系统诱导信号物质的传导，对于克隆植物抵御采食等干扰具有重要的意义。同时，依靠风险扩散策略，这种信号诱导抵抗显著降低对幼嫩分株的长期倾向性取食（Gómez et al. 2008）。Chen 等（2011a）采用外源茉莉酸诱导克隆片段相连分株间信号物质传导，匍匐茎或根状茎均是克隆植物分株间信号物质传导的重要通道，克隆植物通过分株间的风险扩散策略增强了对幼嫩植物组织器官的保护，这对克隆植物的存活或生长具有重要意义。此外，当诱导信号物质传导以后，如果相连分株缺乏采食胁迫，这种信号物质传导可能导致克隆植物的显著耗费（Gómez et al. 2007）。许多植物在遭受采食伤害时可能会释放出气体防御物质，并且这些防御物质不仅可能在植物遭受伤害处产生，而且在其他未受伤害的地方也可能产生，这样的间接防御措施将有利于克隆植物适合度的提高。

克隆植物的生理整合也受到一些生物因子或非生物因子的影响，例如，许多真菌能够改变寄主的生理整合格局，Pan 和 Clay（2004）研究发现，受到 *Epichloë glyceriae* 真菌感染的 *Glyceria striata* 同化产物运输格局和未感染克隆分株不同，未感染克隆分株的 ^{14}C 主要保留在饲喂叶片中，而感染克隆分株匍匐茎中 ^{14}C 较多，同时未感染克隆分株将更多的 ^{14}C 运输到顶端幼株，而感染克隆分株将更多的 ^{14}C 运输到相邻的分株；两者的表现相反，反映了真菌对克隆植物生理整合的影响。Du 等（2009）研究表明菌根真菌侵染可能修饰、整合对克隆植物可塑性和表现的影响，菌根真菌丰富度很高时，它可能部分抵消克隆整合的影响。Li 等（2011）以喜旱莲子草为对象，在不同增温处理下对其克隆分株片段进行保持匍匐茎连接和切断匍匐茎连接，结果显示气候变暖背景下克隆整合对喜旱莲子草克隆片段的生长有负面影响。通常克隆整合可以增加异质性环境下克隆植物的生长，不影响均一环境下克隆植物的生长表现，然而最新研究显示，克隆整合可以增加均一环境下克隆植物喜旱莲子草（*Alternanthera philoxeroides*）的生长表现（Dong et al. 2015）。

7. 克隆植物的遗传多样性

即使种子生产较丰富，幼苗的补充率仍然很低，这是克隆植物种群的一个共同特性。克隆植物的繁殖主要依靠克隆生长，而克隆生长是一种较为特殊的繁殖模式，与有性繁殖相比，这种繁殖方式最大的特点是后代的基因型与亲本完全相同。随着种群内基因型完全相同的个体（分株）的扩增，基株之间及基株内分株间会出现激烈的种内竞争，最终导致少量的优势基因型个体在种群中占据主导地位。甚至有的克隆植物种群为单克隆种群。因此，普遍的假设认为在有性繁殖较低的克隆植物种群中存在较高的基因一致性。然而，克隆植物的遗传变异水平并没有早期人们预期的那样显著低于非克隆植物，克隆植物种群的遗传变异水平和空间遗传结构之间也并不是孤立的，而是密切相关的。克隆植物的遗传多样性和克隆多样性受多种因素的影响，如繁殖方式、基因流、突变和选择等，克隆植物的遗传变异与空间遗传结构是多种因素的综合结果，是在长期适应进化过程中形成的，反过来也对植物的进化起了重要作用（马庆庆 2014）。Reusch（2006）对克隆植物大叶藻（*Zostera marina*）种群进行了干扰强度分别为 25%、50%和 75%的模拟实验，发现干扰确实能够提高有性更新的补充，最终导致克隆多样性的增加，并且在中等干扰程度下基因型的周转最快。Solé 等（2004）对丝路蓟（*Cirsium arvense*）的研究结果表明，其种群遗传多样性和克隆多样性并没有随着种群演替而降低。由于克隆植物大多寿命较长，很难追踪到克隆多样性随时间的长期变化。Travis 和 Hester（2005）利用空间代替时间的方法研究了随时间变化互花米草（*Spartina alterniflora*）种群克隆多样性的动态变化过程，他们利用密西西比河河口泥沙沉积规律，确定了时间跨度为 6～1500 年的 8 个互花米草盐沼，发现随着时间的增加，种群内克隆多样性逐渐降低，尽管降低的速度很缓慢，每百年约降低 1%，但达到显著程度。同时该研究结果也表明，互花米草的遗传多样性并没有随着种群年龄的增加而降低，而是保持不变。Setsuko 等（2004）基于 SSR 分子标记数据的空间自相关分析发现，年龄级小的基株在短距离内空间遗传结构呈正相关，而年龄级大的基株则不存在显著的空间遗传结构。这表明，随着基株的生长，空间遗传结构会由于自疏作用而减弱。Ma 等（2013）利用 AFLP 分子标记技术研究了卧龙国家级自然保护区的两个不同年龄基株的冷箭竹克隆种群，随着基株年龄增加，冷箭竹种群的遗传多样性和克隆多样性没有显著变化（图 11-4）。冷箭竹一生只结一次果，通常在间隔几十年后开花，同时死亡，随后通过种子萌发产生幼苗而重新建立种群，冷箭竹特殊的生活史特性暗示着它为典型的“初始幼苗补充”（Initial Seeding Recruitment）的补充物种。因此，奠基者效应可能是冷箭竹种群维持较高水平遗传多样性的一个重要机制。

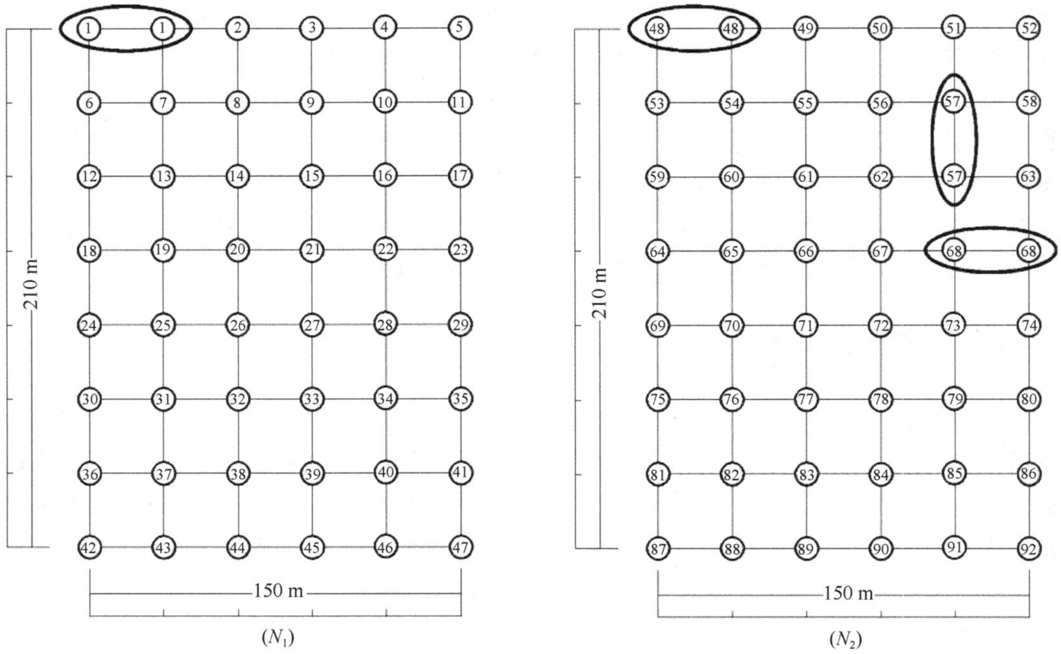

图 11-4　两个冷箭竹种群的克隆结构

编号代表两个样地中的采样分株，且不同的编号代表不同的基因型，相同的编号（椭圆内）代表相同的基因型。引自 Ma 等（2013）

8. 克隆生长对植物交配系统的影响

传粉生物学研究表明，同株异花授粉可产生花粉输出下降的雄性适合度代价和通过干扰结实产生的雌性适合度代价（张大勇 2004）。克隆生长由于增加了遗传上相同的开花分株的数量，以及克隆内分株间授粉即同（基）株异花授粉的机会，阻碍了基株间花粉的传递，从而可能降低了不同基株间的交配机会，进而降低其适合度。克隆构型决定了克隆内分株之间的距离和分株的空间分布，可能显著影响克隆植物的交配方式（Honnay & Jacquemyn 2008）。对于游击型克隆，由于分株之间的间距较大，空间分布比较离散，因此，不同的克隆分株可以相互混杂在一起，有利于异交的发生。而对于密集型克隆，分株之间的距离较小，空间分布比较密集，因此往往形成单克隆的分株斑块，从而极大地增加了基株内授粉（即同株异花传粉）的概率（Honnay & Jacquemyn 2008）。在传粉距离严重受限的情况下，基株呈聚集（或斑块）状分布的种群基株内授粉的概率显著高于基株混合型分布的种群，而混合型分布的种群的异交率将显著高于聚集型种群。然而，在最近的一个整合分析（meta analysis）中，Honnay 和 Jacquemyn（2008）并未发现克隆构型与交配系统的相关性。

9. 克隆植物对群落和生态系统的影响

克隆植物对群落物种组成和多样性的影响，以及对生态系统结构、功能和过程的影响是重要的、亟待深入研究的领域，目前仅开展了少数几例研究。通过一个温室控制实验，Yu 等（2009）研究了喜旱莲子草匍匐茎连接状况对高密度和低密度人工组配群落物种组成和地上生物量的影响。在温室内组建了由 8 种草本植物（4 种禾草、2 种豆科植物和 2 种双子叶非豆科植物）组成的低密度和高密度草地植物群落，其中高密度群落播种密度为低密度群落的 6 倍。然后，与生长于空地的喜旱莲子草分株连接（允许克隆整合）和不连接（不允许整合）的、具 3 个年幼分株的匍匐茎入侵两种群落。无论入侵何种群落，克隆整合均显著提高了喜旱莲子草的生长。尽管克隆整合并不显著影响人工草地群落的总地上生物量，也不显著影响高密度群落的物种多样性和组成，却显著提高了低密度群落物种组成的均匀性，并改变了低密度群落的物种组成。Yu 等（2010）研究了切断根状茎连接，以及样方（3 m × 3 m）周围添加氮素和水对以根状茎克隆半灌木羊柴为优势的沙地群落结构及功能的影响。结果显示，切断样方内外羊柴分株间的根状茎连接并不显著影响沙地群落的物种组成和地上生物量，然而在样方周围添加氮素却显著提高了群落的地上生物量。植物的光合产物以根际沉积（rhizodeposition）或凋落物的形式释放到土壤中，作为异养微生物的碳源、能源及结构原料，影响土壤微生物对有机物的降解过程；而土壤微生物则将土壤有机物降解成能被植物吸收的无机物以便植物吸收利用。以克隆植物活血丹为对象，研究克隆整合对遭受异质性光照胁迫的子代分株根际土壤微生物过程、微生物群落结构的影响，选取的活血丹克隆片段由一个母本分株和一个子代分株组成，母本分株置于全光照下，而子代分株置于 80% 遮阴环境中。克隆整合增加了胞外 *N*-乙酰基-*β*-氨基葡萄糖苷酶（NAGase）和脲酶（Urase）活性，并改善了有机氮的矿化速率（N_{min}）和硝化速率（N_{nitri}），从而提高了根际有效氮（NH_4^+-N 和 NO_3^--N）浓度（图 11-5），这一研究为克隆生活史特性对生态系统功能的影响提供直接实验证据（黎俊 2014）。

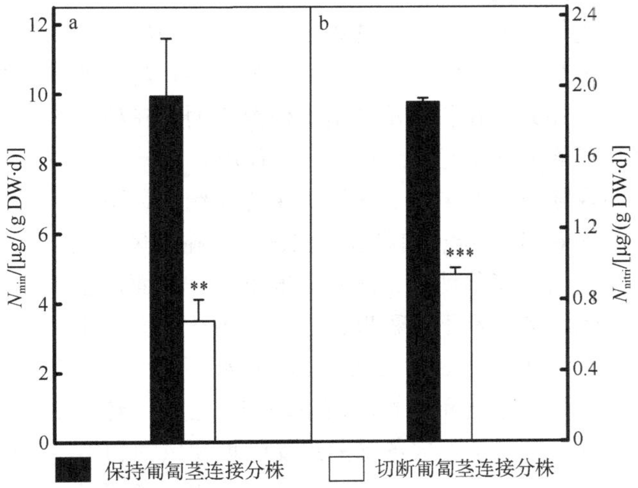

图 11-5 采用厌氧培养法测定的子代分株根际土壤氮的矿化速率（N_{min}）和硝化速率（N_{nitri}）

***表示 P<0.001 和**表示 P<0.01。引自黎俊（2014）

张继义等（2005）研究了科尔沁沙地植被在恢复过程中克隆植物的分布及在群落中的重要性的动态变化，采用时空替代的方法对围封禁牧的，分别处于流动沙丘、半固定沙丘和固定沙丘等，恢复时间分别为 1 年、3 年、5 年、12 年、20 年和 30 年的 6 个典型群落样地中的克隆植物的地位和作用进行了研究。结果表明，克隆植物物种丰富度随着恢复时间的延长而增加，在固定沙地阶段达到最高，以后并不随恢复时间的延长而增加。非克隆植物的物种丰富度总体上随着恢复而增加，但在半固定沙地的差巴嘎蒿阶段呈下降趋势，以后又随着演替进入固定沙地阶段而增加。克隆植物对群落物种多样性的影响在整个恢复梯度上有两个明显的时期。一是在恢复时间为 12 年的半固定沙地时期，由于克隆植物对空间的充分占据，群落物种多样性下降；二是在固定沙地的初期（恢复时间为 20 年时），由于密集型克隆植物差巴嘎蒿种群的衰退为其他物种的侵入提供了空间，群落的物种多样性增加。当植被盖度较高时，空间的利用充分，种间竞争较强，密集型克隆植物在群落中容易形成单优势种的立地，其对群落生态功能的维持起重要作用。克隆生长是一种重要的无性繁殖方式，在自然生态系统中普遍存在，并在许多生态系统中处于主导地位。因此，克隆植物在群落中的出现，影响着群落的结构、物种组成，进而影响群落的物种多样性。

10. 克隆植物在生态修复中的作用

植物对环境的良好适应是自然界的一种生态学现象，这也正是人们利用植物来改造自然的依据。在干旱和半干旱区，植物的种子需要有顽强的生命力和对短暂降雨的敏感反应才能够破土而发，在幼苗建立阶段还要忍受恶劣的气候和贫瘠的土壤，在不利于种子萌发的干旱半干旱区，植物的克隆生长便成了一种普遍现象。

中国北方内陆半干旱区的毛乌素沙地沙鞭和羊柴通过根状茎在地下水平延伸形成分株，不仅避免了干旱导致种子难以萌发的困境，还通过根状茎的互联保证了分株生长的水分和养分需求。可见，克隆植物很好地适应了干旱、半干旱环境中资源的空间异质性分布，形成应对环境变化的群体优势。这种多年生克隆植物对局部微尺度环境的改变是非常明显的，它们似乎注定成为沙地先锋植物种群，并在随后的植被演替过程中居于重要的位置。张继义等（2005）在科尔沁沙地的研究表明，在植被恢复过程中，克隆植物对群落环境的改变和群落生态功能的维持起主导作用。

在沿海、河岸和内陆干旱及半干旱区沙地生态系统中，不同程度的沙埋和风蚀是植物经常遭遇的事件（Yu et al. 2004; 刘凤红等 2006）。在强风作用下，裸露或植被覆盖稀少的沙丘可以在水平空间迅速移动。在这种情况下，一方面，生长于沙丘背风坡和背风面沙丘底部的植物会经常遭受到不同程度的沙埋；另一方面，生长于沙丘顶部和迎风坡上的植物却会频繁遭受风蚀（Yu et al. 2004）。在这种环境中，只有能够忍受一定程度沙埋和风蚀的植物才能长久地存活和生长。而沙埋和风蚀作为环境筛，使得生长于这种环境下的植物在进化过程中形成了形式各异的忍受沙埋和风蚀的机制。Yu 等（2004）和刘凤红等（2006）研究发现，一次性程度严重的沙埋可以显著降低沙鞭和羊柴分株的数量和/或生物量，而克隆整合可以缓解沙埋的这种负面效应。Chen 等（2010）以根状茎克隆植物沙生薹草为对象，结果显示随着沙埋深度的增加，切断分株间的根状茎连接将显著降低经受沙埋处理分株的存活。当克隆植物经历局部沙埋时，开展克隆整合对其遭受局部沙埋影响的研究，结果显示切断分株间根状茎连接对其克隆生长（生物量、分株数和叶片数量）有显著负面影响，克隆整合有助于提高经历局部沙埋克隆植物的存活。

毛乌素沙地地处我国北方内陆干旱半干旱区，由于干旱多风和广泛的沙质覆盖，风蚀成为该区沙丘景观的一个经常性扰动事件。Yu 等（2008）以根状茎克隆植物沙鞭为对象，研究克隆整合对其遭受风蚀胁迫的影响，结果显示克隆整合显著增加克隆植物在风蚀胁迫下的生长。克隆植物自身的克隆整合作用，使得它对沙埋、风蚀具有很强的适应能力，然而，尚需要更多的实验研究以验证这一结论的普遍性。

在没有人为干扰的情况下，风蚀和天然植被的演替就成为决定沙丘景观内斑块动态的因素，风蚀常常在固定、半固定沙丘中造成大小不等的流沙斑块，在适当的条件下，靠种子繁殖的一年生沙生先锋植物（如沙米、绵蓬等）能够侵入这些斑块，但在短暂的雨季过后，这些植物开始枯萎，被随之而来的大风连根吹走，因而其在风蚀流沙斑块的再固定过程中所起的作用是有限的。然而，依靠根状茎繁殖的多年生植物（如根状茎禾草沙鞭）通过其根状茎和分株向风蚀流沙斑块快速扩展，其固定风蚀流沙斑块的作用可能是巨大的。克隆植物的维管结构和生理整合有助于其在生物的和非生物的异质性环境中生长扩展；生理整合促进克隆生长，使其在生境中快速运动。这些特点可使克隆植物找到更有利的生境斑块并在这些生境中良好生长。叶学华（2006）以两种根状茎克隆植物赖草和沙鞭为对象，开展克隆植物对风蚀坑修复能力的研究，结果显示合轴型克隆草本赖草具有比单轴型克隆草本沙鞭更强的对风蚀坑的植被修复能力，能够在风蚀坑中产生更多的新生分株，这主要归功于赖草的强克隆性（图 11-6）。赖草对风蚀坑的修复主要是通过周围根茎扩展进入坑中，然后产生新的分株；而沙鞭不仅可以通过周边根茎进入产生新的分株，同时也可以通过刺激深层休眠芽来产生新的分株。两者都能在风蚀坑中产生比自然条件下更多的分株，以更好地利用风蚀坑中充足的光照；同时这些分株的生长受到风蚀坑中养分条件的制约，生物量和生长状况都不如自然条件下形成的分株。

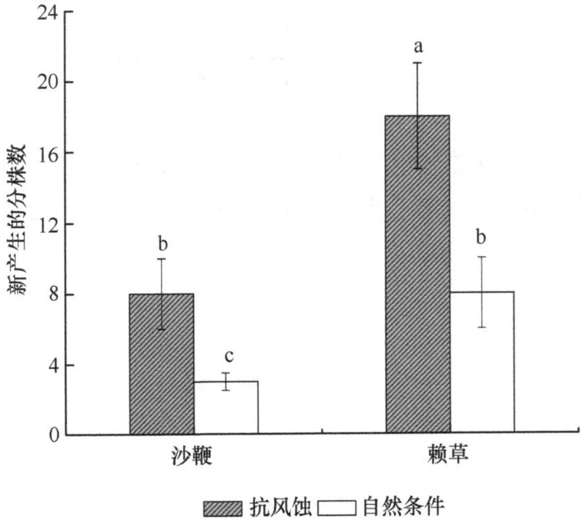

图 11-6　风蚀坑和自然样方中沙鞭和赖草新产生的分株数
图中具有相同小写字母的立柱在 $P = 0.05$ 水平上差异不显著。引自叶学华（2006）

克隆植物分株种群内相互连接和通过克隆器官对裸地斑块的扩展都对植被盖度的维持和流动沙丘斑块的固定起着积极的作用。在不利于种子萌发和幼苗生长的环境中，克隆植物的存在保证了植被斑块的形成。在沙地景观中，植被演替的早期阶段往往以根状茎繁殖的克隆植物为主，克隆植物斑块的建成为其他植物的侵入营造了有利的环境，从而促进植被斑块的形成与发展。从可持续发展的观点出发，生态恢复应该成为环境治理的一个主要途径。适应当地环境的克隆植物，尤其是多年生克隆植物，大大提高了整个景观的自我恢复能力，因而在实施退化生态系统的恢复重建中，这类植物是一种值得利用的重要生物资源。

11. 植物克隆性与植物入侵的关系

外来种（alien/exotic species）是指由于人类有意或无意的活动被带到了其自然演化区域以外的物种，外来种入侵是自然生态系统面临的最严重的全球性问题之一，它不仅是威胁生物多样性的主要原因之一，而且威胁着全球的生态环境和经济发展。值得关注的是，入侵性植物外来种中有相当一部分能够克隆繁殖，它们的危害严重性与其克隆生长习性直接相关（Liu et al. 2006）。Liu 等（2006）研究了中国 126 个主要入侵性植物，分析了植物克隆性在其入侵中的作用。根据入侵性的强弱，这 126 个植物被分为 3 组（Ⅰ、Ⅱ和Ⅲ），其入侵性从组Ⅰ、组Ⅱ到组Ⅲ逐渐降低。在所研究的 126 种入侵植物中，克隆植物接近半数（44%）；而在 32 种入侵性最强的植物中（组Ⅰ），克隆植物的比例高达 66%（表 11-1）。

表 11-1　中国入侵植物的入侵性和克隆性分析

入侵性	总数	克隆植物				
		所有类型	根茎型	匍匐茎	分蘖型	其他类型
组Ⅰ	32	21	8	7	9	3
组Ⅱ	39	18	5	5	2	7
组Ⅲ	55	17	9	2	3	8
合计	126	56	22	14	14	18

注：一个植物可能具有两种以上的克隆器官。引自刘建（2005）

在中国的 126 个主要入侵植物中，入侵非自然生境的植物中有 28%是克隆植物，入侵自然生境的植物中有 56%是克隆植物，而能在两种生境入侵的植物中克隆植物的比例达到 64%（图 11-7）（Liu et al. 2006）。

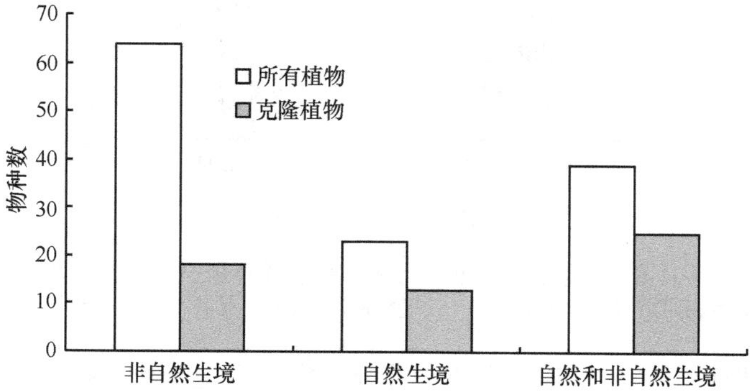

图 11-7　不同生境入侵植物中的克隆植物

自然生境，如森林和湿地等人为干扰相对较小的生境；非自然生境，如农田和路边等人为干扰相对较大的生境；自然和非自然生境能在两种生境中入侵。引自刘建（2005）

很多克隆的入侵植物具有很强的通过克隆繁殖进行更新的能力，由于具有快速生长的能力和从克隆器官（如根状茎片段和匍匐茎片段）萌芽的能力，克隆的入侵植物可能更容易在与本地植物竞争中获得成功。入侵植物频繁地出现在干扰较强的生境中，这不仅是因为干扰能造成空生态位，也可能归因于特定的性状（Lake & Leishman 2004）。一些入侵性较强的植物其种群可能由单一基因型组成（Zhang et al. 2010），这表明无性更新在这些入侵性较强的植物的入侵过程中发挥了重要的作用。近来研究发现一些入侵性较强的克隆植物具有较高的从小的克隆片段中更新的能力，这些发现似乎暗示着无性更新能力可能是一种与植物入侵性有关的重要性状（即入侵性状）（Dong et al. 2010a）。然而多种比较实验显示，大多数匍匐茎克隆植物能成功地从单节片段中更新。匍匐茎节间的存在增加了单节克隆片段的存活率、提高随后的生长及无性繁殖。物种间的无性更新能力随物种的不同而不同。物种的系统发育地位对物种的更新能力没有显著影响，表明物种的系统发育地位不能解释匍匐茎植物无性更新能力的差异。无性更新能力与物种在局域或全球尺度的入侵性没有显著关系。相应的控制实验显示，入侵匍匐茎植物喜旱莲子草的无性更新能力并没有高于本地匍匐茎植物莲子草。这表明无性更新能力可能并不是决定喜旱莲子草入侵性的性状。因此，一些克隆功能性状（如分株年龄、克隆存储等）与克隆植物的入侵能力无关（宋垚彬 2013）。外来植物的更新能力实际上可能与其局部的多度有关。因此，在未来的研究中可研究更新能力是否与植物的局域尺度的多度有关。其他的克隆生活史性状，如克隆整合和可塑性觅食，可能在匍匐茎克隆植物的入侵中发挥了重要的作用。克隆植物能通过克隆整合和克隆可塑性等克隆植物特有的克隆生活史性状来适应在自然条件下广泛存在的生境异质性。克隆整合能通过提高分株忍耐胁迫的能力而提高入侵成功的可能性。喜旱莲子草的克隆整合能帮助它忍耐养分胁迫（刘建 2005）、水淹胁迫（Wang et al. 2009）和竞争胁迫（Wang et al. 2008）等。最近对入侵克隆植物的研究表明克隆整合能促进这些植物的定居，使种群扩展到新的生境（Yu et al. 2009; Aguilera et al. 2010; Xu et al. 2010）。对克隆整合能力的整合分析（meta analysis）表明，克隆整合在未降低供应分株适合度的情况下，增加了接受资源的分株的适合度，从而增加了整个克隆的适合度。克隆整合的收益在两种实验方法间、匍匐茎和根状茎植物间、资源传输的方向（向基或向顶传输）及资源传输的类型（水分、养分和光合产物）间均没有显著性差异。因此，克隆整合具有普遍性的（至少是短期的）正效应，表明克隆整合能促进克隆植物的成功定殖（Song et al. 2013）。入侵植物比非入侵植物更能利用增加的资源水平（Dawson et al. 2012a, 2012b）。喜旱莲子草具有很强的可塑性，这种植物的根冠比和比叶面积的可塑性是分株对水平的非局部反应。这种分株对水平的可塑性更能充分利用资源，提高适应性（刘建 2005）。克隆整合是喜旱莲子草适应空间异质性的重要生态对策。在同质低养下的分株对的叶绿素光合潜力发生的变化不大，这使得一旦条件合适植物就可以恢复较高的光合速率，所表现出的光合生理可塑性是对资源的时间异质性的适应（刘建 2005; Liu et al. 2008）。此外，外来入侵克隆植物具有更大的根系觅食可塑性，这可能有助于增强其入侵性（Keser et al. 2014）。总之，克隆繁殖对这些植物入侵性的增加及对人类干扰环境的适应性具有重要的贡献。

克隆植物几乎存在于所有生态系统中，并在许多生态系统中占据优势地位，发挥着举足轻重的作用。因此，克隆植物对群落的多样性、功能群多样性和资源可用性具有重要的影响，并会因此而影响到群落的可入侵性。入侵性密集型克隆植物往往能形成单优群落，这样的单优群落往往难以被入侵。因此，克隆植物可能对增强群落抵抗入侵的能力具有贡献。在山东省南四湖湿地的初步观察显示，克隆植物芦苇（*Phragmites australis*）分布密集的地方，往往能抵抗当地重要入侵植物喜旱莲子草的入侵（董鸣等 2011）。

第四节　总结与展望

近 10 年来克隆植物的研究已越来越深入，实验方法也不断趋于精细。由于克隆植物生态学的研究与诸多生态学前沿领域相联系，如生物入侵、全球变化、物种多样性、生物进化等，因此在全球环境变化背景下对以下问题的解决有望推动克隆植物生态学研究的进一步发展。

（1）大多数整合实验研究的主要局限在于实验仅持续不到一个生长季，目前缺乏克隆整合对长期适合度影响的实验研究。因此在以后的研究中应多考虑整合对资源储存的影响，实验研究至少应持续一个生长季以上，并在自然条件下研究克隆整合的长期后果，以估计整合对种群生长速率的影响。

（2）由于切断处理或同质–异质性处理的实验研究可量化整合对适合度的影响，在以后的克隆整合的研究中应将上述两种实验方法与同位素标记或酸性品红标记，以及维管束连接的解剖学研究结合起来。同位素标记的一个优势在于可以量化资源传输的数量，用这种方法可检验克隆整合收益的不同是由于资源传输的数量不同还是由于资源传输后被分株利用的能力的不同。

（3）在应对异质性环境时，克隆植物不仅可通过分株间的资源分享，还可通过调整节间长度和分枝频率的可塑性实现对高资源斑块的觅食。然而，研究者并不清楚哪种策略更具有进化优势，也不清楚两种策略间是否存在权衡。在今后的整合研究中应针对同一物种研究克隆整合和觅食能力。

（4）目前仅局限于种间的整合能力比较，种内基因型间的克隆整合能力的差异可能较大。然而，很少的研究考虑了克隆整合能力的这种遗传变异。对克隆整合的可遗传变异的研究对于研究克隆植物的进化潜力来说非常重要。此外，研究种内克隆整合能力的分化可能与一定的生境类型有关，这可能为研究形成克隆整合格局的进化动力提供重要的视角。

（5）大多数的整合研究在没有邻体植物的实验盆中进行，而研究者并不清楚在野外条件下克隆整合能否增加种群增长速率，特别是在长期的过程中。此外，邻体植物竞争的存在可能影响了克隆整合的收益和成本。然而克隆整合能否增强克隆植物的竞争力，这种效应与其所生长的生境是否有关，研究者对这些问题并不清楚。

（6）母体通过向后代传递环境信息而影响其表型可塑性，从而改善其应对环境变化的能力，提高了适合度。目前，母体对后代表型可塑性影响的研究主要集中在有性繁殖方面，而克隆繁殖（无性繁殖）的研究很少，特别是在有性繁殖和无性繁殖谁更具有进化优势方面亟待开展相关研究。

（7）目前，植物克隆性和入侵性关系的具体机制仍欠深入研究，尤其是克隆繁殖方式对入侵植物不同入侵阶段的贡献缺乏深入的研究，入侵植物的克隆繁殖方式可能对外来植物建群初期种群较小时的繁殖保障和克服阿利效应具有重要意义，部分入侵植物还以克隆繁殖产生的克隆片段为主要传播方式。因为克隆植物中克隆能力的差别很大，植物克隆性和入侵性的关系还需要更多的量化分析。如果能有效地制订“克隆度”（degree of clonality）的测度方法，那么将极大地促进对植物克隆性与入侵性关系的研究。

（8）植物克隆性对群落可入侵性的贡献也可能随生境而不同，目前国内外关于克隆性对群落可入侵性的贡献的研究很少。根据克隆植物生态学的理论可以推测，一个群落中的较多克隆植物（尤其是密集型克隆植物）的存在可以减少群落的剩余空间（生态位空隙），从而提高该群落抵抗入侵的能力，即降低群落的可入侵性，有待开展野外观察和控制实验来检验这一假说。

（9）克隆植物是很多生态系统中不可缺少的组成部分，它必然对群落稳定性、物种多样性和养分循环等生态过程具有十分重要的意义，它们之间相互作用的机制如何有待开展深入研究，这对于揭示克隆性对生态系统格局与过程，以及结构与功能的影响具有重要意义。

参考文献

董鸣，于飞海. 2007. 克隆植物生态学术语和概念. 植物生态学报, 31: 689-694.

董鸣，于飞海，安树青，等. 2007. 植物克隆性的生态学意义. 植物生态学报, 31: 549-551.

董鸣，于飞海，陈玉福，等. 2011. 克隆植物生态学. 北京：科学出版社.

黎俊. 2014. 克隆整合对活血丹根际土壤微生物过程和群落结构的影响. 成都：成都理工大学硕士研究生学位论文.

刘凤红，叶学华，于飞海，等. 2006. 乌素沙地游击型克隆半灌木羊柴对局部沙埋的反应. 植物生态学报, 30: 278-285.

刘建. 2005. 中国入侵植物分布格局和特性分析. 济南：山东大学博士研究生学位论文.

马庆庆. 2014. 两个不同基株年龄冷箭竹(*Bashania fangiana*)克隆种群的遗传多样性特征. 成都：四川农业大学硕士研究生学位论文.

宋垚彬. 2013. 克隆功能性状与植物入侵性的关系. 北京：中国科学院大学博士研究生学位论文.

陶应时，洪胜春，廖咏梅，等. 2013. 异质性光照下匍匐茎草本狗牙根克隆整合的耗益. 生态学报, 33(20): 6509-6516.

魏宇航，周晓波，陈劲松，等. 2013. 模拟采食干扰下克隆整合对两种箭竹分株种群更新的影响. 植物生态学报, 37(8): 699-708.

叶学华. 2006. 植物克隆性在生态修复中的意义：鄂尔多斯高原赖草和沙鞭的案例. 北京：中国科学院研究生院博士研究生学位论文.

张大勇. 2004. 植物生活史进化与繁殖生态学. 北京：科学出版社.

张继义，赵哈林，崔建垣，等. 2005. 沙地植被恢复过程中克隆植物分布及其对群落物种多样性的影响.林业科学, 41: 5-9.

张玉芬，张大勇. 2006. 克隆植物的无性与有性繁殖对策. 植物生态学报, 30: 174-183.

Aguilera A, Alpert P, Dukes J, et al. 2010. Impacts of the invasive plant *Fallopia japonica* (Houtt.) on plant communities and ecosystem processes. Biol Invasions, 12: 1243-1252.

Alpert P. 1999. Clonal integration in *Fragaria chiloensis* differs between populations: ramets from grassland are selfish. Oecologia, 120: 69-76.

Chen J S, Lei N F, Dong M. 2010. Clonal integration improves the tolerance of *Carex praeclara* to sand burial by compensatory response. Acta Oecol, 36: 23-28.

Chen J S, Lei N F, Liu Q. 2011a. Defense signaling among interconnected ramets of a rhizomatous clonal plant, induced by jasmonic-acid application. Acta Oecol, 37: 355-360.

Chen J S, Yu D, Liu Q, et al. 2004. Clonal integration of the stoloniferous herb *Fragaria vesca* from different altitudes in southwest china. Flora, 199: 342-350.

Chen X S, Xie Y H, Deng Z M, et al. 2011b. A change from phalanx to guerrilla growth form is an effective strategy to acclimate to sedimentation in a wetland sedge species *Carex brevicuspis* (Cyperaceae). Flora, 206: 347-350.

Dawson W, Fischer M, van Kleunen M. 2012a. Common and rare plant species respond differently to fertilisation and competition, whether they are alien or native. Ecol Lett, 15: 873-880.

Dawson W, Rohr R P, van Kleunen M, et al.2012b. Alien plant species with a wider global distribution are better able to capitalize on increased resource availability. New Phytol, 194: 859-867.

Dong B C, Alpert P, Zhang Q, et al. 2015. Clonal integration in homogeneous environments increases performance of *Alternanthera philoxeroides*. Oecologia, 179: 393-403

Dong B C, Yu G L, Guo W, et al. 2010a. How internode length, position and presence of leaves affect survival and growth of *Alternanthera philoxeroides* after fragmentation? Evol Ecol, 24: 1447-1461.

Dong B C, Zhang M X, Alpert P, et al. 2010b. Effects of orientation on survival and growth of small fragments of the invasive, clonal plant *Alternanthera philoxeroides*. PLoS One, 5: e13631.

Du J, Yu F H, Alpert P, et al. 2009. Arbuscular mycorrhizal fungi reduce effects of physiological integration in *Trifolium repens*. Ann Bot, 104: 335-343.

Gómez S, Latzel V, Verhulst Y, et al. 2007. Costs and benefits of induced resistance in a clonal plant network. Oecologia, 153: 921-930.

Gómez S, Onoda Y, Ossipov V, et al. 2008. Systemic induced resistance: a risk-spreading strategy in clonal plant networks? New Phytol, 179: 1142-1153.

Gómez S, Stuefer J F. 2006. Members only: induced systemic resistance to herbivory in a clonal plant net-work. Oecologia, 147: 461-468.

Gruntman M, Novoplansky A. 2004. Physiologically mediated self/non-self discrimination in roots. Proc Nat Acad Sci, 101: 3863-3867.

Harper J L. 1977. Population Biology of Plants. New York: Academic Press.

Honnay O, Jacquemyn H. 2008. A meta-analysis of the relation between mating system, growth form and genotypic diversity in clonal plant species. Evol Ecol, 22: 299-312.

Ikegami M, Whigham D F, Werger M J A. 2007. Responses of rhizome length and ramet production to resource availability in the clonal sedge *Scirpus olneyi* A. Gray. Plant Ecol, 189: 247-259.

Keser L H, Dawson W, Song Y B, et al. 2014. Invasive clonal plant species have a greater root foraging plasticity than non invasive ones. Oecologia, 174: 1055-1064.

Kleiman D, Aarssen L W. 2007. The leaf size/number trade-off in trees. J Ecol, 95: 376-382.

Klimešová J, Janeček Š, Hornček, et al. 2011. Effect of the method of assessing and weighting abundance on the interpretation of the relationship between plant clonal traits and meadow management. Preslia, 83: 437-453.

Lake J C, Leishman M R. 2004. Invasion success of exotic plants in natural ecosystems: the role of disturbance, plant attributes and freedom from herbivores. Biol Conserv, 117: 215-226.

Li J J, Peng P H, He W M. 2011. Physical connection decreases benefits of clonal integration in *Alternanthera philoxeroides* under three warming scenarios. Plant Biol, 14: 265-270.

Li J M, Alpert P, Yu F H. 2012. Multiclonal tussocks in the grass *Achnatherum splendens* (Trinius) Nevskia (Poaceae). Flora, 207: 581-585.

Liu F H, Yu F H, Liu W S, et al. 2007. Large clones on cliff faces: expanding by rhizomes through crevices. Ann Bot, 100: 51-54.

Liu H D, Yu F H, He W M, et al. 2009. Clonal integration improves compensatory growth in heavily grazed ramet populations of two inland dune grasses. Flora, 204: 298-305.

Liu J, Dong M, Miao S L, et al. 2006. Invasive alien plants in China: role of clonality and geographical origin. Biol Invasions, 8: 1461-1470.

Liu J, He W M, Zhang S, et al. 2008. Effects of clonal integration on photosynthesis of the invasive clonal plant *Alternanthera philoxeroides*. Photosynthetica, 46: 299-302.

Ma Q Q, Song H X, Zhou S Q, et al. 2013. Genetic structure in dwarf bamboo (*Bashania fangiana*) clonal populations with different genet ages. PLoS One, 8: e78784.

Moles A T, Westoby M. 2006. Seed size and plant strategy across the whole life cycle. Oikos, 113: 91-105.

Pan J J, Clay K. 2004. *Epichloë glyceriae* infection affects carbon translocation in the clonal grass *Glyceria striata*. New Phytol, 164: 467-475.

Pottier J, Evette A. 2011. Spatial pattern and process at the plant neighbourhood scale: insights from communities dominated by the clonal grass *Elymus repens* (L.) Gould. J Veg Sci, 22: 973-982.

Rautiainen P, Koivula K, Hyvärinen M. 2004. The effect of within-genet and between-genet competition on sexual reproduction and vegetative spread in *Potentilla anserina* ssp. *egedii*. J Ecol, 92: 505-511.

Reusch T B H. 2006. Does disturbance enhance genotypic diversity in clonal organisms? A field test in the marine angiosperm *Zostera marina*. Mol Ecol, 15: 277-286.

Roiloa S R, Retuerto R. 2005. Presence of developing ramets of *Fragaria vesca* L. increases photochemical efficiency in parent ramets. Int J Plant Sci, 166: 795-803.

Roiloa S R, Retuerto R. 2006a. Development, photosynthetic activity and habitat selection of the clonal plant *Fragaria vesca* growing in copper-polluted soil. Funct Plant Biol, 33: 961-971.

Roiloa S R, Retuerto R. 2006b. Small-scale heterogeneity in soil quality influences photosynthetic efficiency and habitat selection in a clonal plant. Ann Bot, 98: 1043-1052.

Roiloa S R, Retuerto R. 2012. Clonal integration in *Fragaria vesca* growing in metal-polluted soils: parents face penalties for establishing their offspring in unsuitable environments. Ecol Res, 27: 95-106.

Sargent R D, Goodwillie C, Kalisz S, et al. 2007. Phylogenetic evidence for a flower size and number trade-off. Am J Bot, 94: 2059-2062.

Semchenko M, John E A, Hutchings M J. 2007. Effects of physical connection and genetic identity of neighbouring ramets on root-placement patterns in two clonal species. New Phytol, 176: 644-654.

Setsuko S, Ishida K, Tomaru N. 2004. Size distribution and genetic structure in relation to clonal growth within a population of *Magnolia tomentosa* Thunb. (Magnoliaceae). Mol Ecol, 13: 2645-2653.

Solé M, Durka W, Eber S, et al. 2004. Genotypic and genetic diversity of the common weed *Cirsium arvense* (Asteraceae). Int J Plant Sci, 165: 437-444.

Sosnová M, van Diggelen R. Klimešová J. 2010. Distribution of clonal growth forms in wetlands. Aquat Bot, 92: 33-39.

Stuefer J F, Gómez S, van Molken T. 2004. Clonal integration beyond resource sharing: implications for defense signaling and disease transmission in clonal plant networks. Evol Ecol, 18: 647-667.

Travis S E , Hester M W. 2005. A space-for-time substitution reveals the long-term decline in genotypic diversity of a widespread salt marsh plant, *Spartina alterniflora*, over a span of 1500 years. J Ecol, 93: 417-430.

Wang B R, Li W G, Wang J B. 2005. Genetic diversity of *Alternanthera philoxeroides* in China. Aquat Bot, 81: 277-283.

Wang N, Yu F H, Li P X, et al. 2008. Clonal Integration affects growth, photosynthetic efficiency and biomass allocation, but not the competitive ability, of the alien invasive *Alternanthera philoxeroides* under severe stress. Ann Bot, 101: 671-678.

Wang N, Yu F H, Li P X, et al. 2009. Clonal integration supports the expansion from terrestrial to aquatic environments of the amphibious stoloniferous herb *Alternanthera philoxeroides*. Plant Biol, 11: 483-489.

Wang P, Lei J P, Li M H, et al. 2012. Spatial heterogeneity in light supply affects intraspecific competition of a stoloniferous clonal plant. PLoS One, 7(6): e39105.

Wang P, Xu Y S, Dong B C, et al. 2014. Effects of clonal fragmentation on intraspecific competition of a stoloniferous floating plant. Plant Biol, 16(6): 1121-1126.

Whitman T, Aarssen L W. 2010. The leaf size/number trade-off in herbaceous angiosperms. J Plant Ecol, 3: 49-58.

Xu C Y, Schooler S S, Klinken R D V. 2010. Effects of clonal integration and light availability on the growth and physiology of two invasive herbs. J Ecol, 98: 833-844.

Yang C F, Guo Y H. 2004. Pollen size-number trade-off and pollen-pistil relationships in *Pedicularis* (Orobanchaceae). Plant Syst Evol, 247: 177-185.

Ye X H, Yu F H, Dong M. 2006. A trade-off between guerrilla and phalanx growth forms in *Leymus secalinus* under different nutrient supplies. Ann Bot, 98: 187-191.

Yu F H, Dong M, Krusi B. 2004. Clonal integration helps *Psammochloa villosa* survive sand burial in an inland dune. New Phytol, 162: 697-704.

Yu F H, Schneller J, Krüsi B, et al. 2006. Genetic variability within *Carex sempervirens* tussocks of contrasting vitality. Int J Plant Sci, 167: 513-518.

Yu F H, Wang N, Alpert P, et al. 2009. Physiological integration in an introduced, invasive plant increases its spread into experimental communities and modifies their structure. Am J Bot, 96: 1983-1989.

Yu F H, Wang N, He W M, et al. 2008. Adaptation of rhizome connections in drylands: increasing tolerance of clones to wind erosion. Ann Bot, 102: 571-577.

Yu F H, Wang N, He W M, et al. 2010. Effects of clonal integration on species composition and biomass of sand dune communities. J Arid Environ, 74: 632-637.

Zhang Y Y, Zhang D Y, Barrett S C H. 2010. Genetic uniformity characterizes the invasive spread of water hyacinth (*Eichhornia crassipes*), a clonal aquatic plant. Mol Ecol, 19: 1774-1786.

Zhou C, Zhang Z, Wang Z W. 2014. Difference in capacity of physiological integration between two ecotypes of *Leymus chinensis* underlies their different performance. Plant Soil, 383: 191-202.

Zhou J, Dong B C, Alpert P, et al. 2012. Effects of soil nutrient heterogeneity on intraspecific competition in the invasive, clonal plant *Alternanthera philoxeroides*. Ann Bot, 109: 813-818.

第十二章　寄生植物种群生态学

第一节　引　　言

大部分的植物都是营自养生长的，可以通过光合作用为机体提供生长发育所需的碳源。寄生的被子植物（有花植物）由于缺少足够的叶绿体，其根系或叶片器官退化，失去自养能力。但是寄生植物可以通过吸器直接连到寄主植物上，从寄主植物中吸取水分和养分来完成其生活史（Smith 2000）。寄生植物常见于天然群落中，是生态系统的特殊类群之一（Press 1998）。已有一些有关寄生植物生物学特性（Press 1998; Smith 2000; Hibberd & Jeschke 2001; 李志军和段黄金 2002; 胡飞和孔垂华 2003, 2004; 盛晋华等 2004; 胡飞等 2005）、药用成分（Anjum et al. 2014）及防治（Dawson et al. 1994）的研究，但在植物群落生态学理论研究中寄生植物常常被忽略（Pennings & Callaway 2002; 李钧敏和董鸣 2011）。寄生植物可以驱动生态系统中生物与非生物因子的变化，因此被称为生态系统的工程师（Jones et al. 1994）。近年来，越来越多的科学家开始关注植物寄生引起的生态学效应等科学问题（李钧敏 2014）。

第二节　寄生植物概述

全世界共有 4200 多种寄生植物，数量占种子植物的 1%以上，在自然和半自然生态系统中普遍存在（Nickren & Musselman 2004; Sheng et al. 2006; 李钧敏和董鸣 2011）。在被子植物中多个科存在寄生现象，如玄参科（Scrophulariaceae）、菟丝子科（Cuscutaceae）。寄生植物广泛分布于不同的生态环境中并具有不同的生活习性及寄主识别特性，其类别涵盖乔木、灌木、藤本和草本植物（Yoder 2001; Phoenix & Press 2005）。

寄生植物根据其对寄主的依赖程度分为全寄生植物和半寄生植物，根据获取养分的程度分为兼性寄生植物与专性寄生植物（Nickrent & Musselman 2004），如菟丝子属（*Cuscuta*）植物为专性全寄生植物。随着寄生植物对寄主依赖程度的增加，寄生植物形态上发生了复杂的变化。例如，一些寄生植物如无根藤属（*Cassytha*）与菟丝子属的植物，常仅由茎组成，叶子少或没有；而一些根半寄生植物则具有绿色的正常发育的叶子，可以营光合作用。总的来说，全寄生植物的叶片倾向于退化为鳞片、肉质茎和初生吸器（来自幼苗胚根），如菌花科（Hydnoraceae）植物则完全没有叶子。寄生植物还可以根据其寄生的部位分为茎寄生植物与根寄生植物，如菟丝子属植物为茎寄生植物，而独脚金属（*Striga*）为根寄生植物（李钧敏和董鸣 2011）。

研究发现当根寄生植物通过产生的吸器从寄主植物获取营养比其通过自身新形成有

本章作者：李钧敏

功能的成熟的根来获取营养物质要花费更少的成本，因此，根寄生生活方式可以赋予根寄生植物一定的优势，特别是一年生幼苗（Nickrent & Musselman 2004），寄生植物为被子植物中进化程度较高的类群。

大部分的根半寄生植物分布在温带区域，特别是在地中海气候或其他许多开放和具有阳光的地区（Nickrent & Musselman 2004），如在南非的一些濒危植物上列当科（Orobanchaceae）分布最多，其次是美国东南部开放、火烧的区域和欧洲中部的阿尔卑斯山（开阔的草地）。兼性的半寄生植物比它的寄主具有更高的蒸腾速率，因此它们更喜欢开放、阳光充足的地区，如槲寄生（*Viscum* spp.）在阳光充足的无树大草原与森林的冠层分布较多（Nickrent & Musselman 2004）。

与其他杂草相似，寄生植物的主要传播渠道是通过人类活动（Nickrent & Musselman 2004）。寄生植物的种子常会与作物种子掺杂在一起或是存在于盆栽植物的土壤里而随着市场贸易的进行而被传播，如作物交易市场已被确定为独脚金属植物种子在非洲西部传播的主要来源，而田野菟丝子（*Cuscuta ampestris*）最早在美国弗吉尼亚州诺福克海岸被发现，常经作物中掺杂的种子通过运输传播至世界各地。而在未引入改良作物品种的区域，寄生植物被传播的概率非常低。另外，商品运输的一些包装材料也是寄生植物传播的主要媒介，如小列当（*Orobanche minor*）主要通过压舱物和包装材料被传播。

第三节　寄生植物与寄主植物的相互作用

寄生植物与寄主植物的相互作用是寄生植物生态学的研究热点，目前该领域的研究集中于寄生植物对寄主生长的抑制（Press 1998; 谭德远等 2004; Shen et al. 2005, 2007）、营养物质的摄取（Seel & Jeschke 1999; Hibberd & Jeschke 2001）、对寄主的选择等（Gibson & Watkinson 1989; Kelly 1992; Press 1998; Pennings & Callaway 2002; 胡飞和孔垂华 2003, 2004; 胡飞等 2005）。

1. 寄主范围

寄主范围是指寄生植物可寄生的寄主植物的多少（Nickrent & Musselman 2004）。大部分的寄生植物具有同时攻击大量不同的共存物种的特性，即具有广泛的寄主范围（Pennings & Callaway 2002; Gibson & Watkinson 1989; Nilsson & Svensson 1997; Westbury 2004），这可能是因为不同的寄主可以为不同的寄生植物提供不同类型的资源（这些资源包括营养和化学防御两个方面）。例如，根寄生扁萼花属（*Castilleja* spp.）植物可以寄生100多种不同科的寄主（Pennings & Callaway 2002），根寄生植物小佛甲草（*Rhinanthus minor*）大约可以寄生18科50种的寄主（Gibson & Watkinson 1989）。虽然茎寄生植物的寄主范围比根寄生植物要小得多（Norton & Carpenter 1998），但仍具有广泛的寄主范围。如菟丝子属植物有几百种寄主（Kelly et al. 1998），热带雨林的槲寄生 *Dendrophthoe falcata* 有400多种寄主（Joshi & Kothysri 1985）。但也有少数寄生植物的寄主范围很窄，如列当科的 *Epifagus virginiana* 只能寄生山毛榉（*Fagus grandifolia*）（Musselman & Press 1995）。

2. 寄主选择性

寄生植物对寄主表现出强烈的选择性，这种选择性一般认为是由寄主营养的多样性及含氮量差异造成的，与寄主营养物质的含量、合成的次生代谢产物、硬度等有关（胡飞和孔垂华 2004）。

寄生植物可通过时间和空间上的很多方式选择偏好的寄主。当一个物种在群落中丰富度很高时，它碰到寄生植物的机会很多，因此很有可能成为寄生植物偏好的寄主。研究发现部分寄生植物对寄主植物的识别是通过寄主植物释放的化学信号实现的，而且寄生植物能否识别寄主植物释放的化学信号分子是其实现异养生长的关键（Bouwmeester et al. 2003; Matvienko et al. 2001; Tomilov et al. 2004）。现已发现寄生植物对寄主植物的化学识别主要有两种方式：一是寄生植物种子在温湿条件适宜时预先萌发生长，萌发后寄生植物根部感受到寄主植物释放的化学信号，即产生吸器固定到寄主植物上，完成由寄生识别到异养生长的过程。通过这一过程的寄生植物种子萌发后若不能接收到寄主植物的化学信号，将不能完成寄生过程，导致其因无法吸取寄主植物的营养而死亡。危害十分严重的寄生杂草菟丝子就属于这种方式。二是寄生植物的种子在没有接收到寄主植物释放的刺激其萌发的化学信号前一直处于休眠状态（休眠期有的可长达数十年），一旦这些种子感受到寄主植物的化学信号后，立即开始萌发，其根部感受到寄主植物的化学信号后产生吸器完成寄生过程。对禾本科作物危害极大的独脚金就属于这种方式。

除受化学信号决定外，寄生植物能否成功寄生寄主植物还受到温度等外界环境因子的影响。例如，Wu 等（2013）比较了田野菟丝子成功寄生微甘菊幼苗的影响因子，发现当两者间距离大于 4 cm 时，则成功寄生的概率降为 0；田野菟丝子只能寄生直径小于 0.3 cm 的微甘菊幼苗；若温度高于 26℃则会抑制田野菟丝子的正常萌发。

3. 寄主偏好

尽管大多数寄生植物具有广寄性，但寄生植物在不同寄主上的寄生过程和寄生程度有很大的差别。当许多不同的植物出现在群落里时，寄生植物只会选择其中一部分作为寄主。列当科（Gibson & Watkinson 1989; Kelly 1992）和刺球果科（Krameriaceae）（Musselman & Dickison 1975）等植物中均存在这种现象。一些寄主仅能维持寄生植物的生存，而一些寄主则能支持寄生植物旺盛的营养和生殖生长，这表明寄生植物对寄主具有偏好性。不同的寄主植物不仅对寄生植物的存活有影响，还对其正常发育有影响（Marvier 1998），如草本植物 *Polypogon monspeliensis* 比豆科植物 *Trifolium repens* 更适合作为 *Pedicularis cephalantha* 的寄主（Marvier 1998）。同时，研究还发现寄生植物可以区别对待对其生长、繁殖和适合度有利的寄主，如菟丝子属植物虽然具有较广泛的寄主范围，但在自然界中它仅偏好少数的植物并且会在它第一个发现的偏好的寄主上生长（Nickrent & Musselman 2004）。

为什么寄生植物会偏好寄主目前仍是未知的，但发现了一些根/茎寄生植物会偏好高氮的植物，如豆科植物（Kelly 1992; Matthies 1996, 1997; Seel & Jeschke 1999）；或者偏好具有易到达的维管系统的植物（Kelly et al. 1998）；或者有低的防卫能力的植物（Cameron et al. 2004）；或者资源能长期被利用的植物（如多年生的木本植物）（Kelly et al. 1998）；或者是易于获得有限资源的植物（如具有深根系的植物）（Pate et al. 1990）。近年来，关于寄生植物对入侵植物的偏好也有一些报道。野外研究发现寄生植物田野菟丝子（*Cuscuta campestris*）可以寄生入侵种微甘菊（*Mikania micrantha*）（韩诗畴等 2002），日本菟丝子（*Cuscuta japonica*）可以寄生入侵种加拿大一枝黄花（*Solidago canadensis*）（蒋华伟等 2008）。寄生植物对入侵植物有特别的偏好，例如，胡飞等（2005）发现日本菟丝子对入侵植物三裂叶蟛蜞菊（*Wedelia trilobata*）的偏好高于五爪金龙（*Ipomoea cairica*）和马缨丹（*Lantana camara*）；昝启杰等（2003）发现田野菟丝子对入侵植物微甘菊的偏好远远大于其他物种，如胜红蓟（*Ageratum conyzoides*）、三裂叶蟛蜞菊、鬼针草（*Bidens bipinnata*）、一年蓬（*Erigeron annuus*）等。研究发现入侵植物常具有较高的生长速率和资源利用效率，因此在天然群落中被寄生植物所选择而偏好（Yu et al. 2009; Li et al. 2012）。当群落中存在大量的寄生植物偏好的寄主时，会增强寄生植物的生长和繁殖（Kelly 1990, 1992）。如草地植物的根系发达，并且易被寄生植物寄生，因此草地生态系统的根半寄生植物的丰富度比较高。

寄生植物在寄主植物上的生长状态还受到生物与非生物因子的影响，如寄主年龄、外源营养（养分、钙离子）、土壤微生物的影响（Li et al. 2015; 车秀霞 2013; 张静等 2012; 李钧敏 2014）。Seel 和 Press（1996）观察到小佛甲草寄生于 6 个月龄的高山早熟禾（*Poa alpina*）时比成熟植株的生物量要小；Wu 等（2013）发现全寄生植物田野菟丝子的幼苗只能寄生直径小于 0.3 cm 的微甘菊幼苗；Li 等（2015）发现南方菟丝子在三叶鬼针草上的生物量随着寄主年龄的增加而增加，但其与三叶鬼针草的生物量比随着寄主年龄的增加而下降。这些研究表明，寄生的年龄可以影响寄生植物的生长，即年龄越小，越容易被寄生。

由于外界资源可以影响寄主植物与寄生植物之间对资源的竞争格局，因此也可影响寄生植物的种群动态。对于一些半寄生植物来说，在低生产力生境中，与寄主竞争光照，可能会限制其生长（Matthies 1995）。在高生产力的环境中，增加这些部分自养植物的遮阴可以减少它们的竞争力。Matthies（1995）发现寄主植物进行遮阴处理会减少根半寄生植物 *Rhinanthus seratonis* 和 *Odontites rubra* 30%的生物量。Joshi 和 Kothyari（1985）发现寄主与群落生物量的减少，对半寄生植物是有好处的，因为这样可减少其对光的竞争。车秀霞（2013）的研究发现施肥处理的三叶鬼针草上寄生的南方菟丝子的生长比不施肥处理组要旺盛增加；而外源钙离子浓度也可提高寄主上的寄生植物的生长状态，如 8 mmol/L Ca^{2+}可以显著增加南方菟丝子的生长量。Pennings 和 Simpson（2008）发现施肥可以增加寄主植物体内的氮含量，从而促进寄生植物增长一倍。在野外调查中，Yu 等（2009）发现外来入侵植物的快速生长及高营养含量会增强南方菟丝子对其的寄生。

Gehring 和 Whitham（1992）发现丛枝菌根真菌在 *Juniper monosperma* 根中的拓殖与槲寄生（*Phoradendron jumiperum*）的密度负相关。这主要通过两种机制起作用：丛枝菌根真菌可以增加寄主 *Juniper monosperma* 被槲寄生感染的可能，或是当槲寄生强烈竞争植物碳源时，丛枝菌根真菌的感染率会下降。寄生植物与丛枝菌根真菌的相互作用也可在根半寄生植物中被观察到。小佛甲草的寄生可以减少 *Lolium perennne* 大约 30%的菌根真菌的拓殖（Davies et al. 1997）。如果丛枝菌根真菌对寄主的碳的竞争能力比半寄生植物要弱，则会减少菌根真菌的拓殖。当寄主被菌根真菌拓殖时，可以引起寄生植物生长与繁殖。菌根真菌可以增加松属植物的叶面积，从而可以增加光合作用产物、生物量，增加的光合作用产物可提供给寄生植物。当寄主长白松（*Pinus sylvestris*）被丛枝菌根真菌（Arbuscule mycorrhiza fungi, AMF）拓殖时，半寄生萝花属（*Melampyrum* spp.）植物更易生长和开花（Salonen & Puustinen 1996）。Salonen 等（2000）发现当寄主 *Pinus sylvestris* 被内生真菌拓殖时，半寄生植物 *Melampyrum pratense* 的生长、繁殖得到显著增强。车秀霞（2013）研究发现大豆根部共生的根瘤菌可以显著促进大豆上的寄生植物南方菟丝子的生长。

4. 寄生植物对寄主生长的有害效应

寄生植物从寄主中吸收了大量的营养物质，从而导致寄主营养供应不足而死亡。因此，寄生植物通常会给寄主的生长、繁殖和生理代谢等带来有害的影响，影响寄主植物的生长发育，严重时可导致寄主因养分不足生长受抑制甚至死亡（李钧敏 2014）。早在1972 年就有报道田野菟丝子可以抑制微甘菊的生长（Parker 1972）。昝启杰等（2003）研究发现田野菟丝子可以寄生于微甘菊，能够缠绕在微甘菊的茎上夺取其所需的养分和水分，使微甘菊叶片变黄甚至整株枯死。

寄生植物除了部分地改变寄主吸收的营养和光合产物的流向，抑制寄主植物的生长，也可以诱导寄主的生理响应，使寄主的生长和资源分配产生异常。例如，寄生植物可以通过抑制寄主的光合作用能力，从而减少寄主的生长。徐汝梅和叶万辉（2003）发现田野菟丝子寄生可以严重影响微甘菊茎叶生长及开花结实，显著降低微甘菊单株叶片数、茎干长度、生物量、光合速率、蒸腾速率、气孔导度、叶绿素含量和叶绿素荧光等指标。Shen 等（2007）发现田野菟丝子寄生可以显著地降低微甘菊的光利用率、光饱和点、羧化率，减少叶片的数目、叶面积、茎长度和生物量，阻止开花，导致微甘菊的完全死亡。*Striga hermonthica* 通过影响寄主的叶面积和光合作用速率、CO_2 同化作用能力，从而抑制寄主的生长（Graves et al. 1989）。而寄生植物的生长越旺盛，则对寄主植物造成的有害效应就越大（Li et al. 2012）。

寄生植物对寄主植物的有害效应受到生物与非生物因子的影响。研究发现寄主年龄、寄主的生长状态、外源营养因子（包括养分、钙离子）等均可以影响菟丝子属寄生植物对寄主植物的有害效应。Li 等（2015）发现南方菟丝子对寄主植物造成的有害效应随着寄主年龄的增加而下降。与未受到寄生植物感染的寄主植物相比，当寄主植物年龄为 59 d 时，感染了寄生植物的寄主植物的总生物量下降了 84%，而当年龄为 74 d 时下降了 48%，但当年龄为 83 d 时仅下降了 21%。南方菟丝子寄生对施肥处理的三叶鬼针草的有害效应要显著低于未施肥处理组。8 mmol/L Ca^{2+}可以显著降低南方菟丝子对喜旱莲子草茎的有害效应（车秀霞 2013）。

物种比对实验研究发现寄生植物对寄主的有害效应与寄主未受到寄生植物感染前的平均相对生长速率呈显著负相关，与寄主相对生长速率的响应值呈显著正相关；不过，寄生植物对寄主的有害效应与寄主受到寄生植物感染后的相对生长速率没有明显的相关性，表明当寄主具有较高的相对生长速率及更大的相对生长速率的可塑性响应时，寄生植物对寄主的有害效应就更大（Li et al. 2012）。寄生植物对寄主的有害效应与受寄生植物感染及未受寄生植物感染的寄主的比叶面积、比细根长、比细根表面积均呈显著负相关；与受寄生植物感染及未受寄生植物感染的寄主的比叶面积、比细根长、比细根表面积的响应值呈显著负相关，表明当寄主具有更大的资源捕获能力、或是其资源捕获能力对寄生植物具有更大的响应值时，寄生植物可以给寄主带来更大的损害（Li et al. 2012）。寄生植物中国菟丝子对寄主造成的有害效应与寄主的相对生长速率与资源利用率密切相关，表明寄生植物可以给具有更高的相对生长速率与资源利用率的寄主带来更大的损害（Li et al. 2012）。

5. 寄生植物对寄主补偿生长的诱导

植物补偿性生长是植物对损伤的一种反应。当植物受到损伤时，植物并不是消极承受，而是在长期的进化过程中形成了一定的适应机制，尤其是草食动物取食损伤会刺激植物通过补偿生长增加繁殖或再生能力，弥补所受到的损失，往往表现出生物量增加，即产生补偿生长（李宽意等 2008; 汪诗平和王艳芬 2001）。耐受性植物在被动物采食后通过再生长而补偿失去的组织，通过受损植物的累积生物量（损失部分生物量与植物生长增加的生物量之和）与未受损（对照）植物的累积生物量（植物生长中的生物量）比较，可将植物补偿生长分为3种类型：①超补偿性生长；②低补偿性生长；③等补偿性生长（李宽意等 2008）。草食动物引起的植物损伤既有抑制植物生长的机制，也有促进植物生长的机制，而植物的补偿性生长取决于促进与抑制之间的净效应（汪诗平和王艳芬 2001）。

张静等（2012）在三叶鬼针草实验中发现，不同强度的南方菟丝子寄生会产生不同的累积生物量，随着寄生强度的增加，高强度寄生组的累积生物量要显著高于中强度寄生组，接近低强度寄生组，表明高强度寄生组引起寄主显著的补偿生长。但高强度寄生组的累积生物量仍显著低于对照组，表现为低补偿性生长（张静等 2012）。研究者最近利用 3 个物种对的比较实验研究发现，南方菟丝子寄生可以诱导入侵植物及其同属本地植物产生补偿生长，根据物种的不同，表现为等补偿性生长或是低补偿性生长，如入侵植物喜旱莲子草与土荆芥表现为低补偿性生长，三裂叶蟛蜞菊表现为等补偿性生长，而本地植物莲子草、灰藜和蟛蜞菊均表现为补偿性生长。由于寄生植物的生物量总是很低，因此植物寄生总是会引起寄主生物量下降，这不可用源–汇关系（source-sink relationships）来解释，可能与寄生植物生物量远远低于寄主丢失生物量有关。植物寄生引起总生物量丢失可能与多种因素有关，如寄生植物从寄主获得的资源不能被有效地同化，或是在吸器中发生了溶液的“泄漏”等（Cameron et al. 2008）。而等补偿性生长可能是由于寄主植物的补偿程度较高，抵消了寄主植物由于寄生植物寄生带来的生长量丢失，因此可以这么认为，寄生植物诱导的等补偿性生长实质上为寄主植物的超补偿性生长抵消了寄生植物的生物量丢失才产生的现象。

6. 寄主植物对寄生植物的防御

自然界里，真菌、线虫、细菌、病毒都是植物病原的一种，均可以诱导植物产生防御（Kaiser et al. 2015）。但实际上某些寄生植物也会给植物带来危害，被认为是植物重要的病原菌之一，如槲寄生、菟丝子属、无根藤属的植物（Nickrent & Musselman 2004）。但有关寄主植物对寄生植物的防御的相关研究很少。

寄生虫及病原体对植物造成威胁时，植物会通过多种途径来增强防御能力。首选就是激活免疫受体，启动典型的防御响应，快速诱导活性氧类，升高胁迫相关的植物激素，增加次生代谢产物水平，包括胼胝质、植物抗毒素、木质素、黄酮、酚类、皂苷、单宁等，产生直接的防御（Lane et al. 1991; Boller & Felix 2009; Bohm et al. 2014）。郭素民等（2014）通过测定野外受到南方菟丝子寄生的喜旱莲子草植株的可溶性蛋白质及相关的次生代谢产物发现，南方菟丝子寄生显著增加喜旱莲子草茎的单宁、总酚、三萜皂苷含量，增强其防御能力；南方菟丝子寄生的喜旱莲子草的生物量与茎部木质素、三萜皂苷、单宁和总酚含量均呈现显著负相关，对照组则不存在相关性；且寄生组与对照组相比，生物量的相对百分比显著低于对照组，而用于防御的次生代谢产物总含量的相对百分比显著高于对照组，表明南方菟丝子寄生后的喜旱莲子草通过提高次生代谢产物含量来增强对南方菟丝子寄生的抵抗能力。

野外研究观察到若寄主植物生长较为旺盛，则寄生植物对其影响很小。实验室实验也发现对于较为粗壮、年龄较大的寄主植物，则寄生植物寄生成功的概率小一些，并且长势较差。菟丝子寄生是通过与寄主的韧皮部与木质部形成吸器来完成的，因此木质部与韧皮部侵入的难易程度将直接影响寄生的效果。随着植株的生长，会形成更加坚固的表皮和周皮来增强自身的保护能力，同时次生木质部和韧皮部也会进一步发育，厚度增加，变得更加坚硬，以此更好地保护植物不受病虫害的侵袭（Diawara et al. 2004）。例如，年龄小的水稻由于其根部系统植物量较少，且发育不完善，因此比年龄大的水稻更易被一水稻象甲幼虫取食（Stout et al. 2002）。另外，不同年龄的植物常具有不同的次生代谢产物含量，这些均可以影响寄生植物与寄主植物之间吸器的形成，从而影响寄生植物与寄主的相互作用。研究者近期也发现寄生植物诱导的寄主植物次生代谢产物含量的变化还受到寄主年龄的影响，这也可能是不同年龄寄主植物对寄生植物具有不同防御能力的主要原因。Li 等（2015）发现南方菟丝子寄生可以显著降低年龄较小的三叶鬼针草幼苗（59 d与74 d）的酚类化合物浓度，但对于 83 d年龄大小的幼苗没有显著性影响，并且这种负效应随着寄主年龄的增大而下降。南方菟丝子寄生可以显著降低年龄较小的幼苗（59 d）的萜类化合物浓度，却显著增加年龄较大的幼苗（74 d和 83 d）的萜类化合物浓度。双因素方差分析显示寄主年龄与寄生可以显著影响寄主的总酚浓度与皂苷含量。寄生植物对年龄较小的三叶鬼针草幼苗的次生代谢产物含量的效应是负的，但对于年龄较大的幼苗（74 d与 83 d）的效应是正的，表明寄生植物可以降低年龄较小的寄主植物的次生代谢产物含量，却可以增加年龄较大的寄主植物的次生代谢产物含量，这可能是野外年龄较大的寄主植物上的寄生植物对其造成危害较小的一个主要原因。

国外有研究者发现，寄生虫及病原体对植物造成威胁时，会诱导植物产生植物激素茉莉酸（JA）和水杨酸（SA），增强植物的防御能力。而研究发现寄生植物也可以通过诱发 JA 和 SA 通路来抵抗寄生植物的感染，如 *Cuscuta pentagona*（Bar-Nun & Mayer 2008; Runyon et al. 2008）。这就是第二条途径，即寄生植物诱导寄主植物产生植物激素茉莉酸（JA）和水杨酸（SA）以增强植物的防御能力（Dong 1998; Durrant & Dong 2004; Wasternack et al. 2006）。

寄生植物诱导寄主植物产生抗性有两条途径（Smith et al. 2009）。一条是过敏反应（hypersensitive response, HR）途径：20 d大的番茄（*Lycopersicon esculentum*）经五角菟丝子感染后可以检测到 SA 浓度的增高及之后五角菟丝子的坏死与萎蔫（Runyon et al. 2010a, 2010b）；日本菟丝子感染抗性寄主凤仙花（*Impatiens balsamina*）后诱导了 SA 含量增大及后续组织的水肿与维管的堵塞（Lee & Jernstedt 2013）；Furuhashi 等（2014）利用日本菟丝子（*Cuscuta japonica*）作为寄生植物，以苦瓜（*Momordica charantia*）为寄主植物，研究发现寄生 3 d 后，吸器周围的苦瓜细胞未发生凋亡，但其茎的维管束数量显著增加，这主要是通过 SA 通路来诱导 tZ-型和 DZ-型细胞因子的增加来实现的。另一条是病原抗性（pathogen resistance, PR）途径：在三叶草菟丝子（*Cuscuta trifolii*）和苜蓿（*Medicago sativa*）的相互作用中，寄主组织中表达了 PR-10 家族的基因。但两条途径是相辅相成的，如在拟南芥（*Arabidopsis thaliana*）被烟草列当（*Orobanche ramose*）寄生后，其根中表达了 *PR-3* 基因和 *SA*-响应相关基因。感染分枝列当（Orobanche aegyptiaca）后，烟草根中表达了 *PRB1-B* 基因（Joel & Portnoy 1998），而在寄主给予外源的 SA 处理时，根部还会表达 *PR-1a* 基因（Griffitts et al. 2004）。

7. 寄生植物与寄主植物相互作用的分子机制

寄生植物与寄主植物的相互作用是一个高度复杂、由多种因素决定的过程，这其中涉及各种细胞进程的基因调控。例如，菟丝子属寄生植物能在它的兼容和不兼容的寄主上诱导各种响应，这些响应首先要求寄主植物对寄生植物进行识别，一个最终的原始信号级联的诱发将导致一种感染的忍耐力或者一些不兼容寄主植物的抗性。目前有关这一领域的研究还很少，只是了解了少数的一些信号。例如，编码阿拉伯半乳聚糖糖蛋白（arabinogalactan protein，AGP）的基因将会在寄生物吸附时表达增强，它们在营养和水的吸收上具有重要的作用，或者能更改寄主的细胞壁（Boukar et al. 2004）。

生态基因组学是将功能基因组学的研究手段和方法引入生态学领域，通过运用群体基因组学、转录组学、蛋白质组学等手段与方法将个体、种群及群落、生态系统不同层次的生态学相互作用整合起来，确定在生态学响应及相互作用中具有重要意义的关键的基因和遗传途径，阐明这些基因及遗传途径变异的程度及其生态和进化后果的特征，从基因水平探索有机体响应自然环境（包括生物与非生物的环境因子）的遗传学机制（Ouborg & Vriezen 2007）。目前生态基因组学研究开始尝试应用于研究寄生植物与寄主植物的相互作用的分子机制（施永彬等 2012）。

为了探测寄主潜在的促进或者阻止寄生作用的相关基因，Albert 等（2006）通过菟丝子寄生研究了番茄中 AGP 蛋白表达的情况。他们通过筛选差减文库，分离出来一个编码阿拉伯半乳聚糖糖蛋白的基因，即 AGP 基因，这个基因编码的蛋白质促进寄生物的接触。当菟丝子接触到番茄后，编码 AGP 蛋白的基因开始明显上调。这与通过 cDNA 确认的序列结果也完全吻合。他们确认了这个蛋白质的完整氨基酸序列在 C 端和 N 端包含一个跨膜螺旋，这是 AGP 在侧翼亲水端所特有的标志。此外，这个蛋白质序列的第 128 个氨基酸位置显示了一个保守区域，这个区域似乎是许多 AGP 的吸附位点。

Boukar 等（2004）通过差示筛选从菟丝子寄生的木薯（*Medicago truncatula*）茎中分

离出来一个高度表达的、完整的cDNA（PPRG2），属于PR-10家族的基因。他们推测这个基因编码的蛋白质包含157个氨基酸，并预测这个蛋白质可能与核糖核酸酶的活动有关。在菟丝子寄生3 d后PPRG2开始出现，在寄生至少达到2周后才会在感染区域出现最高值。Southern blot分析表明，PPRG2 cDNA是从苜蓿中分离出来的。表达的PPRG2基因在不同的器官明显不同，在苜蓿的根部可以发现大量的稳定存在的PPRG2 mRNA，而在茎、叶和花中只能检测到很低水平的mRNA。Dita等（2009）通过微阵列方法研究了木薯根部应对列当（*Orobanche crenata*）寄生的基因表达谱，揭示了木薯在应对列当的感染时会出现数百个基因表达的上调，这些上调的基因与木薯抵抗列当感染时抗性的产生有关。

施永彬（2013）采用寄生植物南方菟丝子寄生模式植物野生型拟南芥，用微阵列方法，通过对比分析寄生组与对照组的拟南芥不同器官的基因表达谱，发现南方菟丝子寄生可以诱导拟南芥茎、叶、根中的大量基因出现差异表达（施永彬 2013）。其中茎基因上调5倍的有248个，下调为对照的20%的基因为38个；叶中上调倍数大于50倍的差异基因有138个，下调为对照的2%的差异基因有14个；根中上调大于10倍的差异基因有98个，下调小于对照10%的差异基因有86个。对茎、叶、根中出现差异表达的基因功能分类发现，茎中上调的差异基因可以分为13种生物学功能类群，下调的差异基因可以分为10种生物学功能类群；叶中上调基因和下调基因都可以分成14种生物功能类群；根中上调基因和下调基因也可以分成14种生物功能类群。茎上调的基因中，SRG1控制黄酮的生物合成，UGT72E1和AT1G09500控制木质素的合成，GSTF3控制谷胱甘肽的生物合成，PDS1控制质体醌的生物合成，AT2G25450控制硫代葡萄糖酸盐的生物合成（施永彬 2013）。结合蛋白质组学分析，研究者发现卡尔文循环相关的关键酶，如二磷酸核酮糖羧化酶、磷酸核酮糖激酶，甘油醛-3-磷酸脱氢酶基因等均表达下调，从而抑制了有机质的合成；并且发现三羧酸循环相关的酶类，如醛缩酶和磷酸甘油酸酯激酶均上调，使有机质的分解加强；而这两个途径相关基因表达的变化可能正是造成南方菟丝子寄生后拟南芥生长减弱的关键原因。

随着下一代测序技术的发展，更为尖端的生态基因组学技术将会被更多地应用于寄生植物生态学研究：Jiang等（2013）利用下一代RNA测序技术比较分析了五角菟丝子与香菟丝子（*Cuscuta suaveolens*）的转录组图谱，发现寄生植物与非寄生植物之间的蛋白质相似度很高，尤其是番茄。Estep等（2012）利用454焦磷酸测序的方法分析了7个独脚金属（*Striga*）植物的基因组序列，发现基因组中存在很多高度重复序列，分属于9个逆转录家族的长末端重复序列、3个随机微卫星重复序列、一个长散在重复序列、一个DNA转座子，并证实了这些重复序列不是来源于物种间的水平基因转移，而该属的祖先为*Striga gesnerioides*。

第四节　寄生植物对寄主植物群落的影响

寄生植物可以限制优势种生长，促进物种共存，从而增加群落物种多样性，所以被认为是群落中的关键种，在群落结构、多样性的维持、植被演替、植物的地带性分布等方面具有重要作用（Pain 1969; Pennings & Callaway 1996, 2002; Smith 2000）。

1. 寄生植物对寄主植物及非寄主共存植物的竞争能力的影响

由于寄生植物与共存植物之间同时存在寄生和竞争，因此它们对植物群落的影响将会被增强。寄生植物的生产力和种群也依赖于它们寄生的寄主的质量及邻里其他植物的竞争强度。Li 等（2015）通过对比实验发现 3 种不同寄生强度的田野菟丝子寄生均可以显著抑制寄主植物（微甘菊）的生长及盆栽植物（微甘菊和薏苡）的总生物量，却增加了邻近本地植物（薏苡）的地上生物量与总生物量，表明田野菟丝子寄生可以显著降低入侵植物微甘菊的相对竞争能力，可以显著地增加本地植物薏苡的相对竞争能力；而当田野菟丝子寄生微甘菊后，微甘菊的竞争能力显著低于薏苡的竞争能力。研究者还发现土壤微生物，尤其是真菌可以影响植物寄生所导致的寄主植物与非寄主植物之间竞争能力的变化，表明寄生植物通过影响寄主植物的根际微生物从而影响邻近的非寄生植物共存的可能性（李钧敏 2013）。

2. 寄生植物对植物群落多样性的影响

植物群落是一定的时间和空间范围内植物的集合体，群落的物种多样性是一种反映群落结构和功能复杂性的标准（马克平等 1995），一般与物种丰富度和均匀度都呈正相关。群落多样性反映了群落的组成和发展状况（Tilman & Dowing 1994）。一般情况下，群落的动态与其多样性联系是很密切的，当群落中物种的组成与多样性增加时，群落的生态优势度就会下降，而当均匀度增加，群落就会更稳定（魏黎等 2010）。寄生植物对寄主的影响非常大，因此，寄生植物对群落的影响非常明显，甚至当寄生植物只是生态系统的一小部分时，仍有较大的影响。例如，菟丝子属的植物可以与许多寄主形成成千上万个联结，从而覆盖超过 100 m^2（Kelly 1990）。尽管它们的生物量只占所有植被的 5%，但是对植物群落会产生明显的影响，从而影响整个生态系统。

寄生植物可以显著改变群落的物种多样性，如 Lian 等（2006）发现田野菟丝子寄生后，微甘菊的生物量从328 g/m^2下降至82 g/m^2，而伴生植物的生物量从41 g/m^2下降至145 g/m^2，总的物种数量从7增加至19，物种多样性指数从1.8增加至5.6。昝启杰等（2003）发现田野菟丝子能寄生并致死微甘菊，使样地群落中微甘菊的盖度由75%～95%降低到18%～25%，较好地控制住微甘菊的危害，并使受害群落的物种多样性明显增加，而不会致死样地内其他植物。Yu 等（2009）通过野外调查研究发现南方菟丝子寄生可使群落中微甘菊和南美蟛蜞菊的盖度显著下降。王如魁等（2012）野外调查发现南方菟丝子寄生可以显著增加入侵植物的物种多样性，物种丰富度指数从寄生前的2.5805增加为5.9166；南方菟丝子寄生还可使喜旱莲子草在群落上的相对盖度、相对高度和相对多度均显著性下降，从而导致群落中喜旱莲子草的重要值显著性下降。

寄生植物对植物群落多样性的影响取决于寄生植物对群落优势种的偏好特性（李钧敏 2008）。寄生植物可以选择性地抑制其偏好的寄主的生物量，改变偏好与非偏好物种之间的竞争平衡（Gibson & Watkinson 2002），从而间接地导致植物群落物种组成的变化（Pennings & Callaway 2002; Gibson & Watkinson 1992）。这种影响的强度取决于寄生植物对寄主的寄生强度与专性程度，专性寄生的寄生植物比非专性寄生的寄生植物对寄主植物群落结构的影响要大得多（Pennings & Callaway 2002）。

如果寄生植物偏好的物种是群落竞争优势种，即寄生可以促使竞争非优势种的维持（Press 1998），可增加植物群落的多样性。鼻花属（*Rhinanthus* spp.）植物偏好草本寄主，从而可以减少草地的生物量，增加草地的丰富度（Davies et al. 1997）。鼻花属植物的引入可以有效地使高肥力/低多样性草地恢复成高多样性的草地（Westbury & Dunnett 2000）。茎寄生植物盐沼菟丝子（*Cuscuta salina*）偏好群落优势种弗吉尼亚盐草（*Salicornia virginica*），从而抑制优势种的生长，促进非优势种 *Limonium californicum* 和 *Frankenia salina* 的生长，增加了群落多样性（Callaway & Pennings 1998; Pennings & Callaway 1996）。

如果寄生植物偏好的物种是群落非优势种，则寄生植物可以减少群落中非优势种的丰富度，从而减少群落多样性。Gibson 和 Watkinson（1989, 1992）发现在沙丘生态系统中，根半寄生植物小佛甲草（*Rhinanthus minor*）偏好群落中的非优势种，从而减少了群落多样性。

如果寄生植物非偏好物种的数量足够多，可以隐藏寄生植物偏好物种，那么寄生植物偏好物种的丰富度不会减少。例如，寄生植物鼻花属植物偏好豆科植物，但 Davies 等（1997）发现当群落中其他草本植物高于豆科植物时，可以隐藏豆科植物，使豆科植物不易被鼻花属的植物获得，导致鼻花属植物在其他草本植物根上寄生更多一些，从而使豆科植物的丰富度不减少反而出现增加的趋势。

3. 对植物群落植被动态和地带性植被变化的影响

由于寄生植物对群落结构的影响常是动态变化的，并且随着环境条件的变化而变化，随着寄生植物自身的行为而变化，因此，寄生植物可以给植物群落中植被循环和地带性植被的变化带来影响。寄生植物偏好的寄主由于寄生而局部灭绝时，导致寄生植物也发生局部灭绝；随后，最初被抑制的寄主又会重新生长，接着寄生植物又会重建。这种循环类似于捕食者与被捕食者之间的关系（Krebs et al. 1995），典型的例子如盐沼菟丝子（*Cuscuta salina*）（Pennings & Callaway 1996）。盐沼菟丝子可以抑制弗吉尼亚盐草的生长，当弗吉尼亚盐草受到抑制后，盐沼菟丝子死亡，促进了 *Limonium californicum* 和 *Frankenia salina* 入侵，允许弗吉尼亚盐草重新建成。草地上，被小佛甲草寄生的草地斑块丰富度很快下降，而邻近未感染的草地又会适合小佛甲草幼苗的产生，留下的植被又会很快恢复，之后又会被小佛甲草感染，循环进行。这样看起来小佛甲草可以随着时间的变化而波动，随植被的移动而移动（Gibson & Watkinson 1989）。

寄生植物与寄主之间的相互作用可受到环境因子限制，环境因子可以影响寄生植物和寄主及非寄主三者之间的竞争强度。因此，寄生植物可以调控植被的地带性变化。例如，*Salicornia virginica* 在低盐的沼泽区为优势种，而 *Arthrocnemum subterminale* 在高盐的沼泽区占优势（Callaway & Pennings 1998），而两者在群落交错区有强烈的竞争。*Cuscuta salina* 偏好寄生 *S. virginica*，从而为 *A. subterminale* 提供了一个竞争优势，有效地制止了 *S. virginica* 侵入 *A. subterminale* 的群落地带（Callaway & Pennings 1998）。因为盐沼菟丝子的斑块是动态变化的，所以可以使 *Salicornia-Arthrocnemum* 群落交错带的发生率降低（Callaway & Pennings 1998）。

4. 对植物群落生产力的影响

寄生可减少寄主的生物量，并且由于寄生植物自身的生物量很低，因此会远远大于其自身增加的生物量（Matthies 1995, 1996, 1997, 1998; Matthies & Egli 1999; Marvier 1998），从而减少植物群落的生产力。例如，鼻花属（*Rhinanthus* spp.）植物可以减少欧洲草地总生产力的8%～73%；柿槲寄生可以减少花旗松（*Pseudotsuga menziesii*）65%的生物量。Bardgett（2006）发现根半寄生植物小佛甲草可以显著地减少地上群落的生物量。当寄生植物需要的资源有限时，群落水平的影响将会最大。Matthies 和 Egli（1999）发现在低营养条件下，寄主的生物量减少最大。Joshi 和 Kothyari（1985）发现在功能多样性高的草地群落中，*Rhinanthus alectorolophus* 引起群落生物量减少的幅度要小。他们认为植物多样性可以缓冲过度开发寄主植物的效果，不敏感的物种将会补偿敏感物种生物量的丢失。但在亚北极矮灌木群落和澳大利亚森林群落中，寄生植物 *Bartsia alpina* 却通过产生高营养易分解的凋落物及提高凋落物的降解率，促进非寄主植物对营养的吸收，从而提高了群落植被的生产力（Quested et al. 2002, 2003a, 2003b, 2005; March & Watson 2007）。

第五节　寄生植物对生态系统其他生物与非生物因子的影响

寄生植物不仅可以明显影响植物群落，并且也可影响生态系统的其他生物与非生物因子。

1. 寄生植物对地下土壤环境的影响

寄生植物寄生于寄主后可以驱动寄主根的生长和周转、根的分泌物格局变化，改变输入土壤的碳，影响分解者的活性与营养的矿化，改变生物地球化学循环，从而改变土壤的理化性质（Bardgett et al. 2006）。根半寄生植物在营养低下的环境中存在，可以显著增加土壤的营养循环（尤其是N和P）。Bardgett 等（2006）发现在寄生植物小佛甲草存在时，土壤溶液中的氮源增加，土壤氮矿化率可增加至174%，可利用氮、可解离的有机氮均增加两倍左右，有利于草地植物的生长。

寄生植物可以增加凋落物的数量和质量来改变地下土壤环境。凋落物动力学决定了一系列的生态系统过程，可以决定植物群落的结构。凋落物在营养循环中是关键组分，决定了营养的可利用性，反过来影响植物、动物、微生物种群的生产力、多样性、动力学及相互作用。寄生植物可在叶片中聚集营养成分，产生高质量的易分解的凋落物，释放残留在寄主体内的营养物质。寄生植物比它们的寄主具有更高的叶片营养浓度（Pate 1995），一般在根的半寄生植物中可达到寄生N、P的2～4倍（Quested et al. 2002, 2003a, 2005）。因为营养呼吸效率很低，凋落物与活的叶片的营养浓度相似（Quested et al. 2002,

2003a, 2005)。在 7 个一年生和二年生的亚北极列当科根半寄生植物中，共有 64 种共存的物种，只有具氮源固定能力的植物的凋落物具有相似的 N 浓度（Quested et al. 2005)。根半寄生植物可相当于营养的点源。*Bartsia alpina* 的凋落物可以增加一年生的凋落物 N 输入土壤，在其茎周围的 5 cm 半径内可增加 42%。寄生植物，如槲寄生，可以增加凋落物的数量，可达总量的 189%，这主要是由于槲寄生的存在不影响寄主的凋落物，但其自身额外的凋落物可使凋落物总量增加（Mark & Watson 2007)。寄生植物的凋落物比其他共存的物种降解更快，并且释放营养更快，进一步可以促进降解凋落物（Quested et al. 2002, 2005)。在营养有限的环境中，当寄生植物出现时，对共存物种的营养的影响很大，事实上，生物研究显示与其他共存的物种的凋落物输入相比，*Bartsia alpina* 的凋落物可以增加落叶的 N 浓度（2 倍）及促进两个共存物种 *Beula nana* 和 *Poa alpina* 的生长（增加 50%)（Quested et al. 2003a)。

另外，寄生植物由于具有高的蒸腾速率会给土壤水势带来一定的影响。Marvier（1998）发现当根半寄生植物 *Triphysaria pussiblus* 寄生在偏好的草地寄主时，具有高的蒸腾速率，引起寄主水势的降低，从而导致土壤水势的降低，这种变化使寄主周边的土壤环境不利于其他非优势植物的生长。

2. 寄生植物对土壤微生物的影响

虽然寄生植物通过根系对土壤系统的影响可能很小或是不存在，但是寄生植物，特别是根半寄生植物，可以明显地改变营养循环，将固有的不可动的成分转变为可利用的营养成分，改变土壤生物结构与功能，从而显著影响地下微生物群落（Bardgett et al. 2006)。近期研究发现与土壤没有直接接触的茎全寄生植物也对土壤微生物产生显著的影响。例如，Yu 等（2009）经过比较研究发现田野菟丝子寄生可以显著地提高土壤 pH 和营养成分（有机质、总氮、总磷、速效磷与速效钾)，提高其他非优势的本地植物的多样性及群落盖度。本实验室通过野外土壤采样分析发现田野菟丝子寄生可以使土壤的 pH、有机碳、全氮、有机氮、氨态氮和无机氮含量，土壤微生物生物量碳、氮、磷含量显著下降，土壤酸性磷酸酶、脲酶及 β-D-葡萄糖苷酶活性显著下降，对土壤全磷、有效磷和硝态氮则无明显影响（李钧敏等 2008)。

寄生植物可以通过输入营养丰富的凋落物来影响土壤微生物（Beare et al. 1990)。凋落物的质量也可以影响真菌群落组成及土壤细菌和真菌组分的平衡，营养丰富的凋落物可以支持更多更有活性的微生物种群（Pennings & Callaway 2002)。但 Li 等（2014）以入侵植物微甘菊（*Mikania micrantha*）与本地植物薏苡（*Coix lacryma-jobi*）组成的小型群落为研究对象，采用能排除凋落物对土壤影响的短期盆栽实验，研究发现田野菟丝子（*Cuscuta campestris*）寄生微甘菊可以显著降低土壤微生物生物量，其与植物根生物量，尤其是入侵植物微甘菊的生物量呈显著正相关；田野菟丝子寄生可以显著改变土壤微生物群落的功能多样性，其与土壤微生物生物量显著正相关。这些结果表明田野菟丝子寄生可以显著降低其寄主的生物量及根系分泌物，从而显著影响土壤微生物的生物量及对碳源的利用能力；同时，研究还发现田野菟丝子寄生可以显著增强土壤呼吸速率，表明土壤微生物的代谢活性显著增强。

另外，寄生植物还可以影响寄主植物的根部共生微生物的生长。Gehring 和 Whitham（1992）发现丛枝菌根真菌在 *Juniper monosperma* 根中的拓殖与槲寄生（*Phoradendron jumiperum*）的密度呈负相关。小佛甲草的寄生可以减少寄主 *Lolium perennne* 根部大约 30%的菌根真菌的拓殖（Davies et al. 1997）。Gehring 和 Whitham（1992）发现雌性寄主可将更多的光合产物投资到繁殖结构上，从而引起槲寄生与丛枝菌根真菌竞争光合产物，导致丛枝菌根真菌的感染程度下降。车秀霞（2013）采用盆栽实验分析了南方菟丝子寄生大豆对其根部共生的根瘤菌适合度的影响，发现南方菟丝子寄生可以显著减少根瘤菌的数量及大小，减弱根瘤菌与大豆的共生能力。这主要是由于寄生植物可以与寄主及丛枝菌根真菌竞争碳源。如果丛枝菌根真菌对寄主的碳的竞争能力比半寄生植物弱，那么菌根真菌的拓殖会减少。

3. 寄生植物对生态系统其他生物因子的影响

寄生植物与生态系统其他生物因子之间存在紧密的联系，如寄生植物可以与草食昆虫和真菌争夺寄主植物的有限资源、寄生植物也可以给食草动物和鸟类提供食物来源、寄生动植物通过吸收寄主的次生代谢产物来抵抗食草动物，因此，生态系统中的其他各类营养级，如鸟类、食草昆虫和病原真菌均可以直接或间接地受到寄生植物的影响（Salonen & Puustinen 1996; Punstinen et al. 2001; Patino et al. 2002; van Ommernen & Whitham 2002）。

但是有关植物寄生对生态系统其他营养级生物群落结构及功能的影响的研究很少。Bennetts 等（1996）于 1989～1990 年在美国科罗拉多州美国黄松林的研究中发现，矮槲寄生（*Arceuthobium vaginatum*）的寄生虽然可以抑制美国黄松林的生长、繁殖，最终减少树木产量，却可以增加群落中鸟类的数量与多样性，并认为与矮槲寄生引起树林中突出物的增多有利于鸟类筑巢有关。

当两种寄生物共同竞争寄主时，会产生两种情况：①其中一种寄生物减弱寄主，从而有利于另一种寄生物的生长；②两种寄生物共同竞争寄主资源（Pennings & Callaway 2002）。有关这方面的研究较少，Puustinen 等（2001）发现三叶草胞囊线虫（*Arceuthobium vaginatum*）寄生在红三叶（*Trifolium pretense*）后，可以减弱根半寄生植物 *Rhinanthus serotinus* 的产量达 74%～81%，但反过来根半寄生植物的寄生对三叶草胞囊线虫的种群大小及数量并没有显著性影响，这可能与两者的竞争能力有关。

第六节　总结与展望

总体而言，寄生植物可以驱动生态系统中生物与非生物因子的变化，在生态系统结构形成与功能维持中起关键作用，可被认为是群落中的关键种，是自生或异生的生态系统工程师（ecosystem engineer）（Jones et al. 1994）。但是目前有关寄生植物的生态学的研究太少，寄生植物这一特殊的类群需要更多的关注，以丰富植物生态学的研究理论与方法。

寄生植物对寄主的选择与偏好将直接影响植物种群动态，从而级联影响群落的结构与生态系统的功能。因此，寄主偏好的机制及其所带来的生态学效应为寄生植物生态学的研究热点之一。如何借助基因组学、蛋白质组学、转录组学等先进的方法与技术，从分子水平阐明寄生植物对寄主植物的偏好机制将是该领域的一个研究重点；寄生植物对寄主的偏好将会间接影响寄主植物与邻近寄主植物或非寄主植物的相互作用，由此所带来的级联生态学效应及后果将是该领域的另一个研究重点。

寄生植物与寄主之间如何识别？寄主植物如何防御寄生植物？寄生植物与寄主植物如何协同进化？这一系列的科学问题将成为寄生植物生态学的另一个研究热点。该问题的阐明将有利于研究者对寄生植物的控制与进一步利用。同样，采用生态基因组学技术，阐明寄生植物与寄主植物发育过程中的生态学问题将成为该领域的研究重点。

地下生态学已成为生态学科的一个研究热点，因此，寄生植物对地下环境及土壤微生物的影响及机制将成为寄生生态学的研究热点之一。寄生植物，尤其是茎全寄生植物，如何影响土壤微生物，尤其是如何利用土壤庞大的真菌网络而间接影响植物群落与生态系统功能，将成为该领域的研究重点。

生物入侵是指某种生物从外地自然传入或人为引种后成为野生状态，并对本地生态系统造成一定危害的现象。生物入侵给经济及环境带来了严重的影响，已成为环境科学和生态学研究的焦点（Vilà et al. 2011）。早在 1972 年，Parker 就发现田野菟丝子可以抑制入侵植物微甘菊的生长。自 2002 年开始，研究人员开始对菟丝子属植物防治入侵植物开展了深入的研究（Yu et al. 2008, 2009, 2011; Prider et al. 2009），但仍未得出明确的结论，并且不同的物种得到不同的研究结果。进一步探讨利用菟丝子属全寄生植物防治入侵植物的可行性可为入侵植物管理与防治策略的制订提供重要参考，其研究将具有重要意义。

参考文献

车秀霞. 2013. 寄生植物–固氮植物–根瘤菌相互作用的下行和上行效应. 桂林: 广西师范大学硕士研究生学位论文.

郭素民, 李钧敏, 李永慧, 等. 2014. 喜旱莲子草响应南方菟丝子寄生的生长–防御权衡. 生态学报, 34(17): 4866-4873.

韩诗畴, 李开煌, 罗莉芬, 等. 2002. 菟丝子致死微甘菊. 昆虫天敌, 24(1): 8-14.

胡飞, 孔垂华. 2003. 寄生植物对寄主植物的化学识别. 生态学报, 23(5): 965-971.

胡飞, 孔垂华. 2004. 寄生植物对寄主的选择和影响. 应用生态学报, 15(5): 905-908.

胡飞, 孔垂华, 张朝贤, 等. 2005. 日本菟丝子对寄主的选择行为. 应用生态学报, 16(2): 323-327.

蒋华伟, 方芳, 郭水良. 2008. 日本菟丝子(*Cuscuta japonica*)寄生对加拿大一枝黄花(*Solidago canadensis*)生理生态特性的影响. 生态学报, 28(1): 399-406.

李钧敏. 2008. 田野菟丝子寄生入侵植物微甘菊对壤微生物和薏苡的影响.重庆: 西南大学博士研究生学位论文.

李钧敏. 2013. 植物寄生对寄主生长、种间竞争与群落结构的影响. 北京: 中国科学院植物研究所博士后出站报告.

李钧敏. 2014. 寄生植物生态学: 寄生植物与寄主植物的相互作用//钟章成. 现代生态学研究进展. 北京: 科学出版社.

李钧敏, 董鸣. 2011. 植物寄生对生态系统结构与功能的影响. 生态学报, 31(4): 1174-1184.

李钧敏, 钟章成, 董鸣. 2008. 田野菟丝子寄生对入侵植物微甘菊的土壤微生物生物量及酶活性的影响. 生态学报, 28(2): 868-876.

李宽意，李艳敏，刘正文. 2008. 叶片损害强度与基质营养水平对苦草补偿性生长的影响. 应用生态学报, 19(11): 2369-2374.

李志军，段黄金. 2002. 寄生植物锁阳茎的发育解剖学研究. 西北植物学报, 22(3): 526-529.

马克平，黄建辉，于顺利，等. 1995. 北京东灵山地区植物群落多样性的研究 II. 丰富度、均匀度和物种多样性指数. 生态学报, 15(3): 268-277.

任琴，胡勇建，李镇宇，等. 2007. 受害马尾松木质素含量以及过氧化物酶活性. 生态学报, 27(11): 4895-4899.

盛晋华，翟志席，郭玉海. 2004. 荒漠肉苁蓉种子萌发与吸器形成的形态学研究. 中草药, 35(9): 1047-1049.

施永彬. 2013. 拟南芥响应南方菟丝子寄生的生态基因组学研究. 上海: 上海师范大学硕士研究生学位论文.

施永彬，李钧敏，金则新. 2012. 生态基因组学的研究进展. 生态学报, 32(18): 5846-5858.

谭德远，郭泉水，王春玲，等. 2004. 寄生植物肉苁蓉对寄主梭梭生长及生物量的影响研究. 林业科学研究, 17(4): 472-478.

汪诗平，王艳芬. 2001. 不同放牧率下糙隐子草种群补偿性生长的研究. 植物学报, 43(4): 413-418.

王如魁，管铭，李永慧，等. 2012. 南方菟丝子寄生对喜旱莲子草生长及群落多样性的影响. 生态学报, 32(6): 1917-1923.

魏黎，李绍才，孙海龙，等. 2010. 锦屏水电站岩土渣场植被恢复的动态特征. 生态学报, 29(2): 250-255.

谢裕红. 2005. 两色绿刺蛾危害对毛竹单宁、总酚含量的影响. 华东昆虫学报, 14(3): 234-237.

徐汝梅，叶万辉. 2003. 生物入侵——理论与实践. 北京: 科学出版社.

昝启杰，王伯荪，王勇军，等. 2003. 微甘菊的危害与田野菟丝子的防除作用. 植物生态学报, 27(6): 822-828.

张静，闫明，李钧敏. 2012. 不同程度南方菟丝子寄生对入侵植物三叶鬼针草生长的影响. 生态学报, 32(10): 3136-3143.

赵雪淞，刘民，马丹丹，等. 2011. 皂苷与植物病原真菌相互关系研究进展. 中国生物防治学报, 27(3): 404-409.

Albert M, Xana B M, Ralf K. 2006. An attack of the plant parasite *Cuscuta reflexa* induces the expression of attAGP, an attachment protein of the host tomato. Plant J, 48: 548-556.

Anjum F, Bukhari S A, Shahid M, et al. 2014. Exploration of nutraceutical potential of herbal oil formulated from parasitic plant. Afr J Tradit Complement Altern Med, 11(1): 78-86.

Aukema J E, del Rio C M. 2002. Variation in mistletoe seed deposition: effects of intra- and interspecific host characteristics. Ecography, 25: 139-144.

Bardgett R D, Smith R S, Shiel R S, et al. 2006. Parasitic plants indirectly regulate below-ground properties in grassland ecosystems. Nature, 439: 969-972.

Bar-Nun N, Mayer A M. 2008. Methyl jasmonate and methyl salicylate, but not *cis*-jasmone, evokedefenses against infection of *Arabidopsis thaliana* by *Orobanche aegyptiaca*. Weed Biol Manag, 8: 91-96.

Bennetts R E, White G C, Hawksworth F G, et al. 1996. The influence of dwarf mistletoe on bird communities in *Colorado ponderosa* pine forests. Ecol Appl, 6: 899-909.

Bohm H, Albert I, Fan L, et al. 2014. Immune receptor complexes at the plant cell surface. Curr Opin Plant Biol, 20: 47-54.

Boller T, Felix G. 2009. A renaissance of elicitors: perception of microbe-associated molecular patterns and danger signals by pattern-recognition receptors. Ann Rev Plant Biol, 60: 379-406.

Boukar O, Kong L, Singh B B, et al. 2004. AFLP and AFLP-derived SCAR markers associated with *Striga gesnerioides* resistence in cowpea. Crop Sci, 44: 1259-1264.

Bouwmeester H J, Matusova R, Sun Z K, et al. 2003. Secondary metabolite signalling in host-parasitic plant interactions. Curr Opin Plant Biol, 6: 358-364.

Callaway R M, Pennings S C. 1998. Impact of a parasitic plant on the zonation of two salt marsh perennials. Oecologia, 114: 100-105.

Cameron D D, Geniez J M, Seel W E, et al. 2008. Suppression of host photosynthesis by the parasitic plant *Rhinanthus minor*. Ann Bot, 101(4): 573-578.

Cameron D D, Hwangbo J K, Keith A M, et al. 2004. Interaction between the hemi-parasitic angiosperm *Rhinanthus minor* L. and its hosts: from the cell to the ecosystem. Folia Geobot, 40: 217-219.

Davies D M, Graves J D, Elias C O, et al. 1997. The impact of *Thinanthus* spp. on sward productivity and composition: implications for the restoration of species-rich grasslands. Biol Conserv, 82: 93-98.

Dawson J H, Musselman L J, Wolswinkel P, et al. 1994. Biology and control of *Cuscuta*. Rev Weed Sci, 6: 265-317.

Diawara M M, Trumber J T, Quiros C F, et al. 2004. Plant age and seasonal variations in genotypic resistance of celery to beet armyworm (Lepidoptera: Noctuidae). J Econom Entomol, 87: 514-522.

Dita M A, Die J V, Roman B, et al. 2009. Gene expression profiling of *Medicago truncatula* roots in response to the parasitic plant *Orobanche crenata*. Weed Res, 49: 66-80.

Dong X. 1998, SA, JA, ethylene, and disease resistance in plants. Curr Opin Plant Biol, 1: 316-323.

Durrant W E, Dong X. 2004. Systemic acquired resistance. Ann Rev Phytopathol, 42: 185-209.

Estep M C, Gowda B S, Hunmko M P, et al. 2012. Genomic characterization for parasitic weeds of the genus *Striga* by sample sequence analysis. Plant Genome, 4: 30-41.

Furuhashi T, Kojima M, Sakakibara H, et al.2014. Morphological and plant hormonal changes during parasitization by *Cuscuta japonica* on *Momordica charantia*. J Plant Interact, 9(1): 220-232.

Gehring C A, Whitham T G. 1992. Reduced mycorrhizae on *Juniperus monsperma* with mistletoe-the influence of environmental stress and tree gender on a plant parasite and a plant-fungal mutualism. Oecologia, 89: 298-303.

Gibson C C, Watkinson A R. 1989. The host range and selectivity of a parasitic plant: *Rhinanthus minor* L. Oecologia, 78: 401-406.

Gibson C C, Watkinson A R. 1992. The role of the hemiparasitic annual *Rhinanthus minor* in determining grassland community structure. Oecologia, 89: 62-68.

Gibson C C, Watkinson A R. 2002. Host selectivity and the mediation of competition by the root hemiparasite *Rhinanthus minor*. Oecologia, 86: 81-87.

Graves J D, Press M C, Stewart G R. 1989. A carbon balance model for the sorghum *Striga hermonthica*. Plant Cell Environ, 13: 367-373.

Griffitts A A, Cramer C L, Westwood J H. 2004. Host gene expression in response to Egyptain broomrape (*Orobanche aeqyptiaca*). Weed Technol, 52: 697-703.

Hibberd J M, Jeschke W D. 2001. Solute flux into parasitic plants. J Exp Bot, 52: 2043-2049.

Jeschke W D, Baumel P, Rath N. 1995. Partitioning of nutrients in the system *Cuscuta reflexa-Lupinus albus*. Asp Appl Biol, 42: 71-79.

Jiang L, Wijeratne A J, Wijeratne S, et al. 2013. Profiling mRNAs of two *Cuscuta* species reveals possible candidate transcripts shared by parasitic plants. PLoS One, 8(11): e81389.

Joel D M, Portnoy V H. 1998. The angiospermous root parasite *Orobanche* L. (Orobanchaceae) induces expression of a pathogenesis related (PR) gene in susceptible tobacco roots. Ann Bot, 81: 779-781.

Jones C G, Lawton J H, Shachak M. 1994.Organisms as ecosystem engineers. Oikos, 69(3): 373-386.

Joshi G C P C P, Kothyari B P. 1985. New host of *Dendrophthoe falcate* (Linn. F.) Etting. Indian J Forestry, 8: 235.

Kaiser B, Vogg G, Furst U B, et al. 2015. Parasitic plants of the genus *Cuscuta* and their interaction with susceptible and resistant host plants. Front Plant Sci, 6: 1-9.

Kelly C K. 1990. Plant foraging: a marginal value model and coling response in *Cuscuta subinclusa*.

Ecology, 71: 1916-1925.

Kelly C K. 1992. Resource choice in *Cuscuta europaea*. Proc Nat Acad Sci, 89: 12194-12197.

Kelly C K, Venable D L, Zimmerer K. 1998. Host specializaion in *Cuscuta costaricensis*. An assessment of host use relative to host availability. Oikos, 53: 315-320.

Krebs C J, Boutin S, Boonstra R, et al. 1995. Impact of food and predation on the snowshoe hare cycle. Science, 269: 1112-1115.

Lane J A, Bailey J A, butler R C, et al. 1991.Resistance of cowpea [*Vigna unguiculata* (L.) Walp.] by *Striga gesnerioides*. Weed Res, 31: 211-217.

Lee K B, Jernstedt J A. 2013. Defense response of resistant host *Impatiens balsamina* to the parasitic amgiosperm *Cuscuta japonica*. J Plant Biol, 56: 138-144.

Li J M, Jin Z X, Hagedorn F, et al. 2014. Short-term parasite-infection alters already the biomass, activity and function diversity of soil microbial communities. Sci Rep, 4: 6895-6902.

Li J M, Jin Z X, Song W J. 2012. Do native parasitic plants cause more damage to exotic invasive hosts than native non-invasive hosts? An implication for biocontrol. PLoS One, 7(4): e34577.

Li J, Li J, Yang B, et al. 2015. Effects of a native parasitic plant on an exotic invader decrease with increasing host age. AoB PLANTS, 7: plv031.

Lian J Y, Ye W H, Cao H L, et al. 2006. Influence of obligate parasite *Cuscuta campestris* on the community of its host *Mikania micrantha*. Weed Sci, 46: 441-443.

Lively C M. 1999. Migration, virulence, and the geographic mosaic of adaptation by parasites. Am Nat, 153: S34-S47.

March W A, Watson D M. 2007. Parasites boost productivity: effects of mistletoe on litterfall dynamics in a temperate Australian forest. Oecologia, 154: 339-347.

Marko M D, Stermitz F R. 1997. Transfer of alkaloids from *Delphinium* to *Castilleja* via root parasitism. Norditerpenoids alkaloid analysis by electrospray mass spectrometry. Biochem Syst Ecol, 25: 279-285.

Marvier M A. 1998. Parasite impacts on host communities: plant parasitism in a California coastal prairie. Ecology, 79: 2616-2623.

Matthies D. 1995. Parasitic and competitive interactions between the hemiparasites *Rhinanthus serotinus* and *Odontites rubra* and their host *Medicago sativa*. J Ecol, 83: 245-251.

Matthies D. 1996. Interactions between the root hemiparasite *Melampyrum arvense* and mixtures of host plants: Heterotrophic benefit and parasite-mdiated competition. Oikos, 75: 118-124.

Matthies D. 1997. Parasite-host interaction in *Castilleja* and *Orthocarpus*. Can J Bot, 75: 1252-1260.

Matthies D. 1998. Influence of the host on growth and biomass allocation in the two facultative root hemiparasites *Odontites vulgaris* and *Euphrasia minima*. Flora, 193: 187-193.

Matthies D, Egli P. 1999. Response of a root hemiparasit to elevate CO_2 depends on host type and soil nutrients. Oecologia, 120: 156-161.

Matvienko M, Torres M J, Yoder J I. 2001. Transcriptional responses in the hemiparasitic plant *Triphysaria versicolor* to host plant signals. Plant Physiol, 127: 272-282.

Mead E W, Looker M, Gardner D R, et al. 1992. Pyrrolizdine alkaloids of *Liatris punctata* and its root parasite, *Castilleja intergra*. Phytochemistry, 31: 3255-3257.

Musselman L J, Dickison W C. 1975. The structure and development of haustorium in parasitic Scorphulariaceae. Bot J Linn Soc, 70: 183-212.

Musselman L J, Press M C. 1995. Introduction to parasitic plants. *In*: Press M C, Graves J D, eds. Parasitic Plants. London, UK: Chapman & Hall: 1-13.

Nickrent D L, Musselman L J. 2004. Introduction to Parasitic Flowering Plants. The Plant Health Instructor. http: //www.apsnet.org/edcenter/intropp/pathogengroups/pages/parasiticplants.aspx [2015-8-10].

Nilsson C H, Svensson B M. 1997. Host affilation in two subarctic hemiparasitic plants: *Bartsia alpine* and *Pedicularis lapponica*. Ecoscience, 4: 80-85.

Norton D A, Carpenter M A. 1998. *Mistletoes* as parasites: host specificity and speciation. Trends Ecol Evol, 13: 101-105.

Ouborg N J, Vriezen W H. 2007. An ecologist's guide to ecogenomics. J Ecol, 95: 8-16.

Pain R T. 1969. A note on trophic complexity and community stability. Am Nat, 103: 91-93.

Parker C. 1972. The Minania problem. Pest Articles News Summ, 18: 312-315.

Pate J S. 1995. Mineral relationships of parasites and their hosts. *In*: Press M C, Graves J D eds. Parasitic Plants. London: Chapman & Hall: 80-102.

Pate J S, Davidson N J, Kuo J, et al. 1990. Water relations of the root hemiparasite *Olax phyllanthi* (Labill) R. Br. (Olacaceae) and its multiple hosts. Oecologia, 84: 186-193.

Patino S, Aalto T, Edwards A A, et al. 2002. Is *Rafflesia* an endothermic flower? New Phytol, 154: 429-437.

Pennings S C, Callaway R M. 1996. Impact of a parasitic plant on the structure and dynamics of salt marsh vegetation. Ecology, 77: 1410-1419.

Pennings S C, Callaway R M. 2002. Parasitic plants: parallels and contrasts with herbivores. Oecologia, 131: 479-489.

Pennings S C, Simpson J C. 2008. Like herbvores, parasitic plants are limited by host nitrogen. Plant Ecol, 196: 245-250.

Phoenix G K, Press M C. 2005. Linking physiological traits to impacts on community structure and function: the role of root hemiparasitic Orobanchaceae (ex-Scrophulariaceae). J Ecol, 93: 67-78.

Press M C. 1998. Dracula or Robin Hood? A functional role for root hemiparasites in nutrient poor ecosystems. Oikos, 82(3): 609-611.

Prider J, Watling J, Facelli J M. 2009. Impacts of a native parasitic plant on an introduced and a native host species: implications for the control of an invasive weed. Ann Bot, 103: 107-115.

Punstinen S, Jarvinen O, Tiilikkala K. 2001. Asymmetric competition between a hemiparasitic plant and a cyst nematode on a shared host plant. Ecoscience, 8: 51-57.

Quested H M, Callaghan T V, Cornelissen J H C, et al. 2005. The impact of hemiparastitic plant litter on decomposition: direct, seasonal and litter mixing effects. J Ecol, 93: 87-98.

Quested H M, Cornelissen J H C, Press M C, et al. 2003a. Decomposition of sub-arctic plants with differing nitrogen economies: a functional role for hemiparasites. Ecology, 84: 3209-3221.

Quested H M, Press M C, Callaghan T V, et al. 2002. The hemiparasitic angiosperm *Bartsia alpina* has the potential to accelerate decomposition in sub-arctic communities. Oecologia, 130: 88-95.

Quested H M, Press M C, Callaghan T V. 2003b. Litter of the hemiparasite *Bartsia alpine* enhances plant growth: evidence for a functional role in nutrient cycling. Oecologia, 135: 606-614.

Runyon J B, Mescher M C, de Moraes C M. 2008. Parasitism by *Cuscuta pentagona* attenuates host plant defenses against insect herbivores. Plant Physiol, 146: 987-995.

Runyon J B, Mescher M C, de Moraes C M. 2010a. Plant defenses against parasitic plants show similarities to those induced by herbivores and pathogens. Plant Sign Behav, 5: 929-931.

Runyon J B, Mescher M C, Felton G W, et al. 2010b. Parasitism by *Cuscuta pentagona* sequentially induces JA and SA defence pathways in tomato. Plant Cell Environ, 33: 290-303.

Salonen V, Puustinen S. 1996. Success of a root hemiparasitic plnat is influenced by soil quality and by defoliation of its host. Ecology, 77: 1290-1293.

Salonen V, Setala H, Puustinen S. 2000. The interplay between *Pinus sylvestris*, its root hemiparasite, *Melampyrum pratense*, and ectomycorrhizal fungi: influences on plant growth and reproduction. Ecoscience, 7: 195-200.

Schneider M J, Stermitz F R. 1990. Uptake of host plant alkaloids by root parasitic *Pedicularis* species. Phytochemistry, 29: 1811-1814.

Seel W E, Jeschke W D. 1999. Simultaneous collection of xylem sap from *Rhinanthus minor* and the hosts *Hordeum* and *Trifolium*: hydraulic properties, xylem sap compostion and effects of attachment. New Phytol, 143(2): 281-298.

Seel W E, Press M C. 1996. Effects of repeated parasitism by *Rhinanthus minor* on the growth and photosynthesis of a perennial grass, *Poa alpina*. New Phytol, 134(3): 495-502.

Shen H, Hong L, Ye W H, et al. 2007. The influence of the holoparasitic plant *Cuscuta campestris* on the growth and photosyntheis of its host *Mikania micrantha*. J Exp Bot, 58: 2929-2937.

Shen H, Ye W H, Hong L, et al. 2005. Influence of the obligate parasite *Cuscuta campestris* on growth and biomass allocation of its host *Mikania micrnatha*. J Exp Bot, 56: 1277-1284.

Sheng J H, Zhang X J, Liu H Y, et al. 2006. Summary on parasitic plants. Bull Biol, 1: 9-12.

Smith D. 2000. The population dynamics and community ecology of root hemiparastitic plants. Am Nat, 155: 13-23.

Smith J L, de Moraes C M, Mescher M C. 2009. Jasmonate- and salicylate-mediated plant defense responses to insect herbivores, pathogens and parastitic plants. Pest Mang Sci, 65: 497-503.

Stout M J, Rice W C, Ring D R. 2002. The influence of plant age on tolerance of rice to injury by the rice water weevil, *Lissorhoptrus oryzophilus* (Coleoptera: Curculionidae). Bull Entomol Res, 92: 177-184.

Tilman D, Dowing J A. 1994. Biodiversity and stability in grasslands. Nature, 367: 363-365.

Tilman D, Lehman C L, Bristow C E. 1997. Plant diversity and ecosystem productivity: theoretical considerations. Proc Nat Acad Sci, 94: 1857-1861.

Tomilov A, Tomilova N, Yoder J I. 2004. *In vitro* haustorium development in roots and root cultures of the hemiparasitic plant *Triphysaria versicolor*. Plant Cell Tissue Organ Cult, 77: 257-265.

van Ommernen R J, Whitham T G. 2002. Changes in the interactions between juniper and mistletoe mediated by shared avian frugivores: parasitism to potential mutualism. Oecologia, 130: 281-288.

Vilà M, Espinar J L, Hejda M, et al. 2011. Ecological impacts of invasive alien plants: a meta-analysis of their effects on species, communities and ecosystems. Ecol Lett, 14: 702-708.

Wasternack C, Stenzel I, Hause B, et al. 2006. The wound response in tomato-role of jasmonic acid. J Plant Physiol, 163: 297-306.

Werth C R, Riopel J L. 1979. A study of the host range of *Aureolaria pedicularia* (L.) Raf (Scrophulariaceae). Am Midland Nat, 102: 300-306.

Westbury D B. 2004. Biological flora of the British Isles. *Rhinanthus minor* L. J Ecol, 92: 906-927.

Westbury D B, Dunnett N P. 2000. The effect of the presence of *Rhinanthus minor* on the composition and productivity of created swards on ex-arable land. Aspect Appl Biol, 58: 271-278.

Wu Z, Guo Q, Li M G, et al. 2013. Factors restraining parasitism of the invasive vine *Mikania micrantha* by the holoparasitic plant *Cuscuta campestris*. Biol Invasions, 15: 2755-2762.

Yoder J I. 2001. Host-plant recognition by parasitic Scrophulariaceae. Curr Opin Plant Biol, 4: 359-365.

Yu H, He W M, Liu J, et al. 2009. Native *Cuscuta campestris* restrains exotic *Mikania micrantha* and enhances soil resources beneficial to natives in the invaded communities. Biol Invasions, 11: 835-844.

Yu H, Liu J, He W M, et al. 2011. *Cuscuta australis* restrain three exotic invasive plants and benefits native species. Biol Invasions, 13: 747-756.

Yu H, Yu F H, Miao S L, et al. 2008. Holoparasitic *Cuscuta campestris* suppresses invasive *Mikania micrantha* and contributes to native community recovery. Biol Conserv, 141: 2653-2661.

第十三章　竹类种群生态学

第一节　引　　言

植类之中，有物曰竹，不刚不柔，非草非木（晋·戴凯之）。竹子起源于晚白垩纪的冈瓦纳古陆（Clark 1997），其植物体常木质化，呈乔木或灌木状［仅有少量草本竹类，如分布于新几内亚的伊里安竹属（*Buergersiochloa*）］，茎分节，大多中空，多年生，具较繁复的分枝系统；叶二型，即有营养叶与茎生叶（指竿箨，俗称“笋壳”）两个类型。营养叶的叶片常绿，是进行植物体光合作用的主要器官，具简短叶柄与显著的中脉，在叶柄与叶鞘相连接处形成关节，故嗣后枯萎时叶片连同叶柄一起自叶鞘上脱落；竿箨的箨片常较小，无柄亦无显著的中脉，光合作用的功能不大而且为期亦较短（中国科学院中国植物志编辑委员会 1996）。

全球的竹亚科植物有 90 余属 1200 种左右，一般生长在热带和亚热带，尤以季风盛行的地区为多，但也有一些种类可分布到温寒地带和高海拔的山岳上部；亚洲和中、南美洲属种数量最多，非洲次之，北美洲和大洋洲很少，欧洲除栽培外则无野生的竹类（中国科学院中国植物志编辑委员会 1996; Lobovikov et al. 2007）。竹子在产地通常与其他植物伴生，但亦可形成纯林。

中国是世界上竹子种类最为丰富的国家（中国科学院中国植物志编辑委员会 1996; Lobovikov et al. 2007），已知有 37 属 500 余种，其次是巴西（232 种），日本（139 种），印度（119 种），印度尼西亚（118 种），缅甸（97 种）和马来西亚（92 种）。中国的竹类植物自然分布以长江流域及其以南各省区为主，少数种类向北延伸至秦岭、汉水及黄河流域各处（中国科学院中国植物志编辑委员会 1996）。

全世界的竹林面积达 3600 万 hm^2，相当于全球森林总面积的 3.2%，其中，以印度（1136 万 hm^2）、巴西（930 万 hm^2）、中国（540 万 hm^2）、印度尼西亚（208 万 hm^2）、老挝（161 万 hm^2）、尼日利亚（159 万 hm^2）、智利（90 万 hm^2）等国家的竹林面积名列前茅（Lobovikov et al. 2007）。竹子生长快、成材早、产量高、用途广，一般竹子造林几年以后，就可以年年砍伐利用，是一类重要的非木材林产品和木材代用品。数千年来，竹材广泛用于搭建房屋、编织日用品、建造弓箭、制造工艺品、制作乐器等，竹笋则是美味可口的蔬菜。近年来，以竹代木、以竹代钢、以竹代绵等研究不断告捷，竹地板、竹纤维、竹炭等高附加值的竹产品不断涌现，竹产业正蓬勃发展，从亚洲迅速蔓延到美国和非洲大陆。中国是世界竹产业发展领先的国家，到 2010 年年底，我国竹材加工企业达 1.27 万家，年产值 5000 万元以上的竹加工企业 163 家，通过龙头企业的带动作用，形成了竹产业集群的竞争优势。2010 年，全国竹业总产值 821 亿元人民币，出口创汇 18.5 亿

本章作者：李　睿

美元。其社会效益越来越明显，从业人员 1800 多万人。竹子生态旅游业发展势头强劲，2010 年全国竹生态旅游产值达 76 亿元，竹产业已经成为我国林业的一大新兴产业和农民脱贫致富的经济增长点（刘娜微和迟诚 2011）。《史记·货殖列传》：“渭川千亩竹，其富与千户侯等”。由此足以充分说明竹林经营获利之丰且速也。竹子在消除贫穷、促进经济与社会发展、推动文化传承与交流、保护环境与生物多样性等方面的作用越来越受到重视（李睿 1999），各国学者对竹子的研究也日益深化。

竹子在自然界通常以种群的形式存在，竹类植物种群是竹子生态系统的结构单元，是联结竹株个体与竹林群落和生态系统的纽带，通过与光、热、水、肥、气等环境要素的相互作用，通过与其他动植物的相互联系，对生态系统的结构和功能产生深刻的影响。同时，竹类植物种群还是竹林培育和生产经营管理的实体对象。因而，对竹类植物种群的研究，具有十分重要的理论和实际意义。本章拟总结国内外竹类植物种群生态学的研究进展，以期为未来的竹子研究提供一些参考和依据。

第二节 竹类种群生态学的概念及主要研究内容

1. 概念界定

竹类植物种群（bamboo population）是在特定的时期内占据特定空间的同种竹类植物个体的集合，如四川卧龙的拐棍竹（*Fargesia robusta*）种群、重庆缙云山的慈竹（*Neosinocalamus affinis*）种群、云南西双版纳的巨龙竹（*Dendrocalamus sinicus*）种群、福建武夷山的毛竹（*Phyllostachys heterocycla* cv. ‘Pubescens’）种群等。与单体生物（unitary organism）种群不同，由于竹子繁育以无性系（克隆）生长（clonal growth）为主要方式，故竹类植物种群大多为构件生物（modular organism）种群，通常由若干基株（genet）的分株（ramet，即竹株）集群而成，同一种群的竹株甚至可能来自于同一个受精卵并且基因型相同（Harper 1977）。

竹类植物种群生态学是研究竹类植物个体集群与环境之间相互关系的科学，是研究其无性系分株数量的时空变动规律和探究引起其种群兴衰原因的科学。

2. 主要研究内容

竹类植物种群生态学研究的重点是种群的空间分布和数量动态的规律及其调节机制。它是研究现代竹子生态学各层次间的纽带。

竹类植物种群生态学的研究内容包括：定量地研究竹类植物种群的出生率和死亡率、迁入率和迁出率，分析影响竹子种群数量波动的因素，考察竹类植物种群的生活史过程及种群兴衰的原因，揭示竹类植物种群的发生与分布规律，探究竹类植物种群与其他生物种群之间的相互作用途径，厘清竹类植物种群的调节机制。竹类植物种群生态学的研究目的是调控其种群规模及分布，为保护自然生态环境，以及促进人类社会经济与自然环境的协调发展提供科学依据。

第三节 我国竹类植物种群生态研究的现状、进展及成就

1. 古代竹类植物种群生态学知识的经验累积

我国是竹子的国度，从古至今，人们对竹类植物种群生态的观察研究不断深化。《诗经（卫风·淇奥）》载“瞻彼淇奥，绿竹猗猗”；《禹贡》记扬州域“……筱荡既敷，……”。郑玄注：“筱，箭。荡，大竹也。”在2000多年前的《山海经》中就有“竹生花，其年便枯”等关于竹子是多年生一次开花植物及竹子开花周期约60年的记载。真正开始触及竹类植物种群生态观察的文字记录，当属魏晋时期戴凯之的《竹谱》，《竹谱》记载了桂竹（*Phyllostachys bambusoides*）、猫竹（*Ph. heterocycla* cv. ‘Pubescens’）、单竹（*Bambusa cerosissima*）、苦竹（*Pleioblastus amarus*）、筇竹（*Qiongzhuea tumidinoda*）等43种竹子，对每一个种类分别从产地、来源、用途、习性等加以描述[戴凯之（晋）1985]。宋代高僧赞宁则在其《笋谱》的“笋之出”章节中较简明地介绍了桂竹、斑竹（*Ph. bambusoides* f. *lacrima-deae*）、方竹（*Chimonobambusa quadrangularis*）、水竹（*Ph. heteroclada*）等90余种竹笋的产地与出笋季节[赞宁（宋）1991]。元代李衎所著《竹谱详录》则将竹种数目扩展至300余种，对其形态、品性均有较详细论述。此外，在《齐民要术》、《本草纲目》、《农政全书》等著作中，都有一些关于竹类植物种群生态学知识的记载。尤其是古人已注意到了竹类植物种群分株的觅食行为（foraging behavior），利用鞭根向暖趋肥的特性，来扩大竹林面积和竹类植物种群规模：《种树书》（明·俞贞木）载种竹（毛竹）“于东北角其鞭自然行西南，盖竹性向西南行也。谚云：东家种竹，西家治地。若得死猫埋其下，其行尤其茂。”《三农纪》（清·张宗法）也载“猫犬埋根旁，生笋更茂，若埋边旁，可引竹。”

2. 现代竹类植物种群生态学的建立与发展

2.1 竹子物种多样性的系统调查

在耿以礼（1897～1975）、薛纪如（1921～1999）、易同培（1934～）等学者的全身心投入和大力推动下，应用林奈的物种分类与命名法则，经过近一个世纪的普查，基本摸清了我国的竹子物种多样性资源情况。

耿以礼（1965）是我国禾本科植物近现代研究的开创者和奠基人，他编著的《中国主要植物图说·禾本科》一书，对我国竹亚科的属种作了初步系统整理，当时收入20属71种、变种和类型，图文并茂、洋洋大观，是研究竹亚科种群地理分布的经典著作。耿伯介和王正平（1996）历时16年编撰的《中国植物志·第九卷第一分册（禾本科——竹亚科分册）》系统整理了我国竹亚科的37属500余种竹子的种群分布和生活史特征，是竹类植物种群生态学研究的权威性著作。中国西南部，特别是云南，堪称世界上竹类资源最为丰富的地区，但由于交通不便，再加上竹子不易开花，很难采到完整标本，故长期以来少人问津。薛纪如对西南地区的竹类进行了大规模采集和研究，先后命名了4个新

属（筇竹属、香竹属、铁竹属、贡山竹属）及中国新分布的一些属、60 多个竹类新种，参与编写了《云南竹类资源及其开发利用》（薛纪如等 1995）、《云南树木图志·下册》（徐永椿等 1991）和《中国农业百科全书》竹类部分（熊文愈和薛纪如 1989）及《中国植物志第九卷第一分册（禾本科——竹亚科分册）》（耿伯介和王正平 1996）的部分章节。易同培（1985a, 1985b）跋涉我国西南各省区的高山深谷，发现了大量新竹种，使原来几乎空白无知的我国西南广泛高海拔山岳地区富产竹类的原貌得到显示，尤其是大熊猫主食竹种的分类和分布研究，为大熊猫的保护奠定了坚实的基础。

2.2 影响竹类种群无性系（克隆）生长的生态因子

由于毛竹、麻竹（*Dendrocalamus latiflorus*）、慈竹（*Sinocalmus affinis*）、绿竹（*Dendrocalamopsis oldhami*）等栽培竹种在社会经济和生产生活中的重要性，对影响其克隆生长的光照、温度、水分、土壤环境和病虫害等生态因子研究较早、较多。例如，毛竹自然分布的适生环境中的气候因子，一般要求为：年均降水量 800～2050 mm，发笋期降水量 320～720 mm，孕笋期降水量 250～350 mm；年均温度 15～20℃，1 月均温 3～7.5℃，3～4 月均温 13.5～17.5℃，极端最低温度–12℃，大于 10℃年有效积温 4400～5900℃，竹笋出土的最低气温约 10℃，气温 36.7℃时其光合强度为负值；空气相对湿度 70%～80%。Song 等（2013）观测发现，随着全球变暖，天目山的毛竹林分布的海拔上限每年平均上移 1 m 左右。对于土壤因子要求，海拔 800 m 以下中低山或中高山下部，土壤深厚、肥沃、疏松，通气性和保水保肥性能良好，呈微酸性的沙质壤土，pH4.6～7.0（熊文愈和周芳纯 1973；徐家琦和秦海清 2003）；光合作用的光补偿点 5.7×10^2～9.1×10^2 lx、光饱和点约 3.0×10^4 lx 左右（吴萌等 1980）。熊文愈、周芳纯等竹类专家，在“竹材（毛竹）丰产”、“南竹北移”，扩大竹林资源、以竹代木缓解国家森林资源不足等方面，从理论到实践都做出了重要的贡献（熊文愈和张献义 1959；熊文愈和周芳纯 1973；熊文愈 1978）。慈竹生长的适宜气候条件大致为年均温 14～16℃，最冷月（1 月）均温在 4℃以上、年降水量在 1000 mm 以上（刘讽吾和易同培 1964），3～5 月的水分状况是孕笋时的主导因子，7～10 月的温度和降水量是笋期的主导因子（徐小林等 1990）；慈竹竹笋出生率与存活率与土厚密切相关，土壤越深厚出笋率和笋存活率越高（钟章成和李睿 1990）。麻竹为典型热性竹种，对低温敏感，在 1 月平均温度低于 6℃、极端低温低于–2℃地方易遭受低温冻害（马光良等 2009）。矿质养分在竹类植物体内的积累和再分配，影响着竹子的生长和发育。研究表明：氮、磷、钾等营养元素对于竹类生长有较强的促进效应，其中氮素最为重要，其促进效应主要表现在竹叶营养元素含量的增加能极大地提高竹子的光合能力（Ueda 1961；洪顺山等 1992; Li et al. 1998b）。顾小平和吴晓丽（1994）、顾小平等（2001）还发现毛竹、浙江淡竹（*Phyllostachys meyeri*）等散生竹和麻竹、吊丝球竹（*Dendrocalamopsis beecheyana*）、青皮竹（*Bambusa textilis*）、马甲竹（*B. tulda*）、绿竹等丛生竹的根际联合固氮菌对提高其生长量有重要的促进作用。对龟甲竹（*Phyllostachys heterocycla*）、青苦竹（*Pleioblastus chino*）等竹类的叶和根中硅含量的测定表明，竹叶中硅含量相当高，占其干重的 7.6%～12.7%，根中硅含量也可达干重的 2.4%左右，增加硅肥含量可以促进竹类的充分生长，同时能增强其抵抗病害的能力（Motomura et al. 2000; Lux et al. 2003）。已发现的竹子病虫害达 500 余种，竹笋夜蛾、笋秀禾夜蛾、竹秀夜蛾、竹象、竹缘蝽等竹笋害虫，竹蝗、竹螟、毒蛾、舟蛾等竹叶害虫，广肩小蜂、沫蝉、飞虱、蚜、蝽、天牛等竹秆与竹枝害虫，都会给竹子无性系种群的生长带来很大的危害（徐天森和王浩杰 2004），对其进行有效防治是竹类植物种群保护和林业生产的必然要求。

20 世纪后期以来，一些学者已将研究视野从影响人工栽培的竹类植物种群的生态因子研究扩展至对影响野生竹类植物种群的生态因子研究。马志贵和王金锡（1989）发现影响缺苞箭竹（*Fargesia denudata*）种群更新的主要因子是林冠郁闭度，其次是地面活苔藓层厚度和坡向；其更新质量随林冠郁闭度的增大而降低：林冠郁闭度增大，进入林内的光照减弱，林下竹子的光合作用强度降低，自然更新复壮能力相应降低（竹子自然更新复壮最好的地方，林冠郁闭度一般都在 0.4～0.5）；苔藓在地面的存在，使竹子开花结实形成的种子脱离植株后不能直接接触土壤，苔藓层厚度越大，不能发芽而腐烂的种子就越多，单位面积上竹子实生苗的群体个数就越少；东坡至东南坡（或西坡至西南坡）的竹子更新最好，南坡和北坡则由于光照过强/弱、温度偏高/低，更新较差。杨宁等（2013）调查了贵州雷公山秃杉林不同林冠环境下箭竹分株种群的结构特征，发现从林下→中林窗→大林窗，箭竹分株种群的株高、基径与生物量显著增加。周世强等（2009）发现适度的大熊猫采食和人为砍伐有利于拐棍竹的无性系更新。刘济明（2009）的测定结果表明：小蓬竹（*Drepanostachyum ludianense*）的光补偿点为 13.57 μmol/(m^2·s)（$1.1×10^3$ lx），光饱和点较高，达到 1200 μmol/(m^2·s)（$9.6 × 10^4$ lx）左右，属于耐阴性竹种。周世强等（2014）观测了汶川地震对拐棍竹无性系种群生态的影响，结果表明，地震前后拐棍竹无性系种群的新笋萌发量没有显著性差异，该种群具有对地震很好的应变力和恢复力。

2.3 竹类种群的无性系分株龄级结构

自提出植物种群的构件（module）结构理论（Harper 1977）和无性系（克隆）生长（clonal growth）理论（Jackson et al. 1985; Salzman 1985; 董鸣 1996）以来，竹类植物种群生态学的研究视野得到了拓展，我国竹类工作者基于构件结构理论和无性系（克隆）生长理论开展了一系列卓有成效的研究工作。

种群的年龄结构是指种群中不同年龄组个体的组成情况，由于不同年龄段个体的代谢能力、繁殖能力差别甚大，故种群的年龄结构对其未来动态有重要的指示意义：分为增长型、稳定型和下降型（Harper 1977）。对于竹林培育来说，竹农一般期望竹类植物种群的年龄结构为稳定型或增长型，力图避免衰退。经过长期的田园观测和生产实践，毛竹竹株和竹鞭的寿命可达 10 余年，1～6 年为幼、壮龄阶段，嗣后生命活力逐渐降低（熊文愈和周芳纯 1973）。由于毛竹叶的生活期为两年，1 龄新叶的光合能力比 2 龄老叶高，故其出笋数、活笋数与带 1 龄新叶的立竹数呈正相关，而与带 2 龄老叶的立竹数相关性不显著，毛竹林大小年的交替出现往往是由于砍伐、虫灾等导致其种群年龄结构失衡（李睿等 1997; Li et al. 1998a），故可通过调整竹株种群年龄结构将大小年竹林改造成花年竹林。稳定型材用林毛竹种群合理的立竹密度为 3000～3600 株/hm^2，合理的竹龄结构由一（一年生）、二（二至三年生）、三（四至五年生）、四度（六至七年生）及五度以上竹组成，其比例各占 25%；稳定型笋用林和笋材两用林毛竹种群合理的立竹密度为 2500～3000 株/hm^2，其比例各占30%、30%、30%、10%，提倡执行“存三砍四不留七”的砍伐原则（萧江华等 2006）。苏智先和钟章成（1991）报道：慈竹秆、枝、叶及个体生物量随年龄增大而递增，4 年生慈竹生物量达最大值，大于 4 龄时增加甚微。稳定型慈竹材用林竹株的采伐年龄以 3～4 年生为宜，采伐后其种群的龄级组成为：1、2 年竹占 80%～90%，3 年以上老竹占 10%～20%（覃志刚等 2008）。

除人工栽培竹林的竹类植物种群外，一些学者也对野生竹类植物种群的年龄结构进行了调查。秦自生等（1993）发现熊猫主食竹拐棍竹和冷箭竹（*Bashania fangiana*）竹株/竹鞭的潜在寿命 11～12 年，拐棍竹种群有 55%以上的竹株≤2 龄，老年竹株的比例随年龄增长而逐渐下降，属于稳定型种群；冷箭竹种群有 79%的竹株≤2 龄，秆超过 5 龄的竹株极少，属于增长型结构。黄华梨（1991, 1993）研究了龙头竹（*Fargesia dracocephala*）和青川箭竹（*F. rufra*）的种群年龄结构，发现其稳定型种群年龄结构的规律是：1～4 龄立竹数占种群总立竹数的 70%～80%，且各龄级的立竹数均占总立竹数的 12%～32%；而增长型种群中 1～4 龄各龄立竹数的一般分配规律是：1 龄>2 龄>3 龄>4 龄。彭盛烈（2007）报道：黔竹（*Dendrocalamus tsiangii*）种群的年龄结构以 1 龄>2 龄>3 龄>4 龄及以上最为稳定。董文渊（2006）发现由于过度采笋，筇竹（*Qiongzhuea tumidinoda*）种群中 1～3 年生竹株所占比例从占总株数的 93%下降至 72%～73%，种群的稳定性呈下滑趋势。

编制生命表是研究种群数量动态的重要手段。从慈竹（苏智先和钟章成 1992）、缺苞箭竹（*Fargesia denudata*）（王金锡和马志贵 1993）、斑苦竹（刘庆 1999）、筇竹（董文渊 2000）和黄竹（*Dendrocalamus membranceus*）（杨正斌和余东莉 2013）等种群的生命表可知，其竹笋–幼竹无性系种群的存活曲线都介于 B 型与 C 型之间，反映了竹笋–幼竹在生长前期死亡率较高、后期死亡率较低且稳定的趋势。

竹类种群的无性系分株龄级结构的研究，为其生产经营和自然保护提供了科学依据，对于调控优化各龄级采伐量、加强抚育管理具有积极作用。

2.4　竹类植物种群的生物量及碳储量

竹类植物种群的生物量是指其在某一时刻单位面积内实际存在的有机物质（干重）总量，通常用 kg/m^2 或 t/hm^2 表示。生物量可表征竹类植物种群物质循环的能力，反映其在群落和生态系统中的重要性。同时，生物量的分配格局还可反映出竹类植物种群的生长策略。对竹类植物种群生物量的研究，具有重要的理论和实际意义。一般情况下，慈竹、绿竹等大型丛生竹林的生物量最高，达 150 t/hm^2 以上（表 13-1），高于马尾林和天然次生林（110.0 t/hm^2）、杉木林（55.0 t/hm^2）（郭起荣等 2005）；毛竹种群的生物量依自然环境和经营状况差异较大，为 60～130 t/hm^2，与马尾林和天然次生林相当，高于杉木林。从地上部分和地下部分的生物量分配比例上，单轴散生与复轴混生的竹类植物种群地下鞭根系统生物量的分配比例较高，达总生物量的 25%～50%；合轴丛生的竹类植物种群地下鞭根系统生物量的分配比例较低，一般小于等于总生物量的 20%（表 13-1）。前者属于游击型种群，对地下鞭根系统的高投资有助于其更充分地搜寻和占据适宜的生态位空间；后者属于阵地型生物种群，对地上秆、枝、叶系统的高比例投资有利于其巩固已占据的生态位空间。

表 13-1 竹类植物种群生物量及分配概览

种群	地下部分生物量/（t/hm²）				地上部分生物量（t/hm²）				地上：地下	数据来源
	根	鞭	篼	小计	秆	枝	叶	小计		
毛竹（缙云山）	31.1	31.0	7.8	69.9	49.1	9.6	3.2	61.9	47.0：53.0	Li 1998
毛竹（闽南）	7.4		10.6	18.0	37.4	7.7	1.7	46.8	72.2：27.8	彭在清等 2002
毛竹（闽北）	7.5		15.4	22.9	46.3	8.8	3.7	58.8	71.8：28.2	陈辉等 1998
毛竹（临安）	11.7	7.8	3.4	22.9	30.5	4.0	3.2	37.7	62.0：38.0	周国模和姜培坤 2004
慈竹（缙云山）	10.1	21.9		32.0	77.3	33.4	13.7	124.4	79.5：20.5	苏智先和钟章成 1991
麻竹（南靖）	1.1	3.3		4.4	16.7	8.5	3.4	28.6	86.6：13.4	林益明等 2000
绿竹（闽南）	9.6	12.0		21.6	91.5	28.2	14.8	134.5	86.2：13.8	林益明等 1998
苦竹（余杭）	35.9		5.9	41.8	40.9	10.2	10.1	61.2	59.5：40.5	林新春等 2004
实心狭叶方竹（重庆）	0.4	3.4	4.5	8.3	12.1	5.9	7.0	25.0	75.2：24.8	甘小洪等 2009
巴山木竹（陕西）	1.4	6.0	14.4	21.8	38.4	6.6	2.4	47.4	68.5：31.5	王太鑫等 2005
井冈寒竹（井冈山）		5.3	1.1	6.4	6.0	1.4	2.1	9.5	59.7：40.3	周玉卿 2004

近 10 多年来，随着全球碳排放的不断增加，人们对森林植被的碳汇功能格外关注。森林植物在其生长过程中通过同化作用吸收大气中的二氧化碳，并将其固定在森林生物质中，其总储量达 893 pg C，占全球陆地碳储量的 45.70%。竹类植物种群具有较强的二氧化碳固定能力，如毛竹林地上部分年固定碳量为 5.10～8.28 t/hm²，是速生阶段杉木林的 1.5～2.0 倍、热带山地雨林的 1.3 倍（周国模和姜培坤 2004; 肖复明等 2007; 徐娜等 2014）。日本和其他一些地区的研究表明，每年竹林可以吸收二氧化碳 12 t/hm²（郭起荣等 2005）。我国竹林碳储量在过去 50 年呈增加趋势，其中 1950～1962 年为 323 tg C；1977～1981 年为 431 tg C；1984～1988 年为 469 tg C；1989～1993 年为 499 tg C；1994～1998 年为 556 tg C；1999～2003 年为 639 tg C（陈先刚等 2008）。估计中国竹林生态系统固碳量约占中国整个森林碳储量的 5.1%（郭起荣等 2005）。随着竹林面积的增加，竹林碳储量仍将继续增加（陈先刚等 2008）。

2.5 竹株间的生理整合

植物生长和繁殖所需要的资源，在时间和空间上普遍存在着异质性，克隆植物在异质性环境中依靠构件在时空上的配置来提高资源利用效率（Hutchings & de Kroon 1994; Evans & Cain 1995）。生理整合作用（physiological integration）是指光合同化产物、矿质养分及水分等通过无性系（克隆）分株间的连接物在它们之间的转移（Caraco & Kelly 1991）。整合作用的研究包括整合强度、整合速率、整合方向、分株的益耗、整合作用的机制、发生和停止的时间与原因等（Slade & Hutchings 1987）。竹子作为典型的无性系繁殖植物类型，强烈的生理整合功能对保障其种群充分地利用异质性生境资源以增强其适应性具有重要意义。

对毛竹林的立竹年龄结构和营养元素的可利用性的相互关系研究表明，在斑块施肥的情况下，生长于未施肥地段的竹笋通过竹鞭从相邻的施肥地段的母竹那里吸收养分，增加了未施肥地段竹笋的产量而降低了施肥地段竹笋的产量（Li et al. 2000）。筇竹的施肥实验（董文渊 2000）及斑苦竹（*Pleioblastus maculatus*）的去叶实验（刘庆 1999）也显示其无性系（克隆）分株间通过地下茎的运输实现资源共享，且生理整合的收益显著高于耗费。与保持根状茎连接时相比，切断根状茎连接降低了糙花箭竹种群出笋率、补充率和抑制新生分株的生长（魏宇航等 2013）。

2.6 竹子的觅食行为

当生长在不同资源水平的生境中，克隆植物的形态，尤其是决定克隆分株在水平空间内放置的形态学性状，能够对资源、环境条件的异质性发生形态可塑性（morphological plasticity）反应，从而有可能将较多的摄食位点（即资源吸收结构）选择性地放置到资源较丰富的小生境内（Hutchings & de Kroon 1994; 董鸣 1996），达到趋利避害的目的。克隆植物的觅食行为则是其有机体在生境内进行的促进对必需资源获取的搜寻或分枝过程（Hutchings & de Kroon 1994; 董鸣 1996），通过形态可塑性得以实现。

施肥影响毛竹竹笋的生长，当竹鞭穿越养分分布不均的环境时，竹笋能有选择地大量生长于养分丰富的地段而避开养分贫乏的地段（Li 1998）。随着土壤氮素含量的增加，雷竹无性系分株数量增多，分株高度和基径增大，而隔离者长度变短，分株根茎长度降低，根茎分枝角度不变（岳春雷和汪奎宏 2002）。在较高的土壤氮素条件下，雷竹、筇竹无性系将获得的资源更多地投资于地上部分，反之，无性系则将更多的资源用于地下系统的生长，以便从土壤中获取更多的氮素营养（董文渊 2000; 岳春雷和汪奎宏 2002）。筇竹、斑苦竹、雷竹在不同的水分条件下，无性系分株的形态特征表现出明显的形态可塑性，在低水分资源的生境中，其无性系将物质能量更多地投资于地下部分，尤其是根茎节间，从而伸长根茎，以获取资源的觅养生长对策；在高水分资源的生境中，其无性系的能量则主要投资于分株的生长（刘庆和钟章成 1996; 董文渊和黄宝龙 2002; 岳春雷等 2002）。竹林经营中在伐桩内施肥、在竹林内挖沟或挖穴施肥及滴灌等措施，都是巧妙地利用竹子的觅食行为进行竹林培育（熊文愈和周芳纯 1973）。

2.7 竹子开花与种群更新

竹子是典型的多年生一次开花植物，绝大多数种几十年甚至上百年才开一次花，且同一种源的克隆竹株会同时开花，只有极少数是每年零星开花或不定期开花。大多数竹子开花后会死亡，死亡后再次更新需要 8～10 年。因而，竹子开花将不可避免地对生产经营和自然保护造成困扰。20 世纪七八十年代岷山和邛崃山冷箭竹等竹子大面积开花枯死对大熊猫的生存造成威胁。

一些竹类植物种群具有很强的同步开花特性，同一来源的竹子不管它们在世界哪一个角落都在同一时期内开花结实死亡。1958～1959 年，浙江、安徽及福建等地的箬竹大面积开花，结实率 20%～25%，亩产竹米（种子）300～400 斤①，其开花周期约 100 年（浙江农业科学院林业研究所 1961）。1969～1974 年，江苏各地的雅竹（*Phyllostachys vivax*）普遍开花，大面积枯败死亡，其开花行为主要决定于所属鞭系的发育阶段（熊文愈等 1979）。1959～1979 年，我国及从我国引种到日本、苏联、朝鲜和美国的刚竹（*Ph. viridis*）发生了一次普遍性的周期性开花现象（卢炯林 1980）。1993～1994 年，角竹（*Ph.*

---

①1 斤=500 g

fimbriligura）原产地（绍兴上虞）及引种地（江西、湖南、江苏）相继发生大面积成片开花枯死现象（程有龙等 1995）。

20 世纪七八十年代，岷山缺苞箭竹、八月竹、巴山木竹（木竹）、冷箭竹、糙花箭竹、华西箭竹（*Fargesia nitida*）、实竹子、筇竹、拐棍竹、方竹等 10 余种大熊猫主食竹大面积开花（都能结实），造成 100 多只大熊猫因饥饿死亡（陈能文 1984；余群洲等 1987）；2005～2008 年，华西箭竹和缺苞箭竹等再次发生开花危机（王颖等 2009）。1984 年，贵州省赤水县境内的上万亩金佛山方竹开花，平均每亩有天然萌生幼苗 263 864 株，能成功自然更新（张家贤 1985）。

一些竹子开花而不结实，或者结实很低。张文燕和马乃训（1990）对 12 种开花竹类植物花粉的败育、生活力和自然授粉进行了观察和试验研究，认为花药和花粉在离体后生活力保存时间较短，尤其是离体花粉的生活力在 1～2 h 会丧失殆尽。篌竹（*Ph. nidularia*）和斑苦竹的花分别属于花药合并粘连和无花粉的二类雄性不育型，其余 10 个竹种的花粉中均有 3 种类型的败育花粉。竹花的自然授粉不良，在盛花的竹株上接收不到花粉的竹花占 33.3%，在部分开花的竹株上花粉自然授粉率仅为 10%，这都对竹类植物的结实率产生了影响。庞延军等（1994）对爬竹雄蕊发育异常进行了研究，发现爬竹的雄蕊在不同时期发生偏离于正常途径的发育，且最早出现在雄蕊原基发育时期，而异常发育的雄蕊无法形成有效的小孢子母细胞，这对竹子的结实起到了阻碍作用。汪奎宏等（2000）通过观察测定后认为早竹（*Phyllostachys praecox*）花粉萌发率低下，柱头自然授粉能力弱是导致其不结实的主要原因之一。何奇江等（2003）通过对雷竹花穗形态特征及花器形态结构生长的综合观察来研究雷竹花而不实的原因，研究表明雷竹柱头极少外露且花柱多屈曲，这给授粉带来困难，从而造成雷竹花而不实的现象。王小红等（2009）对雅安地区水竹开花不结实的原因进行了研究，发现其子房和柱头多数发育不良，且花中有大量的鳞翅目幼虫寄生，推测是潮湿多雨及丰富的花粉吸引昆虫寄生等综合因素导致水竹不育。

竹子开花是其生长发育过程中非常重要的生理转变过程，开花过程必然导致其基本营养物质及代谢方式的变化。郑郁善等（2003）通过测定发现开花绿竹较未开花绿竹比叶重、叶绿素 a、叶绿素 b、类胡萝卜素和叶绿素总量均不同程度减少；根蔸部 N、P、K 含量因大量消耗而减少，秆枝叶 N、P、K 则适应开花结实的需要而迅速提高。何奇江等（2005）通过对开花雷竹内源激素、氨基酸和营养成分测定后发现开花雷竹脱落酸（ABA）、赤霉素（GA3）、细胞分裂素（CTK）含量均比未开花雷竹高，其中 ABA 含量增加最显著，开花雷竹比未开花雷竹增加了 5 倍以上；未开花雷竹植株的氨基酸总量比开花植株高出 23.01%，认为蛋白质在植株衰败死亡中起着重要作用，尤其是叶片中的蛋白质含量在植株衰老中的作用特别重要，同时还发现开花雷竹 P 含量升高。丁兴萃（2007）通过测定不同覆盖条件下竹子叶片和竹鞭的糖、氮、C/N 等营养元素及内源激素研究了早竹衰老和开花期间物质含量的变化。谢海平（2004）以茶杆竹为研究对象，通过测定发现随着衰老进程，叶片中叶绿素含量降低，竹子开花时叶绿素的降解幅度明显增大。王小红和周祖基（2008）、王小红等（2009）对开花期间水竹、慈竹叶片内激素和碳氮代谢相关物质进行了测定，发现赤霉素（GA3）、赤霉素与脱落酸之比（GA3/ABA）和淀粉是与这两种竹子开花关联最密切的物质，其次是可溶性糖、淀粉酶和谷胺酰胺酶（GS）活性；而玉米素（ZT）、玉米素与脱落酸之比（ZT/ABA）、淀粉酶是水竹开花逆转的关键物质。

MADS-box 基因家族是花发育调控中一类重要的转录因子，参与器官发育、开花时间的控制。田波等（2005）采用 RACE 技术从丛生竹麻竹克隆到了一个 MADS-box 基因 *DlMADS18*，并通过在拟南芥中异位表达的表型分析，初步证明该基因很可能参与麻竹开花时间的调控。高志民等（2010）从毛竹中分离了 MADS-box 基因 *PeMADS1*，应用农杆菌介导将目的基因转入拟南芥中异位表达，转基因拟南芥具有开花提早、莲座叶卷曲、发育迟缓等表型，表明 *PeMADS1* 很可能参与毛竹由营养生长转向生殖生长的发育调控。同时，还有一些与竹子开花相关的基因，如 *BoMADS1*（高志民等 2007）、*TB1*（肖新超 2007）、*CONSTANS*（崔丽莉等 2010）等相继被克隆，并进行了相应的功能预测与表达分析。

2.8 竹类植物种群遗传多样性

种群遗传学已成为当代植物种群生态研究的前沿。人们应用 RAPD、RFLP、AFLP、ISSR 等分子标记技术来试图揭示竹类植物种群内或种群间的遗传多样性。

毛竹基因组测序研究采用第二代高通量测序技术，对毛竹进行全基因组随机测序，组装出覆盖基因组 95%以上区域的高质量序列草图，并且对毛竹主要组织进行深度的转录组测序，注释出近 32 000 个高度可靠的毛竹基因。毛竹基因组序列测序工作全面完成，第一次阐明了毛竹于 5000 万年前从禾本科植物中分化出来，继而于 1000 万年前形成了四倍体，最后演变成现代二倍体毛竹的进化历史；第一次从基因组的层面，对包括快速生长和开花调控在内的毛竹特殊生理过程的形成和机制进行了描述与解释（Peng et al. 2013）。对来自浙江、江苏、安徽、江西、福建、广东、广西、贵州等不同地区 18 个毛竹居群遗传多样性及居群间关系的研究发现，其多态性位点比率高达 78.3%，各居群间的遗传距离的变异为 0.081～0.503，遗传相似性变异为 0.605～0.923，各居群间的遗传距离和遗传相似性存在着较大的差异。地缘上较近的居群遗传相似性较高，表现出比较明显的地域性（张守锋等 2007）。对四川 12 个地区慈竹的 RAPD 和 ISSR 分析表明，其多态率高达 76.71%～84.52%，不同地区慈竹资源具有较高的遗传多样性（陈其兵等 2009）。而应用 AFLP 技术对浙江、福建、台湾三省 21 个产地的绿竹遗传多样性进行研究则显示：不同产地的绿竹之间多态性位点很少，所选绿竹样品之间的遗传多样性水平较低，它们在开始的时候可能就是来自于同一个或十分相近的克隆（卢江杰等 2008）。

对玉山竹（*Yushania niitakayamensis*）的 RAPD 指纹研究结果显示，是地理隔离和纬度差异导致了群体分化，其遗传多样性是由于生境差异而造成的小地理分化（Hsiao & Lee 1999）。对筇竹（*Chimonobambusa tumidissinoda*）2 个种群的遗传多样性的分析结果表明，其种群内有较高的遗传多样性，有利于筇竹种质资源的保存（茹广欣等 2010）。卧龙国家级自然保护区两个不同年龄的冷箭竹（*Bashania fangiana*）基株种群的 AFLP 指纹显示，它们是多克隆的且遗传多样性十分丰富，最大的单个克隆占据的空间幅度约 30 m，种群内个体间的多态率高于种群间的多态率（Ma et al. 2013）。

第四节 国内外研究现状的比较

由于我国竹子种类丰富，种竹用竹历史悠久，对竹类植物种群生态学的研究也最为广泛和深入，可以自豪地说，中国的竹类植物种群生态学在世界上是领先的。国际竹藤组织（International Network for Bamboo and Rattan, INBAR）将总部设在中国北京，充分肯定了我国在竹类植物种群生态学研究方面的引领作用。

值得注意的是，国外一些学者，在竹类植物种群生态学的研究方面，也取得了一些颇有特色而引人瞩目的成就。McClure Floyd Alonzo（1897～1970）一生研究世界各地竹子的分类和分布，足迹踏遍了包括中国、印度、印度尼西亚及多个拉丁美洲国家（其中在中国的研究时间长达 23 年，即 1919～1941 年），其经典著作 *The Bamboos, A Fresh Perspective*（McClure 1966）已成为竹子研究者必读的重要文献。西方学者为解释竹子特殊的开花现象提出了资源环境诱发说（the resource-matching hypothesis）、摄食饱和说（predator satiation hypothesis）、林火周期说（fire cycle hypothesis）等假说（Brandis 1899; Janzen 1976; Keeley & Bond 1999）。Prasad（1985）调查了放牧、林火与采伐对印度卡纳塔克邦的牡竹（*Dendrocalamus strictus*）和印度簕竹（*Bambusa arundinacea*）种群的影响，发现放牧显著降低竹笋的成活率和嫩竹的补充量，昆虫和各种食草哺乳动物对竹笋的破坏作用较明显，人类采伐嫩竹用于造纸也限制了竹子种群的更新规模和速度，而林火却通过削弱不耐火的物种竞争来提高竹笋的存活率。Thakur 和 Firake（2014）观测到了印度北部 *Mautam baccifera* 种群在 2007～2008 年大量开花及随后的果实脱落期间啮齿动物大暴发且其性比接近 1∶1，而零星开花地区则雌性啮齿动物比例会升高的现象。日本北部八甲田山的千岛赤竹（*Sasa kurilensis*）和青氏赤竹（*S. tsuboiana*）开花后萌发的幼苗种群历时 10 年的观测表明：其种群密度都经历先升后降的过程，但前者主要通过基株死亡的自疏方式实现，而后者则通过分株数目的调节来实现（Makita 1992, 1996）。混合分布的基株的克隆生长可以降低其有性繁殖成本，提高整体适合度（Matsuo et al. 2014）。赤竹（*Sasa palmata*）遮光环境比光照充足环境的生物量明显下降，叶面积减小，但可以通过光合产物的生理整合作用，从与之相连的生长在光照充足环境条件下的分株得到补偿，遮阴或去叶的分株，能接受未被遮阴或去叶分株提供的光合同化产物的支持，以满足自身的生长需要，缓解不利环境条件的影响（Saitoh et al. 2002）。由于过度采伐，乌干达 Echuya 森林保护区周边的竹类植物种群呈现出下降态势（Bitariho & McNeilage 2008）。扩增片段长度多态性（AFLP）指纹被用来揭示日本矮竹（*S. senanensis*）克隆结构，在长野筑波大学营平高原研究中心 10 hm^2 的研究区中，识别出了至少 22 个无性系，其中最大的单一克隆水平延伸约 300 m（Suyama et al. 2000）。

第五节　总结与展望

自 20 世纪 70 年代 John Harper 提出构件理论以来，无性系植物种群生态学的研究已成为当前世界生态学研究的热点之一，竹类植物种群生态学的研究为其中的重要领域之一。立足已经取得的研究成果，结合相关学科的发展趋势，在今后的一段时期内，研究者应从如下几个方面加强和深化竹类植物种群生态学的研究，以更加全面深入地揭示其种群发生发展的生态规律，为科学研究和生产经营提供更多参考。

1. 加强对野生竹类植物种群生态学的研究

当前，对大多数栽培竹种尤其是毛竹、麻竹、慈竹、绿竹等的种群生态学研究，已经取得了较多的成果。近年来，一些学者已逐渐将视野转向了筇竹、小蓬竹等野生濒危竹子的种群生态学研究。我国有濒危竹种 10 种、稀有竹种 24 种、渐危竹种 22 种（马乃训等 2006），随着人类干扰的加强，保护的迫切性日益突显。今后，对这些珍稀濒危的野生竹类植物种群，应加大力度开展研究，以便为其有效保护提供科学依据。此外，对一些未被列入珍稀濒危物种但在植物群落的乔、灌木层中起关键作用的野生竹类植物种群的研究，对揭示群落的种间作用机制也有重要意义。

2. 深化对竹子生理整合作用及觅食行为的研究

随着全球环境的变化，生境片断化日益严重，竹类植物穿越异质性生境并遭遇旱涝、盐碱、重金属等胁迫，斑块和频率日益增多。为进一步厘清竹类无性系种群在生境异质性中生理整合及觅食行为的影响因素，有必要从生态、生理生化、分子遗传等多学科综合研究竹类植物生理整合的存在性、整合方向、整合时间、整合强度、整合速度、发生整合的条件、停止和不发生整合的原因等。从生理整合作用角度来深入研究竹林生态系统养分循环与能量流动规律，尤其是土壤养分和水分，为节约环保的竹林高效可持续经营提供理论依据。加强实验竹子生态学研究，充分利用各种方法如同位素示踪、荧光探针等直接法和去叶、遮光、切割等间接法，深化竹子生理整合作用的研究。

3. 加强对竹类开花的系统研究

竹子开花一直以来都被社会各界所关注，但由于其开花周期长，开花现象比较少见，且不同竹种在不同生长条件下存在很多变数，这些都直接影响到对其进行系统研究。从生产及竹类植物保护的角度来看，竹子开花研究的最终目的应该是实现对其开花的有效预测和预报，只有这样才能避免开花对竹子引种及栽培所造成的困扰，也才能真正解决竹子大面积开花对大熊猫生存所造成的威胁。而目前的研究结果还无法达到这个要求。从理论上来说，对竹子开花期间物质代谢特征与未开花和开花逆转竹进行测定和比较应该可以找到某些关键物质含量变化的临界值，并在此基础上通过对更多竹种开花的更多样本的验证性研究得出竹子开花关键代谢物质的变化特征，并将此作为判断竹子开花的重要指标，从而逐步实现对竹子开花的预测。目前学术界对竹子开花的原因已经基本达到共识，即虽然外界环境因子对竹子开花具有一定的影响和诱导作用，但从根本上来说，达到生理成熟仍然是竹子开花的根本原因。如果能利用大数据技术在全世界建立各竹种的开花记录制度，利用计算机强大的统计和存储功能建立竹子开花信息查询系统，并通过互联网在全世界进行传播，就可以对哪个竹种在何时、何地开花有具体的记载，如果需要进行大面积引种，可以通过互联网很容易查询到相关信息，从而决定能不能引种，从什么地方引种会更好。

4. 加强多尺度竹类植物种群生态研究

宏观尺度上，在全球环境变化及人类影响不断增强的背景下，应充分应用3S（RS，GPS，GIS）技术，加强对竹类植物种群覆盖地域、竹类植物种群生产力、竹类植物种群碳储存等方面的监测。中观尺度上，加强竹类植物种群与伴生动植物种群间相互作用的途径和方式及机制的研究，为构建健康和谐的竹林生态系统提供理论依据。微观尺度上，探测长期适应生境异质性产生的表型可塑性及其微进化引起的遗传多样性，探讨竹子克隆种群内部遗传变异和分化对环境适应的微进化机制，加强对毛竹等重要栽培竹种和箣竹等珍稀竹种开花基因的深入研究，以便对竹类物种多样性的保护和持续利用提供理论依据。

参考文献

陈辉，洪伟，兰斌，等. 1998. 闽北毛竹生物量与生产力的研究. 林业科学, 34(S1): 60-64.
陈能文. 1984. 当山竹开花的时候——拯救大熊猫采访记.新闻记者, 2(9): 16-17.
陈其兵，蒋瑶，卢学琴，等. 2009. 四川不同地区慈竹的遗传多样性研究. 西北农林科技大学学报(自然科学版), 37(6): 187-193.
陈先刚，张一平，张小全，等. 2008. 过去50年中国竹林碳储量变化. 生态学报, 28(11): 5218-5227.
程有龙，任德唐，朱白玉. 1995. 角竹开花习性观察及复壮更新对策. 浙江林业科技, 15(2): 50-56.
崔丽莉，杨汉奇，杨宇明. 2010. 版纳龙竹CONSTANS同源基因的克隆与序列分析. 林业科学研究, 23(1): 1-5.
戴凯之(晋). 1985. 竹谱. 北京：中华书局.
丁兴萃. 2007. 覆盖栽培旱竹开花的激素机制研究. 林业科学, 43(7): 10-15.
董鸣. 1996. 资源异质性环境中的植物克隆生长：觅食行为. 植物学报, 38(10): 828-835.
董文渊. 2000. 筇竹无性系生长及栽培机制的研究. 南京：南京林业大学博士研究生学位论文.
董文渊. 2006. 筇竹无性系(克隆)种群退化及恢复机制的研究. 北京：中国林业科学研究院博士研究生学位论文.
董文渊，黄宝龙. 2002. 不同水分条件下筇竹无性系的生态适应性研究. 南京林业大学学报, 26(6): 21-24.
甘小洪，陈启贵，汪海，等. 2009. 实心狭叶方竹种群的生物量结构与地下茎生长规律研究.林业科学研究, 22(5): 662-666.
高志民，刘颖丽，李雪平，等. 2007. 一个绿竹MADS-box基因的克隆与序列分析.分子植物育种, 5(6): 866-870.
高志民，郑波，彭镇华. 2010. 毛竹MADS-box基因的克隆及功能初步研究. 林业科学, 46(10): 37-41.
耿伯介，王正平. 1996. 中国植物志·第九卷第一分册(禾本科——竹亚科分册). 北京：科学出版社.
耿以礼. 1965. 中国主要植物图说·禾本科. 2版. 北京：科学出版社.
顾小平，吴晓丽. 1994. 毛竹及浙江淡竹根际联合固氮的研究. 林业科学研究, 7(6): 618-623.
顾小平，吴晓丽，汪阳东. 2001. 几种丛生竹根际联合固氮研究. 林业科学研究, 4(1): 28-34.
郭起荣，杨光耀，杜天真，等. 2005. 中国竹林的碳素特征. 世界竹藤通讯, 3(3): 25-28.
何奇江，汪奎宏，华锡奇，等. 2003. 雷竹花穗和花器的观察研究. 浙江林业科技, 23(2): 10-15.
何奇江，汪奎宏，华锡奇，等. 2005. 雷竹开花期内源激素、氨基酸和营养成分含量变化. 林业科学,

41(2): 169-172.
洪顺山，胡炳堂，江业根. 1992. 毛竹林施肥效应研究. 林业科学研究, 5(4): 371-378.
黄华梨. 1991. 白水江自然保护区龙头竹种群年龄结构的初步研究. 林业科学, 27(3): 268-273.
黄华梨. 1993. 摩天岭北坡青川箭竹种群年龄结构的初步研究. 西南林学院学报, 13(4): 264-271.
李睿，钟章成，维尔格 M J A. 1997. 毛竹的无性系生长与立竹密度和叶龄结构的关系. 植物生态学报, 21(6): 545-550.
李睿. 1999. 竹类生态学研究进展与展望//董鸣, Werger M J A.生态学研究文集. 重庆：西南师范大学出版社: 20-26.
林新春，方伟，李贤海，等. 2004. 苦竹种群生物量结构研究. 竹子研究汇刊, 23(2): 26-29.
林益明，李惠聪，林鹏，等. 2000. 麻竹种群生物量结构和能量分布. 竹子研究汇刊, 19(4): 36-41.
林益明，林鹏，叶勇. 1998. 绿竹种群生物量结构研究. 竹子研究汇刊, 17(2): 9-13.
刘讽吾，易同培. 1964. 慈竹特性的初步研究. 林业科学, 10(3): 264-268.
刘济明. 2009. 贵州喀斯特地区小蓬竹生态特性研究. 北京：北京林业大学博士研究生学位论文.
刘娜微，迟诚. 2011. 我国去年竹业年产值 821 亿元.http://politics.people.com.cn/GB/70731/15930896.html [2015-8-10].
刘庆. 1999. 斑苦竹无性系种群生态学研究. 成都：成都科技大学出版社.
刘庆，钟章成. 1996. 斑苦竹无性系生长与水分供应及其适应对策的研究. 植物生态学报，20(3): 245-254.
卢江杰，郑蓉，杨萍，等. 2008. 利用 AFLP 技术研究不同产地绿竹的遗传多样性. 世界竹藤通讯, 6(5): 10-14.
卢炯林. 1980. 刚竹开花与复壮更新的研究. 河南农学院学报, 1980(2): 11-20.
马光良，李呈翔，王光剑，等. 2009. 川南不同海拔地段麻竹抗寒性分析. 四川林业科技，30(2): 58-59.
马乃训，陈光才，张文燕. 2006. 中国特产濒危保护竹种及标准探讨. 林业科学, 42(6): 56-60.
马志贵，王金锡. 1989. 缺苞箭竹更新与生态因子关系的研究. 四川林业科技, 19(4): 34-39.
庞延军，喻富根，胡成华，等. 1994. 爬竹雄蕊发育异常的初步观察. 竹子研究汇刊, 13(4): 42-46.
彭盛烈. 2007. 喀斯特地貌黔竹种群生态结构初步研究. 武汉：华中农业大学硕士研究生学位论文.
彭在清，林益明，刘建斌，等. 2002. 福建永春毛竹种群生物量和能量研究.厦门大学学报(自然科学版), 41(5): 579-583.
秦自生，艾伦·泰勒，刘捷. 1993. 大熊猫主食竹种秆龄鉴定及种群动态评估. 四川环境，15(4): 26-29.
茹广欣，袁金玲，张朵，等. 2010. 运用 AFLP 技术分析筇竹种群遗传多样性. 林业科学研究, 23(6): 850-855.
苏智先，钟章成. 1991. 缙云山慈竹种群生物量结构研究. 植物生态学与地植物学学报，15(3): 240-252.
苏智先，钟章成. 1992. 慈竹无性系种群生长发育规律初探. 应用生态学报, 3(3): 289-291.
覃志刚，张小平，鄢武先，等. 2008. 慈竹材用林丰产栽培经营技术规程(DB51/T 766—2008). 四川省质量技术监督局.
田波，陈永燕，严远鑫，等. 2005. 一个竹类植物 MADS 盒基因的克隆及其在拟南芥中的表达. 科学通报, 50(2): 145-151.
汪奎宏，何奇江，吴蓉，等. 2000. 早竹花粉形态与生物学特性. 浙江林学院学报, 17(2): 137-141.
王金锡，马志贵. 1993. 大熊猫主食竹生态学研究. 成都：四川科学技术出版社.
王太鑫，丁雨龙，李继清，等. 2005. 巴山木竹种群生物量结构研究. 竹子研究汇刊, 24(1): 19-24.
王小红. 2009. 水竹开花生物学特性研究. 成都大学学报(自然科学版), 28(3): 195-198.

王小红，郭启荣，周祖基. 2009. 水竹与慈竹开花关键因子主成分分析. 林业科学, 45(10): 158-162.
王小红，黄炎，郭启荣，等. 2010. 水竹花后更新试验及地下茎碳氮代谢. 应用生态学报，21(8): 1953-1958.
王小红，周祖基. 2008. 水竹开花期间碳氮代谢特性. 林业科学, 44(4): 35-40.
王颖，冉江洪，凌林，等. 2009. 岷山北部竹类开花状况及对大熊猫的影响调查. 四川动物，28(3): 368-372.
魏宇航，肖雷，陈劲松，等. 2013. 克隆整合在糙花箭竹补偿更新中的作用. 重庆师范大学学报(自然科学版), 30(4): 150-156.
吴萌，韩铎，胡一唯，等. 1980. 楠竹幼林光合作用的初步研究. 四川林业科技, 1(1): 7-11.
萧江华，马乃训，傅懋毅. 2006. 毛竹林丰产技术(GB/T 20391—2006). 北京：中国标准出版社.
肖复明，范少辉，汪思龙，等. 2007. 毛竹、杉木人工林生态系统碳贮量及其分配特征. 生态学报，27(7): 2794-2801.
肖新超. 2007. 早竹 TB1 基因克隆及拟南芥转基因体系的探索. 杭州：浙江林学院硕士研究生学位论文.
谢海平. 2004. 竹类植物叶片衰老机制研究. 南京：南京林业大学硕士研究生学位论文.
熊文愈. 1978. 关于北方发展竹子问题. 中国林业科学, 24(2): 64-70.
熊文愈，吴贯明，沈惠娟，等. 1979. 雅竹开花和更新问题的调查和研究. 南京林业大学学报(自然科学版), 22(1-2): 15-20.
熊文愈，薛纪如. 1989. 中国农业百科全书(林业卷竹类部分). 北京：农业出版社.
熊文愈，张献义(署名：南京林学院森林学教研组). 1959. 浙江奉化石门毛竹丰产林. 上海：科学技术出版社.
熊文愈，周芳纯. 1973. 竹林培育. 北京：中国林业出版社.
徐家琦，秦海清. 2003. 毛竹北移和引种栽培制约因素研究. 世界竹藤通讯, 1(2): 27-31.
徐娜，胡海波，朱燕飞，等. 2014. 北亚热带毛竹林碳储量及其空间分配. 林业科技开发，28(2): 37-41.
徐天森，王浩杰. 2004. 中国竹子主要害虫. 北京：中国林业出版社.
徐小林，江心，杨冬生，等. 1990. 慈竹生态环境及培育技术初步研究(I)生态环境. 四川林业科技，11(3): 21-28.
徐永椿，毛品一，易培同，等. 1991. 云南树木图志(下册). 昆明：云南科技出版社.
徐永椿，薛纪如. 1991. 云南树木图志(下册). 昆明：云南科技出版社.
薛纪如，杨宇明，辉朝茂. 1995. 云南竹类资源及其开发利用. 昆明：云南科技出版社.
杨宁，陈璟，杨满元，等. 2013. 贵州雷公山秃杉林不同林冠环境下箭竹分株种群结构特征. 西北植物学报, 33(11): 2326-2331.
杨正斌，余东莉. 2013. 澜沧江下游天然黄竹种群数量动态研究. 林业调查规划, 38(4): 33-38.
易同培. 1985a. 大熊猫主食竹种的分类和分布(之一). 竹子研究汇刊, 4(1): 11-27.
易同培. 1985b. 大熊猫主食竹种的分类和分布(之二). 竹子研究汇刊, 4(2): 20-45.
余群洲，吴萌，赵木虎，等. 1987. 大熊猫主食竹开花习性的初步研究. 四川林业科技, 8(1): 49-54.
岳春雷，何奇江，汪奎宏，等. 2002. 不同土壤水分条件下雷竹无性系的生长. 浙江林业科技, 22(1): 25-27.
岳春雷，汪奎宏. 2002. 不同氮素条件下雷竹克隆生长的比较研究. 竹子研究汇刊, 21(1): 38-45.
赞宁(宋), 1991. 笋谱. 菌谱. 茹草编. 北京：中华书局.
张家贤. 1985. 箐竹开花结实和更新情况调查. 竹子研究汇刊, 4(1): 86-88.
张守锋，马秋香，丁雨龙. 2007. 毛竹居群遗传多样性的 RAPD 分析. 林业科技开发, 21(2): 26-28.
张文燕，马乃训. 1990. 竹类植物花粉的生活力和自然授粉. 林业科学研究, 3(3): 250-255.

浙江农业科学院林业研究所. 1961. 箬竹开花结实原因的初步探讨. 浙江农业科学, 2(7): 352-353.
郑郁善, 高培军, 陈礼先. 2003. 绿竹开花生理生化特性研究. 林业科学, 39(3): 143-147.
中国科学院中国植物志编辑委员会. 1996. 中国植物志. 第9卷. 第1分册, 被子植物门 双子叶植物纲 禾本目 禾本科(1) 竹亚科. 北京: 科学出版社.
钟章成, 李睿. 1990. 慈竹的数量生态研究. 植物生态学与地植物学学报, 14(1): 63-68.
周国模, 姜培坤. 2004. 毛竹林的碳密度和碳贮量及其空间分布. 林业科学, 40(6): 20-24.
周世强, 黄金燕, 严啸, 等. 2014. 汶川地震对拐棍竹无性系种群生态的影响. 竹子研究汇刊, 33(1): 16-23.
周世强, 黄金燕, 张亚辉, 等. 2009. 野化培训大熊猫采食和人为砍伐对拐棍竹无性系(克隆)种群结构的影响.生态学报, 29(9): 4804-4814.
周玉卿. 2004. 井冈寒竹种群生物量结构初步研究. 西北农业学报, 13(4): 120-123.
Bitariho R, McNeilage A. 2008. Population structure of montane bamboo and causes of its decline in Echuya Central Forest Reserve, South West Uganda. Afr J Ecol, 46: 325-332.
Brandis D. 1899. Biological notes on Indian bamboos. Indian Forester, 25: 1-25.
Caraco T, Kelly C K. 1991. On the adaptive value of physiological integration in clonal plants. Ecology. 72: 81-93.
Clark L G. 1997. Bamboos: the centerpiece of the grass family. *In*: Chapman G P (eds.). The Bamboos. London: Academic Press: 33-44.
Evans J P, Cain M L. 1995. A spatially explicit test of foraging behavior in a clone plan. Ecology, 76: 1147-1155.
Harper J L. 1977. Population Biology of Plants. London and New York: Academic Press.
Hsiao J Y, Lee S M. 1999. Genetic diversity and microgeographic differentiation of Yushan cane (*Yushania niitakayamensis*; Poaceae) in Taiwan. Mol Ecol, 8(2): 263-270.
Hutchings M J, de Kroon H. 1994. Foraging in plants: the role of morphological plasticity in resource acquisition, Adv Ecol Res, 25: 159-238.
Jackson J B C, Buss L W, Cook R C. 1985. Population Biology and Evolution of Clonal Organisms. New Haven: Yale University Press.
Janzen D H. 1976. Why bamboos wait so long to flower? Ann Rev Ecol Syst, 7: 347-391.
Keeley J E, Bond W J. 1999. Mast flowering and semelparity in bamboos: the bamboo fire cycle hypothesis. Am Nat, 154(3): 383-391.
Li R. 1998. Clonal growth in the giant bamboo *Phyllostachys pubescens*. Utrecht: Utrecht University.
Li R, Werger M J A, de Kroon H, et al. 2000. Interactions between shoot age structure, nutrient availability and physiological integration in the giant bamboo *Phyllostachys pubescens*. Plant Biol, 2: 437-446.
Li R, Werger M J A, During H J, et al. 1998a. Biennial variation in production of new shoots in groves of the giant bamboo *Phyllostachys pubescensin* Sichuan, China. Plant Ecol, 135: 103-112.
Li R, Werger M J A, During H J, et al. 1998b. Carbon and nutrient dynamics in relation to growth rhythm in the giant bamboo *Phyllostachys pubescens*. Plant Soil, 201: 113-123.
Lobovikov M, Paudel S, Piazza M, et al. 2007. Non-wood Forest Products 18: World Bamboo Resources. Rome: FAO/INBAR
Lux A, Luxova M, Abe J, et al. 2003. Silicification of bamboo (*Phyllostachys heterocycla* Mitf.) root and leaf. Plant Soil, 255: 85-91.
Ma Q Q, Song H X, Zhou S Q, et al. 2013. Genetic structure in dwarf bamboo (*Bashania fangiana*) clonal populations with different genet ages. PLoS One, 8(11): e78784.
Makita A. 1992. Survivorship of a monocarpic bamboo grass, *Sasa kurilensis*, during the early regeneration process after mass flowering. Ecol Res, 7(3): 245-254.
Makita A. 1996. Density regulation during the regeneration of two monocarpic bamboos: self-thinning

or intraclonal regulation? J Veg Sci, 7(2): 281-288.

Matsuo A, Tomimatsu H, Suzuki J I, et al. 2014. Female and male fitness consequences of clonal growth in a dwarf bamboo population with a high degree of clonal intermingling. Ann Bot, 114: 1035-1041.

McClure F A. 1966. The Bamboos: A Fresh Perspective. Massachusetts: Harvard University Press.

Motomura H, Fujii T, Suzuki M. 2000. Distribution of silicified cells in the leaf blades of *Pleioblastus chino* (Franchet et Savatier) Makino (Bambusoideae). Ann Bot, 85: 751-757.

Peng Z, Lu Y, Li L, et al. 2013. The draft genome of the fast growing non-timber forest species moso bamboo *Phyllostachys heterocycla*. Nat Geneti, 45: 456-461.

Prasad S N. 1985. Impact of grazing, fire and extraction on the bamboo (*Dendrocalamus strictus* and *Bambusa arundinacea* populations of Karnataka. Agr Ecosyst Environ, 21: 177-189.

Saitoh T, Seiwa K, Nishiwaki A. 2002. Importance of physiological integration of dwarf bamboo to persistence in forest understory: a field experiment. J Ecol, 90: 78-86.

Salzman A G. 1985. Habitat selection in a clonal plant. Science, 228: 602-604.

Slade A J, Hutchings M J. 1987. The effects of nutrient availability on foraging in the clonal herb *Glechoma headracea*. J Ecol, 75: 95-112.

Song X Z, Peng C H, Zhou G M, et al. 2013. Climate warming-induced upward shift of Moso bamboo population on Tianmu Mountain, China. J Mount Sci, 10(3): 363-369.

Suyama Y, Obayashi K, Hayashi I. 2000. Clonal structure in a dwarf bamboo (*Sasa senanensis*) population inferred from amplified fragment length polymorphism (AFLP) fingerprints. Mol Ecol, 9(7): 901-906.

Thakur N S A, Firake, D M. 2014. Population dynamics of rodents during bamboo flowering event in North East India. Indi J Agr Sc, 84(6): 754-760.

Ueda K, Ueda S. 1961. Effect of silicic acid on bamboo-growth. Bull Kyoto Univers Forests, 33: 79-99.

第十四章　蕨类植物种群生态学

第一节　引　　言

作为植物界中的一个自然类群，蕨类植物（也称羊齿植物）在陆地生态系统的形成与演化过程中，是首先征服陆地生态环境的先锋植物类群，并为后来种子植物的起源与演化奠定了种源和环境基础（Watkins et al. 2007a; Mehltreter et al. 2010）。

蕨类植物种类繁多，分布非常广泛，几乎分布在陆地所有的生态系统中，大多土生、石生或附生，少数为水生（陆树刚 2007; Mehltreter et al. 2010; 陆树刚和陈风 2013），很多学者在蕨类植物的形态发生、系统发育、生活史过程、繁殖生物学、种群遗传变异和进化等方面进行了广泛的研究（Pangua et al. 1994; Lovett Doust et al. 1988; Haufler et al. 2000; Haufler 2002; Zaniewski et al. 2002; Guo et al. 2003; Lott et al. 2003; Soria & Meyer-Berthaud 2004; Watkins et al. 2007; Kessler et al. 2011a, 2011b; de Groot et al. 2012; Pittermann et al. 2013; Testo & Watkins 2013; Paul et al. 2015）。

不同于苔藓植物和种子植物，蕨类植物具有独特的生活史特征，即具有独立生活的单倍体世代，配子体（gametophyte）世代，以及独立生活的二倍体世代，即孢子体（sporophyte）世代。蕨类植物的配子体和孢子体具有明显不同的形态结构和功能适应特征（Warne & Lloyd 1980; Watking et al. 2010; Chung & Chung 2013; Funk & Amatangelo 2013）。

蕨类生态学的早期研究主要集中于热带地区（Price 1996），英国学者 R. E. Holttum 较早地开创了蕨类生态学的野外调查研究，同时，他特别强调了蕨类植物配子体研究的重要性（Watkins et al. 2007）。A. S. Watt 对英国分布广泛的蕨（*Pteridium aquilinum*）（俗名 bracken）的种群生长动态开展了较深入的系列研究，他的研究主要集中于自然生境中蕨的孢子体动态，尤其是对该种的根状茎生长动态及分布进行了连续的观测，为英国学者持续开展蕨种群动态及其生态管理奠定了基础（Watt 1967; Marrs et al. 1986）。

时至今日，在蕨类植物多样性较高的国家或地区，不少学者结合生态学的理论方法对一些蕨类植物种群生态学进行了系统深入的研究工作，这些地方包括美国（以夏威夷为主）（Durand & Goldstein 2001; Chau et al. 2013; Gould et al. 2013）、欧洲（以英国为主）（Page 1982; Marrs et al. 2000; Marrs & Watt 2006）、巴西（Simabukuro et al. 1999; Miatto et al. 2011）、墨西哥（Mehltreter & Palacios-Rios 2003）、新西兰（McGlone et al. 2005）及日本（Sato 1982; Guo et al. 2003; Sawamura et al. 2009）等。秦仁昌先生对中国蕨类植物进行了富有成效的研究，为后人开展工作奠定了坚实的基础（Ching & Wang 1982）。陆树刚（2007）主编的《蕨类植物学》一书对中国蕨类植物的分类和地理区系有较详细的总结，同时，该书也总结了中国蕨类植物的生态类型及起源与演化。

本章作者：陈　波　宋垚彬　董　鸣　宋永昌

在蕨类植物的研究发展中，国外学者出版不少涉及蕨类植物研究的专著，引用较高的包括 Dyer（1979）编著的《蕨类实验生物学》（*The Experimental Biology of Ferns*）、Tryon 等（1990）编著的《蕨类植物的孢子》（*Spores of the Pteridophyta*）、Camus 等（1995）编著的《蕨类学透视》（*Pteridology in Perspective*）和 Raghavan（2005）编著的《蕨类配子体发育生物学》（*Developmental Biology of Fern Gametophytes*），另外，在 Lovett Doust 等（1988）编著的《植物繁殖生态学、格局和对策》（*Plant Reproductive Ecology, Patterns and Strategies*）一书中，有一章内容详细总结了蕨类植物生活史中的繁殖对策。

值得一提的是 Mehltreter 等（2010）编著的《蕨类生态学》（*Fern Ecology*），该书对蕨类植物的生态重要性、蕨类的生物地理学、蕨类植物种群动态、蕨类植物营养生态学、蕨类植物对干旱环境的适应、蕨类植物的分布与演替、蕨类植物与菌类和动物的种间关系、蕨类植物的管理与保护等进行了较为详细的总结，同时对蕨类植物生态学未来的发展框架也进行了梳理。

与蕨类植物生态相关的期刊，包括美国蕨类植物学会主办的《美国蕨类植物学报》（*American Fern Journal*）和英国蕨类植物学会主办的《蕨类杂志》（*Fern Gazette*），均推动了蕨类植物生态学的研究。

有关蕨类植物的生态学研究中，有两个基本问题一直吸引着研究者的关注：首先，为什么一些蕨类物种的生态幅相当广泛，可以分布在不同类型的生态系统中，而另一些物种的种群数量却逐渐衰减。其次，蕨类植物分布和生长对群落的演替更新、生态系统结构功能过程具有何种程度的影响。

在阐明这些问题时，不少工作都结合了蕨类植物的种群生活史特征进行研究分析。本章在综述相关文献的基础上，着重介绍自然条件下蕨类植物生活史过程中几个主要阶段的研究内容和进展，包括蕨类植物的孢子形成与散布、孢子库、配子体、孢子体等生态学特征，希望有助于国内学者在自然生境中深入开展蕨类植物种群生态学的研究。

第二节　蕨类植物生活史的一般特征

种子植物的生活史一般可以归结为“从种子到种子”的过程，主要包括花、果实（种子）、种子萌发、幼苗生长、幼体、成体等（Harper 1977）。

不同于种子植物，蕨类植物通过孢子叶上的孢子囊产生孢子，孢子萌发后直接形成配子体（又称原叶体），配子体产生精子和卵。受精卵发育成胚，幼胚暂时寄生在配子体上生活，随着幼胚的生长发育，配子体开始衰老、死亡，幼胚生长发育形成的孢子体则开始独立生活，成熟的孢子体产生孢子。因此，对照种子植物生活史，蕨类植物的生活史可以归为“从孢子到孢子”的过程。

但在实际研究工作中，蕨类植物生活史阶段的划分并不统一，根据蕨类植物各阶段生长发育的生物学特征及生态学特征，大致可以分为配子体阶段（配子体库）、幼孢子体、成熟前孢子体、成熟孢子体（即繁殖孢子体，可生产孢子）、孢子散布（孢子雨）、孢子库和孢子萌发等，一般可将孢子库、配子体库、幼孢子体及一些蕨类物种所具有的芽胞归为蕨类植物的繁殖体库，其中孢子库、配子体库、幼孢子体库等几个阶段是蕨类植物生活史中最敏感的时期，也是影响蕨类种群分布格局的主要早期因素（Warne & Lloyd

1980; Johnson-Groh & Lee 2002; Ranal 2004; Watkins et al. 2007a, 2007b）。Watkins 等（2007a, 2007b），以及 Watkins 和 Cardelús（2009）则认为可将蕨类植物生活史研究简单归为孢子体生态学（sporophyte ecology）和配子体生态学（gametophyte ecology）。

本章结合蕨类植物生活史的生物学特征及其对生境适应的生态学特征，将其生活史主要阶段及特征总结为图 14-1。

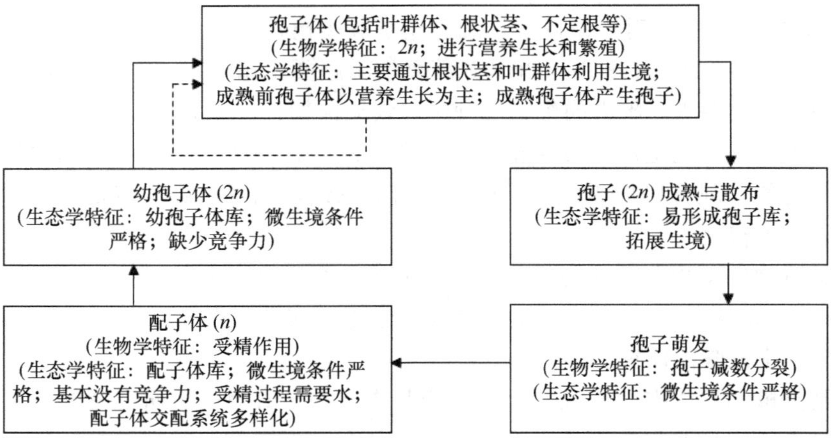

图 14-1　蕨类植物的生活史主要过程及其生物生态学特征

→ 表示有性生殖过程；- - → 表示营养生长过程，即克隆生长

第三节　孢子体阶段的生态学特征

蕨类植物的孢子体在世代交替中占优势，除少数原始种类仅具假根外，一般种类均具有吸收能力较好的不定根；除树蕨具有直立的茎外，多数蕨类植物是根状茎或匍匐茎。其孢子体主要包括地上的叶群体、地下的根状茎和不定根（陆树刚 2007; Mehltreter et al. 2010）。

1. 叶群体特征

1.1　叶群体物候动态

蕨类植物地上部分通常是由叶片构成的叶群体，其叶片功能明显不同于种子植物：首先蕨类植物的叶片除了进行光合作用外，还承担着生殖功能，即生产无性繁殖细胞——孢子，一般将仅进行光合作用的叶片称为营养叶或不育叶（sterile frond），将产生孢子囊和孢子的叶片称为孢子叶（sporophyll）或能育叶（fertile frond）。另外，蕨类植物地上部分与其他植物种的竞争主要由叶群体的生长动态和数量完成。

在蕨类植物生态学研究中，其叶群体物候特征、生长动态、寿命及生殖能力一直是关注的重点（Barrington 1993; Landi et al. 2015）。

Bauer 等（1991）指出 *Dryopteris filixmas* 生殖个体的叶片是夏绿的，非生殖个体的叶片是半绿的。Sato（1982）曾根据叶片的物候特征将蕨类植物划分为常绿蕨（叶片可维持 14～26 个月的寿命，即大于 1 年的寿命)、冬绿蕨（叶片夏季生长发育，度过当年冬季后即凋落)、半常绿蕨类（叶片在秋季开始凋落，大约 10 个月的寿命）和夏绿蕨类（在秋季凋落，3～5 个月的寿命）等 4 种类型。

Johnson-Groh 和 Lee（2002）则将蕨类植物的叶片物候划分为叶片显现、叶片展开、孢子释放和枯萎等 4 个阶段。Perlmutter（2006）在研究 *Pentaramma triangularis* subsp. *triangularis* 的叶片物候动态时，将叶片生长动态划分为幼体拳卷状态、成熟拳卷状态、展开的叶片、成熟叶片、成熟前孢子叶、成熟孢子叶等，并指出该物种在一个生长季内有多次生叶高峰。

综合文献认为结合气候带特点及不同蕨类植物的生长特征，可以将蕨类植物叶片的生长过程划分为芽的萌动期、拳卷、展叶期（叶片营养生长阶段)、孢子成熟散发和叶片衰老枯死等几个过程。

1.2 叶群体寿命

Page（1979, 1982）认为蕨类植物叶片因生境稳定性的差异而表现出不同的寿命，如 *Selaginella*、*Ceratopteris*、*Anogramma*、*Doodia* 等属的一些种，叶片寿命不到 1 年。Bauer 等（1991）发现，*D. filixmas* 生殖个体叶片的展开比不育个体的约延迟 1 周，凋落延迟 1～2 个月。在具有两型叶的蕨类植物中，能育叶寿命比不育叶短，而在同型叶的蕨类植物中，能育叶的寿命比不育叶长（Chiou et al. 2005)。在热带地区，某些蕨类植物的叶片寿命变化很大，并与叶产量呈负相关，如 *Danaea wendlandii*（36 个月，年产新叶约 1.6 片)、*Alsophila salvinii*（24 个月，年产新叶 2.5 片)、*Cibotium taiwanense*（16 个月，年产新叶约 2.3 片)（Mehltreter & Palacios-Rios 2003)。

叶片的寿命与植株大小有一定关系，如 Seiler（1981）估计植株高度为 4.6 m 的 *A. salvinii*，其叶片寿命有 55 年，Tanner（1983）估计 9 m 高的 *Cyathea pubescens* 的叶片寿命可达 150 年。另外，蕨类植物叶片的生长速度和寿命之间具有一定的关系，如株高 5 m 的 *A. bryophyla*，叶片年均生长 5 cm，其寿命约 100 年。

1.3 叶片生理生态特征

作为构件单位，叶片的数量、生长动态、寿命等可以反映植物的表型可塑性，叶片生长早期可能与温度、水分有关，后期与水分关系密切（Watt 1967)。

在中小尺度上，蕨类植物的丰富度与土壤水分有一定关系，水分亏缺是限制蕨类的主要因子，尤其是在季雨林中（Kornás 1985; Ranal 1999)。

荷叶铁线蕨（*Adiantum reniforme* var. *sinensis*）在干旱状态下，气孔传导率下降以有效维持水分的利用效率，干旱胁迫可降低荷叶铁线蕨叶片的光合能力，由此降低生物量和叶面积比例等（Liao et al. 2008)。马泽清等（2008）对千烟洲人工针叶林下狗脊蕨净初级生产力、比叶面积和叶面积指数等研究表明土壤含水量对其均有显著影响。

光照也是影响蕨类植物的主要因素，Hill（1972）发现，在光照较好条件下的蕨类植物具有较高的光补偿点和最大光合速率。当增加光照时，可以导致蕨类植物的多度增加（Hill et al. 2001)。在云南的片段化雨林内，蕨类植物种群数量在不同生境中表现出明显变化，其中群落内部阴湿或喜湿的蕨类种群趋于减少，而林缘和林窗中阳生或喜阳性的蕨类种的种群趋于增大（李保贵等 2000）。Arens（2001）发现 *Cyathea caracasana* 在林窗或开阔生境中的生长速率大于在林下生境中的生长速率。在我国南方红壤侵蚀区，不同坡向上的芒萁生物量差异较为明显（李小飞等 2013）。

同乔木幼苗相比，蕨类植物具有较强的光合能力，林下草本层中的乔木幼苗在竞争中常处于劣势（Lyon & Sharpw 2003），如对光的竞争性利用是蕨类影响黑樱桃生长的主要因素（Horsley 1993）。Durand 和 Goldstein（2001）比较了夏威夷地区的蕨类植物的生理生态学特征，与乡土种（*Cibotium* spp.）相比，入侵种（*Sphaeropteris cooperi*）虽然具有较短的叶寿命，但它在捕获和利用光强方面的适应能力更强，其植株的生长率明显高于乡土种。

在森林下层，光线通过植被冠层的空洞投射到冠层内和植被下层常形成光斑（sunfleck），光斑随上层枝叶摇曳而持续摆动，因此光斑具有光照强度弱、照射时间短的特征，林下蕨类植物对光强波动有较快的生理反应，具有较强的利用光斑能力（Gildner & Larson，1992）。

对异质性光照条件下里白（*Diplopterygium glaucum*）种群的生长特征研究发现，处于高光照条件的分株可以增加处于低光照条件分株的叶片生物量及老龄分株的数量，并且这种效应在光照资源对比度大的斑块间更大（Guo et al. 2011）。

Saldana 等（2007）发现智利温带雨林中 *Blechnum chilense* 之所以分布广，主要是采用了不同的生态对策：林窗生境中的个体主要通过减少叶面积提高水分利用效率，在林下主要通过增加叶面积以增加光资源的利用。

温度也是影响蕨类植物叶片生长动态的主要因素，在亚热带地区，温度的季节性变化特征比降水更加明显，因此，温度对蕨类植物（如 *Cibotium taiwanense*）地上部分的影响强于降水的影响（Chiou et al. 2001）。成熟的叶片对低温的适应能力较强，如 Bracken 对霜冻不敏感，甚至可以耐受−6.1℃的霜冻，但幼叶的耐受能力较弱（Bannister 2003）。

2. 叶群体的生态作用

在生长过程中，某些蕨类植物枯叶和木质化的叶轴常形成枯而不凋的格局，翌年在枯而不凋的叶群体上持续生长，形成新的叶片，如此反复，叶群体通常在森林下层形成密集郁蔽的“fern thicket”（本章译为“蕨类灌层”）（Russel et al. 1998）。蕨类灌层广布于不同的森林群落中，其生态作用引起很多学者的关注，文献中对蕨类灌层的相关描述很多（表 14-1）。

蕨类灌层的形成与叶片的生长速率和分解速率有关，某些蕨类物种当年生新叶的快速生长极易形成蕨类灌层，如蕨的叶群体密度可达 17～29 片/m^2，其干重生物量在 21～563 g/m^2，高度达 72～130 cm（Marrs et al. 1998）；同时，一些蕨类植物落叶的分解速度极慢，在某些蕨类灌层中，枯萎或死亡的叶片占叶群体密度的 50%，其生物量约占地面生物量的 60%，厚度达 10～30 cm，分解速率非常慢，95%的分解需要 11～23 年（Bray 1991; McGlone et al. 2005）。

表 14-1　文献中关于叶群体的术语

术语	文献来源
fern dense canopy	Bray 1991
fern canopy	de la Crezaz & Kelty 1999
fern colony	de la Crezaz & Kelty 1999
fern patches	Birch et al. 2000
fern dense clumps	Richard et al. 2000
fern crown	Richard et al. 2000
fernland	Slocum et al. 2004
bracken stand	McGlone et al. 2005

2.1　直接影响幼苗生长

虽然密闭的蕨类灌层格局在一定程度上可以保持土壤的含水量，甚至在冬季可以防止霜冻对幼苗的影响，但更多的研究表明蕨类灌层具有“生态筛”的限制作用，即通过改变林下更新层局部小生境中的光照、湿度和温度等影响其他物种的种子萌发和幼苗生长，导致林下更新层乔木幼苗数量的急剧减少（张笃见等 1999; Marrs 1987; Lowday & Marrs 1992; Montgomery 2004; Fei et al. 2010; Walker et al. 2010; Gould 2013; Gallegos et al. 2015）。

清除蕨类灌层或去叶的控制实验表明：在除去蕨类叶片后的几年内，树木幼苗种类和生长速率均有提高，但蕨类植物一旦恢复生长后，其种群生长数量增长很快，形成蕨类灌层后会进一步限制幼苗的生长（Marrs et al. 1993, 2000; Slocum et al. 2004），因此，林下草本层中某些蕨类物种及其种群分布格局是决定或至少是影响树种幼苗更新的主要因素（George & Bazzaz 1999a, 1999b; Gilliam 2007）。

2.2　释放化感物质

蕨类植物具有化学防御机制，即化感作用（Kato-Noguch et al. 2013）。早在 20 世纪初，就有研究发现蕨枯叶逐渐分解过程中对曲芒发草（*Deschampsia flexuosa*）生长的抑制作用（Davidonis et al. 1975）。del Moral 和 Cares（1971）发现一些蕨类植物叶片浸出液对大麦属（*Hordeum*）、雀麦属（*Bromus*）及黄杉属（*Pseudotsuga*）等植物生长具有抑制作用。王祥荣和宋永昌（1993）曾从生化他感角度分析了宁波天童常绿阔叶林中蕨类植物与其他物种之间的关系，研究发现里白浸出液对多数优势树种的种子萌发有抑制作用，而狗脊（*Woodwardia japonica*）对多数供试树种的种子萌发无明显的不利影响。蕨类植物在种内和种间存在着较复杂的化感作用方式（Raymond & Fairbrothers 1980; 张开梅等 2004），尤其是一些蕨类植物在自毒作用中对自身生活史中的配子体阶段有抑制影响（Davidonis et al. 1975）。在自然环境中，很多蕨类植物在生长过程中通过化感作用对其他物种种群动态，以及对自身种群生长和分布的影响仍需深入研究（Marrs & Watt 2006）。

2.3　物理屏障

蕨类灌层可以“截留”上层乔木树种的种子，影响种子的二次散布及种子到达安全岛的机会，并进一步影响种子的萌发和幼苗库的格局（Ghorbani et al. 2006）。另外，可以“截留”上层乔木的枯枝落叶，在南亚热带人工林生态系统形成初期，林下层往往被密集的芒萁所覆盖，林下芒萁层对不同人工林凋落物的拦截量具有显著的差异，芒萁层下半部分（0～50 cm）常拦截、滞留更多的凋落物（杨龙等 2014）。

2.4 化学屏障

茂密的蕨类灌层对森林的穿透水有一定影响，可以截留水分，持续影响地面的降水量，进而影响到森林生态系统内部的水循环过程。Williams 等（1987）研究发现，蕨类灌层在 5 个月的时间内可以截留大约近 48%的降水，致使一年中降水量的平均损失率达 20%，而且，降水流经蕨类灌层后，其化学成分有一定变化（如 K^+浓度明显增加），进而影响到土壤的理化性质。

2.5 影响营养元素循环

蕨类植物对森林生态系统中物质循环具有一定的影响，并体现在时空尺度上，首先，某些相对开敞呈漏斗状的蕨类植株可以截留上层乔木的枯枝落叶，尤其是小枝，即影响了凋落物的空间分布格局；其次，蕨类灌层延迟了上层凋落物快速到达地面的时间，进而影响枯枝落叶的分解和元素的归还（Dearden & Wardle 2008）。

此外，林下草本层中的很多蕨类植物是土壤养分的优势竞争者，在湿润的夏威夷雨林中，芒萁（*Dicranopteris linearis*）不仅占地面净初级产量的 74%，而且其吸收的氮和磷分布可达 57%和 47%（Russell et al. 1999）。Lyon 和 Sharpe（2003）发现与北美红栎（*Quercus rubra*）共存的蕨类植物叶片中 N、P、K 的含量均高于独自分布的含量，而北美红栎单独生长时其叶片中 N、P、K 的含量明显高于与蕨类共存的植株叶片，因此，蕨类植物对养分元素的吸收和积累明显高于共存的乔木树种。还有研究发现，与乡土种金毛狗（*Cibotium* spp.）相比，入侵蕨类物种 *Sphaeropteris cooperi* 单位叶重中具有很高的 N 含量，入侵蕨类物种对元素的吸收和积累高于乡土蕨类植物种（Durand & Goldstein 2001）。

在森林生态系统中，凋落物分解速率直接影响到养分元素的循环过程，有研究指出，在夏威夷的热带雨林中，包括蕨类植物在内的入侵物种具有一个“入侵—养分循环”的反馈机制特征，入侵蕨类 *Diplazium* 和 *Sphaeropteris* 物种的 SLA 均较大，叶片中养分积累超过乡土蕨类物种，而乡土蕨类植物的养分储存时间较长，分解率相对较慢，入侵蕨类的凋落物分解速度快，植株体内养分元素归还率高，因此可以增加其生境土壤中的养分可利用性，这又进一步满足它们入侵生长的需要，最终导致了入侵种群的不断扩增，表现出高的资源利用效率（Allison & Vitousek 2004; Funk & Vitousek 2007）。

3. 根状茎及其生长可塑性

蕨类植物的孢子体常通过根状茎、匍匐茎、芽，以及珠芽或芽胞等产生子代克隆分株，拓展生境，具有克隆生长习性（Peck et al. 1990; Werth & Cousens 1990; Silvertown & Charlesworth 2001; Birch 2002; Guo et al. 2003; Du et al. 2010; Song et al. 2015）。

对种子植物而言，具有克隆生长的植物一般是通过种子扩散到某个生境，然后再通过它们的根状茎或匍匐茎迅速扩展、占领生境，当生长在异质性生境时，克隆植物的形态，尤其是决定其分株空间分布的形态学性状指标如间隔子长度、分枝强度和角度，能够对资源和环境条件的好坏产生表型可塑性反应（董鸣 1996a, 1996b; 钟章成 2000; Silvertown & Charlesworth 2001; Cornelissen et al. 2014）。比较而言，蕨类植物这方面的研究相对薄弱。

蕨的根状茎的分布格局与其利用不同生境中水分和养分有关（Watt 1964），蕨侵入草地——欧石楠灌丛的过程经历开辟、建立、成熟、退化等 4 个阶段。在水平尺度上，其根状茎可以分布在 1～20 m 及以上，一般在 7～10 m，根状茎的年增长率为 3 m 左右，但在群落不同演替阶段的变化较大。根状茎的垂直分布（深度）在 8～94 cm，平均大约在 23 cm。在侵入欧石楠灌丛中，根状茎呈“浅根”型分布，主要在表层下 10 cm 左右形成庞大的根状茎网络，有活力的根状茎主要在 5～10 cm（Watt 1971）。Cartledge 和 Carahan（1971）描述了 *P. esculentum* 侵入草地的过程中，根据其侵入草地的位置分为边缘地带的根状茎和中心地带的根状茎，在边缘地带的根状茎多呈平行分布，而中心地带则呈网状的根状茎系统，两种类型的叶片高度明显不同。

Lycopodium 中的一些种在孢子体生长约 20 年后开始进行根状茎的拓展生长（Lovett Doust et al. 1988）。蕨类植物根状茎的寿命较长，如 *Dennstaedtia punctilobula* 的根状茎在地下可以存活 10 年。

根状茎上富含芽库，生长迅速，为叶群体形成密集、郁蔽的“灌层”提供了保证，在群落演替早期阶段或干扰后形成的林窗内，蕨主要靠根状茎不断延伸实现种群数量的扩增。蕨的根状茎质量达 7.1 kg/m^2，富含营养，淀粉占其干重的 10%～30%（Bray 1991; McGlone et al. 2005）。*Pteridium aquilinum* 根状茎分为生长叶片的和没有叶片仅储存养分的两种类型，克隆在由孢子建立植株后 3 年便开始以 36 cm/a 的速度拓展。欧洲蕨极不容易清除干净，每年其分布可以提高 1%～3%，用不同的处理措施根除这种蕨类的根状茎需要很长时间（8～34 年和 9～64 年）（Marrs et al. 1993, 1998），在广东古兜山保护区植被演替的早期阶段，大部分蕨类植物主要依靠根状茎的延伸增加种群数量（严岳鸿等 2004）。

蕨类植物根状茎利用土壤养分的能力较强，即使在养分贫瘠的土壤中，其根状茎也可有效地吸收并储存 P 和 Mg，在养分利用方面具有很强的竞争能力；此外，根状茎可以储存大量水分以适应干旱条件，而某些较低等的蕨类植物的根状茎在生长发育过程需要专性的内共生真菌提供营养（McGlone et al. 2005）。

4. 孢子体的生物量和能量配置

蕨类植物的广泛分布可能与它们的生物量分配和能量配置有关（Lovett Doust et al. 1988）。例如，芒萁地下生物量的比例超过总生物量的 50%，芒萁根系较大的生物量分配是其广泛分布的主要因素（刘迎春等 2008）。

随光照强度增加，*Dryopteris carthusiana* 在根状茎上的分配相对固定，但在叶片上的分配比例逐渐增加，而 *D. dilatata* 却将更多的生物量分配到根状茎中，在叶片上的分配降低，另外，*D. expansa* 在根和叶上的分配则相对稳定（Saldana et al. 2007）。而荷叶铁线蕨随着干旱程度增加，干物质主要分配在根上（Liao et al. 2008）。对水龙骨科中附生蕨类种的研究表明，它们在根、根状茎、叶等方面的生物量配置明显不同，这种差异与支持木的树冠结构引起的光照、湿度差异有关（Sillett & Bailey 2003）。Lacey（1983）对 *Onoclea sensibilis* 和 *Lorinseria areolata* 进行了生殖分配的研究，表明 *O. sensibilis* 用于生殖的分配占总生物量（RA）的 10.4%～15.3%，而且其 RA 相对稳定，而 *Lorinseria areolata* 在不同生境中的 RA 均有明显的变化，该物种与 *O. sensibilis* 共存时，其生殖分配显著下降，但 *O. sensibilis* 保持相对稳定。

蕨类植物地上部分的热值随生长发育时间的不同而有一定差异，主要是老龄的叶片贮存较多的能量，优势物种积累能量较强，里白、狗脊、芒萁等广布于亚热带常绿阔叶林下的草本层中，与其较高的热值有关，尤其是里白在能量利用和贮存中具有优势（陈波等 2010）。

根据克隆植物种群理论，在异质生境中克隆生长使克隆分株处于不同的小生境中，从而将基株死亡风险以不同方式分摊，分摊有利于维持或提高基株适合度（董鸣 1996a, 1996b），最近，Song 等（2015）对分布在亚热带常绿阔叶林两种海拔梯度上芒萁和里白种群的功能性克隆性状进行了研究，发现随着海拔变化两种蕨类植物有类似趋势：即稳定的间隔子长度、增加比节间长、降低每个分株的间隔子质量和比节间重，表明两种蕨类植物在应对环境变化时，在觅食和储存资源这两种生活史策略方面存在着“权衡”。此外，通过切断与保留根状茎的对照实验，Du 等（2010）对常绿阔叶林下里白种群的研究也表明，克隆整合可以增加蕨类植物的适合度，而且对分株的存活与生长具有明显的正相关效益。

5. 孢子体与昆虫（动物关系）的关系

蕨类植物的叶片具有较少的营养物质，富含毒素、氰化物、硫胺素酶等，很多影响被子植物种群分布和生长的生物因素，如昆虫、病菌和动物的食草作用对蕨类植物很少或几乎没有影响（Karst et al. 2005），此外，Bracken 羽片基部具有“花外蜜腺”，分泌含葡萄糖、果糖、蔗糖、氨基酸等的化学物质，可以吸引蚂蚁形成互惠共生，增加被其他昆虫啃食的防卫机制（Lawton & Heads 1984），因此，蕨类植物缺少植食动物的捕食，有助于其广泛分布和生长。尽管如此，仍有研究发现一些昆虫取食蕨类植物叶片的现象，但取食蕨类叶片的昆虫种类较少（Lawton & MacGarvin 1985; Koptur et al. 1998）。

第四节　孢子生态学特征

蕨类植物的孢子体成熟后，能育叶产生孢子，孢子包括同型孢子和异型孢子，前者指大小、形状完全相同的孢子，后者指大小、形状不相同的孢子，异型孢子是较进化的类型。此外，Lloyd 和 Klekowski（1970）根据有无叶绿体将蕨类植物的孢子分为有叶绿素孢子和无叶绿素孢子两大类，大多数蕨类的孢子为无叶绿素孢子。

1. 孢子产量

孢子生产主要受植株的年龄、叶的发育状况，以及气候条件和微生境（如光照条件、风等）的影响（Conway 1957）。Sharpe 和 Jernstedt（1990）发现，*Danea wendlandii* 的植株最大年龄约 25 年，它的孢子叶常产生在 3 龄以上的植株上。Johnson-Groh 和 Lee（2002）发现，只有 39%的 *Botrychium mormo* 和 55%的 *B. Gallicomontanum* 的个体可以正常发育并产生孢子，可能由于光、温度及缺乏形成菌根的微生物等，或因地下捕食者及病原菌的存在而造成的。生长在森林开阔地带中的桫椤属的植物，叶具有明显的高生长动态和孢子生产量（Arens 2001）。在水分亏缺的生境中，*Asplenium scolopendrium* 叶片翌年的孢子产量受到影响，在严酷的冬季后，孢子产量也受到影响（Bremer & Jongejans 2010）。

某些物种如 *Diellia* 成熟个体产生的孢子数量在不同年间不同（Aguraiuja 2001），孢子产量的多少可能与植物生殖对策有一定关系，在非常郁蔽的生境中孢子成熟率很低，以营养繁殖占优。

显然，孢子产量在不同植物间具有差异，在年间也有差异。欧洲蕨（*Pteridium aquilinum*）一片复叶就可以产生高达 3.0×10^8 个孢子（Conway 1957），入侵蕨小叶海金沙（*Lygodium microphyllum*）生殖叶能产生 1.5×10^4 个孢子/cm^2（Volin et al. 2004），Peck 等（1990）估计了美国爱荷华州 14 种蕨类物种，发现每一植物体的孢子产量可达 5.4×10^4～3.3×10^8 个（平均 6.0×10^7 个）。

2. 孢子散布和孢子雨

2.1　孢子散布和孢子雨动态

在水平方向上，如前文所述，蕨类植物除其根状茎以克隆生长拓展生境外，蕨类植物地上部分还可以通过生殖叶形成孢子、释放孢子的途径拓展生境（de Groot et al. 2012），孢子成熟释放可以形成孢子雨（Conway 1957; Farrar 1976; Dyer 1994; de Groot et al. 2012）。Hill 等（1974）发现温带蕨类植物一般具有两种叶群体物候和孢子生产方式，一种是绿色的孢子在早春时由孢子叶散发，孢子叶是由上一年储存的光合产物产生；另一种方式常见于很多蕨类植物中，即孢子叶由当年的光合产物形成，该孢子叶上的非绿色孢子的散发可以从仲夏持续到秋季。另外，也有一种中间类型，如 *Lorinseria areolata* 的非绿色孢子大多在冬季释放，同时在它们枯死的直立孢子叶中仍保存一些孢子，这些孢子可以在翌年释放。Farrar（1976）发现 *Botrychium virginaum* 和 *Osmunda claytoniana* 孢子囊几乎同时成熟，其孢子会在成熟后的两周内全部释放，但是不少物种的孢子释放可以从 12 月持续到翌年春季。日本大多数蕨类植物的孢子形成需要 2～4 个月，主要集中在 8 月至 9 月初，也有在一年任何时间都有孢子形成的。

值得一提的是少数昆虫可以取食蕨类植物的孢子（Srivastava et al. 1997），Shibata 等（2002）认为如果孢子取食者昆虫是“寡食者”，蕨类植物的孢子生长物候（成熟、散布）会发生“漂移”，以逃避昆虫的捕食；如果取食者昆虫是“广食者”，则多数不同蕨类植物的孢子生长物候（成熟、散布）会“集中发生”，从而有效降低孢子的被捕食概率。

Sawamura 等（2009）的研究也发现类似结果，在捕食压力下，一些物种的孢子生产和散布明显提前或延后。

孢子雨的强度通常和孢子物候、孢子源的距离、距离地面的高度、环境条件（如降雨、飓风等）有关（Simabukuro et al. 2000; Marrs & Watt 2006; de la Cruz et al. 2009）。

在成熟的郁闭生境中，因风速和空气涡流减缓，会减缓孢子的散布速度，此外，孢子在散布过程中有可能被周围的植物所阻挡（Werth & Cousens 1990; Schneller 1998），因此，很多孢子散布在母体周围，如 *Dryopteris dilatata* 散布的孢子有 90%集中在距母体 3 m 之内的生境中，孢子数量在水平方向上呈凸峰分布格局（Penrod & McCormick 1996）。尽管如此，在自然环境中，孢子数量的凸峰分布格局易受随机因素的影响，如雨水、侵蚀、地表水、蚯蚓活动、凋落物的周转等可能造成孢子向不同方向运动（Schneller 1998）。此外，来源于较远区域的有活力孢子的多年积累，在某种程度上也抵消了尖峰态分布的效应（Dyer & Lindsay 1992）。

多数蕨类植物的孢子极小（直径为 20～100 μm），可以因风扩散到很远的生境，尤其是开阔生境中的蕨类植物，其孢子可以散布 3～4 km，甚至可能散布 20～30 km，因此，孢子的散布区域比其孢子体的实际分布区域更加宽广（Peck et al. 1990; Smith 1993; Penrod & McCormick 1996; Schneller 1998; de Groot et al. 2012）。Werth 和 Cousens（1990）认为，在长距离的散布过程中，孢子有很高的死亡率，但也有研究表明，很多蕨类物种的孢子在干燥的气候条件下能保持几个月的活力，从而实现孢子长距离散布并拓展生境（Dassler & Farrar 2001）。

此外，孢子可以借助于水（Peck 1974）和动物进行远距离散布（Arosa et al. 2010），如铁角蕨（*Asplenium lepidum*）、芒萁、粗梗水蕨（*Ceratopteris pteridoides*）的孢子囊成熟时由于环带失去功能而不能开裂，这些物种直接以孢子囊为单位进行散布，孢子囊因黏附在动物身上而被传播到远处的适宜生境中（Brownsey 1977; Warne & Lloyd 1981; Russell et al. 1998）。

体积较大的孢子囊在一定程度上可以限制蕨类种群的散布能力，包含在孢子囊中的孢子只能通过孢子囊壁的腐烂而散布（Warne & Lloyd 1981）。一些蕨类植物孢子周壁的雕饰通常可以使多个孢子黏附成一个散布单元，如阴地蕨（*Botrychium pumicola*）通常以 4 个孢子黏附成一个散布单元，而鳞毛蕨属（*Dryopteris*）一些物种的孢子往往是 2 个、3 个甚至更多黏附成一个散布单元（Camacho & Liston 2001）。

2.2 孢子域和蕨类植物的交配系统

很多蕨类物种的孢子在干燥的空气条件下能保持几个月的活力，从种群水平考虑，蕨类植物的孢子通过长距离散布是拓展种群空间分布的基础，蕨类植物可以通过同配自交方式定居新的生境（Dassler & Farrar 2001）；此外，孢子散布也有助于不同种群间的基因交流（Werth & Cousens 1990）。

Schneller（1998）将孢子凸峰分布形成的空间格局定义为孢子域（spore shadow），他认为在孢子域中，由于存在很多来自于同一亲本的孢子，配子体之间很可能发生异配自交；然而，由于种群中多个个体的存在，很多孢子域会发生重叠，这增加了异配异交的机会，降低了异配自交的可能性。木贼科（Equisetaceae）植物的孢子具有弹丝，不仅有利于孢子从孢子囊中释放出去，而且有助于孢子的相互缠绕，从而有利于异配自交（Michiel 2009）（详见第五节：配子体库与交配系统模式）。

3. 孢子库

3.1 孢子库及其类型

孢子散布到土壤表面，可以通过水的渗透进入土壤孔隙，或由于土壤生物的活动进入土壤内（Hamilton 1988; Hamilton & Lloyd 1991a）。

在自然条件下，大多数孢子的萌发依赖光照条件（Conway 1957），在土壤中，孢子由于缺乏光照而保持休眠状态，尤其是进入土壤深层的孢子能够保持长时间的活力，由几天、几周、几年到更长的时间，如 de Beauclair Guimarães 和 Felippe（1999）曾将 *Cyathea delgadii* 的孢子与土壤混合，然后掩埋于 10～15 cm 土壤中，孢子在 10 个月后的萌发率仍在一半左右。卵叶铁角蕨（*Asplenium rutamuraria*）的部分孢子能在土壤中保持至少 1 年的活性（Hock et al. 2006），*Lycopodium lucidum* 的孢子在土壤中滞留 1 年多后萌发，同属其他物种的孢子则至少需要 3 年或更长时间萌发（Whittier & Webster 1986），因此，延迟萌发使一定数量且有活力的孢子在土壤中形成了孢子库（Dyer & Lindsay 1992; Dyer 1994）。

根据研究尺度的不同通常可区分为种群尺度上的孢子库（Hamilton 1988; Penrod & McCormick 1996），即由同种蕨类植物的孢子构成，以及群落水平上的孢子库（Leck & Simpson 1987; Milberg 1991; Simabukuro et al. 1999; Ranal 2003; Ramírez-Trejo et al. 2004; Hock et al. 2006），即由不同蕨类植物种的孢子构成。

蕨类植物的孢子库广泛存在于各种多样化的生境中，除土壤孢子库外，孢子还可以散布到岩石缝隙、砾石堆、人建墙体、水体（水生蕨类）等生境中，在热带森林中，附生蕨类的孢子通常散布在乔木树干及树枝上形成树皮孢子库（Ranal 2004; McCarthy 2007）。

多数研究集中于土壤孢子库和树皮孢子库，对其他生境基质中孢子库研究较少，一般认为孢子库对物种未来种群的更新与维持起着重要作用，其大小和丰富程度是决定蕨类植物多样性的基础，甚至在火灾、除草剂等完全消除地上种群后重新构建蕨类植物种群，降低蕨类物种在当地灭绝的可能性（de Groot et al. 2012）。

3.2 孢子萌发的影响因素及适应机制

在自然环境中，光照主要集中在土壤表层（Pérez-García et al. 2007），因此孢子库中的孢子只有被带到土壤表面才能萌发（Dyer 1994; Simabukuro et al. 1999; Flinn 2007）。各种形式的干扰可以暴露土壤孢子库中的孢子，如暴风雨、乔木倒塌及树枝掉落、动物活动（如蚯蚓、蚂蚁）等导致的土壤物理性翻动，或通过移除地面凋落物层导致土层翻动，从而使孢子暴露于光照环境（Peck et al. 1990; Dyer 1994; Simabukuro et al. 1999; Watkins 2006; Flinn 2007; Watkins et al. 2007b）。

此外，土壤水分因素也会影响孢子萌发，如果孢子所处土壤中通常保持湿润状态，这种状况可能抑制孢子的呼吸作用，保持孢子更长时间的活力（Dyer & Lindsay 1992;

Dyer 1994）。如北美球子蕨（*Onoclea sensibilis*），其绿色孢子在湿润土壤中可保存至少10个月的时间（Dyer & Lindsay 1992; Dyer 1994）。

孢子延迟萌发的特征可能与蕨类植物的适合度有关，在不适宜的生境中，孢子会延迟萌发并进入休眠状态，尽管休眠或延迟萌发有导致孢子活性降低和增加孢子死亡的可能性，但是这种代价成本往往会被抵消——因为在不适宜生境中萌发会浪费生殖投资，即不适宜的生境条件会进一步限制孢子萌发后形成的配子体生长；相反，如果孢子在适宜的环境中休眠或延迟萌发，将会增加孢子未来的死亡率，也会进一步降低配子体及幼孢子体的存活率（Hamilton 1988）。

Jones 等（2007）发现热带树蕨的分布与微生境特化有关，微生境对其生活史早期阶段的影响决定了树蕨种群的分布。此外，热带雨林的树皮孢子库中可能包含陆生蕨类植物孢子，由于树干上附生苔藓的竞争作用及生化他感作用，陆生蕨类植物孢子通常不能在树干和树枝上萌发形成配子体，或配子体不能达到性成熟阶段，因此无法形成孢子体，而附生苔藓对附生的蕨类植物孢子萌发及配子体的生长发育没有影响（McCarthy 2007）。只有当乔木死亡倒塌后，陆生物种的孢子才能到达土壤表面而萌发（Ranal 2004）。当然，热带地区土壤孢子库中也可能包含附生蕨类物种的孢子，相对于树干等环境，土壤环境常处于不稳定或干扰多的状态，附生蕨类植物的孢子很难在土壤萌发（Watkins 2006; Watkins et al. 2007）。因此，有学者认为影响蕨类植物分布的主要因素并非孢子的散布，而是孢子所处生境中的资源可利用性及其对孢子萌发的影响（Norton 1994）。

3.3　孢子库的一般特征

蕨类植物的孢子库常具有以下几个主要特征。

（1）孢子库中孢子数量与蕨类植物种类、孢子散布时间、距离有关（de Groot et al. 2012）。不同蕨类植物孢子库的数量差异极大，为 57 000～5 000 000 个/m^2（Johnson- Groh et al. 2002）。孢子数量常在孢子散布结束后达到最大，而且数量最大的孢子库常在蕨类孢子体下方的土壤中（Dyer 1994）。随着孢子源距离的增加，孢子库的大小是递减的，表现出距离效应（Marrs & Watt 2006）。

孢子通常分布在土壤表层，如 *Onoclea sensibilis* 在 1 m^2 的土壤表层大约有 1000 个孢子，而 *Athyrium thelypterioides* 孢子数量是前者的近千倍（Hamilton 1988）。随着土壤深度的增加，孢子库中的孢子数量和孢子种类多样性随之递减（Ranal 2003; Ramírez-Trejo et al. 2004; Marrs & Watt 2006）；同时，土壤深度也会影响孢子的活性（Dyer & Lindsay 1992）。

（2）土壤孢子库处于不断更新状态，其中的孢子通常由不断积累的长寿命休眠孢子和新近散布的孢子所组成（During & Horst 1983; Dyer 1994; Milberg 1991），每年都有大量新的孢子涌入土壤并保持休眠状态（Pangua et al. 1999），因此，孢子库中孢子种类通常与蕨类植物种类组成有密切关系（Dyer 1994; de Beauclair Guimaraes & Felippe 1999），但一些生境的孢子库中可能包含本地没有的蕨类植物种的孢子，这可能是较远地区蕨类长距离散布的孢子，或者是本地曾经生长分布的蕨类植物的孢子（During & Horst 1983; Leck & Simpson 1987; Milberg 1991; Ghorbani et al. 2006; Ramírez-Trejo et al. 2004; Hock et al. 2006）。

在自然环境中，孢子库至少有助于了解某一生境中过去曾经生长分布的蕨类植物及预测该生境未来的蕨类植物种群动态，同时，结合蕨类植物的孢子散布距离，可以间接推断该生境附近区域的蕨类植被概况（Dyer & Lindsay 1992; Ramírez-Trejo et al. 2004）。

（3）土壤孢子库与蕨类植物的交配系统之间具有密切的关系。对种子植物而言，其种子库中的种子萌发形成幼苗，而蕨类植物孢子库中的孢子萌发形成了配子体，配子体动态决定了蕨类植物的交配系统模式（Lott et al. 2003），详见第五节：配子体库与交配系统模式。

3.4　孢子库研究方法

通常用悬浮重液法和孢子萌发法研究土壤孢子库（Simabukuro et al. 1999; Watkins et al. 2007）。其中，悬浮重液法是孢粉学上最常用的方法，通过对收集的土壤进行酸碱处理、离心、浮选等步骤将孢子直接从土壤中分离出来，通过制片在显微镜下计数孢子的数量及种类。这种方法虽然比较直观，但仍有缺陷：首先，分离的蕨类孢子与花粉、苔藓孢子混杂在一起，计数非常困难；其次，通过孢子形态辨认物种的困难性很大，尤其是土壤中失活的孢子，该方法无法准确确定土壤库中有活力孢子的数量（Simabukuro et al. 1999）。

目前，很多学者采用孢子萌发法来确定孢子库的大小和物种组成（Leck & Simpson 1987; Hamilton 1988; Dyer & Lindsay 1992; Dyer 1994; Penrod & McCormick 1996; Simabukuro et al. 1999; Ranal 2003, 2004; Ramírez-Trejo et al. 2004; Hock et al. 2006）。将收集的土壤（或树皮）在室内培养，通过体视显微镜计数土壤中发育形成的配子体数量，通过配子体数量直接估计出单位面积土壤（或树皮）的孢子数量。

这种计数法也有缺陷：首先，一些萌发形成的配子体可能是丝状体状的，在计数时很容易被忽视；其次，许多物种的配子体形态非常相似，不易分类辨认（Dyer & Lindsay 1992; Dyer 1994; Simabukuro et al. 1999）；与此同时，某些蕨类植物不同性别的配子体形态却有很大差异（Ranal 2003）。另外，一些蕨类植物配子体生长时间极短，或一些蕨类植物配子体生长旺盛出现克隆增殖现象，使计数更加困难，因此运用此方法需要准确掌握计数时间（Ranal 2003）。

不少研究结合配子体的形状、质感、分生组织的位置及深度、表面及边缘细胞的结构、毛状体的有无及类型、假根的颜色等，对特征很明显的一些物种进行辨认，取得一定的进展（Tryon & Vitale 1977; Penrod & McCormick 1996; Hock et al. 2006; Watkins 2006; Watkins et al. 2007）。

另外，一些研究者设法将配子体培养到孢子体阶段，通过辨认幼孢子体的形态特征来鉴定种类，这种方法不仅耗时（可达 2～3 年），而且估计也不准确，因为很多有活力的孢子并不能参与受精形成孢子体（Ranal 2003, 2004; Ramírez-Trejo et al. 2004）。

因此，同种子植物的种子库研究相比，蕨类植物的孢子库研究方法仍有待提高。

第五节　配子体库

蕨类植物孢子库中的孢子在适宜生境中萌发形成配子体，配子体一般无根、茎、叶的分化，结构简单（Watkins et al. 2007），其生长发育主要在土壤表层或近地表几厘米处的土壤–大气界面进行，在进化过程中配子体面临的选择压力不同于孢子体，两者存在某种程度的独立进化和不同的适应对策（Cousens 1979; Warne & Lloyd 1980; Watson & Vazquez 1981; Whittier 2005）。

开展自然条件下配子体生态学的研究一直被认为是蕨类植物生态学研究中最富挑战性的工作（Werth & Cousens 1990; McGlone et al. 2005; Watkins et al. 2007a）。

1. 配子体库及其类型

蕨类植物的孢子体种群常来源于其配子体种群，配子体的数量动态是阐明蕨类植物种群分布和数量变化的基础（Watson & Vazquez 1981; Watkins et al. 2007），一定时空尺度下的配子体数量动态称为配子体库(gametophyte population)(Watson & Vazquez 1981)。

绝大多数蕨类种的配子体存在于土壤–大气界面，即形成地上配子体库，但研究发现约有 2%的蕨类具有地下配子体，这些配子体通常与真菌共生，在土壤中形成地下配子体库（Johnson-Groh et al. 2002）。

根据营养方式的差异，可以将配子体分为两种：一类配子体的细胞中含有叶绿体，行自养方式，可以独立生活；另一类不含叶绿体，必须与真菌共生生活（Johnson-Groh et al. 2002）。

配子体库还可以进一步分为配子体种群（由同种蕨类植物的配子体构成）和配子体群落（由多种蕨类植物的配子体构成）(Watkins 2006)，但 Hamilton 和 Lloyd（1991）用配子体群落描述由同一蕨类植物种的雌配子体和雄配子体共同构成的群体。

2. 配子体库与交配系统模式

蕨类植物的孢子在适宜的生境条件下可以发育成能独立生活的配子体（单倍体），这些配子体有无性、雌性、雄性、两性之分，蕨类植物有 3 种交配行为方式（Lloyd 1974）：①同配自交（intragametophytic selfing），指单一配子体上精卵受精而形成完全纯合的孢子体的现象。此种交配模式在种子植物中是不存在的。②异配自交（intergametophytic selfing），指同一孢子体上不同孢子产生的配子体之间的精卵交配而形成孢子体的现象，孢子体可能是高度纯合的。此种交配方式与种子植物中的自交类似。③异配异交(intergametophytic crossing)，指不同孢子体上不同孢子产生的配子体之间的精卵受精而形成孢子体的现象。此种交配方式类似于种子植物的异交。

土壤孢子库中的孢子常受到蚯蚓活动的影响，蚯蚓通过搬运、吞食排泄土壤（孢子经蚯蚓消化道后仍保持活性），使孢子在土壤层的水平方向或垂直方向上移动，有助于孢子在土壤中的有效散布及与其他孢子的充分混合，这种结果将增加配子体种群异交的可能性（Schneller 1979; Hamilton 1988; Hamilton & Lloyd 1991a）。同样，土壤中高强度的线虫活动可以导致土壤的混合，有助于孢子在土壤水平或垂直方向的运动，因此，即使是体积很小的土壤，也可能包含了多样性很高的孢子，这些孢子可能来自于不同生境，也可能来自于不同年份孢子萌发形成的配子体，因此，配子体库通常形成复杂的年龄和性别组成，在一定程度上促进了异交（Cousens 1979; Ranker & Houston 2002）。

蕨类的交配系统与其种群拓展生境空间有密切的关系，如具有同配自交能力的高大肾蕨（*Nephrolepis exaltata*）可以定居在夏威夷火山喷发所形成的最新熔岩流生境上，成为该地区植被群落演替早期的先锋物种（Lloyd 1975）；美国佛罗里达州两种入侵蕨类的自交能力使其不断入侵远处的生境（Lott et al. 2003），从而加大其入侵范围；Flinn（2006）发现，高的同配自交率使刺叶鳞毛蕨（*Dryopteris carthusiana*）能定居生长在当地曾遭受砍伐并处于演替早期的次生林内。

在附生环境中，蕨类的生长基质通常被苔藓植物所覆盖，相比于陆生的裸露土壤或岩石环境，孢子散布更加分散；此外，两个孢子在长距离的散布之后到达相同树干或树枝的可能性很低（Dassler & Farrar 2001），因此，同陆生蕨类植物相比，附生蕨类植物配子体的交配作用可能会受到更大的限制，附生蕨类异交产生孢子体的成功率很低，但不少研究发现附生蕨类的很多物种是异交的（Ranker & Houston 2002; Chiou et al. 2005），如*Pleopeltis*的附生种类的配子体通过异交发育形成孢子体，这种适合度较高的孢子体种群可以在缺乏水分、营养、光照的树皮生境中生长，同时也适应树皮上各种强烈的随机干扰因子，如树木翻倒、树枝掉落、风、动物活动等（Hooper & Haufler 1997）。

某些蕨类植物生活史中具有混合交配系统，即兼有两种或 3 种交配行为方式，如入侵的蕨类植物 *Lygodium microphyllum* 具有混合的交配系统，同配自交模式能使其种群入侵到更远处的生境并在当地迅速建立种群，而异配异交模式有助于其孢子体种群更好地适应当地的环境条件并排斥乡土蕨类物种（Lott et al. 2003）。

蕨类植物配子体库及其交配系统模式与种群空间分布和生活史对策之间的关系仍需深入的研究（Watkins et al. 2007; Mehltreter et al. 2010）。

3. 配子体库动态及其影响因素

一般认为，蕨类植物的配子体几乎没有与其他物种的竞争能力，是蕨类生活史中较为脆弱的阶段，但随着研究的不断深入，人们逐渐认识到配子体可能具有更强的逆境忍受能力，甚至可能生长在孢子体不能生存的恶劣生境中（Sato 1982; Peck et al. 1990; Watkins et al. 2007）。

水分是影响配子体发育的主要因素，如入侵到美国佛罗里达州的两种海金沙，其配子体世代很短，往往在雨季进行迅速生长并达到性成熟，在旱季到来之前产生大量的孢子体（Lott et al. 2003）。此外，Watson 和 Vazquez（1981）对 *Woodsia scopulina* 进行野外研究发现，该种的配子体一般分布在郁蔽的湿润环境中，在散射光时间较长甚至全天散射的环境中发育较好。

某些较低等的蕨类植物配子体和孢子体在生长发育过程需要专性的内共生，生活于干旱生境中的 *Cheilanthes lanosa*，其配子体虽受干旱影响，但通过菌根而生长（Palmieri & Swatzell 2004），此外，配子体生长过程具有自疏现象（Hamilton & Lloyd 1991b）。

在温带地区，干扰形成的营养——土壤的“安全岛”有利于配子体库的建立（Cousens et al. 1988），例如，Watkins 等（2007）发现干扰和光照的增加促进了陆生蕨类配子体密度和丰富度的增加。但也有相反的结论，由于干扰的环境通常不稳定，并具有不可预测的灾难性，如蚯蚓可能取食破坏配子体生长，导致配子体的高死亡率，形成所谓“繁殖兴旺假象”(Peck et al. 1990)。另外，在哥斯达黎加的La Selva地区，粉叶蕨(*Pityrogramma tartarea*)常见于干扰生境中，其配子体及幼孢子体通常分布在倒木粗根残体附近，但是随着湿润季节雨水的侵蚀，倒木残体小生境持续恶化，幼孢子体最终无法正常生长并形成生殖叶（Watkins 2006)。

4. 配子体库研究方法

由于体型小，生活期较短，在自然条件下很难发现，加之分类鉴定的困难，因此，在自然生境中观察孢子萌发和配子体发育的研究较少，这方面的研究主要在实验室内进行（Ranker & Houston 2002)。

第六节　总结与展望

1. 总结

1.1　蕨类植物生态学研究

梳理文献可以发现，数十年来，有关蕨类植物生态学的研究具有以下几个特点。

1.1.1　研究方向

蕨类植物生态学的研究比较广泛地整合了系统发育学（Janssen et al. 2007)、植物地理学（Smith 1993; Barrington 1993; Guo et al. 2003; Kessler et al. 2011b)、进化生物学（Tryon 1985; Haufler et al. 2002; Watkins et al. 2007)、繁殖生物学（Tryon & Vitale 1977; Lott et al. 2003; Flinn 2006; Quintanill et al. 2007)、生理生态学（Chiou et al. 2005; Saldana et al. 2007; Liao et al. 2008; Bremer & Jongejans 2010; Guo et al. 2011; Funk & Amatangelo 2013; Gould et al. 2013)、种群遗传学（de Groot et al. 2012; Chung & Chung 2013)、分子生态学（Russell et al. 1999)、全球变化（Kreft et al. 2010; Testo & Watkins 2013）等理论和方法，相关的整合研究成果无疑促进了蕨类植物生态学的发展。

1.1.2　研究地区

由于蕨类植物的分布极其广泛，不同的研究地区包括热带雨林（Jones et al. 2006; Watkins et al. 2009)、热带季雨林（Testo & Watkins 2013)、亚热带森林（Lee et al. 2009)、温带森林（Marrs et al. 2006; Sawamura et al. 2009)、针叶林（Griffiths & Filan 2007)、草原（Hock et al. 2006)、荒漠（Anthelme et al. 2011）等。除上述自然生态系统外，有关蕨类植物生态学的研究甚至包括城市生态系统（Murakami et al. 2005)。

1.1.3　生境类型

有关蕨类植物研究地区的生境主要以陆生（土壤）为主，包括岛屿生境（Chau et al. 2013)，但也有文献涉及水陆交界（Treter & Palacios- Rios 2003)、滨海湿地（Pangua et al. 2009)、淡水湿地（Leck & Simpson 1987)、水生生境（Deng et al. 2014; Sadeghi et al. 2014)

及附生蕨类的支持木微生境（Parra et al. 2009; Watkins et al. 2009）。

1.1.4 组织尺度

一般而言，生态学的组织尺度包括个体、种群、群落和生态系统等，在个体尺度对蕨类植物的研究主要涉及生理生态学；在种群尺度则以蕨类植物种群生活史或某一阶段的适应性特征研究为主（Birch et al. 2000; Song et al. 2015）；群落尺度的主要研究包括蕨类植物与其他植物及植食性动物（以昆虫为主）的种间关系，以及蕨类植物的多样性及其格局分析（Richard et al. 2000; Karst et al. 2005; Ruokolainen et al. 2007; Kessler et al. 2011a, 2011b）；在生态系统方面目前主要关注蕨类植物在生态系统物质循环过程中的作用（de Luca et al. 2013; Funk & Amatangelo 2013）。

1.1.5 空间尺度

在蕨类植物研究的空间尺度上，可以简单地分为宏观尺度、大尺度、中尺度、小尺度等几个层次，其中在全球尺度上主要涉及蕨类植物在全球的分布及其成因（Kreft et al. 2010; Kessler et al. 2011b），在大尺度方面，以具体地理区域为对象（Chau et al. 2013），探讨蕨类植物的分布和多样性维持机制（Schneider & Geoghegan 2006; Zuquim et al. 2014）；在中等尺度上，主要以群落生态学和种群生态学为主，探讨其他物种与蕨类植物之间相互作用或环境因素对蕨类植物的影响（Karst et al. 2005; Flinn 2007; Jones et al. 2007; Saldana et al. 2007）；在小尺度方面主要包括树皮生境（Ranal et al. 2004; Watkins & Cardelús 2009）。

1.1.6 时间尺度

从研究时间看，对蕨类植物生态学研究从 1～2 年（Flinn 2007）到长期定位研究（Bystriakova et al. 2011），尤其是自然环境中蕨类植物种群的长期定位研究（Walker et al. 2010; Bystriakova et al. 2011; Gould et al. 2013）。

1.1.7 研究对象

目前，已对很多不同蕨类植物种开展了研究，主要包括广布蕨类物种或乡土蕨类植物的分布格局及其生长（Zaniewski et al. 2002; Gould et al. 2013）、濒危蕨类种的保护（Chau et al. 2013; Testo & Watkins 2013）及入侵蕨类种的防控（de la Cretaz & Kelty 1999; Volin et al. 2004; Maren et al. 2008; Sadeghi et al. 2014）等，尤其比较集中的物种包括 *Pteridium* spp.、*Dennstaedtia punctilobula* 和 *Dicranopteris linearis* 等。

1.1.8 研究方法

在种群水平，结合分子生物学、细胞生物学等方法，在实验室开展孢子萌发、配子体种群繁育系统及其动态的研究一直是该领域的重点。

目前，已有研究强调在自然状态下开展蕨类植物研究的重要性（Walker et al. 2010; Gould et al. 2013）。在传统群落生态学和种群生态学研究方法的基础上，结合生理生态学方法，较深入地开展人工去除实验（Walker et al. 2010）、人工控制实验（Rünk & Zobel 2007; Song et al. 2015）。在大尺度范围结合 GIS 等方法开展种群动态研究（Schneider & Geoghegan

2006; Singh et al. 2014）。此外，结合城市规划等的研究也有报道（Murakami et al. 2005）。

1.1.9 生态因子

蕨类植物的分布和生长发育受不同生态因子的影响，研究陆生蕨类植物的生态因子主要包括湿度、温度、土壤、光照等（Nondorf et al. 2003; Rünk & Zobel 2007; Pittermann et al. 2013; Paul et al. 2015）及极端生态因子对蕨类植物的影响（Kornás 1985），如极端低温（Bannister 2003; Bremer & Jongejans 2010）、极端干旱（Anthelme et al. 2011）和土壤高盐浓度（Pangua et al. 2009）等，目前也注意到全球变化对蕨类植物尤其是濒危蕨类植物的影响（Testo & Watkins 2013）。

另外，研究发现一些蕨类植物可以适应人为因素产生的干扰环境（Slocum et al. 2004），人为因子主要包括放牧、火、除草剂等对蕨类植物的影响（Pakeman et al. 2005），以及不同土地利用格局（Marini et al. 2011）和人为活动导致的生境片断化对蕨类的影响（Murakami et al. 2005; Magrach et al. 2014）等。

1.2 蕨类植物种群生态学研究

如前文所述，蕨类植物种群的生活史可以简单地归结为“从孢子到孢子”的过程，主要的研究涉及蕨类植物生活史的各个阶段，此处不再赘述。

2. 展望

2.1 蕨类植物种群生态学研究趋势

有关蕨类植物生态学的研究内容极其丰富，通过梳理和总结相关文献，认为近年关于蕨类植物生态学的研究重点可以归结在生态系统和种群两个尺度上。

其中，在生态系统尺度上：蕨类植物生态学的研究趋势已从蕨类植物对群落结构组分的影响拓展到蕨类植物种与其他种子植物幼苗生长的养分竞争策略（Funk & Vitousek 2007; Funk & Amatangelo 2013），其次强调蕨类植物种群对生态系统物质循环过程的影响（de Luca et al. 2013）。

在种群尺度上：由于蕨类植物对生境条件的多样化适应，因此，蕨类植物孢子体对生境资源的利用和反应是研究其自然种群动态的重点（Watkins et al. 2007c; de Luca et al. 2013; Silva et al. 2014），这方面更加强调自然生境中蕨类植物主要生活史阶段的生态学特征，尤其是微生境中气候状况和土壤养分状况对孢子散布、孢子萌发和配子体库动态的影响及其繁育系统的适应特征（Flinn 2007; Lee et al. 2009; de Groot et al. 2012; Flinn et al. 2014），同时，在异质性生境中，克隆生活史性状变异及其生态系统效应将成为蕨类植物种群生态学的一个新方向（Birch 2002; Du et al. 2010; Guo et al. 2011; Chau et al. 2013; Cornelissen et al. 2014; Song et al. 2015）。

尽管在生态系统和种群两个尺度上的研究重点有所不同，但归根结底，研究者均强调蕨类植物种群生活史的适应性。

在不少地区，各种生态系统持续退化，开展蕨类植物生态学的研究面临两种极端情况：一是某些蕨类植物在土地利用方式发生变化的生境中具有明显的生态入侵现象，如蕨目前在欧洲、美国、新西兰、非洲等地很多生态系统中已成为新的有害杂草，开展入侵蕨类植物种群结构动态变化过程的研究已成为保护和管理这类生态系统的核心（Gilbert et al. 2004; Coomes et al. 2005; Pakeman et al. 2005; Fei et al. 2010）；其二，由于人类活动导致生境片断化和全球变暖，一些蕨类植物的种群数量持续减少或处于濒危状态，基于种群生活史特征和遗传生态学的研究成为保护和恢复这类蕨类植物种群的基础（Chau et al. 2013），上述两种情况都可归为蕨类植物种群生态学中的生活史对策研究。

Lovett Doust 等（1988）曾认为，结合种子植物种群生物学的相关理论研究分析蕨类植物种群生态学，有利于理解并统一植物种群的生殖对策理论，具有明显的有效性。Werth 和 Cousens（1990）及 Mehltreter 等（2010）也认为认识蕨类植物需要深入研究其种群生态学并整合蕨类植物的其他研究成果，只有这样才能从生活史角度解释蕨类物种的分布机制，并制订相应的保护和管理措施。

2.2 关于中国蕨类植物种群生态学研究的建议

据估计，全球有蕨类植物 12 000 余种，我国共有蕨类植物 2600 多种，中国是世界蕨类植物区系的多样性中心之一（Ching & Wang 1982; 陆树刚 2007）。Ching 和 Wang（1982）曾系统介绍过我国的蕨类研究概况，国内学者数十年来对蕨类植物开展了广泛的研究，并取得很多的研究成果。但梳理文献发现，国内从蕨类植物生态学角度开展的研究表现出如下特点。

（1）研究方向：近年国内学者在蕨类植物的地理区系、系统发育与亲缘关系、植物解剖学、蕨类植物的资源保护利用等方面的研究基础上（Ching & Wang 1982; 陆树刚 2007; 严岳鸿等 2012; 王菁兰等 2010; 张泽宏和吴小霞 2013; 王凡红等 2013; 陆树刚和陈风 2013; 陈功锡等 2014）已逐步关注蕨类植物种群生态学的研究，并整合相关研究理论和方法（Guo et al. 2011; Deng et al. 2014; Song et al. 2015）。

（2）研究时间：大多对蕨类植物生态学研究的时间尺度较短，尽管如此，其中部分工作有可能为今后持续定点开展蕨类植物种群动态变化的研究奠定基础（王祥荣和宋永昌 1993; 张笃见等 1999; 陈波等 2010; 严岳鸿等 2012; Du et al. 2010; Guo et al. 2011; Song et al. 2015）。

（3）研究尺度：目前的研究逐步开始注重群落尺度和种群尺度，其中，在群落尺度上以生物多样性分析为主（严岳鸿等 2004, 2011, 2012; 叶文等 2007）；种群尺度方面的研究主要包括物种种群动态（马泽清等 2008; 黎素平等 2010）、生理生态适应特征（Liao et al. 2008; 陈波等 2010; 王程媛等 2011; 张建新等 2011; 罗绪强等 2013; 孙昊等 2013; 张泽宏和吴小霞 2013; Deng et al. 2014; 熊慧等 2014）及个体的克隆整合效应（Du et al. 2010; Guo et al. 2011; Song et al. 2015），蕨类植物种群与其他物种的关系及其对群落结构、生态系统物质循环的影响也少见报道（张笃见等 1999; 徐成东等 2011; 杨龙等 2014）。

（4）研究对象：目前的工作多以濒危蕨类物种为主（Chen et al. 2007, 2010; Dong et al. 2007; Deng et al. 2011），虽然涉及一些广布蕨类植物（李钧敏等 2007; 刘迎春等 2008; 李小飞等 2013），但对其分布格局和种群生活史适应机制缺少深入研究；另外，针对国内不同生态系统，未见是否存在蕨类物种生态入侵的报道。

（5）在研究方法上，主要以室内研究为主，包括室内孢子萌发、配子体生长和分子生态学等，野外定位持续观测不多（王祥荣和宋永昌 1993; Song et al. 2015）。

鉴于此，研究者认为以蕨类植物种群适应性为主线，在区域尺度上，以开展蕨类植物多样性分布和维持机制为主；在中小尺度（生态系统和群落水平）上，以开展蕨类植物种与其他物种的相互作用和共存机制为主，全面推进我国蕨类植物种群生态学的发展，在理论方面深入阐述我国丰富多样蕨类植物的成因、分布及适应机制，补充、完善植物种群生态学理论体系，同时，也有助于在全球变化和生境片断化背景下制订我国蕨类植物资源的管理和保护措施。

参考文献

陈波, 金盛杨, 黄瑞建, 等. 2010. 浙江天童国家森林公园内几种蕨类植物的能量特征分析. 浙江大学学报(理学版), 37(2): 214-220.

陈功锡, 杨斌, 邓涛, 等. 2014. 中国蕨类植物区系地理若干问题研究进展. 西北植物学报, 34(10): 2130-2136.

董鸣. 1996a. 异质性生境中的植物克隆生长: 风险分摊. 植物生态学报, 20: 543-548.

董鸣. 1996b. 资源异质性环境中的植物克隆生长: 觅食行为. 植物学报, 38: 828-835.

黎素平, 朱昌叁, 曹书阁, 等. 2010. 紫萁年龄判断及其种群年龄结构分析初探. 广西植物, 30(6): 840-843.

李钧敏, 金则新, 朱慧慈, 等. 2007. 重金属污染芒萁居群遗传分化的 RAPD 分析. 生态学杂志, 26(2): 171-176.

李保贵, 朱华, 王洪. 2000. 西双版纳“龙山”片段雨林蕨类植物的变化研究. 武汉植物学研究, 18(6): 479-486.

李小飞, 陈志彪, 陈志强, 等. 2013. 南方红壤侵蚀区芒萁生长特征及其对环境因子的响应. 水土保持通报, 33(3): 33-37.

刘迎春, 刘琪, 汪宏清, 等. 2008. 芒萁生物量分布特征. 生态学杂志, 27(5): 705-711.

陆树刚, 陈风. 2013. 论蕨类植物生态类型的划分问题. 云南大学学报(自然科学版), 35(3): 407-415.

陆树刚. 2007. 蕨类植物学. 北京: 高等教育出版社.

罗绪强, 王世杰, 张桂玲, 等. 2013. 钙离子浓度对两种蕨类植物光合作用的影响. 生态环境学报, 22(2): 258-262.

罗绪强, 王世杰, 张桂玲. 2014. 茂兰喀斯特地区常见蕨类植物根际土氮、磷、钾营养元素含量特征. 地球与环境, 42(3): 269-278.

马泽清, 刘琪璟, 徐雯佳, 等. 2008. 江西千烟洲人工针叶林下狗脊蕨群落生物量. 植物生态学报, 32(1): 88-94.

孙昊, 刘婷婷, 关旸, 等. 2013. 极度濒危蕨类中华水韭对除草剂的生理响应. 西北植物学报, 33(9): 1830-1837.

王程媛, 王世杰, 容丽. 2011. 茂兰喀斯特地区常见蕨类植物的钙含量特征及高钙适应方式分析. 植物生态学报, 35(10): 1061-1069.

王凡红, 李德铢, 薛春迎, 等. 2013. 石松类和蕨类植物的主要分类系统的科属比较. 植物分类与资源学报, 35(6): 791-809.

王菁兰, 刘全儒, 孟世勇, 等. 2010. 从秦岭蕨类植物区系地理成分论秦岭山地生态分界线的划分. 地理研究, 29(9): 1629-1638.

王祥荣，宋永昌. 1993. 狗脊和里白植株浸出液化感作用的研究. 植物生态学与地植物学学报, 17(2): 143-154.
熊慧，马承恩，李乐，等. 2014. 不同生境条件下蕨类和被子植物的气孔形态特征及其对光强变化的响应. 植物生态学报, 38(8): 868-877.
徐成东，李雪玲，冯建孟. 2011. 云南哀牢山国家级自然保护区附生蕨类植物的多样性与附载植物的关系. 生态学杂志, 30(9): 1858-1862.
徐成东，陆树刚. 2007. 云南哀牢山国家级自然保护区蕨类植物生态地理研究. 武汉植物学研究, 25(1): 53-58.
严岳鸿，何祖霞，马其侠. 2012. 湖南丹霞地貌区蕨类植物多样性. 生物多样性, 20(4): 517-521.
严岳鸿，何祖霞，苑虎，等. 2011. 坡向差异对广东古兜山自然保护区蕨类植物多样性的生态影响. 生物多样性, 19(1): 41-47.
严岳鸿，易绮斐，黄忠良，等. 2004. 广东古兜山自然保护区蕨类植物多样性对植被不同演替阶段的生态响应. 生物多样性, 12(3): 339-347.
杨龙，王俊，黄钰辉，等. 2014. 南亚热带人工林林下芒萁层的凋落物拦截. 热带地理, 34(2): 165-170.
叶文，李振基, Tan B C, 等. 2007. 武夷山脉南北蕨类植物生物多样性研究. 厦门大学学报(自然科学版), 46(3): 431-437.
张笃见，叶晓娅，由文辉. 1999. 浙江天童常绿阔叶林地被层的研究. 植物生态学报, 23(6): 544-556.
张建新，方依秋，丁彦芬. 2011. 蕨类植物的叶绿素、光合参数与耐荫性. 浙江大学学报(农业与生命科学版), 37(4): 413-420.
张开梅，石雷，李振宇. 2004. 蕨类植物的化感作用及其对生物多样性的影响. 生物多样性, 12(4): 466-471.
张泽宏，吴小霞. 2013. 5种蕨类植物叶片解剖结构及其对阴生环境的适应性研究. 华中师范大学学报(自然科学版), 47(6): 840-843.
钟章成. 2000. 植物种群生态适应机制研究. 北京: 科学出版社.
Aguraiuja R. 2001. Population status of five Hawaiian endemic fern taxa within the genus *Diellia* (Aspleniaceae). CBM: s Skriftserie, 3: 7-24.
Allison S D, Vitousek P M. 2004. Rapid nutrient cycling in leaf litter from invasive plants in Hawai'i. Oecologia, 141: 612-619.
Anthelme F, Abdoulkader A, Viane R. 2011. Are ferns in arid environments underestimated? Contribution from the Saharan Mountains. J Arid Environ, 75(6): 516-523.
Aragon C F, Pangua E. 2004. Spore viability under different storage conditions in four rupicolous *Asplenium* L. taxa. Am Fern J, 94: 28-38.
Arens N C. 2001.Variation in performance of the tree fern *Cyathea caracasana* (Cyatheaceae) across a sucessional mosaic in Andean cloud forest. Am J Bot, 88: 545-551.
Arosa M, Ramos J, Quintanilla L, et al. 2010. First report of fern (*Culcita macrocarpa*) spore consumption by a small mammal (*Apodemus sylvaticus*). Mammal Biol, 75: 115-121.
Bannister P. 2003. Are frost hardiness ratings useful predictors of frost damage in the field? A test using damage records from the severe frost in South Otage and Southland, New Zealand, July 1996. New Zealand J Bot, 41: 555-569.
Barrington D S. 1993. Ecological and historical factors in fern biogeography. J Biogeogr, 20: 275-280.
Bauer H, Gallmetzer C H, Sato T. 1991. Phenology and photosynthetic activity in sterile and fertile sporophytes of *Dryopteris filixmas* (L.) Schott. Oecologia, 86: 159-162.
Biplab P, Bera S. 2007. Herbivore damage to ferns caused by a chrysomelid beetle from lower gangetic plains of West Bengal, India. Am Fern J, 97: 19-29.

Birch C P D. 2002. The influence of position on genet growth: a simulation of a population of bracken (*Pteridium aquilinum* (L.) Kuhn) genets under grazing. Evol Ecol, 15: 463-483.

Birch C P, Vuichard N, Werkman B R. 2000. Modelling the effects of patch size on vegetation dynamics: bracken [*Pteridium aquilinum* (L.) Kuhn)] under grazing. Ann Bot, 85(Supplement B): 63-76.

Bray J R. 1991. Growth, biomass, and productivity of a bracken (*Pteridium esculentum*) infested pasture in Marlborough Sounds, New Zealand. New Zealand J Bot, 29: 169-176.

Bremer P, Jongejans E. 2010. Frost and forest stand effects on the population dynamics of *Asplenium scolopendrium*. Popul Ecol, 52: 211-222.

Brownsey P J. 1977. An example of sporangial indehiscence in the Filicopsida. Evolution, 31: 294-301.

Bystriakova N, Bader M, Coomes D A. 2011. Long-term tree fern dynamics linked to disturbance and shade tolerance. J Veg Sci, 22, 72-84.

Callaghan T V. 1980. Age-related patterns of nutrient allocation in *Lycopodium annotinum* from Swedish Lapland: strategies of growth and population dynamics of tundra plants. Oikos, 35: 373-386.

Camacho F J, Liston A. 2001. Population structure and genetic diversity of *Botrychium pumicola* (Ophioglossaceae) based on inter-simple sequence repeats (ISSR). Am J Bot, 88: 1065-1070.

Camus J M, Gibby M, Johns, R J. 1996. Pteridology in Perspective. London: Royal Botanic Gardens, Kew.

Cartledce O, Carnahan J A. 1971. Studies of Austral bracken (*Pteridium esculentum*) in the vicinity of Canberra. New Phytol, 70: 619-626.

Chau M M, Reyes W R, Ranker T A. 2013.Ecological factors influencing growth of the endangered Hawaiian fern *Marsilea villosa* (Marsileaceae) and implications for conservation management. Am J Bot, 100(8): 1532-1543.

Chen J, Gituru W R, Liu X, et al. 2007. Genetic diversity in *Isoetes yunguiensis*, a rare and endangered endemic fern in China. Front Biol China, 2(1): 46-49.

Ching R C, Wang Z H. 1982. A brief report on the progress of peridological research in China. Am Fern J, 72(1): 1-4.

Chiou W L, Lin J C, Wang J Y. 2001. Phenology of *Cibotium taiwanense* (Dicksoniaceae). Taiwan J Forest Sci, 16: 209-215.

Chiou W L, Martin C E, Lin T C, et al. 2005. Ecophysiological differences between sterile and fertile fronds of the subtropical epiphytic fern *Pyrrosia lingua* (Polypodiaceae) in Taiwan. Am Fern J, 95: 131-140.

Chung M Y, Chung M G. 2013. Significant spatial aggregation and fine-scale genetic structure in the homosporous fern *Cyrtomium falcatum* (Dryopteridaceae). New Phytol, 99: 663-672.

Conway E. 1953. Spore and sporeling survival in bracken (*Pteridium aquilinum* (L.) Kuhn). J Ecol, 41: 289-294.

Conway E. 1957. Spore production in bracken (*Pterdium aquilinum* (L.) Kuhn). J Ecol, 45: 273-284.

Coomes D A, Allen R B, Bentley W A, et al. 2005. The hare, the tortoise and the crocodile: the ecology of angiosperm dominance, conifer persistence and fern filtering. J Ecol, 93: 918-935.

Cornelissen J H C, Song Y B, Yu F H, et al. 2014. Plant traits and ecosystem effects of clonality: a new research agenda. Ann Bot, 114: 369-376.

Cornwell W K, Cornelissen H C, Amatangelo K, et al. 2008. Plant species traits are the predominant control on litter decomposition rates within biomes worldwide. Ecol Lett, 11: 1065-1071.

Cousens M I. 1979. Gametophyte ontogeny, sex expression, and genetic load as measures of population divergence in *Blechnum spicant*. Am J Bot, 66: 116-132.

Cousens M I, Lacey D G, Scheller J M. 1988. Safe sites and the ecological life history of *Lorinseria areolata*. Am J Bot, 75: 797-807.

Dassler C L, Farrar D R. 2001. Significance of gametophyte form in long-distance colonization by tropical, epiphytic ferns. Brittonia, 53: 352-369.

Davidonis G H, Ruddat M. 1973. Allelopathic compounds, thelypterin A and B in the fern *Thelypteris normalis*. Planta, 111: 23-32.

de Beauclair Guimarães T, Felippe G M. 1999. The survival and establishment potential of spores of *Cyathea delgadii* Sternb. in soils from Itirapina and Moji Guaçu (SP), Brazil. Brazil J Bot, 22: 385-390.

de Groot C A, During H J, Ansel S W, et al. 2012. Diverse spore rains and limited local exchange shape fern genetic diversity in a recently created habitat colonized by long-distance dispersal. Ann Bot, 109: 965-978.

de la Cretaz A L, Kelty M J. 1999. Establishment and control of hay-scented fern: a native invasive species. Biol Invasions, 1: 223-236.

de la Cruz D R, Reyes E S, Sánchez J S. 2009. Effects of meteorological factors on airborne bracken (*Pteridium aquilinum* (L.) Kuhn.) spores in Salamanca (middle-west Spain). Int J Biometeorol, 53: 231-237.

de Luca T H, Zewdie S A, Zackrisson O, et al. 2013. Bracken fern (*Pteridium aquilinum* L. kuhn) promotes an open nitrogen cycle in heathland soils. Plant Soil, 367(1/2): 521-534.

Dearden F M, Wardel D A. 2008. The potential for forest canopy litterfall interception by a dense fern understory, and the consequences for litter decomposition. Oikos, 117: 83-92.

del Moral R, Cares R G. 1971. Allelopathic potential of the dominant vegetation of western Washington. Ecology, 6: 1030-1037.

Deng G, Li M, Li H, et al. 2014. Exposure to cadmium causes declines in growth and photosynthesis in the endangered aquatic fern (*Ceratopteris pteridoides*). Aquat Bot, 112: 23-32.

Dong Y H, Chen J M, Gituru R W, et al. 2007. Gene flow in populations of the endangered aquatic fern *Ceratopteris pteridoides* in China as revealed by ISSR markers. Aquat Bot, 87: 69-74.

Du J, Wang N, Alpert P, et al. 2010. Clonal integration increases performance of ramets of the fern *Diplopterygium glaucum* in an evergreen forest in southeastern China. Flora, 205: 399-403.

Durand L Z, Goldstein G. 2001. Photosynthesis, photoinhibition, and nitrogen use efficiency in native and invasive tree ferns in Hawaii. Oecologia, 126: 345-354.

During H J, ter Horst B. 1983. The diaspore bank of brophytes and ferns in chalk grassland. Lindbergia, 9: 57-64.

Dyer A F. 1979. The Experimental Biology of Ferns. London: Academic Press.

Dyer A F. 1994. Natural soil spore banks—can they be used to retrieve lost ferns? Biodiv Conserv, 3: 160-175.

Dyer A E, Lindsay S. 1992. Soil spore banks of temperate ferns. Am Fern J, 82: 89-122.

Farrar D R. 1976. Spore retention and release from overwintering fern fronds. Am Fern J, 66: 49-52.

Fei S L, Gould P, Kaeser M, et al. 2010. Distribution and dynamics of the invasive native hay-scented fern. Weed Sci, 58: 408-412.

Flinn K M. 2006. Reproductive biology of three fern species may contribute to differential colonization success in post-agricultural forests. Am J Bot, 93: 1289-1294.

Flinn K M. 2007. Microsite-limited recruitment controls fern colonization of post-agricultural forests. Ecology, 88: 3103-3114.

Flinn K M, Loiacono M M, Groff H E. 2014. Low reproductive success of hay-scented fern (*Dennstaedtia punctilobula*) regardless of inbreeding level or time since disturbance. Botany, 92(12): 911-915.

Funk J L, Amatangelo K L. 2013. Physiological mechanisms drive differing foliar calcium content in ferns and angiosperms. Oecologia, 173: 23-32.

Funk J L, Vitousek P M. 2007. Resource-use efficiency and plant invasion in low-resource system. Nature, 446: 1079-1081.

Gallegos S C, Hensen I, Saavedra F, et al. 2015.Bracken fern facilitates tree seedling recruitment in tropical fire-degraded habitats. Forest Ecol Manag, 337: 135-143.

George L O, Bazzaz F A. 1999a. The fern understory as an ecological filter: emergence and establishment of canopy-tree seedlings. Ecology, 80(3): 833-845.

George L O, Bazzaz F A. 1999b. The fern understory as an ecological filter: growth and survival of canopy-tree seedlings. Ecology, 80(3): 846-856.

Ghorbani J, le Duc M G, McAllister H A, et al. 2006. Effects of the litter layer of *Pteridium aquilinum* on seed banks under experimental restoration. Appl Veg Sci, 9: 127-136.

Gilbert B, Lechowicz M J. 2004. Neutrality, niches, and dispersal in a temperate forest understory. Proc Nat Acad Sci, 101: 7651-7656.

Gildner B S, Larson D W. 1992. Photosynthetic response to sunflecks in the desiccation-tolerant fern *Polypodium virginianum*. Oecologia, 89: 390-396.

Gilliam F S. 2007. The ecological significance of the herbaceous layer in temperate forest ecosystems. Bioscience, 57: 845-858.

Gliessman S R. 1978. The establishment of bracken following fire in tropical habitats. Am Fern J, 68: 41-44.

Gould R K, Mooney H, Nelson L, et al. 2013. Restoring native forest understory: the influence of ferns and light in a Hawaiian experiment. Sustainability, 5(3): 1317-1339.

Griffiths R P, Filan T. 2007. Effects of bracken fern invasions on harvested site soils in Pacific Northwest (USA) coniferous forests. Northwest Sci, 81(3): 191-198.

Guo Q, Kato M, Ricklefs R E. 2003. Life history, diversity and distribution: a study of Japanese pteridophytes. Ecography, 26: 129-138.

Guo W, Song Y B, Yu F H. 2011. Heterogeneous light supply affects growth and biomass allocation of the understory fern *Diplopterygium glaucum* at high patch contrast. PLoS One, 6: e27998.

Hamilton R G, Lloyd R M. 1991a. An experimental study on the effects of earthworms on the ecological success of fern gametophytes. Am Fern J, 81: 95-98.

Hamilton R G. 1988. The significance of spore banks in natural populations of *Athyrium pycnocarpon* and *A. thelypterioodes*. Am Fern J, 78: 96-104.

Hamilton R G, Lloyd R M. 1991b. Antheridiogen in the wild: the development of fern gametophyte communities. Funct Ecol, 5: 804-809.

Harper J L. 1977. Population Biology of Plants. New York: Academic Press.

Haufler C H, Hooper E A, Therrien J P. 2000. Modes and mechanisms of speciation in pteridophytes: Implications of contrasting patterns in ferns representing temperate and tropical habitats. Plant Species Biol, 15: 223-236.

Haufler C H. 2002. An Odyssey of progress in pteridophyte genetics and evolutionary biology. BioScience, 52: 1081-1093.

Hill J D, Silander Jr J A. 2001. Distribution dynamics of two ferns: *Dennstaedtia punctilobula* (Dennstaedtiaceae) and *Thelypteris noveboracensis* (Thelypteridaceace) in a northeast mixed hardwoods-hemlock forest. Am J Bot, 88: 894-902.

Hill R H. 1972. Comparative patterns of CO_2 exchange of three fern species of southeastern Michigan. Mich Acad, 4: 303-310.

Hill R H, Wagner W H Jr. 1974. Seasonality and spore type of the pteridophytes of Michigan. Mich Bot, 13: 40-44.

Hock Z, Szövényi P, Tóth Z. 2006. Seasonal variation in the spore bank of ferns in grasslands on dolomite rock. Plant Ecol, 187: 289-296.

Hooper E A, Haufler C H. 1997. Genetic diversity and breeding system in a group of neotropical epiphytic ferns (*Pleopeltis*; Polypodiaceae). Am J Bot, 84: 1664-1674.

Horsley S B. 1993. Mechanisms of interference between hay-scented fern and black cherry. Can J Forest Res, 23: 2059-2069.

Janssen T, Kreier H P, Schneider H. 2007. Origin and diversification of African ferns with special emphasis on Polypodiaceae. Brittonia, 59: 159-181.

Johnson-Groh C, Riedel C, Schoessler L, et al. 2002. Belowground distribution and abundance of *Botrychium* gametophytes and juvenile sporophytes. Am Fern J, 92: 80-292.

Jones M M, Olivas P, Tuomisto H, et al. 2007. Environmental and neighbourhood effects on tree fern distributions in a neotropical lowland rain forest. J Veg Sci, 18: 13-24.

Jones M M, Tuomisto H, Clark D B, et al. 2006. Effects of mesoscale environmental heterogeneity and dispersal limitation on floristic variation in rain forest ferns. J Ecol, 94: 181-195.

Karst J, Gilbert B, Lechowicz M J. 2005. Fern community assembly: the roles of chance and the environment at local and intermediate scales. Ecology, 86: 2473-2486.

Kato-Noguchi H, Saito Y, Ohno O, et al. 2013. Allelopathy is involved in the formation of pure colonies of the fern *Gleichenia japonica*. J Plant Physi, 170: 577-582.

Kessler M, Hofmann S, Krömer T, et al. 2011a. The impact of sterile populations on the perception of elevational richness patterns in ferns. Ecography, 34(1): 123-131.

Kessler M, Kluge J, Hemp A, et al. 2011b. A global comparative analysis of elevational species richness patterns of ferns. Global Ecol Biogeogr, 20: 868-880.

Ko W H. 2003. Germination of fern spores in natural soils. Am Fern J, 93: 70-75.

Koptur, S, Rico-Gray V, Palacios-Rios M. 1998. Ant protection of the nectaried fern *Polypodium plebeium* in central Mexico. Am J Bot, 85: 736-739.

Kornás J. 1985. Adaptive strategies of African pteridophytes to extreme environments. Proc R Soc Edinburgh B, 86: 391-396.

Kreft H, Jetz W, Mutke J, et al. 2010. Contrasting environmental and regional effects on global pteridophyte and seed plant diversity. Ecography, 33(2): 408-419.

Lacey D G. 1983. Comparative life history of two sympatric fern species, *Onoclea sensibilis* and *Lorinseria areolata*. Thesis for master's degree. Pensacola: University of West Florida.

Landi M, Zoccola A, Bacaro G, et al. 2014. Phenology of *Dryopteris affinis* ssp. *affinis* and *Polystichum aculeatum*: modeling relationships to the climatic variables in a Mediterranean area. Plant Species Biol, 29: 129-137.

Lawton J H, Heads P A. 1984. Bracken, ants and extrafloral nectaries. I. the components of the system. J Animal Ecol, 53: 995-1014.

Lawton, J H, MacGarvin H. 1985. Interaction between bracken and its insect herbivores. Proc R Soc Edinburgh B, 86: 125-131.

Leck M A, Simpson R L. 1987. Spore bank of a Delaware river freshwater tidal wetland. Bull Torr Bot Club, 114: 1-7.

Lee P H, Lin T T, Chiou W L. 2009. Phenology of 16 species of ferns in a subtropical forest of northeastern Taiwan. J Plant Res, 122(1): 61-67.

Liao J X, Jiang M X, Huang H D. 2008. Effects of soil moisture on ecophysiological characteristics of *Adiantum reniforme* var. *sinensis*, an endangered fern endemic to the three Gorges region in China. Am Fern J, 98: 26-32.

Lloyd R M. 1974.Mating system and genetic load in pioneer and non-pioneer Hawaiian Pteridophyta. Bot J Linn Soc, 69:23-35.

Lloyd R M, Gregg T L. 1975. Reproductive biology and gametophyte morphology of *Acrostichum danaeifolium* from Mexico. Am Fern J, 65: 105-120.

Lloyd R M, Klekowski E J Jr. 1970. Spore germination and viability in pteridophyta: evolutionary significance of chlorophyllous spores. Biotropica, 2: 129-137.

Lott M S, Volin J C, Pemberton R W, et al. 2003. The reproductive biology of the invasive ferns *Lygodium microphyllum* and *L. japonicum* (Schizaeaceae): implications for invasive potential. Am J Bot, 90: 1144-1152.

Lovett Doust J, Lovett Doust L. 1988. Plant Reproductive Ecology: Patterns and Strategies. New York: Oxford University Press.

Lowday J E, Marrs R H. 1992. Control of bracken and the restoration of heathland. III. Bracken litter disturbance and heathland restoration. J Appl Ecol, 29: 212-217.

Lyon J, Sharpw W E. 2003. Impacts of hay-scented fern on nutrition of northern red oak seedlings. J

Plant Nutr, 26: 487-502.
Magrach A, Rodríguez-Pérez J, Campbell M, et al. 2014. Edge effects shape the spatial distribution of lianas and epiphytic ferns in Australian tropical rain forest fragments. Appl Veg Sci, 17(4): 754-764.
Maren I E, Vandvik V, Ekelund K. 2008. Restoration of bracken-invaded *Calluna vulgaris* heathlands: effects on vegetation dynamics and non-target species. Biol Conserv, 141: 1032-1042.
Marini L, Bona E, Kunin W E, et al. 2011. Exploring anthropogenic and natural processes shaping fern species richness along elevational gradients. J Biogeogr, 38(1): 78-88.
Marrs R H. 1987. Studies on the conservation of lowland Calluna heaths II. regeneration of Calluna, and its relation to bracken infestation. J Appl Ecol, 24: 177-189.
Marrs R H, Hicks M J. 1986. Study of vegetation change at Lakenheath Warren: a re-examination of A. S. Watt's theories of bracken dynamics in relation to succession and vegetation management. J Appl Ecol, 23: 1029-1046.
Marrs R H, Johnson S W, Duc M G L. 1998. Control of bracken and restoration of heathland. VI. The response of fronds to 18 years of continued bracken control or 6 years of control followed by recovery. J Appl Ecol, 35: 479-490.
Marrs R H, le Duc M G, Mitchell R J, et al. 2000. The ecology of bracken: its role in succession and implications for control. Ann Bot, 85: 3-15.
Marrs R H, Lowday J E. 1992. Control of bracken and the restoration of heathland. II. Regeneration of the heathland community. J Appl Ecol, 29: 204-211.
Marrs R H, Pakeman R J, Lowday J E. 1993. Control of bracken and the restoration of heathland. V. effects of bracken control treatments on the rhizome and its relationship with frond performance. J Appl Ecol, 30: 107-118.
Marrs R H, Watt A S. 2006. Biological Flora of the British Isles: *Pteridium aquilinum* (L.) Kuhn. J Ecol, 94: 1272-1321.
McAlpin B, Farrar D R. 1978. Trichomanes gametophytes in Massachusetts. Am Fern J, 68: 97-98.
McCarthy M R. 2007. Bryophyte influence on terrestrial and epiphytic fern gametophytes. Thesis for master's degree. Miami: Miami University.
McGlone M S, Wilmshurst J M, Leach H M. 2005. An ecological and historical review of bracken (*Pteridium esculentum*) in New Zealand, and its cultural significance. New Zealand J Ecol, 29: 165-184.
Mehltreter K, Palacios-Rios M. 2003. Phenological studies of *Acrostichum danaeifolium* (Pteridaceae, Pteridophyta) at a mangrove site on the Gulf of Mexico. J Trop Ecol, 19: 155-162.
Mehltreter K, Walker L R, Sharpe J M. 2010. Fern Ecology. Cambridge: Cambridge University Press.
Miatto R C, Silva I A, Silva-Matos D M, et al. 2011. Woody vegetation structure of Brazilian Cerrado invaded by *Pteridium arachnoideum* (Kaulf.) Maxon (Dennstaedtiaceae). Flora, 206(8): 757-762.
Milberg P. 1991. Fern spores in a grassland soil. Can J Bot, 69: 831-834.
Montgomery R A. 2004. Effects of understory foliage on patterns of light attenuation near the forest floor. Biotropica, 36: 33-39.
Munther W E, Farbrothers D E. 1980. Allelopathy and autotoxicity in three eastern north Americans ferns. Am Fern J, 70: 124-135.
Murakami K, Maenaka H, Morimoto Y. 2005. Factors influencing species diversity of ferns and fern allies in fragmented forest patches in the Kyoto city area. Landscape Urban Plan, 70(3): 221-229.
Nondorf S L, Dooley N M A, Palmieri M, et al. 2003. The effects of pH, temperature, light intensity, light quality, and moisture levels on spore germination in *Cheilanthes feei* of southeast Missouri. Am Fern J, 93(2): 56-69.
Norton D A. 1994. Relationships between pteridophytes and topography in a lowland South Westland podocarp forest. New Zealand J Bot, 32: 401-408.
Page C N. 1979. Experimental aspects of fern ecology. *In*: Dyer A (ed). The Experimental Biology of

Ferns. London: Academic Press: 552-581.
Page C N. 1982. The history and spread of bracken in Britain. Proc R Soc Edinburgh B, 81: 3-10.
Pakeman R J, Small J L, le Duc M G, et al. 2005. Recovery of moorland vegetation after aerial spraying of bracken (*Pteridium aquilinum* (L.) Kuhn) with asulam. Restor Ecol, 13: 718-724.
Palmieri M, Swatzell L J. 2004. Mycorrhizal fungi associated with the fern *Cheilanthes lanosa*. Northeast Nat, 11: 57-66.
Pangua E, Belmonte R, Pajarón S. 2009. Germination and reproductive biology in salty conditions of *Asplenium marinum* (Aspleniaceae), a European coastal fern. Flora, 204: 673-684.
Pangua E, García-Álvarez L, Pajarón S. 1999. Studies on *Cryptogramma crispa* spore germination. Am Fern J, 89: 159-170.
Pangua E, Lindsay S, Dyer A. 1994. Spore germination and gametophyte development in three species of *Asplenium*. Ann Bot, 73: 587-593.
Parra, M J, Acuña K, Corcuera L J, et al. 2009. Vertical distribution of Hymenophyllaceae species among host tree microhabitats in a temperate rain forest in Southern Chile. J Veg Sci, 20: 588-595.
Paul S K, Dixon K W, Miller B P. 2015. The persistence and germination of fern spores in fire-prone, semi-arid environments. Austr J Bot, 62(6): 518-527.
Peck J H, Peck C J, Farrar D R. 1990. Influences of life history attributes on formation of local and distant fern populations. Am Fern J, 80: 126-142.
Peck R M. 1974. Pollen transport and deposition at Oakdale, Yorkshire. PhD Thesis. Cambridge: Cambridge University.
Penrod K A, McCormick L H. 1996. Abundance of viable hay-scented fern spores germinated from hardwood forest soils at various distances from a source. Am Fern J, 86: 69-79.
Pérez-García B, Mendoza-Ruiz A, Sánchez-Coronado M E, et al. 2007. Effect of light and temperature on germination of spores of four tropical fern species. Acta Oecol, 32: 172-179.
Perlmutter G B. 2006. Observations of frond growth and development in *Pentaramma triangularis* subsp. *triangularis* (Pteridaceae) of Southern California. Madrono, 53: 60-64.
Petersen R L, Fairbrothers D E. 1980. Reciprocal allelopathy between the gametophytes of *Osmunda cinnamimea* and *Dryopteris intermedia*. Am Fern J, 70: 73-78.
Pittermann J, Brodersen C, Watkins Jr J E. 2013. The physiological resilience of fern sporophytes and gametophytes: advances in water relations offer new insights into an old lineage. Front Plant Sci, 4: 285.
Price M G. 1996. Holttum and ferns. *In*: Camus J M, Gibby M, Johns R J, eds. Pteridology in Perspective. London: Royal Botanic Gardens, Kew: 13-26.
Quintanilla L G, Amigo J, Pangua E, et al. 2002. Effect of storage method on spore viability in five globally threatened fern species. Ann Bot, 90: 461-467.
Quintanilla L G, de Soto L, Jiménez A, et al. 2007. Do antheridiogens act via gametophyte size? A study of *Woodwardia radicans* (Blechnaceae). Am J Bot, 94(6): 986-990.
Raghavan V. 2005. Developmental Biology of Fern Gametophytes. Reissue: Cambridge University Press.
Ramírez-Trejo Mdel R, Pérez-García B, Orozco-Segovia A. 2004. Analysis of fern spore banks from the soil of three vegetation types in the central region of Mexico. Am J Bot, 9(5): 682-688.
Ranal M A. 1999. Effects of temperature on spore germination in some fern species from semideciduous mesophytic forest. Am Fern J, 89: 149-158.
Ranal M A. 2003. Soil spore bank of ferns in a gallery forest of the Ecological Station of Panga, Uberlândia, MG, Brazil. Am Fern J, 93: 97-115.
Ranal M A. 2004. Bark spore bank of ferns in a gallery forest of the Ecological Station of Panga, Uberlândia-MG, Brazil. Am Fern J, 94: 57-69.
Ranker T A, Gemmill C E C, Trapp P G. 2000. Microevolutionary patterns and processes of the native Hawaiia colonizing fern *Odontosoria chinensis* (Lindsaeaceae). Evolution, 54: 828-839.
Ranker T A, Houston H A. 2002. Is gametophyte sexuality in the laboratory a good predictor of

sexuality in nature? Am Fern J, 92(2): 112-118.

Raymond L P, Fairbrothers D E. 1980. Reciprocal allelopathy between the gametophytes of *Osmunda cinnamomea* and *Dryopteris intermedia*. Am Fern J, 70: 73-78.

Richard M, Bernhardt T, Bell G. 2000. Environmental heterogeneity and the spatial structure of fern species diversity in one hectare of old-growth forest. Ecography, 23: 231-245.

Roberts J, Pymar C F, Wallace J S, et al. 1980. Seasonal changes in leaf area, stomatal and canopy conductances and transpiration from bracken below a forest canopy. J Appl Ecol, 17(2): 409-422.

Rünk K, Zobel K. 2007. Phenotypic plasticity and biomass allocation pattern in three *Dryopteris* (Dryopteridaceae) species on an experimental light-availability gradient. Plant Ecol, 193(1): 85-99.

Ruokolainen K, Tuomisto H, Macía M J, et al. 2007. Are floristic and edaphic patterns in Amazonian rain forests congruent for trees, pteridophytes and Melastomataceae? J Trop Ecol, 23(1): 13-25.

Russell A E, Raich J W, Vitousek P M. 1998. The ecology of the climbing fern *Dicranopteris linearis* on windward Mauna Loa, Hawaii. J Ecol, 86: 765-779.

Russell A E, Ranker T A, Gemmill C E C, et al. 1999. Patterns of clonal diversity in *Dicranopteris linearis* on Mauna Loa, Hawaii. Biotropica, 31(3): 449-459.

Sadeghi R, Zarkami R, van Damme P. 2014.Modelling habitat preference of an alien aquatic fern, *Azolla filiculoides* (Lam.), in Anzali wetland (Iran) using data-driven methods. Ecol Model, 284: 1-9.

Saldana A, Lusk C H, Gonzáles W L, et al. 2007. Natural selection on ecophysiological traits of a fern species in a temperate rainforest. Evol Ecol, 21(5): 651-662.

Sato T. 1982. Phenology and wintering capacity of sporophytes and gametophytes of ferns native to northern Japan. Oecologia, 55: 53-61.

Sawamura M, Kawakita A, Kato M. 2009. Fern-spore-feeder interaction in temperate forests in Japan: sporing phenology and spore-feeding insect community. Am J Bot, 96(3): 594-604.

Schneider L, Geoghegan J. 2006. Land abandonment in an agricultural frontier after a plant invasion: the case of bracken fern in southern Yucatán, Mexico. Agricul Res Econom Rev, 35(1): 167.

Schneller J J. 1979. Biosystematic investigations on the lady fern (*Athyrium filixfemina*). Plant Syst Evol, 132: 255-277.

Schneller J J. 1998. How much genetic variation in fern populations is stored in the spore banks? A study of *Athyrium filix-femina* (L.) Roth. Bot J Linn Soc, 127: 195-206.

Seiler R L. 1981. Leaf turnover rates and natural history of the central American tree fern Alsophila salvinii. Am Fern J, 71: 75-81.

Sessions L, Kelly D. 2002. Predator-mediated apparent competition between an Introduced grass, *Agrostis capillaris*, and a native fern, *Botrychium australe* (Ophioglossaceae), in New Zealand. Oikos, 96: 102-109.

Sharpe J M, Jernstedt J A. 1990. Leaf growth and phenology of the dimorphic herbaceous layer fern *Danaea wendlandii* (Marattiaceae) in a Costa Rican rain forest. Am J Bot, 77: 1040-1049.

Shibata M, Tanaka H, Iida S, et al. 2002. Synchronized annual seed production by 16 principal tree species in a temperate deciduous forest, Japan. Ecology, 83: 1727-1742.

Sillett S C, Bailey M G. 2003. Effects of tree crown structure on biomass of the epiphytic fern *Polypodium scouleri* (Polypodiaceae) in redwood forests. Am J Bot, 90: 255-261.

Silva Matos D M, Xavier R O, Tiberio F C S, et al. 2014. A comparative study of resource allocation in Pteridium in different Brazilian ecosystems and its relationship with European studies. Braz J Biol, 74(1): 156-165.

Silvertown J, Charlesworth D. 2001. Introduction to Plant Population Biology. 4th edition. London: Wiley-Blackwell.

Simabukuro E, Begovacz A, Esteves L, et al. 1999. Fern spore bank at Pedregulho (Itirapina, São Paulo, Brazil). Rev Bras Biol, 59: 131-139.

Simabukuro E, Esteves L, Felippe G. 2000. Fern spore rain collected at two different heights at Moji Guaçu (São Paulo, Brazil). Fern Gaz, 16: 147-166.

Singh K, Forbes A, Akombelwa M. 2014.The evaluation of high resolution aerial imagery for monitoring of bracken fern. South Afr J Geom, 2(4): 296-208.

Slocum M G, Aide T M, Zimmermant J K, et al. 2004. Natural regeneration of subtropical montane forest after clearing fern thickets in the Dominican Republic. J Trop Ecol, 20: 483-486.

Smith A R. 1993. Phytogegographic principles and their use in understanding fern relationships. J Biogeogr, 20: 255-264.

Song Y B, Chen L Y, Xiong W, et al. 2015. Variation of functional clonal traits along elevation in two fern species. Pak J Bot, 47: 247-253.

Soria A, Meyer-Berthaud B. 2004. Tree fern growth strategy in the Late Devonian cladoxylopsid species *Pietzschia levis* from the study of its stem and root system. Am J Bot, 91: 10-23.

Srivastava D, Lawton J, Robinson G. 1997. Spore-feeding: a new, regionally vacant niche for bracken herbivores. Ecol Entomol, 22: 475-478.

Suazo-Ortuño I, Lopez-Toledo L, Alvarado-Díaz J, et al. 2015. Landuse change dynamics, soil type and species forming mono-dominant patches: the case of *Pteridium aquilinum* in a Neotropical Rain Forest Region. Biotropica, 47(1): 18-26.

Tani T, Kudo G. 2003. Storage ability of overwintering leaves and rhizomes in a semi-evergreen fern, *Dryopteris crassirbizoma* (Dryopteridaceae). Ecol Res, 18: 15-24.

Tanner E V J. 1983. Leaf demography and growth of the tree-fern *Cyathea pubescens* Mett. ex Kuhn in Jamaica. Bot J Linn Soc, 87: 213-227.

Testo W L, Watkins J E. 2013. Understanding mechanisms of rarity in pteridophytes: competition and climate change threaten the rare fern *Asplenium scolopendrium* var. *americanum* (Aspleniaceae). Am J Bot, 100(11): 2261-2270.

Treter M K, Palacios-Rios M. 2003. Phenological studies of *Acrostichum danaeifolium* (Pteridaceae, Pteridophyta) at a mangrove site on the Gulf of Mexico. J Trop Ecol, 19: 155-162.

Tryon A, Lugardon B. 1990. Spores of the Pteridophyta. New York: Springer-Verlag.

Tryon R M. 1985. Fern speciation and biogeography. Proc R Soc Edinburgh B, 86B: 353-360.

Tryon R M, Vitale G. 1977. Evidence for antheridogen production and its mediation of a mating system in natural populations of fern gametophytes. Bot J Linn Soc, 74: 243-249.

Tuomisto H, Groot A T. 1995. Identification of the juveniles of some ferns from western Amazonia. Am Fern J, 85: 1-28.

Vogel J C, Rumsey F J, Russell S J, et al. 1999. Genetic structure, reproductive biology and ecology of isolated populations of *Asplenium csikii* (Aspleniaceae, Pteridophyta). Heredity, 83(5): 604-612.

Volin J C, Lott M S, Muss J D, et al. 2004. Predicting rapid invasion of the Florida Everglades by old world climbing fern (*Lygodium microphyllum*). Diver Distrib, 10: 439-446.

Wagner W H Jr, Evers R A.1963. Sterile prothallial clones (Trichomanes?) locally abundant on Illinois sandstones. Am J Bot, 50: 623.

Walker L R. 1994. Effects of fern thickets on woodland development on landslides in Puerto Rico. J Veg Sci, 5(4): 525-532.

Walker L R, Landau F H, Velázquez E, et al. 2010. Early successional woody plants facilitate and ferns inhibit forest development on Puerto Rican landslides. J Ecol, 98: 625-635.

Warne T R, Lloyd R M. 1980. The role of spore germination and gametophyte development in habit selection: temperature responses in habitat selection: temperature responses in certain temperate and tropical ferns. Bull Torr Bot Club, 107: 57-64.

Warne T R, Lloyd R M. 1981. Inbreeding and homozygosity in the fern, *Ceratopteris pteridoides* (Hooker) Hieronymus (Parkeriaceae). Bot J Linn Soc, 83: 1-13.

Watkins Jr J E. 2004. Functional ecology of the gametophytes and sporophtyes of tropical ferns. Thesis for doctor's degree. Florida: University of Florida.

Watkins J E, Holbrook N M, Zwieniecki M A. 2010. Hydraulic properties of fern sporophytes: consequences for ecological and evolutionary diversification. Am J Bot, 97: 2007-2019.

Watkins Jr J E, Cardelús C. 2009. Habitat differentiation of ferns in a lowland tropical rain forest. Am Fern J, 99(3): 162-175.

Watkins Jr J E, Kawahara A Y, Leicht S A. et al. 2006. Fern laminar scales protect against photoinhibition from excess light. Am Fern J, 96: 83-92.

Watkins Jr J E, Mack M K, Mulkey S S. 2007a. Gametophyte ecology and demography of epiphytic and terrestrial tropical ferns. Am J Bot, 94(4): 701-708.

Watkins Jr J E, Rundel P, Cardelús C. 2007b. The influence of life form on carbon and nitrogen relationships in tropical rainforest ferns. Oecologia, 153: 225-232.

Watson P J, Vazquez M. 1981. Comparative ecology of *Woodsia scopulina* sporophytes and gametophytes. Am Fern J, 71: 3-9.

Watt A S. 1964. Some factors affecting bracken in breckland. J Ecol, 52: 63-77.

Watt A S. 1967. The differentiation and fate of the bracken (*Pteridium aquilinum*) frond and their relation to the age-structure of the shoot and frond population. New Phytol, 66: 75-84.

Watt A S. 1971. Contributions to the ecology of bracken (*Pcteridium aquilinum*) VIII. The marginal and the hinterland plant: a study in senescence. New Phytol, 70: 967-986.

Werth C R, Cousens M I. 1990. The contributions of population studies on ferns. Am Fern J, 80: 183-190.

Whittier D P. 2005. The gametophyte of *Lycopodium deuterodensum*-type II or I. Am Fern J, 95: 22-29.

Whittier P, Webster T R. 1986. Gametophytes of *Lycopodium lucidullum* from Axenic culture. Am Fern J, 76: 48-55.

Wild M, Gagnon D. 2005. Does lack of available suitable habitat explain the patchy distributions of rare calcicole fern species? Ecography, 28: 191-196.

Williams A G, Kent M, Ternan J L. 1987. Quantity and quality of bracken throughfall, stemflow and litterflow in a Dartmoor catchment. J Appl Ecol, 24: 217-229.

Zaniewski A E, Lehmann A, Overton J M. 2002. Predicting species spatial distributions using presence-only data: a case study of native New Zealand ferns. Ecol Model, 157: 261-280.

Zuquim G, Tuomisto H, Jones M M, et al. 2014. Predicting environmental gradients with fern species composition in Brazilian Amazonia. J Veg Sci, 25(5): 1195-1207.

第十五章　大型濒危食草动物种群生态与保护

第一节　全球变化与物种濒危

1. 前言

地球生物多样性出现全面下降，使基因、物种和生态系统功能快速消失，人类的生存基础也因此受到了前所未有的威胁。濒危物种是生物多样性的重要组成部分，加强濒危物种的保护对于促进生物多样性的保护有重要的意义（成克武和藏润国 2004）。据世界自然保护联盟（IUCN）报道，在他们评估的5.2万个物种中有36%受到严重威胁，全球6000多种两栖类中有30%受到严重威胁，自2000年以来每年有600万 hm^2 原始森林丧失，在过去的20年中红树林丧失了35%，目前70%的珊瑚礁受到严重破坏（马克平 2011）。中国是生物多样性特别丰富的国家，也是生物多样性受到严重威胁的国家之一。中国的西南地区是生物多样性热点地区，生活着大量的濒危物种。羚牛（*Budorcas taxicolor*）、白唇鹿（*Cervus albirostris*）和亚洲象（*Elephas maximus*）就是生存在我国西南地区的濒危野生动物。该热点地区还有大量的本地特有和珍稀濒危物种，包括大熊猫（*Ailuropoda melanoleuca*）、小熊猫（*Ailurus fulgens*）、金丝猴（*Rhinopithecus roxellanae*）、雪豹（*Panthera uncia*）、梅花鹿（*Cervus nippon*）、林麝（*Moschus berezovskii*）等，以及27种雉类。崇山峻岭，河谷纵横，使该地区虽然占中国地理面积的10%，却拥有约占全国50%的鸟类和哺乳动物，以及30%以上的高等植物。中国87个濒危陆生哺乳动物物种中，本地区拥有36个。此外，西南地区也是我国森林保护的重点区域和众多内陆水系的起源。因此，西南地区生态系统维持和物种保护对维护我国生态系统安全有举足轻重的作用。

2. 全球变化与物种濒危

地球上的各种生物的生存条件与其所存在的环境相匹配，当环境变化的程度和速度超过生物适应的速度时，生物体将面临死亡，物种也将可能灭绝。随着全球人口膨胀及人均消费水平的提升，人类大面积破坏自然植被、大量排放温室气体正影响着或已经改变了地球的环境（陈吉泉等 2005）。因此，如何使人类的发展对环境和生物多样性的负面影响最小化，需要对生物多样性维持机制进行深入研究并据此制订科学的发展策略。

全球变化是指由于自然和人为因素造成的全球性的环境变化，主要包括大气组成变化、气候变化，以及由于人口、经济、技术和社会的压力而引起的土地利用变化3个方面。其中，高强度人类活动干扰是导致生态系统退化的主要驱动力，与自然因子叠加成

本章作者：官天培　张　立（通讯作者）

加速和主导生态退化的主要动力（周广胜等 2004）。全球变化对陆地生态系统的影响在草原生态系统、森林生态系统均有体现，科学规划和管理陆地生态系统可以对全球变化的响应实现预警、调节和减小全球变化不良影响（温腾等 2012）。

全球变化使生物栖息地现状由于人类生态环境、经济发展及土地利用的改变而恶化，直接或间接地影响了濒危物种的生存。经过多年的研究和总结，学者对物种濒危的机制进行较全面的认识，主要包括遗传衰竭、竞争特化、进化潜能丧失、栖息地破碎化、生境异质性降低、次生灭绝、栖息地恶化、资源过度利用、生物入侵（颜亨梅 1998）。其中栖息地破碎化、生境异质性降低、栖息地恶化、资源过度利用和生物入侵均可在全球变化的背景下进一步加剧和显现，影响生物多样性水平，威胁濒危物种的持续生存。在气候变化和人类发展速度持续凸显的今天，濒危物种保护压力的骤增使相关理论与方法的研究越来越迫切。因此本章将以我国研究较系统的几种濒危食草动物为例，深入阐述食草动物的种群生态学和保护生物学研究进展。

第二节　濒危食草动物分布与保护现状

食草动物是一类在解剖和生理结构上能够适应采食植物并由植物构成食物来源的动物，它们要么具备切断草本的口器，如某些昆虫；要么具备宽且平整的牙齿用于研磨食物，如马。本章节所述食草动物特指大型食草哺乳动物，如亚洲象和羚牛都是食草动物，但前者属于长鼻目，后者属于有蹄类（偶蹄目）。虽然两个物种存在分类上的差异，但均属于大型濒危食草动物。众多研究都提出了食草动物是生态系统的重要组成部分的观点，不论在局域尺度还是在景观尺度它们都能够显著地影响植被的结构和动态（官天培 2012）。

1. 濒危食草动物类群主要特征

大型食草动物，首先具备食草动物的基本特点，即草食性和食草的功能结构（如牙齿、消化道）；其次是体型较大。在我国境内有野生种群分布且可以称为大型濒危食草动物的主要有亚洲象、羚牛、印度野牛（*Bos gaurus*）、野骆驼（*Camelus bactrianus*）、蒙古野驴（*Equus hemionus*）、藏野驴（*Equus kiang*）、白唇鹿、野牦牛（*Bos mutus*）、藏羚羊（*Pantholops hodgsonii*）等。这些大型食草动物的致危因素基本上都是由于人类为了追逐利益的过度利用和人类发展侵占或破坏了栖息地。上述濒危食草动物中亚洲象属于长鼻目，藏野驴、蒙古野驴属于奇蹄目，其余均属于偶蹄目。因此，虽然在“目”这一级的分类阶元上这些食草动物存在一些差异，但在更高一级的分类单元上它们都可以被称为有蹄类。

有蹄类除了标志性的蹄这一基本特征以外，齿型和齿式，以及特殊的消化系统也是它们长期进化和适应的产物。动物的食性可以从牙齿的形态学特征加以区分（Janis & Thomason 1995; Mendoza et al. 2002）。例如，退化的犬齿，特化的具有高齿冠和复杂的棱脊的臼齿或高冠月型齿对根、茎、叶的纤维切割和研磨能力都非常强，普遍存在的门齿使食草动物适应切割植物的采食方式。虽然它们的胃由多个胃室组成，但它们需要通过共生的微生物帮助其消化其他哺乳动物无法消化的糖类（如纤维素），这决定了它们需要花费相当多的时间进行反刍完成消化过程（司振书 2004）。食草动物不但支撑了更高一级的动物种群，而且对生态系统存在着深远影响，它们是森林植被结构改变和动态的主要动力来源。不论在森林斑块尺度还是在景观尺度，这种影响都是显著的。它们对森林的作用主要包括对植被的消耗、通过排泄对营养和能量的再分布、通过踩踏改变土壤的腐蚀和板结程度、通过皮毛黏附和粪便传播种子等具体过程（Apollonio & Adersen 2011）。因此，食草动物可以通过以上针对植被的作用，为其他植物和动物改变或创造栖息地或微生境，进而影响生态系统功能和物种多样性，有学者将它们称为“生态工程师”（Jones et al. 1994）。

食草动物对植被的影响有些是直接的。例如，采食植物的不同部位将显著改变植被的外形（高度、地位、结构），也可以改变植被群落的三维结构。当食草动物偏好那些对食草作用敏感的物种时，食草作用将会降低甚至消除该植物在群落中的地位，进而使那些通过特殊物理结构（刺）或化学成分（单宁）降低适口性植物种类的相对优势程度增加。然而当食草作用于竞争能力强的优势种类时，竞争上处于劣势的物种将有机会通过光和营养的再分配而获得生存空间，强化了总体物种的丰富度。但过度的食草则可能导致植物群落朝仅食草抗性强的种类存活的方向发展，因此适度的食草作用才能够维持最高的多样性。

食草动物是生物多样性中的重要组成部分，对它们的保护和生态学研究在栖息地急剧减少、人为干扰不断增加的背景下显得尤为迫切。许多物种由于栖息地的丧失和人类的过度利用而濒危和灭绝。例如，藏羚羊就是在经济利益的驱动下遭到大量猎杀而濒危的物种（阮向东 2007）。虽然它们的生存状况受到了国家和世界的关注，但恢复和保护该物种必须基于对该物种种群数量、分布及生态习性的充分了解，并依此制订科学的保护和管理对策。因此，对藏羚羊的长距离迁移、繁殖及分布的研究极大地提高了对该物种的保护能力，这在修建青藏铁路时预留的迁移通道和该通道被藏羚羊的利用中得到了充分体现（杨奇森等 2005）。所以，食草动物是生态学和动物学理论研究的良好载体，由此获得的知识也奠定了对这些物种进行有效保护和管理的基础。

2. 我国濒危食草动物分布与保护现状

虽然在我国有野生种群分布的大型濒危食草动物种类较多，但实际上我国学者的研究注意力仅集中于其中的几个物种，如亚洲象、羚牛。从已发表的研究论文看，野骆驼、蒙古野驴、白唇鹿的研究涉及的研究领域较窄，参与的野外研究人员和持续研究时间相对有限。

2.1　亚洲象

亚洲象是国家一级重点保护野生动物，被世界自然保护联盟（IUCN）列为濒危物种。世界上亚洲象野生种群数量仅存 34 000～54 000 头，中国野生亚洲象种群总数量估计在 221～245 头（Zhang et al. 2015）。中国的野生亚洲象曾经广泛分布于国内从北到南的许多地区，但目前仅分布在云南南部的西双版纳、普洱和西南部的临沧等地区且均已通过建立自然保护区进行保护，其中西双版纳拥有中国野生亚洲象种群数量总数的90%以上。虽然曾经威胁亚洲象生存的非法捕猎在国内已经杜绝，野生亚洲象的种群数量近十几年来也有所回升，但栖息地丧失及破碎化和日益加剧的人象冲突是目前影响中国亚洲象生存的主要威胁。人类活动的干扰，包括森林的砍伐、农田的扩张、公路的修建及严重的盗猎等，不仅使亚洲象的天然栖息地不断减少和破碎化，人象冲突不断加剧，而且使不同区域间的种群处于相互隔离的状态，遗传多样性显著下降，严重威胁种群的未来发展（杨帆和张立 2012）。

2.2　羚牛

羚牛，又称牛羚、扭角羚，在分类上隶属于偶蹄目，牛科（洞角科），羊亚科，羚牛属。全球共有指名亚种（*Budorcas taxicolor*）、不丹亚种（*Budorcas whitei*）、四川亚种（*Budorcas tibetana*）和秦岭亚种（*Budorcas bedfordi*）4 个亚种，是分布在我国西南地区–喜马拉雅的特产动物（胡锦矗 2007），IUCN 定为濒危，列在 CITES 附录Ⅱ中。羚牛的整个分布区在北纬 25°10′～34°10′，东经 97°30′～109°30′。羚牛指名亚种是由 Hodgson 于 1850 年在印度阿萨姆的米什米丘陵最先发现并命名为 *Budorcas taxicolor*（Neas & Hoffmann 1987）。在中国境内这 4 个亚种均有分布，其中秦岭羚牛和四川羚牛为中国特有。指名亚种的模式产地是印度阿萨姆米什米丘陵，在我国仅分布于雅鲁藏布江大拐弯江岸以东及西藏墨脱以南的米什米山地，往东延伸至云南的高黎贡山；国外见于缅甸东北部和印度阿萨姆。不丹亚种主要分布在中国西藏东南喜马拉雅山脉的东段、雅鲁藏布江流域大拐弯的西南部山脉及不丹境内（图 15-1）。秦岭亚种分布在陕西南部秦岭山脉。四川亚种分布在四川西部及甘肃东南部，分布区跨越 6 个山系，四川与甘肃交界的岷山山系和四川邛崃山系是羚牛的主要分布区（图 15-2），四川的相岭山系、凉山山系、大雪山和沙鲁山系也有少量羚牛分布（曾治高等 2003）。虽然，目前羚牛的栖息地在人类交通建设和农业发展的过程中逐渐显现出斑块化和岛屿化，但仍需要了解羚牛各地理种群间的遗传多样性和基因交流，为羚牛的保护和管理提供依据。羚牛是其分布区内被严重盗猎的物种，因此许多分布区内的羚牛种群数量非常低甚至消失，是羚牛濒危的重要原因。

2.3　蒙古野驴

蒙古野驴主要分布于蒙古国南部、中国北部中蒙边境附近地区和新疆卡拉麦里山有蹄类自然保护区，世界自然保护联盟将其列为濒危（IUCN 2014），是我国一级重点保护动物。目前国内外学者对此物种的研究主要集中在形态分类、种群数量、社群行为、栖息地选择、食性分析和行为描述等方面。蒙古野驴曾经广布于蒙古高原中西部的荒漠和荒漠草原地区，主要集中于新疆北部的卡拉麦里山有蹄类自然保护区和内蒙古中部的乌拉特梭梭林保护区。迄今国内对蒙古野驴数量和分布仅为局部区域的调查。在新疆，航空调查得出有蒙古野驴 358 头；穿越调查蒙古野驴总数 510 头；卡拉麦里山自然保护区的调查得出种群数量 2632～4200 头。蒙古野驴是亚洲野驴 5 个亚种中种群数量最大的亚种，IUCN 2002 年统计，蒙古野驴种群数量不超过 2000 头，约占野驴总数的 80%。蒙古野驴栖息于中海拔段的（800～2500 m）的荒漠、半荒漠和荒漠草原地区，对干旱、酷热、严寒、食物贫瘠的恶劣环境具有极强的适应能力（毕俊怀 2007）。

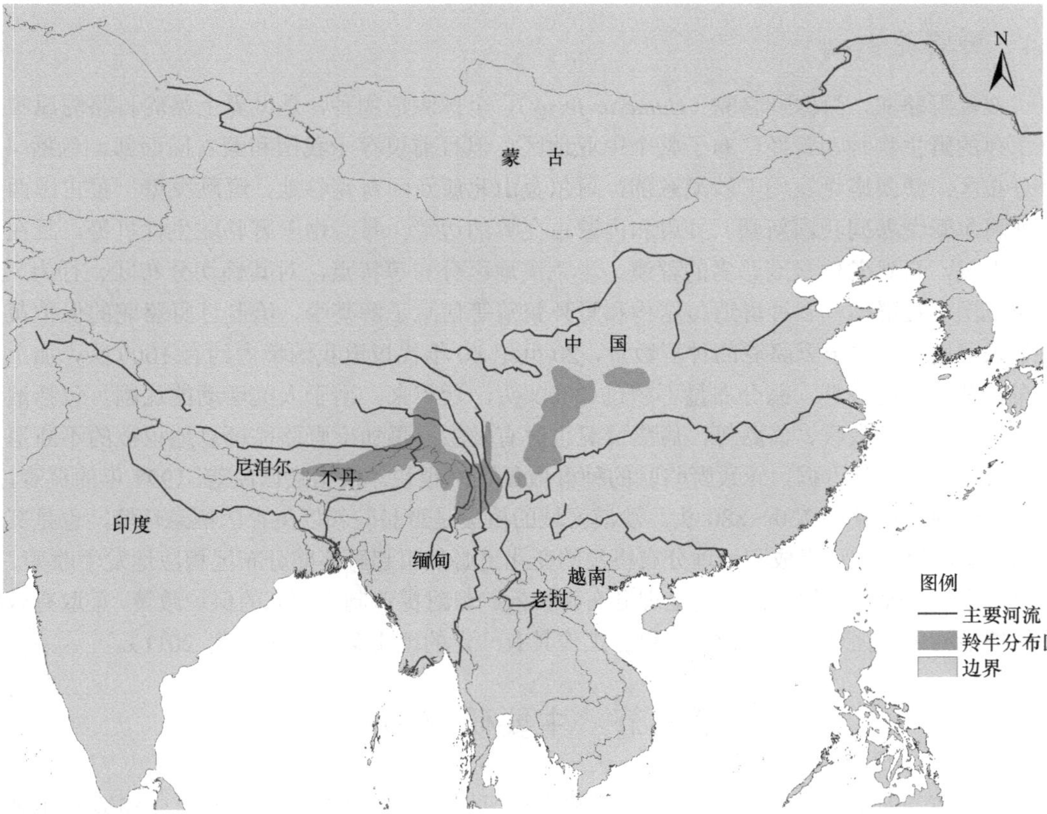

图 15-1　羚牛世界分布示意图

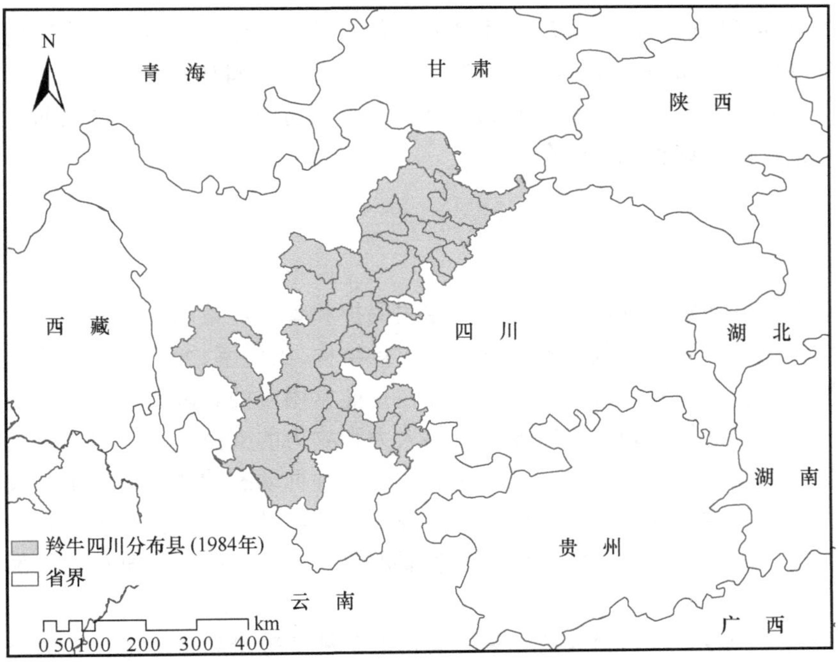

图 15-2　20 世纪 70 年代羚牛在四川的分布

2.4 野骆驼

双峰野骆驼，简称野骆驼（*Camelus ferus*），全球濒危物种，是世界上骆驼科骆驼属唯一幸存的野生物种，曾经广布于整个中亚地区，但目前仅存于我国和蒙古国西部，包括 4 个分布区：新疆塔克拉玛干沙漠东部，阿尔金山北麓及阿奇克谷地，噶顺戈壁，蒙古国西部外阿尔泰戈壁同我国新疆、甘肃和内蒙古交界的边境一带。由于野骆驼生性机警，且在远离人迹，自然条件极端恶劣的荒漠、半荒漠地区分布等特点，对其确切分布区、行为、家域范围、社群结构、种群遗传结构和野外繁殖等信息了解甚少，给制订野骆驼的保护策略带来了困难。关于野骆驼的种群数量，20 世纪 80 年代报道我国境内约有 1000 头，加上分布在蒙古国的种群，总分布量不超过 2000 头。近年来，由于人类活动的加剧，包括油田建设、开矿、放牧、修路等，偷猎情况也时有发生，再加上野骆驼栖息地植被的不断退化，水源多被人类占据，导致野骆驼的种群数量下降很快。根据袁国映等 1997 年的调查，估计整个种群数量在 730～880 头。沙漠区域的植被是野骆驼赖以生存的栖息环境，也是其食物来源。植物物种组成和地理分布格局的变化也必然引起野骆驼分布区相应地发生改变。研究未来气候变化条件下野骆驼地理分布和扩散趋势对提前制定相应的保护政策，采取有效的保护措施来加强这一濒危物种的保护工作具有一定的现实意义（杨海龙 2011）。

第三节 主要研究热点

大型食草动物具有鲜明的外形特征和生活习性，不论是探究物种的形成和适应还是探索多样的生态学特征，食草动物都是独具魅力的研究对象。作为生态学研究的载体，众多经典假说的提出和检验都是基于食草动物的研究，例如，对阿拉斯加白令海普里比洛夫群岛的驯鹿（*Rangifer tarandus*）引入种群的长期监测结果显示种群在短期内能够表现出逻辑斯谛增长（Bergerud et al. 1983）；对美国黄石公园马鹿种群的人工择猎，证明种群调节的真实存在（Coughenour et al. 1996）。本节将综合濒危食草动物研究的主要科学问题和结论，简述该领域的研究热点。

1. 种群动态

种群动态是判断物种种群变化，实施相关保护和管理对策的主要依据。一般而言，种群动态包括物种的种群数量或密度、性别、年龄结构、出生率、死亡率等（孙儒泳 2001）。然而，大型野生食草动物种群数量的调查往往是非常困难的。因为许多野生动物野外难以直接目击，全面系统地调查又需要大量的人力和物力的支持，而且通过活动痕迹获得的种群数量精确度还缺乏系统的验证。因此，许多种群动态的数据都属于片段化的调查结果，不足以支撑全面物种评价、保护和管理。目前，进行过种群数量调查的大型食草动物包括岩羊、蒙古野驴、野骆驼、羚牛和亚洲象，为这些珍稀食草动物的保护提供了重要的基础资料。

初红军等（2009）对新疆卡拉麦里山蒙古野驴种群数量和密度进行了调查和估算，通过截线法调查结果计算得出春季蒙古野驴密度为（0.55±0.20）匹/km^2，夏季（0.60±0.13）

匹/km^2，秋季（0.78±0.19）匹/km^2，冬季（0.54±0.14）匹/km^2。根据卡拉麦里山有蹄类自然保护区蒙古野驴适宜栖息面积为5800 km^2换算，从春季到冬季，蒙古野驴种群数量为3379～5318匹。

历史上双峰驼分布在整个中亚至西亚东部的低海拔丘陵及平原区。分布范围向东可达陕西黄河，向西直至里海，往北可达贝加尔湖，向南靠近青藏高原北部。野骆驼在19世纪还在我国境内有很大的分布区，从青海省苏干湖地区经阿尔金山、罗布泊地区、塔克拉玛干、天山以北卡拉麦里地区，直到中蒙边境，而且分布区连续。薛亚东（2014）在2011～2013年对库姆塔格沙漠地区进行了6次野外样线调查，分别观察到83峰、80峰、39峰、14峰、78峰、29峰野骆驼。其中阿尔金山北麓地区野骆驼分布最为集中，采矿活动集中的5～10月观察到的野骆驼数量明显少于其他季节。野骆驼分布区面临着道路建设、矿产开发及畜牧业的发展等威胁，生境丧失和破碎化严重，严重制约了野骆驼种群的增长。

亚洲象全世界的野生种群数量为34 000～54 000头。野生亚洲象在我国境内目前仅分布于云南省的南部和西南部，种群数量为221～245头。这些种群分别分布在云南南部的西双版纳国家级自然保护区的勐养、勐腊和尚勇保护区，普洱市的江城、思茅、澜沧，以及云南西南部的南滚河国家级自然保护区（图15-3）。云南省普洱市境内历史上一直有野生亚洲象分布，但是人类开发活动导致其栖息地丧失和人为猎杀，普洱的野生亚洲象在1976年绝迹。近几十年来，普洱市政府采取了封山育林、全面禁猎等措施使该地区的环境逐步得以恢复。1996年5头野生亚洲象重返普洱，目前在西双版纳和普洱边界地区活动的野生亚洲象已经达到100余头。袁志强和张立（2006）在云南西双版纳三岔河野象谷用直接观察、拍照、摄像等方法直接记录野生亚洲象的形态学特征，通过耳、门齿、背、尾、瘢痕、面部骨骼等特征对经过本地区的象群和独象进行个体识别并建立个体信息库。直接观测记录野象524头次，通过照片资料和访问间接记录289头次，识别6头个体，由7个家族（庭）群共38头和8头单独活动的雄象组成。人象冲突由来已久，人类为获取象牙、象肉和象皮而不断猎杀大象，同时还通过放养家畜、扩展农田和其他设施破坏了大象的栖息地。与此同时，象类不断取食庄稼，攻击人类，造成经济损失和人员伤亡。这些事实和矛盾使得亚洲象的种群复壮困难重重。

羚牛的种群数量及动态的资料相当匮乏，由于栖息地丧失、偷猎和人为干扰的加剧，种群数量整体呈下降趋势。据估计，指明亚种现存约3500只（汪松和谢焱 2009），分布在两个相对隔离的区域（IUCN 2011），国内主要分布在高黎贡山、西藏的东南部，国外分布也仅限于缅甸的北部区域和印度的东北端（Rabinowitz & Khaing 1998）。不丹亚种主要分布在不丹的北部，种群数量也无清楚了解。指明亚种与不丹亚种的分布边界目前研究者仍无清楚的认识。秦岭亚种是羚牛分布最北的种群，目前主要分布在陕西南部的秦岭山脉，在18个县中有分布记录，其中太白县、佛坪县、周至县、洋县、宁陕县是主要分布区。据陕西省林业厅估计，秦岭亚种种群数量约为5000只以上（国家林业局 2009），高于宋延龄和曾治高（2001）估计的3500只。四川亚种分布于川西北部及甘肃南部，岷山山系、邛崃山系是主要分布区，也分布在相岭山系、凉山山系及大雪山（吴家炎 1990；胡锦矗和魏辅文 1993），现存数量7000只以上（汪松和谢焱 2009）。虽然大尺度的四川羚牛分布调查仍停留在20世纪70年代，但也有调查涉及了局部区域，例如，Guan等（2015）

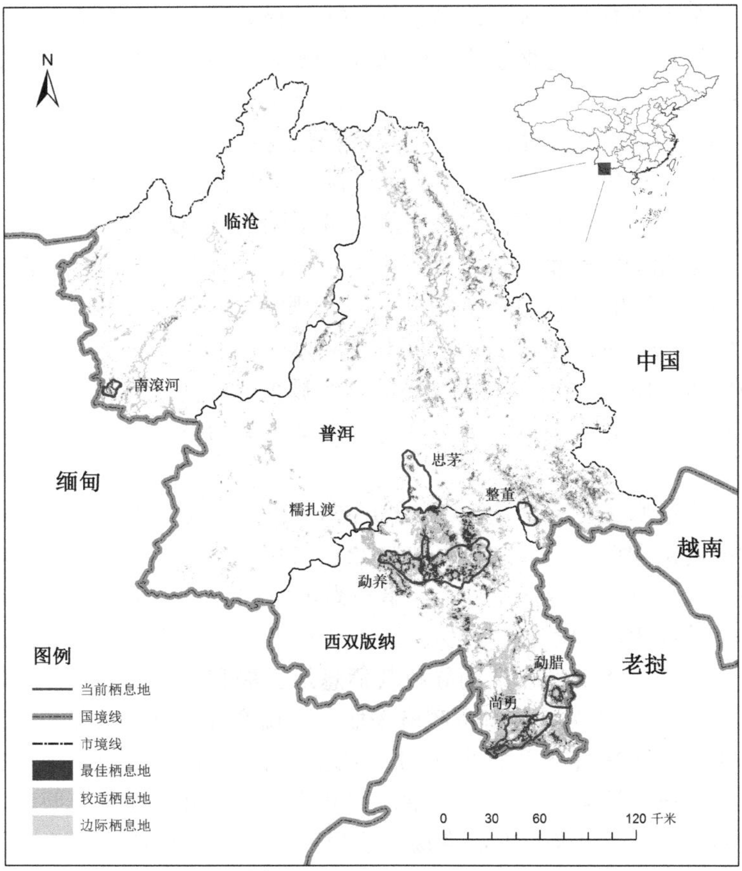

图 15-3 亚洲象在我国的分布区示意图（改自张立 2006）
（阅读彩图请扫描封底二维码）

基于对岷山北部羚牛分布调查提出该区域羚牛栖息地现状的研究。事实上，由于 20 世纪 80 年代至 21 世纪初，羚牛一直遭受着强烈的偷盗猎压力，并且羚牛的栖息地大幅缩减，许多历史上有分布的区域已经没有羚牛存在的证据，四川境内有羚牛分布的县从 20 世纪 70 年代的绝大多数的羚牛适宜栖息地到仅存于呈斑块状的自然保护区内（图 15-4），种群发展前景堪忧。

2. 不同尺度的栖息地利用

食草动物栖息地利用可以为动物栖息地评价、容纳量估计、能量代谢及种间关系等方面的研究提供有价值的基础资料，同时也为濒危食草动物的异地保护、人工饲养和资源管理提供理论依据。因此栖息地保护成为动物保护的首要任务。调查濒危野生动物现存栖息地结构和特征将为物种的栖息地保护和恢复提供基础数据，如对大熊猫（欧阳志云等 2011）、黄腹角雉（Deng & Zheng 2004）等珍稀物种的栖息地特征的研究。栖息地中各种资源的空间分布往往是离散的，山地环境尤为显著，主要体现在地形的复杂程度与食物资源的多度高度相关（Nellemann & Thomsen 1994），即资源时空异质性高（Hutchins & Geist 1987）。

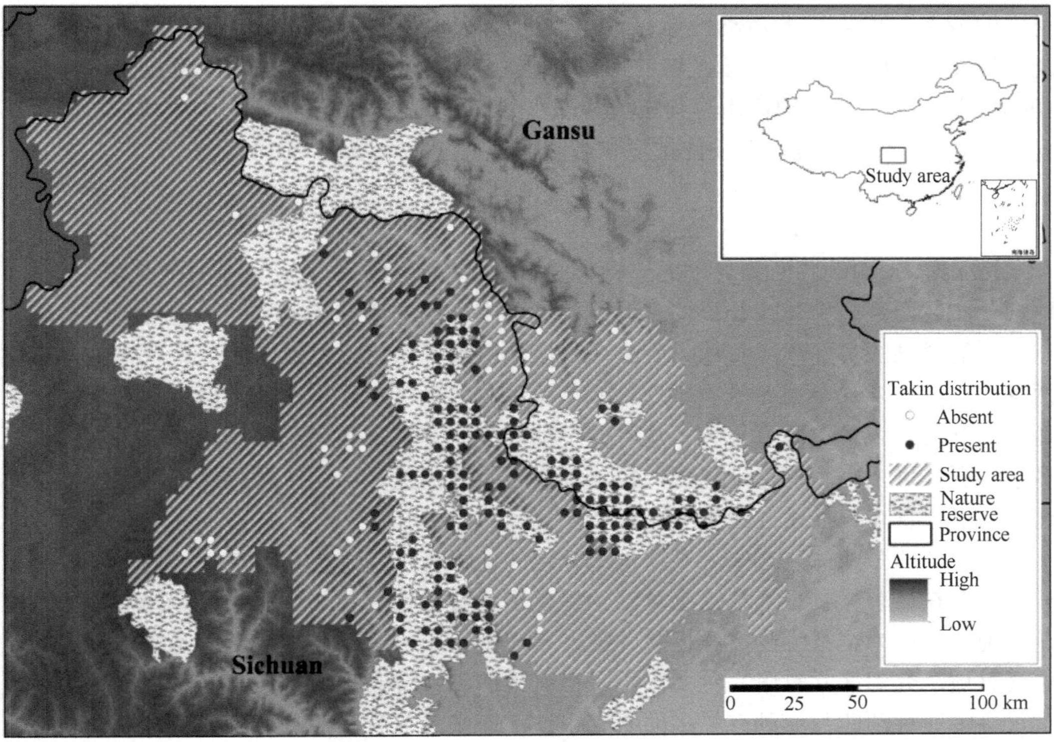

图 15-4　岷山北部羚牛调查与分布（改自 Guan et al. 2015）

2.1　不同时间尺度

食草动物利用栖息地的时间差异，可以理解为在一个周期内不同季节的栖息地偏好的波动。在资源的空间和时间异质性较高的区域，食草动物采取不同的选择标准，游走于最有利的栖息地斑块之间，以达到收益最大化。这里的收益，不仅仅指食物和营养，也包括繁殖成功、捕食风险、隐蔽条件等各类型资源。一般认为，食物是动物不同季节选择利用栖息地的主要动力，包括食物的质和量及采食风险，如羚牛夏季选择最高海拔的高山草甸区域进行集群求偶可能与食物的分布并没有直接关系；另外，羚牛冬季选择中高海拔段的栖息地而非可利用的最低海拔，这也与多数的温带有蹄类冬季栖息地选择的策略不同。

因此，栖息地利用在不同时间尺度上的变异在食草动物尤其是山地食草动物中是比较普遍的现象。例如，冬春两季，马麝（*Moschus chrysogaster*）利用栖息地的平均海拔为（3355±94）m，对阳坡、高山松林、黄背栎林表现出正选择；夏秋两季高山麝利用栖息地的平均海拔为（3632 ± 288）m，对寒温性针叶林、无干扰生境具有选择性；夏季高山麝栖息地利用的解释因子还有隐蔽和海拔（李学友 2013）。又如，羚牛选择 2000～2500 m 的中高海拔段作为越冬地，可能是由于中高海拔太阳辐射量高而产生的适宜微生境；秋季和春季羚牛又较多地利用低海拔区域（1200～1800 m）河谷两岸的次生林和灌丛区域，是越冬前后和夏季繁殖后的能量恢复与储备的最好时期。分布在热带雨林区域的亚洲象，在旱季和雨季对栖息地的利用也存在差异：旱季有 3 个活动中心，存在循环利用的特点，而雨季的活动区域仅占旱季的一半，因为它们主要采食农作物（张立等 2003）。白唇鹿是生存在高原区域的特有物种，与冬季不同，白唇鹿夏季倾向于选择海拔 4000 m 以上中上坡位的高山草甸生境和离水源 500 m 以外的阳坡或阴坡生境；而回避坡度大于 60°、裸岩生境、下坡位生境和半阴坡生境（游章强等 2014）。

2.2　不同空间尺度

Johnson 提出动物对栖息地的选择存在多个尺度等级的观点：一个种的地理分布区；地理分布区内某一个体或社群的家域；家域范围内动物所选择的不同栖息地类型；取食点中所能提供的实际环境条件。前 2 个尺度一般被称为宏栖息地，后 2 个尺度被称为微栖息地。以这 4 个栖息地选择的空间尺度为依据，学者在不同空间尺度上对有蹄类栖息地选择开展了大量的研究工作。从不同空间尺度研究有蹄类栖息地选择的必要性已被众多学者所认可，因为栖息地选择的描述取决于空间尺度，不同空间尺度上对动物栖息地选择的研究重点和描述方式亦不同。

沈泽昊和张新时（2000）发现山地林地的地形特征（海拔、坡度、坡向）对森林植被格局存在显著影响。森林为食草动物提供了隐蔽条件和食物资源，进而影响整个食物链，使森林成为维系生物多样性的关键。事实上，不论基于景观尺度还是局域尺度的羚牛栖息地研究都非常有限，主要集中于栖息地的垂直分布范围和季节性选择变化方面，且仅秦岭亚种和四川亚种有较多的研究报道，而指名亚种和不丹亚种的研究非常缺乏，往往是一次性调查的结论（吴家炎 1990）。景观尺度的栖息地特征研究仅在岷山北部的栖息地评价研究中有涉及，并提出羚牛对平均海拔、地形起伏程度、森林覆盖和保护管理有较高的要求（Guan et al. 2015）。

景观尺度研究认为西双版纳地区亚洲象的适宜栖息地主要由 3 个景观要素构成，包括竹阔混交林频率、到竹阔混交林距离及距高速公路距离。因为竹子是一种局部区域密集分布、生长季节短而集中的植物，在生长旺盛的雨季能为亚洲象提供大量的食物，因此是它们最喜欢的食物之一。亚洲象在高速公路附近活动较为频繁，这种异常情况与西双版纳傣族自治州内昆曼国际公路的布局有关。在景洪市勐养保护区内，高速公路从保护区中部穿越，高速公路的出现一方面减少了保护区内野生亚洲象固有迁移通道的数量，使象群在穿越高速公路前为选择合适的通道而在公路周边停留较长时间；另一方面高速公路沿线种植的绿化植物多为亚洲象喜爱的食物，常吸引象群冒险闯入高速公路取食，不仅对高速公路的绿化和防护设施造成严重的破坏，而且易引发交通事故，给过往车辆和当地居民带来了巨大的生命威胁（Pan et al. 2009）。

羚牛的宏栖息地选择的研究目前仅四川亚种在岷山北部进行过研究。在该研究涉及的岷山北部 6 个县（青川县、平武县、松潘县、九寨沟县、若尔盖县、文县）的栖息地分布调查中发现，羚牛在该区域的景观特征包括森林覆盖、地形起伏程度、保护区 3 个方面。但将这些景观因素放到整个四川有羚牛分布确切信息的若干保护区进行验证时发现，在更大的尺度或者不同的区域中，仅森林覆盖和地形起伏度是羚牛宏栖息地的关键景观要素。这个研究说明，即便在第一类宏栖息地中，依然存在不同级别的栖息地关键要素的差异。羚牛微栖息地的研究在四川亚种、秦岭亚种、指名亚种都有相关报道。例如，吴华和胡锦矗（2001）对唐家河羚牛冬季和春季的栖息地选择研究发现，它们春季偏好海拔较高、食物丰富度高、灌木较大、离灌木较远的栖息地而冬季偏好坡度适中、中海拔段、高大乔木、乔木稀疏且离乔木较远的栖息地。麻应太等（2004）在秦岭东部的牛背梁自然保护区调查了秦岭亚种的越冬栖息地特征，发现羚牛对冬季栖息地选择的关键因子为地形（向阳、背风、相对比较平坦的亚高山台地）、食物（华桔竹、杜鹃、腺柳等）、水源（充足）、隐蔽而相对较暖的环境（成熟针叶林和针阔混交林），以及便于逃避天敌的生境（华桔竹林）。冷杉、华山松等的芽苞和树皮是羚牛冬季必需的食物。吴鹏举和张恩迪（2006）对西藏慈巴沟的羚牛栖息地研究显示，羚牛冬季对杜鹃针叶林、箭竹针叶林和针阔混交林具有正选择性，春季则对箭竹针叶林和针阔混交林、夏季对高山灌丛草甸和杜鹃针叶林具有正选择性。

虽然，地形和人类活动使亚种间的分布海拔存在差异，但它们选择的集中分布植被类型基本属于高山或亚高山混交林、针叶林及灌丛草甸。受气候和食物分布的影响，羚牛的栖息地随其季节性垂直迁移而变动，进而体现在海拔、地形、植被类型等栖息地结构的季节性变化。羚牛冬季常在中高海拔的山顶平台、山间缓坡向阳处越冬。夏季多栖息于针叶林和高山草甸及高山灌丛区域。春季和秋季多选择低海拔处地形缓和的河谷坡地。对于羚牛地形和植被的季节性选择的研究不系统，没有将栖息地选择和生活史特征结合起来，因此在分析羚牛栖息地选择的动力时缺乏足够的依据。此外，更细致的栖息地利用和控制实验目前还是空白，无法深入了解物种的适应与栖息地的关系，进而阻碍了相应的保护措施和科学研究。相比较而言，我国云南的西双版纳地区属于亚热带气候，热带雨林和季雨林为主要植被类型。我国学者对分布区的各个亚洲象局域种群的微生境利用特征都有相关研究和报道（张立 2003）。亚洲象体型巨大，不擅长山地环境移动，因此偏好海拔 1000 m 以下、平缓、靠近河流的生境。其中对西双版纳的尚勇自然保护区研究较为细致。研究发现亚洲象喜欢灌丛、竹阔混交林、高山草甸 3 种植被类型，不喜欢热带雨林、常绿阔叶林和农田。亚洲象对乔木层的不同等级又有不同的偏好：喜欢高度在 3～15 m 的林斑，不喜欢高度超过 25 m 的林斑，对高度在 15～25 m 的林斑几乎随机选择。喜欢 0～0.25 低郁闭度的林斑，不喜欢 0.25～0.5 中等郁闭度的林斑，对大于 0.5 的中高郁闭度的林斑随机选择。亚洲象偏好树木胸径在 0～15 cm 的幼林，不选择树木胸径大于 15 cm 的中成林。喜欢盖度为 0.5～0.75 水平的灌木林，对其他水平盖度的灌木林则随机选择。

3. 栖息地利用策略

资源在野生动物栖息的环境中存在空间和时间的不均匀性。这些资源的时空变异在温带尤其显著，因为该气候带存在显著的季节变迁，也就意味着物候的季节性变化。对食草动物而言，植物是它们唯一的食物来源，因此季节导致了食物的季节性消长。大型食草动物需要消耗大量的植物组织维持生存，不可避免地在不同季节间需要寻找最合适的生境，即存在栖息地利用策略。目前对我国大型食草动物的栖息地利用策略涉及迁移、扩散、家域和反捕食对策等几个方面，但系统研究的物种案例非常有限。

3.1　迁移与扩散

迁移与扩散是物种应对来自种群内部和外部的压力，而进行的周期性或方向性的分布空间变化的行为。分布在季节波动明显的物种必然面临食物资源的季节性波动，这种变动受到季节或海拔的影响。降水在山地环境也是一个季节性的主要环境因素。受这些因素的影响，很多山地食草动物都采用垂直迁移的策略及选择向阳的坡向和可接受较多阳光辐射的坡位来增加冬季食物资源的可获得性与微生境条件适宜度。与善于游走的营游牧生活的食草动物不同（Hutchins & Geist 1987），迁移运动在山地环境中是很局限的（如驼鹿 *Alces alces*）。悬崖峭壁是食草动物冬季重要的取食地，这里的地形使其免于被大雪全部覆盖，且储存在岩石中的热量也使植物在春季最早萌发。因此，悬崖峭壁既能让动物躲避捕食也是季节性食物源（Hutchins & Geist 1987）。

垂直海拔迁移被认为是食草动物应对山地资源空间和时间高异质性的策略之一。Albon 和 Langvatn（1992）对马鹿生境中食物的粗蛋白质含量在初夏与海拔呈正相关关系，而在秋季呈负相关关系，而且家域中食物的质量对动物体重影响显著（Albon & Langvatn 1992）。垂直海拔迁移的策略虽然有利于动物的生存，但在局域范围内的同一物种，该策略也并非为所有个体采用。对狍的研究发现，同一区域内的有些个体迁移而有些个体不迁移，且这种模式在年度间并不稳定（Cagnacci et al. 2011）。在春季迁移的同步性很高，而秋季的迁移依性别、个体和局域范围而产生较多的变异，而且动物采取的迁移策略是位于往返迁移和定居这两个极端间的连续带上的。马鹿种群中有些个体迁移有些个体不迁移，是不同生存需求和生存压力的权衡。例如，不迁移个体用捕食风险与高食物质量换来冬季的幼崽和成体的高存活率，但导致了活动区离人类近且需要结成大群，降低了怀孕比例和幼崽体重。认为不完全的迁移策略对调节种群的数量是有贡献的（Hebblewhite & Merrill 2011）。

曾治高等（2010）在发现秦岭羚牛的垂直海拔迁移的模式后，通过植被归一化指数（NDVI）探索了植被的初级生产力和地表太阳辐射量与羚牛海拔分布的关系，并得出了羚牛夏季向高海拔迁移是食物驱动及冬季迁移与中部海拔段较好的热环境的推论（Zeng et al. 2010）。虽然，已有研究检验了 NDVI 与春季植物萌发的关系，并认为 NDVI 可以作为年际春季启动的指示（Hamel et al. 2009）。然而，植被归一化指数提取于遥感数据，对于森林生活的食草动物，林冠层的初级生产力并不能代表林冠层下的灌木和草本的营养及初级生产力水平。检验山地森林环境中的食草动物迁移驱动因素，还需要食谱成分中的营养成分随海拔梯度的变化关系。

3.2　活动范围与家域

除垂直海拔迁移外，在山地环境中确定固定的家域或季节性活动范围并对这些范围保持一定的忠诚度，对食草动物生存的影响是显著的。Mysterud 等（2001）探索了 19 种温带食草动物的家域面积、体重和性别间的关系，认为动物在夏季增大活动范围而获取的能量效率要高于冬季，但不论冬季或夏季，动物的体重与其所占有的家域是显著正相关的。影响家域面积的因素很多，不同学者对不同物种的研究得出了一些结论，包括个体的繁殖状态，例如，带幼崽的驼鹿会活动在较局限的夏季家域内（van Beest et al. 2011），个体间的体形差异（Börger et al. 2006）、年龄差异（Saïd et al. 2009）、降雪和降雨（Börger et al. 2006; Luccarini et al. 2006）等因素都对个体间的家域差异有显著效应。

虽然很多物种都保持着对家域的高度忠诚，而且保持家域的忠诚也有助于了解环境中的资源和威胁，提高生存和繁殖效率。但是，影响种间家域忠诚度的因素也有很多，既包含对个体身体状态的变化也包含环境的质量和干扰变化。对白尾鹿在狩猎结束前后13年的研究发现，虽然两性的存活率在停止狩猎后都大幅增长，但雌性的存活率高于雄性且对家域的忠诚度高于雄性。雌性驯鹿在产仔期以外的时间内，都表现出对家域的高忠诚度（Popp et al. 2011）。对非洲角马的研究也证实了，繁殖雌性在雨季的栖息地变换频率要显著高于那些不繁殖的个体（Morrison & Bolger 2012）。对引入的黇鹿（*Dama dama*）个体间家域的特征研究发现，它们回避盐沼地，但对家域内灌丛的存在体现了很强的偏好（Morse et al. 2009）。对马鹿的研究发现，雌性对家域的忠诚度很高，即便栖息地有较强的景观改变，它们也不会放弃之前的家域而是通过最小化利用那些与人类存在相互干扰区域的栖息地（Webb et al. 2011）。对加拿大驼鹿家域和石油开发强度相关性的研究显示，在8年里，即便石油开发强度在逐年增加，驼鹿对月度和年度家域一直保持着高忠诚度，说明动物对环境变迁具有一定的适应能力（Tracz et al. 2010）。

家域的位置和面积波动是动物对环境变化的应答，是生存策略的具体化。在食物质量高且分布集中的区域，动物不需要进行大范围觅食，因此家域也较小（如夏季家域），反之家域面积则较大（冬季家域）（McCullough 1999）。张立等（2003）以在思茅市境内栖居的5头雌象组成的象群为研究对象，采用3种调查方法：痕迹追踪、路线调查和村庄调查确定象群的位置，根据活动痕迹点的坐标，利用最小面积法计算出象群旱季的活动区域平均面积是35.67 km^2。其中，西北核心区域、中部核心区域、东南核心区域的面积分别为3.65 km^2、2.79 km^2、3.29 km^2，区域之间基本没有农田，大象停留的时间很短，仅作为通道利用。这些核心区域以农田为主，可为大象提供较丰富的食物，但也因此引起了与当地居民的冲突。

羚牛食物（质与量）的季节波动显著（Schaller et al. 1986; 曾治高等 2001）。对唐家河羚牛的研究（5只羚牛）发现，两只雌性羚牛夏季家域和冬季家域变化能够符合这一假说，说明影响动物家域的因素比研究者已知的复杂。宋延龄和曾治高（2001）对秦岭羚牛的家域研究认为羚牛季节家域的很大一部分是由迁移造成的，即其中有很大一部分属于动物路过而非长期选择利用的生境（Lesage et al. 2000）。因为统一的季节划分标准并不一定适用于所有个体，例如，某些个体的夏季家域可能是包含了其迁移过程中的栖息地，而有些个体的夏季家域则是已经完成迁移后相对稳定的家域。在唐家河自然保护区，研究者研究4只佩戴GPS项圈的羚牛，发现夏季家域大于春季或近似于春季家域，且均为雌性。相比较，雄性羚牛的夏季家域仅为春季家域的1/4左右。可能的解释是，雄性个体的迁移完成的比雌性羚牛更早。然而，至今尚无研究支持羚牛的迁移模式存在性别间差异这一论点，但这种现象被证实在 *Capreolus capreolus* 的迁移模式中是存在的（Mysterud 1999）。此外，一些学者认为身体状况和是否带幼崽也对食草动物的家域忠诚度和栖息地选择有显著的效应（曾治高等 2001; Luccarini et al. 2006）。Mysterud等（2001）曾提出动物在夏季增大活动范围而获取的能量效率要高于冬季，但不论冬季或夏季，动物的体重与其所占有的家域是显著正相关的观点。羚牛平均体重在250～500 kg，其冬季家域面积不足4 km^2，而生活在北美洲、体重60～130 kg的白尾鹿（*Odocoileus virginianus*）的冬季家域面积达10～12 km^2（Lesage et al. 2000），可见体重和家域面积的关系不能作为唯一判断标准，还应参考食物资源的质量、数量及空间分布特征。因此，研究者认为羚牛的个体差异包括繁殖状态（van Beest et al. 2011）、体形差异（Börger et al. 2006）及年龄差异（Saïd et al. 2009）等，可能是羚牛家域波动个体间差异较大的主要原因。

家域忠诚度高有利于提高个体的适合度，熟悉和适应一个区域将提高动物的生存机会和繁殖成功率，如更快地找到觅食地和逃生路线（Ruther et al. 2011）。在较大的空间（时间）尺度如分布区（年度），每轮迁移周期的栖息地忠诚度可能接近100%，但是在更小的空间或时间尺度（如家域和季节），这种重叠度可能会在0和100%之间波动（Zeng et al. 2008）。因此，同一物种对栖息地的忠诚度的高低，可以在一定程度上反映栖息地质量的优劣和稳定程度。例如，对马鹿（*Cervus elaphus*）和北美驼鹿（*Alces americanus*）的研究就提出人类干扰应作为影响食草动物对栖息地忠诚度的重要因子（Tracz et al. 2010; Webb et al. 2011）。唐家河自然保护区的羚牛年际的家域忠诚度，在食物较丰盛的季节（夏季和秋季）较高，达到64%以上，且总体家域重叠度超过72%，这显示了该保护区适宜羚牛生存且质量稳定。因此，对栖息地忠诚度研究的意义在于了解影响物种分布的关键栖息地因子，进而通过监测栖息地关键因子的波动和动物的行为反馈，一方面能够探讨动物行为策略形成的机制，另一方面也能应用于物种的保护和管理。生态旅游是目前众多自然保护区实施的发展策略之一，有必要在生态旅游起步阶段开展人为活动对羚牛行为影响的监测工作，为有效提升保护区对羚牛及其他野生动物保护和管理提供数据支持。因此具有迁移习性的食草动物家域的忠诚度能够反映人类干扰强度和栖息地质量变化等环境指标，对监测栖息地变化和设立优先保护的区域有重要的参考价值（Sawyer et al. 2009）。

3.3　反捕食

关键的生态因子塑造了山地食草动物的进化历史。捕食压力是熟知的自然选择动力，影响着动物形态和行为的进化（Lima & Dill 1990），以及它们对栖息地的利用和选择（Kie 1999）。多数的山地食草动物都会利用陡峭地形来躲避捕食者（Boyle et al. 2010），其他的一些食草动物则退回到峭壁上，利用密集的植被隐藏自己（Caro et al. 2004）。在产仔前后，雌性一般通过选择很少被利用且海拔较高的区域，躲避天敌对自身和幼崽的捕食，而且这些区域是很少被天敌利用的。例如，对驼鹿的研究发现，雌性个体在产仔前会回避河谷边缘区域，因为这些生境中棕熊和狼的密度很高（Langley & Plestscher 1994）。对黄石公园 Caribou 的繁殖期行为观察，由于在低海拔区域的狼重引入和狼的挖掘洞穴，雌性选择海拔更高的夏季家域产仔，被视为对捕食风险的回避（Mao et al. 2005）。Barnowe-Meyer 等（2010）研究了叉角羚幼崽存活率与郊狼、灰狼、冬季积雪厚度与坡度之间的关系，发现只有积雪厚度较深和地形陡峭的环境中幼崽存活率较高。也正因如此，低海拔的高捕食压力，促成了高海拔区域动物避难所的形成（Barnowe-Meyer et al. 2010）。

一些食草动物，如盘羊（*Ovis ammon*）不完全依赖峭壁逃生，而是选择波浪式起伏的地形、但障碍物少的路线逃逸（Hutchins & Geist 1987）。这种陡峭地形的依赖性在 Stemp（1983）和 Geist 等（1985）对北美大角羊（*Ovis canadensis*）心率研究中体现得尤为显著：研究发现动物离峭壁越远，心跳速度越快。捕食风险一般是随着离逃逸地形（escape terrain）的距离增加而升高，因此一些食草动物的活动被局限在峭壁附近（Hutchins & Geist

1987)，那些依赖陡峭地形的食草动物的家域相对固定一些。虽然陡峭地形降低了捕食风险，但与那些营游牧生活的食草动物不同的是，当家域内食物资源匮乏时，它们将承受较大的生存压力。因此，这种类型食草动物的家域具有食物丰盛度高的特点，它们对家域的忠诚度高（Geist 1971）。相应地，相对固定的家域也可能引起激烈的资源竞争及由此演化出的领域行为，对日本鬣羚（*Capricornis crispus*）（Akasaka & Maruyama 1977）和苏门羚（*C. sumatrensis*）的行为学研究发现，它们都有在取食地标记的行为，意味着它们可能有固定取食领域（Ochiai & Susaki 2002）。对岩羚羊（*Rupicapra rupicapra*）的观察发现，雄性个体在夏季会对优良的食物资源表现出领域保卫行为（Knaus 1983）。

在温带，哺乳的雌性个体必须在降雪之前大量采食高质量的食物以恢复在产仔和哺乳的能量消耗并储存脂肪。但是高质量的食物往往出现在被捕食风险较高的区域（Lima & Dill 1990; Berger 1991; Rachlow & Bowyer 1998）。捕食风险对捕食对象的觅食行为和策略形成影响显著（Brown 1999），动物必须在高质量的食物资源和被捕食的风险间进行权衡（Sih 1980; Brown 1999）。然而食物与安全的矛盾在哺乳期的雌性比非哺乳期的雌性更加尖锐，因为哺乳期的雌体不仅肩负着高耗能的哺乳，还承担着幼仔被捕食的压力（Hanwell & Peaker 1977; Loudon & Kay 1984）。虽然，哺乳期雌性可以通过增加警戒行为来降低捕食风险，但警戒行为与觅食行为也是相冲突的。因此，在一些食草动物中，哺乳的雌性会通过选择地形上更安全或接近易逃的区域觅食而维持觅食和安全的平衡。由于高海拔区域一般很少被捕食者利用（Barten et al. 2001），对高山食草动物而言，所谓的安全生境要么海拔高要么离峭壁很近（Festa-Bianchet 1988）。

在地形陡峭程度较低的区域，食草动物可能通过隐藏（Geist 1971）、增加群体的大小（Hamilton 1971）或者与捕食者对抗等手段来提高自身存活机会（Griffith 1988）。与捕食者相遇时，幼仔的存在也会影响食草动物的行为反应，而且可能由此影响其对栖息地的选择（Kohlmann et al. 1996）。对黑尾鹿（*Odocoileus hemionus*）（Griffith 1988）的研究认为在开阔地形中，当动物在离利于逃逸的地形较远且与捕食者（coyote; *Canis latrans*）遭遇时，它们的逃逸频率较野山羊低。Risenhoover 等（1988）认为逃逸地形的可见性和可用性、捕食者和捕食对象的群体大小，年龄和性别等因素对于理解山地食草动物的捕食–逃逸对策有很重要的影响。此外，适应山地地形的食草动物比那些生活在地形平缓区域的食草动物拥有更多样的策略应对威胁和捕食。一般认为，具备高食物丰富度和高质量的区域同时也是捕食风险较高的区域（Hutchins & Geist 1987），因此，动物将采食地与反刍生境分离，可以降低被捕食的概率。

羚牛常以不同类型的集群方式生活，四川羚牛成体会通过发现、警觉、示警、御敌等模式对接近的人类进行防御，在近距离与人遭遇时甚至会主动攻击（曾治高等 2003）。有研究发现，在休息时，群中成年雄性会以角向外、形成不规则保护圈的方式将幼体和雌性围在中间（吴诗宝 1988）。在栖息地利用方面，四川羚牛对春季地形也存在选择。通过因子分析，研究者还发现，影响羚牛春季产仔期局域分布的地形因素分别是地形复杂度因子、反捕食因子和坡位因子等 3 类因素。与羚牛春季家域范围内的地形总体相比，羚牛选择更接近峭壁或陡坡，偏好坡度更缓和，且海拔更低，明显偏离山脊，地形起伏程度较低的生境。羚牛显著倾向于选择平坡和中位坡且主要选择阴坡和阳坡。为降低生存环境中的被捕食风险，食草动物通常采用不同的策略如提高警戒行为、选择较好的隐蔽环境等（Suzuki 2011）。特殊地形与乔木层及灌木层一样，都可以成为动物的隐蔽场所（Pierce et al. 2004）。因此，地形可能影响动物被捕食的风险。动物在背靠悬崖峭壁、视野开阔的地形中活动可以减少用于警戒的时间投入，增加觅食和进行其他活动的时间。豺（*Cuon alpinus*）和豹（*Panthera pardus*）是研究区域中羚牛的主要天敌，它们攻击的主要对象是老年和幼年个体（吴家炎 1990）。尽管近年来的野外调查显示，豺在唐家河保护区几近绝迹，豹的密度也很低，但是“动物对抵御捕食的行为策略是对生存环境长时间适应而形成的”（Lima 1995, 2002），不会因短期内生存环境中天敌缺失而改变。羚牛春季产仔期的低起伏度和低坡度地形特征，可能说明坡度与起伏度在羚牛选择安全生境中并不占主要地位。与雄性羚牛比较，雌性个体选择更接近悬崖峭壁的中坡位和上坡位，说明在春季产仔期雌性比雄性更注重地形的隐蔽性，通过选择陡峭地形来降低被捕食风险。王学志等（2005）对秦岭羚牛产仔地特征的研究发现，羚牛产仔地的地形具有难以接近且视野开阔的特点。一般来说，影响和威胁食草动物生存的压力主要来自两个方面，一个是栖息地可提供的食物资源，另一个是来自于栖息地内的捕食压力。由于山地环境的复杂多样，食草动物需要通过调整行为来适应山地环境而达到生存和繁衍后代的目的。食物资源在山地环境分布的空间异质性决定了食草动物为了获取最佳食物资源和较适宜的环境温度，需要通过空间移动实现。山地的陡峭地形虽然对食草动物移动造成了不同程度的不便，但有利于它们逃避捕食，因为很多食肉动物无法接近或通过一些险峻的地形。陡峭的地形也意味着较弱的水土保持能力，直接影响着植被的质量和数量（Visser et al. 2009）。因此，食草动物对山地环境的行为适应，实际上就是对这些利弊因素权衡的结果。

4. 繁殖习性

繁殖是物种生存和繁衍的重要环节。通过对濒危动物的繁殖习性研究，能够发现它们繁殖过程中需要的和回避的生物和物理环境，以及繁殖策略。这些结果一方面能够完善生态学知识，另一方面能够为物种的保护（如繁殖地保护、人工圈养种群繁育）提供科学依据。因此，繁殖习性研究始终是濒危物种生态学研究的重点和热点。然而不幸的是，目前我国的大型食草动物繁殖习性研究还非常薄弱，仅有少量的研究结果发表。可能是野外种群行为观察难度大、缺乏先进的技术手段所致。研究者以研究问题较广泛的羚牛为例，简要介绍大型濒危食草动物繁殖习性的相关研究问题。

羚牛的繁殖习性在众多同域分布的食草动物和整个温带食草动物中都是非常特殊的，但是研究者对此的了解依然是片段化的。例如，研究者知道羚牛在夏季迁移到亚高山草甸及针叶林带，由家族群、社群逐渐集中成聚集群。但关于羚牛的繁殖交配系统知道的很少，仅知羚牛是夏季交配发情、多配制、冬季及冬末春初产仔等最基本的信息。目前，吴诗宝、王学志等对野生羚牛的繁殖生态、发情交配、产仔等行为有较为详细的描述，如发情交配模式包括鸣叫、争斗、嗅闻、卷唇、跟随、亲昵、爬跨和交配，并编制出生命表、内禀增长率及繁殖价表（吴诗宝等 1997; 王学志等 2005）。而圈养羚牛的行为学研究则拓展了发情期、繁殖能力，以及产仔和哺乳期的研究（吴家炎 1990; 周建华 1992; 余玉群等 1995; 刘冰许和赵文珍 1999）。通过对圈养羚牛的观察，发现雌性性成熟并成功繁殖的年龄为4岁，雄性性成熟年龄为4～5岁。野生雄性个体性成熟年龄约为5.5岁，雌性为4.5岁，雌性最大繁殖年龄为17岁。野生羚牛的妊娠期是8～9个月，产仔期为每年的1～4月，每胎产一仔，也存在产两仔的可能（余玉群等 1995; 吴诗宝等 1997）。四川羚牛发情交配期是7～9月，高峰出现在7月上旬和中旬（吴诗宝等 1990, 1997）。曾治高等（2003）认为秦岭羚牛的发情交配期要早于四川亚种，出现在6～8月，高峰在7月上旬和中旬，有些年份甚至观察到5月进行爬跨交配的现象。研究者在唐家河自然保护区连续3年观察到的现象是发情高峰出现在6月底至7月中旬，随着时间推移观察到的发情交配行为越来越少。可见，不同亚种间的繁殖习性和同一亚种在同一区域的观察结果存在不一致，说明作者对两亚种的基本繁殖习性的稳定性和影响因素的认识还存在不足，需要加强这方面的观察和研究。除了四川羚牛和秦岭羚牛有繁殖方面的报道，指名亚种和不丹亚种的繁殖习性依然是空白。研究者对羚牛夏季的栖息地选择与发情交配、集群和迁移之间的关系知之甚少，阻碍了深入探究生活史的形成过程和原因。

5. 保护遗传

保护遗传学主要研究与物种灭绝风险相关的遗传因子，以及如何利用遗传学管理手段降低物种灭绝风险的科学，它是保护生物学和分子遗传学的交叉学科。保护遗传学的主要研究目标是保护物种遗传多样性和保持物种进化潜力。保护遗传学的研究内容主要包括种群遗传结构、近亲繁殖、遗传变异、基因流、杂交、迁移、有效种群大小、性比结构、法医鉴定、亲缘关系、性别确定、进化显著单元、濒危机制、种群的亚分化等方面。在几种大型濒危食草动物中，羚牛、亚洲象、普氏野马等有相关的研究报道，以下仅进行简要介绍。

由于缺乏足够的化石资料，仍无法确定现生羚牛的祖先。Groves和Shields（1997）对北美麝牛和羚牛的遗传学研究否定了早期认为羚牛和北美麝牛具有相同祖先的假说，且不支持将两物种单独列为麝牛亚科（Ovibovinae）。高德贵等（2003）对羚牛、水牛、黄牛、山羊和绵羊间的线粒体DNA的分析，支持将羚牛列入羊亚科中。李明等利用来自于3个地理单元的羚牛线粒体DNA基因片段的研究认为羚牛存在显著的地理单元分化（李明和蒙世杰 2002, 2003），然而该研究将甘肃南部的羚牛样本与四川唐家河羚牛的样本分成两个地理单元仍然值得商榷。四川唐家河与甘肃南部白水江自然保护区位于四川平武县、青川县，以及九寨沟县与文县交错区。白水江自然保护区与四川唐家河自然保护区及平武王朗自然保护区、九寨沟的勿角自然保护区是相连的，尤其与唐家河是无缝连接。因此，从空间和植被的连续性上看，甘肃南部的羚牛种群与唐家河的羚牛种群是完全可以交流的，不具备形成两个亚种的条件。虽然，目前羚牛的栖息地在人类交通建设和农业发展的过程中逐渐显现出斑块化和岛屿化，但仍需要了解羚牛各地理种群间的遗传多样性和基因交流，为羚牛的保护和管理提供依据。李明和蒙世杰（2003）通过来自10个独立种群的40个羚牛遗传样本，基于线粒体DNA控制区和细胞色素b基因序列，分析了这些羚牛种群的遗传关系，发现整体遗传多样性较低，可将它们进一步分为3个独立的分支，与这些种群所属亚种的分类一致。每一分支中各地理种群间遗传结构相似，可能是由于羚牛本身具备较强的移动能力，而这种种群交流由于最近的栖息地变迁而导致的种群隔离而中断。他们的研究还认为该种群更新世末期的遗传瓶颈效应可能是现有羚牛种群整体遗传多样性较低的主要原因。

在局域范围内，通过以勐养保护区内获得的亚洲象肌肉样品提出的DNA为模板，蔡清秀等（2008）从非洲象31个微卫星位点和5个已知亚洲象微卫星位点中筛选勐养亚洲象的微卫星位点，进而进行特异性PCR扩增、基因分型、检测位点信息和遗传多样性分析。在36个位点中有14个位点能在亚洲象肌肉样品提出的DNA中成功扩增，其中9个多态位点能在185份粪便样品DNA中稳定扩增。勐养种群中，3个位点可能偏离Hardy-Weinberg平衡，至少8个位点间无明显连锁存在，平均等位基因数3.78±1.72，平均期望杂合度0.32±0.06，平均观察杂合度0.36±0.02，平均多态信息含量0.28，说明这9个位点适用于勐养亚洲象的遗传学研究。根据微卫星位点的杂合度和等位基因频率，相比于其他亚洲象种群，勐养亚洲象种群遗传多样性较低且等位基因频率具有特异性。利用非损伤性取样法，杨帆和张立（2012）以亚洲象粪便中脱落的肠道上皮细胞为DNA来源，选用线粒体DNA作为分子标记，对分布于我国境内的亚洲象种群的遗传结构和种群遗传多样性进行研究。本研究得到mtDNA序列片段长度为556 bp，经对178个个体进行扩增结果分析，共得到24个单倍型。在5个地理种群中，除南滚河种群外，其他4个种群中的114个个体共享同一单倍型，南滚河种群与其他种群间未观察到共享单倍型。经系统发生分析，观察到中国境内现有亚洲象种群在进化上分为两大分支，即α和β。其中分支α中包含除南滚河种群外的4个地理种群，分支β仅含有南滚河种群，表明南滚河种群与其他4个地理种群间存在明显分化。遗传多样性分析结果表明，中国境内的亚洲象种群的遗传多样性水平较低，分析原因认为是栖息地破碎化阻断了种群间有效的基因交流。

刘刚（2014）以2个圈养种群（新疆野马繁育中心，WHBC；甘肃濒危物种研究中心，GESRC）和1个放归种群（卡拉麦里自然保护区，KNR）为研究样本，利用线粒体DNA控制区(mtDNA)、微卫星、谱系和计算机模拟技术，系统分析和评价了普氏野马的种群遗传多样性。他们的研究认为mtDNA控制区扩增的总体成功率较高，说明粪便DNA应用于马科动物遗传多样性研究具有较高的可行性；通过普氏野马的2个mtDNA控制区单倍型核苷酸差异分析，发现2个单倍型的频率在3个研究种群中分布不均匀，并认为线粒体单倍型系的个体相似性概率高于母系分支，表明单倍型系是衡量母系遗传多样性的良好指标；通过分析10个微卫星座位的45个等位基因发现KNR的等位基因丰富度均显著低于WHBC和GESRC，亲缘关系系数与基于谱系的近交系数呈正相关，且基于谱系的近交系数（fp和基于微卫星的近交系数也为正相关；根据微卫星计算，WHBC和KNR种群间的遗传分化最高，而两个圈养种群WHBC和GESRC的遗传分化程度最低，基于数学模型的类群划分，126匹普氏野马可划分为3个类群；采用计算机模拟程序，预测在未来100年内保持普氏野马种群90%的遗传多样性，种群数量的阈值不少于100、初始放归数量为20，且需要每隔5年引入20个新个体。基于保护遗传学分析，研究者认为对普氏野马圈养和放归种群的保护必须做好谱系登录工作；定期结合谱系和分子标记数据评价圈养种群的遗传多样性；放归时，选择亲缘关系较远且遗传变异高的个体；需确保放归群体的遗传代表性；放归地点应选择承载量大的放归地；加强监测，确保种群数量的稳定和增长；监测种群近交，加强各种群交流，严格避免同域家马和野马杂交。

第四节　总结与展望

我国分布的大型濒危食草动物种类较多，如何保护好这些物种和它们的栖息地是种群生态学研究需要持续关注的问题。《2009—2010 生态学学科发展报告》指出，我国生物多样性和保护生物学研究虽然取得了一些成绩，但与国际先进水平还存在差距，主要体现在理念、基础数据、人才培养、技术工作、原创性等方面存在较大差异（中国生态学学会 2010）。基于我国目前多个濒危食草动物的研究现状，研究者希望未来在以下几个方面的研究能够深入和拓展。

1. 分布与栖息地利用

种群生态学研究的传统内容依然要以物种的分布和数量为基础，但是由于野生食草动物，尤其是濒危物种分布的限制因素已经不仅仅是地形、植被等基本环境因素可以确定的，还涉及保护、栖息地连通性、人为干扰、气候条件、疾病等多个因素。因此，从景观尺度对各种濒危食草动物的栖息地现状评价及分布预测依然需要系统的进行。一方面，能够从大尺度上认识这些物种分布现状的成因；另一方面也是进行栖息地保护设计的重要依据。另外，栖息地利用特征的局域尺度研究方法还存在进一步提升的空间。传统的野外样线调查和随机样方调查往往存在持续时间较短的问题，忽视了动物个体在不同性别间、年龄段间、年度间的策略差异。在许多新技术出现的情况下，研究者应较多地采用系统抽样和定点持续监测（红外触发相机和 GPS 自动定位项圈）结合 GIS 技术对大型食草动物的栖息地利用模式、分布格局进行更细致和系统的研究。种群数量和环境数据的持续监测是进行大时间尺度研究的基础，在先进技术的引进和开发上需要投入更多的力量，如行业标准与规程的制定。

2. 食草与森林动态

食草动物是森林生态系统中的初级消费者，一方面直接摄食位于能量流动起点的植物；另一方面也是许多次级和三级消费者的食物来源，如肉食动物，属于能量流动和转化的关键节点。食草动物也可以通过对植被的作用，为其他植物和动物改变或创造栖息地或微生境，进而影响生态系统功能和物种多样性（Putman & Adersen 2011）。这些食草–森林的效应在大型食草动物上体现得更加显著，但在我国这方面研究几乎是空白，未来应当在这方面进行拓展研究，从生态系统和群落的角度认识大型食草动物的角色。目前，已有一些地区通过森林大样地进行生态系统和群落的研究，未来可以在一些生物多样性较高的大样地研究中融入食草动物的持续监测。

3. 繁殖

繁殖是种群延续的基础，每一个濒危的大型食草动物都可能具备特殊的繁殖习性和繁殖策略。对它们的研究，不仅能够帮助研究者识别濒危物种的致危因素，还能够丰富生态学理论和动物学知识。然而，目前我国野生大型食草动物的繁殖生态学研究较少或缺乏系统性。造成这个局面可能是由于研究对象数量较少、栖息地进入困难而不易直接观察、个体识别困难或者尚未有足够的研究力量参与等。因此，繁殖生态学研究需要未来在先进手段如固定翼飞行器和野外观察点建设如视频监控系统等方面有较多的投入。我国境内分布的亚洲象还未见关于繁殖方面的报道，未来需要加强。羚牛的繁殖生态有较多的野外观察和描述，但针对繁殖季节、婚配制度、产仔期等基础信息及繁殖策略等具体科学问题还有很多空白，需要加强研究，系统掌握这些濒危食草动物的生活史。

4. 保护遗传与适应进化

保护遗传学的研究手段发展迅猛，为研究者研究濒危物种种群遗传多样性水平、各种群间的遗传进化关系提供了机会。亚洲象、普氏野马通过粪便成功提取DNA，较详细地研究了各个种群的遗传关系，并提出了保护建议。而野骆驼、羚牛、蒙古野驴的遗传学研究则较为落后。尤其是羚牛的4个亚种分布较广至今尚未全面地通过DNA对各亚种的遗传进化关系发表过相关成果。以羚牛为例，它们特殊的迁移特征、特殊的繁殖期及一些地质化石证据使研究者对羚牛是否起源于山地环境产生疑问和兴趣。因为几乎所有的有迁移习性的温带食草动物一年进行2次垂直海拔移动，即春季至夏季由低海拔至高海拔迁移、秋季至冬季由高海拔至低海拔迁移，且在秋末冬初发情交配，春季产仔。然而，羚牛一年进行4次迁移，春季至夏季由低海拔至高海拔迁移，夏季至秋季由高海拔至低海拔迁移，秋季至冬季由低海拔至中海拔迁移，冬季至春季由中海拔向低海拔迁移，夏季发情交配，冬春季节均有产仔。然而这些问题仍需要通过对现存种群的遗传特性和化石资料的分析、推理来解释，探索现有物种的分布格局、演化历史与地球地质及气候变化的关系。

参 考 文 献

毕俊怀. 2007. 我国蒙古野驴(*Equus hemionus hemionus*)资源现状及其若干生态问题研究. 北京: 北京林业大学博士研究生学位论文.

蔡清秀, 林柳, 潘文婧, 等. 2008. 勐养保护区亚洲象微卫星位点筛选及种群遗传多样性分析. 兽类学报, 28(2): 126-134.

陈吉泉, 李博, 马志军. 2005. 生态学家面临的挑战: 问题与途径. 北京: 高等教育出版社.

成克武, 藏润国. 2004. 物种濒危状态等级评价概述. 生物多样性, 12(5): 534-540.

初红军, 蒋志刚, 葛炎, 等. 2009. 卡拉麦里山有蹄类自然保护区蒙古野驴和鹅喉羚种群密度和数量. 生物多样性, 17(4): 414-422.

高德贵, 王平忠, 阎小毅, 等. 2003. 羚牛线粒体DNA和系统进化研究. 西北大学学报(自然科学版), 33(2): 226-228.

葛桃安. 1988. 扭角羚的御敌与护幼. 野生动物, 4: 30-31.

葛桃安, 胡锦矗, 江明道. 1988. 扭角羚的舔盐行为观察及初析. 南充师范学院学报(科技版), 9(1): 15-19.

官天培. 2012. 羚牛生态学研究——分布、迁移、家域及行为学研究. 北京: 北京师范大学博士研究生学位论文.

国家林业局. 2009. 中国重点陆生野生动物资源调查. 北京: 中国林业出版社.
胡锦矗, 魏辅文. 1993. 四川扭角羚的今昔. //夏武平. 人类活动影响下兽类的演变. 北京: 中国科学技术出版社: 115-117.
胡锦矗. 2007. 哺乳动物学. 北京: 中国教育文化出版社.
李明, 蒙世杰. 2002. 用 mtDNA 序列探讨羚牛亚种分类(偶蹄目: 牛科). 动物分类学报, 27: 865-870.
李明, 蒙世杰. 2003. 羚牛的遗传多样性及其种群遗传结构分析. 兽类学报, 23(1): 10-16.
李学友. 2013. 滇西北地区麝类资源现状、栖息地利用及保护生物学研究. 北京: 中国科学院大学博士研究生学位论文.
刘冰许, 赵文珍. 1999. 金毛羚牛的繁殖行为观察. 广东畜牧兽医科技, 24(4): 22-23.
刘刚. 2014. 中国普氏野马保护遗传学研究及保护对策. 北京: 北京林业大学博士研究生学位论文.
麻应太, 李振斌, 吴逊涛. 2004. 秦岭东部羚牛越冬栖息地及其特征. 兽类学报, 24(2): 93-97.
马克平. 2011. 未来十年的生物多样性保护目标. 生物多样性, 19(1): 1-2.
欧阳志云, 刘建国, 肖寒, 等. 2011. 卧龙自然保护区大熊猫生境评价. 生态学报, 21(11): 1869-1874.
阮向东. 2007. 藏羚羊保护遗传学研究. 杭州: 浙江大学博士研究生学位论文.
沈泽昊, 张新时. 2000. 三峡大老岭地区森林植被的空间格局分析及其地形解释. 植物学报, 42: 1089-1095.
司振书. 2004. 反刍动物对纤维素的消化机制. 动物科学与动物医学, 21: 46-48.
宋延龄, 曾治高. 2001. 秦岭羚牛的生存现状及其面临的问题. 生物多样性(香港), 2: 94-100.
孙儒泳. 2001. 动物生态学原理. 北京: 北京师范大学出版社.
汪松, 解焱. 2009. 中国物种红色名录. 北京: 高等教育出版社.
王学志, 宋延龄, 曾治高, 等. 2005. 羚牛秦岭亚种的产仔地特征及早期母幼关系. 动物学报, 51: 748-752.
温腾, 徐德琳, 徐驰, 等. 2012. 全球变化背景下的现代生态学——第六届现代生态学讲座纪要. 生态学报, 32(11): 3606-3612.
吴华, 胡锦矗. 2001. 四川唐家河羚牛、鬣羚、斑羚春冬季生境选择比较研究. 生态学报, 21(10): 1627-1633.
吴家炎. 1990. 中国羚牛. 北京: 中国林业出版社.
吴鹏举, 张恩迪. 2006. 西藏慈巴沟自然保护区羚牛栖息地选择. 兽类学报, 26(2): 152-158.
吴诗宝, 胡锦矗, 刘云, 等. 1990. 扭角羚的繁殖生态. 华东师范大学学报(哺乳动物生态学专辑), 84-89.
吴诗宝, 刘云, 胡锦矗. 1997. 野生扭角羚繁殖习性的研究. 重庆师范学院学报(自然科学版), 14: 36-40.
吴诗宝, 魏辅文, 胡锦矗. 1998. 唐家河自然保护区扭角羚种群动态及稳定性研究. 四川师范学院学报(自然科学版), 19: 142-146.
薛亚东. 2014. 基于红外相机的库姆塔格沙漠地区野骆驼活动规律和适宜生境研究. 北京: 中国林业科学研究院博士研究生学位论文.
颜亨梅. 1998. 物种濒危的机制与保护对策. 生命科学研究, 2(1): 6-11.
杨帆, 张立. 2012. 基于线粒体DNA的中国亚洲象种群遗传多样性及种群遗传结构. 兽类学报, 32(2): 90-100.
杨海龙. 2011. 库姆塔格沙漠地区野骆驼栖息地分析及气候变化影响. 北京: 中国林业科学研究院博士研究生学位论文.
杨奇森, 夏霖, 吴晓民. 2005. 青藏铁路线上的野生动物通道与藏羚羊保护. 生物学通报, 40(5):

15-17.
尹安. 2001. 喜马拉雅–青藏高原造山带地质演化——显生宙亚洲大陆生长. 地球学报, 22(3): 193-230.
游章强, 唐中海, 杨远斌, 等. 2014. 察青松多白唇鹿国家级自然保护区白唇鹿对夏季生境的选择. 兽类学报, 34(1): 46-53.
余玉群, 宋延龄, 高凤岐, 等. 1995. 秦岭羚牛繁殖期和产仔行为研究. 西北大学学报, 25: 658-662.
袁志强, 张立. 2006. 西双版纳三岔河地区野生亚洲象的个体识别、种群数量和活动特点. 兽类学报, 26(4): 359-367.
曾治高, 宋延龄, 巩会生. 1998. 佛坪自然保护区羚牛的种群数量与结构特征. 兽类学报, 18(4): 9-12.
曾治高, 宋延龄, 钟文勤, 等. 2001. 秦岭羚牛的食性. 动物学杂志, 36(3): 36-44.
曾治高, 钟文勤, 宋延龄, 等. 2003. 羚牛生态生物学研究现状. 兽类学报, 23: 161-167.
张立. 2006. 中国亚洲象现状及研究进展. 生物学通报, 41(11): 1-3.
张立, 王宁, 王宇宁, 等. 2003. 云南思茅亚洲象对栖息地的选择与利用. 兽类学报, 23(3): 185-192.
张荣祖. 2002. 中国地质事件与哺乳动物的分布. 动物学报, 48: 141-153.
中国生态学学会. 2010. 2009—2010 生态学学科发展报告. 北京: 中国科学技术出版社.
周广胜, 许振柱, 王玉辉. 2004. 全球变化的生态系统适应性. 地球科学进展, 19(4): 642-649.
周建华. 1992. 羚牛饲养与繁殖. 野生动物, 65(1): 23-24.
Akasaka T, Maruyama N. 1977. Social organization and habitat use of Japanese serow in Kasabori. J Mammal Soc Japan, 7(2): 87-102.
Albon S, Langvatn R. 1992. Plant phenology and the benefits of migration in a temperate ungulate. Oikos, 65(3): 502-513.
Apollonio P, Andersen. 2011. Ungulate Management in Europe: Problems and Practices. Cambridge: Cambridge Press.
Ball J P, Nordengren C, Wallin K. 2001. Partial migration by large ungulates: characteristics of seasonal moose Alcesalces ranges in northern Sweden. Wildlife Biol, 7: 39-47.
Barnowe-Meyer K K, White P, Davis T L, et al. 2010. Influences of wolves and high-elevation dispersion on reproductive success of pronghorn (*Antilocapra americana*). J Mammal, 91: 712-721.
Barten N L, Bowyer R T, Jenkins K J. 2001. Habitat use by female caribou: tradeoffs associated with parturition. J Wildlife Manage, 65: 77-92.
Berger J. 1991. Pregnancy incentives, predation constraints and habitat shifts: experimental and field evidence for wild bighorn sheep. Anim Behav, 41(1): 61-77.
Bergerud A, Nolan M J, Curnew K, et al. 1983. Growth of the Avalon Peninsula, Newfoundland caribou herd. J Wildlife Manage, 47: 989-998.
Börger L, Franconi N, Ferretti F, et al. 2006. An integrated approach to identify spatiotemporal and individual-level determinants of animal home range size. Am Nat, 168(4): 471-485.
Boyle W A, Norris D R, Guglielmo C G. 2010. Storms drive altitudinal migration in a tropical bird. Proc R Soc B, 277: 2511-2519.
Brown J S, 1999. Vigilance, patch use and habitat selection: foraging under predation risk. Evol Ecol Res, 1(1): 49-71.
Cagnacci F, Focardi S, Heurich M, et al. 2011. Partial migration in roe deer: migratory and resident tactics are end points of a behavioural gradient determined by ecological factors. Oikos, 120: 1790-1802.
Caro T, Graham C, Stoner C, et al. 2004. Adaptive significance of antipredator behaviour in artiodactyls. Anim Behav, 67(2): 205-228.
Chefaoui R M, Hortal J, Lobo J M. 2005. Potential distribution modelling, niche characterization and conservation status assessment using GIS tools: a case study of Iberian *Copris* species. Biol

Conserv, 122(2): 327-338.

Coughenour M B, Singer F J. 1996. Elk population processes in Yellowstone National Park under the policy of natural regulation. Ecol Appl, 6: 573-593.

Dasmann W. 1971. If Deer are to Survive: How Meet Food and Cover Needs. Harrisburg: Stackpole Books.

Deblinger R D, Alldredge A W. 1984. Migratory patterns of pronghorn in the Red Desert, Wyoming. Proc Bienn Pronghorn Antelope Workshop, 11: 90-91.

Deng W H, Zheng G M. 2004. Landscape and habitat factors affecting cabot's tragopan *Tragopan caboti* occurrence in habitat fragments. Biol Conserv, 117: 25-32.

Feng L M, Zhang L. 2004. Habitat selection by asian elephant (*Elephas maximus*) in Xishuangbanna, Yunnan, China. Acta Theriol Sin, 25: 229-236.

Festa-Bianchet M. 1988. Seasonal range selection in bighorn sheep: conflicts between forage quality, forage quantity, and predator avoidance. Oecologia, 75(4): 580-586.

Gaughan J. 2011. Which physiological adaptation allows camels to tolerate high heat load–and what more can we learn? J Camelid Sci, 4: 85-88.

Geist V, Stemp R E, Johnston R H. 1985. Heart-rate telemetry of bighorn sheep as a means to investigate disturbances. *In*: Bayfield N G, Barrow G C eds. The ecological impacts of outdoor recreation on mountain areas in Europe and North America. RERG Report, Recreation Ecology Research Group, UK: 92-99.

Geist V. 1971. Mountain Sheep. Chicago: University of Arizona Press.

Griffith B. 1988. Group predator defense by mule deer in Oregon. J Mammal, 69(3): 627-629.

Groves P G, Shields F. 1997. Cytochrome B sequences suggest convergent evolution of the Asian takin and Arctic muskox. Mol Phylogenet Evol, 8(3): 363-374.

Guan T P, Ge B M, McShea W J, et al. 2013. Seasonal migration by a large forest ungulate: a study on takin (*Budorcas taxicolor*) in Sichuan Province, China. Eur J Wildl Res, 59: 81-91.

Guan T P, Ge B M, Powell D M, et al. 2012. Does a temperate ungulate that breeds in summer exhibit rut-induced hypophagia? Analysis of time budgets of male takin (*Budorcas taxicolor*) in Sichuan, China. Behav Process, 89: 286-291.

Guan T P, Wang F, Li S, et al. 2015. Nature reserve requirements for landscape-dependent ungulates: the case of endangered takin (*Budorcas taxicolor*) in Southwestern China. Biol Conserv, 182: 63-71.

Hamel S, Garel M, Festa-Bianchet M, et al. 2009. Spring normalized difference vegetation index (NDVI) predicts annual variation in timing of peak faecal crude protein in mountain ungulates. J Appl Ecol, 46: 582-589.

Hamilton W D. 1971. Geometry for the selfish herd. J Theor Biol, 31(2): 295-311.

Hanwell, Peaker A M. 1977. Physiological effects of lactation on the mother. Zool Soc London: Compar Aspects Lactation, 41: 297-312.

Hebblewhite M, Merrill E H. 2011. Demographic balancing of migrant and resident elk in a partially migratory population through forage-predation tradeoffs. Oikos, 120: 1860-1870.

Heijmans M, Mauquoy D, Geel B, et al. 2008. Long-term effects of climate change on vegetation and carbon dynamics in peat bogs. J Veg Sci, 19: 307-320.

Hellmann J J, Byers J E, Britta G B, et al. 2008. Five potential consequences of climate change for invasive species. Conserv Biol, 22(3): 534-543.

Holdo R M, Holt R D, Fryxell J M. 2009. Opposing rainfall and plant nutritional gradients best explain the wildebeest migration in the Serengeti. Am Nat, 173: 431-445.

Hutchins M, Geist V. 1987. Behavioural considerations in the management of mountain-dwelling ungulates. Mount Res Devel, 7(2): 135-144.

IUCN 2011.The IUCN Red List of Threatened Species. Version 2011.1. (http://www.iucnredlist.org). [2011-6-12]

IUCN. 2014. The IUCN Red List of Threatened Species. http: //www.iucnredlist.org [2014-12-21].

Janis C M, Thomason J. 1995. Correlations between craniodental morphology and feeding behavior in ungulates: reciprocal illumination between living and fossil taxa. *In*: Thomason J J eds. Functional Morphology in Vertebrate Paleontology. Cambridge: Cambridge University Press: 76-98.

Jones C G, Lawton J H, Shachak M. 1994. Organisms as ecosystem engineers. Oikos, 69: 373-386.

Kie J. 1999. Optimal foraging and risk of predation: effects on behavior and social structure in ungulates. J Mammal, 80(4): 1114-1129.

Knaus W.1983. Das Gams Wild. Berlin: Verlag Paul Parey, Hamburg.

Kohlmann S G, Muller D M, Alkon P U. 1996. Antipredator constraints on lactating *Nubian ibexes*. J Mammal, 77(4): 1122-1131.

Langley M A, Pletscher D H. 1994. Calving areas of moose in northwestern Montana and southeastern British Columbia. Alces, 30: 127-135.

Lesage L, Crête M, Huot J, et al. 2000. Seasonal home range size and philopatry in two northern white-tailed deer populations. Can J Zool, 78(11): 1930-1940.

Lima S L. 1995. Collective detection of predatory attack by social foragers: fraught with ambiguity? Anim Behav, 50(4): 1097-1108.

Lima S L. 2002. Putting predators back into behavioral predator-prey interactions. Trends Ecol Evol, 17(2): 70-75.

Lima S L, Dill L M. 1990. Behavioral decisions made under the risk of predation: a review and prospectus. Can J Zool, 68(4): 619-640.

Loudon A, Kay R. 1984. Lactational constraints on a seasonally breeding mammal: the red deer. *In*: Peaker M, Vernon R G, Knight C H, eds.Physiological Strategies in Lactation. London: Academic Press: 233-252.

Luccarini S, Mauri L, Ciuti S, et al. 2006. Red deer (*Cervus elaphus*) spatial use in the Italian Alps: home range patterns, seasonal migrations, and effects of snow and winter feeding. Ethol Ecol Evol, 18: 127-145.

Mao J S, Boyce M S, Smith D W, et al. 2005. Habitat selection by elk before and after wolf reintroduction in Yellowstone National Park. J Wildlife Manage, 69: 1691-1707.

McCullough D R. 1999. Density dependence and life-history strategies of ungulates. J Mammal, 80(4): 1130-1146.

Mendoza M, Janis C M, Palmqvist P. 2002. Characterizing complex craniodental patterns related to feeding behaviour in ungulates: a multivariate approach. J Zool, 258(2): 223-246.

Morgantini L, Hudson R. 1988. Migratory patterns of the wapiti, *Cervus elaphus*, in Banff National Park, Alberta. Can Field Nat, 102(1): 12-19.

Moritz C, Patton J L, Conroy C J, et al. 2008. Impact of a century of climate change on small-mammal communities in Yosemite National Park, USA. Science, 322: 261-264.

Morrison T A, Bolger D T. 2012. Wet season range fidelity in a tropical migratory ungulate. J Anim Ecol, 81(3): 543-552.

Morse B W, Nibbelink N P, Osborn D A, et al. 2009. Home range and habitat selection of an insular fallow deer (*Dama dama* L.) population on Little St. Simons Island, Georgia, USA. Eur J Wildlife Res, 55: 325-332.

Mysterud A. 1999. Seasonal migration pattern and home range of roe deer (*Capreolus capreolus*) in an altitudinal gradient in southern Norway. J Zool, 247(4): 479-486.

Mysterud A, Pérez-Barbería F J, Gordon I J. 2001. The effect of season, sex and feeding style on home range area versus body mass scaling in temperate ruminants. Oecologia, 127(1): 30-39.

Neas J, Hoffmann R. 1987. *Budorcas taxicolor*. Mammal Species, 277: 1-7.

Nellemann C, Thomsen M G. 1994. Terrain ruggedness and caribou forage availability during snowmelt on the Arctic Coastal Plain, Alaska. Arctic, 47: 361-367.

Nicholson M C, Bowyer R T, Kie J G. 1997. Habitat selection and survival of mule deer: tradeoffs associated with migration. J Mammal, 78: 483-504.

Ochiai K, Susaki K. 2002. Effects of territoriality on population density in the Japanese serow (*Capricornis crispus*). J Mammal, 83(4): 964-972.

Oehlers S A, Bowyer R T, Huettmann F, et al. 2011. Sex and scale: implications for habitat selection by

Alaskan moose *Alces alces gigas*. Wildlife Biol, 17: 67-84.
Pan W J, Lin L, Luo A D, et al. 2009. Corridor use by Asian elephants. Integr Zool, 4(2): 220-231.
Pierce B M, Bowyer R T, Bleich V C. 2004. Habitat selection by mule deer: forage benefits or risk of predation? J Wildlife Manage, 68(3): 533-541.
Popp J N, Schaefer J A, Mallory F F. 2011. Female site fidelity of the Mealy Mountain caribou herd (*Rangifer tarandus caribou*) in Labrador. Rangifer, 31: 87-95.
Putman R, Apollonio M, Andersen, R. 2011. Ungulate Management in Europe: Problems and Practices. London: Cambridge University Press.
Rabinowitz A, Khaing S T. 1998. Status of selected mammal species in North Myanmar. Oryx, 32(3): 201-208.
Rachlow J L, Bowyer R T. 1998. Habitat selection by Dall's sheep (*Ovis dalli*): maternal trade-offs. J Zool, 245(4): 457-465.
Risenhoover K L, Bailey J A, Wakelyn L A. 1988. Assessing the Rocky Mountain bighorn sheep management problem. Wildlife Soc Bull, 16(3): 346-352.
Ruther J, Thal K, Steiner S P. 2011. Pheromone communication in *Nasonia vitripennis*: abdominal sex attractant mediates site fidelity of releasing males. J Chem Ecol, 37(2): 161-165.
Saïd S, Gaillard J M, Widmer O, et al. 2009. What shapes intra-specific variation in home range size? A case study of female roe deer. Oikos, 118(9): 1299-1306.
Sakuragi M, Igota H, Uno H, et al. 2003. Seasonal habitat selection of an expanding sika deer *Cervus nippon* population in eastern Hokkaido, Japan. Wildlife Biol, 9(2): 141-153.
Sawyer H, Kauffman M J, Nielson R M. et al. 2009. Identifying and prioritizing ungulate migration routes for landscape-level conservation. Ecol Appl, 19: 2016-2025.
Schaller G B, Teng Q T, Pan W S, et al. 1986. Feeding behavior of Sichuan takin (*Budorcas taxicolor*). Mammalia, 50(3): 311-322.
Sih A. 1980. Optimal behavior: can foragers balance two conflicting demands? Science, 210(4473): 1041-1043.
Stemp R E. 1983. Heart rate responses of bighorn sheep to environmental factors and harassment. MSc. thesis, University of Calgary, Calgary, Alberta, Canada.
Sukumar R. 2006. A brief review of the status, distribution and biology of wild Asian elephants *Elephas maximus*. Int Zoo Yearbook, 40(1): 1-8.
Suzuki M. 2011. Effects of the topographic niche differentiation on the coexistence of major and minor species in a species-rich temperate forest. Ecol Res, 26(2): 317-326.
Tracz B V, LaMontagne J M, Bayne E M, et al. 2010. Annual and monthly range fidelity of female boreal woodland caribou in response to petroleum development. Rangifer, 30(1): 31-44.
van Beest F M, Rivrud I M, Loe L E, et al. 2011. What determines variation in home range size across spatiotemporal scales in a large browsing herbivore? J Anim Ecol, 80(4): 771-785.
Visser M E, Perdeck A C, van Balen J H, et al. 2009. Climate change leads to decreasing bird migration distances. Global Change Biol, 15: 1859-1865.
Waltham T. 2002. Foundations of Engineering Geology. London: Taylor & Francis.
Webb S L, Dzialak M R, Harju S M, et al. 2011. Influence of land development on home range use dynamics of female elk. Wildlife Res, 38(2): 163-167.
Zeng Z G, Beck P S A, Wang T J, et al. 2010. Effects of plant phenology and solar radiation on seasonal movement of golden takin in the Qinling Mountains, China. J Mammal, 91(1): 92-100.
Zeng Z G, Skidmore A K, Song Y L, et al. 2008. Seasonal altitudinal movements of golden takin in the Qinling Mountains of China. J Wildlife Manage, 72(3): 611-617.
Zhang L. 2007. Current conservation status and research progress on Asian elephants in China. Gajah, 27: 35-41.
Zhang L, Dong L, Lin L, et al. 2015. Asian elephants in China: estimating population size and evaluating habitat suitability. PLoS One, 10 (5): e0124834.
Zhang L, Ma L C, Feng L M. 2006. New challenges facing traditional nature reserves: Asian elephant (*Elephas maximus*) conservation in China. Integr Zool, 1(4): 179-187.

第十六章　濒危植物种群的遗传多样性与遗传拯救

第一节　引　　言

生物多样性是人类赖以生存和发展的前提及基础，但随着近年来人类活动的不断加剧，地球上的生物多样性正以空前的速度丧失（Bell & Gonzalez 2009; Butchart et al. 2010），其中仅植物就有约 1/3 面临生存威胁（Pitman & Jørgensen 2002）。因此，如何有效地保护物种已成为当前亟需解决的重要问题，而植物在地球生态系统中所处的地位又决定了对其进行保护应当放在优先的位置。

濒危植物是指由于其自身的原因或者受到人类活动的干扰或者自然灾害的影响而存在灭绝风险的物种。虽然濒危植物通常植株数量稀少、分布范围狭窄，但濒危植物的价值是不可低估的。濒危植物往往是植物起源和系统演化的有力证据，记录着较多古地质、古气候的信息；有些濒危植物可作为遗传育种的珍贵材料，有些则具有很重要的药用价值或文化价值。因此，对濒危植物的保护不仅具有重要的科学意义，而且具有长远的社会价值和经济价值。

导致植物处于濒危状态有多方面的原因，既有人为因素，也有植物自身内在的、历史的和遗传的因素，所以对濒危植物的保护应当进行多方位的考虑。由于物种的遗传多样性和遗传结构对其生存和发展起着重要作用，因此要确定对濒危植物采取什么样的保护策略和措施，首先应当了解其种群遗传学信息（Cole 2003; Groom et al. 2006）。另外，由于同一物种不同种群的重要性不同，以及投入保护的人力和财力有限，需要根据种群遗传学数据确定具体目标或者优先保护的对象以提高保护的成效（陈小勇等 2002）。分子方法可以提供重要的种群遗传学数据，通过这些数据可以为保护措施的提出和科学管理策略的制订提供有效的信息（Spielman et al. 2004），因而近年来被越来越多地应用于濒危植物的保护中（Tang et al. 2008; Dostalek et al. 2010; Yu et al. 2011）。

对于大多数的濒危植物而言，生境片断化往往使得它们以小种群的形式存在，从而容易遭受遗传侵蚀和近交进而影响其生存。然而，如果能够从周围种群移入新个体则可以阻止小种群的灭绝，这一进程被称为拯救效应（rescue effect）（Ingvarsson 2001）。近年来的研究表明，对于基因流以花粉为主导的物种，引入一个新的个体到一个种群中可以增加适应性组分和种群的遗传变异（Newman & Tallmon 2001; Tufto 2001; Bossuyt 2007; Willi et al. 2007）。这种通过对遗传上存在问题的种群移入新个体或基因型而减缓遗传侵蚀进而提高种群生存力的措施就是遗传拯救（genetic rescue）（Finger et al. 2011）。遗传拯救作为阻止种群灭绝的重要途径，可有效地应用于濒危植物的保护实践中（Finger et al. 2011）。

本章作者：李建辉　金则新（通讯作者）

另外，在大多数情况下，环境变化是极为广泛且快速的，以至于大部分生物个体既不能在生理上适应它们，也不能迁移到一处更为适合的地方，除非种群能够通过快速的适应来应对个体数量下降的问题，否则灭绝就会随之发生（Bell & Gonzalez 2009）。然而，从已有的研究来看，面对快速变化的环境，进化拯救（evolutionary rescue）可以帮助一些规模较大的种群或者具有较多遗传变异的种群摆脱灭绝的风险（Ramsayer et al. 2013）。

为此，本章综合分析了濒危植物的遗传多样性和遗传结构、种群历史动态，以及生境片断化和种群变小对濒危植物的遗传影响，阐述了濒危植物遗传拯救和进化拯救的内容及近年来的研究进展，提出了今后应当重点关注的内容，以进一步推动我国濒危植物保护遗传学的发展。

第二节 濒危植物的遗传多样性和遗传结构

濒危植物的遗传多样性对其长期生存和保持进化潜力发挥着重要作用。近年来，国内外学者对濒危植物的遗传多样性进行了大量的研究（Dostalek et al. 2010; Yu et al. 2011; Yao et al. 2012; Yokogawa et al. 2013）。我国学者在这方面的研究也比较多，并取得了丰硕的成果，主要集中在我国特有的和国家重点保护的濒危植物，如长柄双花木（*Disanthus cercidifolius*）（肖宜安等 2003）、七子花（*Hepatacodium miconioides*）（金则新和李钧敏 2004）、毛柄小勾儿茶（*Berchemiella wilsonii* var. *pubipetiolata*）（许凤华等 2006）、长叶榧（*Torreya jackii*）（李建辉等 2010）、珙桐（*Davidia involucrata*）（李雪萍等 2012）、夏蜡梅（*Sinocalycanthus chinensis*）（金则新等 2012）、秦岭冷杉（*Abies chensiensis*）（李为民等 2012）、黄梅秤锤树（*Sinojackia huangmeiensis*）（阮咏梅等 2012）及观光木（*Tsoongiodendron odorum*）（吴雪琴等 2013）等。

濒危物种往往表现出遗传上的衰退，即遗传多样性的下降（Shapcott et al. 2009; Kawase et al. 2010; 李为民等 2012）。但有些濒危植物并非如此，例如，生长于地中海的栓皮栎（*Quercus suber*）仅存 67 个个体，但其遗传多样性较高（Lorenzo et al. 2009）。濒危植物马蹄香（*Saruma henryi*）（Zhou et al. 2012）、浮叶慈姑（*Sagittaria natans*）（Yue et al. 2011）、水曲柳（*Fraxinus mandshurica*）（Hu et al. 2008）这 3 个物种也具有较高的遗传多样性水平。此外，濒危植物夏蜡梅（金则新和李钧敏 2007）、长叶榧（李建辉等 2007）、长柄双花木（肖宜安等 2003）也有类似的结果。由此可见，物种濒危并不意味着遗传多样性水平的下降。然而，对于濒危植物而言，遗传多样性水平的下降往往会导致其适合度降低进而影响生存（Lowe et al. 2005; Leimu et al. 2006）。

目前，对濒危植物的遗传多样性和遗传结构的研究一般借助各种 DNA 分子标记进行分析，其中应用较多的主要是限制性片段长度多态性（restriction fragment length polymorphism, RFLP）、等位酶（allozyme）编码基因、随机扩增片段多态性 DNA（randomly amplified polymorphism DNA, RAPD）、简单重复序列间隔区（inter simple sequence repeat, ISSR）、扩增片段长度多态性（amplified fragment length polymorphism, AFLP）及微卫星（microsatellite, SSR）等（Agarwal et al. 2008）。然而，不同的 DNA 分子标记由于其多态性和检测遗传变异能力的不同，所揭示的遗传多样性程度存在较大的差异，因此在进行种群遗传结构分析时应当选择合适的分子标记。

微卫星标记是一类由几个核苷酸（1～6 bp）组成的串联重复 DNA 序列（van Oppen et al. 2000），广泛存在于真核生物（Tóth et al. 2000）和部分原核生物核基因组中（Gur-Arie et al. 2000）。由于重复序列的数量在不同个体中可能不相同，因而表现出多态性。相对于 RAPD 和 ISSR 等显性分子标记而言，共显性遗传的微卫星标记具有重复性好、多态性高、选择中性、易于分析等优点（Zane et al. 2002），是研究种群遗传结构的理想标记（Selkoe & Toonen 2006），近年来被广泛应用于种群遗传结构分析（Zhang et al. 2007; Kettle et al. 2008; Cosimo et al. 2009）。然而，微卫星标记具有较强的物种保守性和专一性，不同物种微卫星侧翼序列有所不同，这限制了微卫星引物的通用性（Glenn & Schable 2005），通常需要针对不同的物种进行微卫星标记的开发。近年来，由于构建基因组文库变得更加容易，已有很多物种采用该方法开发了微卫星标记（Li et al. 2011; Murdoch et al. 2013）。

对濒危植物遗传结构进行分析有助于揭示遗传变异的时空格局。例如，采用微卫星标记对一些濒危植物的遗传结构进行分析，发现长果安息香（*Changiostyrax dolichocarpa*）具有相对较高的遗传多样性和较低的种群间遗传分化，受限制的基因流可能会导致长果安息香在几个世代后面临很高的灭绝风险（Yao et al. 2007）；桃花心木（*Swietenia macrophylla*）种群内遗传多样性较高，但有部分种群出现了近交衰退（Lemes et al. 2003）；檀香树（*Santalum austrocaledonicum*）种群内遗传多样性较高，种群间存在一定程度的遗传分化（Bottin et al. 2005）；加那利接骨木（*Sambucus palmensis*）种群遗传多样性较高，但遗传变异主要存在于种群内（Sosa et al. 2010）；生长于河岸砂砾生境中的紫柳（*Salix daphnoides*）种群遗传多样性较高，但存在显著的遗传分化，推测虽然其连续成片栖息地的不断减少对种群遗传多样性产生了负面影响，但种群间的基因流能够产生一定的抵消作用（Sochor et al. 2013）；南方红豆杉（*Taxus wallichiana* var. *mairei*）具有中等水平的遗传多样性和较低的遗传分化，但大部分种群经历了严重的近交和瓶颈效应（Zhang & Zhou 2013）。

影响种群遗传结构的主要因素包括物种本身的生物学特性、地质历史过程、基因流、遗传漂变及其所处的环境条件等。其中，对现存种群遗传结构影响比较大的地质历史过程主要是第四纪冰期，这次冰期导致生物的分布范围和种群大小都发生了较大的变化；基因流对种群遗传结构的影响是导致不同种群均质化，而遗传漂变则起到相反的作用，它会增加低频率等位基因丢失的概率，从而导致处于片断化的孤立小种群内的遗传多样性下降（Hewitt 2000）。环境条件也会影响种群遗传结构（Godt & Hamrick 2008），例如，沿着同一溪流的各个樱草（*Primula sieboldii*）种群间遗传分化不明显，而溪流间的种群却存在显著的遗传分化，同时，母系遗传的 cpDNA 的遗传分化显著大于核微卫星的遗传分化，表明溪流间樱草种群的种子扩散受到了限制（Kitamoto et al. 2004）。此外，人为干扰和破坏会在很大程度上影响种群遗传结构，它会导致种群变小及种群间的隔离程度增加，也会导致遗传变异丧失，但其影响程度究竟如何当前仍然存在争议（Finger et al. 2011）。

对濒危植物而言，了解其种群遗传多样性水平和遗传结构有助于阐明其受威胁的现状和原因，同时可以为实施科学管理及制订合理有效的保护策略提供依据（Frankham et al.

2002; Spielman et al. 2004; Groom et al. 2006)。Shepherd 和 Perrie（2011）采用微卫星标记分析了新西兰一种处于高度隔离状态的木本植物 *Pseudopanax ferox* 的遗传多样性，发现该物种可分为 4 个主要的遗传支系，认为该物种种群间高度隔离的状态是地理隔离导致的，而并非是由于长距离扩散。对该物种进行保护时，应当对尽可能多的种群进行保护，而不能仅仅关注核心区种群。Ge 等（2011）采用叶绿体非编码区序列对我国内蒙古西部特有的濒危植物四合木（*Tetraena mongolica*）的遗传多样性进行分析，结果显示其种群内遗传变异较低，而种群间遗传分化程度较高，其大部分的种子扩散仅局限于种群内，认为黄河频繁的洪水及人类的干扰是导致其具有较低遗传多样性水平的原因，在制订保护策略时，应当把每一个种群都作为保护单元。

此外，在濒危植物保护过程中，由于不同物种或者其不同种群的具体情况不同，各自的重要程度也存在较大的差异，因而需要确定优先保护对象。确定优先保护对象主要根据种群遗传学特征，其中以综合考虑遗传多样性和独特性的遗传贡献率在衡量优先保护中效果较好，可应用于濒危植物进行优先保护种群的确定（陈小勇等 2002）。

第三节　濒危植物的种群历史动态

种群历史动态是应用生态学和进化生物学关注的核心内容，一般采用有效种群大小（effective population size）随时间发生的变化作为衡量标准，同时结合地质历史事件和气候变化情况确定有效种群大小波动的原因（Girod et al. 2011）。对种群历史动态的研究有助于理解过去的地质历史过程、气候波动及人类活动对当前物种的影响（Hu et al. 2008; Elmer et al. 2009; Fontaine et al. 2012）。了解种群历史动态的传统方法主要是依赖于化石或者孢粉资料，通过与气候变迁过程相互对照，从而寻找物种分布变化的历史轨迹（Lindbladh et al. 2007）。但是，无论是对于孢粉还是化石而言，进行取样的难度都比较大，同时进行物种鉴定也非常困难；并且，由于研究的样本量不够，因而精确度不高，很难反映一个物种在其整个分布区范围变迁的细节（Cruzan & Templeton 2000）。然而，由于种群中个体数量发生变化也会影响到这些个体所携带的基因发生变化进而在当前的遗传学数据中得到反映，因此研究者可以借助遗传学手段来揭示物种的进化历史和生物地理格局，并且可以推测这些进程是如何发生的（Avise 2008; Beheregaray 2008; Hickerson et al. 2010）。其中，近年来迅速发展起来的亲缘地理学（phylogeography）通过在分子水平上探讨物种及物种内不同种群基因谱系地理分布格局的形成机制和演化过程，现已成为推测种群历史动态的有效手段（Avise 2000; Soltis et al. 2006）。

目前，对种群历史动态进行研究采取的遗传学手段主要是借助DNA分子标记及DNA片段测序，其中应用较多的是微卫星标记及基于叶绿体 DNA（chloroplast DNA, cpDNA）和线粒体 DNA（mitochondrial DNA, mtDNA）的片段分析，而研究植物种群历史动态最为常用的是叶绿体 DNA。叶绿体 DNA 为单亲遗传，可看作一个独立的遗传单位，在细胞分裂时不经历重组（Vendramin et al. 2000; McKinnon et al. 2001），且大多数开花植物的叶绿体为母系遗传，在一些裸子植物中则为父系遗传，是用于分析系统地理格局的理想标记（Petit et al. 2002a, 2002b）。叶绿体基因组的非编码区比编码区有更高的突变率，对叶绿体非编码区的分析可推断种群的进化和历史进程（Schaal et al. 2002），因此近年来被广泛应用于种群历史动态研究（Falchi et al. 2009; Lihová et al. 2010; Qiu et al. 2009a; Wang & Guan 2011）。例如，Qiu 等（2009a）采用叶绿体序列变异研究了东亚特有濒危植物蛛网萼（*Platycrater arguta*）的种群历史，结果表明蛛网萼在历史上曾经历扩张，认为蛛网萼拥有较高的单倍型多样性和核苷酸多态性可能与其具有较长的进化历史有关。

对于当前的濒危植物而言，影响其种群历史动态比较大的事件主要是第四纪气候的波动。在第四纪，气候多次剧烈的波动导致环境反复的变化，使得一些物种的分布范围也随之发生扩张或收缩。与此同时，物种的不同种群也不断经历灭绝、隔离、扩散及适应新环境的过程，这些过程在改变物种分布格局的同时也促进了物种遗传格局的形成，加速了种群间的分化甚至形成新的物种，这对物种进化及生物多样性的形成起到了重要的作用（Hewitt 2000, 2004）。中国大部分地区处于中低纬度，但青藏高原在新近纪的快速隆起和第四纪冰期对我国生物地理分布存在较大的影响（陈生云等 2008）。第四纪冰期对生活在华中、华东地区的生物也具有一定的影响。对银杉（*Cathaya argyrophylla*）（Wang & Ge 2006）、红豆杉（*Taxus wallichiana*）（Gao et al. 2007）、八角莲（*Dysosma versipellis*）（Qiu et al. 2009b）等植物的研究表明，这些物种在冰期普遍存在多个避难所，但冰期后未出现长距离扩散和种群扩张。最近相关的研究显示，在第四纪冰期东部地区的一些物种确实存在向南迁移的现象，在武夷山–南岭及其以北地区也存在避难所（Qiu et al. 2009a, 2009b）。

此外，生物多样性关键地区往往分布着丰富的特有濒危植物，对这些物种开展种群历史动态研究有助于更加全面地了解植物分布格局的成因及各类群的进化历史（Pennington et al. 2010）。同时，将物种进化历史的研究和目前的遗传状况的形成原因相结合，也可以为物种保护提出更为科学合理的管理策略。例如，在安第斯山脉生物多样性热点地区，一种特有濒危植物 *Phaedranassa tunguraguae* 仅在一些山谷中生长，其 7 个种群可以划分为两个类群，各个种群在近期经历了瓶颈，种群间的分化时间与该地区历史上的火山活动密切相关。根据研究结果，作者建议将该物种划分为 2 个管理单元进行保护（Oleas et al. 2012）。

第四节　生境片断化对濒危植物的遗传影响

生境片断化是指大面积连续分布的生境变成空间上相对隔离的小生境的现象（陈小勇 2000）。近年来，由生境片断化导致的种群变小及其对濒危植物种群的遗传影响受到了广泛的关注（Frankham et al. 2002; Sork & Smouse 2006）。遗传学理论预测认为，生境片断化使得种群变小及种群间的空间隔离程度增加，这将会导致遗传变异丧失和近交衰退，最终增加物种灭绝的风险（Aguilar et al. 2008）。然而，生境片断化对濒危植物的遗传影响程度当前仍然没有定论（Finger et al. 2011）。许多研究显示生境片断化阻断了种群间的基因流，增加了种群的近交系数，进而加剧种群的近交衰退和遗传漂变，最终导致种群的遗传多样性丧失和种群间遗传分化的增大（Buza et al. 2000; Shea & Furnier 2002; Tomimatsu & Ohara 2003）。例如，生境片断化和种群减小导致了我国特有的濒危植物毛柄小勾儿茶种群遗传多样性丧失和遗传分化，并对毛柄小勾儿茶（*Berchemiel lawilsonii* var. *pubipetiolata*）的生存造成潜在威胁（许凤华等 2006）；对于陆生兰科植物 *Cymbidium goeringii* 而言，与连续种群相比，片断化种群遗传多样性水平较低，而种群间的遗传分化却较高（Chung et al. 2014）。此外，欧洲中部的濒危植物 *Bupleurum rotundifolium* 也有类似的结果。然而，也有研究表明，片断化种群也可以具有较高的遗传多样性水平和较低的种群间遗传分化（Kahmen & Poschlod 2000; Vasseur 2001）。例如，片断化生境中的我国特有濒危植物观光木成株遗传多样性水平适中，种子遗传多样性比成株稍低，但没有显著的差异，同时种子中的近交系数也没有显著的升高，表明了生境片断化并没有侵蚀观光木的遗传多样性（王霞等 2012）；我国云南特有的濒危植物西畴含笑（*Michelia coriacea*）尽管受到了人类近期过度开发所导致的生境片断化和种群隔离的影响，但物种的遗传多样性水平较高，种群间遗传分化较低（Zhao et al. 2012）。由此可见，生境片断化的遗传效应非常复杂，目前还没有一致的结论，有必要开展深入的研究进行探讨。

生境片断化对物种的负面影响主要是降低残存小种群间的基因流，进而导致遗传变异丧失并降低个体的适合度（Leimu et al. 2010; Angeloni et al. 2011）。森林群落中的一些木本植物也表现出对生境片断化的响应（Kramer et al. 2008; Bacles & Jump 2011），其繁育系统变得更加脆弱，更容易受到近交的影响（Jones & Comita 2008）。分布于埃塞俄比亚西北部的濒危药用植物 *Prunus africana* 残存于片断化的森林斑块中，研究显示，面积较大且隔离程度低的斑块中的种群遗传多样性显著大于小而隔离程度高的种群，成体的遗传多样性显著大于幼苗，两两种群之间的遗传分化大部分达到了极显著水平，同时幼苗间的平均遗传分化水平大于成体（Yineger et al. 2014）。对于植物而言，处于不同群落中的各个种群间往往存在较高程度的生境分化，但这种情况也会存在于呈斑块状分布的亚种群中（Ghazoul 2005）。生境片断化对这些小种群的影响主要表现为由于植株数量较少而容易产生负面遗传效应（Lowe et al. 2005）。

生境片断化对植物种群的早期影响可能体现为改变其种群内空间遗传结构（van Rossum & Triest 2006; Hanson et al. 2008）。对于植物种群而言，空间遗传结构（spatial genetic structure, SGS）是其重要的特征，它表现为基因型在空间上的非随机分布（Wells & Young 2002; Vekemans & Hardy 2004）。对自然种群空间遗传结构的了解有助于对物种制订科学的就地保护与迁地保护策略。例如，Pandey 和 Rajora（2012）分析了濒危植物金钟柏（*Thuja occidentalis*）的核心区种群和边缘种群的小尺度空间遗传结构，发现其种群内具有显著的空间遗传结构，边缘种群的空间遗传结构强度远大于核心区种群，而核心区种群比边缘种群具有更大的邻体大小，认为人为的干扰和生境的片断化对其小尺度空间遗传结构产生了显著的影响，从而为该物种的保护提供了重要的依据。

第五节 种群变小对濒危植物的遗传影响

有效种群大小（effective population size）是判断一个种群可持续能力和估算其进化潜力的重要指标（Espeland & Rice 2010）。当前，由于受到人类活动的严重干扰，许多濒危物种面临有效种群大小下降的问题（Šingliarová et al. 2008）。有效种群大小下降往往会对濒危植物的种群遗传多样性造成一定的影响。例如，对濒危植物东部草原蝴蝶兰（*Platanthera leucophaea*）的研究发现，有效种群大小下降导致了东部草原蝴蝶兰种群遗传变异减少并增加了近交（Paul et al. 2013）。

有效种群大小不仅会影响遗传漂变作用的强度，而且会影响一个种群能够维持的遗传多样性水平，因此估算有效种群大小对于濒危物种的保护具有重要意义（Andrello et al. 2012）。然而，有效种群大小在自然种群中很难直接估算，而采用分子标记得到的遗传数据可以为解决这一问题提供有效的途径（Luikart et al. 2010）。近年来应用较多的软件 LDNe（Waples & Do 2008）、ONeSAMP 1.2（Tallmon et al. 2008）就是基于分子标记得到的数据估算有效种群大小。此外，已有的研究表明，有效种群大小在很大程度上是由实际种群大小决定的（Frankham 1995），这就进一步说明了对濒危植物进行保护的过程中维持种群大小的重要性。

近年来，处于小种群状态的濒危物种在保护生物学研究中受到了广泛的关注（Bacchetta et al. 2013）。濒危植物占有的生境面积一般比较小，种群内的植株数量较少，同时缺乏有繁殖能力的个体。从已有的研究来看，物种占有的生境面积小及有效种群大小处于较低水平会导致其遗传多样性水平下降（Aguilar et al. 2008），而在具有繁殖能力的个体数量较少的受隔离小种群中，其遗传多样性往往比大种群有显著降低（Prober & Brown 1994）。此外，处于小种群状态的物种还容易面临种群统计学和遗传学风险（Frankham et al. 2002）。在小种群中，遗传漂变会增加低频率等位基因丢失的概率，而近交能够固定隐性的有害等位基因，从而使得种群遗传多样性下降进而通过近交衰退降低适合度（Hewitt 2000; van Geert et al. 2008）。

因此，一旦种群变小，濒危植物就会遭受遗传多样性丧失、近交及有害突变积累的损害，而种群内遗传多样性丧失会导致其对环境的适应能力下降，从而最终影响其生存，所以对处于小种群状态下的濒危植物进行保护就显得非常重要。然而，对这些植物的保护难度往往比较大，目前尚缺乏可以借鉴的成功案例（Godefroid et al. 2011; Polak & Saltz 2011）。

第六节　濒危植物遗传拯救

濒危植物遗传拯救的目的在于使残存的种群实现成功更新。当前对濒危植物遗传拯救通常按图 16-1 的方法进行，即先确定研究对象和目标种群，随后从所有已知的种群中采集样品，在每个种群中最好能够收集包括幼苗在内的所有个体，然后进行基因组 DNA 的提取，借助分子标记进行遗传学分析，估算遗传多样性水平、近交程度、种群遗传结构、个体间的关联度，然后进行亲本分析，估算基因流，再开展花粉实验，通过自交、种群内杂交、种群间杂交及选择未经人工处理的作为对照，之后开展种子萌发实验，记录种子萌发、幼苗存活及生长状况，最后对得到的数据进行处理和分析以确定拯救措施的有效性。

近年来，国内外学者对一系列的濒危植物开展了遗传拯救，其中种群规模较小或者隔离程度较高的物种受到了更多的关注。例如，Finger 等（2011）对极濒危植物水母柱树（*Medusagyne oppositifolia*）进行了研究，该物种是非洲塞舌尔群岛的特有种，现残存 90 个成年个体，分布在 4 个隔离的斑块中，仅最大的种群能够实现顺利更新。种群遗传学的数据显示，各个斑块内都具有显著的空间遗传结构，但小种群内植株间的亲缘关

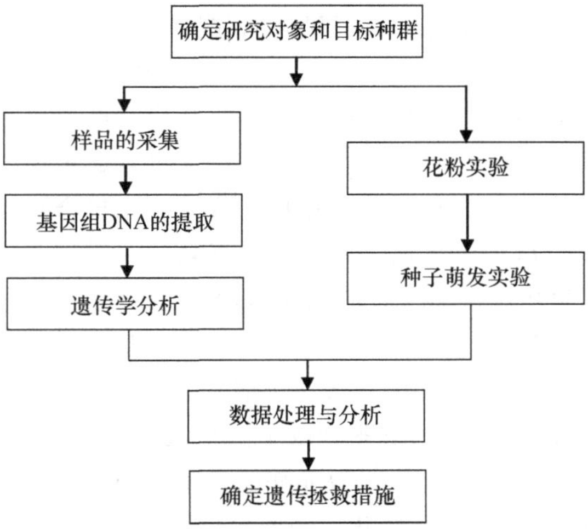

图 16-1　濒危植物遗传拯救的方法

系比大种群更近，表明种子和花粉扩散受限，小种群中的近交使得其更新困难。进一步通过受控的花粉实验显示，与种群内杂交相比，采集大种群中的花粉对小种群进行授粉可以增加坐果率、结实率、萌发率及幼苗存活率等繁育系统指标，表明遗传拯救能够在小的隔离种群中增加适合度。

此外，也有一些研究者通过种群间杂交实验开展了遗传拯救。在小种群中迁入少量的新个体或者基因型就可以显著提高后代的适合度（Tallmon et al. 2004）。然而，对濒危植物开展遗传拯救时，不能仅仅简单地认为使这些种群复兴就是从其他地点引入遗传材料，因为在一些情况下远交衰退也可能会降低适合度（Newman & Tallmon 2001; Paland & Schmid 2003）。例如，Holmes 等（2008）对濒危植物 *Grevillea repens* 开展了遗传拯救，在花粉控制实验中检测了整个分布区范围内种群间异花授粉的繁育系统反应，结果显示，种群内的杂交在一些地点增加了果实和种子的产量，而种群间的杂交只是对其中一个种群的繁殖输出有显著的增加，对于其他种群而言，种群间的杂交却使得果实和种子的产量降低了，表明受到了远交衰退的影响。当然，并非所有的濒危植物进行种群间杂交都会受到远交衰退的影响。例如，Willi 等（2007）对濒危植物松叶毛茛（*Ranunculus reptans*）进行了种群间杂交实验，发现种群间杂交明显提高了后代的适合度，而这种现象尤其是在小种群中表现得更加明显，同时种群间的遗传距离并不会对杂交结果产生影响。此外，也有些研究认为，与种群内的杂交相比，种群间杂交更能增加坐果率和后代的存活力（Sheridan & Karowe 2000; Colling et al. 2004）。由此可见，在对濒危植物实施遗传拯救之前，应当先对遗传拯救潜在的远交衰退风险进行评估。然而，由于大多数的濒危植物并不存在远交衰退，因此在研究过程中也不能高估远交衰退的影响。

许多物种在自然状态下往往呈斑块状分布，其中有些种群存在时间比较短暂，从而形成了集合种群结构（metapopulation structure）（Ingvarsson 2001）。对于集合种群而言，从另一个集合种群中采集花粉进行杂交实验可能比在同一个集合种群中更能够增加繁殖成功率。为了验证这一观点，Bossuyt（2007）对多年生草本植物 *Parnassia palustris* 开展了遗传拯救。生境片断化使得该物种分布于 3 个相互隔离的集合种群中，集合种群内和集合种群间的种子和果实的质量都存在极显著的差异，其中在 2 个集合种群中的种子和果实变异程度随着种群大小的增加而增大。随后在花粉实验中，检测了在集合种群之间采集花粉用于遗传拯救是否可以增加种子的产量，从研究结果来看，相对于在集合种群内部进行杂交而言，从集合种群外采集花粉进行杂交可以显著增高种子产量，而小种群表现得更加显著，表明采用集合种群外的花粉进行杂交比集合种群内具有更大的优势。因此，对具有集合种群结构的濒危植物开展遗传拯救时，应当在不同的集合种群间通过垫脚石建立联系，从而阻止各个集合种群的遗传侵蚀，以保证种群具有长期的生存能力。

另外，当环境发生剧烈变化时，遗传适应也可以协助种群进行拯救（Alexander et al. 2014）。如果一个种群处于不断增加的环境压力时缺乏足够的表型可塑性，或者无法进入更为合适的生境中，那么遗传上的改变就成了阻止其灭绝的唯一途径（Bell & Collins 2008）。从已有的研究结果来看，进化拯救能够扭转由于环境变化而导致的种群统计学效应而避免其灭绝（Perron et al. 2008; Bell & Gonzalez 2009, 2011; Collins & de Meaux 2009; Carlson et al. 2014）。

近年来，进化拯救发展迅速，通过理论和实验研究不断证实了种群统计学、遗传适应及外在因素影响进化拯救的可能性（Carlson et al. 2014）。理论研究认为，中性选择是否能够使一个种群在变化的环境中得以拯救主要取决于环境压力的大小、初始种群的大小、初始种群拥有的遗传多样性及适应性突变的成本与收益（Willi et al. 2006; Kawecki 2008; Willi & Hoffmann 2009）。此外，初始种群大小作为进化拯救的主要决定因素，它不仅决定着种群在不断变化的环境中是否能够快速适应，同时也影响着种群本身的进化速度（Bell 2013; Lanfear et al. 2013）。目前进化拯救实验方面的研究主要集中在种群大小的作用（Bell & Gonzalez 2009; Ramsayer et al. 2013）、杂交的影响（Stelkens et al. 2014），以及处于不同环境压力下种群的迁移和变化速率（Perron et al. 2008; Bell & Gonzalez 2011）等方面。然而，对于个体数量仍呈不断下降的种群，如何进行量化并预测其进化拯救的可能性，至今仍无定论（Ramsayer et al. 2013）。

第七节　总结与展望

为了保护和可持续利用濒危植物，近年来，国内外学者在濒危植物的遗传多样性和遗传结构方面开展了大量的研究。这些研究增进了研究者对濒危植物受威胁现状和原因的了解，同时也为实施科学管理及制订合理有效的保护策略提供了依据。但有些研究所采集的种群和个体数量较少，只是采集了部分种群和个体，涉及的研究区域并没有覆盖物种的整个分布区范围，可提供的有效信息不足；另外，目前对濒危植物遗传多样性和遗传结构的研究大多仅关注当前的现状，而关于种群历史动态的研究相对较少，从而影响了对种群遗传结构的准确认识，因此今后有必要进一步开展深入的研究。

对于木本濒危植物而言，由于其生命周期较长，种群内的植株呈不同的年龄级分布，而这种在小尺度范围内不同年龄级个体在时间和空间上的重叠可能会形成复杂的空间遗传格局（Chung et al. 2003）。因此，可以通过研究小尺度范围内不同年龄级植株的空间遗传结构来了解种群动态变化的过程（Jacquemyn et al. 2006），也可以揭示其在小尺度范围内是否存在通过自疏以去除具有较近亲缘关系的个体从而避免近交衰退的机制（Gapare

& Aitken 2005），从而为迁地保护时进行种质采集提供参考，以最大可能地选择到具有不同基因型的个体。

此外，遗传结构在不同的尺度上也会表现出不同的内容和形式，而不同的尺度可以反映出不同的信息。例如，采用微卫星标记分析高粱不同尺度的遗传多样性发现，从各个村庄来看，30 km 的距离范围没有观察到显著的空间遗传结构；从整个国家来看，不同地区间的遗传多样性存在较大的差异，表明人类活动和环境因子对高粱的遗传多样性分布存在一定的影响（Sagnard et al. 2008）。因此，如果要对濒危植物遗传变异的空间分布进行全面的认识和了解，就必须对不同尺度的空间遗传结构进行研究。

生境片断化是导致生物多样性丧失的主要原因，但目前从种群遗传学角度开展的研究还不多。由于物种的繁育系统、生境片断化的时间、物种的生活史及环境因素等各方面因素，生境片断化对物种的遗传影响比理论预测的结果更为复杂，不同的研究得到了不同的结果，有些物种甚至表现出相反的遗传效应（陈小勇 2000）。因此，为了更全面地准确把握生境片断化对濒危植物的遗传影响，研究者应当对更多的物种开展深入的研究，以得到更多的信息，从而可以最大限度地减少生境片断化对濒危植物构成的威胁。今后可采用核基因组–父系遗传–母系遗传 DNA 分子标记相结合的方法及亲本分析的方法对濒危植物片断化种群当前的基因流进行研究，以更加深入地了解和监测其在片断化生境中的遗传变化动态。

对于自然状态下的濒危植物而言，生境片断化和种群变小导致种群间相互隔离和基因流受限，从而造成了遗传侵蚀和近交，进而增加了灭绝的风险。从近年来的研究结果来看，遗传拯救可以缓和这些影响，受控的花粉实验和幼苗移植可用于增加小种群中的个体数量，增加后代的生存力（Finger et al. 2011）。因此，应当对更多的濒危植物实施遗传拯救，开展受控的花粉实验和幼苗移植，以增加濒危植物的遗传资源。同时，应加强对濒危植物进化拯救方面的研究，重点应关注濒危植物在自然状态下的进化拯救如何进行量化并预测其发生的可能性。

在开展濒危植物的遗传拯救过程中，首先应当确定其受到的遗传损害程度，由此才可以采取有针对性的措施。分子标记为解决这一问题提供了有利的工具，但由于不同的分子标记对遗传变异的检测能力及所呈现出的多态性存在差异，因此在确定濒危植物面临的种群遗传学问题时应当根据具体问题选择合适的分子标记（Borba et al. 2007）。另外，如果仅采用单一的分子标记，可能会对研究结果产生片面的影响，所以应当将核基因组和细胞器基因组所提供的遗传信息结合起来进行分析，研究时尽可能采用两种或者两种以上的分子标记，以避免结果的片面性。近年来，结合多种分子标记对濒危植物进行分析已被越来越多的研究者采用（Tang et al. 2008；李建辉等 2010; Zhao et al. 2012），这也将有利于更全面地揭示濒危植物面临的种群遗传学问题。

把握濒危植物历史上的种群大小变化规律对于制订合理有效的保护策略具有重要意义（Frankham et al. 2002）。然而，与欧美地区相比，我国关于种群历史动态的研究非常有限，还有很多尚未揭示的格局。同时，目前已有的一些研究仍存在着很多局限，其中大多数研究主要采用叶绿体 DNA 和线粒体 DNA，而很少结合核 DNA，但毕竟大量的遗传信息存在于核 DNA 中，因此这样的研究无法全面地揭示物种空间分布及遗传格局的变迁历史；另外，单独采用单亲遗传的叶绿体 DNA 或者线粒体 DNA 进行分析往往会存在多态位点不足的情况，以至于不能准确地推测过去的种群历史过程。因此，可以综合不同基因组信息，结合微卫星标记和 cpDNA 或者 mtDNA 进行分析，从而得到更加准确的结论。特别是对于有些裸子植物而言，由于核基因是双亲遗传的，叶绿体基因为父系遗传，线粒体基因为母系遗传，因而可进行核基因–父系遗传–母系遗传数据的组合，从而可以有效地应用于种群历史动态的推测（Hwang et al. 2003）。

作为推测种群历史动态的有效手段，近年来亲缘地理学研究进展十分迅速，现已成为国际上最为活跃的研究领域之一，但目前普遍开展的对单一物种进行亲缘地理学的研究往往存在一定的局限性，不论是在北美、欧洲，还是亚洲，多数研究者通过个案分析，获得的结果不尽相同，甚至是矛盾的。然而，通过两个或多个物种进行比较亲缘地理学的研究却能弥补这一不足，同时还可以通过比较来探讨分布相似的近缘种是否具有相似的进化历程，从而使亲缘地理格局更加清晰。因此，可结合我国的地质和气候历史，选择具有一定代表性的物种，通过比较亲缘地理学研究进行规律性的总结，以深入了解我国一些热点地区的物种分布格局成因。

濒危植物的繁育系统会对种群遗传多样性和遗传结构产生重要影响，深入了解濒危植物的繁育系统有助于制订合理有效的保护措施和管理策略。因此，应当加强对濒危植物繁育系统的研究，特别需要开展生境片断化对濒危植物繁育系统的影响、近交衰退对后代适合度的影响及分子标记在繁育系统中的应用等方面的研究，以深入了解物种的濒危机制。

由于确定选择性位点可以帮助理解物种的适应性特征（Manel et al. 2003），因此确定选择性位点对于濒危植物保护具有重要意义，然而确定选择性位点往往难度较大。由于目前使用的分子标记大多为中性标记，而自然选择不作用于中性位点，因此中性位点可以反映种群的遗传多样性，但不能反映种群的适应潜力。高通量测序技术的快速发展（Syed et al. 2009），使得高效、准确、经济地获得生物个体的基因组信息成为可能，同时近年来不断发展的保护基因组学（Conservation Genomics）也为研究濒危植物的选择性位点开辟了新的途径和方法（Ekblom & Galindo 2010; Ouborg et al. 2010; Tautz et al. 2010）。结合常规的繁育系统实验，保护基因组学可以帮助濒危植物特别是那些长寿命的物种确定选择性位点和评估潜在的远交衰退风险，从而可以制订更为有效的遗传拯救措施。

为此，今后研究者在濒危植物的种群遗传学研究中应当加大研究力量的投入，结合多种分子标记技术全面揭示其面临的种群遗传学问题，同时，开展种群历史动态研究以确定种群间的混合事件、分化时间及种群大小的改变情况，并结合保护基因组学深入开展繁育系统研究，以实现对更多的濒危植物进行有效的遗传拯救，促进种群遗传学取得更加辉煌的成就。

参考文献

陈生云，吴桂莉，张得钧，等. 2008. 高山植物条纹狭蕊龙胆的分子亲缘地理学研究. 植物分类学报, 46(4): 573-585.

陈小勇. 2000. 生境片断化对植物种群遗传结构的影响及植物遗传多样性保护. 生态学报，20(5): 884-892.

陈小勇，陆慧萍，沈浪，等. 2002. 重要物种优先保护种群的确定. 生物多样性, 10(3): 332-338.

金则新, 顾婧婧, 李钧敏. 2012. 基于形态及分子标记的濒危植物夏蜡梅自然居群的遗传变异研究. 生态学报, 32(12): 3849-3858.
金则新, 李钧敏. 2004. 七子花种群遗传多样性的 RAPD 分析. 林业科学, 40(4): 68-74.
金则新, 李钧敏. 2007. 珍稀濒危植物夏蜡梅遗传多样性的ISSR分析. 应用生态学报, 18(2): 247-253.
李建辉, 金则新, 李钧敏. 2007. 濒危植物长叶榧群体遗传多样性的RAPD分析. 应用生态学报, 18(12): 2661-2667.
李建辉, 金则新, 李钧敏. 2010. 濒危植物长叶榧群体不同年龄级遗传多样性的 RAPD 和 ISSR 分析. 浙江大学学报(理学版), 37(1): 104-111.
李为民, 李思锋, 黎斌. 2012. 利用 SSR 分子标记分析秦岭冷杉自然居群的遗传多样性. 植物学报, 47(4): 413-421.
李雪萍, 李在留, 贺春玲, 等. 2012. 珙桐遗传多样性的 AFLP 分析.园艺学报, 39(5): 992-998.
阮咏梅, 张金菊, 姚小洪, 等. 2012. 黄梅秤锤树孤立居群的遗传多样性及其小尺度空间遗传结构. 生物多样性, 20(4): 460-469.
王霞, 王静, 蒋敬虎, 等. 2012. 观光木片断化居群的遗传多样性和交配系统. 生物多样性, 20(6): 676-684.
吴雪琴, 徐刚标, 梁艳, 等. 2013. 南岭地区观光木自然和人工迁地保护种群的遗传多样性. 生物多样性, 21(1): 71-79.
肖宜安, 何平, 邓洪平, 等. 2003. 井冈山长柄双花木种群遗传多样性与遗传分化. 西南师范大学学报(自然科学版), 28(3): 444-449.
许凤华, 康明, 黄宏文, 等. 2006. 濒危植物毛柄小勾儿茶片断化居群的遗传多样性. 植物生态学报, 30(1): 157-164.
Agarwal M, Shrivastava N, Padh H. 2008. Advances in molecular marker techniques and their applications in plant sciences. Plant Cell Rep, 27(4): 617-631.
Aguilar R, Quesada M, Ashworth L, et al. 2008. Genetic consequences of habitat fragmentation in plant populations: susceptible signals in plant traits and methodological approaches. Mol Ecol, 17(24): 5177-5188.
Alexander H K, Martin G, Martin O Y, et al. 2014. Evolutionary rescue: linking theory for conservation and medicine. Evol Appl, 7(10): 1161-1179.
Andrello M, Nicolè F, Till-Bottraud I, et al. 2012. Effect of stage-specific vital rates on population growth rates and effective population sizes in an endangered iteroparous plant. Conserv Biol, 26(2): 208-217.
Angeloni F, Ouborg N, Leimu R. 2011. Meta-analysis on the association of population size and life history with inbreeding depression in plants. Biol Conserv, 144(1): 35-43.
Avise J C. 2000. Phylogeography: the History and Formation of Species. Harvard: Harvard University Press.
Avise J C. 2008. Phylogeography: retrospect and prospect. J Biogeogr, 36(1): 3-15.
Bacchetta G, Fenu G, Gentili R, et al. 2013. Preliminary assessment of the genetic diversity in *Lamyropsis microcephala* (Asteraceae). Plant Biosyst, 147(2): 500-507.
Bacles C F E, Jump A S. 2011. Taking a tree's perspective on forest fragmentation genetics. Trends Plant Sci, 16(1): 13-18.
Beheregaray L. 2008. Twenty years of phylogeography: the state of the field and the challenges for the Southern Hemisphere. Mol Ecol, 17(17): 3754-3774.
Bell G. 2013. Evolutionary rescue and the limits of adaptation. Philos Trans R Soc B, 368(1610): 20120080.
Bell G, Collins S. 2008. Adaptation, extinction and global change. Evol Appl, 1(1): 3-16.

Bell G, Gonzalez A. 2009. Evolutionary rescue can prevent extinction following environmental change. Ecol Lett, 12(9): 942-948.

Bell G, Gonzalez A. 2011. Adaptation and evolutionary rescue in metapopulations experiencing environmental deterioration. Science, 332(6035): 1327-1330.

Borba E L, Funch R R, Ribeiro P L, et al. 2007. Demography, and genetic and morphological variability of the endangered *Sophronitis sincorana* (Orchidaceae) in the Chapada Diamantina, Brazil. Plant Syst Evol, 267(1-4): 129-146.

Bossuyt B. 2007. Genetic rescue in an isolated metapopulation of a naturally fragmented plant species, *Parnassia palustris*. Conserv Biol, 21(3): 832-841.

Bottin L, Verhaegen D, Tassin J, et al. 2005. Genetic diversity and population structure of an insular tree, *Santalum austrocaledonicum* in New Caledonian archipelago. Mol Ecol, 14(7): 1979-1989.

Butchart S H, Walpole M, Collen B, et al. 2010. Global biodiversity: indicators of recent declines. Science, 328(5982): 1164-1168.

Buza L, Young A, Thrall P. 2000. Genetic erosion, inbreeding and reduced fitness in fragmented populations of the endangered tetraploid pea *Swainsona recta*. Biol Conserv, 93(2): 177-186.

Carlson S M, Cunningham C J, Westley P A H. 2014. Evolutionary rescue in a changing world. Trends Ecol Evol, 29(9): 521-530.

Chung M Y, Epperson B K, Chung M G. 2003. Genetic structure of age classes in *Camellia japonica* (Theaceae). Evolution, 57(1): 62-73.

Chung M Y, Nason J D, López-Pujol J, et al. 2014. Genetic consequences of fragmentation on populations of the terrestrial orchid *Cymbidium goeringii*. Biol Conserv, 170: 222-231.

Cole C T. 2003. Genetic variation in rare and common plants. Ann Rev Ecol Evol Syst, 34: 213-237.

Colling G, Reckinger C, Matthies D. 2004. Effects of pollen quantity and quality on reproduction and offspring vigor in the rare plant *Scorzonera humilis* (Asteraceae). Am J Bot, 91(11): 1774-1782.

Collins S, de Meaux J. 2009. Adaptation to different rates of environmental change in Chlamydomonas. Evolution, 63(11): 2952-2965.

Cosimo S M, Papini A, Vessella F, et al. 2009. Multiple genome relationships and a complex biogeographic history in the eastern range of *Quercus suber* L. (Fagaceae) implied by nuclear and chloroplast DNA variation. Caryologia, 62(3): 236-252.

Cruzan M B, Templeton A R. 2000. Paleoecology and coalescence: phylogeographic analysis of hypotheses from the fossil record. Trends Ecol Evol, 15(12): 491-496.

Dostalek T, Munzbergova Z, Plackova I. 2010. Genetic diversity and its effect on fitness in an endangered plant species, *Dracocephalum austriacum* L. Conserv Genet, 11(3): 773-783.

Ekblom R, Galindo J. 2010. Applications of next generation sequencing in molecular ecology of non-model organisms. Heredity, 107(1): 1-15.

Elmer K R, Reggio C, Wirth T, et al. 2009. Pleistocene desiccation in East Africa bottlenecked but did not extirpate the adaptive radiation of Lake Victoria haplochromine cichlid fishes. Proc Nat Acad Sci, 106(32): 13404-13409.

Espeland E K, Rice K J. 2010. Ecological effects on estimates of effective population size in an annual plant. Biol Conserv, 143(4): 946-951.

Falchi A, Paolini J, Desjobert J M, et al. 2009. Phylogeography of *Cistus creticus* L. on Corsica and Sardinia inferred by the TRNL-F and RPL32-TRNL sequences of cpDNA. Mol Phylogenet Evol, 52(2): 538-543.

Finger A, Kettle C, Kaiser-Bunbury C, et al. 2011. Back from the brink: potential for genetic rescue in a critically endangered tree. Mol Ecol, 20(18): 3773-3784.

Fontaine M C, Snirc A, Frantzis A, et al. 2012. History of expansion and anthropogenic collapse in a top marine predator of the Black Sea estimated from genetic data. Proc Nat Acad Sci, 109(38): e2569-e2576.

Frankham R. 1995. Effective population size/adult population size ratios in wildlife: a review. Genet

Res, 66(2): 95-107.

Frankham R, Ballou J D, Briscoe D A. 2002. Introduction to conservation genetics. Cambridge: Cambridge University Press.

Gao L M, Möller M, Zhang X M, et al. 2007. High variation and strong phylogeographic pattern among cpDNA haplotypes in *Taxus wallichiana* (Taxaceae) in China and North Vietnam. Mol Ecol, 16(22): 4684-4698.

Gapare W J, Aitken S N. 2005. Strong spatial genetic structure in peripheral but not core populations of Sitka spruce [*Picea sitchensis* (Bong.) Carr.]. Mol Ecol, 14(9): 2659-2667.

Ge X J, Hwang C C, Liu Z H, et al. 2011. Conservation genetics and phylogeography of endangered and endemic shrub *Tetraena mongolica* (Zygophyllaceae) in Inner Mongolia, China. BMC Genet, 12(1): 1-12.

Ghazoul J. 2005. Pollen and seed dispersal among dispersed plants. Biol Rev, 80(3): 413-443.

Girod C, Vitalis R, Leblois R, et al. 2011. Inferring population decline and expansion from microsatellite data: a simulation-based evaluation of the Msvar method. Genetics, 188(1): 165-179.

Glenn T C, Schable N A. 2005. Isolating microsatellite DNA loci. Methods Enzymol, 395: 202-222.

Godefroid S, Piazza C, Rossi G, et al. 2011. How successful are plant species reintroductions? Biol Conserv, 144(2): 672-682.

Godt M, Hamrick J. 2008. Population genetic analysis of *Elliottia racemosa* (Ericaceae), a rare Georgia shrub. Mol Ecol, 8(1): 75-82.

Groom M J, Meffe G K, Carroll C R. 2006. Principles of conservation biology. Sinauer Associates Sunderland, Massachusetts, USA.

Gur-Arie R, Cohen C J, Eitan Y, et al. 2000. Simple sequence repeats in Escherichia coli: abundance, distribution, composition, and polymorphism. Genome Res, 10(1): 62-71.

Hanson T R, Brunsfeld S J, Finegan B, et al. 2008. Pollen dispersal and genetic structure of the tropical tree *Dipteryx panamensis* in a fragmented Costa Rican landscape. Mol Ecol, 17(8): 2060-2073.

Hewitt G. 2000. The genetic legacy of the Quaternary ice ages. Nature, 405(6789): 907-913.

Hewitt G. 2004. Genetic consequences of climatic oscillations in the Quaternary. Philos Trans R Soc B, 359(1442): 183-195.

Hickerson M J, Carstens B C, Cavender-Bares J, et al. 2010. Phylogeography's past, present, and future: 10 years after. Mol Phylogenet Evol, 54(1): 291-301.

Holmes G D, James E A, Hoffmann A A. 2008. Limitations to reproductive output and genetic rescue in populations of the rare shrub *Grevillea repens* (Proteaceae). Ann Bot, 102(6): 1031-1041.

Hu L J, Uchiyama K, Shen H L, et al. 2008. Nuclear DNA microsatellites reveal genetic variation but a lack of phylogeographical structure in an endangered species, *Fraxinus mandshurica*, across north-east China. Ann Bot, 102(2): 195-205.

Hwang S Y, Lin T P, Ma C S, et al. 2003. Postglacial population growth of *Cunninghamia konishii* (Cupressaceae) inferred from phylogeographical and mismatch analysis of chloroplast DNA variation. Mol Ecol, 12(10): 2689-2695.

Ingvarsson P K. 2001. Restoration of genetic variation lost-the genetic rescue hypothesis. Trends Ecol Evol, 16(2): 62-63.

Jacquemyn H, Brys R, Vandepitte K, et al. 2006. Fine scale genetic structure of life history stages in the food deceptive orchid *Orchis purpurea*. Mol Ecol, 15(10): 2801-2808.

Jones F A, Comita L S. 2008. Neighbourhood density and genetic relatedness interact to determine fruit set and abortion rates in a continuous tropical tree population. Proc R Soc B, 275(1652): 2759-2767.

Kahmen S, Poschlod P. 2000. Population size, plant performance, and genetic variation in the rare plant *Arnica montana* L. in the Rhön, Germany. Basic Appl Ecol, 1(1): 43-51.

Kawase D, Tsumura Y, Tomaru N, et al. 2010. Genetic structure of an endemic Japanese conifer, *Sciadopitys verticillata* (Sciadopityaceae), by using microsatellite markers. J Hered, 101(3):

292-297.

Kawecki T J. 2008. Adaptation to marginal habitats. Annu Rev Ecol Evol Syst, 39: 321-342.

Kettle C J, Ennos R A, Jaffre T, et al. 2008. Cryptic genetic bottlenecks during restoration of an endangered tropical conifer. Biol Conserv, 141(8): 1953-1961.

Kitamoto N, Honjo M, Ueno S, et al. 2004. Spatial genetic structure among and within populations of *Primula sieboldii* growing beside separate streams. Mol Ecol, 14(1): 149-157.

Kramer A T, Ison J L, Ashley M V, et al. 2008. The paradox of forest fragmentation genetics. Conserv Biol, 22(4): 878-885.

Lanfear R, Kokko H, Eyre-Walker A. 2013. Population size and the rate of evolution. Trends Ecol Evol, 29(1): 33-41.

Leimu R, Mutikainen P, Koricheva J, et al. 2006. How general are positive relationships between plant population size, fitness and genetic variation? J Ecol, 94(5): 942-952.

Leimu R, Vergeer P, Angeloni F, et al. 2010. Habitat fragmentation, climate change, and inbreeding in plants. Ann New York Acad Sci, 1195(1): 84-98.

Lemes M R, Gribel R, Proctor J, et al. 2003. Population genetic structure of mahogany (*Swietenia macrophylla* King, Meliaceae) across the Brazilian Amazon, based on variation at microsatellite loci: implications for conservation. Mol Ecol, 12(11): 2875-2883.

Li J H, Jiao J, Jiang K, et al. 2011. Development and characterization of microsatellite loci in *Torreya jackii* (Taxaceae), an endangered plant in China. Am J Bot, 98(12): e349-e351.

Lihová J, Kudoh H, Marhold K. 2010. Genetic structure and phylogeography of a temperate-boreal herb, *Cardamine scutata* (Brassicaceae), in northeast Asia inferred from AFLPs and cpDNA haplotypes. Am J Bot, 97(6): 1058-1070.

Lindbladh M, Oswald W W, Foster D R, et al. 2007. A late-glacial transition from *Picea glauca* to *Picea mariana* in southern New England. Quaternary Res, 67(3): 502-508.

Lorenzo Z, Burgarella C, de Heredia U L, et al. 2009. Relevance of genetics for conservation policies: the case of Minorcan cork oaks. Ann Bot, 104(6): 1069-1076.

Lowe A J, Boshier D, Ward M, et al. 2005. Genetic resource impacts of habitat loss and degradation; reconciling empirical evidence and predicted theory for neotropical trees. Heredity, 95(4): 255-273.

Luikart G, Ryman N, Tallmon D A, et al. 2010. Estimation of census and effective population sizes: the increasing usefulness of DNA-based approaches. Conserv Genet, 11(2): 355-373.

Manel S, Schwartz M K, Luikart G, et al. 2003. Landscape genetics: combining landscape ecology and population genetics. Trends Ecol Evol, 18(4): 189-197.

McKinnon G E, Vaillancourt R E, Jackson H D, et al. 2001. Chloroplast sharing in the Tasmanian eucalypts. Evolution, 55(4): 703-711.

Murdoch K, Ndangalasi H, LeCaptain M, et al. 2013. Isolation and development of 13 new, polymorphic microsatellite loci for a threatened, understory tree, *Mesogyne insignis*, (Moraceae) from the Eastern Arc Mountains. Conserv Genet Res, 5(1): 275-277.

Newman D, Tallmon D A. 2001. Experimental evidence for beneficial fitness effects of gene flow in recently isolated populations. Conserv Biol, 15(4): 1054-1063.

Oleas N H, Meerow A W, Francisco-Ortega J. 2012. Population dynamics of the endangered plant, *Phaedranassa tunguraguae*, from the tropical Andean hotspot. J Hered, 103(4): 557-569.

Ouborg N J, Pertoldi C, Loeschcke V, et al. 2010. Conservation genetics in transition to conservation genomics. Trends Genet, 26(4): 177-187.

Paland S, Schmid B. 2003. Population size and the nature of genetic load in *Gentianella germanica*. Evolution, 57(10): 2242-2251.

Pandey M, Rajora O P. 2012. Higher fine-scale genetic structure in peripheral than in core populations of a long-lived and mixed-mating conifer-eastern white cedar (*Thuja occidentalis* L.). BMC Evol Biol, 12(11): 48-62.

Paul J, Budd C, Freeland J R. 2013. Conservation genetics of an endangered orchid in eastern Canada.

Conserv Genet, 14(1): 195-204.

Pennington R T, Lavin M, Särkinen T, et al. 2010. Contrasting plant diversification histories within the Andean biodiversity hotspot. Proc Natl Acad Sci, 107(31): 13783-13787.

Perron G G, Gonzalez A, Buckling A. 2008. The rate of environmental change drives adaptation to an antibiotic sink. J Evol Biol, 21(6): 1724-1731.

Petit R J, Brewer S, Bordács S, et al. 2002a. Identification of refugia and post-glacial colonisation routes of European white oaks based on chloroplast DNA and fossil pollen evidence. Forest Ecol Manag, 156(1-3): 49-74.

Petit R J, Csaikl U M, Bordács S, et al. 2002b. Chloroplast DNA variation in European white oaks: phylogeography and patterns of diversity based on data from over 2600 populations. Forest Ecol Manag, 156(1-3): 5-26.

Pitman N C, Jørgensen P M. 2002. Estimating the size of the world's threatened flora. Science, 298(5595): 989.

Polak T, Saltz D. 2011. Reintroduction as an ecosystem restoration technique. Conserv Biol, 25(3): 424.

Prober S M, Brown A H D. 1994. Conservation of the grassy white box woodlands: population genetics and fragmentation of *Eucalyptus albens*. Conserv Biol, 8(4): 1003-1013.

Qiu Y X, Guan B C, Fu C X, et al. 2009b. Did glacials and/or interglacials promote allopatric incipient speciation in East Asian temperate plants? Phylogeographic and coalescent analyses on refugial isolation and divergence in *Dysosma versipellis*. Mol Phylogenet Evol, 51(2): 281-293.

Qiu Y X, Qi X S, Jin X F, et al. 2009a. Population genetic structure, phylogeography, and demographic history of *Platycrater arguta* (Hydrangeaceae) endemic to East China and South Japan, inferred from chloroplast DNA sequence variation. Taxon, 58(4): 1226-1241.

Ramsayer J, Kaltz O, Hochberg M E. 2013. Evolutionary rescue in populations of *Pseudomonas fluorescens* across an antibiotic gradient. Evol Appl, 6(4): 608-616.

Sagnard F, Barnaud A, Deu M, et al. 2008. Multi-scale analysis of sorghum genetic diversity: Understanding the evolutionary processes for in situ conservation. Cah Agric, 17: 114-121.

Schaal B, Hayworth D, Olsen K, et al. 2002. Phylogeographic studies in plants: problems and prospects. Mol Ecol, 7(4): 465-474.

Selkoe K A, Toonen R J. 2006. Microsatellites for ecologists: a practical guide to using and evaluating microsatellite markers. Ecol Lett, 9(5): 615-629.

Shapcott A, Dowe J, Ford H. 2009. Low genetic diversity and recovery implications of the vulnerable Bankoual, Palm *Livistona carinensis* (Arecaceae), from North-eastern Africa and the Southern Arabian Peninsula. Conserv Genet, 10(2): 317-327.

Shea K L, Furnier G R. 2002. Genetic variation and population structure in central and isolated populations of balsam fir, *Abies balsamea* (Pinaceae). Am J Bot, 89(5): 783-791.

Shepherd L D, Perrie L R. 2011. Microsatellite DNA analyses of a highly disjunct New Zealand tree reveal strong differentiation and imply a formerly more continuous distribution. Mol Ecol, 20(7): 1389-1400.

Sheridan P M, Karowe D N. 2000. Inbreeding, outbreeding, and heterosis in the yellow pitcher plant, *Sarracenia flava* (Sarraceniaceae), in Virginia. Am J Bot, 87(11): 1628-1633.

Šingliarová B, Chrtek J, Mráz P. 2008. Loss of genetic diversity in isolated populations of an alpine endemic *Pilosella alpicola* subsp. *ullepitschii*: effect of long-term vicariance or long-distance dispersal? Plant Syst Evol, 275(3-4): 181-191.

Sochor M, Vašut R J, Bártová E, et al. 2013. Can gene flow among populations counteract the habitat loss of extremely fragile biotopes? An example from the population genetic structure in *Salix daphnoides*. Tree Genet Genomes, 9(5): 1193-1205.

Soltis D E, Morris A B, McLachlan J S, et al. 2006. Comparative phylogeography of unglaciated eastern North America. Mol Ecol, 15(14): 4261-4293.

Sork V L, Smouse P E. 2006. Genetic analysis of landscape connectivity in tree populations. Landscape

Ecol, 21(6): 821-836.

Sosa P A, González-Pérez M A, Moreno C, et al. 2010. Conservation genetics of the endangered endemic *Sambucus palmensis* Link (Sambucaceae) from the Canary Islands. Conserv Genet, 11(6): 2357-2368.

Spielman D, Brook B W, Frankham R. 2004. Most species are not driven to extinction before genetic factors impact them. Proc Nat Acad Sci, 101(42): 15261-15264.

Stelkens R B, Brockhurst M A, Hurst G D D, et al. 2014. Hybridization facilitates evolutionary rescue. Evol Appl, 7(10): 1209-1217.

Syed F, Grunenwald H, Caruccio N. 2009. Next-generation sequencing library preparation: simultaneous fragmentation and tagging using in vitro transposition. Nat Methods, 6(11): 1-2.

Tallmon D A, Luikart G, Waples R S. 2004. The alluring simplicity and complex reality of genetic rescue. Trends Ecol Evol, 19(9): 489-496.

Tallmon D, Koyuk A, Luikart G, et al. 2008. Onesamp: a program to estimate effective population size using approximate Bayesian computation. Mol Ecol Res, 8(2): 299-301.

Tang S Q, Dai W J, Li M S, et al. 2008. Genetic diversity of relictual and endangered plant *Abies ziyuanensis* (Pinaceae) revealed by AFLP and SSR markers. Genetica, 133(1): 21-30.

Tautz D, Ellegren H, Weigel D. 2010. Next generation molecular ecology. Mol Ecol, 19(S1): 1-3.

Tomimatsu H, Ohara M. 2003. Genetic diversity and local population structure of fragmented populations of *Trillium camschatcense* (Trilliaceae). Biol Conserv, 109(2): 249-258.

Tóth G, Gáspári Z, Jurka J. 2000. Microsatellites in different eukaryotic genomes: survey and analysis. Genome Res, 10(7): 967-981.

Tufto J. 2001. Effects of releasing maladapted individuals: a demographic-evolutionary model. Am Nat, 158(4): 331-340.

van Geert A, van Rossum F, Triest L. 2008. Genetic diversity in adult and seedling populations of *Primula vulgaris* in a fragmented agricultural landscape. Conserv Genet, 9(4): 845-853.

van Oppen M J H, Rico C, Turner G F, et al. 2000. Extensive homoplasy, nonstepwise mutations, and shared ancestral polymorphism at a complex microsatellite locus in Lake Malawi cichlids. Mol Biol Evol, 17(4): 489-498.

van Rossum F, Triest L. 2006. Fine-scale genetic structure of the common *Primula elatior* (Primulaceae) at an early stage of population fragmentation. Am J Bot, 93(9): 1281-1288.

Vasseur L. 2001. Allozymic diversity of *Allium tricoccum* (Ait.) Solander var. *burdickii* Hanes in isolated populations of Nova scotia (Canada). Plant Syst Evol, 228(1-2): 71-79.

Vekemans X, Hardy O. 2004. New insights from fine-scale spatial genetic structure analyses in plant populations. Mol Ecol, 13(4): 921-935.

Vendramin G G, Anzidei M, Madaghiele A, et al. 2000. Chloroplast microsatellite analysis reveals the presence of population subdivision in Norway spruce (*Picea abies* K.). Genome, 43(1): 68-78.

Wang H W, Ge S. 2006. Phylogeography of the endangered *Cathaya argyrophylla* (Pinaceae) inferred from sequence variation of mitochondrial and nuclear DNA. Mol Ecol, 15(13): 4109-4122.

Wang R, Compton S G, Chen X Y. 2011. Fragmentation can increase spatial genetic structure without decreasing pollen-mediated gene flow in a wind-pollinated tree. Mol Ecol, 20(21): 4421-4432.

Wang Z J, Guan K Y. 2011. Genetic structure and phylogeography of a relict tree fern, *Sphaeropteris brunoniana* (Cyatheaceae) from China and Laos inferred from cpDNA sequence variations: Implications for conservation. J Syst Evol, 49(1): 72-79.

Waples R S, Do C. 2008. LDNe: a program for estimating effective population size from data on linkage disequilibrium. Mol Ecol Res, 8(4): 753-756.

Wells G P, Young A G. 2002. Effects of seed dispersal on spatial genetic structure in populations of *Rutidosis leptorrhychoides* with different levels of correlated paternity. Genet Res, 79(3): 219-226.

Willi Y, Buskirk J V, Hoffmann A A. 2006. Limits to the adaptive potential of small populations. Annu Rev Ecol Evol Syst, 37: 433-458.

Willi Y, Hoffmann A A. 2009. Demographic factors and genetic variation influence population persistence under environmental change. J Evol Biol, 22(1): 124-133.

Willi Y, van Kleunen M, Dietrich S, et al. 2007. Genetic rescue persists beyond first-generation outbreeding in small populations of a rare plant. Proc R Soc B, 274(1623): 2357-2364.

Yao X H, Deng J Y, Huang H W. 2012. Genetic diversity in *Eucommia ulmoides* (Eucommiaceae), an endangered traditional Chinese medicinal plant. Conserv Genet, 13(6): 1499-1507.

Yao X H, Ye Q G, Kang M, et al. 2007. Microsatellite analysis reveals interpopulation differentiation and gene flow in the endangered tree *Changiostyrax dolichocarpa* (Styracaceae) with fragmented distribution in central China. New Phytol, 176(2): 472-480.

Yineger H, Schmidt D J, Hughes J M. 2014. Genetic structuring of remnant forest patches in an endangered medicinal tree in North-western Ethiopia. BMC Genet, 15: 31.

Yokogawa M, Kaneko S, Takahashi Y, et al. 2013. Genetic consequences of rapid population decline and restoration of the critically endangered herb *Polemonium kiushianum*. Biol Conserv, 157: 401-408.

Yu H H, Yang Z L, Sun B, et al. 2011. Genetic diversity and relationship of endangered plant *Magnolia officinalis* (Magnoliaceae) assessed with ISSR polymorphisms. Biochem Syst Ecol, 39(2): 71-78.

Yue X L, Chen J M, Guo Y H, et al. 2011. Population genetic structure of *Sagittaria natans* (Alismataceae), an endangered species in China, revealed by nuclear SSR loci analyses. Biochem Syst Ecol, 39(4): 412-418.

Zane L, Bargelloni L, Patarnello T. 2002. Strategies for microsatellite isolation: a review. Mol Ecol, 11(1): 1-16.

Zhang D Q, Zhou N. 2013. Genetic diversity and population structure of the endangered conifer *Taxus wallichiana* var. *mairei* (Taxaceae) revealed by simple sequence repeat (SSR) markers. Biochem Syst Ecol, 49: 107-114.

Zhang H L, Sun J L, Wang M X, et al. 2007. Genetic structure and phylogeography of rice landraces in Yunnan, China, revealed by SSR. Genome, 50(1): 72-83.

Zhao X F, Ma Y P, Sun W B, et al. 2012. High genetic diversity and low differentiation of *Michelia coriacea* (Magnoliaceae), a critically endangered endemic in southeast Yunnan, China. Int J Mol Sci, 13(4): 4396-4411.

Zhou T H, Dong S S, Li S, et al. 2012. Genetic structure within and among populations of *Saruma henryi*, an endangered plant endemic to China. Biochem Genet, 50(1-2): 146-158.

第十七章　植物种群生态学与生态恢复

第一节　引　　言

虽然植物种群生态学的理论和方法起源于动物种群生态学，然而近年来的植物种群生态学家在继承动物种群生态学的一般原理的基础上建立了植物种群生态学自己的理论体系和研究方法。John Harper 在 *Plant Population Biology*（1977）一书中总结归纳了植物种群生态学的基本理论和方法，标志着植物种群生态学这一门新兴学科的诞生。

当前，由于全球范围的气候变化、生物入侵、土地利用变化等，全球的生态系统遭受结构受损、功能退化（如关键种丢失、生物多样性下降、生产力降低等）等一系列问题。特别是 21 世纪以来，面对更为错综复杂的生态环境变化问题，受损或退化生态系统的生态恢复显得尤为重要。作为生态学的一个重要分支学科，植物种群生态学除了可以帮助人们认识自然种群的格局、过程及其维持机制，其理论和方法同样可以应用于受损或退化生态系统的生态恢复。植物种群生态学家进行恢复实践的主要目标在于识别生态系统受损或退化过程中关键种的种群变化及其影响因子、恢复目标物种的种群在变化环境中可自我维持的水平（Montalvo et al. 1997）。本章在收集整理近 10 年的研究成果的基础上，从生态系统受损或退化（以植物入侵和荒漠化为例）过程中关键植物种群生态学、生态系统恢复过程中的植物种群生态学及种群生态学在生态恢复过程中的实践等方面综述了植物种群生态学在生态恢复中的理论研究和实践应用。

第二节　生态系统受损或退化过程中关键植物种群生态学

1. 植物入侵过程中关键植物种群生态学

外来植物是由于人类活动有意或无意的从其自身的地理分布区域扩散到新的分布区的一类植物（Richardson et al. 2000）。外来植物，特别是那些入侵性较强的植物，影响了本地的生物多样性（Stohlgren et al. 1999; Costello et al. 2000; Powell et al. 2011），改变了本地生物群落的结构和功能（Hejda et al. 2009; Cushman & Gaffney 2010），改变了生态系统的功能和过程（Vitousek 1990; Ehrenfeld 2003; Liao et al. 2008; Heleno et al. 2009; Vilà et al. 2011），从而影响了生态系统服务及人类福利（Pejchar & Mooney 2009），对社会经济系统构成严重的危害（Pimentel et al. 2000; Xu et al. 2006），近年来外来植物越来越多地受到生态学家、公众和各国政府的重视（Lodge et al. 2006; Gordon et al. 2008）。受外来植物入侵的生态系统的恢复是一项复杂的系统工程，只有在正确了解入侵植物种群的分布

本章作者：宋垚彬　叶学华　余　华　吴爱平　李文兵　戴文红　董　鸣（通讯作者）

格局、种群生活史过程和功能性状及其影响因素，以及入侵植物与其他生物的关系，并结合全球气候变化可能对入侵植物种群和本地植物种群的影响，才可能有效地对入侵生态系统进行生态恢复。

1.1　种群分布

认识区域尺度上外来入侵植物种群的分布格局及其成因对预测入侵的影响和入侵植物的管理具有重要意义（吴晓雯等 2006）。从全球尺度的入侵植物分布格局来看，入侵植物种群分布主要由物种的特性、入侵生态系统的特性和繁殖体压力决定（Lonsdale 1999）。

物种的特性，如地理起源、生活史性状、功能性状等可能影响外来入侵植物的分布。例如，中国的 126 个入侵种中有高达 86 种（68%）来自于美洲（包括北美洲和南美洲）（Liu et al. 2006）。从科属分布来看，入侵植物在菊科、禾本科、豆科、十字花科和伞形科的分布更具有普遍性，而在苋科、大戟科和茄科的分布以其下苋属、大戟属、茄属植物更具代表性（Weber et al. 2008; Huang et al. 2010; Wu et al. 2010b; Feng et al. 2011; Bai et al. 2013）。从生活型来看，草本植物是入侵植物的主体，其分布范围广泛、扩散能力强；木本植物主要分布在我国南方，依靠贸易和运输等途径扩散（Bai et al. 2013）；虽然水生高等植物占植物物种比例最低，但由于水生入侵植物多具有克隆生长的习性，因而可通过克隆繁殖迅速占据水生、湿地等生境，造成严重危害（Zedler & Kercher 2004）。外来入侵植物的物候期及其与生物量相关的特点是决定中国外来入侵植物分布格局的主要关键因素，其空间格局差异体现了外来入侵植物对不同气候条件的不同适应策略（白帆 2012）。

小尺度上的观测和实验研究表明，外来入侵植物多样性与本地植物多样性呈负相关（Fridley et al. 2007; Diez et al. 2008），也即小尺度上外来入侵植物种群快速占据空的生态位，这抑制了本地植物的生长和繁殖，影响了本地植物种群的更新，特别是一些稀有种（Lyons & Schwartz 2001）。然而在大尺度的研究发现两者显示出正相关（Lonsdale 1999; Stohlgren et al. 2003），这说明外来入侵植物和本地植物种群对大尺度的环境因子的响应是一致的（Fridley et al. 2007）。很多研究表明，气候因子是决定外来入侵植物种群在大尺度上分布的首要因子（Dainese et al. 2014），其他的因子包括：引入次数（单次引入或多次引入）、停留时间（residence time）、社会经济因子［如国内生产总值（GDP）、道路密度和长度］（Huang et al. 2010）。对中国 126 种入侵植物省级分布格局的分析表明，中国入侵植物的丰富度在地区尺度上与人口数量、人口密度、总 GDP、单位面积 GDP 和当地植物物种总数均呈正相关，与纬度北界和纬度南界负相关，与面积、人均 GDP、纬度、经度北界和经度南界相关性不显著（Liu et al. 2005）。另一个相似的研究也发现：无霜期导致了中国各省外来入侵植物物种数随纬度增加而逐渐减少，交通密度（经济发展水平或 GDP）导致了各省外来入侵植物物种密度由东南海岸向内陆递减（吴晓雯等 2006）。

综上可见，外来入侵植物种群的分布格局并不是由单一因子决定的，物种特性、环境因子及人类活动三者间还存在着交互作用。对中国的 270 种外来入侵植物的分布格局分析揭示：人类活动和经济发展主要对来自北美和欧亚大陆的外来入侵植物有促进作用，而环境生态因子对来自中南美洲的外来入侵植物有促进作用（Feng et al. 2011; Huang et al.

2011）。因此，在预防和管理外来入侵植物种群时，需要对多种因子综合分析。

1.2 种群建立

植物种群在新的生境中的成功建立，土壤种子库、种子性状、幼苗性状和克隆功能性状等生物因子发挥了重要作用，因此这些因子可能影响外来植物种群的建立、去除，影响本地植物种群的恢复。

土壤种子库是指存在于确定面积的土壤表面和土壤中全部具有活力的种子的总和（Harper 1977）。土壤中的种子对植被动态具有重要作用（Pickett & McDonnell 1989），它们也可能是受损植被重建的重要因素（Chambers & McMahon 1994; Roovers et al. 2006），尤其是在受外来种入侵危害的地区，土壤种子库的特征对生态系统的恢复和未来植被的结构、功能、组成与动态等更为重要（党伟光等 2008）。对于外来入侵植物来说，土壤种子库对于外来植物种群的建立和维持具有至关重要的作用（Richardson & Kluge 2008）。外来入侵植物多具有种子质量小、数量大、扩散能力强、耐干扰和休眠等特点（Baker 1974），因而它们很容易形成土壤种子库，保证整个种群即使受到强烈的干扰作用也可以持续更新。同时，外来植物入侵除了直接抑制本地植物的生长外，还可能影响本地植物土壤种子库的物种组成和丰富度（Vilà & Gimeno 2007; Gioria & Osborne 2010），导致本地植物种群更新困难（Gioria et al. 2012），从而进一步加剧生境退化，使入侵生态系统的恢复能力的降低（Gioria et al. 2014）。例如，在意大利北部的一个被入侵的泛滥平原森林恢复试验的研究发现，仅有 13%的目标物种出现在土壤种子库中，表明由外来入侵植物导致的退化生态系统不可能像其他干扰导致的退化生态系统一样，可以通过土壤种子库实现生态系统的恢复（Skowronek et al. 2014）。在一篇关于外来入侵植物对土壤种子库的影响的综述中也发现，入侵降低了本地植物种子库的物种丰富度和密度，增加了外来入侵植物的丰富度和丰度，而大型的多年生草本入侵植物的这种影响更大（Gioria et al. 2014）。因此，对于能形成大量种子库的外来入侵植物的控制和入侵生态系统恢复来说，关键问题在于降低对生境干扰的同时去除外来入侵植物的种源。

种子萌发是植物生活史的一个重要阶段，与之相关的生活史性状（如种子质量、萌发时间、萌发率等）也与植物的适合度有关（Fox 1982; Norden et al. 2012）。因此，种子萌发对于外来入侵植物种群建立非常重要。萌发时间早、快速萌发对植物适合度，特别是对幼苗的生长和繁殖力具有促进作用（Verdú & Traveset 2005），因此可能使得具有这些性状的植物在群落中提前占据资源，确保其在群落中的优势地位（Ross & Harper 1972）。很多研究发现，外来入侵植物多具有种子质量小的特点（Blair & Wolfe 2004），这一性状所带来的结果是种子数量大、扩散能力强、萌发率高、幼苗相对生长速率高（Rejmánek & Richardson 1996）。例如，与同属的其他植物相比，*Impatiens glandulifera* 由于其萌发时间早、生长速率快，在较短的时间内占据了群落的优势地位，解释了其在英格兰潮湿林地的成功入侵（Perrins et al. 1993）。van Kleunen 和 Johnson（2007）在一个同质园实验中用 60 种在南非归化和未归化的鸢尾科（Iridaceae）植物种子和萌发性状比较发现，两者的种子质量没有差异，而归化的植物比未归化的植物种子萌发更快、数量更大。同样的，不论施肥与否，14 种来自欧洲的入侵到北美的草本植物在其原产地仍然比其同属的非入侵植物萌发速率高，表明这些入侵性状是对入侵生境的预适应

（Schlaepfer et al. 2010）。这可能是由于人类引入外来植物时就预先选择了那些种子萌发快、生长速率高的植物（Chrobock et al. 2011）。除了预适应外，这些性状也可能是在入侵过程中进化形成的。例如，*Centaurea stoebe* 在原产地欧洲具有二倍体和四倍体，入侵到北美却只有四倍体，室内、温室和野外实验研究表明，四倍体具有的较高的种子存活率是 *C. stoebe* 预适应的性状，而增加的种子质量和种子萌发率是入侵后进化过程中形成的性状（Hahn et al. 2013）。然而这一结果并不具有普遍性。例如，外来入侵植物 *C. solstitialis* 的种子萌发、幼苗生长和存活与同属植物相比差异不大，同属植物强的竞争力、耐干扰能力和可塑性生长与有性繁殖能力解释了其成功入侵（Gerlach & Rice 2003）。这表明多种性状组合而不是单一性状，可以解释外来入侵植物的成功入侵（Lamarque et al. 2011; Hovick et al. 2012）。

同种子性状相似，通常外来入侵植物的幼苗比同属的本地植物和非入侵植物幼苗具有更高的表型可塑性、生长速率和存活率、对环境胁迫和动物啃食的耐受能力（Baker 1965; Poll et al. 2009; Grotkopp et al. 2010; Stricker & Stiling 2013）。表型可塑性被认为是外来入侵植物入侵成功和随后扩散的重要因子，特别是那些遗传多样性低的克隆植物（耿宇鹏等 2004）。*I. glandulifera* 比入侵性较弱的两种同属植物具有更高的植株高度和形态可塑性（Skálová et al. 2012）。对于一些入侵植物如喜旱莲子草（*Alternanthera philoxeroides*）、紫茎泽兰（*Eupatorium adenophorum*）来说，表型可塑性而不是局部适应解释了其成功入侵（Geng et al. 2007; Zhao et al. 2012）。而南美蟛蜞菊（*Wedelia triobata*）在海南岛的成功入侵则由两者共同解释（Si et al. 2014）。然而，最近的 meta 分析发现，表型可塑性仅在入侵的初始阶段产生作用，一旦外来植物成功入侵后，表型可塑性的作用就可能会降低（Palacio-López & Gianoli 2011）。

克隆植物在自然生态系统中具有重要作用。一些典型的入侵植物如喜旱莲子草、微甘菊（*Mikania micrantha*）、南美蟛蜞菊、凤眼蓝（*Eichhornia crassipes*）等都属于克隆植物。很多研究表明，一些重要的功能性状与外来种的入侵性有重要的联系，并促进了外来种的成功入侵。对于克隆植物来说，除了一些与非克隆植物相同的功能性状可能与植物的入侵性有关外，克隆植物自身所具有的一些克隆功能性状也可能增强植物的入侵性。最近对入侵的克隆植物的研究表明，克隆整合能促进这些植物的定居、种群扩展到新的生境（Yu et al. 2009; Aguilera et al. 2010; Xu et al. 2010）。一篇对克隆整合能力的整合分析（meta analysis）表明，克隆整合在未降低供应分株适合度的情况下，增加了接受资源的分株的适合度，从而增加了整个克隆的适合度。克隆整合的收益在两种实验方法间、匍匐茎和根状茎植物间、资源传输的方向（向基或向顶传输）及资源传输的类型（水分、养分和光合产物）间均没有显著性差异。虽然克隆整合对整个克隆的适合度增加较大的物种并没有在全球尺度上具有更高的入侵性，但是那些处于不利环境斑块的收益分株能从克隆整合中获利更多的物种而具有更高的入侵性。因此，克隆整合具有普遍性的（至少是短期的）正效应，表明克隆整合能促进克隆植物的成功定殖（Song et al. 2013a）。同样，克隆存储也有助于喜旱莲子草的匍匐茎克隆片段的无性更新（Dong et al. 2010）。然而，多种比较实验表明，大多数（约 84.6%，39 种研究物种中的 33 个）匍匐茎克隆植物能成功地从单节片段中更新。匍匐茎节间的存在增加了单节克隆片段的存活率、促进了随后的生长及无性繁殖。物种间无性更新的能力随物种的不同而不同。物种的系统发育地位对物种的更新能力没有显著影响，表明物种的系统发育地位不能解释匍匐茎植物无性更新能力的差异。无性更新能力与物种在局域或全球尺度的入侵性没有显著关系。因此，克隆片段的更新能力大小并不能解释匍匐茎克隆植物间的入侵性差异（Song et al. 2013b）。

1.3 种间关系

种间关系如竞争、似然竞争、化感、微生物协同作用及天敌等都可能影响外来植物的成功入侵。

由于许多入侵植物在入侵群落中能减少植物多样性，成为优势种，因此，对资源的竞争被认为是入侵植物成功入侵的主要机制之一。最新的研究表明，许多入侵植物的确比本地植物具有更强的竞争力，然而当入侵植物与其同属的本地植物、群落的优势本地植物相比时，其竞争力并不一定强（Gioria & Osborne 2014）。这是由于竞争结果依赖于资源的异质性分布、入侵过程的阶段性、表型可塑性和进化适应（Gioria & Osborne 2014）。

外来植物除了直接与本地植物竞争养分、水分和光照等资源，还可能通过间接的方式与本地植物竞争，降低本地植物的适合度，从而占据群落的优势地位。一些外来入侵植物与本地植物（特别是那些与外来入侵植物同属的植物）可以共享传粉者，外来植物的入侵可能导致这些本地植物的传粉者访问次数减少、种子产量降低（Brown & Mitchell 2001; Brown et al. 2002）。

外来入侵植物通常具有强烈的化感作用。化感作用在生物入侵过程中具有重要的意义。这种产生化感物质干扰本地植物生长和繁殖的机制也被命名为“新武器假说”（Callaway & Aschehoug 2000; Bais et al. 2003; Callaway & Ridenour 2004）。外来入侵植物分泌的次生代谢产物影响本地植物的种子萌发和幼苗生长（Wu et al. 2010a），从而影响本地植物对地上和地下资源的竞争能力，进而可能降低本地植物在群落中的多度。例如，化感作用在北美的入侵植物 *C. maculosa* 与本地植物 *Festuca idahoensis* 的竞争过程中发挥了显著的作用，显著抑制了后者的生长（Ridenour & Callaway 2001）。进一步的研究表明，化感物质不仅直接影响本地植物种子萌发和幼苗生长，还可能影响土壤微生物和土壤动物活性，打破原有群落的种间联结关系，从而进一步导致本地植物种群的衰退（Lankau 2012）。最新的研究表明，入侵植物的化感作用对本地植物的影响在不同的环境中可能不同，这可能与土壤质地有关（Kaur et al. 2014）。此外，在新的生境中，由于缺乏天敌，入侵植物可通过进化增加化感物质的产量（Uesugi & Kessler 2013）。

越来越多的研究表明，植物–土壤反馈途径是影响植物物种入侵力和生境可入侵性的一个重要方面（陈慧丽等 2005），可以在一定程度上阐明入侵植物入侵及维持的机制。例如，一些入侵植物由于在新的生境中缺乏影响其生长的土壤致病菌，可以和本地的微生物形成新的共生关系，后者可以增强其入侵性（Reinhart & Callaway 2006）。一种在澳洲入侵的 *Microtis media* 依靠与广谱性真菌的共生，增强了其种子萌发和耐胁迫能力（de Long et al. 2013）。此外，入侵植物还可能累积更多的本地土壤致病菌来抑制本地植物的生长，从而获得竞争优势（Mangla et al. 2008）。正如入侵生物学的其他假说一样，植物–土壤反馈机制并不能解释所有的入侵植物的成功入侵。例如，生境相似性而不是植物–土壤反馈机制导致了合欢属（*Acacia*）植物在澳洲的成功入侵（Birnbaum & Leishman 2013）。

当外来入侵植物被引入新的生境后，限制其种群增长的生物因子（如天敌）缺乏，从而导致其种群数量增加、分布面积扩大（Keane & Crawley 2002）。这一假说也被用于很多入侵植物的入侵机制的解释中。例如，来自哥斯达黎加的 *Clidemia hirta* 在入侵夏威夷后遭受了较少的动物啃食和病菌感染（de Walt et al. 2004）。此外，由于天敌的缺失，外来入侵植物可以将原本用于防御的资源用于生长，从而增强其在新的生境中的竞争力（Feng et al. 2009）。这些理论对于生物防控外来入侵植物种群扩散、修复受损生态系统具有重要意义。

本地植物也会随着入侵的过程发生进化。例如，*Elymus multisetus* 在被旱雀麦（*Bromus tectorum*）入侵的群落中，根系生物量增加、细根比例增加（Rowe & Leger 2011）。然而，关于本地植物种群如何通过生态、进化响应外来入侵植物的入侵方面的研究并不多见，而这方面也是如何用本地植物恢复受损生态系统的关键。

1.4 全球变化下外来入侵植物种群生态学

全球变化是指主要由人类活动造成的土地利用方式的改变、气温升高、CO_2 富集、氮沉降和降水格局的变化（Vitousek et al. 1997; Bradley et al. 2010）。全球变化已是不争的事实，而外来生物入侵也是全球变化的形式和结果之一（Vitousek et al. 1996; Ricciardi 2007）。全球变化可能改变外来植物的传播和引入机制、新的入侵植物种群建立、现有入侵植物对生态系统的影响、现有入侵植物的分布，以及生态系统可恢复的能力（Hellmann et al. 2008）。

利用生物气候模型可以预测入侵植物在未来气候变化下的潜在分布，并且已用于很多入侵植物的研究中。例如，利用生物气候模型发现，在未来气候变化下，*Centaurea solstitialis* 和柽柳（*Tamarix* spp.）可能扩大分布范围，而旱雀麦（*Bromus tectorum*）和 *C. biebersteinii* 则改变分布范围，乳浆大戟（*Euphorbia esula*）的分布范围可能缩小（Bradley et al. 2009）。表明不同的入侵植物对全球变化的响应机制不同。然而这种模型并未考虑生物间的相互作用、遗传和表型变异及繁殖体扩散能力的限制等，使得其预测能力受到限制（Jeschke & Strayer 2008）。近年来，关于外来入侵植物对全球变化响应的实验研究也逐渐增加，成为入侵生物学的一个新的研究热点。

通过对 6 种入侵植物和 4 种本地植物的比较发现，由于外来入侵植物幼苗更适应于高温环境，因此极端高温可能增加这些入侵植物对生态系统的风险（Hou et al. 2014）。实验研究发现，互花米草比芦苇对氮添加的响应更强，表明在未来 N 沉降加剧可能导致互花米草竞争能力和扩散范围的增加（Zhao et al. 2010）。在美国莫哈维沙漠（Mojave Desert）的一个 5 年野外实验研究发现，氮沉降将增加该区域的入侵风险，特别是在湿润年份，会减少本地植物盖度（Rao & Allen 2010）。同样，14 个入侵植物–本地植物物种对的竞争实验发现，在未来 CO_2 浓度增加的条件下，9 种入侵植物的竞争力得到增强，其生态和经济危害也随之增加（Manea & Leishman 2011）。在一个模拟全球变化多因子实验中发现，全球变化可显著增加入侵植物 *C. solstitialis* 的优势度（Dukes et al. 2011）。全球变化还可能改变本地植物与入侵植物的种间关系（Verlinden et al. 2014）。例如，增温能够提高喜旱莲子草的天敌昆虫在其目前分布北界及较高纬度地区的越冬能力，有望抑制该区域内喜旱莲子草的生长和繁殖（Lu et al. 2013）。而改变降水格局可能影响美国加利福尼亚州沿海的蒿属植物与 3 种一年生入侵植物的竞争关系，从而改变群落结构（Goldstein & Suding 2014）。

综上所述，多种机制的共同作用促进了外来入侵植物的成功入侵，不同的入侵阶段、不同的生境其入侵机制不同（Bennett et al. 2011）。未来全球变化发展的加速，将加大入侵生态系统生态恢复的难度。因此，在对被外来入侵植物破坏的生态系统进行生态恢复时，需要综合考虑这些入侵机制，选择有效的方式去除入侵植物，并保护和恢复受损生态系统。

2. 荒漠化过程中关键植物种群生态学

荒漠化是由气候变化和人类活动等在内的多种因素造成的干旱区、半干旱区和干旱亚湿润区的土地退化（UNCCD 1994）。这可能影响了全球 65 亿人口中超过 38%的居民，对发展中国家 25 亿人口造成直接影响。随着全球气候变化和人口增长，旱区土地退化愈加严重（Reynolds et al. 2007）。中国是世界上荒漠化和沙化面积大、分布广、危害重的国家之一，土地荒漠化和沙化威胁了国家生态安全和社会经济的可持续发展（陈广庭 2002）。全国每年因荒漠化造成的直接经济损失高达 640 多亿元（卢琦和吴波 2002）。因此，研究荒漠化过程中关键植物种群生物学和生态学，利用生态系统的自我修复能力，有助于有效恢复荒漠化生态系统。

2.1 重要物种的功能性状变异

植物功能性状是指对环境产生响应或对生态系统功能产生影响的有机体特征（Díaz & Cabido 2001）。在植物与环境关系研究中，植物功能性状常常作为一种诊断性工具被广泛使用，能够预测种群、群落和生态系统生态学特征，关键的植物功能性状还能够用来预测物种丰富度（Reader 1998）、群落结构和生态系统的功能与过程（Weedon et al. 2009）。对中国北方荒漠化样带的研究发现，北方沙漠化样带的植物特征是小型叶占多数，植物功能性状在物种间变异巨大，植物功能型、科别、克隆性和寿命对植物功能性状变异的解释不同，物种间主要变异是由科别和功能型的差异决定的。降水量、温度、蒸散量和海拔存在一定程度的相关性，沿着降水量、温度、蒸散量和海拔梯度，植物功能性状比叶面积（SLA）、叶片大小、比根长（SRL）、叶片干物质含量（LDMC）、叶氮含量（N_{mass}）、叶裂指数（DI）呈现可预测的变化趋势，主要是由降水梯度驱动引起的，形成了干旱和半干旱区不同的适应对策（Liu et al. 2010）。此外，由于叶和根性状的趋同性，“资源获取型”物种倾向于地上和地下获取能力均强，而“资源储存型”物种倾向于拥有地上和地下均支持这种生活型的功能性状。跨空间尺度叶–根性状关系具有一致性。地理区域对植物性状关系影响很大，无论是斜率还是截距，叶和根性状关系在相似尺度的空间分散的研究区上都不同。叶–根性状间关系受环境因子温度、降水、海拔、潜在蒸散量及不同功能型的修饰（Liu et al. 2010）。

在荒漠化过程中，不同植物在不同阶段对沙漠化的响应不同，表现出的受损程度和抗逆性能也有所差异。对毛乌素沙地不同荒漠化程度的沙地生态系统的几种优势植物的生理性状比较发现，长芒草（*Stipa bungeana*）、糙隐子草（*Cleistogenes squarrosa*）和达乌里胡枝子（*Lespedeza davurica*）的叶绿素 a、叶绿素 b、总叶绿素和类胡萝卜素的含量均呈降低趋势，而油蒿（*Artemisia ordosica*）和牛心朴子（*Cynanchum komarovii*）叶绿素 a、叶绿素 b、总叶绿素和类胡萝卜素含量也表现出先减少后增加的趋势。本氏针茅（*S. bungeana*）和糙隐子草（*Cleistogenes squarrosa*）的质膜相对透性和丙二醛含量持续增加，脯氨酸含量也在波动中上升，超氧化物酶、过氧化氢酶和过氧化物酶活性反应敏感，呈现先增加后迅速降低的趋势，表明其在荒漠化进程中生理受损严重，对生存环境要求严格。达乌里胡枝子（*L. davurica*）的指标变幅较小，具有一定的适应性。油蒿和牛心朴子丙二醛含量轻微波动，变化不大，超氧化物酶、过氧化氢酶和过氧化物酶活性反应一致，均呈现出先升后降再升的变化趋势，协同抑制膜脂质过氧化作用，膜受损并不明显，表明这两种植物对荒漠化具有较强的耐受性（杨梅焕 2010）。

2.2 关键植物种群对荒漠化的适应对策

荒漠化生态系统是植物生存的一个极端环境。在该生境下，养分贫瘠，年降雨量低，风沙活动频繁。在该生境下沙埋和风蚀是植物常常遭遇的事件。在长期的沙埋和风蚀进化中，一些沙生植物形成了各种适应风蚀和沙埋的生态适应对策。通过研究这些物种对沙埋和风蚀的反应，有利于揭示荒漠化植物耐受沙埋/风蚀的机制，以及对荒漠化环境的适应策略。

沙埋是影响荒漠化植物种群分布和群落组成的重要因素（Ranwell 1958; van der Valk 1974; Maun & Lapierre 1986）。一定深度沙层之下的种子具有较为合适的环境条件（如温度和水分），这可以阻止种子变得干燥（Harper & Benton 1966），另外，过深的沙埋又会使种子因缺少氧气、光照和较小的温度波动抑制种子萌发和出土（van Assche & Vanlerherghe 1989; Vleeshouwers 1997）。实验研究发现，沙埋深度显著影响沙鞭的种子萌发率、幼苗出土率和种子休眠率（朱雅娟等 2005）。对于营养生长阶段的植株来说，幼苗对中度的风蚀或沙埋有着较强的耐受性，而完全沙埋可直接降低植物的适合度(Li et al. 2010）。克隆植物由于克隆整合作用的存在，沙埋分株获得显著收益，却没有造成非沙埋分株的显著耗费。这表明，克隆整合作用能缓解沙埋对克隆植物的存活和生长的胁迫，从而有利于其在半干旱沙化地区的生存和发展（Yu et al. 2002, 2004）。这不仅可以加深研究者对克隆植物抗沙埋机制的理解，还可以指导研究者进行优良固沙植物的筛选，在荒漠化环境的植被恢复重建中具有重要的指示作用。

在风蚀过程中，土壤结构变得松散，小的土壤颗粒被风吹走。风蚀使得土壤变得贫瘠，土壤肥力大大降低(Lyles 1975; Dregne 1983; Kennedy 1995; Lal 1998; Zhao et al. 2006; Yu et al. 2008a)。风蚀导致的最重要的胁迫包括根系暴露后根系温度的升高，根系对水分、养分吸收能力的下降及光合能力的降低（Fryrear et al. 1973; Maun 1998; Yu et al. 2008a）。此外，风蚀作用还可能造成植物地上茎、叶等器官或地下根系、根状茎的物理损伤，从而影响植物的生长甚至存活（Fryrear et al. 1973; Yu et al. 2008a）。在野外沙丘环境中，风蚀的深度和持续的时间常常有很大变化（Maun 1998; Moreno-Casasola 1986）。中度风蚀可能会影响植物的生长，而深度风蚀则可能会直接导致植物的死亡（Yu et al. 2008a）。克隆整合在克隆植物分株抵抗沙埋的过程中起着重要作用。当克隆植物沙鞭的根状茎遭受风蚀后，分株数量、叶子数量及总生物量随风蚀深度的增加而降低。根状茎的连接减轻了风蚀对沙鞭造成的胁迫，因为风蚀的分株能够通过根状茎的连接，从相连的、未风蚀的分株那里获得养分（Yu et al. 2008a）。

2.3　种群动态及对环境的响应

在不同的荒漠化程度中，不同植物种群表现出不同的响应。基于 3 年连续观测调查优势植物油蒿（*Artemisia ordosica*）在半固定沙丘、固定沙丘和有生物结皮的固定沙丘 3 种生境的种群统计学调查发现，随着沙丘的固定，油蒿植株生长和繁殖显著减弱，种群增长速率也随之降低；相反，在半固定沙丘上油蒿得以快速扩展；弹性分析表明植株存活是种群增长的关键因子。这是由于半固定沙丘上油蒿有较大的种子产量和有效的更新能力，而在固定沙丘上种群增长速率降低则是由于种子产量降低、植株生长降低和萎缩（Li et al. 2011）。2007～2009 年，通过在季节性放牧和禁牧条件下对内蒙古牲畜的主要饲料来源锦鸡儿群落进行监测，并通过构建积分投影模型（IPM，详见第 4 章“积分投影模型在种群统计中的应用”）分析并评估了季节性放牧对锦鸡儿种群的动态影响。研究结果表明，季节性放牧并没有影响灌木的增长率，放牧强度适中或者有大量成熟个体存在时，锦鸡儿种群可以延续（Li et al. 2013）。

第三节　生态系统恢复过程中的植物种群生态学

1. 生物入侵生态系统恢复中关键植物种群生态学

越来越多的实践证明，将入侵物种从生态系统中完全清除几乎不可能实现。例如，最近的研究表明，盲目地去除入侵植物后可能破坏本地鸟类植物的栖息地（Lampert et al. 2014）。当入侵植物被清除后，环境条件的快速变化可能会导致鸟类多样性下降（干晓静等 2007）。例如，美国西部的多枝柽柳（*Tamarix ramosissima*）引入有 200 多年的历史，一些本地鸟类已经逐渐适应了以柽柳灌丛作为其栖息地。多枝柽柳被去除后，鸟类群落的多样性反而下降（Kennedy et al. 2005）。对入侵生态系统的恢复主要是去除入侵植物的威胁，降低入侵植物种群数量到没有危害的程度。不同的控制方式可能改变种间关系，对外来入侵植物和本地植物种群生物学特性产生影响，从而导致不同的生态后果。

1.1　生态恢复

利用生态系统原理，如种间关系、种内关系等控制外来入侵植物种群，恢复本地植物种群，已成为生态学家公认的有效措施。这些生态恢复措施主要包括生物天敌和物种替代。这两种措施根据恢复媒介也可分为利用引入生物和本地生物恢复。

利用外来入侵植物的天敌来恢复入侵生态系统是较物理恢复和化学恢复相对更为有效的措施。一般是利用寄主范围较为专一的植食性动物或植物病原菌微生物将影响人类经济活动的外来入侵植物种群控制在经济上、生态上或从生态环境角度考虑可以容许的水平（Wilson 1964）。虽然利用天敌控制紫茎泽兰、喜旱莲子草、豚草和水葫芦的种群取得了一定的有效成果，但这种方式仍面临很多局限，例如，引入的天敌可能成为新的入侵者，对原有生态系统造成更大的破坏。利用生态演替的原理，可在受损生态系统内引入新的植物竞争排斥外来入侵植物。中国科学院热带雨林研究所曾经于 1999 年在珠海淇澳岛引种无瓣海桑进行替代大米草的实验，所种植的无瓣海桑由于生长速度快，在抑制了大米草的生长方面取得了较好的效果（陈玉军和谢德兴 2002）。然而近年来发现引种的无瓣海桑对恢复的本地红树林植物具有化感作用，可能造成新的破坏（彭友贵等 2012）。最新的研究发现，种植 2000 株/hm^2 快速生长的本地红树林植物蜡烛果（*Aegiceras corniculatum*）可有效阻止无瓣海桑的入侵并恢复受损湿地生态系统（Chen et al. 2013）。

近年来，越来越多的研究发现，无论是生物天敌还是物种替代的生态恢复措施，利用本地生物比引入新的生物对受损生态系统的恢复有更好的效果。这是由于本地生物适应当地气候并与本地生物经历了长期的协同进化，对生态系统的潜在负面作用小。例如，北美西部的本地植物梣叶槭（*Acer negundo* var. *interius*）的幼苗具有较强的耐阴性，能在外来入侵植物柽柳（*Tamarix* spp.）的冠层下建立种群，并且竞争超过柽柳，形成新的冠层，导致柽柳光照不足而死亡，最终可将柽柳从生态系统中排斥出去，从而实现生态系统的有效恢复（Dewine & Cooper 2008）。这种利用群落演替过程来控制外来入侵植物并促进本地植物恢复可能是生态恢复的重要方式。利用本地寄生植物菟丝子（*Cuscuta* spp.）作为生态系统恢复的工具，有效控制了南美蟛蜞菊（*Wedelia trilobata*）和微甘菊（*Mikania micrantha*）的生长和种群增长（Yu et al. 2008b），并促进了入侵生态系统内凋落物的分解，导致土壤养分含量升高，有利于本地植物的快速恢复，增加了物种丰富度和多样性，增强本地植物物种丰富度和对外来入侵植物的抗性，从而降低了受损生态系统再次破坏的概率（Yu et al. 2011）。

1.2　物理恢复

物理控制外来入侵植物通常可取得短期效应，但人工成本高，长期的恢复成效也低。对一年生草本植物来说，物理破坏可能有助于种子扩散，同时还可能打破土壤种子库中外来入侵植物种子的休眠；对于多年生特别是具有克隆生长习性的外来入侵植物来说，不恰当的物理干扰可能还会增加外来入侵植物的危害。这些干扰通常能将植物，特别是根状茎和匍匐茎植物断裂成很多片段（Fahrig et al. 1994; Stuefer & Huber 1999; Puijalon et al. 2008; Dong et al. 2010）。而根状茎和匍匐茎中存储的资源，可能有助于克隆植物从干扰中快速恢复生长。从片段中更新的能力很早以前就被列为多年生杂草的特征之一（Baker 1965, 1974）。由于这种克隆片段的无性更新能力很容易像种子一样扩散，能促进克隆植物在不稳定的或新的生境中定居和扩展（Klimeš et al. 1993; Bímová et al. 2003）。一些严重的入侵克隆植物也的确被发现能够通过小的克隆片段实现更新（Bímová et al. 2003; Truscott et al. 2006; Dong et al. 2010, 2011; Weber 2011）。例如，虎杖（*Fallopia japonica*，欧洲最严重的入侵植物之一）基本上是通过单个雌性克隆片段扩展的（de Waal et al. 2001; Bímová et al. 2003）。众所周知的外来入侵植物喜旱莲子草，同时具有根茎和匍匐茎，高频率的物理干扰可降低茎的生长，但同时也增加了地下储存根的生物量，为干扰后的恢复生长提供保障；另外，周期性的物理干扰又会导致茎的生物量达到独立于根的片段化强度的平衡状态（Jia et al. 2009）。

传统的物理恢复效果并不理想，对于遭受外来入侵植物破坏的滨海湿地来说，咸淡交替灌溉是一项有效的物理恢复措施。例如，淡水和咸水频繁交替灌溉扰乱了外来入侵植物自我调节的内稳态，妨碍了植物的正常生长，减少了互花米草的生物量积累、无性繁殖和有性繁殖能力（陈琳等 2007; An et al. 2007）。然而研究者对这种处理的群落学及生态系统效应还并不清楚。

1.3 化学恢复

利用除草剂控制杂草是应对外来入侵植物的有效方法之一。然而利用除草剂对一些外来入侵植物只具有有限的短期效应而缺乏长期效应，而且除草剂多是广谱性的，除了对本地植物生长有影响外，还会污染环境，导致恢复成本很高。例如，喜旱莲子草是克隆存储能力强的外来入侵植物，草甘膦虽然短期可破坏其地上部分，然而喜旱莲子草的根茎由于在生长阶段存储了大量的生物量，新的植株可从这些根茎上萌发出来（Sainty et al. 1997）。

除了使用除草剂外，入侵生物学家还通过其他化学方法控制外来入侵植物。例如，Alpert 和 Maron（2000）在美国加利福尼亚州一个被入侵的草地生态系统中添加碳（以木屑的方式）到土壤中，以降低土壤中有效氮，从而可能改变外来入侵植物和本地植物关系，两年后的结果发现外来入侵植物生物量降低了 40%，而本地植物几乎没有影响。到目前为止，已经在很多生态系统中发现通过以木屑或蔗糖等的方式向土壤中添加碳的确可以降低外来入侵植物的多度（Blumenthal 2009），促进受损生态系统的恢复，特别是氮限制的生态系统（Blumenthal et al. 2003）。但是这种效应在受啃食、火烧或割草等干扰下可能并不明显（Corbin & D'Antonio 2004; Alpert 2010）。

2. 荒漠化生态系统恢复中关键植物种群生态学

2.1 关键植物种群生态位

生态位理论在种群生态学研究中具有重要的理论与实践意义（Grinell 1917），利于人们更加清楚地认识物种在群落中的地位和作用。在生态系统恢复过程中，应充分考虑不同物种的生态位特征，进行物种间的合理配置，使有限的资源得以充分利用。

生态位宽度是度量植物种对环境资源利用状况的尺度，常表示为被一个物种所利用的资源位的总和，一个种的生态位越宽，说明它适应环境的能力越强，所利用的资源总量越多，竞争力越强；相反，一个种的生态位越窄，则它适应环境的能力越弱，在资源竞争中则处于劣势（张德魁等 2007; 王刚等 1984）。例如，在缙云山自然保护区风灾迹地群落恢复过程中，四川山矾（*Symplocus setchuensis*）与其他物种相比具有明显的竞争优势，能充分利用环境资源，表明其在生态适应方面更趋向于泛化，具有更强的竞争力（许冬焱 2012）；在科尔沁沙地中，狗尾草（*Setaria viridis*）、烛台虫实（*Corispermum candelabrum*）、画眉草（*Eragrostis pilosa*）、沙蓬（*Agriophyllum squarrosum*）等在各群落内有着较高的生态位宽度，这些种群在对资源的利用上处于优势地位，也是对生境改造起重要作用的种群（李明等 2009）。

在生态系统恢复过程中，相同物种的生态位宽度在不同的恢复阶段中差异较大。例如，狗尾草在流动沙丘上的生态位宽度为 0.17，在恢复后的山竹子群落中为 0.87（李明等 2009）；伊犁绢蒿（*Seriphidium transiliense*）在极度退化的草地中生态位宽度为 0.08，而在退化程度较低的群落中生态位宽度可达 0.82（梁娜等 2013）。相同物种生态位宽度的变化，与它们对不同群落内的环境适应性有密切的关系。由于不同群落中建群种生理特性及种植密度等不同，导致群落内水分、光照等自然资源水平存在差异，从而引起相同物种的生态位的变化。在科尔沁沙地，差巴嘎蒿种群综合生态位适宜度总体表现为半固定沙地（0.8721±0.0086）大于固定沙地（0.8579±0.0063）和流动沙地（0.8575±0.0095），其直接受生境中限制因子——土壤含水量和土壤养分的影响，并随着限制因子的时空变化而改变，同时差巴嘎蒿种群可通过调节细根的生长状况来同步适应土壤水分和有机质的配置关系（朴顺姬等 2006）。

生态位重叠是指在一定资源序列上，2 个种群利用同等级资源而相互重叠的情况，它反映了种群之间对资源利用的相似性程度和竞争关系。生态位重叠较大的物种不是具有相近的生态特性，就是对环境因子有互补性的要求（Silvertown 1983）。对科尔沁沙地不同人工植物群落草本植物生态位重叠的研究表明，不同类型植物群落中生态位重叠平均值具有较大差异，黄柳群落中不同草本植物种群对资源利用的相似程度最高，柠条锦鸡儿和山竹子群落次之，小叶锦鸡儿群落最低（李明等 2009）。

在恢复后期的植物群落中，具有较高的物种聚集度，物种间存在激烈的竞争，往往表现出较大的生态位宽度和较高的生态位重叠现象；而在恢复前期的植物群落中，物种分布较为贫乏，从而可能出现较小的生态位宽度伴随着较高的生态位重叠现象。

2.2 关键植物种群格局

种群的空间分布格局是种群内个体在一定水平空间的分布状况，它是种群生物学特性、种内种间相互关系及环境条件综合作用的结果，是种群空间属性的重要方面，也是种群的基本数量特征之一。格局的研究不仅能对种群水平结构进行定量的描述，还可以揭示种群及群落的动态变化。

植物种群空间分布格局在恢复演替过程中是变化的，不同植物种群的分布格局变化也有所不同。大针茅（*Stipa grandis*）种群格局在恢复演替过程中经历一个先增长最后趋于稳定的过程，羊草（*Leymus chinensis*）种群在恢复演替过程中经历种群增长、种群自疏、最后趋于稳定的过程，米氏冰草（*Agropyron michnoi*）种群在恢复演替过程中先自疏，在恢复的第 6 年以后逐步趋于稳定，小叶锦鸡儿（*Caragana microphylla*）种群在恢复 21 年后仍有增长的趋势，而糙隐子草（*Cleistogenes squarrosa*）种群在恢复演替过程中种群衰退最后趋于稳定（王鑫厅 2005）。

种群格局与尺度紧密关联。对内蒙古锡林郭勒盟典型草原的研究表明，在尺度处于某一值域时，严重退化草原群落中草本植物种群密度会大于恢复及恢复演替过程中群落的种群密度（王鑫厅 2005）；而对毛乌素沙地油蒿（*Artemisia ordosica*）植物种群的研究也表明，在较小的空间尺度上，油蒿种群倾向于非随机分布（集群分布比均匀分布常见），当空间尺度大于临界值后，油蒿种群倾向于服从随机分布（杨洪晓等 2006）。

对植物种群分布格局的研究，有助于恢复荒漠化生态系统。例如，对油蒿、羊柴（*Hedysarum laeve*）和花棒（*H. scoparium*）3 种常用治沙植物种内和种间的空间关联性的研究结果表明：如果实施单独飞播，油蒿密度不宜过高，以集聚强度高的集群分布形式为最佳，羊柴以集聚强度低的集群分布形式为最佳，花棒由于其散生的特性而不适合单独飞播；油蒿和羊柴之间空间关联性呈显著负相关关系，故油蒿和羊柴不适合大面积高密度混播；羊柴和花棒之间呈正相关关系，因此以羊柴为主混播一定比例的花棒效果较好，花棒和油蒿不适合同时混播，但是可将油蒿飞播到有大花棒生长的沙地中（崔强等 2011）。杨洪晓等（2006）对毛乌素沙地油蒿植物种群的点格局进行分析发现，幼小油蒿植株具有明显的集群分布趋势，高大植株则表现出聚集强度的降低趋势，同时与固定沙地相比，半固定沙地油蒿种群的集群分布现象更加明显，这些研究结果表明当通过移栽油蒿成体治理流动沙地时，应尽量将其栽种成集群分布而非均匀分布的形式，以提高植株成活率。

2.3 关键植物种群变化

荒漠化问题是人类在经济发展过程中面临的世界范围内的重大环境问题。经过长期的努力，中国防治荒漠化的进程取得了显著的成果。国内土地荒漠化和沙化重点保护治理区物种多样性得到显著增加。其中，我国实施的一系列防沙治沙工程功不可没，如三北防护林体系建设工程、京津风沙源治理工程、退耕还林还草工程等。而这些工程在荒漠化防治中所起到的作用，也是近期科学家和管理者所关注的问题。

对内蒙古鄂尔多斯沙区退耕还林地植被演替过程的研究结果表明：①退耕还林 6 年以内形成的半流动沙丘，主要为一年生沙生植被，种群密度相对较小，总盖度一般为 30%～45%，种群高度低，种群之间无明显竞争、抗干扰能力差、空间格局分布随机；②退耕还林 6～14 年形成的半固定沙丘，主要为一年生和多年生植物混合生长，种群密度适中，总盖度一般为 60%左右，种群高度较低、空间格局分布均匀，抗干扰能力一般；③退耕还林 14～18 年形成的固定沙丘，主要为灌木和多年生植物混合生长，种群密度较大，总盖度基本在 70%左右，种群高度较高，空间格局分布出现集群分布现象，种群之间的竞争相当明显，抗干扰能力较强（张益源 2011）。

第四节　种群生态学在生态恢复过程中的实践

1. 生物入侵生态系统恢复中种群生态学应用——以微甘菊为例

微甘菊（*Mikania micrantha*）是一种原产自南美洲的多年生藤本杂草，已经入侵到各种自然和人工生态系统中并造成了严重的危害（黄忠良等 2000; 王伯荪等 2004; 杜凡等 2006）。微甘菊的入侵给森林、农田和果园带来巨大的损失，改变了土壤的物理和化学性质，影响到生态系统水文和营养的循环，改变或降低了植物、动物和微生物的物种多样性（黄忠良等 2000；王伯荪等 2004）。

1.1 筛选抗化感的物种来恢复微甘菊的入侵群落

微甘菊的许多组织、器官、凋落物，甚至其生长过的土壤都对植物的种子萌发和幼苗生长有很强的化感作用（Ismail & Mah 1993; Cock et al. 2000; Ismail & Chong 2002; 王伯荪等 2004）。到目前为止，许多物理、化学和生物的方法都在试图恢复自然的生境，并且也取得了一些成功（Myers et al. 2000; Callaway & Maron 2006）。尽管对入侵生物进行治理的最终目标是在生物入侵的地方恢复本地种（Harrod 2001），然而有时在像被微甘菊这样的入侵植物入侵过的生境，即使微甘菊被控制或是去除了，想要进行恢复却是很困难的事，因为入侵者产生的化感物质还残存在土壤中，入侵者产生的凋落物也会经常不断地释放化感物质（Inderjit 2001; Perry et al. 2005）。因而选择具有化感抗性的植物就成为在入侵群落进行植被恢复时的一个重要的步骤（Perry et al. 2005）。

从微甘菊入侵的华南地区选择了26种植物来测试它们对微甘菊化感作用的抗性以便进行微甘菊入侵造成的退化群落的恢复工作（吴爱平 2008）。这26种植物既有本地种也有归化种，既有豆科植物也有非豆科植物。结果发现微甘菊提取液对这26种植物种子萌发率、初始萌发时间和萌发速率都有很强的抑制作用，而且这种抑制作用随着提取液浓度的升高而加强。与对种子萌发的影响一样，微甘菊提取液对幼苗的根重、冠重、总叶面积和 F_v/F_m 都有极大的抑制作用，而且抑制程度随着浓度的上升而加剧，而微甘菊提取液对幼苗生长的所有指标的平均抑制效应要小于种子萌发指标的平均抑制效应。非豆科植物的萌发率和萌发速度受到的抑制作用要大于豆科植物受到的影响。微甘菊提取液对本地种的初始萌发时间和冠重的影响要远远大于对外来种的影响。这26种受试植物对微甘菊的抗性不同，表明一些具有较强抗化感能力的物种能被选用作为恢复微甘菊入侵的群落（吴爱平 2008）。

然而，高浓度的微甘菊提取液对白三叶、水生酸模（*Rumex aquaticus*）和黑麦草（*Lolium perenne*）的根重、冠重和叶面积有促进作用。这主要是因为这些物种能利用提取液中的化感物质，如把化感物质当作自己生长的营养来源，已经适应这种浓度的化感物质，或者由于这些物种对化感物质有很强的脱毒作用（Simons & Seastedt 1999; El-Darier & Youssef 2000; Dicke & Bruin 2001; Fitter 2003; Inderjit & Duke 2003）。因而这些物种能选来作为恢复微甘菊入侵地的对象。另外，由于幼苗对化感物质的抗性要强于种子对化感物质的抗性，因而在进行恢复时应该选用幼苗来进行恢复。因此，在恢复微甘菊入侵群落时，研究者更应该选择外来的已经归化了的非豆科植物的幼苗（吴爱平 2008）。

1.2　菟丝子属全寄生植物对受损生态系统的修复

生物防治被认为是抵制生物入侵的有效措施（Pearson & Callaway 2003; Messing & Wright 2006）。由于引入天敌（如寄生性、捕食性天敌和病原微生物）具有潜在的非靶标效应和其他的负面生态学效应，如竞争与替代本地种（Simberloff et al. 2005; Messing & Wright 2006）。很多研究开始关注环境友好的本地种防治策略（Sheley & Krueger-Mangold 2003; Henderson et al. 2006; Richardson et al. 2007）。入侵地的本地种被发现能够作用于外来种，且能够有效抑制生物入侵（Torchin & Mitchell 2004）。由于本地种适应当地气候，且与其他物种协同进化，对群落其他本土物种危害小（Simmons 2005）。本地天敌防治措施被认为是抵制生物入侵的可持续发展策略（Mack et al. 2000）。在我国华南地区发现原野菟丝子（*Cuscuta campestris*）自然寄生且抑制微甘菊之后，很多控制试验研究了原野菟丝子对微甘菊的防治效果（邓雄等 2003; Shen et al. 2005）并得出结论，认为菟丝子防治措施是治理微甘菊的潜在的有效防治策略（王伯荪等 2004; Shen et al. 2005）。

首先，菟丝子的生长与其寄主微甘菊的生长密切相关。引入微甘菊到入侵群落后，原野菟丝子生长迅速。之后，由于微甘菊受到抑制生长衰退，菟丝子的生长也相应下降。虽然菟丝子处理后，本地种的丰度和盖度一直都在增加，但是菟丝子依然主要寄生于微甘菊，使得微甘菊的侵染率升高，而在其他物种的寄生很少。此外，外来入侵种通常养分含量高，繁殖能力强，容易被寄生植物侵染（余华 2008）。

其次，通过减少微甘菊的生物量与盖度，以及降低其繁殖能力，菟丝子有效地抑制了微甘菊的生长。虽然生长迅速、繁殖能力强、养分含量高是外来种成功入侵的重要因素，且入侵种普遍比本地种具有更强的养分资源竞争能力，但是寄生植物主要依靠汲取寄主的养分和水分资源而生存，并且这种寄生作用极大地抑制了寄主的生长，以致改变寄主与非寄主之间的养分竞争平衡。因此，菟丝子对微甘菊的抑制，不仅使微甘菊的生长衰退，繁殖能力下降，养分含量降低，而且将导致微甘菊的入侵能力被削弱，以及与本地种的竞争能力被抑制（余华 2008）。

再者，菟丝子寄生在微甘菊和土壤的养分作用过程中发挥了重要作用，以不同于外来入侵种的作用方式改变土壤养分资源。由于入侵种的残体具有比本地种更高的养分含量和更有效的降解潜力。而寄生植物能够促进其他植物残体的降解，能够把不易被利用的养分转化成易于被植物利用的状态。因此，菟丝子通过有效地抑制寄主微甘菊的生长，使得土壤养分含量显著增加。由于被菟丝子严重侵染的寄主养分固着与吸收能力下降，因此土壤养分与可利用资源的增加有利于本地非寄主植物的吸收与利用，对群落的恢复产生促进作用（余华 2008）。

最后，微甘菊通过改变土壤生态系统，绞杀抑制本地种，以使其成功入侵。当引入菟丝子之后，微甘菊被抑制，具有入侵抗性的本地种将吸收和利用增加的土壤资源，以增强其适应性与抗性。在引进菟丝子几年之后，本地草本、藤本和灌木长势良好，甚至成为群落优势种，替代了入侵群落的微甘菊，使得群落的物种丰度和生物多样性在引入菟丝子之后处于增长的状态，有利于促进本地种的生长和本地植被群落的恢复。菟丝子促进群落恢复与两个方面相关：一种可能是菟丝子抑制了微甘菊，使其生长与养分竞争能力下降，入侵能力与危害影响被削弱。另一种是菟丝子寄生使得土壤养分增加，利于本地种的生长，促进其竞争能力的加强（余华 2008）。

2. 荒漠化生态系统恢复中种群生态学应用——以沙鞭和赖草为例

克隆植物具有很强的克隆拓展能力（董鸣 1996）。对毛乌素沙地中克隆草本植物沙鞭的观测结果表明，单个的观测单元（两个最幼的地上绿枝和前端延伸的无分枝的地下根状茎），在生长季的 90 d 内，平均产生了 46 根地下根状茎和 9.2 个地上绿枝，总的地下茎增长为 4.68 m，径向扩展距离为 1.14 m，侧向扩展距离为 0.71 m，扩展面积达到了 6.09 m^2，充分显示了沙鞭很强的扩展能力和植被修复能力（Dong & Alaten 1999）。王可青等（1999）发现，沙鞭在数百平方米的范围内只有一个基因型，一个相连的沙鞭基株或克隆片段可以延伸数十米。而克隆整合能力的存在，又有利于克隆植物应对沙埋和风蚀。例如，克隆植物沙鞭在没有沙埋和风蚀的情况下，地下根茎一般在 20～40 cm 深（Dong & Alaten 1999）。但即使地面 30 cm 的沙层被移除，沙鞭大部分根茎裸露在空气中，沙鞭也能够生存（Yu et al. 2008a）；沙鞭成株在克隆整合的作用下，可以忍受至少一次性 60 cm

深度的沙埋，同时克隆整合还显著提高了经历一次性 20 cm 和 40 cm 深度沙埋时沙鞭种群的密度（Yu et al. 2004）。这些研究结果表明，克隆植物具有很强的应对沙埋和风蚀的能力。

在风蚀造成的流沙斑块中，地上光照资源充足，空间压力小，有利于克隆植物的生长。酸性品红溶液示踪实验表明，沙鞭根茎的延伸方向是从半固定斑块到流沙斑块（陈玉福和董鸣 2001）。而对克隆植物群落和非克隆植物群落内裸地斑块植物入侵的野外对比观测实验表明，克隆植物可以提高沙地景观自我修复的能力，在沙化景观的恢复重建中是一种值得利用的生物资源（陈玉福和董鸣 2002）。

土壤风蚀是一个全球性的环境问题，严重的土壤风蚀给当地带来很大的危害（Jungerius & de Jong 1989）。在我国沙质草原区，地表植被受到破坏后，经土壤风蚀的作用形成大小不等的风蚀坑，它是沙质草原风蚀沙化的主要形式。据调查，在内蒙古通辽市开鲁县 21.33 万 hm^2 草牧场中风蚀坑有 2.9 万个，小坑面积 0.1 hm^2 左右，大坑面积 0.33～0.67 hm^2，累积面积达 2.09 万 hm^2，占全县总草场面积的 9.7%（赵友 2001）。

快速的克隆拓展能力，使得克隆植物在很短的时间内进入风蚀坑，从而使其对风蚀坑进行修复成为可能。本研究选择毛乌素沙地中两种重要的根茎型克隆草本植物沙鞭和赖草作为研究对象，通过在野外赖草与沙鞭群落中人为制造风蚀坑的方法，观测赖草和沙鞭对群落中风蚀坑的修复过程，从而比较两种克隆草本植物对风蚀坑的修复能力。结果表明：①赖草和沙鞭两个物种在风蚀坑中新产生分株的数量都显著大于自然条件下新产生的分株数量，这表明克隆植物在风蚀坑中选择性地放置更多的分株，从而利用风蚀坑中充足的光照资源，也能够对风蚀坑具有很好的修复能力；②在风蚀坑中的分株生长状况比自然条件下要差，这表现在风蚀中新产生的分株生物量、叶片数量和植株的高度都要比自然样方中新产生的分株小，这主要是由于风蚀坑中表层土壤的丧失，土壤养分急剧下降，影响到了克隆植物分株的生长；③具有合轴分枝类型的克隆草本赖草有着比单轴型克隆草本沙鞭更强的克隆性，表现在它能够更早地进入克隆生长过程，具有更强的克隆生长率。实验观测表明，不论是在风蚀坑中，还是在自然条件下，赖草都产生了比沙鞭更多的新生分株，说明相对于沙鞭来说，赖草具有更强的风蚀坑修复能力；④风蚀坑中赖草和沙鞭新生分株的来源有所不同。赖草的新生分株来源于新生的根状茎上的芽，而沙鞭的新生分株中更多地来源于风蚀前保留下来的根茎（叶学华和董鸣 2011）。

第五节 总结与展望

退化生态系统是生态系统在自然或人为干扰下形成的偏离自然状态的生态系统。与自然系统相比，退化的生态系统种类组成、群落或系统结构改变，生物多样性减少，生物生产力降低，土壤和微环境恶化，生物间相互关系改变（Chapman 1992; Daily 1995; 陈灵芝和陈伟烈 1995）。生物入侵和荒漠化是两类比较典型的导致生态系统退化的方式。

生态恢复的目标是系统的结构和功能恢复到接近其受干扰以前的结构与功能，结构的恢复主要是本地种的物种组成和种群数量、结构，据此才能实现功能的恢复，包括初级生产力和次级生产力、食物网结构、在物种组成与生态系统过程中存在反馈，即恢复所期望的物种丰富度，管理群落结构的发展，确认群落结构与功能间的联结已形成（Davis

1996; Margaren 1997）。因此植物种群生态学仍然是生态恢复的关键，只有正确认识退化过程中植物种群特征变化，才能有效指导退化生态系统的生态恢复实践。近年来，全球变化已成为炙手可热且无法回避的问题，而全球变化还可能加剧生物入侵和荒漠化所带来的危害，从而增加退化生态系统恢复的困难。特别是全球变化如何影响生物入侵和荒漠化导致的生态系统退化过程中植物种群的变化，在此背景下如何进行有效的生态恢复，也成为植物种群生态学家面临的新的挑战。

参考文献

白帆. 2012. 中国外来入侵植物空间格局和入侵风险分析. 北京: 中国科学院研究生院博士研究生学位论文.

陈广庭. 2002. 北京强沙尘暴史和周围生态环境变化. 中国沙漠, 22: 210-213.

陈慧丽, 李玉娟, 李博, 等. 2005. 外来植物入侵对土壤生物多样性和生态系统过程的影响. 生物多样性, 13: 555-565.

陈琳, 邓自发, 安树青, 等. 2007. 淡咸水轮换浇灌抑制互花米草的克隆生长和繁殖. 植物生态学报, 31: 645-651.

陈灵芝, 陈伟烈. 1995. 中国退化生态系统研究. 北京: 中国科技出版社.

陈玉福, 董鸣. 2001. 根茎禾草沙鞭的克隆生长在毛乌素沙地斑块动态中的作用. 生态学报, 21(11): 1745-1750.

陈玉福, 董鸣. 2002. 毛乌素沙地群落动态中克隆和非克隆植物作用的比较. 植物生态学报, 26(3): 377-380.

陈玉军, 谢德兴. 2002. 珠海市淇澳岛红树林引种扩种问题的探讨. 广东林业科技, 18: 31-36.

崔强, 高甲荣, 李柏, 等. 2011. 宁夏毛乌素沙地3种常用固沙植物种群点格局分析. 生态与农村环境学报, 27(3): 58-63.

党伟光, 高贤明, 王瑾芳, 等. 2008. 紫茎泽兰入侵地区土壤种子库特征. 生物多样性, 16: 126-132.

邓雄, 冯惠玲, 叶万辉, 等. 2003. 寄生植物菟丝子防治外来种微甘菊研究初探. 热带亚热带植物学报, 11(2): 117-122.

董鸣. 1996. 资源异质性生境中的植物克隆生长: 觅食行为. 植物学报, 38: 828-835.

杜凡, 杨宇明, 李俊清, 等. 2006. 云南假泽兰属植物及微甘菊的危害. 云南植物研究, 28: 505-508.

干晓静, 李博, 陈家宽, 等. 2007. 生物入侵对鸟类的生态影响. 生物多样性, 15: 548-557.

耿宇鹏, 张文驹, 李博, 等. 2004. 表型可塑性与外来植物的入侵能力. 生物多样性, 12: 447-455.

黄忠良, 曹洪麟, 梁晓东, 等. 2000. 不同生境和森林内微甘菊的生存与危害状况. 热带亚热带植物学报, 8: 131-138.

李明, 蒋德明, 押田敏雄, 等. 2009. 科尔沁沙地人工固沙群落草本植物种群生态位特征. 草业科学, 26: 10-16.

梁娜, 靳瑰丽, 安沙舟. 2013. 伊犁绢蒿退化荒漠草地植物种群生态位的变化特征. 草业科学, 30: 2059-2065.

卢琦, 吴波. 2002. 中国荒漠化灾害评估及其经济价值核算. 中国人口资源与环境, 12(2): 29-33.

彭友贵, 徐正春, 刘敏超. 2012. 外来红树植物无瓣海桑引种及其生态影响. 生态学报, 32: 2259-2270.

朴顺姬, 王振杰, 颜秀灵, 等. 2006. 科尔沁沙地差巴嘎蒿种群生态位适宜度分析. 植物生态学报, 30(4): 593-600.

王伯荪, 王勇军, 廖文波, 等. 2004. 外来杂草微甘菊的入侵生态及其治理. 北京: 科学出版社.

王刚, 赵松岭, 张鹏云, 等. 1984. 关于生态位定义的探讨及生态位重叠计测公式改进研究. 生态学报, 4(2): 119-126.

王可青, 葛颂, 董鸣. 1999. 根茎禾草沙鞭的等位酶变异及克隆多样性. 植物学报, 41(5): 537-540.

王鑫厅. 2005. 典型草原退化群落在恢复演替过程中植物种群空间分布格局的变化研究. 呼和浩特: 内蒙古大学硕士研究生学位论文.

吴爱平. 2008. 微甘菊对其入侵地植物种子萌发和幼苗生长的化感影响. 北京: 中国科学院研究生院博士研究生学位论文.

吴晓雯, 罗晶, 陈家宽, 等. 2006. 中国外来入侵植物的分布格局及其与环境因子和人类活动的关系.植物生态学报, 30(4): 576-584.

许冬焱. 2012. 缙云山风灾迹地恢复群落植物种群生态位研究. 肇庆学院学报, 33(5): 41-47.

杨洪晓, 张金屯, 吴波, 等. 2006. 毛乌素沙地油蒿种群点格局分析. 植物生态学报, 30(4): 563-570.

杨梅焕. 2010. 毛乌素沙地东南缘沙漠化演变机制与植物的耐胁迫性研究. 西安: 西北大学博士研究生学位论文.

叶学华, 董鸣. 2011. 毛乌素沙地克隆植物对风蚀坑的修复. 生态学报, 31: 5505-5511.

余华. 2008. 寄生植物在入侵植物防治中的作用——以两种菟丝子为例. 北京: 中国科学院研究生院博士研究生学位论文.

张德魁, 王继和, 马全林, 等. 2007. 古浪县北部荒漠植被主要植物种的生态位特征. 生态学杂志, 26(4): 471-475.

张益源. 2011. 内蒙古鄂尔多斯退耕还林地植被演替过程研究. 北京: 北京林业大学硕士研究生学位论文.

赵友. 2001. 风蚀坑对草原的破坏及治理. 内蒙古草业, 1: 56.

朱雅娟, 董鸣, 黄振英. 2005. 沙埋和种子大小对固沙禾草沙鞭的种子萌发与幼苗出土的影响.植物生态学报, 29: 730-739.

Aguilera A, Alpert P, Dukes J, et al. 2010. Impacts of the invasive plant *Fallopia japonica* (Houtt.) on plant communities and ecosystem processes. Biol Invasions, 12: 1243-1252.

Alpert P. 2010. Amending invasion with carbon: after fifteen years, a partial success. Rangelands, 32: 12-15.

Alpert P, Maron J L. 2000. Carbon addition as a countermeasure against biological invasion by plants. Biol Invasions, 2: 33-40.

An S Q, Gu B H, Zhou C F, et al. 2007. *Spartina* invasion in China: implications for invasive species management and future research. Weed Res, 47: 183-191.

Bai F, Chisholm R, Sang W, et al. 2013. Spatial risk assessment of alien invasive plants in China. Environ Sci Technol, 47: 7624-7632.

Bais H P, Vepachedu R, Gilroy S, et al. 2003. Allelopathy and exotic pant Invasion: from molecules and genes to species interactions. Science, 301: 1377-1380.

Baker H G. 1965. Characteristics and modes of origin of weeds. *In*: Baker H G, Stebbins G L, eds. The Genetics of Colonizing Species. New York: Academic Press: 147-172.

Baker H G. 1974. The evolution of weeds. Ann Rev Ecol Syst, 5: 1-24.

Bennett A E, Thomsen M, Strauss S Y. 2011. Multiple mechanisms enable invasive species to suppress native species. Am J Bot, 98: 1086-1094.

Bímová K, Mandák B, Pyšek P. 2003. Experimental study of vegetative regeneration in four invasive *Reynoutria* taxa (Polygonaceae). Plant Ecol, 166: 1-11.

Birnbaum C, Leishman M R. 2013. Plant-soil feedbacks do not explain invasion success of *Acacia* species in introduced range populations in Australia. Biol Invasions, 15: 2605-2625.

Blair A C, Wolfe L M. 2004. The evolution of an invasive plant: An experimental study with *Silene latifolia*. Ecology, 85: 3035-3042.

Blumenthal D M. 2009. Carbon addition interacts with water availability to reduce invasive forb

establishment in a semi-arid grassland. Biol Invasions, 11: 1281-1290.
Blumenthal D M, Jordan N R, Russelle M P. 2003. Soil carbon addition controls weeds and facilitates prairie restoration. Ecol Appl, 13: 605-615.
Bradley B A, Blumenthal D M, Wilcove D S, et al. 2010. Predicting plant invasions in an era of global change. Trends Ecol Evol, 25: 310-318.
Bradley B A, Oppenheimer M, Wilcove D S. 2009. Climate change and plant invasions: restoration opportunities ahead? Global Change Biol, 15:1511-1521.
Brown B J, Mitchell R J. 2001. Competition for pollination: effects of pollen of an invasive plant on seed set of a native congener. Oecologia, 129: 43-49.
Brown B J, Mitchell R J, Graham S A. 2002. Competition for pollination between an invasive species (purple loosestrife) and a native congener. Ecology, 83: 2328-2336.
Callaway R M, Aschehoug E T. 2000. Invasive plants versus their new and old neighbors: a mechanism for exotic invasion. Science, 290: 521-523.
Callaway R M, Maron J L. 2006. What have exotic plant invasions taught us over the past 20 years? Trends Ecol Evol, 21: 369-374.
Callaway R M, Ridenour W M. 2004. Novel weapons: invasive success and the evolution of increased competitive ability. Front Ecol Environ, 2: 436-443.
Chambers J C, MacMahon J A. 1994. A day in the life of a seed: movements and fates of seeds and their implications for natural and managed systems. Ann Rev Ecol Syst, 25: 263-292.
Chapman G P. 1992. Desertified Grassland. London: Academic Press.
Chen L, Peng S, Li J, et al. 2013. Competitive control of an exotic mangrove species: restoration of native mangrove forests by altering light availability. Restor Ecol, 21: 215-223.
Chrobock T, Kempel A, Fischer M, et al. 2011. Introduction bias: cultivated alien plant species germinate faster and more abundantly than native species in Switzerland. Basic Appl Ecol, 12: 244-250.
Cock M J W, Ellison C A, Evans H C, et al. 2000. Can failure be turned into success for biological control of mile-a-minute weed (*Mikania micrantha*)? *In*: Spencer N R (ed). Proceedings of the X International Symposium on Biological Control of Weeds. Montana State University, Bozeman, Montana, USA: 155-167.
Corbin J D, D'Antonio C M. 2004. Can carbon addition increase competitiveness of native grasses? A case study from California. Restor Ecol, 12: 36-43.
Costello D, Lunt I, Williams J. 2000. Effects of invasion by the indigenous shrub *Acacia sophorae* on plant composition of coastal grasslands in south-eastern Australia. Biol Conserv, 96: 113-121.
Cushman J, Gaffney K. 2010. Community-level consequences of invasion: impacts of exotic clonal plants on riparian vegetation. Biol Invasions, 12: 2765-2776.
Daily G C. 1995. Restoring value to the worlds degraded lands. Science, 269: 350-354.
Dainese M, Kühn I, Bragazza L. 2014. Alien plant species distribution in the European Alps: influence of species' climatic requirements. Biol Invasions, 16: 815-831.
Davis J. 1996. Focal species offer a management tool. Science, 271: 1362-1363.
de Long J R, Swarts N D, Dixon K W, et al. 2013.Mycorrhizal preference promotes habitat invasion by a native Australian orchid: *Microtis media*. Ann Bot, 111: 409-418.
de Waal L C. 2001. A viability study of *Fallopia japonica* stem tissue. Weed Res, 41: 447-460.
de Walt S, Denslow J, Hamrick J. 2004. Biomass allocation, growth, and photosynthesis of genotypes from native and introduced ranges of the tropical shrub *Clidemia hirta*. Oecologia, 138: 521-531.
Dewine J M, Cooper D J. 2008. Canopy shade and the successional replacement of tamarisk by native box elder. J Appl Ecol, 45: 505-514.
Díaz S, Cabido M. 2001. Vive la différence: plant functional diversity matters to ecosystem processes. Trends Ecol Evol, 16: 646-655.
Dicke M, Bruin J. 2001. Chemical information transfer between plants: back to the future. Biochem

System Ecol, 29: 981-994.

Diez J M, Sullivan J J, Hulme P E, et al. 2008. Darwin's naturalization conundrum: dissecting taxonomic patterns of species invasions. Ecol Lett, 11: 674-681.

Dong B C, Liu R H, Zhang Q, et al. 2011. Burial depth and stolon internode length independently affect survival of small clonal fragments. PLoS One, 6: e23942.

Dong B C, Yu G L, Guo W, et al. 2010. How internode length, position and presence of leaves affect survival and growth of *Alternanthera philoxeroides* after fragmentation? Evol Ecol, 24: 1447-1461.

Dong M, Alaten B. 1999. Clonal plasticity in response to rhizome severing and heterogeneous resource supply in the rhizomatous grass *Psammochloa villosa* in an Inner Mongolian dune, China. Plant Ecol, 141: 53-58.

Dregne H E. 1983. Soil and soil formation in arid regions. *In*: Webb R H, Wilshire H G, eds. Environmental Effects of Off-road Vehicles: Impacts and Management in Arid Regions. New York, USA: Springer-Verlag: 1530.

Dukes J, Chiariello N, Loarie S, et al. 2011. Strong response of an invasive plant species (*Centaurea solstitialis* L.) to global environmental changes. Ecol Appl, 21: 1887-1894.

Ehrenfeld J G. 2003. Effects of exotic plant invasions on soil nutrient cycling processes. Ecosystems, 6: 503-523.

El-Darier S M, Youssef R S. 2000. Effect of soil type, salinity, and allelochemicals on germination and seedling growth of a medicinal plant *Lepidium sativum* L. Ann Appl Biol, 136: 273-279.

Fahrig L, Coffin D P, Lauenroth W K, et al. 1994. The advantage of long-distance clonal spreading in highly disturbed habitats. Evol Ecol, 8: 172-187.

Feng J, Zhang Z, Nan R. 2011. The roles of climatic factors in spatial patterns of alien invasive plants from America into China. Biodiv Conserv, 20: 3385-3391.

Feng Y L, Lei Y B, Wang R F, et al. 2009. Evolutionary tradeoffs for nitrogen allocation to photosynthesis versus cell walls in an invasive plant. Proc Nat Acad Sci, 106: 1853-1856.

Fitter A. 2003. Making allelopathy respectable. Science, 301: 1337-1338.

Fox J F. 1982. Adaption of gray squirrel behavior to autumn germination by white oak acorns. Evolution, 36: 800-809.

Fridley J D, Stachowicz J J, Naeem S, et al. 2007. The invasion paradox: reconciling pattern and process in species invasions. Ecology, 88: 3-17.

Fryrear D W, Stubbendieck J, McCully W G. 1973. Grass seedling response to wind and windblown sand. Crop Sci, 13: 622-625.

Geng Y P, Pan X Y, Xu C Y, et al. 2007. Phenotypic plasticity rather than locally adapted ecotypes allows the invasive alligator weed to colonize a wide range of habitats. Biol Invasions, 9: 245-256.

Gerlach J D, Rice K J. 2003. Testing life history correlates of invasiveness using congeneric plant species. Ecol Appl, 13: 167-179.

Gioria M, Jarošík V, Pyšek P. 2014. Impact of invasions by alien plants on soil seed bank communities: emerging patterns. Persp Plant Ecol Evol Syst, 16: 132-142.

Gioria M, Osborne B A. 2014. Resource competition in plant invasions: emerging patterns and research needs. Front Plant Sci, 5: 501.

Gioria M, Osborne B. 2010. Similarities in the impact of three large invasive plant species on soil seed bank communities. Biol Invasions, 12: 1671-1683.

Gioria M, Pyšek P, Moravcová L. 2012. Soil seed banks in plant invasions: promoting species invasiveness and long-term impact on plant community dynamics. Preslia, 84: 327-350.

Goldstein L J, Suding K N. 2014. Intra-annual rainfall regime shifts competitive interactions between coastal sage scrub and invasive grasses. Ecology, 95: 425-435.

Gordon D R, Onderdonk D A, Fox A M, et al. 2008. Consistent accuracy of the Australian weed risk assessment system across varied geographies. Divers Distrib, 14: 234-242.

Grinell J. 1917. The niche relationships of the California thrasher. Auk, 21: 364-382.

Grotkopp E, Erskine-Ogden J, Rejmánek M. 2010. Assessing potential invasiveness of woody horticultural plant species using seedling growth rate traits. J Appl Ecol, 47: 1320-1328.

Hahn M A, Lanz T, Fasel D, et al. 2013. Increased seed survival and seedling emergence in a polyploid plant invader. Am J Bot, 100: 1555-1561.

Harper J L. 1977. Population Biology of Plants. New York: Academic Press.

Harper J, Benton R. 1966. The behaviour of seeds in soil: II. The germination of seeds on the surface of a water supplying substrate. J Ecol, 54: 151-166.

Harrod R J. 2001. The effect of invasive and noxious plants on land management in eastern Oregon and Washington. Northwest Sci, 75: 85-90.

Hejda M, Pyšek P, Jarošík V. 2009. Impact of invasive plants on the species richness, diversity and composition of invaded communities. J Ecol, 97: 393-403.

Heleno R H, Ceia R S, Ramos J A, et al. 2009. Effects of alien plants on insect abundance and biomass: a food-web approach. Conserv Biol, 23: 410-419.

Hellmann J J, Byers J E, Bierwagen B G, et al. 2008. Five potential consequences of climate change for invasive species. Conserv Biol, 22: 534-543.

Henderson S, Dawson T P, Whittaker R J. 2006. Progress in invasive plants research. Progr Phyc Geogr, 30: 25-46.

Hou Q Q, Chen B M, Peng S L, et al. 2014. Effects of extreme temperature on seedling establishment of nonnative invasive plants. Biol Invasions, 16: 2049-2061.

Hovick S M, Peterson C J, Carson W P. 2012. Predicting invasiveness and range size in wetland plants using biological traits: a multivariate experimental approach. J Ecol, 100: 1373-1382.

Huang Q Q, Qian C, Wang Y, et al. 2010. Determinants of the geographical extent of invasive plants in China: effects of biogeographical origin, life cycle and time since introduction. Biodiv Conserv, 19: 1251-1259.

Huang Q Q, Wang G X, Hou Y P, et al. 2011. Distribution of invasive plants in China in relation to geographical origin and life cycle. Weed Res, 51: 534-542.

Inderjit. 2001. Soil: environmental effects on allelochemical activity. Agron J, 93: 79-84.

Inderjit, Duke S O. 2003. Ecophysiological aspects of allelopathy. Planta, 217: 529-539.

Ismail B S, Chong T V. 2002. Effects of aqueous extracts and decomposition of *Mikania micrantha* H.B.K. debris on selected agronomic crops. Weed Biol Manag, 2: 31-38.

Ismail B S, Mah L S. 1993. Effects of *Mikania micrantha* H.B.K. on germination and growth of weed species. Plant Soil, 157: 107-113.

Jeschke J M, Strayer D L. 2008. Usefulness of bioclimatic models for studying climate change and invasive species. Ann New York Acad Sci, 1134: 1-24.

Jia X, Pan X, Li B, et al. 2009. Allometric growth, disturbance regime, and dilemmas of controlling invasive plants: a model analysis. Biol Invasions, 11: 743-752.

Jungerius P, de Jong J. 1989. Variability of water repellence in the dunes along the Dutch coast. Catena, 16: 491-497.

Kaur R, Callaway R M, Inderjit. 2014. Soils and the conditional allelopathic effects of a tropical invader. Soil Biol Biochem, 78: 316-325.

Keane R M, Crawley M J. 2002. Exotic plant invasions and the enemy release hypothesis. Trends Ecol Evol, 17: 164-170.

Kennedy A C. 1995. Microbial characteristics of soil quality. J Soil Water Conserv, 50: 243-248.

Kennedy T A, Finlay J C, Hobbie S E. 2005. Eradication of invasive *Tamarix ramosissima* along a desert stream increases native fish density. Ecol Appl, 15: 2072-2083.

Klimeš L, Klimešová J, Osbornová J. 1993. Regeneration capacity and carbohydrate reserves in a clonal plant *Rumex alpinus*: effect of burial. Vegetatio, 109: 153-160.

Lal R. 1998. Soil erosion impact on agronomic productivity and environment quality. Crit Rev Plant Sci, 17: 319-464.

Lamarque L, Delzon S, Lortie C. 2011. Tree invasions: a comparative test of the dominant hypotheses and functional traits. Biol Invasions, 13: 1969-1989.

Lampert A, Hastings A, Grosholz E D, et al. 2014. Optimal approaches for balancing invasive species eradication and endangered species management. Science, 344: 1028-1031.

Lankau R A. 2012. Coevolution between invasive and native plants driven by chemical competition and soil biota. Proc Nat Acad Sci, 109: 11240-11245.

Li S L, Werger M, Zuidema P, et al. 2010. Seedlings of the semi-shrub *Artemisia ordosica* are resistant to moderate wind denudation and sand burial in Mu Us sandland, China. Trees, 24: 515-521.

Li S L, Yu F H, Werger M J A, et al. 2011. Habitat-specific demography across dune fixation stages in a semi-arid sandland: understanding the expansion, stabilization and decline of a dominant shrub. J Ecol, 99: 610-620.

Li S L, Yu F H, Werger M J A, et al. 2013. Understanding the effects of a new grazing policy: the impact of seasonal grazing on shrub demography in the Inner Mongolian steppe. J Appl Ecol, 50: 1377-1386.

Liao C, Peng R, Luo Y, et al. 2008. Altered ecosystem carbon and nitrogen cycles by plant invasion: a meta-analysis. New Phytol, 177: 706-714.

Liu G, Freschet G T, Pan X, et al. 2010. Coordinated variation in leaf and root traits across multiple spatial scales in Chinese semi-arid and arid ecosystems. New Phytol, 188: 543-553.

Liu J, Dong M, Miao S, et al. 2006. Invasive alien plants in China: role of clonality and geographical origin. Biol Invasions, 8: 1461-1470.

Liu J, Liang S C, Liu F H, et al. 2005. Invasive alien plant species in China: regional distribution patterns. Divers Distrib, 11: 341-347.

Lodge D M, Williams S, MacIsaac H J, et al. 2006. Biological invasions: recommendations for U.S. policy and management. Ecol Appl, 16: 2035-2054.

Lonsdale W M. 1999. Global patterns of plant invasions and the concept of invasibility. Ecology, 80: 1522-1536.

Lu X, Siemann E, Shao X, et al. 2013. Climate warming affects biological invasions by shifting interactions of plants and herbivores. Global Change Biol, 19: 2339-2347.

Lyles L. 1975. Possible effects of wind erosion on soil productivity. J Soil Water Conserv, 30: 279-283.

Lyons K G, Schwartz M W. 2001. Rare species loss alters ecosystem function: invasion resistance. Ecol Lett, 4: 358-365.

Mack R N, Simberloff D, Lonsdale W M, et al. 2000. Biotic invasions: causes, epidemiology, global consequences, and control. Ecol Appl, 10: 689-710.

Manea A, Leishman M. 2011. Competitive interactions between native and invasive exotic plant species are altered under elevated carbon dioxide. Oecologia, 165: 735-744.

Mangla S, Inderjit, Callaway R M. 2008. Exotic invasive plant accumulates native soil pathogens which inhibit native plants. J Ecol, 96: 58-67.

Margaren F. 1997. Disneyland or native ecosystem: genetics and the restorationist. Restor Manage Notes, 14: 148-150.

Maun M A. 1998. Adaptations of plants to burial in coastal sand dunes. Can J Bot, 76:713-738.

Maun M, Lapierre J. 1986. Effects of burial by sand on seed germination and seedling emergence of four dune species. Am J Bot, 73: 450-455.

Messing R H, Wright M G. 2006. Biological control of invasive species: solution or pollution? Front Ecol Environ, 4: 132-140.

Montalvo A, Conard S, Conkle M, et al. 1997. Population structure, genetic diversity, and clone formation in *Quercus chrysolepis* (Fagaceae). Am J Bot, 84: 1553.

Moreno-Casasola P. 1986. Sand movement as a factor in the distribution of plant communities in a coastal dune system. Vegetatio, 65: 67-76.

Myers J H, Simberloff D, Kuris A M, et al. 2000. Eradication revisited: dealing with exotic species.

Trends Ecol Evol, 15: 316-320.

Norden N, Letcher S, Boukili V, et al. 2012. Demographic drivers of successional changes in phylogenetic structure across life-history stages in plant communities. Ecology, 93: S70-S82.

Palacio-López K, Gianoli E. 2011. Invasive plants do not display greater phenotypic plasticity than their native or non-invasive counterparts: a meta-analysis. Oikos, 120: 1393-1401.

Pearson D E, Callaway R M. 2003. Indirect effects of host-specific biological control agents. Trends Ecol Evol, 18: 456-461.

Pejchar L, Mooney H A. 2009. Invasive species, ecosystem services and human well-being. Trends Ecol Evol, 24: 497-504.

Perrins J, Fitter A, Williamson M. 1993. Population biology and rates of invasion of three introduced *Impatiens* species in the British Isles. J Biogeogr, 20: 33-44.

Perry L G, Johnson C, Alford E R, et al. 2005. Screening of grassland plants for restoration after spotted knapweed invasion. Restor Ecol, 13: 725-735.

Pickett S T A, Kolasa J. 1989. Structure of theory in vegetation science. Plant Ecol, 83: 7-15.

Pickett S T A, Mc Donnell M J. 1989. Seed bank dynamics in temperate deciduous forest. *In*: Leck M A, Parker V T, Simpson R L, eds. Ecology of Seed Banks. London: Academic Press Inc: 123-145.

Pimentel D, Lach L, Zuniga R, et al. 2000. Environmental and economic costs of nonindigenous species in the United States. BioScience, 50: 53-65.

Poll M, Naylor B J, Alexander J M, et al. 2009. Seedling establishment of Asteraceae forbs along altitudinal gradients: a comparison of transplant experiments in the native and introduced ranges. Divers Distrib, 15: 254-265.

Powell K I, Chase J M, Knight T M. 2011. A synthesis of plant invasion effects on biodiversity across spatial scales. Am J Bot, 98: 539-548.

Puijalon S, Piola F, Bornette G. 2008. Abiotic stresses increase plant regeneration ability. Evol Ecol, 22: 493-506.

Ranwell D. 1958. Movement of vegetated sand dunes at Newborough Warren, Anglesey. J Ecol, 46: 83-100.

Rao L, Allen E. 2010. Combined effects of precipitation and nitrogen deposition on native and invasive winter annual production in California deserts. Oecologia, 162: 1035-1046.

Reader R J. 1998. Relationship between species relative abundance and plant traits for an infertile habitat. Plant Ecol, 134: 43-51.

Reinhart K O, Callaway R M. 2006. Soil biota and invasive plants. New Phytol, 170: 445-457.

Rejmánek M, Richardson D M. 1996. What attributes make some plant species more invasive? Ecology, 77: 1655-1661.

Reynolds J F, Smith D M S, Lambin E F, et al. 2007. Global desertification: building a science for dryland development. Science, 316: 847-851.

Ricciardi A. 2007. Are modern biological invasions an unprecedented form of global change? Conserv Biol, 21: 329-336.

Richardson D M, Allsopp N, D'antonio C M, et al. 2000. Plant invasions: the role of mutualisms. Biol Rev, 75: 65-93.

Richardson D M, Holmes P M, Esler K J, et al. 2007. Riparian vegetation: degradation, alien plant invasions, and restoration prospects. Divers Distrib, 13: 126-139.

Richardson D M, Kluge R L. 2008. Seed banks of invasive Australian *Acacia* species in South Africa: Role in invasiveness and options for management. Persp Plant Ecol Evol Syst, 10: 161-177.

Ridenour W M, Callaway R M. 2001. The relative importance of allelopathy in interference: the effects of an invasive weed on a native bunchgrass. Oecologia, 126: 444-450.

Roovers P, Bossuyt B, Igodt B, et al. 2006. May seed banks contribute to vegetation restoration on paths in temperate deciduous forest? Plant Ecol, 187: 25-38.

Ross M, Harper J L. 1972. Occupation of biological space during seedling establishment. J Ecol, 60:

77-88.

Rowe C L J, Leger E A. 2011. Competitive seedlings and inherited traits: a test of rapid evolution of *Elymus multisetus* (big squirreltail) in response to cheatgrass invasion. Evol Appl, 4: 485-498.

Sainty G, McCorkelle G, Julien M. 1997. Control and spread of alligator weed *Alternanthera philoxeroides* (Mart.) Griseb., in Australia: lessons for other regions. Wetlands Ecol Manag, 5: 195-201.

Schlaepfer D R, Glättli M, Fischer M, et al. 2010. A multi-species experiment in their native range indicates pre-adaptation of invasive alien plant species. New Phytol, 185: 1087-1099.

Sheley R L, Krueger-Mangold J. 2003. Principles for restoring invasive plant-infested rangeland. Weed Sci, 51: 260-265.

Shen H, Ye W H, Hong L, et al. 2005. Influence of the obligate parasite *Cuscuta campestris* on growth and biomass allocation of its host *Mikania micrantha*. J Exp Bot, 56: 1277-1284.

Si C C, Dai Z C, Lin Y, et al. 2014. Local adaptation and phenotypic plasticity both occurred in *Wedelia trilobata* invasion across a tropical island. Biol Invasions, 16: 2323-2337.

Silvertown J W. 1983. The distribution of plants in limestone pavement: tests of species interaction and niche separation against null hypotheses. J Ecol, 71: 819-828.

Simberloff D, Parker I M, Windle P N. 2005. Introduced species policy, management, and future research needs. Front Ecol Environ, 3: 12-20.

Simmons M T. 2005. Bullying the bullies: the selective control of an exotic, invasive annual (*Rapistrum rugosum*) by oversowing with a competitive native species (*Gaillardia pulchella*). Restor Ecol, 13: 609-615.

Simons S, Seastedt T. 1999. Decomposition and nitrogen release from foliage of cottonwood (*Populus deltoides*) and Russian-olive (*Elaeagnus angustifolia*) in a riparian ecosystem. Southwest Nat, 44: 256-260.

Skálová H, Havlíčková V, Pyšek P. 2012. Seedling traits, plasticity and local differentiation as strategies of invasive species of Impatiens in central Europe. Ann Bot, 110: 1429-1438.

Skowronek S, Terwei A, Zerbe S, et al. 2014. Regeneration potential of floodplain forests under the influence of nonnative tree species: soil seed bank analysis in Northern Italy. Rest Ecol, 22: 22-30.

Song Y B, Yu F H, Keser L, et al. 2013a. United we stand, divided we fall: a meta-analysis of experiments on clonal integration and its relationship to invasiveness. Oecologia, 171: 317-327.

Song Y B, Yu F H, Li J M, et al. 2013b. Plant invasiveness is not linked to the capacity of regeneration from small fragments: an experimental test with 39 stoloniferous species. Biol Invasions, 15: 1367-1376.

Stohlgren T J, Barnett D T, Kartesz J T. 2003. The rich get richer: patterns of plant invasions in the United States. Front Ecol Environ, 1: 11-14.

Stohlgren T J, Binkley D, Chong G W, et al. 1999. Exotic plant species invade hot spots of native plant diversity. Ecol Monogr, 69: 25-46.

Stricker B K, Stiling P. 2013. Seedlings of the introduced invasive shrub *Eugenia uniflora* (Myrtaceae) outperform those of its native and introduced non-invasive congeners in Florida. Biol Invasions, 15: 1973-1987.

Stuefer J F, Huber H. 1999. The role of stolon internodes for ramet survival after clone fragmentation in *Potentilla anserina*. Ecol Lett, 2: 135-139.

Torchin M E, Mitchell C E. 2004. Parasites, pathogens, and invasions by plants and animals. Front Ecol Environ, 2: 183-190.

Truscott A M, Soulsby C, Palmer S C F, et al. 2006. The dispersal characteristics of the invasive plant *Mimulus guttatus* and the ecological significance of increased occurrence of high-flow events. J Ecol, 94: 1080-1091.

Uesugi A, Kessler A. 2013. Herbivore exclusion drives the evolution of plant competitiveness via increased allelopathy. New Phytol, 198: 961-924.

UNCCD (United Nations Convention to Combat Desertification), 1994. United Nations Convention to Combat Desertification in Those Countries Experiencing Serious Drought and/or Desertification Particularly in Africa: Text with Annexes. UNEP, Nairobi.

van Assche J, Vanlerberghe K. 1989. The role of temperature on the dormancy cycle of seeds of *Rumex obtusifolius* L. Funct Ecol, 3: 107-115.

van der Valk A G. 1974. Environmental factors controlling the distribution of forbs on coastal foredunes in Cape Hatteras National Seashore. Can J Bot, 52: 1057-1073.

van Kleunen M, Johnson S. 2007. Effects of self-compatibility on the distribution range of invasive European plants in North America. Conserv Biol, 21: 1537-1544.

Verdú M, Traveset A. 2005. Early emergence enhances plant fitness: a phylogenetically controlled meta-analysis. Ecology, 86: 1385-1394.

Verlinden M, de Boeck H J, Nijs I. 2014. Climate warming alters competition between two highly invasive alien plant species and dominant native competitors. Weed Res, 54: 234-244.

Vilà M, Espinar J L, Hejda M, et al. 2011. Ecological impacts of invasive alien plants: a meta-analysis of their effects on species, communities and ecosystems. Ecol Lett, 14: 702-708.

Vilà M, Gimeno I. 2007. Does invasion by an alien plant species affect the soil seed bank? J Veg Sci, 18: 423-430.

Vitousek P M. 1990. Biological invasions and ecosystem processes: towards an integration of population biology and ecosystem studies. Oikos, 57: 7-13.

Vitousek P, D'Antonio C, Loope L, et al. 1996. Biological invasions as global environmental change. Am Sci, 84: 468-478.

Vitousek P, D'Antonio C, Loope L, et al. 1997. Introduced species: a significant component of human-caused global change. New Zealand J Ecol, 21: 1-16.

Vleeshouwers L M. 1997. Modelling the effect of temperature, soil penetration resistance, burial depth and seed weight on pre-emergence growth of weeds. Ann Bot, 79: 553-563.

Weber E. 2011. Strong regeneration ability from rhizome fragments in two invasive clonal plants (*Solidago canadensis* and *S. gigantea*). Biol Invasions, 13: 2947-2955.

Weber E, Sun S G, Li B. 2008. Invasive alien plants in China: diversity and ecological insights. Biol Invasions, 10: 1411-1429.

Weedon J T, Cornwell W K, Cornelissen J H C, et al. 2009. Global meta-analysis of wood decomposition rates: a role for trait variation among tree species? Ecol Lett, 12: 45-56.

Wilson F. 1964. The biological control of weeds. Ann Rev Entomol, 9: 225-244.

Wu A P, Huang Z Y, Miao S L, et al. 2010a. Effects of *Mikania micrantha* extracts and their exposure time on seed vigour, seed germination and seedling growth of plants. Allelopathy J, 25: 503-512.

Wu S H, Sun H T, Teng Y C, et al. 2010b. Patterns of plant invasions in China: taxonomic, biogeographic, climatic approaches and anthropogenic effects. Biol Invasions, 12: 2179-2206.

Xu C Y, Schooler S S, Klinken R D V. 2010. Effects of clonal integration and light availability on the growth and physiology of two invasive herbs. J Ecol, 98: 833-844.

Xu H, Ding H, Li M, et al. 2006. The distribution and economic losses of alien species invasion to China. Biol Invasions, 8: 1495-1500.

Yu F H, Chen Y F, Dong M. 2002. Clonal integration enhances survival and performance of *Potentilla anserina*, suffering from partial sand burial on Ordos plateau, China. Evol Ecol, 15: 303-318.

Yu F H, Dong M, Krusi B. 2004. Clonal integration helps *Psammochloa villosa* survive sand burial in an inland dune. New Phytol, 162: 697-704.

Yu F H, Wang N, Alpert P, et al. 2009. Physiological integration in an introduced, invasive plant increases its spread into experimental communities and modifies their structure. Am J Bot, 96: 1983-1989.

Yu F H, Wang N, He W M, et al. 2008a. Adaptation of rhizome connections in drylands: increasing tolerance of clones to wind erosion. Ann Bot, 102(4): 571-577.

Yu H, Liu J, He W M, et al. 2011. *Cuscuta australis* restrains three exotic invasive plants and benefits native species. Biol Invasions, 13: 747-756.

Yu H, Yu F H, Miao S L, et al. 2008b. Holoparasitic *Cuscuta campestris* suppresses invasive *Mikania micrantha* and contributes to native community recovery. Biol Conserv, 141: 2653-2661.

Zedler J B, Kercher S. 2004. Causes and consequences of invasive plants in wetlands: opportunities, opportunists, and outcomes. Crit Rev Plant Sci, 23: 431-452.

Zhao H, Zhou R, Zhang T, et al. 2006. Effects of desertification on soil and crop growth properties in Horqin sandy cropland of Inner Mongolia, north China. Soil Till Res, 87: 175-185.

Zhao Y, Qing H, Zhao C, et al. 2010. Phenotypic plasticity of *Spartina alterniflora* and *Phragmites australis* in response to nitrogen addition and intraspecific competition. Hydrobiologia, 637: 143-155.

Zhao Y, Yang X, Xi X, et al. 2012. Phenotypic plasticity in the invasion of crofton weed (*Eupatorium adenophorum*) in China. Weed Sci, 60: 431-439.